Brennstoffe · Kraftstoffe Schmierstoffe

Eine Einführung in ihre Chemie und Technologie für Ingenieure

Von

Bruno Riediger

Ing. Dr. techn. Dr. jur.

Mit 83 Abbildungen und 36 Zahlentafeln

Springer-Verlag

Berlin / Göttingen / Heidelberg

1949

ISBN-13: 978-3-642-92536-8 e-ISBN-13: 978-3-642-92535-1
DOI: 10.1007/978-3-642-92535-1

Softcover reprint of the hardcover 1st edition 1948

Genehmigt unter Nr. 3585/48—3703/48

Vorwort.

Viele Ingenieure und Techniker, die Maschinen bauen und zu überwachen haben, zeigen eine gewisse Abneigung, sich mit der Chemie und Technologie der Brennstoffe und Schmiermittel zu befassen, obwohl es sich dabei um unentbehrliche Betriebs- oder Hilfsstoffe handelt. Dies ist zum Teil in dem Vorurteil begründet, das viele Nichtchemiker der Chemie, dieser „Geheimwissenschaft" gegenüber hegen. Ein solches Vorurteil ist vollkommen unberechtigt, denn es gibt kaum eine Wissenschaft, die eine so klare Systematik aufweist wie die Chemie. Insbesondere gilt dies für die organische Chemie. Zudem kommen für Brennstoffe und Schmiermittel in der Hauptsache nur verhältnismäßig einfache Verbindungen in Frage, die die Ausgangspunkte für die systematische Ableitung aller organischen Verbindungen sind. Diese Tatsache läßt sich in einleuchtender Weise dadurch erklären, daß unsere natürlichen Rohstoffe für die Gewinnung von Brenn- und Kraftstoffen sowie von Schmiermitteln, nämlich Kohle, kohlenähnliche Vorkommen wie Torf usw., Erdöl und Erdgas, die Endstufen einer in geologischen Zeiträumen verlaufenen Umbildung aus vielgestaltig aufgebauten organischen Stoffen der Natur darstellen.

Das Buch hat es sich zur Aufgabe gemacht, in die Chemie und Technologie der Brenn-, Kraft- und Schmierstoffe einzuführen, um dem Ingenieur das Verständnis für Vorgänge zu erleichtern, denen er täglich gegenübersteht und die sich besser durchschauen lassen, wenn die zugrunde liegenden chemischen Vorgänge bekannt sind. Vielleicht wird dadurch auch erreicht, daß manche Arbeit des brennstoffchemischen Schrifttums bei Ingenieuren größere Beachtung findet und zu engerer Zusammenarbeit anregt. Wenn mitunter etwas abseits gelegene Gebiete gestreift werden, so soll dies nur als Versuch gewertet werden, auf diese Weise den Raum, den die Brennstoffchemie in der organischen Systematik einnimmt, in seiner zentralen Stellung besser hervortreten zu lassen.

Da es sich bei dem dargestellten Stoff zum großen Teil um Grundwissenschaften handelt, kann Vollständigkeit der Schrifttumsangaben nicht erwartet werden. Eine Übersicht über einige für weiteres Studium empfehlenswerte Werke ist am Anfang des Buches zusammengestellt.

Bei den Hinweisen auf neuere Aufsätze wurden vor allem jene Zeitschriften berücksichtigt, die für Ingenieure bestimmt und ihnen leicht zugänglich sind. Im Abschnitt I, der sich mit den Grundtatsachen der organischen Chemie befaßt, konnte dem Zweck dieses Buches entsprechend auf Schrifttumshinweise weitgehend verzichtet werden. Bei der Zusammenstellung der zu diesem Teil gehörigen Zahlentafeln der Kohlenwasserstoffe wurde das zunächst in drei Bänden vorliegende Werk von G. Egloff: Physical Constants of Hydrocarbons (American Chemical Society Monograph Series No. 78), Reinhold Publishing Corporation, New York 1939, 1940 und 1946, benutzt. Diese Zahlentafeln sind mit Absicht etwas ausführlicher gehalten, um den Leser mit den Eigenschaften möglichst vieler Kohlenwasserstoff-Individuen vertraut zu machen und ihm ein Anschauungsmaterial an die Hand zu geben, das in den üblichen Lehrbüchern der organischen Chemie fehlt.

In Abschnitt II ist der Versuch gemacht zu zeigen, wie weit die physikalischen Eigenschaften der einzelnen chemischen Körper, die für die Brennstoffchemie von Interesse sind, und ihr Verhalten bei einigen Reaktionen mit Hilfe der physikalischen Chemie erklärt werden können. Dabei bot sich bereits Gelegenheit, auf manche Fragen, die den Ingenieur interessieren dürften, etwas näher einzugehen und das Ergebnis neuerer Arbeiten zu verwerten. Da aber die Eigenschaften der technisch genutzten Brenn-, Kraft- und Schmierstoffe sehr stark von den Ausgangsstoffen und den angewendeten Herstellungsverfahren abhängen, ist anschließend in Abschnitt III zunächst die Entstehung und dann die Verarbeitung der in der Natur gewonnenen Rohstoffe kurz umrissen. Daran anknüpfend behandelt der Abschnitt IV die Brenn-, Kraft- und Schmierstoffe selbst und gibt abschließend einen kurzen Überblick über weitere, ihnen ähnliche oder verwandte Stoffe, die für verschiedene Anwendungen der Technik Bedeutung haben. Einzelheiten der Vergasung und Verbrennung, für die viele der besprochenen Stoffe letzten Endes bestimmt sind, die dabei ablaufenden Reaktionen und ihre rechnerische Behandlung wurden mit Absicht nicht in das Buch aufgenommen, weil das vor einigen Jahren im selben Verlag erschienene Kurze Handbuch der Brennstoff- und Feuerungstechnik von W. Gumz darüber ziemlich erschöpfend Auskunft gibt.

Die Wahl des Buchinhaltes und seine Gliederung sind das Ergebnis vielfältiger Anregungen, die ich während meiner fünfzehnjährigen Praxis in Unterhaltungen mit zahlreichen interessierten Fachgenossen und durch eigene Arbeiten empfangen habe. Insbesondere bin ich den Herren Dr.-Ing. F. Florin und Dr.-Ing. W. Hoffmann, Berlin, für die Erlaubnis, Ergebnisse unveröffentlichter Arbeiten zu verwerten, zu Dank verpflichtet, ebenso Herrn Dr.-Ing. habil. A. Zinzen, Berlin, aus dessen Feder die Abschnitte III A 4 und IV A 7 stammen. Schließlich ist es meine Pflicht, dem Springer-Verlag dafür zu danken, daß er das Erscheinen des Buches unter den schwierigen Verhältnissen der Gegenwart ermöglicht hat.

Berlin, im April 1948.

B. Riediger.

Inhaltsverzeichnis.

Verzeichnis von Werken,

in denen einzelne Teilgebiete des Themas ausführlich behandelt sind. Einige von ihnen wurde bei der Ausarbeitung des Textes zu Rate gezogen, ohne daß dies jeweils ausdrücklich vermerkt werden konnte.

1. Organische Chemie.

a) HOLLEMAN, A. v.: Lehrbuch der Chemie. 2. Teil: Organische Chemie, bearbeitet von F. RICHTER. 25. Aufl. Berlin: Gruyter 1944.
b) HÜCKEL, W.: Organische Chemie. 2. Bd. des Lehrbuches der Chemie. Leipzig: Akademische Verlagsgesellschaft 1937.
c) KARRER, P.: Lehrbuch der organischen Chemie. Leipzig: Akademische Verlagsgesellschaft 1937.
d) RICHTER-ANSCHÜTZ: Chemie der Kohlenstoffverbindungen. Herausgegeben unter der Mitwirkung zahlreicher Fachgenossen von R. ANSCHÜTZ. 3 Bde. 12. Aufl. Leipzig: Akademische Verlagsgesellschaft 1928—1935.

2. Physikalische Chemie.

a) EUCKEN, A.: Grundriß der physikalischen Chemie. 4. Aufl. Leipzig: Akademische Verlagsgesellschaft 1934.
b) EUCKEN, A.: Lehrbuch der chemischen Physik. 2 Bde. 2. Aufl. Leipzig: Akademische Verlagsgesellschaft 1943 und 1944.
c) EGGERT, J. und L. HOCK: Lehrbuch der physikalischen Chemie. 5. Aufl. Leipzig: Hirzel 1941.
d) KREMANN, R.: Physikalische Eigenschaften und chemische Konstitution. (Wissenschaftliche Forschungsberichte, Naturw. Reihe Bd. 41.) 2. Aufl. Mitbearbeitet von M. PESTEMER. Dresden u. Leipzig: Steinkopff 1943.

3. Entstehung der Kohle und ihre Petrographie.

a) POTONIÉ, H.: Die Entstehung der Steinkohle. Berlin: Borntraeger 1910.
b) FISCHER, F.: Gesammelte Abhandlungen zur Kenntnis der Kohle. Berlin: Borntraeger 1918ff.
c) POTONIÉ, H.: Einführung in die allgemeine Kohlenpetrographie. Berlin: Borntraeger 1924.
d) ERDMANN, N. und M. DOLCH: Chemie der Braunkohle. Halle: Knapp 1927.
e) FISCHER, F.: Die Umwandlung der Kohle in Öl. Berlin: Borntraeger 1928.
f) STACH, E.: Lehrbuch der Kohlenpetrographie. Berlin: Borntraeger 1935.

4. Allgemeine Technologie der Brennstoffe.

a) WESCHE, H.: Die Brennstoffe. Stuttgart: Enke 1936.
b) Ruhrkohlenhandbuch. Herausgegeben vom Rheinisch-Westfälischen Kohlensyndikat. Berlin: Springer 1937.

c) MÜLLER, W. J. und E. GRAF: Kurzes Lehrbuch der Technologie der Brennstoffe. Wien: Deuticke 1939.
d) NEUMANN, B.: Lehrbuch der Chemischen Technologie und Metallurgie. 2 Teile. 3. Aufl. Berlin: Springer 1939.

5. Gewinnung und Verarbeitung des Erdöles.

a) ENGLER, C. und A. v. HÖLER: Das Erdöl. 6 Bde. Leipzig: Hirzel 1923.
b) GURWITSCH, L.: Die wissenschaftlichen Grundlagen der Erdölverarbeitung. Berlin: Springer 1924. (Zum Teil veraltet.)
c) The Science of Petroleum. Herausgegeben von A. E. DUNSTEN, A. W. NASH, B. T. BROOKS und H. T. TIZARD. 4 Bde. London—New York—Toronto: Oxford University Press 1938. (Ausgezeichnete erschöpfende Darstellung des Gesamtgebietes.)
d) SPAUSTA, F.: Treibstoffe für Verbrennungsmotoren. Wien: Springer 1939.
e) KALICHEVSKY, V. A. und B. A. STAGNER: Chemical Refining of Petroleum. (American Chemical Society Monograph Series No. 63.) New York: Reinhold Publ. Corp. 1942.
f) MARDER, M.: Motorkraftstoffe, 1. Bd. Berlin: Springer 1943.
g) MAYER-GÜRR, A.: Grundfragen der Erdölförderung. Berlin: Herrnhaußen 1944.
h) SACHANEN, A. N.: The Chemical Constituents of Petroleum. New York: Reinhold Publ. Corp. 1945.

6. Veredlungsverfahren im besonderen.

a) THAU, A.: Die Schwelung der Braun- und Steinkohle. Halle: Knapp 1927. Ergänzungsband Halle 1938.
b) FISCHER, F.: Die Umwandlung der Kohle in Öl. Berlin: Borntraeger 1928.
c) MUHLERT, F. und K. DREWS: Technische Gase. Leipzig: Hirzel 1928.
d) GWOSDZ, J.: Kohlenwassergas. Halle: Knapp 1930.
e) DOLCH, F.: Wassergas. Leipzig: Barth 1936.
f) Handbuch der Gasindustrie. Herausgegeben von H. BRÜCKNER. 6 Bde. München: Oldenbourg 1937 ff.
g) KURZ, H. und F. SCHUSTER: Koks, ein Problem der Brennstoffveredlung. Leipzig: Hirzel 1938.

7. Prüfverfahren.

a) BURSTIN, H.: Untersuchungsmethoden der Erdölindustrie. Berlin: Springer 1930.
b) DOLCH, M.: Brennstofftechnisches Praktikum. Halle: Knapp 1931.
c) HOLDE, D. und W. BLEYBERG: Kohlenwasserstofföle und Fette. Neubearbeitete Aufl. Berlin: Springer 1933.
d) Ölbewirtschaftung. Herausgegeben von der Wirtschaftsgruppe Elektrizitätsversorgung. 2. Aufl. Berlin: Springer 1937.

8. Technische Anwendung.

a) KADMER, E. H.: Schmierstoffe und Maschinenschmierung. 2. Aufl. Berlin: Borntraeger 1941.
b) GUMZ, W.: Kurzes Handbuch der Brennstoff- und Feuerungstechnik. Berlin: Springer 1942.

Abweichend von den im „Kurztitelverzeichnis Technisch-Wissenschaftlicher Zeitschriften“, herausgegeben vom Deutschen Verband Technisch-Wissenschaftlicher Vereine, Berlin: VDI-Verlag 1937, aufgestellten Regeln sind in den Schrifttumsnachweisen folgende, von den betreffenden Zeitschriften selbst im Titel gewählte Abkürzungen verwendet:

ATZ	Automobiltechnische Zeitschrift,
ETZ	Elektrotechnische Zeitschrift,
GWF	Gas- und Wasserfach,
MTZ	Motortechnische Zeitschrift,
Z. VDI	Zeitschrift des Vereines Deutscher Ingenieure.

I. Die Chemie der in Brenn-, Kraft- und Schmierstoffen vorkommenden Einzelverbindungen.

Das kennzeichnende Merkmal, das die organische Chemie als Sondergebiet aus der übrigen, der anorganischen Chemie heraushebt, liegt in dem eigenartigen Verhalten des vierwertigen Kohlenstoffes. Dieser ist imstande, nicht nur mit anderen Elementen, sondern auch mit sich selbst stabile Verbindungen einzugehen. Es werden dabei eine bis vier Valenzen der verfügbaren vier durch benachbarte Kohlenstoffatome abgesättigt; die übrigen bleiben für Verbindungen mit anderen Elementen frei. Die Bindung zwischen je zwei Kohlenstoffatomen kann wiederum einfach bis dreifach sein. Diese Möglichkeit schafft eine ungeheure Vielfalt von Formen, weil organische Verbindungen dadurch entstehen können, daß eine beliebige Anzahl von Kohlenstoffatomen, aneinandergekettet, das Gerippe für Moleküle der mannigfaltigsten Größen und Formen abgeben.

Daß sich zwei gleiche Atome miteinander verbinden, ist auch z. B. bei Wasserstoff, Sauerstoff, Chlor und anderen Elementen möglich. Die Moleküle dieser zweiatomigen Gase bestehen bei normalen Druck- und Temperaturverhältnissen aus zwei Atomen. Jedoch ist diese Möglichkeit bei den einwertigen Elementen Wasserstoff und Chlor damit bereits erschöpft, weil nur eine Valenz zur Verfügung steht. Bei Sauerstoff und Stickstoff sind tatsächlich ähnliche Möglichkeiten wie beim Kohlenstoff vorhanden, doch lange nicht im gleichen Maße entwickelt. Am ausgeprägtesten findet sich ein ähnliches Verhalten noch beim Silizium; allerdings besteht ein Unterschied darin, daß sich auch Sauerstoffatome an dem Aufbau der Molekülskelette zahlreicher Silikate entscheidend mitbeteiligen. Der Formenreichtum der Silikatchemie erinnert jedoch in mancher Hinsicht an den der Kohlenstoffchemie.

Verständlich wird dies bei einer Betrachtung des Periodensystems der Elemente, von dem in Zahlentafel 1 die ersten drei Perioden wiedergegeben sind. Die beiden Elemente Kohlenstoff und Silizium, die in der Gruppe IV der ersten und zweiten Periode stehen, sind von den vorhergehenden und folgenden Edelgasen gleich weit entfernt. Die äußere

Zahlentafel 1. *Die ersten drei Perioden des Periodensystems der Elemente.*

Periode	Reihe	Gruppe 0 / VIII	Gruppe I a	Gruppe I b	Gruppe II a	Gruppe II b	Gruppe III a	Gruppe III b	Gruppe IV a	Gruppe IV b	Gruppe V a	Gruppe V b	Gruppe VI a	Gruppe VI b	Gruppe VII a	Gruppe VII b
			1 H 1,008													
I	1	**2 He** 4,00	**3 Li** 6,94		**4 Be** 9,02		**5 B** 10,82			**6 C** 12,00		**7 N** 14,008		**8 O** 16,000		**9 F** 19,00
II	2	**10 Ne** 20,2	**11 Na** 23,00		**12 Mg** 24,32		**13 Al** 27,1			**14 Si** 28,06		**15 P** 31,04		**16 S** 32,07		**17 Cl** 35,46
III	3	**18 Ar** 39,88	**19 K** 39,10		**20 Ca** 40,07		**21 Sc** 45,10		**22 Ti** 48,1		**23 V** 51,0		**24 Cr** 52,0		**25 Mn** 54,93	
III	4	**26 Fe** **27 Co** **28 Ni** 55,84 58,97 58,68		**29 Cu** 63,57		**30 Zn** 65,37		**31 Ga** 69,72		**32 Ge** 72,5		**33 As** 74,96		**34 Se** 79,2		**35 Br** 79,92

Die Ziffern vor den Symbolen sind die Ordnungszahlen; unterhalb stehen die Atomgewichte.

Elektronenhülle befindet sich also gerade zur Hälfte aufgebaut; dadurch kann das eigenartige Verhalten dieser beiden Elemente, das sich grundlegend z. B. von dem der Elemente der Gruppe I oder VII unterscheidet, erklärt werden[1].

Die erwähnte Eigenschaft des Kohlenstoffatoms, sich mit einem gleichen Atom zu verketten, so daß an jedem Atom noch zwei oder drei Wertigkeiten für andere Atome frei bleiben, führt zu der Notwendigkeit, der räumlichen Anordnung der Atome besondere Beachtung zu schenken. Man hat bestimmte Ansichten über den Bau der Moleküle entwickelt und bringt sie in den Strukturformeln zum Ausdruck. Ob man sich nun den räumlichen Bau der Moleküle tatsächlich so vorstellen darf, wie dies die Strukturformeln lehren, mag dahingestellt bleiben, zumal der festgefügt scheinende Molekülbegriff im Lichte neuerer Forschungen nicht unerschüttert blieb. Unabhängig davon haben die Strukturformeln jedoch ihre Brauchbarkeit für die Wissenschaft erwiesen und können als Denkschemata benützt werden, mag es auch nicht immer zutreffen, daß sie wahre Abbilder der Wirklichkeit sind.

A. Die Kohlenwasserstoffe.

Bei den einfachsten Verbindungen der organischen Chemie bestehen die Moleküle aus einem Kohlenstoffskelett, dessen freie Valenzen durch Wasserstoffatome besetzt sind. Dementsprechend nennt man diese Verbindungen Kohlenwasserstoffe. Die beiden wichtigsten Grundformen der Atomverkettung bei diesen Verbindungen sind die Ketten und die Ringe. Sie werden durch die Schemata

```
                                            |
                                            C
  |   |   |       |   |   |             —C⁄   ⧹C—
—C—C—C ··· C—C—C—       und          ‖      |
  |   |   |       |   |   |             —C⧹   ⁄C—
                                            C
                                            |
```

wiedergegeben. Für die Ringe ist als Beispiel der Benzolring gewählt; er enthält zwar nach der üblichen Darstellungsweise drei Doppel-

[1] Auf diese Zusammenhänge näher einzugehen, verbietet sich hier. Es müßten die Grundbegriffe der Quantentheorie zur Erklärung herangezogen und insbesondere der Begriff der Valenz erörtert werden. Bahnbrechend auf diesem Gebiet waren vor allem die Arbeiten von KOSSEL, nach dem auch die diesbezügliche Theorie vielfach benannt wird; vgl. z. B. KOSSEL, W.: Atombau und Atombindung. Aus der Geschichte der physikalischen Kräfte. Angew. Chem. A Bd. 59 (1947) S. 125—137.

bindungen, so daß seine Bevorzugung nicht ohne weiteres einleuchtet. Benzol hat jedoch praktisch und theoretisch sehr große Bedeutung. Es wird hierauf in Abschnitt I A 2a noch näher eingegangen.

1. Die Ketten-Kohlenwasserstoffe (Aliphaten).

a) Die gesättigten Kohlenwasserstoffe (Paraffine oder Alkane).

Betrachtet man zunächst die kettenförmigen Kohlenwasserstoffe, also jene Verbindungen, bei denen sämtliche freien Valenzen der aneinandergereihten und einfach gebundenen Kohlenstoffatome durch Wasserstoffatome abgesättigt sind, so kommt man zu der Paraffinreihe (Reihe der gesättigten Kohlenwasserstoffe, mitunter Fettreihe genannt) mit der allgemeinen Bruttoformel[1]

$$C_nH_{2n+2}.$$

Diese Verbindungen werden auch als Grenz-Kohlenwasserstoffe bezeichnet, weil bei ihnen die obere Grenze der möglichen Wasserstoffatomzahl je Molekül erreicht ist.

Ein größerer Teil der Vertreter dieser Verbindungsgruppe ist in Zahlentafel 2 mit einigen ihrer physikalischen Eigenschaften zusammengestellt. Eine solche Reihe nennt man homologe Reihe und bezeichnet die einzelnen Glieder nach dem Ausgangsglied mit $n = 1$ manchmal als Methanhomologen. Betrachtet man zunächst die bei den Gruppen mit gleicher Bruttoformel an erster Stelle stehenden Glieder, so läßt Zahlentafel 2 gleich eine Eigenschaft einer homologen Reihe erkennen, auf die man immer wieder stößt. Die stetige Zunahme des Molekulargewichtes führt zu einem ebenso stetigen Anstieg der Schmelz- und Siedepunkte. Die Abhängigkeit dieser und anderer Stoffwerte vom Molekülbau wird im zweiten Teil des Buches noch eingehender besprochen.

Welche Bewandtnis es mit den durch n- und i- oder durch Vorsilben gekennzeichneten Verbindungen hat, wird gleich anschließend erörtert. Das Methan ist bei Zimmertemperatur ein permanentes Gas, sein kritischer Punkt liegt bei — 82,1° C und 47,30 at abs. Äthan, Propan und Butan können bereits ohne Abkühlung durch Druck verflüssigt werden. Die beiden letzten haben als Austauschkraftstoffe (Flüssiggase) und als Anteile des Abgases der Krack-, Hydrier- und Syntheseanlagen einige Bedeutung erlangt. Die nächsten Glieder mit fünf bis neun

[1] Bei den Bruttoformeln erhält das Symbol jedes Elementes einfach die Summe der im Molekül vorhandenen Atome als Zeiger, ohne Rücksicht auf die strukturelle Anordnung.

Kohlenstoffatomen sind die wichtigsten Bestandteile der Benzine zahlreicher Erdölvorkommen; sie sind bei Zimmertemperatur flüssig. Es folgen dann die im Petroleum, Gasöl (Dieselöl), Heiz- und Schmieröl vorkommenden Verbindungen. Etwa vom Pentadekan $C_{15}H_{32}$ angefangen sind die Kohlenwasserstoffe der Paraffinreihe bei gewöhnlichen Temperaturen feste Körper. Gemische solcher hochmolekularer Verbindungen werden z. B. technisch als Paraffine bei der Erdöl- und Braunkohlen-Schwelteer-Verarbeitung gewonnen und haben der ganzen Reihe den Namen gegeben.

Die Paraffine sind bei gewöhnlicher Temperatur ziemlich reaktionsträge. Ihr Name „parum affinis" heißt, daß sie „kaum verwandt" sind, also nur geringe Neigung zeigen, mit anderen Elementen Verbindungen einzugehen. Von Säuren und Basen werden sie nicht angegriffen. Dagegen sind sie mit Ausnahme der einfachsten Glieder wenig wärmebeständig und neigen bei höheren Temperaturen zum Zerfall. Ihr geringer Widerstand gegen Sauerstoffangriff bei hoher Temperatur ist die Ursache dafür, daß Dieselöle rein paraffinischen Aufbaues, wie die aus der FISCHER-TROPSCH-Synthese gewonnenen Kogasine, eine so hohe Zündwilligkeit aufweisen, daß Motoren der heute üblichen Bauart gar nicht in der Lage sind, die damit gegebenen Vorteile voll auszunützen. Kogasin wird deshalb meist nur als Beimischung zur Verbesserung wenig zündwilliger Dieselkraftstoffe verwendet. Näheres hierüber folgt in Abschnitt IV B 4.

Die Änderung der Zähigkeit mit der Temperatur ist bei Paraffinen geringer als bei anderen Kohlenwasserstoffen. Deshalb werden Schmierstoffe mit einem hohen Anteil an Paraffinhomologen besonders geschätzt[1]. Einzelheiten hierüber werden in Abschnitt IV D 1b gebracht.

Normalformen — Isomere Formen

Es empfiehlt sich, bei der Besprechung der Paraffin-Kohlenwasserstoffe gleich auf die durch Verzweigungen verursachten Unterschiede einzugehen. Oben wurde als Grundschema für Ketten-Kohlenwasserstoffe die Kette ohne Verzweigung angeführt. Da das einzelne Kohlenstoffatom mit vier freien Valenzen dargestellt wird, ist es zunächst denkbar, daß Verbindungen auch dadurch zustande kommen, daß von einzelnen

[1] Dies heißt, als wertvoll werden Schmieröle angesehen, deren Grundstoffe paraffinisch aufgebaut sind. Davon zu unterscheiden ist jedoch ein durchaus unerwünschter Paraffingehalt, also eine Beimengung hochmolekularer Paraffin-Kohlenwasserstoffe, weil sich diese besonders bei tiefen Temperaturen kristallin ausscheiden und die Schmierstoffleitungen verstopfen können.

Fortsetzung des Textes Seite 23.

Zahlentafel 2. *Die Kohlenwasserstoffe der*

Bruttoformel	Name	Strukturformel
CH_4	Methan	CH_4
C_2H_6	Äthan	CH_3-CH_3
C_3H_8	Propan	$CH_3-CH_2-CH_3$
C_4H_{10}	n-Butan	$CH_3-CH_2-CH_2-CH_3$
	i-Butan	$CH_3-CH-CH_3$ | CH_3
C_5H_{12}	n-Pentan.	$CH_3-(CH_2)_3-CH_3$
	2-Methylbutan . . . . („Isopentan“)	$CH_3-CH-CH_2-CH_3$ | CH_3
	2, 2-Dimethylpropan . . (Neopentan)	CH_3 | CH_3-C-CH_3 | CH_3
C_6H_{14}	n-Hexan	$CH_3-(CH_2)_4-CH_3$
	2-Methylpentan. . . .	$CH_3-CH-(CH_2)_2-CH_3$ | CH_3
	3-Methylpentan. . . .	$CH_3-CH_2-CH-CH_2-CH_3$ | CH_3
	2, 2-Dimethylbutan . .	CH_3 | $CH_3-C-CH_2-CH_3$ | CH_3

Fußnoten siehe am Schluß der Zahlentafel Seite 22.

Paraffinreihe (Paraffine, Alkane, Aliphate).

Molekular-gewicht	Dichte[1] g/cm³	bei Temp. °C	Schmelz-punkt[2] °C	Siedepunkt °C	bei Druck Torr	Bemerkungen, zusätzliche Angaben
16,04	0,7168 g/l $0{,}4240_3$	0 −161,58	−182,6	−161,58	760	Vorkommen im Grubengas, Sumpfgas, Erdgas, Kohlengas
30,07	1,3562 g/l $0{,}5462_4$	0 −88,5	−172,0	− 88,5	760	Vorkommen in geringer Menge im Grubengas und Erdgas, dann in Abgasen von Synthese- und Hydrieranlagen, Propan als Flüssiggas verwendet
44,09	2,0196 g/l $0{,}5824_1$	0 −44,2	−187,1	− 44,2	760	
58,12	2,7032 g/l $0{,}5788_7$*	0	−135,0	− 0,5	760	Vorkommen in Synthese- und Hydrierabgasen, dann im Erdgas und gelöst auch schon im Erdöl
	2,6726 g/l $0{,}5592_8$*	0	−145,0	− 12,2	760	
72,14	$0{,}6263_8$ $0{,}6452_9$	20 0	−129,7	+ 36,08	760	$d\varrho/dt = -0{,}0_39293 \cdot (1 + 0{,}0_3867\,t)$/grd für −90° bis +10° C
	0,61996	20	−159,6	+ 27,95	760	$d\varrho/dt = -0{,}0_39679$/grd für 0° bis +28° C
	0,613	0	− 16,63	+ 9,45	760	Vorkommen aller Pentane im Erdgas und Erdöl. Isopentan zur Beimischung zu Isooktan für Flugkraftstoffe verwendet
86,17	0,65942	20	− 94,0	+ 68,8	760	$d\varrho/dt = -0{,}0_38790 \cdot (1 + 0{,}0_3764\,t)$/grd für −90° bis +50° C
	$0{,}6562_3$	20	−153,7	+ 60,20	760	$d\varrho/dt = -0{,}0_38985$/grd für 0° bis +20° C
	0,66409	20	−118	+ 63,2	760	$d\varrho/dt = -0{,}0_38995$/grd für 0° bis +20° C
	$0{,}6494_4$	20	− 98,2	+ 49,7	760	$d\varrho/dt = -0{,}0_39150$/grd für 0° bis +20° C

Zahlentafel 2.

Brutto-formel	Name	Strukturformel
C_6H_{14}	2,3-Dimethylbutan . .	CH_3—CH—CH—CH_3 | | CH_3 CH_3
C_7H_{16}	n-Heptan	CH_3—$(CH_2)_5$—CH_3
	2-Methylhexan	CH_3—CH—$(CH_2)_3$—CH_3 | CH_3
	3-Methylhexan	CH_3—CH_2—CH—$(CH_2)_2$—CH_3 | CH_3
	3-Äthylpentan	CH_3—CH_2—CH—CH_2—CH_3 | CH_2—CH_3
	2,2-Dimethylpentan . .	CH_3 | CH_3—CH—CH_2—CH_2—CH_3 | CH_3
	2,3-Dimethylpentan . .	CH_3—CH—CH—CH_2—CH_3 | | CH_3 CH_3
	2,4-Dimethylpentan . .	CH_3—CH—CH_2—CH—CH_3 | | CH_3 CH_3
	3,3-Dimethylpentan . .	CH_3 | CH_3—CH_2—C—CH_2—CH_3 | CH_3
	2,2,3-Trimethylbutan .	CH_3 | CH_3—C——CH—CH_3 | | CH_3 CH_3
C_8H_{18}	n-Oktan	CH_3—$(CH_2)_6$—CH_3

(Fortsetzung.)

Molekular-gewicht	Dichte[1] g/cm³	bei Temp. °C	Schmelzpunkt[2] °C	Siedepunkt °C	bei Druck Torr	Bemerkungen, zusätzliche Angaben
86,17	0,66201	20	−128,8	+ 58,0	760	$d\varrho/dt = -0{,}0_3 8692$/grd für 0° bis +20° C
100,19	0,68375	20	− 90,5	+ 98,4	760	$d\varrho/dt = -0{,}0_3 8411 \cdot (1 + 0{,}0_3 9019\, t$/grd für −90° bis +90° C
	$0{,}6787_3$	20	−118,2	+ 89,7	760	$d\varrho/dt = -0{,}00109$/grd für 15° bis 20° C
	0,6900	20	−119,4	+ 91,8	760	$d\varrho/dt = 0{,}0_3 176$/grd für 15° bis 20° C
	$0{,}6986_0$	20	−118,8	+ 93,3	760	$d\varrho/dt = -0{,}0_3 8682 \cdot (1 + 0{,}0_3 826\, t)$/grd für −110° bis +90° C
	$0{,}6736_8$	20	−125,0	+ 78,9	760	$d\varrho/dt = -0{,}0_3 8517$/grd für −120° bis +80° C
	$0{,}6944_2$	20	**	+ 89,7	760	$d\varrho/dt = -0{,}0_3 8685$/grd für 0° bis 20° C
	$0{,}6729_5$	20	−119,3	+ 80,8	760	$d\varrho/dt = -0{,}0_3 8433$/grd für 0° bis 20° C
	$0{,}6931_6$	20	−134,9	+ 86,0	760	
	0,6901	20	− 25,0	+ 80,8	760	$d\varrho/dt = -0{,}0_3 8195$/grd für 0° bis 20° C
114,22	0,70283	20	− 56,8	+125,6	760	$d\varrho/dt = -0{,}0_3 8096 \cdot (1 + 0{,}0_3 857\, t)$/grd für −50° bis +110° C

Zahlentafel 2.

Brutto-formel	Name	Strukturformel
C_8H_{18}	2-Methylheptan. . . .	$CH_3—CH—(CH_2)_4—CH_3$ $\vert$ CH_3
	3-Methylheptan. . . .	$CH_3—CH_2—CH—(CH_2)_3—CH_3$ $\vert$ CH_3
	4-Methylheptan. . . .	$CH_3—(CH_2)_2—CH—(CH_2)_2—CH_3$ $\vert$ CH_3
	3-Äthylhexan.	$CH_3—CH_2—CH—(CH_2)_2—CH_3$ $\vert$ $CH_2—CH_3$
	2,2-Dimethylhexan . .	CH_3 $\vert$ $CH_3—C—(CH_2)_3—CH_3$ $\vert$ CH_3
	2,3-Dimethylhexan . .	$CH_3—CH——CH—(CH_2)_2—CH_3$ $\vert \quad \vert$ $CH_3 \quad CH_3$
	2,4-Dimethylhexan . .	$CH_3—CH—CH_2—CH—CH_2—CH_3$ $\vert \quad \vert$ $CH_3 \quad CH_3$
	2,5-Dimethylhexan . . (Diisobutyl)	$CH_3—CH—(CH_2)_2—CH—CH_3$ $\vert \quad \vert$ $CH_3 \quad CH_3$
	3,3-Dimethylhexan . .	CH_3 $\vert$ $CH_3—CH_2—C—(CH_2)_2—CH_3$ $\vert$ CH_3
	3,4-Dimethylhexan . .	$CH_3—CH_2—CH——CH—CH_2—CH_3$ $\vert \quad \vert$ $CH_3 \quad CH_3$
	2-Methyl-3-äthylpentan	$CH_3—CH——CH—CH_2—CH_3$ $\vert \quad \vert$ $CH_3 \quad CH_2—CH_3$
	3-Methyl-3-äthylpentan	CH_3 $\vert$ $CH_3—CH_2—CH—CH_2—CH_3$ $\vert$ $CH_2—CH_3$

(Fortsetzung.)

Molekular-gewicht	Dichte[1] bei Temp. g/cm³	°C	Schmelz-punkt[2] °C	Siedepunkt bei Druck °C	Torr	Bemerkungen zusätzliche Angaben
114,22	0,6978	20	−111,3	+117,2	760	
	$0{,}7057_8$	20	**	119	760	$d\varrho/dt = -0{,}0_3 8022$/grd für 0° bis 20° C
	0,7163	20		118	760	
	0,7122	20		118,9	760	
	0,6956	20		107,0	760	
	0,71240	20	**	115,7	760	
	0,6993	20		109	760	
	$0{,}6949_9$	20	− 90,7	+109,3	760	$d\varrho/dt = -0{,}0_3 735$/grd für 0° bis +30° C
	0,7086	20		111	760	
	$0{,}7195_4$	20	**	117,8	760	
	0,7182	20		114	760	
	0,7256	20	− 90,9	+118,4		

Zahlentafel 2.

Brutto-formel	Name	Strukturformel
C_8H_{18}	2,2,3-Trimethylpentan .	CH_3 | $CH_3—C——CH—CH_2—CH_3$ | | CH_3 CH_3
	2,2,4-Trimethylpentan . („Isooktan“)	CH_3 | $CH_3—C—CH_2—CH—CH_3$ | | CH_3 CH_3
	2,3,3-Trimethylpentan .	CH_3 | $CH_3—CH——C—CH_2—CH_3$ | | CH_3 CH_3
	2,3,4-Trimethylpentan .	$CH_3—CH——CH——CH—CH_3$ | | | CH_3 CH_3 CH_3
	2,2,3,3-Tetramethyl-butan	CH_3 CH_3 | | $CH_3—CH——CH—CH_3$ | | CH_3 CH_3
C_9H_{20}	n-Nonan . . . . (n-Ennean)	$CH_3—(CH_2)_7—CH_3$
	2-Methyloktan	$CH_3—CH—(CH_2)_5—CH_3$ | CH_3
	3-Methyloktan	$CH_3—CH_2—CH—(CH_2)_4—CH_3$ | CH_3
	4-Methyloktan	$CH_3—(CH_2)_2—CH—(CH_2)_3—CH_3$ | CH_3
	3-Äthylheptan	$CH_3—CH_2—CH—(CH_2)_3—CH_3$ | $CH_2—CH_3$
	4-Äthylheptan	$CH_3—(CH_2)_2—CH—(CH_2)_2—CH_3$ | $CH_2—CH_3$

(Fortsetzung.)

Molekular-gewicht	Dichte [1] bei Temp. g/cm³	°C	Schmelz-punkt [2] °C	Siedepunkt bei Druck °C	Torr	Bemerkungen, zusätzliche Angaben
114,22	0,7162	20	**	110,3		
	0,69194	20	−107,45	+ 99,3		$d\varrho/dt = -0{,}0_3 8299 \cdot (1 + 0{,}0_3 736\ t)$/grd für −100° bis +100° C
	Bezugskraftstoff für die Klopfwertbestimmung					
	0,7258	20	−109,3	+114,2	760	
	0,7195	20	**	+113,4	760	
	0,7219	20	+101	+106,5	760	Bei dem Pluszeichen für den Schmelzpunkt handelt es sich wahrscheinlich um einen Druckfehler in der Quelle
128,25	0,71790	20	− 53,69	+150,71	760	$d\varrho/dt = -0{,}0_3 7847 \cdot (1 + 0{,}0_3 668\ t)$/grd für −50° bis +150° C
	0,7121	20	− 80,3	+143,0	760	
	0,7210	20	−108,0	+144,18	760	
	0,7222	20	−113,3 (?)	+142,46	760	Der angegebene Wert für den Schmelzpunkt ist unsicher
	0,7260	20		143,1	760	
	0,7407	20		138 bis 139	760	

Zahlentafel 2.

Brutto-formel	Name	Strukturformel
C_9H_{20}	2,4-Dimethylheptan . .	$CH_3-CH-CH_2-CH-(CH_2)_2-CH_3$ $\quad\;\; CH_3 \qquad\;\; CH_3$
	2,5-Dimethylheptan . .	$CH_3-CH-(CH_2)_2-CH-CH_2-CH_3$ $\quad\;\; CH_3 \qquad\quad CH_3$
	2,6-Dimethylheptan . .	$CH_3-CH-(CH_2)_3-CH-CH_3$ $\quad\;\; CH_3 \qquad\quad CH_3$
	2,2,5-Trimethylhexan .	$\quad\;\; CH_3$ $CH_3-C-(CH_2)_2-CH-CH_3$ $\quad\;\; CH_3 \qquad\quad CH_3$
	3,3-Diäthylpentan . . .	$\qquad\qquad\quad CH_2-CH_3$ $CH_3-CH_2-C-CH_2-CH_3$ $\qquad\qquad\quad CH_2-CH_3$
	sonstige Isononane, soweit bekannt	
$C_{10}H_{22}$	n-Dekan	$CH_3-(CH_2)_8-CH_3$
	2-Methylnonan	$CH_3-CH-(CH_2)_6-CH_3$ $\quad\;\; CH_3$
	3-Methylnonan	$CH_3-CH_2-CH-(CH_2)_5-CH_3$ $\qquad\qquad\; CH_3$
	5-Methylnonan	$CH_3-(CH_2)_3-CH-(CH_2)_3-CH_3$ $\qquad\qquad\quad CH_3$
	2,6-Dimethyloktan . .	$CH_3-CH-(CH_2)_3-CH-CH_2-CH_3$ $\quad\;\; CH_3 \qquad\quad CH_3$
	2,7-Dimethyloktan . . (Diisoamyl)	$CH_3-CH-(CH_2)_4-CH-CH_3$ $\quad\;\; CH_3 \qquad\quad CH_3$

(Fortsetzung.)

Molekular-gewicht	Dichte[1] bei Temp. g/cm³	°C	Schmelz-punkt[2] °C	Siedepunkt bei Druck °C	Torr	Bemerkungen, zusätzliche Angaben
128,25	0,7158	20		133	760	
	0,7147	20		135,8	760	
	0,7049	20		134	760	$d\varrho/dt = -0{,}00127$/grd für 0° bis 20° C
	$0{,}7075_5$	20		124,09	760	
	0,75255	20	~ −41	139,2	760	$d\varrho/dt = -0{,}0_3 8518 \cdot (1 - 0{,}0040\,t)$/grd für 15° bis 40° C. Das Minuszeichen in der Klammer beruht möglicherweise auf einem Druckfehler der Quelle
	zwischen 0,71 und 0,735	20		zwischen 122 und 141	760	
142,27	0,72985	20	− 29,72	+174,04	760	$d\varrho/dt = -0{,}0_3 7675 \cdot (1 + 0{,}00511\,t)$/grd für −30° bis +170° C
	0,72805	20	− 74,64	+166,8	760	
	0,73337	20	− 84,83	+167,8	760	
	0,73255	20	− 86,80	+165,1	760	
	$0{,}7291_3$	20		+159	760	$d\varrho/dt = -0{,}0_3 8527$/grd für 0° bis 20° C
	$0{,}7247_1$	20	− 52,5	+160,2	760	

Zahlentafel 2.

Brutto-formel	Name	Strukturformel
$C_{10}H_{22}$	2,2,6-Trimethylheptan	CH_3 (an C) $CH_3—C—(CH_2)_3—CH—CH_3$ CH_3 (an C) $\quad$ CH_3 (an CH)
	alle übrigen Isodekane, soweit bekannt	
$C_{11}H_{24}$	n-Undekan . . . . . . (n-Hendekan)	$CH_3—(CH_2)_9—CH_3$
	alle übrigen Isohendekane, soweit bekannt	
$C_{12}H_{26}$	n-Dodekan	$CH_3—(CH_2)_{10}—CH_3$
	5-n-Propylnonan . . .	$CH_3—(CH_2)_3—CH—(CH_2)_3—CH_3$ $(CH_2)_2—CH_3$ (an CH)
	alle übrigen Isododekane, soweit bekannt	
$C_{13}H_{28}$	n-Tridekan	$CH_3—(CH_2)_{11}—CH_3$
	5-n-Butylnonan	$CH_3—(CH_2)_3—CH—(CH_2)_3—CH_3$ $(CH_2)_3—CH_3$ (an CH)
$C_{14}H_{30}$	n-Tetradekan	$CH_3—(CH_2)_{12}—CH_3$
$C_{15}H_{32}$	n-Pentadekan	$CH_3—(CH_2)_{13}—CH_3$
$C_{16}H_{34}$	n-Hexadekan . . . . (Cetan, Zetan)	$CH_3—(CH_2)_{14}—CH_3$
	4,7-Di-n-propyldekan .	$CH_3—(CH_2)_2—CH—(CH_2)_2—CH—(CH_2)_2—CH_3$ $CH_3—(CH_2)_2$ (an 1. CH) $\quad$ $(CH_2)_2—CH_3$ (an 2. CH)

(Fortsetzung.)

Molekular-gewicht	Dichte[1] bei Temp. g/cm³	°C	Schmelz-punkt[2] °C	Siedepunkt °C	bei Druck Torr	Bemerkungen, zusätzliche Angaben
142,27	0,7229	20	−105,0	+148,93	760	$d\varrho/dt = -0{,}0_3 44$/grd für 6° bis 20° C
	zwischen 0,74 und 0,76	20		zwischen 143 und 159	760	
156,30	$0{,}7404_5$	20	− 25,61	+195,8	760	$d\varrho/dt = -0{,}0_3 7061 \cdot (1 + 0{,}0_3 617\,t)$/grd für 10° bis 190° C
	zwischen 0,731 und 0,763	20		zwischen 170 und 180	760	
170,32	0,7493	20	− 9,65	+216,2	760	$d\varrho/dt = -0{,}0_3 6942 \cdot (1 + 0{,}0_3 548\,t)$/grd für −10° bis +210° C
	0,7559	20		+197	760	
	zwischen 0,739 und 0,767	20		zwischen 160 und 212		
184,35	0,7568	20	− 6	zwischen ∼226 und 234	760	$d\varrho/dt = -0{,}0_3 7104$/grd für 0° bis 99° C
	0,7635	18,5		∼218	760	
198,37	$0{,}7636_0$	20	5,5	251	760	$d\varrho/dt = -0{,}0_3 7069$/grd für 5° bis 100° C
212,40	0,7688	20	10	268	760	$d\varrho/dt = -0{,}0_3 6962$/grd für 0° bis 100° C
226,43	$0{,}7749_9$	20	18,1	280	760	$d\varrho/dt = -0{,}0_3 6932$/grd für 15° bis 100° C
	0,7846	20		∼126	18	

Zahlentafel 2.

Bruttoformel	Name	Strukturformel
$C_{17}H_{36}$	n-Heptadekan	$CH_3—(CH_2)_{15}—CH_3$
	5,5-Dibutylnonan . . .	$(CH_2)_3—CH_3$ | $CH_3—(CH_2)_3—C—(CH_2)_3—CH_3$ | $(CH_2)_3—CH_3$
$C_{18}H_{38}$	n-Oktodekan	$CH_3—(CH_2)_{16}—CH_3$
	2-Methylheptadekan. .	$CH_3—CH—(CH_2)_{14}—CH_3$ | CH_3
	3,12-Diäthyltetradekan	$CH_3—CH_2—CH—(CH_2)_8—CH—CH_2—CH_3$ | | $CH_3—CH_2$ $CH_2—CH_3$
$C_{19}H_{40}$	n-Nonadekan . . . . . (n-Enneadekan)	$CH_3—(CH_2)_{17}—CH_3$
$C_{20}H_{42}$	n-Eikosan	$CH_3—(CH_2)_{18}—CH_3$
	3-Äthyloktodekan . . .	$CH_3—CH_2—CH—(CH_2)_{14}—CH_3$ | $CH_2—CH_3$
$C_{21}H_{44}$	n-Heneikosan.	$CH_3—(CH_2)_{19}—CH_3$
$C_{22}H_{46}$	n-Dokosan	$CH_3—(CH_2)_{20}—CH_3$
$C_{23}H_{48}$	n-Trikosan	$CH_3—(CH_2)_{21}—CH_3$
$C_{24}H_{50}$	n-Tetrakosan	$CH_3—(CH_2)_{22}—CH_3$
$C_{25}H_{52}$	n-Pentakosan.	$CH_3—(CH_2)_{23}—CH_3$
$C_{26}H_{54}$	n-Hexakosan	$CH_3—(CH_2)_{24}—CH_3$
$C_{27}H_{56}$	n-Heptakosan	$CH_3—(CH_2)_{25}—CH_3$

(Fortsetzung.)

Molekular-gewicht	Dichte[1] bei Temp. g/cm³	°C	Schmelz-punkt[2] °C	Siedepunkt °C	bei Druck Torr	Bemerkungen, zusätzliche Angaben
240,45	0,7767	22	22,0	303	760	$d\varrho/dt = -0{,}0_3681$/grd für 22° bis 100° C
	0,7679	23,3		~ 95	12	
254,48	0,7767	28	28,0	308	760	$d\varrho/dt = -0{,}0_36744$/grd für 28° bis 100° C
	0,7836	15,6	5	311	760	
	0,7924	20	~ −30	~ +170	18	
268,51	$0{,}7776_7$	32	32	330	760	$d\varrho/dt = -0{,}0_36668$/grd für 32° bis 100° C
282,54	$0{,}7777_6$	36,4	36,4	309,7	760	$d\varrho/dt = -0{,}0_36759$/grd für 36,4° bis 100° C
	$0{,}7948_8$	20	− 3	341	760	$d\varrho/dt = -0{,}0_36609$/grd für 0° bis 100° C
296,57	$0{,}7782_0$	40,4	40,4	215	115	$d\varrho/dt = -0{,}0_36562$/grd für 40,4° bis 100° C
310,60	0,7778	44,4	44,4	327	768	$d\varrho/dt = -0{,}0_36466$/grd für 44,4° bis 100° C
324,62	0,7797	47,4	47,4	320,7	760	$d\varrho/dt = -0{,}0_36619$/grd für 47,4° bis 100° C
338,65	0,7786	51,1	51,1	324,1	760	
352,68	~0,7785	53,8	53,3	~281	50	
366,70	0,7573	90	57	262	15	$d\varrho/dt = -0{,}0_36990$/grd für 90° bis 160° C
380,73	0,7776	60	60	270	15	$d\varrho/dt = -0{,}0_36151$/grd für 60° bis 100° C

Zahlentafel 2.

Brutto-formel	Name	Strukturformel
$C_{28}H_{58}$	n-Oktokosan	$CH_3—(CH_2)_{26}—CH_3$
	10-n-Nonyl-n-nona-dekan	$CH_3—(CH_2)_8—CH—(CH_2)_8—CH_3$ | $(CH_2)_8—CH_3$
$C_{29}H_{60}$	n-Nonakosan	$CH_3—(CH_2)_{27}—CH_3$
$C_{30}H_{62}$	n-Triakontan	$CH_3—(CH_2)_{28}—CH_3$
	2,6,10,15,19,23-Hexa-methyl-tetrakosan	$CH_3—CH—(CH_2)_3—CH—(CH_2)_3—CH—(CH_2)_4—$ | | | CH_3 CH_3 CH_3 $—CH—(CH_2)_3—CH—(CH_2)_3—CH—CH_3$ | | | CH_3 CH_3 CH_3
$C_{31}H_{64}$	n-Hentriakontan . . .	$CH_3—(CH_2)_{29}—CH_3$
$C_{32}H_{66}$	n-Dotriakontan . . . . (Dizetyl)	$CH_3—(CH_2)_{30}—CH_3$
$C_{33}H_{68}$	n-Tritriakontan . . .	$CH_3—(CH_2)_{31}—CH_3$
	16-Äthylhentriakontan .	$CH_3—(CH_2)_{14}—CH—(CH_2)_{14}—CH_3$ | $CH_2—CH_3$
$C_{34}H_{70}$	n-Tetratriakontan . . .	$CH_3—(CH_2)_{32}—CH_3$
$C_{35}H_{72}$	n-Pentatriakontan . . .	$CH_3—(CH_2)_{33}—CH_3$
	16-Butylhentriakontan .	$CH_3—(CH_2)_{14}—CH—(CH_2)_{14}—CH_3$ | $(CH_2)_3—CH_3$
$C_{36}H_{74}$	n-Hexatriakontan . .	$CH_3—(CH_2)_{34}—CH_3$
$C_{37}H_{76}$	n-Heptatriakontan . .	$CH_3—(CH_2)_{35}—CH_3$
	18-Äthylpenta-triakontan	$CH_3—(CH_2)_{16}—CH—(CH_2)_{16}—CH_3$ | $CH_2—CH_3$
$C_{38}H_{78}$	n-Oktotriakontan . . .	$CH_3—(CH_2)_{36}—CH_3$

(Fortsetzung.)

Molekular-gewicht	Dichte [1] bei g/cm³	Temp. °C	Schmelz-punkt [2] °C	Siedepunkt °C	bei Druck Torr	Bemerkungen, zusätzliche Angaben
394,75	0,7792	61,6	61,6	278	15	
	0,7770	70	~ −6	~ 233	3	
408,78	0,7797	63,8	63,8	286	15	
422,81	0,7797	65,9	65,9	304	15	
	0,8098	20	unter −20 bis −35	~ 281	24	
436,83			68,4	302	15	
450,86	0,7816	70,3	70,3	310	15	
464,88	0,7801	71,8	71,6	328	15	
	0,7934	66	zwischen 14 und 18			
478,91	0,7806	73	73	336	15	
492,94	0,7814	74,6	74,7	331	15	
	0,7913	70	23			
506,96	0,7819	75	76	265	1	
520,99	0,7753	84	76,2			
	0,773	100	20 bis 21	260	0,5	
535,01	0,7688	100	79,3			8 964 747 474 595 Isomere möglich[3]

Zahlentafel 2.

Brutto-formel	Name	Strukturformel
$C_{39}H_{80}$	n-Nonatriakontan . .	CH_3—$(CH_2)_{37}$—CH_3
$C_{40}H_{82}$	n-Tetrakontan	CH_3—$(CH_2)_{38}$—CH_3
$C_{41}H_{84}$	n-Hentetrakontan . . .	CH_3—$(CH_2)_{39}$—CH_3
$C_{42}H_{86}$	n-Dotetrakontan . . .	CH_3—$(CH_2)_{40}$—CH_3
$C_{43}H_{88}$	n-Tritetrakontan . . .	CH_3—$(CH_2)_{41}$—CH_3
$C_{44}H_{90}$	n-Tetratetrakontan . .	CH_3—$(CH_2)_{42}$—CH_3
$C_{50}H_{102}$	n-Pentakontan	CH_3—$(CH_2)_{48}$—CH_3
$C_{60}H_{122}$	n-Hexakontan	CH_3—$(CH_2)_{58}$—CH_3
$C_{70}H_{142}$	n-Heptakontan	CH_3—$(CH_2)_{68}$—CH_3

[1] Für den gasförmigen Zustand gelten die Angaben der Dichte ϱ in g/Liter, was besonders vermerkt ist, und zwar für eine Temperatur von 0° C und einen Druck von 760 Torr. Die übrigen Angaben (für den flüssigen oder festen Zustand) gelten in g/cm³ für die angeführte Temperatur. Bei den Änderungen $d\varrho/dt$ der Dichte ϱ mit der Temperatur t wurde aus drucktechnischen Gründen die Dimensionsangabe, die g/cm³ grd lauten sollte, verkürzt angegeben.

[2] Die Änderungen der Schmelzpunkttemperatur mit dem Druck sind innerhalb der technisch üblichen Druckgrenzen gering; die angegebenen Werte gelten durchweg für Atmosphärendruck. Oft fehlt in den Quellen überhaupt eine diesbezügliche Angabe.

[3] Die angegebene Anzahl möglicher Isomeren wurde von D. Perry, J. Amer. chem. Soc. Bd. 54 (1932) S. 2918—2920 berechnet.

* Bei den betreffenden Werten fehlt die Angabe der zugehörigen Temperatur; offenbar ist 20° C gemeint und die Messung unter Druck vorgenommen worden, worauf die sonstigen Angaben der Quelle schließen lassen.

** Ein genauer Schmelzpunkt ist nicht bekannt; die Substanz erstarrt bei tiefer Temperatur zu einer glasartigen Masse.

(Fortsetzung.)

Molekular-gewicht	Dichte[1] bei Temp. g/cm³	°C	Schmelz-punkt[2] °C	Siedepunkt °C	bei Druck Torr	Bemerkungen, zusätzliche Angaben
549,04	0,7771	84	79,0			23 647 478 933 969 Isomere möglich[3]
563,07			80,5			
577,09	0,7784	84	80,7			
591,12	0,7803	84	82,9			
605,14	0,7810	84	83,3			
619,17			86,4			
703,33	0,7940 0,9422 im festen Zustand	93,0	~ 92	~ 421	15	
843,59	0,7465	115,4	~ 99			22 158 734 535 770 411 074 184 Isomere möglich[3]
983,85			~ 105			

Kohlenstoffatomen einer Kette seitliche Ketten etwa in folgender Art abzweigen:

```
   |   |   |   |   |   |
 —C—C—C—C—C—C—
   |   |   |   |   |   |
    —C—   —C—
      |     |
          —C—
            |
```

Ob die Seitenketten nach oben oder unten abzweigen, soll zunächst außer Betracht bleiben.

Körper mit einem Kohlenstoffskelett wie dem dargestellten sind nun tatsächlich von der Kohlenstoff-Atomzahl vier an möglich und nachgewiesen. Man bezeichnet gesättigte Verbindungen mit verzweigten Ketten als Isoparaffine zum Unterschied von den Normalparaffinen mit unverzweigter Kette und nennt die ganze Erscheinung

„Isomerie“. Die Zahl der isomeren Verbindungen nimmt mit der Zahl der Kohlenstoffatome nach den Regeln der Kombinatorik zu. Wenn man dies bedenkt, dann wird es verständlich, wie viele Verbindungen besonders in Fraktionen hoch-siedender und folglich hoch-molekularer Kohlenwasserstoff-Gemische bei engen Siedegrenzen vorkommen können. Dieser Fall liegt z. B. bei Schmieröl vor, und es erscheint daher praktisch aussichtslos, Kohlenwasserstoff-Gemische mit höherem Molekulargewicht in sämtliche Mischungskomponenten zerlegen zu wollen.

Bei den Versuchen, die Konstitution solcher Gemische aufzuklären, muß man sich meist damit begnügen, das mittlere Molekulargewicht zu bestimmen und aus den Siedegrenzen auf die mögliche Zahl von Kohlenstoffatomen der einzelnen chemisch einheitlichen Mischungsglieder zu schließen. Wenn also bei solchen Fraktionen von Molekulargewichten die Rede ist, so sind darunter immer nur Mittelwerte zu verstehen. Bei einigen der letzten Glieder in Zahlentafel 2 ist die berechnete Zahl der möglichen Isomeren angegeben.

Es kann schon hier darauf hingewiesen werden, daß die gegenseitige Löslichkeit und Mischbarkeit ein Kennzeichen vieler organischer Verbindungen ist, auch solcher, die wohl einen ähnlichen Aufbau zeigen, aber noch andere Elemente außer Kohlenstoff und Wasserstoff enthalten. Diese Eigenschaften tragen dazu bei, daß es eine so überwältigend große Zahl von Naturstoffen gibt, die meist keine chemisch reinen Körper sind; sie erschweren aber wegen der oft geringen Unterschiede der physikalischen Eigenschaften die Reindarstellung der einzelnen Mischungskomponenten durch Abtrennung. Man wählt deswegen heute im großen Maßstabe den Weg der Synthese, weil es auf diese Weise meist einfacher möglich ist, reine Stoffe ohne störende Beimengungen herzustellen.

Benannt werden die isomeren Verbindungen ebenso wie die Normalverbindungen mit gleicher Kohlenstoff-Atomzahl, also wie die mit gleicher Bruttoformel. Man ist sich aber im klaren darüber, daß z. B. mit n-Heptan (Normalheptan) eine Verbindung von ganz bestimmter Struktur gemeint ist, daß dagegen unter i-Oktan (Isooktan) ein verzweigter Kohlenwasserstoff mit acht C-Atomen verstanden wird, ohne über Zahl, Stellung und Länge der Verzweigung etwas auszusagen. Für die besonderen Zwecke der Erdöltechnologie ist vorgeschlagen worden, die Bezeichnung Isoparaffine nur für solche mit einer Seitenkette zu verwenden; hingegen sollen Verbindungen mit mehreren Seitenketten

Mesoparaffine, solche mit *zwei* Seitenketten am selben Kohlenstoffatom Neoparaffine genannt werden. Dies mag zur Unterscheidung einiger weniger Verbindungen, die große praktische Bedeutung erlangt haben, ausreichen. In der Systematik kann man aber auf eine genauere Kennzeichnung nicht verzichten. Es empfiehlt sich daher, schon hier die einfachsten Fragen der Nomenklatur zu besprechen.

Nomenklatur.

Die in Zahlentafel 2 angeführten Namen, die vom Pentan an — von wenigen Ausnahmen abgesehen — aus den griechischen Zahlwörtern gebildet werden, dienen als Grundstock für die Ableitung weiterer Bezeichnungen. Da Gruppen von Kohlenstoff- und Wasserstoffatomen, die den Gliedern der Paraffinreihe sehr ähnlich sind und nur statt eines abschließenden Wasserstoffatomes eine offene Bindung zeigen, als Bausteine organischer Verbindungen eine sehr große Rolle spielen, hat man sie mit einem besonderen Namen belegt. Man nennt sie allgemein *Radikale*; wenn es sich um einwertige Radikale der Paraffinreihe handelt, spricht man von Alkylen. Die Namen für die *Alkyle* werden dadurch gebildet, daß man die Endsilbe -an der Paraffine (vgl. Zahlentafel 2) durch die Endung -yl ersetzt. So erhält man als einwertige Bausteine

$$\text{Methyl}\quad \begin{array}{ccc} & \text{H} & \\ & | & \\ \text{H}- & \text{C} & -, \\ & | & \\ & \text{H} & \end{array} \qquad\qquad \text{Äthyl}\quad \begin{array}{ccccc} & \text{H} & & \text{H} & \\ & | & & | & \\ \text{H}- & \text{C} & - & \text{C} & -, \\ & | & & | & \\ & \text{H} & & \text{H} & \end{array}$$

$$\text{n-Propyl}\quad \begin{array}{ccccccc} & \text{H} & & \text{H} & & \text{H} & \\ & | & & | & & | & \\ \text{H}- & \text{C} & - & \text{C} & - & \text{C} & -, \\ & | & & | & & | & \\ & \text{H} & & \text{H} & & \text{H} & \end{array} \qquad \text{i-Propyl}\quad \begin{array}{ccccccc} & \text{H} & & \text{H} & & \text{H} & \\ & | & & | & & | & \\ \text{H}- & \text{C} & - & \text{C} & - & \text{C} & -\text{H} \\ & | & & | & & | & \\ & \text{H} & & & & \text{H} & \end{array}$$

usw., in Formeln allgemein R— geschrieben, wenn es nicht auf die Zahl der Kohlenstoffatome ankommt.

Im angelsächsischen Schrifttum sind in den Formeln auch die Bezeichnungen: Me, Et (von Ethene = Äthan), Pr, Bu usw. üblich. Auf den Einfluß des angelsächsischen Sprachgebrauches ist zurückzuführen, daß sich im Deutschen auch die Benennung „Alkane“ für die Paraffin-Kohlenwasserstoffe einbürgert. Für das Radikal C_5H_{11}— verwendet man oft statt des Ausdrucks Pentyl- die Bezeichnung Amyl- (von einem später zu besprechenden Alkohol dieses Namens). Daneben nennt man zweiwertige aliphatische Radikale allgemein Alkylene, von denen die wichtigsten

```
                 H                          H H
                 |                          | |
Methylen     H—C—      und   Äthyliden  H—C—C—
                 |                          | |
                                            H
```

sind. Mit Hilfe der Namen für die Radikale, denen bei mehrfachem Vorhandensein noch die Vorsilben Di-, Tri-, Tetra- usw. vorgesetzt werden können, und durch einfache Numerierung der Kohlenstoffatome, an denen die Verzweigungen anschließen, lassen sich Namen bilden, die über den Molekülbau Aufschluß geben. Diese Regel kann an Hand der Zahlentafel 2 im einzelnen verfolgt werden.

Es ist bekannt, daß die physikalischen Eigenschaften der Isoparaffine gewisse Abweichungen von denen der Normalparaffine zeigen. So wird z. B. der Siedepunkt durch die Verzweigung erniedrigt. Eine in Zahlen genau ausdrückbare Gesetzmäßigkeit dieses Zusammenhanges konnte bisher noch nicht festgestellt werden. Bei den im Benzin vorkommenden Kohlenwasserstoffen beträgt die Siedepunkterniedrigung durch die erste und zweite Verzweigung im Mittel etwa je 7°. Bei größerer Zahl der Verzweigungen nimmt jedoch dieser Einfluß ab. Die Siedepunkterniedrigung erschwert die Trennung der einzelnen Komponenten von Kohlenwasserstoff-Fraktionen, weil zwischen den Siedepunkten der Einzelstoffe nicht die zwischen den Normalparaffinen bestehenden, verhältnismäßig großen Abstände vorhanden sind, sondern die Siedepunkte der verzweigten Verbindungen in vielen Fällen nahe an die von Normalparaffinen mit niedriger Kohlenstoffatomzahl herankommen. Beispiele hiefür bietet Zahlentafel 2 in großer Zahl.

b) Die ungesättigten Kohlenwasserstoffe (Olefine, Di- und Polyolefine oder Alkene, Alkadiëne usw.; Azetylen).

Der Begriff der Doppelbindung, der bereits einleitend beim Benzol erwähnt wurde, ist nicht eindeutig. Zwar ist es üblich, im Benzolring nach dem Vorschlag von KEKULÉ drei Doppelbindungen anzunehmen. Doch zeigen Benzol und seine Homologen lange nicht jene Eigenschaften, die man üblicherweise mit dem Begriff der Doppelbindung verknüpft. Es soll deswegen hier zunächst nur von echten Doppelbindungen gesprochen werden, wie sie bei den kettenförmigen Kohlenwasserstoffen anzutreffen sind. Erhitzt man ein Halogenid, z. B. Äthylchlorid (vgl.

Abschnitt I B 1), so zerfällt es nach der Gleichung

$$C_2H_5Cl = HCl + C_2H_4$$

in Chlorwasserstoff und einen Kohlenwasserstoff, der zwei Wasserstoffatome weniger aufweist als Äthan, der Grenz-Kohlenwasserstoff mit der gleichen Kohlenstoff-Atomzahl. Die Strukturformel dieses neuen Stoffes ist

$$\begin{array}{ccc} H & & H \\ | & & | \\ C & = & C \\ | & & | \\ H & & H \end{array} \quad \text{oder} \quad CH_2 : CH_2.$$

Das so erhaltene Äthylen (neuerdings systematisch auch Äthen genannt) ist Anfangsglied einer neuen Reihe, die man wegen ihrer kennzeichnenden Eigenschaften als ungesättigte Ketten-Kohlenwasserstoffe bezeichnet. Die Verbindungen, die im ganzen Molekül eine Doppelbindung enthalten, sind in Zahlentafel 3 mit einigen ihrer physikalischen Eigenschaften zusammengestellt. Wie man sieht, werden die Namen so gebildet, daß die Endung -an der Paraffin-Kohlenwasserstoffe durch die Endung -en ersetzt wird. Bei den ersten Gliedern werden noch vielfach die Benennungen Äthylen, Propylen und Butylen verwendet. In Anlehnung an die aus dem Englischen übernommene Benennung „Alkane" für die gesättigten Kohlenwasserstoffe kommt im Deutschen auch der Name „Alkene" in Gebrauch.

Streng genommen müßte die Bezeichnung Äthylen, gebildet aus dem Stamm und den beiden Endungen -yl und -en, für das früher nicht genannte zweiwertige Radikal

$$\begin{array}{ccccccc} & & H & & H & & \\ & & | & & | & & \\ H & — & C & — & C & — & H \\ & & | & & | & & \end{array}$$

vorbehalten bleiben. Verbindungen mit dieser Gruppe werden jedoch meist Dimethylenverbindungen genannt, so daß die Bezeichnung Äthylen für den Olefin-Kohlenwasserstoff kaum zu Verwechslung Anlaß geben kann.

Die Namen der beiden ersten Olefinradikale sind nicht von den gleichgebauten Olefinen abgeleitet. Da sie jedoch in der organischen Chemie sehr wichtig sind, seien sie hier erwähnt; es sind dies

$$\text{Vinyl} \quad \begin{array}{cccc} H & & H & \\ | & & | & \\ C & = & C & — \\ | & & & \\ H & & & \end{array} \quad \text{und} \quad \text{Allyl} \quad \begin{array}{cccccc} H & & H & & H & \\ | & & | & & | & \\ C & = & C & — & C & — . \\ | & & & & | & \\ H & & & & H & \end{array}$$

Fortsetzung des Textes Seite 40.

Zahlentafel 3. *Die Olefine mit einer*

Bruttoformel	Name	Strukturformel
C_2H_4	Äthen (Äthylen) . . .	$CH_2{=}CH_2$
C_3H_6	Propen (Propylen) . .	$CH_2{=}CH{-}CH_3$
C_4H_8	Buten-1 . . . . (α-Butylen)	$CH_2{=}CH{-}CH_2{-}CH_3$
	cis-Buten-2	$CH_3{-}CH{=}CH{-}CH_3$
	trans-Buten-2	
	2-Methylpropen	$CH_2{=}C(CH_3){-}CH_3$
C_5H_{10}	Penten-1	$CH_2{=}CH{-}(CH_2)_2{-}CH_3$
	cis-Penten-2	$CH_3{-}CH{=}CH{-}CH_2{-}CH_3$
	trans-Penten-2	
	2-Methylbuten-1 . . .	$CH_2{=}C(CH_3){-}CH_2{-}CH_3$
	3-Methylbuten-1 . . .	$CH_2{=}CH{-}CH(CH_3){-}CH_3$
	2-Methylbuten-2 . . .	$CH_3{-}C(CH_3){=}CH{-}CH_3$
C_6H_{12}	Hexen-1	$CH_2{=}CH{-}(CH_2)_3{-}CH_3$
	cis-Hexen-2	$CH_3{-}CH{=}CH{-}(CH_2)_2{-}CH_3$
	trans-Hexen-2	
	cis-Hexen-3	$CH_3{-}CH_2{-}CH{=}CH{-}CH_2{-}CH_3$
	trans-Hexen-3	

[1] und [2] Vgl. die Fußnoten gleicher Nummer zu Zahlentafel 2, S. 22.

Doppelbindung (Monoolefine, Alkene).

Molekular-gewicht	Dichte [1] bei Temp. g/cm³	°C	Schmelz-punkt [2] °C	Siedepunkt °C	bei Druck Torr	Bemerkungen, zusätzliche Angaben
28,05	1,2604 g/l $0{,}6104_3$	0 −102,4	−169,44	−102,4	760	Vorkommen besonders in Abgasen aus Krackanlagen
42,08	$0{,}6104_3$	−47,7	−185	− 47,7	760	
56,10	0,6255	−6,47	unter −190	− 6,47	760	
	~0,629	1,7	−139,3	+ 3,73	760	Wegen der Bedeutung der Vorsilben cis- und trans- siehe Text S. 46; beide Formen werden auch β-Butylen genannt. Vgl. hiezu auch Fußnote 1, Seite 119
			−105,8	~ +0,35	744	
	0,6266	−6,6	−140,7	− 6,6	760	
70,13	0,6429	20		30,1	760	
	0,6503	20	~ −179	37	760	$d\varrho/dt = -0{,}0_3 9989 \cdot (1 + 0{,}002356\, t)$/grd für −70° bis +50° C
	0,64821	20	~ −149	35,85	760	$d\varrho/dt = -0{,}0_3 9780 \cdot (1 + 0{,}0025143\, t)$/grd für −70° bis +80° C
	0,6504	20		31	760	
	0,6340	15		20,1	760	$d\varrho/dt = -0{,}00_3 9799 \cdot (1 + 0{,}00588\, t)$/grd für −70° bis +80° C
	$0{,}6596_0$	20	zwischen −146 und −123	38,6	760	
84,16	0,6747	20	−138	63,5	760	$d\varrho/dt = -0{,}0_3 831$/grd für 0° bis 20° C
	0,683	25		~ 69	760	Wegen der Bedeutung der Vorsilben cis- und trans- siehe Text S. 46
	0,6863	15	~ −150	~ 68	760	
	~0,678	20		~ 66,9	760	
	0,6784	20		~ 66,5	760	

Zahlentafel 3.

Brutto-formel	Name	Strukturformel
C_6H_{12}	2-Methylpenten-1 . . .	$CH_2{=}C{-}(CH_2)_2{-}CH_3$ $\vert$ CH_3 (an C-2)
	3-Methylpenten-1 . . .	$CH_2{=}CH{-}CH{-}CH_2{-}CH_3$ $\vert$ CH_3 (an C-3)
	4-Methylpenten-1 . . .	$CH_2{=}CH{-}CH_2{-}CH{-}CH_3$ $\vert$ CH_3 (an C-4)
	2-Methylpenten-2 . . .	$CH_3{-}C{=}CH{-}CH_2{-}CH_3$ $\vert$ CH_3 (an C-2)
	cis-3-Methylpenten-2 .	$CH_3{-}CH{=}C{-}CH_2{-}CH_3$ $\vert$ CH_3 (an C-3)
	trans-3-Methylpenten-2	
	cis-4-Methylpenten-2 .	$CH_3{-}CH{=}CH{-}CH{-}CH_3$ $\vert$ CH_3 (an C-4)
	trans-4-Methylpenten-2	
	2-Äthylbuten-1	$CH_2{=}C{-}CH_2{-}CH_3$ $\vert$ $CH_2{-}CH_3$ (an C-2)
	2,3-Dimethylbuten-1. .	$CH_2{=}C{-}CH{-}CH_3$ $\vert \quad \vert$ $CH_3 \quad CH_3$ (an C-2 und C-3)
	3,3-Dimethylbuten-1. .	CH_3 $\vert$ $CH_2{=}CH{-}C{-}CH_3$ $\vert$ CH_3 (an C-3)
	2,3-Dimethylbuten-2. .	$CH_3{-}C{=}C{-}CH_3$ $\vert \quad \vert$ $CH_3 \quad CH_3$ (an C-2 und C-3)
C_7H_{14}	Hepten-1.	$CH_2{=}CH{-}(CH_2)_4{-}CH_3$
	cis-Hepten-2	$CH_3{-}CH{=}CH{-}(CH_2)_3{-}CH_3$
	trans-Hepten-2	

(Fortsetzung.)

Molekular-gewicht	Dichte[1] bei Temp. g/cm³	°C	Schmelz-punkt[2] °C	Siedepunkt °C	bei Druck Torr	Bemerkungen, zusätzliche Angaben
84,16	0,6824	20		63	760	
	0,6700	20		53,6	760	
	$0{,}6647_6$	20		53,8	760	$d\varrho/dt = -0{,}0_3 9164$/grd für 0° bis 20° C
	0,693	20	−134,75	66	760	
	0,6940	20		66	760	
	0,6956	20		69	760	
	0,6704	20		58	760	
	0,6702	20		~ 55	760	
	0,6916	20		66	760	
	0,6825	20	zwischen −123 und −120	+ 55,8	760	
	$0{,}6519_8$	20	−114,7	+ 41,2	760	$d\varrho/dt = -0{,}0_3 9077$/grd für 0° bis 20° C
	0,7054	20	− 74,2	+ 73,3	760	$d\varrho/dt = -0{,}0_3 580$/grd für 0° bis 20° C
98,18	0,6976	20	−119,1	+ 93,1	760	
	0,705	25		~ 99	760	
	0,700	26		~ 98	760	

Zahlentafel 3.

Brutto-formel	Name	Strukturformel
C_7H_{14}	Hepten-3	$CH_3{-}CH_2{-}CH{=}CH{-}(CH_2)_2{-}CH_3$
	2-Methylhexen-1 . . .	$CH_2{=}\underset{\underset{CH_3}{\mid}}{C}{-}(CH_2)_3{-}CH_3$
	3-Methylhexen-1 . . .	$CH_2{=}CH{-}\underset{\underset{CH_3}{\mid}}{CH}{-}(CH_2)_2{-}CH_3$
	4-Methylhexen-1 . . .	$CH_2{=}CH{-}CH_2{-}\underset{\underset{CH_3}{\mid}}{CH}{-}CH_2{-}CH_3$
	5-Methylhexen-1 . . .	$CH_2{=}CH{-}(CH_2)_2{-}\underset{\underset{CH_3}{\mid}}{CH}{-}CH_3$
	2-Methylhexen-2 . . .	$CH_3{-}\underset{\underset{CH_3}{\mid}}{C}{=}CH{-}(CH_2)_2{-}CH_3$
	3-Methylhexen-2 . . .	$CH_3{-}CH{=}\underset{\underset{CH_3}{\mid}}{C}{-}(CH_2)_2{-}CH_3$
	4-Methylhexen-2 . . .	$CH_3{-}CH{=}CH{-}\underset{\underset{CH_3}{\mid}}{CH}{-}CH_2{-}CH_3$
	5-Methylhexen-2 . . .	$CH_3{-}CH{=}CH{-}CH_2{-}\underset{\underset{CH_3}{\mid}}{CH}{-}CH_3$
	2-Methylhexen-3 . . .	$CH_3{-}\underset{\underset{CH_3}{\mid}}{CH}{-}CH{=}CH{-}CH_2{-}CH_3$
	3-Methylhexen-3 . . .	$CH_3{-}CH_2{-}\underset{\underset{CH_3}{\mid}}{C}{=}CH{-}CH_2{-}CH_3$
	2-Äthylpenten-1. . . .	$CH_2{=}\underset{\underset{CH_2{-}CH_3}{\mid}}{C}{-}(CH_2)_2{-}CH_3$

(Fortsetzung.)

Molekular-gewicht	Dichte[1] bei g/cm³	Temp. °C	Schmelz-punkt[2] °C	Siedepunkt °C	bei Druck Torr	Bemerkungen, zusätzliche Angaben
98,18	~0,7010	20		zwischen 93 und 98	760	Gemisch aus cis- und trans-
	0,7036	20		91	760	
	~0,695	20		84,0	760	
	0,6969	20		87,3	760	
	0,6925	20		85	760	
	0,7083	20		94,5	760	
	~0,713	20	~ 90	~ 90	760	Gemisch aus cis- und trans-
	{0,7007	20		~ 87,5	760	Nicht bestimmt, welches von beiden cis- und welches trans-
	0,6981	20		~ 85,5	760	
	0,6990	20		~ 91,3	760	Gemisch aus cis- und trans-
	zwischen 0,6942 und 0,7020	20		zwischen 85,6 und 86,9	760	Gemisch aus cis- und trans-
	0,6991	20		zwischen 88,5 und 96	760	Gemisch aus cis- und trans-
	0,7079	20		~ 94	760	

Zahlentafel 3.

Brutto-formel	Name	Strukturformel
C_7H_{14}	3-Äthylpenten-1. . . .	$CH_2{=}CH{-}CH{-}CH_2{-}CH_3$ │ $CH_2{-}CH_3$
	3-Äthylpenten-2. . . .	$CH_3{-}CH{=}C{-}CH_2{-}CH_3$ │ $CH_2{-}CH_3$
	2,3-Dimethylpenten-1 .	$CH_2{=}C{-}CH{-}CH_2{-}CH_3$ │ │ CH_3 CH_3
	2,4-Dimethylpenten-1 .	$CH_2{=}C{-}CH_2{-}CH{-}CH_3$ │ │ CH_3 CH_3
	3,3-Dimethylpenten-1 .	CH_3 │ $CH_2{=}CH{-}C{-}CH_2{-}CH_3$ │ CH_3
	4,4-Dimethylpenten-1 .	CH_3 │ $CH_2{=}CH{-}CH_2{-}C{-}CH_3$ │ CH_3
	2,3-Dimethylpenten-2 .	$CH_3{-}C{=}C{-}CH_2{-}CH_3$ │ │ CH_3 CH_3
	2,4-Dimethylpenten-2 .	$CH_3{-}C{=}CH{-}CH{-}CH_3$ │ │ CH_3 CH_3
	3,4-Dimethylpenten-2 .	$CH_3{-}CH{=}C{-}CH{-}CH_3$ │ │ CH_3 CH_3
	4,4-Dimethylpenten-2 .	CH_3 │ $CH_3{-}CH{=}CH{-}C{-}CH_3$ │ CH_3
	2-Äthyl-3-methyl-buten-1	$CH_2{=}C{-}CH{-}CH_3$ │ │ $CH_3{-}CH_2$ CH_3

(Fortsetzung.)

Molekular-gewicht	Dichte [1] bei g/cm³	Temp. °C	Schmelz-punkt [2] °C	Siedepunkt °C	bei Druck Torr	Bemerkungen, zusätzliche Angaben
98,18	0,6956	20		83,6	760	
	0,7217	20		95,2		
	zwischen 0,7054 und 0,722	20		84	760	
	0,6937	20		~ 81	760	
	0,6965	20		77	760	
	~0,6826	20		71,8	760	
	0,7197	20		92	760	$d\varrho/dt = -0{,}0_3817$/grd für 0° bis 20° C
	0,6955	20		83	760	
	0,7126	20		zwischen 85 und 89	760	Gemisch aus cis- und trans-
	0,6881	20		zwischen 75 und 86	760	Vermutlich Gemisch aus cis- und trans-
	0,7186	20		~ 88,7	760	

Zahlentafel 3.

Bruttoformel	Name	Strukturformel
C_7H_{14}	2,3,3-Trimethylbuten-1	$CH_2{=}C(CH_3)—C(CH_3)_2—CH_3$
C_8H_{16}	Okten-1	$CH_2{=}CH—(CH_2)_5—CH_3$
	Okten-2 und Okten-3	
	verschiedene Methylheptene, soweit bekannt	
	verschiedene Äthylhexene, soweit bekannt	
	verschiedene Dimethylhexene, soweit bekannt	
	verschiedene Methyläthylpentene	
	2,3,3-Trimethylpenten-1	$CH_2{=}C(CH_3)—C(CH_3)_2—CH_2—CH_3$
	2,4,4-Trimethylpenten-1	$CH_2{=}C(CH_3)—CH_2—C(CH_3)_2—CH_3$
	2,4,4-Trimethylpenten-2	$CH_3—C(CH_3){=}CH—C(CH_3)_2—CH_3$

(Fortsetzung.)

Molekular-gewicht	Dichte [1] bei Temp. g/cm³	°C	Schmelz-punkt [2] °C	Siedepunkt bei Druck °C	Torr	Bemerkungen, zusätzliche Angaben
98,18	0,7029	20		78	760	$d\varrho/dt = -0{,}00116$/grd für 0° bis 20° C
112,21	0,7159	20	−104	+122,5	760	
	zwischen 0,7166 und 0,725	20		zwischen +122,8 und +126	760	
	zwischen 0,7109 und 0,7304	20		zwischen +111,7 u. +122,8	760	
	zwischen 0,7134 und 0,7367	20		zwischen 112 und 120	760	
	zwischen ~0,71 und ~0,74	20		zwischen 106 und 119	760	
	~0,72 bis 0,74	20		zwischen 111 u. 117	760	
	0,734	20		108	760	
	0,7164		− 93,7	+101,5	760	
	0,722		−107	+104,5	760	

Zahlentafel 3.

Brutto-formel	Name	Strukturformel
C_9H_{18}	Nonen-1	$CH_2{=}CH{-}(CH_2)_6{-}CH_3$
	übrige Nonene, soweit bekannt	
$C_{10}H_{20}$	Deken-1	$CH_2{=}CH{-}(CH_2)_7{-}CH_3$
	2-tert-Butyl-3,3-dimethylbuten-1	$\begin{array}{c} \quad\quad CH_3 \\ \quad\quad \vert \\ CH_2{=}C{-}C{-}CH_3 \\ \vert \quad\;\; \vert \\ C \quad CH_3 \\ H_3C \diagup \vert \diagdown CH_3 \\ CH_3 \end{array}$
	verschiedene andere, weniger stark verzweigte Dekene	
$C_{11}H_{22}$	Undekene (Hendekene), soweit bekannt	
$C_{12}H_{24}$	Dodeken	
	übrige Dodekene, soweit bekannt	
$C_{13}H_{26}$	Trideken-1	$CH_2{=}CH{-}(CH_2)_{10}{-}CH_3$
	Trideken-x	

(Fortsetzung.)

Molekular-gewicht	Dichte[1] bei Temp. g/cm³	°C	Schmelzpunkt[2] °C	Siedepunkt bei Druck °C	Torr	Bemerkungen, zusätzliche Angaben
126,23	0,7308	20		146	760	
	zwischen 0,72 und 0,74	20		zwischen 120 und 146		
140,26	$0{,}743_0$	20		171	760	$d\varrho/dt = -0{,}0_3875$/grd für 0° bis 30° C
	0,770	20		150	760	Trotz starker Verzweigung bemerkenswert hoher Siedepunkt
	zwischen 0,73 und 0,77	20		zwischen 149 und 160	760	
154,29	zwischen 0,743 und 0,86 (!)	20		zwischen 165 und 188	760	
168,31	0,7600	20	~ —31,5	213	760	Stellung der Doppelbindung nicht bestimmt $d\varrho/dt = -0{,}0_37204$/grd für 0° bis 100° C
	zwischen 0,74 und 0,81	20		zwischen 170 und 204	760	
182,34	0,7670	25	— 13	~102,5	10	$d\varrho/dt = -0{,}0_3744$/grd für 0° bis 25° C
	0,7977	20		zwischen 228 u. 231		Stellung der Doppelbindung nicht bestimmt

Zahlentafel 3.

Bruttoformel	Name	Strukturformel
$C_{13}H_{26}$	5-Butylnonen-4	$CH_3—(CH_2)_3—CH{=}C—(CH_2)_2—CH_3$ $\quad\quad\quad\quad\quad\quad\quad\quad\quad\quad\vert$ $\quad\quad\quad\quad\quad\quad\quad\quad\quad(CH_2)_3—CH_3$
	2-tert-Butyl-3-propyl-hexen-1	$CH_2{=}C—CH—(CH_2)_2—CH_3$ $\quad\quad\quad\vert\quad\vert$ $\quad\quad\quad C\quad(CH_2)_2—CH_3$ $\quad H_3C \diagup \vert \diagdown CH_3$ $\quad\quad\quad CH_3$
$C_{14}H_{28}$	Tetradeken-1	$CH_2{=}CH—(CH_2)_{11}—CH_3$
	2-[1,1-Dimethylbutyl]-3,3-dimethylhexen-1	$\quad\quad\quad\quad CH_3$ $\quad\quad\quad\quad\vert$ $CH_2{=}C—C—(CH_2)_2—CH_3$ $\quad\quad\quad\vert\quad\vert$ $\quad\quad\quad C\quad CH_3$ $\quad H_3C \diagup \vert \diagdown CH_3$ $\quad\quad\quad(CH_2)_2—CH_3$
	übrige Tetradekene, soweit bekannt	
$C_{15}H_{30}$	Pentadeken-1	$CH_2{=}CH—(CH_2)_{12}—CH_3$
	3,7,11-Trimethyl-dodeken-(1 oder 2)	
$C_{16}H_{32}$	Hexadeken-1 . . . . . (Ceten, Zeten)	$CH_2{=}CH—(CH_2)_{13}—CH_3$

Neben dem Allyl gibt es aber auch das Radikal

$$\begin{array}{cccccc} & H & & H & & H \\ & \vert & & \vert & & \vert \\ H— & C & — & C & = & C— \\ & \vert & & & & \\ & H & & & & \end{array}$$

mit der gleichen Bruttoformel. Dafür ist der Name Propenyl gebräuchlich. Er ist wie der der folgenden Radikale Butenyl, Pentenyl usw. vom

(Fortsetzung.)

Molekular-gewicht	Dichte[1] bei Temp. g/cm³	°C	Schmelz-punkt[2] °C	Siedepunkt °C	bei Druck Torr	Bemerkungen, zusätzliche Angaben
182,34	0,7730	20		216	760	
	0,791	16		~206	760	
196,36	$0{,}772_8$	20	− 12	~ +125	15	$d\varrho/dt = -0{,}0_3655$/grd für −15° bis +30° C
	0,8228	10		~231	760	
	zwischen 0,7705 und 0,788	20		zwischen 111 und 126	15	
210,39	$0{,}778_9$	20	− 3	~114,5	15	$d\varrho/dt = -0{,}0_3686$/grd für 0° bis 25° C
	0,790	20		290	760	wenn −2, dann Gemisch aus cis- und trans-
224,42	0,7835	20	+ 4	275	760	Bezugskraftstoff für die Zündwilligkeitsbestimmung

Namen des betreffenden Alkens abgeleitet. Auch statt der Bezeichnung Vinyl kommt die Bezeichnung Äthenyl immer mehr in Gebrauch. Diese, allgemein Alkenyle genannten Radikale unterscheiden sich also von den bereits erwähnten Alkylenen dadurch, daß bei ihnen die Doppelbindung im Radikal erscheint, bei jenen aber dazu dienen kann (jedoch nicht muß), die Verbindung mit dem Grundkomplex des Moleküls herzustellen. Wollte man nun die Namen der Radikale mit äußerer

Doppelbindung, die Alkylene, nach dem in diesem Namen liegenden Schema benennen, so bestünde die Gefahr der Verwechslung mit der noch viel verwendeten Benennung der Olefine. Deshalb hängt man, beim Äthyliden beginnend, die Silbe -iden an den Namen der gesättigten Radikale, um jene mit äußerer Doppelbindung zu kennzeichnen.

Eine auffallende Eigenschaft der Kohlenwasserstoffe der Äthylenreihe ist die Möglichkeit, Halogene unter Auflösung der Doppelbindung zu addieren. Da auf diese Weise jeweils eine Bindung zweier benachbarter Kohlenstoffatome frei wird, erhält man durch diese Reaktion immer Dihalogenide (vgl. Abschnitt I B 1, S. 142). Diese sind meist ölige Verbindungen und haben den Ausgangsstoffen den Namen Olefine eingebracht.

Die Bruttoformel der Olefine lautet allgemein:

$$C_nH_{2n}.$$

Ihre Siedepunkte liegen nicht weit entfernt von denen der entsprechenden Paraffine. Dagegen zeichnen sie sich durch eine hohe Reaktionsfähigkeit aus, weshalb sie auch, wie schon vorhin erwähnt, als ungesättigt bezeichnet werden. Es läßt sich elektronentheoretisch begründen, daß die zweifache Bindung zwischen zwei Kohlenstoffatomen reaktiver ist als die einfache Bindung und leicht aufgespalten werden kann, z. B. durch Halogene. Diese Reaktion dient dazu, um in einem Gemisch von Ketten-Kohlenwasserstoffen den Anteil der Olefine mit Hilfe der sog. Jodzahl festzustellen. Allerdings ist dieser Weg nur gangbar, wenn man sicher ist, daß nicht auch andere Verbindungen, die ebenfalls reaktionsfähige Gruppen enthalten, wie Fette usw., vorhanden sind. Deshalb verwendet man zur Bestimmung des Olefingehaltes statt Jod besser Quecksilberazetat, mit dem die Olefine aus der untersuchten Mischung ausgefällt werden; ihr Anteil kann dann durch Bestimmung der Volumsverminderung ermittelt werden.

Neuerdings wird besonders in der amerikanischen Erdölindustrie Stickstoffdioxyd in der nicht dissoziierten Form N_2O_4 (auch Stickstofftetroxid genannt) zur Bestimmung der Olefine verwendet. Es ist noch nicht klar, ob die dabei entstehenden Nitrosate (Dinitrüre) die Formel

$$\begin{array}{ccc} \mathrm{H} & & \mathrm{H} \\ | & & | \\ -\mathrm{C} & - & \mathrm{C}- \\ | & & | \\ \mathrm{NO} & & \mathrm{O} \\ & & | \\ & & \mathrm{NO_2} \end{array} \quad \text{oder} \quad \begin{array}{ccc} \mathrm{H} & & \mathrm{H} \\ | & & | \\ -\mathrm{C} & - & \mathrm{C}- \\ | & & | \\ \mathrm{NO_2} & & \mathrm{NO_2} \end{array}$$

haben. Es sind dies leicht flüchtige, ölige Verbindungen, die von dem zu untersuchenden Gemisch durch Wasserdampfdestillation oder mittels einer alkoholischen Lösung von Kalilauge (KOH) und Kaliumsulfid (K_2S) abgetrennt werden können. Das Verfahren soll besser vergleichbare Werte liefern als die Bestimmung der Jodzahl[1].

Die leichte Reaktionsfähigkeit der Olefine wirkt sich auch bei der motorischen Verbrennung aus, wovon im Abschnitt IV B 4 die Rede sein wird. Eigenartigerweise verbessern Olefine die Klopffestigkeit, was zunächst überrascht. Bei Dieselkraftstoffen wirkt sich dagegen der Einfluß der Doppelbindung nicht mehr so stark aus, weil diese hohe Siedebereiche und daher ein hohes Molekulargewicht haben. Die Anwesenheit einzelner Doppelbindungen hat daher auf die Eigenschaften der langen Ketten dieser Kraftstoffe nur mehr geringeren Einfluß.

Auch bei den Olefinen findet man mit dem Fortschreiten in der Reihe ähnliche Änderungen der physikalischen Eigenschaften wie bei den Paraffinen, doch ist über Gesetzmäßigkeiten hier weniger bekannt als bei den Grenz-Kohlenwasserstoffen. Eine Auswertung bei der Prüfung und Bewertung ist daher nur in geringem Maße möglich. Im allgemeinen begnügt man sich, wenn ein Bedürfnis dafür besteht, die Menge der Olefine und unter Umständen ihr mittleres Molekulargewicht zu bestimmen.

Außer bei den Kraftstoffen ist der Gehalt an Olefinen auch bei den Schmierölen von Wichtigkeit. Für den Chemiker besteht zwischen beiden Stoffgruppen kaum ein Unterschied, denn flüssige Brenn- und Kraftstoffe sowie Schmiermittel werden aus den gleichen Ausgangsstoffen gewonnen und unterscheiden sich im wesentlichen nur durch die Kohlenstoff-Atomzahl. Je größer diese ist, um so größer ist auch die Möglichkeit, Moleküle von verwickelter Bauart zu bilden; dies spielt sowohl bei der Entstehung der Ausgangsstoffe als auch bei der Verarbeitung in noch nicht völlig geklärtem Ausmaße eine Rolle. Dazu kommt der Einfluß des Sauerstoffes, der die bei hoch-molekularen Verbindungen infolge der Isomerie mögliche Formenzahl durch Bildung weiterer Verbindungen in fast unübersehbarem Maße vermehrt. Es darf daher nicht wundernehmen, wenn gerade beim Schmieröl mit vielen Begleitstoffen gerechnet werden muß und man der Aufklärung des Baues der einzelnen Komponenten nur ganz allmählich näher kommen kann.

[1] Näheres bei Bond, G. R.: Determination of Olefinic Unsaturation. Industr. Engng. Chem., Anal. Edit. Bd. 18 (1946) S. 692—696; Ref. Angew. Chem. A Bd. 19 (1947) S. 94.

Normalformen — Isomere Formen.

Bei Olefinen können isomere Verbindungen nicht nur durch Verzweigungen entstehen, sondern auch durch die Stellung der Doppelbindungen. Dies kann an dem einfachsten Fall der drei Butenisomeren C_4H_8 erläutert werden (vgl. Zahlentafel 3 S. 28). Geht man vom n-Butan aus, so ist die Doppelbindung zwischen den beiden äußeren Gliedern oder in der Mitte denkbar. Die Strukturformel der ersten Verbindung lautet, in vereinfachter Form geschrieben:

$$CH_2{=}CH{-}CH_2{-}CH_3.$$

Man nennt sie, indem man die Kohlenstoffatome von einem Ende an numeriert und die Doppelbindungen nach dem ersten Atom, an dem sie sitzt, bezeichnet, n-Buten-1; sitzt die Doppelbindung in der Mitte, so lautet die Strukturformel:

$$CH_3{-}CH{=}CH{-}CH_3$$

und stellt das n-Buten-2 dar. Ein anderer Name dafür ist auch 1, 2-Dimethyl-äthylen, weil man es durch Methylierung von Äthylen entstanden denken kann. Man könnte auch das n-Buten-1 in gleicher Weise als Äthyl-äthylen bezeichnen; doch ist dieser Name nicht gebräuchlich. Welche Bedeutung die beim Buten-2 in Zahlentafel 3 hinzugefügten Vorsilben cis- und trans- haben, wird noch erläutert.

Neben den beiden von n-Butan abgeleiteten Butenen gibt es noch das Isobuten oder 1, 1-Dimethyl-äthylen:

$$\begin{array}{l} CH_3 \\ | \\ C{=}CH_2, \\ | \\ CH_3 \end{array}$$

das vom Isobutan abgeleitet werden kann. Mit zunehmender Kohlenstoff-Atomzahl wachsen daher bei den Olefinen die Bildungsmöglichkeiten von Isomeren noch stärker als bei den Paraffinen.

Mit der schon bei den Alkanen festgestellten Isomerie als Folge der Verzweigungen und der durch die Lage der Doppelbindung verursachten ist bei den Olefinen die Möglichkeit, Isomeren zu bilden, noch nicht erschöpft. Dies läßt sich am einfachsten an Hand des VAN'T HOFFschen Tetraedermodells zeigen. Nach ihm sind die vier Bindungen des Kohlenstoffatoms räumlich nach den vier Ecken eines Tetraeders gerichtet, in dessen Mittelpunkt das Kohlenstoffatom sitzt. Denkt man die Ecken mit Wasserstoffatomen besetzt, so hat man das Modell des Methanmoleküls vor sich. Bei höheren Homologen erscheinen je nach der Zahl

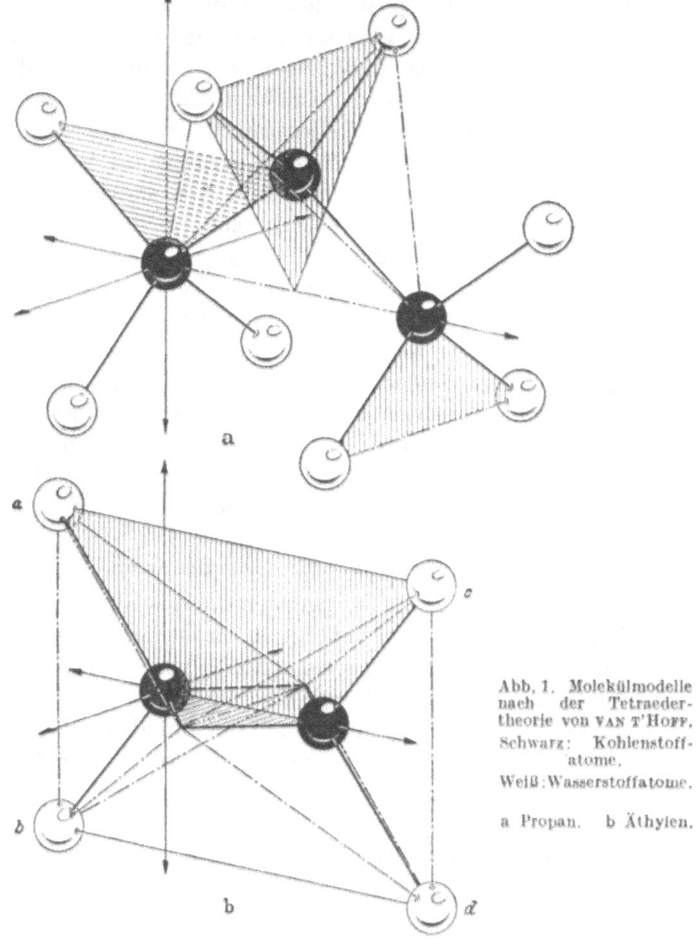

Abb. 1. Molekülmodelle nach der Tetraedertheorie von VAN T'HOFF. Schwarz: Kohlenstoffatome. Weiß: Wasserstoffatome. a Propan. b Äthylen.

der Seitenketten die Tetraederecken als Mittelpunkte der anschließenden Tetraeder.

So stellt man sich die Moleküle der Normalparaffine aus einem zickzackförmigen Gerippe von Kohlenstoffatomen vor, an dem in parallelen, senkrecht zur Längsrichtung der Zickzackkette stehenden Ebenen abwechselnd nach oben und unten je zwei Wasserstoffatome sitzen, wie dies Abb. 1a für das Propan zeigt. Alle vorkommenden Winkel (Valenzwinkel) betragen entsprechend den Verhältnissen am regelmäßigen Tetraeder 109° 28′. Doch sind in Wirklichkeit die einzelnen Kettenglieder gegeneinander bis zu einem gewissen Grade beweglich und verdrehbar.

Abb. 1b zeigt hingegen, daß bei einer Doppelbindung diese freie Drehbarkeit nicht mehr vorhanden ist. Es macht also einen Unterschied aus, wie die Radikale an den Kohlenstoffatomen angeordnet sind. Ist $R_a = R_c$ und $R_b = R_d$, so ist das Molekül in bezug auf die Ebene durch die beiden Kohlenstoffatome symmetrisch. Man spricht dann von cis-Stellung, weil sich gleiche Radikale jeweils „diesseits“ (lat. cis) der Valenzebene befinden. Ist jedoch $R_a = R_d$ und $R_b = R_c$, dann ist die gemeinsame Tetraederkante Symmetrie-Achse und man spricht von trans-Stellung (lat. trans = jenseits)[1]. Man nennt diese Art von Isomerie dementsprechend auch cis-trans-Isomerie oder geometrische Isomerie. Solange jedoch noch irgendeine Art von Symmetrie vorhanden ist, sind die Verbindungen optisch inaktiv. Optische Aktivität ist erst zu beobachten, wenn durch irgendwelche funktionelle Gruppen die Symmetrie aufgehoben wird. Dies ist bei verschiedenen organischen Säuren und insbesondere bei den Zuckern von großer Bedeutung.

Mehrfache Doppelbindungen.

So wie nach den früheren Darlegungen die Abspaltung des Halogenwasserstoffes von einem Halogenid zu einem Olefin führte, erhält man bei der Abspaltung des Halogenwasserstoffes von Dihalogeniden einen Kohlenwasserstoff mit zwei Doppelbindungen von der Bruttoformel C_nH_{2n-2}. Als Beispiel sei die Entstehung des Butadiëns wiedergegeben, das als Ausgangspunkt für die Erzeugung des künstlichen Kautschuks bekannt ist. Die im folgenden in Formeln ausgedrückte Entwicklung entspricht jedoch nicht der technischen Darstellung.

Durch Halogenisieren erhält man zunächst aus

$$\underset{\text{1,2-Dimethyläthylen (n-Buten-2)}}{CH_3\text{—}CH{=}CH\text{—}CH_3} + \underset{\text{Brom}}{Br_2} = \underset{\text{2,3-Dibrombutan (Butyldibromid)}}{CH_3\text{—}CHBr\text{—}CHBr\text{—}CH_3}$$

und daraus durch Abspalten der Halogenatome zusammen mit einem benachbarten Wasserstoffatom

$$H\text{—}\overset{H}{\underset{[H}{C}}\text{—}\overset{H}{\underset{Br]}{C}}\text{———}\overset{H}{\underset{[Br}{C}}\text{—}\overset{H}{\underset{H]}{C}}\text{—}H = \underset{\text{Butadiën}}{CH_2{=}CH{-}CH{=}CH_2} + \underset{\text{Bromwasserstoff}}{2\,HBr}\,.$$

---

[1] Vom Standpunkt der Elektronentheorie sind die Doppelbindungen in den in Fußnote 1, S. 59 erwähnten Arbeiten von HÜCKEL und MÜLLER behandelt.

Das Butadiën ist das einfachste Diën mit konjugierten Doppelbindungen, d. h. die beiden Doppelbindungen sind durch eine einfache Bindung getrennt. Der Name Diën ist von der Endsilbe der Olefine genommen. Wegen der Bedeutung, welche die Diolefine in der Brennstoffchemie und in jenen Zweigen der chemischen Technologie haben, die ihre Rohstoffe aus Kohle oder Erdölerzeugnissen beziehen, sind in Zahlentafel 4 die wichtigsten bekannten Diolefine zusammengestellt. Eine hieher gehörende Verbindung ist das Isopren (Methylbutadiën), das ebenso wie das Butadiën als Ausgangsstoff für Polymerisate dient.

Kohlenwasserstoffe mit mehr als zwei Doppelbindungen werden sinngemäß Polyolefine oder Polyene genannt. Diese sind in der Natur weit verbreitet, haben besonders in der letzten Zeit in der Vitaminforschung große Bedeutung erlangt, treten jedoch in Brenn- und Schmierstoffen nur in geringen Mengen auf; sie verhalten sich teils ähnlich wie Olefine mit weniger Doppelbindungen, teils zeichnen sie sich durch besondere Farbwirkungen aus, wenn mehr als vier konjugierte Doppelbindungen je Molekül vorhanden sind. Im angelsächsischen Schrifttum sind in neuerer Zeit die Benennungen „Alkadiëne" für Diolefine, „Alkatriëne" für Triolefine usw. gebräuchlich.

Es gibt auch Diolefine mit zwei Doppelbindungen an ein und demselben Kohlenstoffatom, sog. kumulierte Doppelbindungen. Sie sind sehr selten und praktisch nicht von Bedeutung. Nur das Allen (Propadiën) $H_2C{=}C{=}CH_2$ sei hier besonders erwähnt, weil der Name des früher genannten Radikals Allyl davon abgeleitet ist. Die Nomenklatur der Diëne bietet nichts Neues und kann aus Zahlentafel 4 ohne weiteres abgelesen werden.

Azetylen.

Als Verbindung besonderer Art muß hier noch das Azetylen mit der Formel C_2H_2 besprochen werden. Man kann es ähnlich wie Butadiën erhalten, wenn man von Äthylenbromid (1, 2-Dibromäthan) $CH_2Br{-}CH_2Br$ ausgeht. Will man an der Vierwertigkeit des Kohlenstoffes festhalten, dann ist es in einer Strukturformel nur so darzustellen, daß es zwischen den Kohlenstoffatomen mit einer dreifachen Bindung $H{-}C{\equiv}C{-}H$ geschrieben wird.

Auch das Azetylen ist Ausgangspunkt einer homologen Reihe, deren wichtigste Vertreter in Zahlentafel 5 zu finden sind. Ihre Bruttoformel C_nH_{2n-2} ist mit der der Diëne gleichlautend. Sie sind daher mit den Diënen isomer. Die dreifache Bindung ist noch reaktiver als die Doppel-

Fortsetzung des Textes Seite 56.

Zahlentafel 4. *Die Olefine mit zwei*

Brutto-formel	Name	Strukturformel
C_3H_4	Propadien (Allen) . . .	$CH_2{=}C{=}CH_2$
C_4H_6	Butadien-1,2	$CH_2{=}C{=}CH{-}CH_3$
	Butadien-1,3	$CH_2{=}CH{-}CH{=}CH_2$
C_5H_8	Pentadien-1,2. . . . . (Äthylallen)	$CH_2{=}C{=}CH{-}CH_2{-}CH_3$
	Pentadien-1,3.	$CH_2{=}CH{-}CH{=}CH{-}CH_3$
	Pentadien-1,4.	$CH_2{=}CH{-}CH_2{-}CH{=}CH_2$
	Pentadien-2,3.	$CH_3{-}CH{=}C{=}CH{-}CH_3$
	3-Methylbutadien-1,2 .	$CH_2{=}C{=}C{-}CH_3$ | CH_3
	3-Methylbutadien-1,3 . (Isopren)	$CH_2{=}CH{-}C{=}CH_2$ | CH_3
C_6H_{10}	Hexadien-1,5 (Diallyl) .	$CH_2{=}CH{-}(CH_2)_2{-}CH{=}CH_2$
	Hexadien-2,3	$CH_3{-}CH{=}C{=}CH{-}CH_2{-}CH_3$
	4-Methylpentadien-1,3 .	$CH_2{=}CH{-}CH{=}C{-}CH_3$ | CH_3
	2,3-Dimethyl-butadien-1,3	$CH_2{=}C{-}{-}C{=}CH_2$ | | CH_3 CH_3
C_7H_{12}	Heptadien-1,2	$CH_2{=}C{=}CH{-}(CH_2)_3{-}CH_3$
	2-Methylhexadien-2,4 .	$CH_3{-}C{=}CH{-}CH{=}CH_2{-}CH_3$ | CH_3

Doppelbindungen (Diolefine, Alkadiene).

Molekular-gewicht	Dichte bei Temp. g/cm³	°C	Schmelz-punkt °C	Siedepunkt °C	bei Druck Torr	Bemerkungen, zusätzliche Angaben
40,06	0,6629	−34,34	−136,1	— 34,34	760	
54,09	0,676	0		~+18,5	760	
	0,650	−6	−108,7	zwischen −4,75 und −2,6	760	
68,11	0,6904	20		44,7	760	
	0,6803	20		~ 42	760	Gemisch von cis- und trans-
	0,6453	20	−148,1	~ 30	760	der erhebliche Unterschied der Dichte und der Siedepunkte ist beachtlich
	0,7024	20		~ 50	760	
	0,6833	20		40,5	760	
	0,6808	20	−146,8	34,08	760	$d\varrho/dt = -0{,}0_3 9166$/grd für 0° bis 20° C
82,14	0,6899	20	−140,8	59,57	760	$d\varrho/dt = -0{,}0_3 998$/grd für 0° bis 59° C
	0,6804	20		~ 68	760	
	0,7189	20	− 70	+ 76	760	die Werte sonst noch bekannter iso-Hexadiene liegen in der Nähe der hier angegebenen
	0,7263	20	− 76	+ 68,9	760	
96,17	0,7294	20		105	760	$d\varrho/dt = -0{,}0_3 707$/grd für 0° bis 20° C
	0,7460	20		98	760	

Zahlentafel 4.

Brutto-formel	Name	Strukturformel
C_7H_{12}	3-Äthylpentadien-1,2. .	$CH_2{=}C{=}C{-}CH_2{-}CH_3$ | $CH_2{-}CH_3$
	4,4-Dimethyl-pentadien-1,2	CH_3 | $CH_2{=}C{=}CH{-}C{-}CH_3$ | CH_3
	2,4-Dimethyl-pentadien-1,3	$CH_2{=}C{-}CH{=}C{-}CH_3$ | | CH_3 CH_3
C_8H_{14}	verschiedene Oktadiene	
C_9H_{16}	verschiedene Nonadiene	
	2,6-Dimethyl-heptadien-1,5	$CH_2{=}C{-}(CH_2)_2{-}CH{=}C{-}CH_3$ | | CH_3 CH_3
$C_{10}H_{18}$	verschiedene Dekadiene	
$C_{11}H_{20}$	verschiedene Undekadiene	
$C_{12}H_{22}$	verschiedene Dodekadiene	
$C_{13}H_{24}$	verschiedene Tridekadiene	
$C_{20}H_{38}$	Eikosadien-1,19	$CH_2{=}CH{-}(CH_2)_{16}{-}CH{=}CH_2$
$C_{22}H_{42}$	2,19-Dimethyl-eikosadien-1,19	$CH_2{=}C{-}(CH_2)_{16}{-}C{=}CH_2$ | | CH_3 CH_3

(Fortsetzung.)

Molekular-gewicht	Dichte bei Temp. g/cm³	°C	Schmelz-punkt °C	Siedepunkt bei Druck °C	Torr	Bemerkungen, zusätzliche Angaben
96,17	0,7381	20		97	760	$d\varrho/dt = -0{,}0_3678$/grd für 0° bis 24° C
	0,7183	20		82	760	$d\varrho/dt = -0{,}0_391$/grd für 0° bis 20° C
	0,7371	20		93,2	760	$d\varrho/dt = -0{,}001169$/grd für 0° bis 25° C
110,19	zwischen 0,72 und 0,76	20		zwischen 109 und 134	760	
124,22	zwischen 0,74 und 0,78	20		zwischen 132 und 146	760	
	0,7648	20		~141	760	$d\varrho/dt = -0{,}0011$/grd für 11° bis 22° C
138,24	zwischen 0,75 und 0,79	20		zwischen 150 und 170	760	
152,27	zwischen 0,75 und 0,81	20		189 und darunter	760	
166,30	~0,78	20		210 und darunter	760	
180,32	~0,80	20		~240	760	
278,50			~ 31	~175	2,5	
306,56	0,8110	20	0	~265	158	

Zahlentafel 5. *Azetylen und*

Brutto-formel	Name	Strukturformel
C_2H_2	Äthin (Azetylen) . . .	$CH \equiv CH$
C_3H_4	Propin (Allylen, Methylazetylen)	$CH \equiv C—CH_3$
C_4H_6	Butin-1 . . . . (Äthylazetylen)	$CH \equiv C—CH_2—CH_3$
	Butin-2 . . . . (Dimethylazetylen)	$CH_3—C \equiv C—CH_3$
C_5H_8	Pentin-1	$CH \equiv C—(CH_2)_2—CH_3$
	Pentin-2	$CH_3—C \equiv C—CH_2—CH_3$
	3-Methylbutin-1. . . .	$CH \equiv C—CH(CH_3)—CH_3$
C_6H_{10}	Hexin-1	$CH \equiv C—(CH_2)_3—CH_3$
	Hexin-2	$CH_3—C \equiv C—(CH_2)_2—CH_3$
	Hexin-3	$CH_3—CH_2—C \equiv C—CH_2—CH_3$
	3,3-Dimethylbutin-1 . .	$CH \equiv C—C(CH_3)_2—CH_3$
C_7H_{12}	Heptin-1	$CH \equiv C—(CH_2)_4—CH_3$
	Heptin-2	$CH_3—C \equiv C—(CH_2)_3—CH_3$
	Heptin-3	$CH_3—CH_2—C \equiv C—(CH_2)_2—CH_3$
	5-Methylhexin-1 . . .	$CH \equiv C—(CH_2)_2—CH(CH_3)—CH_3$

seine Homologen (Alkine).

Molekulargewicht	Dichte bei Temp. g/cm³	°C	Schmelzpunkt °C	Siedepunkt °C	bei Druck Torr	Bemerkungen, zusätzliche Angaben
26,04	1,1747 g/l	0	−81,8	− 83,6?	760	
	0,6179	−81,8		sublimiert?		
40,06	$0{,}6714_0$	−23,3	−101,5	− 23,3	760	
54,09	0,6682	+ 8,6	−122,5	+ 8,6	760	Der erhebliche Unterschied zwischen den Schmelzpunkten ist bemerkenswert
	0,6937	20	− 32,5	~ +27,2	760	
68,11	$0{,}695_0$	20	− 98	+ 39,7		$d\varrho/dt = -0{,}00118$/grd für 0° bis 40° C
	0,7127	17,2	−101	~ +55		
	0,665	20		28		$d\varrho/dt = -0{,}00102$/grd für 0° bis 20° C
82,14	$0{,}7195_3$	20	−124	~ 70		$d\varrho/dt = -0{,}0_3 9719$/grd für 15° bis 45° C
	0,7305	20	− 92	~ 84		
	$0{,}7255_4$	20	− 51	~ 82		
	$0{,}6686_0$	20	− 81,2	38		$d\varrho/dt = -0{,}001070$/grd für 0° bis 20° C
96,17	0,7332	20	− 81	+ 99,6	760	$d\varrho/dt = -0{,}0_3 8739$/grd für 0° bis 45° C
	$0{,}778_6$	20		111,8		
	0,7337	25		106		
	0,7339	20		87		

Zahlentafel 5.

Brutto-formel	Name	Strukturformel
C_7H_{12}	4,4-Dimethylpentin-1 .	CH_3 | $CH{\equiv}C{-}CH_2{-}C{-}CH_3$ | CH_3
	4,4-Dimethylpentin-2 .	CH_3 | $CH_3{-}C{\equiv}C{-}C{-}CH_3$ | CH_3
	3-Äthylpentin-1	$CH{\equiv}C{-}CH{-}CH_2{-}CH_3$ | $CH_2{-}CH_3$
C_8H_{14}	Oktin-1	$CH{\equiv}C{-}(CH_2)_5{-}CH_3$
	Oktin-2	$CH_3{-}C{\equiv}C{-}(CH_2)_4{-}CH_3$
	Oktin-3	$CH_3{-}CH_2{-}C{\equiv}C{-}(CH_2)_3{-}CH_3$
	Oktin-4	$CH_3{-}(CH_2)_2{-}C{\equiv}C{-}(CH_2)_2{-}CH_3$
	3-Methyl-3-äthyl-pentin-1	CH_3 | $CH{\equiv}C{-}C{-}CH_2{-}CH_3$ | $CH_2{-}CH_3$
C_9H_{16}	Nonin-1	$CH{\equiv}C{-}(CH_2)_6{-}CH_3$
	Nonin-2	$CH_3{-}C{\equiv}C{-}(CH_2)_5{-}CH_3$
	Nonin-3	$CH_3{-}CH_2{-}C{\equiv}C{-}(CH_2)_4{-}CH_3$
	Nonin-4	$CH_3{-}(CH_2)_2{-}C{\equiv}C{-}(CH_2)_3{-}CH_3$
$C_{10}H_{18}$	Dekin-1	$CH{\equiv}C{-}(CH_2)_7{-}CH_3$
	Dekin-3	$CH_3{-}CH_2{-}C{\equiv}C{-}(CH_2)_5{-}CH_3$
	Dekin-5	$CH_3{-}(CH_2)_3{-}C{\equiv}C{-}(CH_2)_3{-}CH_3$

(Fortsetzung.)

Molekular-gewicht	Dichte bei g/cm³	Temp. °C	Schmelz-punkt °C	Siedepunkt °C	bei Druck Torr	Bemerkungen, zusätzliche Angaben
96,17	0,7154	20		~ 74		
	0,7176	20		~ 83		
	0,7246	25		~ 88		
110,19	$0{,}7469_6$	20	zwischen −80 und −70	126,0		$d\varrho/dt = -0{,}001011 \cdot (1 - 0{,}00351\, t)$/grd für 0° bis 70° C
	0,761	25		136		
	~0,755	25		131		
	0,7479	20		130,6		
	0,7360	20		~ 99	745	
124,22	0,763	20	− 65	+151	760	
	0,769	20		160	760	
	0,764	20		153	760	
	0,757	25		~156	760	
138,24	0,772	17	~ −38	~181,5	745	
	0,765	21		~175,5	760	
	0,768	25		175,3	760	

Zahlentafel 5.

Brutto-formel	Name	Strukturformel
C_4H_4	Buten-3-in-1 . . . . . (Vinylazetylen)	$CH \equiv C—CH = CH_2$
C_5H_6	Penten-4-in-2 . . . . . (1-Methyl-2-vinyl-azetylen)	$CH_3—C \equiv C—CH = CH_2$
	Penten-4-in-1 . . . . . (Allylazetylen)	$CH \equiv C—CH_2—CH = CH_2$
C_6H_8	Hexen-5-in-1 . . . . . (Diallylen)	$CH \equiv C—(CH_2)_2—CH = CH_2$
C_4H_2	Butadiin-1,3 . . . . . (Diazetylen)	$CH \equiv C—C \equiv CH$
C_6H_6	Hexadiin-2,4 . . . . . (Dimethyl-diazetylen)	$CH_3—C \equiv C—C \equiv C—CH_3$
	Hexadien-1,5-in-3 . . . (Divinylazetylen)	$CH_2 = CH—C \equiv C—CH = CH_2$
C_8H_{10}	2,5,Dimethylhexadien-1,5-in-3	$CH_2 = C(CH_3)—C \equiv C—C(CH_3) = CH_2$

bindung; die Verbindungen sind sehr leicht geneigt, sich Halogene anzulagern. Eine so entstehende Verbindung ist das wegen seiner verhältnismäßig hohen Dichte von 2,9673 g/cm³ bei 20° C mitunter in Differentialmanometern für Gas-, Dampf- und Flüssigkeitsmessungen statt Quecksilber als Meßflüssigkeit verwendete Azetylentetrabromid $CHBr_2—CHBr_2$. Richtiger wäre es jedoch als 1, 1, 2, 2-Tetrabromäthan zu bezeichnen. Bei ihm ist die Dreifachbindung aufgelöst.

Azetylen und seine Homologen entstehen z. B. bei der trockenen Destillation komplizierter organischer Verbindungen und treten daher im Kohlengas auf. Diese Verbindungen werden in Anlehnung an den angelsächsischen Sprachgebrauch auch Alkine genannt, dort aber „Alkynes" geschrieben. In den beiden obenstehenden Gruppen der Zahlen-

(Fortsetzung.)

Molekular-gewicht	Dichte bei Temp. g/cm³	°C	Schmelz-punkt °C	Siedepunkt bei Druck °C	Torr	Bemerkungen, zusätzliche Angaben
52,07	0,7095	0		5,5	760	
66,10	0,7401	20		39,2	760	
	0,777 bezogen auf Wasser von 22° C	22		~ 41	760	
80,12	0,8579	18,2		70	760	
50,06	0,7107	4	−36,4	10,3	760	
78,11			64,5	129	760	
	0,7852	20		83,5	760	
106,16	0,7898	15		~124	760	

tafel 5 sind einige Alkine mit zusätzlichen Doppelbindungen (Alkenine) und mit zwei Dreifachbindungen (Alkadiine) aufgeführt. Das Azetylen bindet bei seiner Entstehung große Energiemengen und kann bei hoher Temperatur aus den Elementen selbst entstehen. Dies ist der Fall bei einem in Wasserstoffatmosphäre brennenden Kohlelichtbogen. Bei der praktisch allein in Frage kommenden Gewinnung des Azetylen aus Kalziumkarbid und Wasser wurde die Energie schon bei der Bildung des Karbids aus Kalk im Lichtbogenofen gespeichert[1].

Das Azetylen, das technisch beim autogenen Schweißen und Schneiden verwendet wird, entwickelt eine sehr heiße Flamme und ist be-

[1] Vgl. z. B. STEINBERGER, K. F.: Rohstoffe für Acetylen und Aethylen. Angew. Chem. B Bd. 19 (1947) S. 211—214.

merkenswert durch die sehr weiten Explosionsgrenzen in Mischungen mit Luft. Diese liegen bei einem Druck von 1 Atm einerseits bei 2,3% Azetylen und 97,7% Luft und andererseits bei 82% Azetylen und 18% Luft, vgl. hiezu Zahlentafel 35, S. 424. Neuerdings knüpft ein Zweig der Herstellung von Kunststoffen und anderen wichtigen chemischen Erzeugnissen an das Azetylen und die von ihm abgeleiteten Verbindungen an, was später noch schematisch gezeigt wird, vgl. Abschnitt I B 3a, S. 155ff., insbesondere Abb. 3.

Die Radikale der Azetylenhomologen heißen Äthinyl, Propinyl usw., allgemein Alkinyle. Wie diese Bezeichnungen zur Bildung der Namen der sie enthaltenden Verbindungen benutzt werden, ergibt sich aus den früher angeführten Regeln.

2. Die Ring-Kohlenwasserstoffe.

Es soll nun die zweite große Gruppe von Kohlenwasserstoffen besprochen werden, die sich grundsätzlich von der bisher behandelten unterscheidet, nämlich die der ringförmigen Kohlenwasserstoffe. Ihr wichtigster Vertreter ist, wie schon erwähnt, das Benzol mit seinem Sechserring[1]. Für ihn ist die von KEKULÉ vorgeschlagene Darstellung mit drei Doppelbindungen

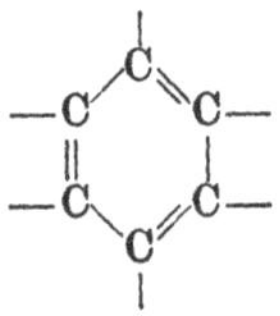

```
         |
         C
       /   \\
  —C         C—
    ||        |
  —C         C—
       \   //
         C
         |
```

üblich. Nach Ansicht von LOTHAR MEYER oder CLAUS müßte jedoch der Sechserring durch das Schema

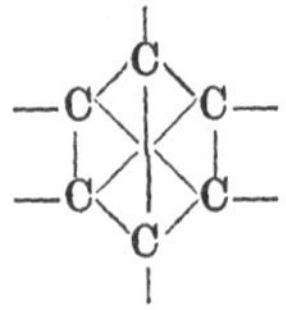

```
         |
         C
       / | \
  —C     |     C—
    | \  |  / |
    | /  |  \ |
  —C     |     C—
       \ | /
         C
         |
```

[1] Zum Sprachgebrauch sei folgende Bemerkung gestattet: Es wird oft von einem „Fünfring“, „Sechsring“ usw. gesprochen. Diese Ausdrucksweise wäre besser durch die hier verwendete Benennung „Fünferring“, „Sechserring“ zu ersetzen, so wie ja auch ganz allgemein von der „Achterschale“ (oder z. B. auf anderem Gebiet von einem „Siebenerausschuß“ und nicht von einem „Siebenausschuß“) gesprochen wird. Hingegen ist die Bezeichnung „Dreiring“-, „Vierring“-, allgemein „Mehrring“verbindung völlig am Platz, wenn es sich um eine aus drei, vier oder mehr Ringen bestehende Verbindung handelt.

wiedergegeben werden. Daneben gibt es noch andere Vorschläge. Es wäre müßig, die Berechtigung der einen oder anderen Schreibweise begründen zu wollen, nachdem mit Hilfe der neuen Quantentheorie gezeigt werden konnte, daß durch die Valenzstriche allein der Bindungszustand in einem Molekül nur sehr unvollkommen wiedergegeben wird. Als sicher gilt heute, daß das Benzolmolekül auch räumlich als ein beinahe ebenes Sechseck angesehen werden kann, bei dem in einer abgeschlossenen Gruppe von insgesamt sechs bindenden Elektronen zwei keinen Umlaufsinn besitzen, die restlichen vier paarweise entgegengesetzten Umlaufsinn und entgegengesetzt gleiches Impulsmoment. Die Zahl 6 hat bei Ringmolekülen eine ähnliche Bedeutung wie die Zahl 8 für die Elektronengruppierung im Atom. Der Unterschied ist dadurch verursacht, daß bei Atomen Kugelsymmetrie herrscht, daß aber bei Ringmolekülen nur eine Symmetrieachse vorhanden ist[1].

Damit allein ist aber die den Edelgasen mit abgeschlossener Elektronenschale analoge, bevorzugte Stellung des Benzols noch nicht völlig erklärt.

Die Stabilität der Ringverbindungen findet auch in der Deformation der Valenzwinkel ihren Ausdruck. Diese beträgt bei einer Kohlenstoff-Atomzahl von

3	4	5	6
49° 28′	19° 28′	1° 28′	0°.

Bei mehr als sechs Kohlenstoffatomen ist jede Gruppierung im Ring bei steigender Beweglichkeit der Glieder gegeneinander möglich.

[1] Näheres hierüber siehe bei Hückel, E.: Grundzüge der Theorie ungesättigter und aromatischer Verbindungen. Z. Elektrochem. Bd. 43 (1937) S. 752—788 und 827—849. Die Arbeit ist auch in Buchform unter demselben Titel erschienen: 2. Aufl. Berlin: Verlag Chemie 1940. — Vgl. auch Müller, E.: Neuere Anschauungen der organischen Chemie (Organische Chemie in Einzeldarstellungen, Bd. 1), S. 170ff. Berlin: Springer 1940.

Ergänzend zum obigen Text kann noch folgendes bemerkt werden: Beim Benzolmolekül sind in der Außenschale jedes Kohlenstoffatoms je vier Elektronen vorhanden, in den Schalen der sechs Wasserstoffatome je eines, zusammen also 30 Elektronen. Von diesen werden für die C—H-Bindungen 2×6 und für die C—C-Bindungen nochmals 2×6 Elektronen, zusammen also 24 Elektronen benötigt. Wie die Quantentheorie zeigt, ist eine Lokalisierung der sechs verbleibenden Elektronenverbindungen des Ringes im Sinne der Formel von Kekulé oder einer der anderen vorgeschlagenen Formeln gar nicht möglich. Diese Elektronen sind nicht einzelnen Atomen, sondern dem ganzen System zuzuordnen. Dieses befindet sich in diesem Fall in einem durch die Zahl 6 ausgezeichneten, energieärmsten Zustand.

Beim Benzolkern wirken also sowohl die elektronentheoretisch begründete Bindung von sechs Valenzelektronen als auch die durch die Spannungstheorie erklärte Bevorzugung der Zahl von sechs Atomen im Ring zusammen, um dem Benzol und seinen Homologen — der Gruppe der Aromaten — eine Sonderstellung zu verschaffen[1].

Die Nichtaromaten mit Ringen unterscheiden sich daher von den Aromaten einmal dadurch, daß bei ihnen auch Ringe mit mehr oder weniger als sechs Kohlenstoffatomen auftreten und existenzfähig sind. Ein weiterer Unterschied besteht darin, daß einzelne Kohlenstoffatome vollständig abgesättigt sind und daß daher weniger Doppelbindungen vorhanden sind, als der aromatischen Bindung entspricht. Ihre Doppelbindungen lassen sich auch im Gegensatz zu den Bindungen im Benzolkern örtlich bestimmen. Mit diesem Befund stimmt überein, daß ihre Eigenschaften große Ähnlichkeiten mit denen der kettenförmigen Ketten-Kohlenwasserstoffe zeigen. Sie werden deshalb Zykloparaffine (Zykloalkane), Zykloolefine (Zykloalkene), Zyklodiolefine (Zykloalkadiëne) usw. genannt.

Der durch die Deformation der Valenzwinkel auch bei den zyklischen Nichtaromaten hervorgerufene Spannungszustand führt dazu, daß Sechserringe und Fünferringe am stabilsten sind. Ringe mit vier oder drei Gliedern können unter günstigen Umständen bestehen. Bei Verbindungen mit mehr als sechs Gliedern nimmt hingegen die Formbeständigkeit des Moleküls und seine Existenzfähigkeit mit der Zahl der Kettenglieder ab. Es ist gelungen, auf synthetischem Wege Ringverbindungen zu gewinnen, die bis zu 16 Kohlenstoffatomen enthalten, und ihre Existenzfähigkeit nachzuweisen. Die Ausbeuten waren jedoch sehr klein, weil die Wahrscheinlichkeit zu solchen Ringschlüssen sehr gering ist.

a) Benzol, seine Homologen und Abkömmlinge (Aromaten).

Das Benzol, das ohne Rücksicht auf die Natur der Doppelbindungen im folgenden, wenn Mißverständnisse nicht zu befürchten

---

[1] Ausführungen über die Spannungstheorie finden sich in jedem Lehrbuch der organischen Chemie. Sie ist ein Teil der „Raumchemie", auf deren Bedeutung bereits in der Einleitung dieses Hauptabschnittes I hingewiesen wurde. Für eingehendes Studium empfehlenswert ist Wittig, G.: Stereochemie. Leipzig: Akad. Verlagsges. 1930. Dort sind neben der Stereochemie des Kohlenstoffes auch die des Stickstoffes und der übrigen Elemente und ihr Zusammenhang mit der Lehre vom Kristallbau behandelt.

sind, schematisch

```
   H
H/ \H
 |  ||
H\ //H
   H
```

oder einfach

```
 /\
|  |
 \/
```

geschrieben werden soll, wird in größeren Mengen in Kokereien und Gaswerken gewonnen. Es ist dampfförmig im Rohgas enthalten und wird durch Auswaschen mit Waschöl oder durch Adsorption mit Hilfe von Aktivkohle abgetrennt. Seine Verwendung als Kraftstoff für Ottomotoren fand während des ersten Weltkrieges zunächst nur als wenig geschätzter Ersatzstoff Beachtung. Man erkannte jedoch bald seine hohe Klopffestigkeit, die auf dem sehr stabilen Charakter seines Sechserringes beruht. Heute wird Benzol für sich allein nicht mehr als Kraftstoff für Ottomotoren verwendet, sondern zur Verbesserung des Klopfwertes den Benzinen beigemischt. Daneben gibt es eine große Zahl anderer Verwendungsmöglichkeiten in der chemischen Industrie, so als Lösungsmittel für organische Stoffe, vor allem aber als Ausgangsstoff für das noch zu besprechende Anilin.

Das Vorkommen des Benzols in dem bei der Hochtemperaturverkokung entstandenen Gas ist vor allem darauf zurückzuführen, daß die aus der Kohle bei der Entgasung entweichenden Kohlenwasserstoffe beim Durchstreichen der glühenden Koksschicht und beim Berühren der heißen Kammerwände pyrogen zersetzt und zu den bei hoher Temperatur stabilsten Kohlenwasserstoffen umgebaut oder abgebaut werden. Als Folge des Abbaues treten vor allem das sehr stabile Methan und schließlich Wasserstoff allein auf. Die im Rohgas als Nebel enthaltenen höher siedenden Anteile, die als Teer anfallen, bestehen größtenteils aus Benzolhomologen und sind wegen ihrer geringen Zündwilligkeit als Dieselkraftstoffe ungeeignet.

Das Benzol kann mit Radikalen der Paraffin-, Olefin-, Diolefinreihen usw. neue Verbindungen bilden, indem ein oder mehrere Wasserstoffatome durch Radikale beliebiger Länge ersetzt werden. Die einfachste Verbindung dieser Art ist das Methyl-Benzol ($C_6H_5CH_3$)

```
        H
        |         H
        C         |
H—C//    \C———————C—H,
  |       ||      |
H—C\\    /C—H     H
        C
        |
        H
```

Fortsetzung des Textes Seite 80.

Zahlentafel 6. *Benzol und*

Bruttoformel	Name	Strukturformel
C_6H_6	Benzol	 Näheres siehe Text S. 61; im folgenden ist der Benzolrest ohne Andeutung der aromatischen Bindung dargestellt
C_7H_8	Methylbenzol . . . . . (Toluol)	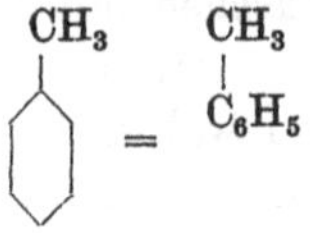 CH_3 = CH_3–C_6H_5 vgl. hiezu Text S. 80
C_8H_{10}	Äthylbenzol	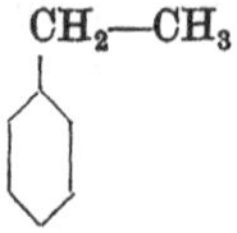 CH_2—CH_3
	1,2-Dimethylbenzol . . (o-Xylol)	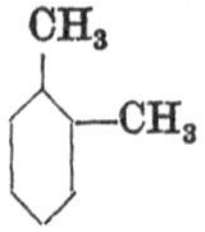 CH_3, —CH_3
	1,3-Dimethylbenzol . . (m-Xylol)	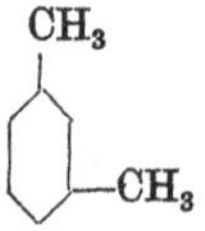 CH_3, —CH_3
	1,4-Dimethylbenzol . . (p-Xylol)	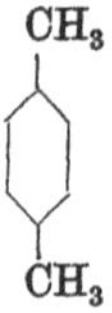 CH_3, CH_3
C_9H_{12}	n-Propylbenzol	CH_2—CH_2—CH_3 / C_6H_5
	i-Propylbenzol . . . . (Kumol)	CH_3—CH—CH_3 / C_6H_5

seine Homologen.

Molekular-gewicht	Dichte bei Temp. g/cm³	°C	Schmelz-punkt °C	Siedepunkt °C	bei Druck Torr	Bemerkungen, zusätzliche Angaben
78,11	0,87866	20	+ 5,49	+ 80,07	760	$d\varrho/dt = -0{,}00108579 \cdot [1 - 0{,}0014520\,(t-20) + 0{,}0_4 2675\,(t-20)^2]$/grd für 0° bis 160° C
92,13	0,86650	20	−95,18	+110,56	760	$d\varrho/dt = -0{,}0_3 938099 \cdot [1 + 0{,}0_3 96907 \cdot (t-20)]$/grd für −20° bis +135° C
106,16	0,86707	20	−94,91	+136,06	760	$d\varrho/dt = -0{,}0_3 89175 \cdot [1 + 0{,}0_3 3948 \cdot (t-20)]$/grd für −95° bis +136° C
	0,88009	20	−25,25	+144,18	760	$d\varrho/dt = -0{,}0_3 844595 \cdot [1 + 0{,}0_3 703996 \cdot (t-20)]$/grd für −25° bis +144° C
	0,86415	20	−47,87	+139,08	760	$d\varrho/dt = -0{,}0_3 85791 \cdot [1 + 0{,}0_3 542 \cdot (t-20)]$/grd für −52° bis +155° C
	0,86102	20	+13,27	+138,35	760	$d\varrho/dt = -0{,}0_3 86265 \cdot [1 + 0{,}0_3 747 \cdot (t-20)]$/grd für 0° bis +135° C
120,19	0,8621	20	−99,2	+159,2	760	$d\varrho/dt = -0{,}0_3 8292 \cdot [1 + 0{,}0_3 879 \cdot (t-20)]$/grd für −25° bis +159° C
	0,8623	20	−96,1	+152,4	760	$d\varrho/dt = -0{,}0_3 8365 \cdot [1 + 0{,}0_3 6955 \cdot (t-20)]$/grd für 0° bis 100° C

Zahlentafel 6.

Bruttoformel	Name	Strukturformel
C_9H_{12}	1-Methyl-2-äthylbenzol	CH_3 (1), CH_2—CH_3 (2) am Benzolring
	1-Methyl-3-äthylbenzol	CH_3 (1), CH_2—CH_3 (3) am Benzolring
	1-Methyl-4-äthylbenzol	CH_3 (1), CH_2—CH_3 (4) am Benzolring
	1,2,3-Trimethylbenzol . (Hemellitol, vic-Trimethylbenzol)	CH_3, CH_3, CH_3 (1,2,3) am Benzolring
	1,2,4-Trimethylbenzol . (Pseudokumol, as-Trimethylbenzol)	CH_3, CH_3, CH_3 (1,2,4) am Benzolring
	1,3,5-Trimethylbenzol . (Mesitylen, s-Trimethylbenzol)	CH_3, H_3C, CH_3 (1,3,5) am Benzolring
$C_{10}H_{14}$	n-Butylbenzol	CH_2—CH_2—CH_2—CH_3 mit C_6H_5 am ersten CH_2: C_6H_5—CH_2—CH_2—CH_2—CH_3
	sec-Butylbenzol . . . . (2-Phenylbutan)	CH_3—CH(C_6H_5)—CH_2—CH_3

(Fortsetzung.

Molekular-gewicht	Dichte bei Temp. g/cm³	°C	Schmelz-punkt °C	Siedepunkt °C	bei Druck Torr	Bemerkungen, zusätzliche Angaben
120,19	0,8806	20		165,0	760	$d\varrho/dt = -0{,}0_3 8365 \cdot [1 + 0{,}0_3 6955 \cdot (t - 20)]$/grd für 11° bis 25° C
	0,8657	20		161,5	760	
	0,8626	20	−56	+162,3	760	
	0,8947	20	−25,47	+176,1	760	
	0,8762	20	−44,1	+169,3	760	$d\varrho/dt = -0{,}0_3 8069 \cdot [1 + 0{,}0_3 5497 \cdot (t - 20)]$/grd für 0° bis 95° C
	0,8637	20	−44,8	+164,7	760	$d\varrho/dt = -0{,}0_3 8203 \cdot [1 + 0{,}0_3 8738 \cdot (t - 20)]$/grd für 4° bis 165° C
134,21	$0{,}8604_5$	20	zwischen −88,5 und −81,2	+183,3	760	$d\varrho/dt = -0{,}0_3 81118 \cdot [1 - 0{,}0_3 4963\,(t - 20)]$ für −95° bis +182° C
	0,8608	20	−82,7	+172,5	760	$d\varrho/dt = -0{,}0_3 7947 \cdot [1 + 0{,}0_2 2322 \cdot (t - 20)]$/grd für 0° bis 50° C

Zahlentafel 6.

Brutto-formel	Name	Strukturformel
$C_{10}H_{14}$	iso-Butylbenzol . . . . (1-Phenyl-2-methyl-propan)	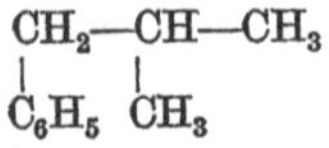 $CH_2—CH—CH_3$ C_6H_5 CH_3
	tert-Butylbenzol . . . (2-Phenyl-2-methyl-propan)	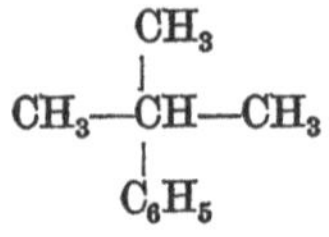 CH_3 $CH_3—CH—CH_3$ C_6H_5
	1-Methyl-2-n-propyl-benzol	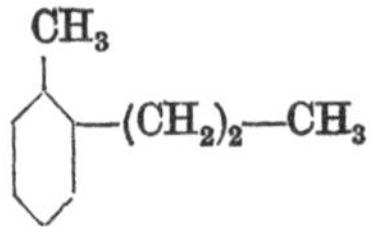 CH_3 $—(CH_2)_2—CH_3$
	1-Methyl-3-n-propyl-benzol	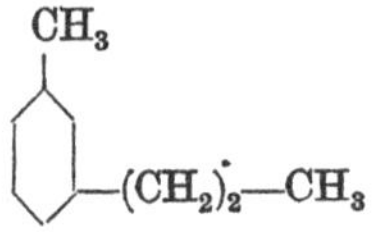 CH_3 $—(CH_2)_2—CH_3$
	1-Methyl-4-n-propyl-benzol	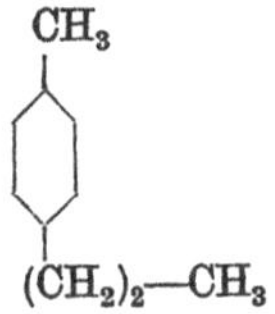 CH_3 $(CH_2)_2—CH_3$
	1-Methyl-2-isopropyl-benzol (o-Zymol)	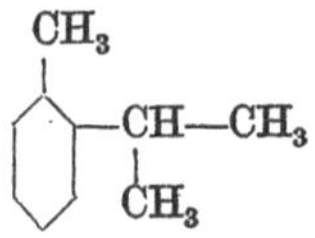 CH_3 $—CH—CH_3$ CH_3
	1-Methyl-3-isopropyl-benzol (m-Zymol)	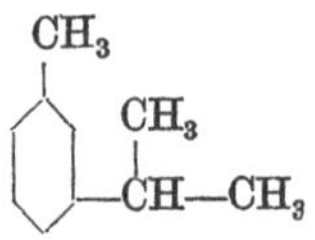 CH_3 CH_3 $—CH—CH_3$
	1-Methyl-4-isopropyl-benzol (p-Zymol)	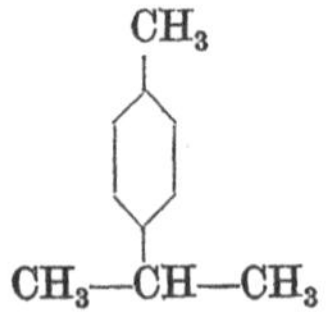 CH_3 $CH_3—CH—CH_3$

(Fortsetzung.)

Molekular-gewicht	Dichte bei g/cm³	Temp. °C	Schmelz-punkt °C	Siedepunkt °C	bei Druck Torr	Bemerkungen, zusätzliche Angaben
134,21	0,8673	20		170,1	760	
	0,8669	20	−58,1	+169,0	760	$d\varrho/dt = -0{,}0_3 8187 \cdot [1 + 0{,}0_3 7479 \cdot (t - 20)]$/grd für 0° bis 91° C
	0,8742	20		zwischen 180 und 184	760	
	zwischen 0,8601 bis 0,8625	20		179,4	760	
	0,8588	20	−62	+183,2	760	
	0,8752	20	−25,5	+175,1	760	
	0,8614	20	−25	+175,6	760	
	0,8571	20	−69,8	+176,9	760	$d\varrho/dt = -0{,}0_3 8158 \cdot [1 + 0{,}0_3 5370 \cdot (t - 20)]$/grd für 0° bis 175° C

Zahlentafel 6.

Brutto-formel	Name	Strukturformel
$C_{10}H_{14}$	1,2-, 1,3- und 1,4-Diäthylbenzol	$C_2H_5—C_6H_4—C_2H_5$
	Dimethyläthylbenzole .	$(CH_3)_2—C_6H_3—C_2H_5$
	1,2,3,4-Tetramethyl-benzol (Prehnitol)	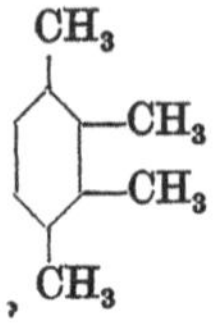 CH_3 —CH_3 —CH_3 CH_3
	1,2,3,5-Tetramethyl-benzol (Isodurol)	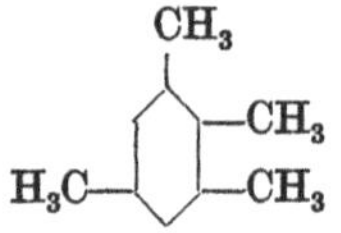 CH_3 —CH_3 H_3C— —CH_3
	1,2,4,5-Tetramethyl-benzol (Durol)	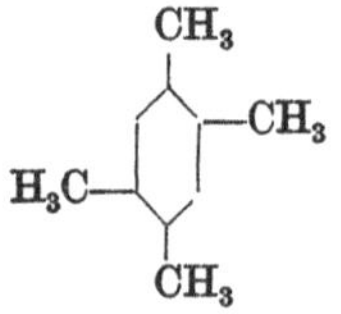 CH_3 —CH_3 H_3C— CH_3
$C_{11}H_{16}$	n-Pentylbenzol . . . . (n-Amylbenzol, 1-Phenylpentan)	$CH_2—(CH_2)_3—CH_3$ $\vert$ C_6H_5
	2-Phenylpentan	$CH_3—CH—(CH_2)_2—CH_3$ $\vert$ C_6H_5
	3-Phenylpentan	$CH_3—CH_2—CH—CH_2—CH_3$ $\vert$ C_6H_5
	1-Phenyl-2-methylbutan	$CH_2—CH—CH_2—CH_3$ $\vert$ $\vert$ C_6H_5 CH_3
	1-Phenyl-3-methylbutan („Isoamylbenzol“)	$CH_2—CH_2—CH—CH_3$ $\vert$ $\vert$ C_6H_5 CH_3

(Fortsetzung.)

Molekular-gewicht	Dichte bei Temp. g/cm³	°C	Schmelz-punkt °C	Siedepunkt °C	bei Druck Torr	Bemerkungen, zusätzliche Angaben
134,21	~0,86	20	−35 für 1,4-	zwischen 180,7 u. 184,4	760	
	~0,87			~185	760	
	zwischen 0,901 und 0,904	20	−6,5	+205,0	760	
	zwischen 0,891 und 0,896	20	−24,2	+197,0	760	
	0,838 1,034	81,3 in festem Zustand	+79,7	+195,4	760	Die Höhe des Schmelzpunktes und der Dichte sind beachtlich
148,24	0,8627	20	−78,25	+202,2	760	$d\varrho/dt = -0{,}0_3 77907 \cdot [1+0{,}0_3 3548\,(t-20)]$/grd für 9° bis 95° C
	zwischen 0,8529 und 0,8621	20		191,6	760	
	0,8649	20		~191	760	
	zwischen 0,8584 und 0,8680	20		193,8	760	
	0,856	20		193,4	760	

Zahlentafel 6.

Brutto-formel	Name	Strukturformel
$C_{11}H_{16}$	2-Methyl-2-phenylbutan (tert-Pentylbenzol)	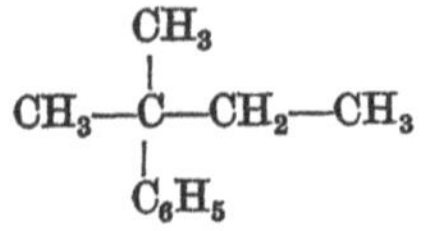 CH_3 | $CH_3—C—CH_2—CH_3$ | C_6H_5
	2-Methyl-3-phenylbutan	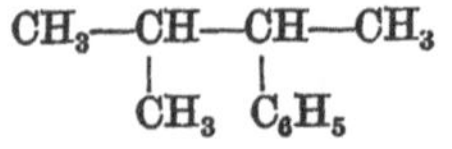 $CH_3—CH—CH—CH_3$ | | CH_3 C_6H_5
	1-Phenyl-2,2-dimethyl-propan	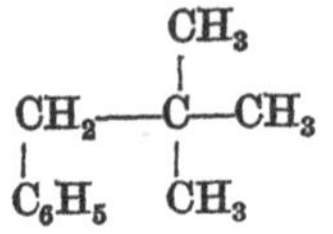 CH_3 | $CH_2—C—CH_3$ | | C_6H_5 CH_3
	Methylbutylbenzole . .	$CH_3—C_6H_4—C_4H_9$
	Äthylpropylbenzole . .	$C_2H_5—C_6H_4—C_3H_7$
	Benzolhomologen mit drei Seitenketten	
	1,3,5-Trimethyl-2-äthyl-benzol ähnliche Werte gelten für: 1,2,4-Trimethyl-3-äthylbenzol und 1,2,4-Trimethyl-5-äthylbenzol	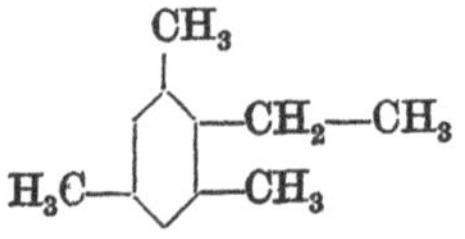 CH_3 —$CH_2—CH_3$ H_3C— —CH_3
	Pentamethylbenzol . .	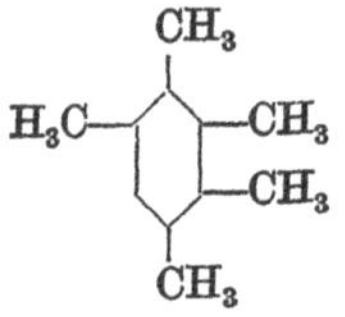 CH_3 H_3C— —CH_3 —CH_3 CH_3
$C_{12}H_{18}$	n-Hexylbenzol . . . . (1-Phenylhexan)	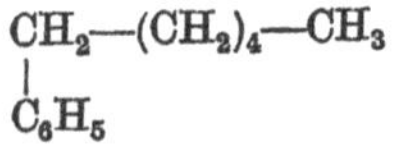 $CH_2—(CH_2)_4—CH_3$ | C_6H_5
	2-Phenylhexan	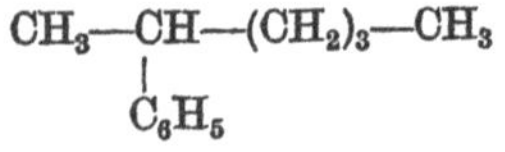 $CH_3—CH—(CH_2)_3—CH_3$ | C_6H_5

(Fortsetzung.)

Molekular-gewicht	Dichte bei Temp. g/cm³	°C	Schmelz-punkt °C	Siedepunkt bei Druck °C	Torr	Bemerkungen, zusätzliche Angaben
148,24	~0,87	20		189,6	760	
	0,8795	20		zwischen 184 und 189	760	
	0,8569	20		185	760	$d\varrho/dt = -0{,}0_3 8023 \cdot [1 + 0{,}0_3 2766 \cdot (t - 20)]$/grd für 0° bis 92° C
	zwischen 0,858 und 0,874	20		zwischen 185 und 202	760	
	~0,86	20		zwischen 190 und 205	760	
				~200	760	
	0,866	20	−15,56	zwischen +207 u. +214	760	
	0,8580	100	53,0	+231,4	760	$d\varrho/dt = -0{,}0_3 74175 \cdot [1 + 0{,}001133 \cdot (t - 100)]$/grd für 72° bis 208° C
162,26	0,8602	20	−66,8	+226,2	760	$d\varrho/dt = -0{,}0_3 7684$/grd für 0° bis 95° C
	0,8612	20		~207	760	

Zahlentafel 6.

Brutto-formel	Name	Strukturformel
$C_{12}H_{18}$	übrige Hexylbenzole mit einer geraden oder verzweigten Seitenkette	C_6H_5—C_6H_{13}
	Methylpentylbenzole . .	CH_3—C_6H_4—C_5H_{11}
	übrige Hexylbenzole mit zwei Seitenketten	
	mit drei Seitenketten	
	mit vier Seitenketten	
	Hexamethylbenzol . .	$C_6(CH_3)_6$ = Benzolring mit sechs CH_3-Gruppen (CH_3; H_3C—, —CH_3; H_3C—, —CH_3; CH_3)
$C_{13}H_{20}$	n-Heptylbenzol . . . . (1-Phenylheptan)	CH_2—$(CH_2)_5$—CH_3, an CH_2: C_6H_5
	2-Phenylheptan	CH_3—CH—$(CH_2)_4$—CH_3, an CH: C_6H_5
	Heptylbenzole mit zwei Seitenketten . .	
	drei und vier Seitenketten	
	Pentamethyläthylbenzol	Benzolring mit CH_3; H_3C—, —CH_2—CH_3; H_3C—, —CH_3; CH_3

(Fortsetzung.)

Molekulargewicht	Dichte bei Temp. g/cm³	°C	Schmelzpunkt °C	Siedepunkt bei Druck °C	Torr	Bemerkungen, zusätzliche Angaben
162,26	~0,86	20		zwischen 203 und 220	760	
	~0,86	20		~208	760	
	~0,86	20		zwischen 203 und 213	760	
	~0,87	20		~205	760	
	~0,88	20		zwischen 220 und 228	760	
	1,072	0	165,3	263,8	760	$d\varrho/dt = -0{,}0_3 7486$/grd für 0° bis 75° C
176,29	0,8595	20		237,8	760	
	0,8610	20		zwischen 226,5 u. 231	760	
	0,86	20		zwischen 230 und 240	760	
	0,88	20				
			125			

Zahlentafel 6.

Brutto-formel	Name	Strukturformel
$C_{14}H_{22}$	n-Oktylbenzol . . . . (1-Phenyloktan)	$CH_2-(CH_2)_6-CH_3$ $\vert$ C_6H_5
	übrige Oktylbenzole mit einer Seitenkette	
	mit zwei Seitenketten	
	mit drei Seitenketten	
	1,2,3,4-Tetraäthylbenzol	CH_2-CH_3 / $-CH_2-CH_3$ / $-CH_2-CH_3$ / CH_2-CH_3 (am Benzolring)
$C_{15}H_{24}$	n-Nonylbenzol	$CH_2-(CH_2)_7-CH_3$ $\vert$ C_6H_5
$C_{16}H_{26}$	Dekylbenzole, soweit bekannt	
$C_{17}H_{28}$	Undekylbenzole, soweit bekannt	
$C_{18}H_{30}$	n-Dodekylbenzol . . .	$CH_2-(CH_2)_{10}-CH_3$ $\vert$ C_6H_5
	Hexaäthylbenzol . . .	$C_6-(C_2H_5)_6$ = CH_2-CH_3 / CH_3-H_2C- / CH_3-H_2C- / $-CH_2-CH_3$ / $-CH_2-CH_3$ / CH_2-CH_3 (am Benzolring)

(Fortsetzung.)

Molekular-gewicht	Dichte bei Temp. g/cm³	°C	Schmelz-punkt °C	Siedepunkt °C	bei Druck Torr	Bemerkungen, zusätzliche Angaben
190,32	0,8582	20	—7	263,6	760	$d\varrho/dt = -0{,}0_3 7050$/grd für 20° bis 30° C
bei zunehmender Verzweigung bis				205	760	
	zwischen 0,87 und 1,088	20		260 und darunter	760	
	zwischen 0,88 und 0,91	20		zwischen 230 und 235	760	
	$0{,}8881_5$	20	11,6	254	760	
204,34	0,8584	20		~280 bei Verzweigung darunter	760	
218,37				275 und darunter	760	
232,39				295 und darunter	760	
246,42	0,8568	20	zwischen —3 und —7	~180	13	
	0,8550	20	128,3	297,2		

Zahlentafel 6.

Bruttoformel	Name	Strukturformel
$C_{24}H_{42}$	Hexa-n-propylbenzol .	$C_6—(C_3H_7)_6$
C_8H_8	Styrol (Vinylbenzol, Äthenylbenzol, Zinnamol)	$CH{=}CH_2$ | C_6H_5
C_9H_{10}	Propen-1-ylbenzol . . . (1-Phenylpropen-1)	$CH{=}CH—CH_3$ | C_6H_5
	Propen-2-ylbenzol . . . (Allylbenzol, 1-Phenylpropen-2)	$CH_2—CH{=}CH_2$ | C_6H_5
	Isopropenylbenzol . . .	$CH_2{=}C—CH_3$ | C_6H_5
	Vinylmethylbenzole . .	$CH_3—C_6H_4—CH{=}CH_2$
$C_{10}H_{12}$	Buten-1-ylbenzol . . . (1-Phenylbuten-1)	$CH{=}CH—CH_2—CH_3$ | C_6H_5
	Buten-2-ylbenzol . . . (1-Phenylbuten-2)	$CH_2—CH{=}CH—CH_3$ | C_6H_5
	Buten-3-ylbenzol . . . (1-Phenylbuten-3)	$CH_2—CH_2—CH{=}CH_2$ | C_6H_5
	2-Phenylbuten-1 . . .	$CH_2{=}C—CH_2—CH_3$ | C_6H_5
	2-Phenylbuten-2 . . .	$CH_3—C{=}CH—CH_3$ | C_6H_5

(Fortsetzung.)

Molekular-gewicht	Dichte bei Temp. g/cm³	°C	Schmelz-punkt °C	Siedepunkt °C	bei Druck Torr	Bemerkungen, zusätzliche Angaben
330,58	0,8185	100	103,0	332,2		$d\varrho/dt = -0{,}0_3 7275$/grd für 100° bis 220° C
104,14	0,90675	20	−30,6	145,3	760	
118,17	0,9105	20	20	173,5	760	
	0,8929	20	−40	+156,3	760	
	0,9096	20		161,6	760	
				zwischen 165 und 175	760	
132,20	0,9106	20		188,9	760	
	zwischen 0,8831 und 0,9033	20		176,2	760	
	zwischen 0,8831 und 0,8915	20		177,6	760	
				∼ 82	20	
	zwischen 0,9041 und 0,909	20		189,3	760	

Zahlentafel 6.

Brutto-formel	Name	Strukturformel
$C_{10}H_{12}$	Vinyläthylbenzole. . .	$CH_2{=}CH{-}C_6H_5{-}CH_2{-}CH_3$
	Propenylmethylbenzole	$C_3H_5{-}C_6H_4{-}CH_3$
$C_{11}H_{14}$	Penten-1-ylbenzol. . . (1-Phenylpenten-1)	$CH{=}CH{-}(CH_2)_2{-}CH_3$ $\vert$ C_6H_5
	übrige 1-Phenylpentene (also -2, -3 usw.)	$C_5H_9{-}C_6H_5$
	übrige Phenylpentene (also 2-, 3- usw.)	$C_5H_9{-}C_6H_5$
	Isomere mit zwei Seitenketten, soweit bekannt	$R_1{-}C_6H_4{-}R_2$ $(R_1 + R_2 = C_5H_{10})$
	Isomere mit drei Seitenketten, soweit bekannt	$R_1{-}C_6H_3{-}R_2$ $\vert$ R_3 $(R_1 + R_2 + R_3 = C_5H_9)$
$C_{12}H_{16}$	Hexenylbenzole und Isomere, soweit bekannt	$C_6H_{11}{-}C_6H_5$, $C_6H_{12}{-}C_6H_4^{\prime\prime}$ usw. (erste Gruppe $= \Sigma R_1$)
$C_{13}H_{18}$	Hepten-6-ylbenzol . . (1-Phenylhepten-6)	$CH_2{-}(CH_2)_4{-}CH{=}CH_2$ $\vert$ C_6H_5
	4-Phenylhepten-3 . . .	$CH_3{-}CH_2{-}CH{=}C{-}(CH_2)_2{-}CH_3$ $\vert$ C_6H_5
C_8H_6	Äthinylbenzol . . . . (Phenylazetylen)	$C{\equiv}CH$ $\vert$ C_6H_5
C_9H_8	Propin-1-ylbenzol. . . (1-Phenylpropin-1)	$C{\equiv}C{-}CH_3$ $\vert$ C_6H_5

(Fortsetzung.)

Molekular-gewicht	Dichte bei g/cm³	Temp. °C	Schmelz-punkt °C	Siedepunkt °C	bei Druck Torr	Bemerkungen, zusätzliche Angaben
132,20	~0,90	20		zwischen 180 und 196	760	
146,22	0,8782	20		217	760	
	~0,889	20		zwischen 201 und 206	760	
	zwischen 0,89 und 0,90	20		zwischen 191 und 205	760	
	~0,89	20		zwischen 200 und 218	760	
	~0,91	20		zwischen 206 und 224	760	
160,25	zwischen 0,88 und 0,91	20		zwischen 195 und 233	760	
174,27				236	760	
	0,8855	20		228	760	
102,13	0,9300	20	−44,8	+142,4	760	$d\varrho/dt = -0{,}0_3 8445$/grd für 0° bis 25° C
116,15	0,9380	20		182,9	760	$d\varrho/dt = -0{,}0_3 8119$/grd für 0° bis 20° C

Zahlentafel 6.

Brutto-formel	Name	Strukturformel
C_9H_8	Propin-2-ylbenzol . . . (1-Phenylpropin-2)	CH_2—C≡CH, | C_6H_5
	1-Methyl-4-äthinyl-benzol	CH_3 – Benzolring – C≡CH
$C_{10}H_{10}$	Butinylbenzole und Isomere, soweit bekannt	
$C_{11}H_{12}$	Pentinylbenzole und Isomere, soweit bekannt	
$C_{12}H_{14}$	Hexinylbenzole und Isomere, soweit bekannt	

das unter dem Namen Toluol bekannt ist. Es wird ebenfalls aus dem Steinkohlenteer gewonnen und dient so wie das Benzol zur Herstellung von Farb- und Sprengstoffen (Trinitrotoluol). Seine physikalischen Eigenschaften sind mit denen anderer Benzolhomologen in Zahlentafel 6 zusammengestellt. Die meisten der dort aufgezählten Verbindungen kommen im Steinkohlenteer vor oder können aus einzelnen seiner Komponenten dargestellt werden. Sie haben als Ausgangsstoffe der gesamten organisch-chemischen Industrie sehr große Bedeutung[1].

Von den Benzolhomologen lassen sich ebenso wie von den Ketten-Kohlenwasserstoffen Radikale ableiten, die als Bausteine für verschiedene organische Verbindungen dienen. Will man sie von den kettenförmigen Radikalen besonders unterscheiden, so bezeichnet man sie mit Ar—, d. h.

[1] Siehe hiezu TREFNY, F.: Zusammenstellung der im Steinkohlenteer nachgewiesenen Verbindungen. Öl u. Kohle Bd. 38 (1942) S. 766—770.

(Fortsetzung.)

Molekular-gewicht	Dichte bei Temp. g/cm³	°C	Schmelz-punkt °C	Siedepunkt °C	bei Druck Torr	Bemerkungen, zusätzliche Angaben
116,15	0,932	20		166	760	
	0,9159	23		~169	760	
130,18	~0,92	20		zwischen 184 und 203	760	
144,21	zwischen 0,91 und 0,95	20		215 und darunter	760	
158,23	zwischen 0,90 und 0,94	20		~232 u. darunter	760	

aromatisches Radikal. Zur Unterscheidung von den Alkylen — vgl. S. 25 — nennt man aromatische Reste Aryle. Es können folglich Benzolhomologen mit einer Seitenkette allgemein mit Hilfe der Formel Ar—R geschrieben werden. Dem Benzolrest C_6H_5— hat man den besonderen Namen Phenyl gegeben, was zwar nicht den bei den Ketten-Kohlenwasserstoffen gegebenen Regeln entspricht, sich jedoch eingebürgert hat. Der Ausdruck wird jedoch nur verwendet, wenn eine Bindung offen ist. Sitzen am Benzolrest mehrere Seitenketten, so werden die Namen nach den im folgenden gegebenen Regeln gebildet.

Die Verbindung, bei der zwei Wasserstoffatome des Benzols durch je eine Methylgruppe ersetzt sind und die durch die Bruttoformel $C_6H_4(CH_3)_2$ dargestellt wird, ist das Xylol. Nach dem, was früher besonders über die Stellung mehrerer Seitenketten der Ketten-Kohlenwasserstoffe gesagt wurde, taucht sofort die Frage auf, ob diese nicht auch bei den Benzolhomologen von Bedeutung ist. In der Tat werden nach den drei Möglichkeiten der unterschiedlichen Stellung von Seitenketten am Sechserring verschiedene Xylole unterschieden, und zwar:

ortho-Xylol, meta-Xylol und para-Xylol.

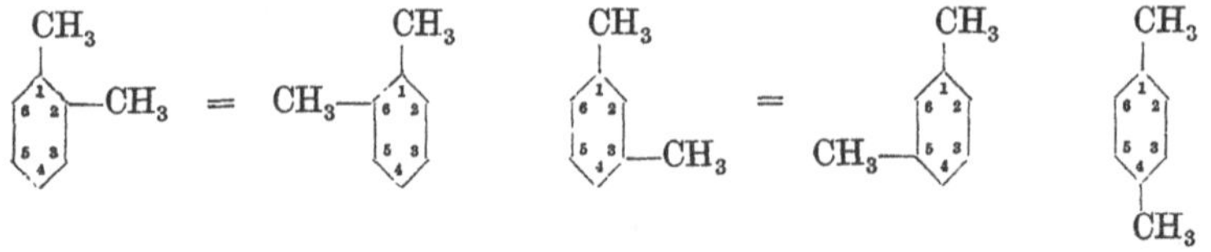

Bei abgekürzter Schreibweise werden einfach die Buchstaben o-, m- oder p- vor den Namen gesetzt. Es ist auch die Schreibweise mit Ziffern wie bei den Ketten-Kohlenwasserstoffen üblich, wofür Zahlentafel 6 einige Beispiele enthält. Zur Kennzeichnung werden die Kohlenstoffatome in der wiedergegebenen Weise beziffert, so daß die drei Verbindungen auch als 1, 2-Dimethylbenzol, 1, 3-Dimethylbenzol und 1, 4-Dimethylbenzol bezeichnet werden. Wegen der Symmetrieverhältnisse am Benzolkern sind damit alle Möglichkeiten erschöpft.

Der Vollständigkeit halber sei noch erwähnt, daß bei drei Seitenketten ebenfalls drei Möglichkeiten bestehen, und zwar:

die asymmetrische Form, die symmetrische Form

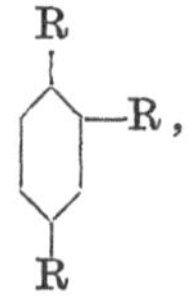

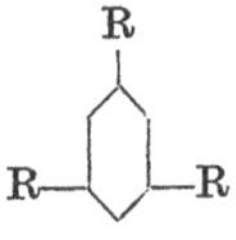

und die vizinale (benachbarte) Form.

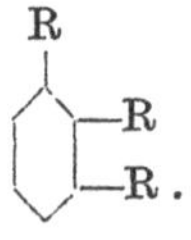

Es ist mitunter üblich, diese Stellungen abgekürzt durch as-, s- und vic- statt durch Bezifferung zu kennzeichnen.

Nicht nur von gesättigten Kohlenwasserstoffen abgeleitete Radikale treten als Seitenketten an den Benzolkern, sondern auch Radikale mit einer oder mehreren Doppelbindungen oder mit dreifachen Bindungen. Eine Anzahl so gebildeter Stoffe ist im zweiten Teil der Zahlentafel 6 aufgezählt. Sie zeigen dieselbe Reaktionsfähigkeit wie die rein kettenförmigen, ungesättigten Kohlenwasserstoffe, können sie doch umgekehrt als Alkene, Alkadiëne, Alkine usw. mit angelagertem Phenyl aufgefaßt werden. Der einfachste und gleichzeitig einer der wichtigsten Vertreter dieser Gruppe ist das Styrol

$$C_6H_5{-}CH{=}CH_2,$$

auch Monostyrol genannt. Es polymerisiert leicht unter Auflösung der Doppelbindung zu Polystyrol

$$C_6H_5{-}CH_2{-}CH_2{-}\left[\begin{array}{c}CH{-}CH_2\\ |\\ C_6H_5\end{array}\right]_x{-}C(C_6H_5){=}CH_2.$$

Das technische Erzeugnis ist ein Gemisch, bei dessen Komponenten die Zahl x schwankt. Es dient in ausgedehntem Maße als Grundstoff für Kunstharze (Trolitul), die hohe Durchschlagsfestigkeit besitzen.

b) Die hydrierten Ring-Kohlenwasserstoffe (Zykloparaffine oder Naphthene und Zykloolefine).

Jene bereits erwähnten Ring-Kohlenwasserstoffe, die abweichend vom Benzol keine Doppelbindung oder eine oder zwei örtlich bestimmbare Doppelbindungen im Ring enthalten, bei denen also an allen oder an einigen Kohlenstoffatomen zwei Wasserstoffatome sitzen, können als hydrierte Aromaten aufgefaßt werden und werden deshalb mitunter auch als Hydroaromaten bezeichnet. Sie unterscheiden sich von den Aromaten sehr wesentlich. Zwar spielen sie in der organischen Chemie im allgemeinen keine bedeutende Rolle, kommen jedoch in großer Menge in Erdölen bestimmter Herkunft vor. Dies ist der Grund, weshalb diese Gruppe auch als Naphthene bezeichnet wird[1]. Vom Standpunkt der

[1] νάφθα (grch., semit. Lehnwort aus assyr. naptu) = Erdöl; die Herkunft des Wortes läßt erkennen, daß im Altertum — wie überliefert — in Vorderasien (Mesopotamien) Erdölvorkommen bekannt waren. Bemerkenswerterweise hat im Hebräischen nóféth die Bedeutung „flüssiger Honig“, die vielleicht die ursprüngliche ist. Der Stamm naft- oder neft- ist in mehrere lebende Sprachen des Ostens übergegangen, so arab. und türk. neft, russ. нефть = Erdöl. Die griechisch-lateinische Neubildung „petroleum“ der abendländischen Sprachen findet sich erst seit PARACELSUS, der das Vorkommen von Tegernsee kannte. Näheres über die Geschichte des Erdöles bei HECHT, H.: Gewinnung und Verwertung des Erdöls im Altertum. Öl u. Kohle Bd. 39 (1943) S. 1—6 — Das Erdöl als Kriegsmittel bis zur Erfindung des Schießpulvers. Öl u. Kohle Bd. 39 (1943) S. 117—128.

Fortsetzung des Textes Seite 114.

Zahlentafel 7. *Die Naphthene*

Bruttoformel	Name	Strukturformel[1]
C_3H_6	Zyklopropan	
C_4H_8	Methylzyklopropan	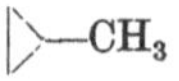 —CH_3
C_5H_{10}	Äthylzyklopropan	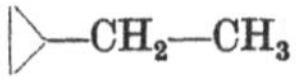 —CH_2—CH_3
	1,1-Dimethylzyklopropan .	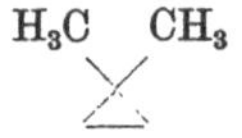 H_3C CH_3
	1,2-Dimethylzyklopropan .	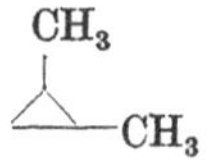 CH_3 CH_3
C_6H_{12}	1,1,2-Trimethylzyklopropan	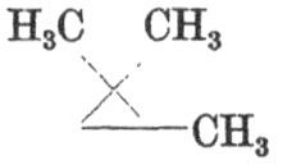 H_3C CH_3 CH_3
C_4H_8	Zyklobutan	
C_5H_{10}	Methylzyklobutan	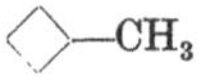 —CH_3
C_6H_{12}	Äthylzyklobutan	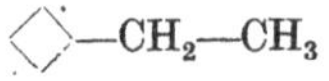 —CH_2—CH_3

C_7H_{14} bis $C_{14}H_{28}$ Zyklobutane mit Seitenketten

C_5H_{10}	Zyklopentan	
C_6H_{12}	Methylzyklopentan	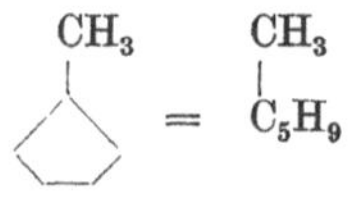 CH_3 = CH_3 C_5H_9

[1] Es ist zu beachten, daß es sich bei den in dieser Zahlentafel 7 symbolisch oder mittels Bruttoformel dargestellten Naphthenresten um Ringe ohne Doppelbindung handelt, daß also jede Ecke (jedes Kohlenstoffatom) außerhalb des Ringes noch zwei Valenzen besitzt. An allen nicht dargestellten Valenzstrichen sitzen Wasserstoff-

(*Zykloparaffine, Zykloalkane*).

Molekular-gewicht	Dichte bei Temp. g/cm³	°C	Schmelz-punkt °C	Siedepunkt °C	bei Druck Torr	Bemerkungen, zusätzliche Angaben
42,08	$0{,}688_9$	−40	−126,9	− 33	760	
56,10	0,6768	− 8	~ 4,5			
70,13	$0{,}677_6$	20		34,5	760	
	0,6604	20		21	760	
	0,6754	22		~ 33	760	Nicht entschieden, welches cis- und welches trans-
	0,6928	20		37,3	755	
84,16	$0{,}681_4$	20		57	760	
56,10	0,7038	0	− 80	~ 12	760	
70,13	0,6931	20		38,6	760	
84,16	0,7450	20	−143,2	+ 71,5		
				70 bis 160	760	Starke Verzweigung senkt den Siedepunkt
70,13	0,7460 (?)	20	− 94,4	+ $49{,}3_5$	760	$d\varrho/dt = -0{,}0_3949$/grd für 0° bis 30° C
84,16	$0{,}7488_8$	20	−142,2	+ $71{,}9_4$	760	$d\varrho/dt = -0{,}0_3916$/grd für 0° bis 40° C

atome, so daß z. B. die vollständige Strukturformel von 1,1,2-Trimethylzyklopropan

H_3C CH_3 / H— —CH_3 / H H

lautet. Dies ist besonders bei den auf Seite 88 ff. zu findenden Zyklohexanen zu beachten. Das Symbol ⬡ bedeutet dort also anders als in Zahlentafel 6 den Zyklohexanrest und nicht den Benzolrest.

Zahlentafel 7.

Brutto-formel	Name	Strukturformel
C_7H_{14}	Äthylzyklopentan	$CH_2—CH_3$ | C_5H_9
	1,1-Dimethylzyklopentan	H_3C CH_3 (an Zyklopentanring)
	cis-1,2,Dimethylzyklopentan	CH_3 (Zyklopentanring) $—CH_3$
	trans-1,2-Dimethylzyklopentan	
	andere Dimethylzyklopentane	$CH_3—C_5H_8—CH_3$
C_8H_{16}	Propylzyklopentan	$CH_2—CH_2—CH_3$ | C_5H_9
	Isopropylzyklopentan. . .	$CH_3—CH—CH_3$ | C_5H_9
	andere isomere Zyklopentane	
C_9H_{18}	Butylzyklopentan	$CH_2—(CH_2)_2—CH_3$ | C_5H_9
	andere isomere Zyklopentane	
$C_{10}H_{20}$	Zyklopentane mit Seitenketten	$C_5H_{11}—C_5H_9$, $C_5H_{12}—C_5H_8$ usw. (erste Gruppe = ΣR_1)
$C_{11}H_{22}$	Hexylzyklopentan	$CH_2—(CH_2)_4—CH_3$ | C_5H_9

(Fortsetzung.)

Molekulargewicht	Dichte bei Temp. g/cm³	°C	Schmelzpunkt °C	Siedepunkt °C	bei Druck Torr	Bemerkungen, zusätzliche Angaben
98,18	0,7657	20	−137,9	+103,4	760	$d\varrho/dt = -0{,}0_3932$/grd für 15° bis 40° C
	0,7523	20	− 77	+ 88	762	
	0,7723	20	− 62	+ 99,25	760	Der erhebliche Unterschied zwischen den Schmelzpunkten ist bemerkenswert
	0,7495	20	−120	+ 91,8	760	
				zwischen 90 und 95	760	
112,21	0,7765	20	−121	+130,8	760	$d\varrho/dt = -0{,}0_3849$/grd für 15° bis 40° C
	0,7766	20	−112,7	+126,8	760	$d\varrho/dt = -0{,}0_386$/grd für 15° bis 40° C
				zwischen 114 und 124	760	
126,23	0,7843	20	−108,2	+157	760	
				zwischen 140 und 155	760	
140,26				zwischen 150 und 175		
154,29	0,793	20		~205	748	

Zahlentafel 7.

Bruttoformel	Name	Strukturformel
$C_{13}H_{26}$	Oktylzyklopentan	CH_2—$(CH_2)_6$—CH_3 | C_5H_9
$C_{17}H_{34}$	Dodekylzyklopentan . . .	CH_2—$(CH_2)_{10}$—CH_3 | C_5H_9
C_6H_{12}	Zyklohexan	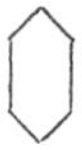 Vgl. Fußnote 1, S. 84
C_7H_{14}	Methylzyklohexan	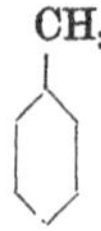 CH_3 | C_6H_{11}
C_8H_{16}	Äthylzyklohexan	CH_2—CH_3 | C_6H_{11}
	1,1-Dimethylzyklohexan .	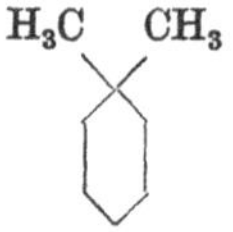 H_3C CH_3
	cis-1,2-Dimethylzyklohexan	CH_3, —CH_3
	trans-1,2-Dimethylzyklohexan	
	cis-1,3-Dimethylzyklohexan	CH_3, —CH_3
	trans-1,3-Dimethylzyklohexan	
	cis-1,4-Dimethylzyklohexan	CH_3, CH_3
	trans-1,4-Dimethylzyklohexan	

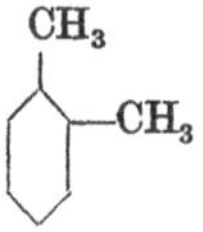

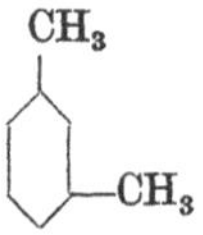

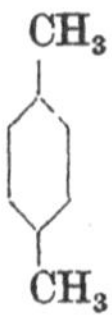

(Fortsetzung.)

Molekular-gewicht	Dichte bei Temp. g/cm³	°C	Schmelz-punkt °C	Siedepunkt °C	bei Druck Torr	Bemerkungen, zusätzliche Angaben
182,34	0,8156	18		~134	26	
238,44	0,8280	18		175	15	
84,16	$0,7781_8$	20	zwischen 4,5 und 6,7	$80,7_9$	760	$d\varrho/dt = -0,0_3972 \cdot (1 - 0,0_3234 \cdot t)$/grd für 7° bis 80° C
98,18	0,7718	17	−126,5	+100,3	760	$d\varrho/dt = -0,0_3857$/grd für 0° bis 80° C Vorkommen in Erdöl
112,21	$0,7878_2$	20	~ −120	+131,8	760	Vorkommen in Erdöl
	0,7810	20	~ −35	$+119,_9$	760	
	0,7965	20	zwischen −57 und −50	~ +130	760	
	0,776	20	− 89,5	+125	760	
	$0,783_5$	20	zwischen −100 und −86	~+124	760	
	~0,766	20	− 79,4	+120	760	
	0,773	20	zwischen −91,6 und −84	+123,7	760	
	0,7620	22	~ −35	+119,6	760	

Zahlentafel 7.

Brutto-formel	Name	Strukturformel
C_9H_{18}	Propylzyklohexan	$CH_2—CH_2—CH_3$ | C_6H_{11}
	Isopropyl-zyklohexan. . .	$CH_3—CH—CH_3$ | C_6H_{11}
	andere isomere Zyklohexane	
$C_{10}H_{20}$	Butylzyklohexan	$CH_2—(CH_2)_2—CH_3$ | C_6H_{11}
	andere isomere Zyklohexane	
$C_{11}H_{22}$	Pentylzyklohexane und andere isomere Zyklohexane, soweit bekannt	
$C_{12}H_{24}$	Hexylzyklohexane und andere isomere Zyklohexane, soweit bekannt	
$C_{13}H_{26}$	Heptylzyklohexane und andere isomere Zyklohexane, soweit bekannt	
C_7H_{14}	Zykloheptan.	(Siebenring)
C_8H_{16}	Methylzykloheptan. . . .	$CH_3—C_7H_{13}$
C_9H_{18}	Äthylzykloheptan	$C_2H_5—C_7H_{13}$
	Dimethylzykloheptan. . .	$CH_3—C_7H_{12}—CH_3$

(Fortsetzung.)

Molekulargewicht	Dichte bei Temp. g/cm³	°C	Schmelzpunkt °C	Siedepunkt °C	bei Druck Torr	Bemerkungen, zusätzliche Angaben
126,23	0,7932	20	— 94,5	154,7	760	
	~0,790	20	— 89,8	154,5	760	
				zwischen 134 und 150	760	
140,26	0,7997	20	— 78,6	179	760	
				zwischen 165 und 172	760	
154,29				zwischen 180 und 192	760	
168,31				zwischen 206 und 220	760	
182,34				zwischen 220 und 230	760	
98,18	0,8100	20	~ —12	~ +120	760	$d\varrho/dt = -0{,}0_3897_6$/grd für 0° bis 60° C
112,21	0,8052	20		134	760	
126,23				zwischen 155 und 165	760	Es sind nur wenige isomere Verbindungen bisher isoliert und untersucht worden

Zahlentafel 7.

Brutto-formel	Name	Strukturformel
$C_{10}H_{20}$	Propylzykloheptan	$C_3H_7{-}C_7H_{13}$
	Trimethylzykloheptan . .	$(CH_3)_3{-}C_7H_{11}$
C_8H_{16}	Zyklooktan	
C_9H_{18}	Methylzyklooktan	$CH_3{-}C_8H_{15}$
C_5H_8	Äthylidenzyklopropan . . (Zyklopropylidenäthan)	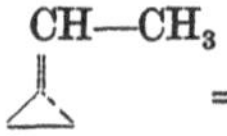 $CH{-}CH_3$ ‖ = $CH{-}CH_3$ ‖ C_3H_4
	Äthylenzyklopropan . . . (Zyklopropyläthylen)	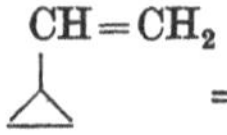 $CH{=}CH_2$ | = $CH{=}CH_2$ | C_3H_5
C_6H_{10}	Isopropenyl-zyklopropen . (2-Zyklopropylpropen-1)	$CH_2{=}C{-}CH_3$ | C_3H_5
	Isopropyliden-zyklopropan (2-Zyklopropyliden-propan)	$CH_3{-}C{-}CH_3$ ‖ C_3H_4
C_7H_{12}	2-Zyklopropylbuten-1. . .	$CH_2{=}C{-}CH_2{-}CH_3$ | C_3H_5
	2-Zyklopropylbuten-2. . . (1-Methylpropen-1-yl-zyklopropan)	$CH_3{-}C{=}CH{-}CH_3$ | C_3H_5
C_8H_{11}	3-Zyklopropylpenten 2 . .	$CH_3{-}CH{=}C{-}CH_2{-}CH_3$ | C_3H_5
C_5H_8	Methylenzyklobutan . . .	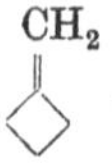 CH_2 ‖ = CH_2 ‖ C_4H_6

(Fortsetzung.)

Molekular-gewicht	Dichte bei Temp. g/cm³	°C	Schmelz-punkt °C	Siedepunkt °C	bei Druck Torr	Bemerkungen. zusätzliche Angaben
140,26				~180	760	Es sind nur wenige isomere Verbindungen bisher isoliert und untersucht worden
112,21	$0{,}8304_7$	20	~14	~145	760	$d\varrho/dt = -0{,}0_3869_3$/grd für 10° bis 80° C
126,23	0,8349	20	~15	~165	760	
68,11	0,7052	18		37,5	750	
	0,721	20		~ 40	755	
82,14	~0,75	20		~ 70	760	
	0,7531	20		~ 70	760	
96,17	0,7772	20		~103,5	760	
	0,7804	20		~106	760	
110,19	0,7915	20		~130	760	
68,11	$0{,}738_5$	20		42	760	

Zahlentafel 7.

Brutto-formel	Name	Strukturformel
C_6H_{10}	Methylenzyklopentan . . .	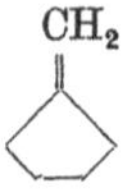 CH_2 CH_2 ‖ ‖ = C_5H_8
C_7H_{12}	Äthylidenzyklopentan . .	$CH—CH_3$ ‖ C_5H_8
	1-Methylen-3-methylzyklopentan	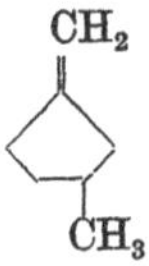 CH_2 ‖ CH_3
C_8H_{14}	Isomere Zyklopentane mit Seitenketten und einer Doppelbindung	
C_9H_{16}	Isomere Zyklopentane mit Seitenketten und einer Doppelbindung	
$C_{10}H_{18}$	Isomere Zyklopentane mit Seitenketten und einer Doppelbindung	
C_7H_{12}	Methylenzyklohexan . . .	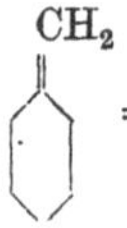 CH_2 CH_2 ‖ ‖ = C_6H_{10}
C_8H_{14}	Vinylzyklohexan . . . . . (Zyklohexyläthylen)	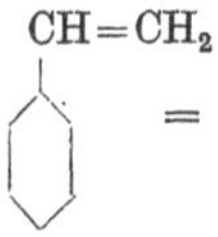 $CH{=}CH_2$ $CH{=}CH_2$ | | = C_6H_{11}
	Äthylidenzyklohexan . . .	$CH—CH_3$ ‖ C_6H_{10}

(Fortsetzung.)

Molekular-gewicht	Dichte bei Temp. g/cm³	°C	Schmelz-punkt °C	Siedepunkt °C	bei Druck Torr	Bemerkungen, zusätzliche Angaben
82,14	$0{,}778_7$	20		zwischen 75 und 81	760	
96,17	0,8020	20		zwischen 113 und 117	760	
	0,7734	19		~ 96	760	
110,19	~0,80	20		zwischen 123 und 137	760	
124,22	~0,81	20		zwischen 140 und 158	760	
138,24	~0,81	20		zwischen 155 und 174	760	
82,14	$0{,}803_3$	20		103,5	760	$d\varrho/dt = -0{,}0_38$/grd für 0° bis 60° C
110,19	0,8134	20		~131	750	
	0,8220	20		137	760	

Zahlentafel 7.

Brutto-formel	Name	Strukturformel
C_8H_{14}	1-Methylen-2-methylzyklohexan	Ring mit $=CH_2$ an C-1 und $-CH_3$ an C-2
	1-Methylen-3-methylzyklohexan	Ring mit $=CH_2$ an C-1 und $-CH_3$ an C-3
	1-Methylen-4-methylzyklohexan	Ring mit $=CH_2$ an C-1 und $-CH_3$ an C-4
C_9H_{16}	Isopropylidenzyklohexan . (2-Zyklohexylidenpropan)	$CH_3—C(=C_6H_{10})—CH_3$
	Isopropenylzyklohexan . . (2-Zyklohexylpropen-1)	$CH_2=C(C_6H_{11})—CH_3$
	Allylzyklohexan . . . . . (1-Zyklohexylpropen-2)	$C_6H_{11}—CH_2—CH=CH_2$
	Methyläthyliden-zyklohexane	$CH_3—C_6H_9=CH—CH_3$
	Methylen-dimethylzyklohexane	$CH_2=C_6H_8(CH_3)—CH_3$
$C_{10}H_{18}$	Buten-2-ylzyklohexan . . (1-Zyklohexylbuten-2)	$C_6H_{11}—CH_2—CH=CH—CH_3$
	Buten-3-ylzyklohexan . . (1-Zyklohexylbuten-3)	$C_6H_{11}—CH_2—CH_2—CH=CH_2$

(Fortsetzung.)

Molekulargewicht	Dichte bei Temp. g/cm³	°C	Schmelzpunkt °C	Siedepunkt °C	bei Druck Torr	Bemerkungen, zusätzliche Angaben
110,19	0,808	22		zwischen 122 und 125	760	
	$0{,}795_8$	20		~124	760	$d\varrho/dt = -0{,}0_379$/grd für 15° bis 65° C
	$0{,}798_5$	20	~64	121	760	Die geringe Spanne zwischen Schmelzpunkt und Siedepunkt ist beachtlich $d\varrho/dt = -0{,}0_386$/grd für 15° bis 99° C
124,22	0,836	20		~160	760	
				~157	760	
	$0{,}816_7$	20		zwischen 148 und 154	760	
				zwischen 152 und 158	760	
				~136	760	
138,24	0,813	21		177	760	
	0,810	21		~175	760	

Zahlentafel 7.

Bruttoformel	Name	Strukturformel
$C_{10}H_{18}$	1-Methyl-2-isopropylidenzyklohexan	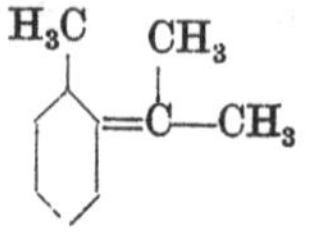 H_3C CH_3 $=C—CH_3$
	1-Methyl-3-propylidenzyklohexan	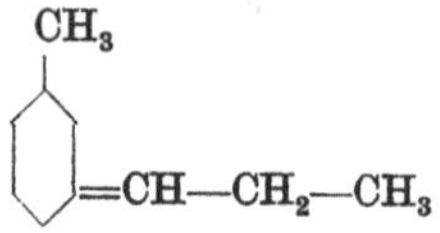 CH_3 $=CH—CH_2—CH_3$
	andere isomere Zyklohexane, soweit bekannt	
$C_{11}H_{20}$	Pentylidenzyklohexane und ähnliche (Zyklohexylpentene)	
	andere isomere Zykloheptane, soweit bekannt	
$C_{12}H_{22}$	isomere Zyklohexane mit Hexenseitenkette	
$C_{13}H_{24}$	isomere Zyklohexane mit Heptenseitenkette	
C_8H_{14}	Methylenzykloheptan. . .	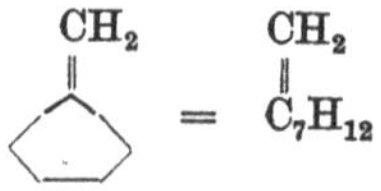 CH_2 = $CH_2 = C_7H_{12}$
C_8H_{12}	Äthenylidenzyklohexan . .	$C=CH_2$ / C_6H_{10}
C_9H_{14}	Propadienylzyklohexan . .	$CH=C=CH_2$ / C_6H_{11}

(Fortsetzung.)

Molekular-gewicht	Dichte bei Temp. g/cm³	°C	Schmelz-punkt °C	Siedepunkt °C	bei Druck Torr	Bemerkungen, zusätzliche Angaben
138,24	0,8345	20		~161	760	
	0,814	19		zwischen 170 und 173	760	
				zwischen 170 und 175	760	
152,27	~0,820			zwischen 195 und 200	760	
				~185		
166,30	~0,820	20		~220	760	
180,32				~230 und mehr	760	
110,19	0,824	20		~139	760	
108,18	0,8508	20		zwischen 138 und 141	760	
122,20	0,8239	20		~160	760	

Zahlentafel 8. *Die Zyklo-*

Bruttoformel	Name	Strukturformel[1]
C_4H_6	Zyklobuten.	
C_5H_8	1-Methylzyklobuten-1	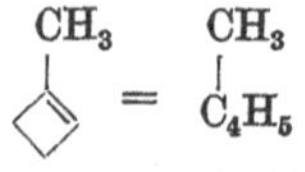 CH_3 CH_3 = C_4H_5
C_5H_8	Zyklopenten	
C_6H_{10}	1-Methylzyklopenten-1. . . .	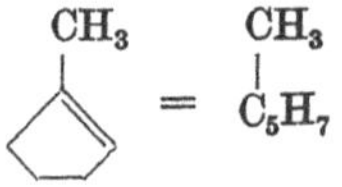 CH_3 CH_3 = C_5H_7
	übrige Methylzyklopentene weisen ähnlich liegende Werte auf	
C_7H_{12}	Äthyl- und Dimethyzylklopentene	
C_8H_{14}	Propyl- und Isopropylzyklopentene	
	Methyläthyl- und Trimethylzyklopentene (mit Ausnahme von Laurolen und Isolaurolen)	
	1,2,3-Trimethylzyklopenten-1 . (Laurolen)	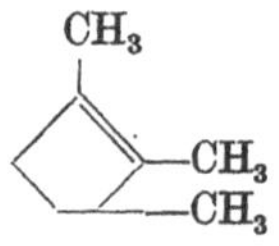 CH_3 —CH_3 —CH_3
	2,3,3-Trimethylzyklopenten-1 . (Isolaurolen)	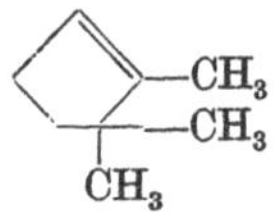 —CH_3 —CH_3 CH_3
C_9H_{16}	Butyl- und Isobutylzyklopentene	
	Methylpropyl-, Methylisopropyl-, Diäthyl- und Dimethyläthylzyklopentene	

[1] Vgl. Fußnote 1, S. 84/85 zu Zahlentafel 7.

Die Symbole für die Reste der Zykloalkene sind also so zu lesen, daß jede Ecke mit einem Kohlenstoffatom besetzt und jede noch verfügbare Valenz

olefine (Zykloalkene).

Molekular-gewicht	Dichte bei g/cm³	Temp. °C	Schmelz-punkt °C	Siedepunkt °C	bei Druck Torr	Bemerkungen, zusätzliche Angaben
54,09	0,733	0		~ 2	729	
68,11	0,7072	23		~ 38	760	
68,11	$0{,}772_1$	20		44,4	760	
82,14	$0{,}778_0$	20	−127,2	+ 75,1	760	
96,17				zwischen 95 und 108	760	
110,19				~132	760	
				zwischen 120 und 125	760	
	$0{,}796_9$	20		121	760	
	$0{,}783_3$	20		108,5	760	
124,22				zwischen 140 und 160	760	
				zwischen 140 und 150	760	

der je Kohlenstoffatom vorhandenen, aber nicht dargestellten vier Valenzen durch Wasserstoffatome abgesättigt ist. Wegen der Nomenklatur siehe auch S. 116.

Zahlentafel 8.

Brutto-formel	Name	Strukturformel
$C_{10}H_{18}$	Pentyl-, Methylbutyl-, Dimethylpropyl-, Methyldiäthyl- und ähnliche Zyklopentene	
C_6H_{10}	Zyklohexen	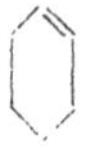
C_7H_{12}	1-Methylzyklohexen-1	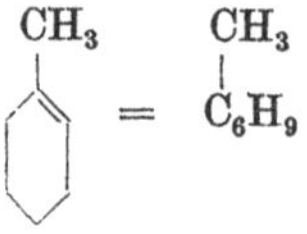 CH_3 = CH_3–C_6H_9
	3-Methylzyklohexen-1 . . . . (1-Metylzyklohexen-2)	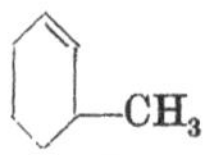 –CH_3
C_8H_{14}	1-Äthylzyklohexen-1.	CH_2—CH_3–C_6H_9
	1,2-Dimethylzyklohexen-1 . .	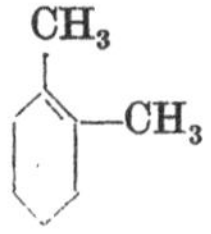 CH_3, –CH_3
	1,3-Dimethylzyklohexen-1 . .	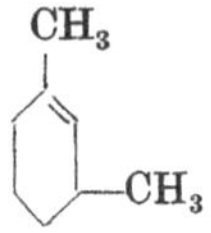 CH_3, –CH_3
	1,4-Dimethylzyklohexen-1 . .	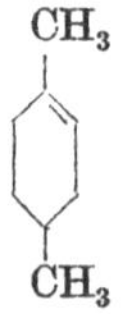 CH_3, CH_3
	1,5-Dimethylzyklohexen-1 . .	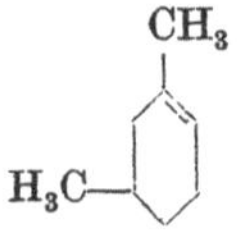 CH_3, H_3C–

(Fortsetzung.)

Molekular-gewicht	Dichte bei Temp. g/cm³	°C	Schmelz-punkt °C	Siedepunkt °C	bei Druck Torr	Bemerkungen, zusätzliche Angaben
138,24				zwischen 160 und 170	760	
82,14	$0{,}8098_0$	20	— 80	83	760	$d\varrho/dt = -0{,}0_3940_8 \cdot (1 - 0{,}0_3315\,t)$/grd für 10° bis 100° C
96,17	$0{,}811_7$	20		109,5	760	$d\varrho/dt = -0{,}0_39_1$/grd für 15° bis 65° C
				104,4	760	
110,19	~0,82	20		~136	760	
	$0{,}823_2$	20		136	760	$d\varrho/dt = -0{,}0_38_2$/grd für 15° bis 30° C
	$0{,}802_6$	20		~128	760	
	$0{,}801_5$	20	—59,4	+127,5	760	$d\varrho/dt = -0{,}0_39_7$/grd für 0° bis 30° C
	0,807	20		127	760	

Zahlentafel 8.

Brutto-formel	Name	Strukturformel
C_8H_{14}	andere Dimethylzyklohexene.	$CH_3—C_6H_8—CH_3$
C_9H_{16}	Propyl- und Isopropylzyklohexene	
	Methyläthylzyklohexene . . .	
	Trimethylzyklohexene, soweit bekannt	
$C_{10}H_{18}$	Butyl- und Methylpropylzyklohexene, soweit bekannt	
	Methylisopropyl-zyklohexene, soweit bekannt	
	Diäthyl-, Dimethyläthyl- und Tetramethyl-zyklohexene, soweit bekannt	
$C_{11}H_{20}$	Pentylzyklohexene	$C_5H_{11}—C_6H_9$
	Methylbutylzyklohexene . . .	
	Dimethylisopropyl-zyklohexene	
$C_{12}H_{22}$	Methylpentyl-zyklohexene und Methyläthylpropyl-zyklohexene	

(Fortsetzung.)

Molekular-gewicht	Dichte bei Temp. g/cm³	°C	Schmelz-punkt °C	Siedepunkt °C	bei Druck Torr	Bemerkungen, zusätzliche Angaben
110,19	~0,80	20		zwischen 117 und 126	760	
124,22	~0,82	20		~155	760	
	~0,81	20		~150	760	
	zwischen 0,80 und 0,82	20		zwischen 139 und 150	760	
138,24	zwischen 0,79 und 0,82	20		zwischen 168 und 180	760	
	0,82	20		zwischen 165 und 175	760	Stärkere Verzweigung bei gleicher Bruttoformel senkt den Siedepunkt
	~0,83	20		zwischen 165 und 170	760	
152,27	0,83	20		zwischen 200 und 205	760	
	0,82	20		zwischen 190 und 195	760	
	~0,86	20		~180	760	
166,30	~0,83	20		zwischen 210 und 220	760	

Zahlentafel 8.

Bruttoformel	Name	Strukturformel
C_7H_{12}	Zyklohepten	
C_8H_{14}	1-Methylzyklohepten-1	 CH_3
C_8H_{14}	Zyklookten	
C_8H_{12} C_9H_{14} $C_{10}H_{16}$ $C_{12}H_{20}$ $C_{14}H_{24}$	Zyklopentene mit einfach *ungesättigten* Substituenten in den Seitenketten, soweit bekannt	
C_8H_{12}	1-Äthylenzyklohexen-1	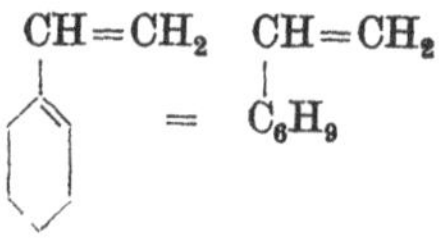 $CH{=}CH_2$ $= \begin{array}{c} CH{=}CH_2 \\ \vert \\ C_6H_9 \end{array}$
	4-Äthylenzyklohexen-1	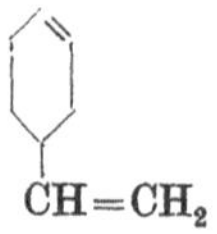 $CH{=}CH_2$
	3-Methylen-1-methylzyklohexen-1	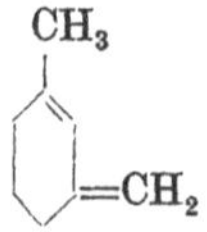 CH_3, $=CH_2$
	3-Methylen-2-methylzyklohexen-1	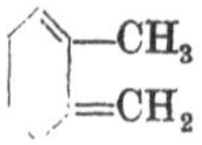 $-CH_3$, $=CH_2$

(Fortsetzung.)

Molekular-gewicht	Dichte bei Temp. g/cm³	°C	Schmelz-punkt °C	Siedepunkt °C	bei Druck Torr	Bemerkungen, zusätzliche Angaben
96,17	0,8253	20		115	760	$d\varrho/dt = -0{,}0_3 88_4$/grd für 0° bis 65° C
110,19	$0{,}826_2$	20		138	760	
110,19	~0,845	20		~144	760	
109,18				~140	760	
123,20				~150	760	
137,23				~160	760	
165,28				~190	760	
193,33				~220	760	
109,18	0,87	20		145	760	
	0,83	20		130	760	
	0,839	20		zwischen 134 und 138	760	
	0,85	20		135,5	760	

Zahlentafel 8.

Bruttoformel	Name	Strukturformel
C_9H_{14}	Propenyl- und Isopropenyl-zyklohexene	C_3H_5—C_6H_9
$C_{10}H_{16}$	Butenyl- und Isobutenylzyklohexene, soweit bekannt	C_4H_7—C_6H_9
	Methylpropenyl- und Methylisopropenyl-zyklohexene	CH_3—C_6H_8—C_3H_5
	4-Methylen-1-isopropyl-zyklohexen-1 (β-Terpinen)	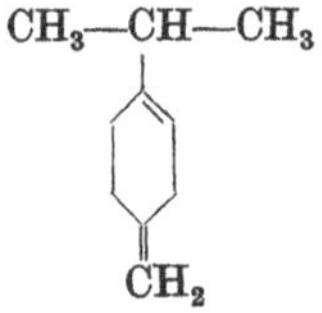 CH_3—CH—CH_3 … CH_2
$C_{11}H_{18}$	Methylbutenyl-, Methylisobutenyl-, Äthylpropenyl- und Äthylisopropenyl-zyklohexene, soweit bekannt	
	Dimethylpropenyl-zyklohexene	
$C_{12}H_{20}$	Dimethylbutenyl-, Dimethylisobutenyl-, Trimethylpropenyl- und Trimethylisopropenyl-zyklohexene	
$C_{13}H_{22}$	Methylpropylpropenyl- und Methylpropylisopropenyl-zyklohexene	
C_5H_6	Zyklopentadien	 vgl. auch Text S. 116
C_8H_{12}	1-Methyl-3-äthylzyklopentadien-1,3	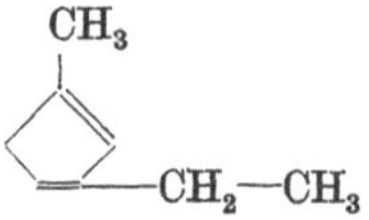 CH_3 … —CH_2—CH_3

(Fortsetzung.)

Molekular-gewicht	Dichte bei Temp. g/cm³	°C	Schmelzpunkt °C	Siedepunkt °C	bei Druck Torr	Bemerkungen, zusätzliche Angaben
123,20	zwischen 0,82 und 0,84	20		zwischen 157 und 163	760	
137,23	~0,84	20		zwischen 170 und 173	760	
	~0,84	20		zwischen 175 und 185	760	
	0,838	22		~174	760	
151,25	~0,84	20		zwischen 190 und 200	760	
	~0,84	20		zwischen 180 und 185	760	
165,28	zwischen 0,82 und 0,85	20		zwischen 195 und 205	760	
179,30	zwischen 0,85 und 0,88	20		zwischen 215 und 220	760	
66,10	0,803	20	−85	~ 41	760	Vorkommen in Steinkohlenteer
109,18				135	760	

Zahlentafel 8.

Brutto-formel	Name	Strukturformel
C_9H_{14}	1-Methyl-3-isopropyl-zyklo-pentadien-1,3	CH_3; $CH—CH_3$; CH_3
	1-Isopropyl-3-methyl-zyklo-pentadien-1,3 (1-Methyl-3-isopropyl-zyklo-pentadien-2,5)	$CH_3—CH—CH_3$; CH_3
$C_{10}H_{16}$	1,5-Dimethyl-4-isopropylzyklo-pentadien-1,3 (Isothujen, Tanazeten)	CH_3; H_3C; $CH_3—CH$; CH_3
C_6H_8	Zyklohexadien-1,3.	
	Zyklohexadien-1,4.	
C_7H_{10}	2-Methylzyklohexadien-1,3 . . (3-Methylzyklohexadien-1,3)	$—CH_3$ = $C_6H_7—CH_3$
	5-Methylzyklohexadien-1,3 . . (6-Methylzyklohexadien-1,3)	$H_3C—$
C_8H_{12}	1,3-Dimethyl-zyklohexadien-1,3 (Dihydro-m-xylol)	CH_3; $—CH_3$

(Fortsetzung.)

Molekular-gewicht	Dichte bei Temp. g/cm³	°C	Schmelz-punkt °C	Siedepunkt °C	bei Druck Torr	Bemerkungen, zusätzliche Angaben
123,20	0,840	20		zwischen 152 und 158	760	Die nur durch die Lage der Doppelbindungen im Ring verursachten merkbaren Änderungen der Dichte und des Siedepunktes sind bemerkenswert
	0,825	15		~148	760	
	zwischen 0,836 und 0,840	20		zwischen 170 und 178	760	
80,12	zwischen 0,840 und 0,847	20		zwischen 79,5 und 81,5	760	
	~0,85	20		~ 85	760	
95,15	0,8292	20		110	741	
	0,8252	22,5		101	762	
109,18	~0,835	20		zwischen 131 und 137	760	

Zahlentafel 8.

Bruttoformel	Name	Strukturformel
C_8H_{12}	1,4-Dimethyl-zyklohexadien-1,3 (Dihydro-p-xylol)	CH_3 (Ring) CH_3
	1,5-Dimethyl-zyklohexadien-1,3	CH_3 (Ring) H_3C—
	andere Dimethyl-zyklohexadiene, auch -1,4	
C_9H_{14}	Isopropyl-zyklohexadiene . .	$C_3H_7—C_6H_7$
	Methyläthyl-zyklohexadiene	$CH_3—C_6H_6—C_2H_5$
	1,3,5-Trimethyl-zyklohexadien-x, x (Dihydromesitylen)	
$C_{10}H_{16}$	1-Methyl-4-isopropyl-zyklohexadien-1,3 (α-Terpinen)	CH_3 (Ring) $CH_3—CH—CH_3$
	andere Isomere ähnlicher Struktur	
	1-Methyl-4-isopropyl-zyklohexadien-1,4 (γ-Terpinen)	CH_3 (Ring) $CH_3—CH—CH_3$
	Diäthyl- und Tetramethylzyklohexadiene	

(Fortsetzung.)

Molekulargewicht	Dichte bei Temp. g/cm³	°C	Schmelzpunkt °C	Siedepunkt °C	bei Druck Torr	Bemerkungen, zusätzliche Angaben
109,18	0,8306	19		zwischen 135 und 138	760	
	0,821	20		~129	760	
	zwischen 0,795 und 0,853	20		zwischen 110 und 140	760	
123,20	zwischen 0,81 und 0,84	20		zwischen 140 und 170	760	
	~0,83	20		~160	760	
	0,845	20		~167	760	Stellung der Doppelbindungen unbekannt
137,26	zwischen 0,834 und 0,846	20		zwischen 174 und 181	760	
				~175	760	Die Terpine stehen mit den in Zahlentafel 10 S. 128 ff. erwähnten Terpenen in Beziehung
	~0,847	20		zwischen 179 und 183	760	
	~0,83	20		~170	760	

Zahlentafel 8.

Bruttoformel	Name	Strukturformel
C_8H_{10}	5-Isopropyliden-zyklopentadien-1,3 (Dimethylfulven)	CH_3 / CH_3—C=(Ring)
C_9H_{12}	3-Zyklopentadien-2,4-ylidenbutan (Methyläthylfulven, 1-sec-Butylzyklopentadien-2,4 = 5-sec-Butylzyklopentadien-1,3)	CH_3—CH_2—C—CH_3 ‖ (Ring)
$C_{10}H_{14}$	3-Zyklopentadien-2,4-ylidenpentan (Diäthylfulven)	CH_3—CH_2—C—CH_2—CH_3 ‖ (Ring)
C_9H_{12}	6-Methylen-3,3-dimethyl-zyklohexadien-1,4	H_2C=(Ring)<CH_3 CH_3
$C_{10}H_{14}$	3,3-Dimethyl-6-äthyliden-zyklohexadien-1,4	CH_3—CH=(Ring)<CH_3 CH_3
	mit zunehmender Größe der Seitenketten steigen die Siedepunkte allmählich	

Brennstoffchemie muß ihnen größere Aufmerksamkeit geschenkt werden. Sie werden zum Beispiel im Erdöl des Bakugebietes und in zahlreichen galizischen Quellen angetroffen, weshalb man in diesen Fällen geradezu von naphthenbasischen Erdölen spricht. Näheres über die Kennzeichnung von Erdölen nach der Zusammensetzung wird in Abschnitt III B 2 gebracht; vgl. dort besonders Zahlentafel 27, S. 327.

Die Naphthene, die voll hydrierten Ring-Kohlenwasserstoffe, haben die allgemeine Bruttoformel C_nH_{2n}, erscheinen also den Olefinen isomer; in ihren Eigenschaften sind sie jedoch von diesen grundverschieden. Sie verhalten sich ähnlich wie die gesättigten Kohlenwasserstoffe der Paraffinreihe. Deshalb werden sie als zu Ringen geschlossene Paraffine

(Fortsetzung.)

Molekulargewicht	Dichte bei Temp. g/cm³	°C	Schmelzpunkt °C	Siedepunkt °C	bei Druck Torr	Bemerkungen, zusätzliche Angaben
106,16	0,881	20		~153	717	Die in Klammern angeführten Bezeichnungen sind von der nicht mit Sicherheit bekannten Verbindung Fulven CH_2 abgeleitet. Sie kommen im Steinkohlenteer vor und sind durch intensiv rotgelbe Färbung (lat. fulvus = braungelb, rotgelb) ausgezeichnet
120,19	0,877	20		~185	760	
134,12	0,8812	16,4		~ 97	40	
120,19	~0,84	15,5		~ 40	15	
134,12	0,857	20		~ 82	25	

(Alkane) aufgefaßt und dementsprechend systematisch als Zykloparaffine oder Zykloalkane bezeichnet (engl. Cyclanes)[1]. Sie sind besonders in neuerer Zeit näher untersucht worden. Soweit ihre Eigenschaften genauer bekannt sind, sind sie in Zahlentafel 7 aufgezählt. Der Einfluß der im Ring herrschenden Spannung auf die Zahl der Kohlenstoffatome im Ring der Naphthene wurde bereits erwähnt. Die Seitenketten der Zykloalkane können Paraffin-, Olefin- oder aromatische Radikale sein. Im zweiten Falle treten die bei echter Doppelbindung beobachteten Erscheinungen auf.

[1] Da die Bezeichnung von κύκλος (grch.) = Kreis, Ring kommt, ist im Deutschen die Schreibung „Cyclo-“ unbegründet.

Eine oder mehrere solcher echter Doppelbindungen sind auch im Ring selbst möglich. Dies ist bei verschiedenen aus Erdölen isolierten Kohlenwasserstoffen der Fall, deren Zusammensetzung auf die Formeln C_nH_{2n-2}, C_nH_{2n-4} schließen läßt. Diese verhalten sich nun einerseits nicht wie die isomeren Di- oder Triolefine, können aber andererseits auch nicht zu den Benzol-Kohlenwasserstoffen gezählt werden. Sie entsprechen durchaus den um eine Doppelbindung ärmeren kettenförmigen Olefinen, die zwei endständige Wasserstoffatome mehr haben. Man nennt sie deshalb Zykloolefine oder Zykloalkene (engl. Cyclenes), Zyklodiolefine oder Zykloalkadiëne (engl. Cyclynes) usw. Da diese Verbindungen in Brenn- und Kraftstoffen vorkommen können, enthält Zahlentafel 8 die bekannteren von ihnen. Haben sie mehrere Doppelbindungen, so kennzeichnet man die Stellung der Doppelbindung durch nachgestellte Ziffern 1, 2 usw., die dieselbe Bedeutung haben wie bei den Olefinen. Die Numerierung der Ringatome entspricht der des Benzols. Zur Unterscheidung von den kettenförmigen Olefinen schreibt man die Zahlen jedoch mitunter als Zeiger eines dem Namen vorgesetzten Δ (= Doppelbindung). $\Delta_{1,4}$-Zyklopentadiën C_5H_6 hat also die Struktur

```
   ,CH—CH2
  //2   3|
HC1      |
  \5    4|
   CH=CH ,
```

doch ist in diesem besonderen, nur als Beispiel gewählten Fall die Kennzeichnung durch Δ überflüssig, weil nur diese eine Form möglich ist. Denn kumuliert können die Doppelbindungen wegen der Hydrierung nicht sein, eine $\Delta_{1,3}$- oder $\Delta_{2,4}$-Verbindung ist aber der dargestellten gleichwertig, solange keine Seitenketten vorhanden sind. Bei Molekülen mit Verzweigungen beginnt man die Zählung an dem betreffenden Kohlenstoffatom und verwendet die erwähnte Schreibweise auch bei einfacher Doppelbindung. Ein Kohlenwasserstoff mit dem Molekülbau

```
         ,CH2—CH
        / 2    3 \\
CH3—HC1           4CH
        \ 6    5  /
         CH2—CH2
```

heißt nach dieser Regel Δ_3-Methylzyklohexen oder 1-Methylzyklohexen-3. Auch derartige Verbindungen haben Bedeutung für die Chemie der Brenn- und Kraftstoffe, weshalb die wichtigsten von ihnen in Zahlentafel 8 mit aufgezählt sind.

c) Mehrringverbindungen.

Die bisher beschriebenen Ringverbindungen besitzen mit Ausnahme des Polystyrols jeweils nur e i n e n Ring, dessen Skelett ausschließlich aus Kohlenstoffatomen besteht. Man nennt sie deshalb auch monozyklische Verbindungen und unterscheidet sie von den noch zu besprechenden bizyklischen, trizyklischen, allgemein polyzyklischen Verbindungen mit zwei, drei, allgemein mehreren Ringen. Diese können kondensiert sein, d. h.: zwei Ringe haben mehrere Glieder gemeinsam. Eine der wichtigsten dieser Verbindungen ist das Naphthalin $C_{10}H_8$, dessen Struktur gewöhnlich

```
          H     H
          |     |
         C     C
       //  \  /  \\
  H—C       C      C—H
     |      ||     |
  H—C       C      C—H
       \\  /  \  //
         C     C
         |     |
         H     H
```

geschrieben wird. Die Bindung innerhalb der Ringe ist aromatisch wie beim Benzol.

Der typische Vertreter eines aromatischen, nicht kondensierten bizyklischen Systems ist hingegen das Diphenyl oder Biphenyl $C_{12}H_{10}$

```
        H  H       H  H
        |  |       |  |
        C==C       C==C
       /    \     /    \
  H—C        C—C        C—H.
       \\   //    \\   //
        C—C        C—C
        |  |       |  |
        H  H       H  H
```

Es bildet sich unter Abspaltung von Wasserstoff, wenn Benzoldämpfe mit glühenden Metallwänden in Berührung kommen.

Sämtliche erwähnten Ringverbindungen unterscheidet man nun noch als i s o z y k l i s c h e oder karbozyklische Verbindungen von den später zu erörternden h e t e r o z y k l i s c h e n Verbindungen[1], bei denen nicht nur Kohlenstoffatome, sondern auch Atome anderer Elemente, wie Sauerstoff, Schwefel oder Stickstoff im Ring, nicht nur in den Seitenketten auftreten. Diese Verbindungen werden im Abschnitt I B besprochen. Mitunter werden den beiden genannten Gruppen die Ketten-Kohlenwasserstoffe als azyklische Verbindungen gegenübergestellt.

---

[1] ἴσος (grch.) = gleich, carbo (lat.) = Kohle, ἕτερος (grch.) = anders (beschaffen).

Eine systematische Ordnung der polyzyklischen Kohlenwasserstoffe ist nicht leicht durchführbar, weil es verschiedene gleichberechtigte Gesichtspunkte dafür gibt. Die in den Zahlentafeln 9 und 10 gewählte Reihenfolge ist deshalb nicht frei von einer gewissen Willkür. Es ist in Zahlentafel 9 mit den wasserstoffärmsten Grundverbindungen, und zwar mit der kleinsten Zahl von zwei Ringen, also mit dem Diphenyl und seinen Homologen begonnen worden. Bei den kondensierten Systemen der Zahlentafel 10 ist die Zahl der Kohlenstoffatome im Molekül als Ordnungsprinzip gewählt; die Verbindungen sind nach steigendem Wasserstoffgehalt aufgezählt. Da Aromaten und Zykloalkane, -alkene usw. gleichzeitig am Bau einzelner Moleküle beteiligt sind, kann für den Aromatenkern nicht das in Zahlentafel 5 angewandte vereinfachte Symbol benutzt werden; es sind deshalb — soweit erforderlich — jeweils die drei Doppelbindungen der KEKULÉschen Form eingetragen.

Bezüglich der Nomenklatur der Mehrringverbindungen sind die bisherigen Angaben noch durch folgendes zu ergänzen: Treten bei nicht kondensierten Systemen Seitenketten auf, so kann man die Stellung, von der Verbindungsvalenz ausgehend, so wie bei einfachen Kernen, mit Ziffern bezeichnen. Dafür versieht man zweckmäßig die zum zweiten Kern gehörenden Ziffern mit einem Strich (vgl. dritte Zeile der Zahlentafel 9) oder man benutzt die Vorsilben ortho-, meta- und para- und wiederholt sie nach Erfordernis.

Bei den kondensierten Systemen hat sich die von BAEYER vorgeschlagene systematische Kennzeichnung durchgesetzt. Sie ist anwendbar, soweit es sich nicht um aromatische Kerne handelt, weil bei diesen eine Lokalisierung der Doppelbindung nicht sinnvoll ist. Ein Stoff wie das Kamphan $C_{10}H_{18}$

```
                  CH3
                   |
H\           _____C1_____           /H
   >C6 ‾‾‾‾‾              ‾‾‾‾‾ 2C<
H/  |                            |   \H
    |       CH3—C7—CH3           |
H\  |            |               |   /H
   >C5 _____            _____ 3C<
H/          ‾‾‾‾‾C4‾‾‾‾‾            \H
                  |
                  H
```

wird danach als Zykloheptan bezeichnet, weil das Ringsystem insgesamt sieben Kohlenstoffatome enthält. Durch Vorsetzen von Zahlen in eckigen Klammern wird die Anzahl der Kohlenstoffatome in den einzelnen „Brücken“ angegeben und durch die den lateinischen Multiplikationszahlwörtern entlehnten Vorsilben Bi-, Ter-, Quater- usw. die Anzahl der einzelnen Ringe genannt. Die Stellung der Seitenketten wird wie üblich gekennzeichnet. Somit erhält man für das Kamphan den systematischen Namen 1, 7, 7-Trimethyl-[1, 2, 2]-bizykloheptan. Doppelbindungen können ebenfalls durch nachgesetzte Zahlen hinter den Endungen -en, -diën, -triën, -tetraën usw. wie bei den Alkenen angegeben werden.

Das bereits erwähnte Naphthalin mit aromatischer Bindung in beiden kondensierten Kernen entspricht somit dem Benzol. Wie dieses kommt es im Koksofengas und im Steinkohlenteer vor. Es muß aus dem Gas möglichst vollständig ausgewaschen werden, weil es sich sonst in Kristallform in den Gasleitungen ausscheidet und Abschlußorgane und unstete Stellen der Rohrleitungen verstopfen kann. Zur Kennzeichnung der Stellung werden seine Kohlenstoffatome in folgender Art beziffert:

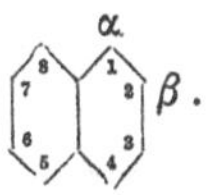

α 8 1 7 2 β. 6 3 5 4

Da die Stellen 1, 4, 5 und 8 sowie 2, 3, 6 und 7 untereinander je gleichwertig sind, gibt es nur zwei unterschiedliche Möglichkeiten für Seitenketten. Neben der bereits erwähnten Art ist daher auch noch die Benennung mit α- und β- üblich, was andeuten sollte, daß es sich um den Doppelsechserring handelt[1]. Ein Derivat des Naphthalins, nämlich α-Methylnaphthalin $C_{11}H_{10}$, wird wegen seiner schweren Zündbarkeit als hemmende Komponente bei der Prüfung der Zündwilligkeit von Dieselkraftstoffen verwendet; dies ist in Abschnitt IV B 4 näher behandelt. Die Radikale des Naphthalins werden sinngemäß mit α- und β-Naphthyl bezeichnet, je nachdem, welche Bindung offen steht.

Außer dem Naphthalin und den beiden Dreiringverbindungen

Phenanthren  und Anthrazen

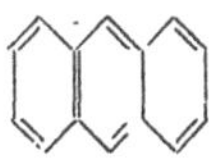

kommt noch eine Anzahl verschiedenster Kombinationen von Ring-Kohlenwasserstoffen im Steinkohlenteer vor, deren Einzelheiten noch nicht restlos aufgeklärt sind[2]. Zu erwähnen sind z. B. die in

[1] Allerdings werden die vor die Namen gesetzten Buchstaben α-, β- usw. mitunter noch statt der nachgesetzten Ziffern -1, -2 usw. zur Kennzeichnung der Stellung von Doppelbindungen bei Ketten-Kohlenwasserstoffen verwendet. Mit ω- wird dann eine endständige Doppelbindung gekennzeichnet; vgl. Seite 28/29.

[2] Vgl. auch Fußnote 1, Seite 80.

Fortsetzung des Textes Seite 134.

Zahlentafel 9. *Nichtkondensierte*

Bruttoformel	Name	Strukturformel[1]
$C_{12}H_{10}$	Diphenyl (Biphenyl) . . .	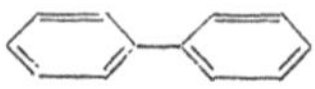 $= C_6H_5—C_6H_5$
$C_{13}H_{12}$	Methylphenylbenzole	$CH_3—C_6H_4—C_6H_5$
$C_{14}H_{14}$	3,3'-Dimethyldiphenyl . . . . (m,m-Ditolyl)	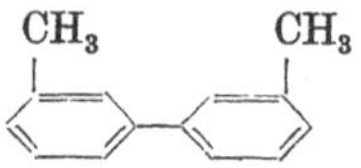 CH_3 CH_3
	4,4'-Dimethyldiphenyl . . . . (p,p-Ditolyl)	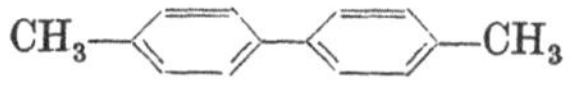 CH_3— —CH_3
$C_{13}H_{12}$	Diphenylmethan	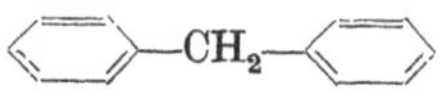 —CH_2—
$C_{14}H_{14}$	Diphenyläthan (Dibenzyl) . .	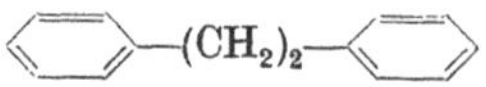 —$(CH_2)_2$—
$C_{18}H_{22}$	Diphenylhexane und isomere Pentane usw.	$C_6H_5—(CH_2)_6—C_6H_5$
$C_{18}H_{14}$	1,2-Diphenylbenzol	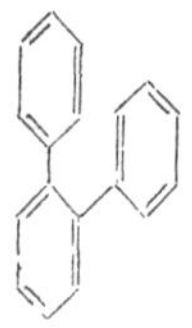
	1,3-Diphenylbenzol	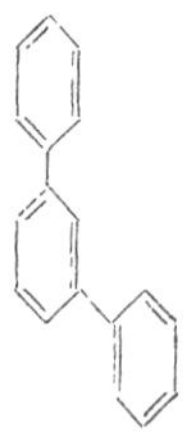
	1,4-Diphenylbenzol	

[1] Vgl. Fußnote 1 zu Zahlentafel 7, S. 84. Auch hier und in der folgenden Zahlentafel 10 ist zu beachten, daß jede Ecke der Symbole für die Ringe mit

polyzyklische Kohlenwasserstoffe.

Molekulargewicht	Dichte bei Temp. g/cm³	°C	Schmelzpunkt °C	Siedepunkt °C	bei Druck Torr	Bemerkungen, zusätzliche Angaben
154,20	0,9712	100	70	254,9	760	
168,23	~1,01 (fest)	20	~ 50	zwischen 260 und 270	760	
182,25	0,998	20	~ 6	~289	752	Der große Abstand zwischen den Schmelzpunkten ist beachtlich
	0,9177 1,102 (fest)	122	121,6	296	760	
168,23	1,0059	20	25,9	263,2	760	
182,25	0,9682	52	52,2	284	760	Der Einfluß der azyklischen Koppelungsglieder auf die Siedepunkte ist verhältnismäßig gering
238,37			zwischen 70 und 100	~320	760	
230,29			57	332	760	
			87	364	760	Für diese Verbindungen ist auch der Name Terphenyle oder Triphenyle gebräuchlich
	1,234		210	383	760	

einem Kohlenstoffatom besetzt ist. Die Valenzen sind jeweils auf vier ergänzt und, soweit nicht besonders angegeben, durch Wasserstoffatome abgesättigt zu denken.

Zahlentafel 9.

Brutto-formel	Name	Strukturformel
$C_{19}H_{16}$	Triphenylmethan	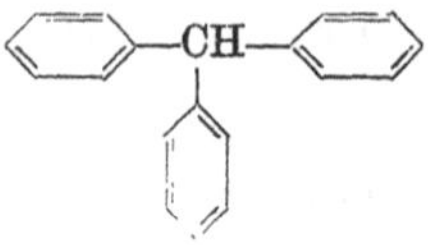 C_6H_5—CH—C_6H_5, C_6H_5
$C_{20}H_{18}$	1,4-Di-p-tolylbenzol	 CH_3—C_6H_4—C_6H_4—C_6H_4—CH_3
	Diphenyl-o-tolylmethan . . .	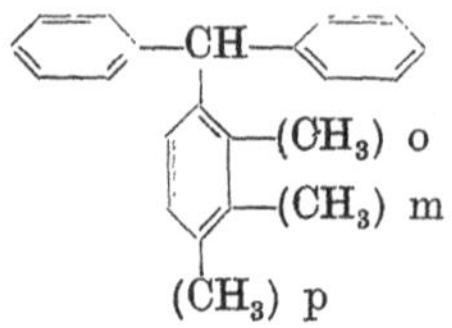 C_6H_5—CH—C_6H_5, C_6H_4—(CH_3) o
	Diphenyl-m-tolylmethan . . .	—(CH_3) m
	Diphenyl-p-tolylmethan . . .	(CH_3) p
	sek-1,4-Ditolylbenzol	 C_6H_5—CH_2—C_6H_4—CH_2—C_6H_5
$C_{10}H_{16}$	1-Zyklopentyl-zyklopenten-1 .	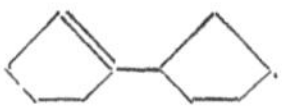
$C_{11}H_{18}$	1-Zyklohexyl-zyklopenten-2 .	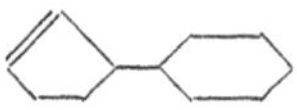
$C_{12}H_{20}$	1-Zyklohexyl-zyklohexen-1 . .	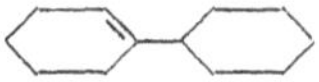
	Zyklohexyliden-zyklohexan. .	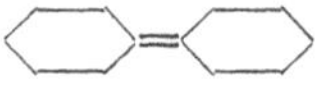 =
$C_{10}H_{18}$	Zyklopentyl-zyklopentan. . . (Dizyklopentyl)	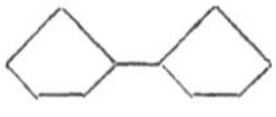
$C_{11}H_{20}$	Dizyklopentylmethan	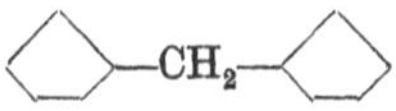 —CH_2—
	Zyklopentyl-zyklohexan . . .	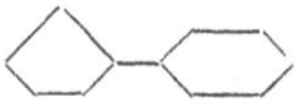

(Fortsetzung.)

Molekulargewicht	Dichte bei Temp. g/cm³	°C	Schmelzpunkt °C	Siedepunkt °C	bei Druck Torr	Bemerkungen. zusätzliche Angaben
244,32	1,0134	100	92,6	360	760	$d\varrho/dt = -0{,}0_3 7457$/grd für 95° bis 180° C
258,34			~250			
			82	354	706	
			60,3	353	774	
			72			
			86	~253	20	Wegen der Vorsilbe sek- (sekundär) s. Text S. 142
136,23	0,8898	20		~190	744	
150,25	0,8995	18		zwischen 80 und 85	12	
164,28	~0,905	20	−41	~238	760	
	1,0109	15		240	760	
138,24	0,8616	20		~190	760	
152,27	0,8710	20		~210	760	
	0,8535	50		zwischen 215 und 227	760	

Zahlentafel 9.

Bruttoformel	Name	Strukturformel
$C_{12}H_{22}$	1,2-Dizyklopentyläthan . . .	Cyclopentyl—$(CH_2)_2$—Cyclopentyl
	3,3'-Dimethyl-dizyklopentan .	CH_3—Cyclopentyl—Cyclopentyl—CH_3
	Zyklopentyl-zyklohexylmethan	Cyclopentyl—CH_2—Cyclohexyl
	Zyklohexyl-zyklohexan . . . (Dizyklohexyl)	Cyclohexyl—Cyclohexyl
$C_{13}H_{24}$	1-Zyklopentyl-2-zyklohexyläthan	Cyclopentyl—$(CH_2)_2$—Cyclohexyl
	[2-Methylzyklopentyl]-zyklohexylmethan	CH_3 | Cyclopentyl—CH_2—Cyclohexyl
	Dizyklohexylmethan.	Cyclohexyl—CH_2—Cyclohexyl
	2-Methyl-1-zyklohexyl-zyklohexan	Cyclohexyl—Cyclohexyl (mit CH_3)
	3-Methyl-1-zyklohexyl-zyklohexan	Cyclohexyl—Cyclohexyl (mit CH_3)
$C_{14}H_{26}$	1-Zyklopentyl-3-zyklohexylpropan	Cyclopentyl—$(CH_2)_3$—Cyclohexyl
	1,2-Dizyklohexyläthan	Cyclohexyl—$(CH_2)_2$—Cyclohexyl

(Fortsetzung.)

Molekular-gewicht	Dichte bei Temp. g/cm³	°C	Schmelzpunkt °C	Siedepunkt °C	bei Druck Torr	Bemerkungen, zusätzliche Angaben
166,30	0,8583	22		~207	748	
	0,8784	20	~47	zwischen 213 und 219	760	
	0,8721	23		~225	760	
	0,8846	20	zwischen −1 und +4	235	760	
180,32	0,8780	21		~252	752	
	0,8712	20		~240	760	
	0,8808	20		251	760	$d\varrho/dt = -0{,}0_3783$/grd für 20° bis 80° C
	0,9058	20		~132	20	
	0,88668	20		~243	760	
194,35	0,8751	20		~270	748	
	$0{,}877_0$	20		~264	760	

Zahlentafel 10. *Kondensierte*

Bruttoformel	Name[1]	Strukturformel[2]
C_6H_{10}	[0,1,3]-Bizyklohexan	
C_7H_{12}	[1,2,2]-Bizykloheptan	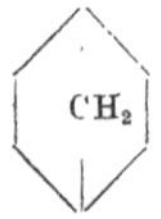 CH_2
C_8H_{14}	5,5-Dimethyl-[0,1,3]-bizyklohexan	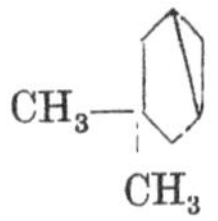 CH_3—, CH_3
	2-Methyl-[1,2,2]-bizykloheptan	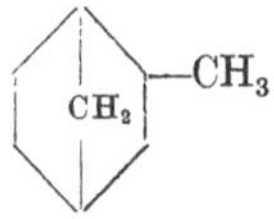 CH_2, —CH_3
C_9H_{16}	2,2,4-Trimethyl-[0,1,3]-bizyklohexan	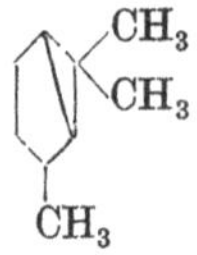 CH_3, CH_3, CH_3
	2,2-Dimethyl-[1,1,3]-bizykloheptan (Nopinan)	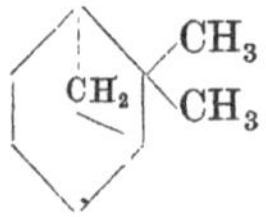 CH_2, CH_3, CH_3
	2,2-Dimethyl-[1,2,2]-bizykloheptan (Kamphenilan)	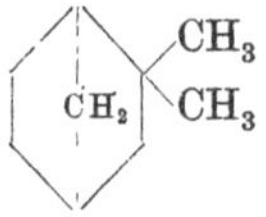 CH_2, CH_3, CH_3
	2,3-Dimethyl-[1,2,2]-bizykloheptan (Dihydrosanten)	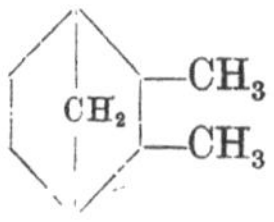 CH_2, —CH_3, —CH_3
	7,7-Dimethyl-[1,2,2]-bizykloheptan (Apofenchan)	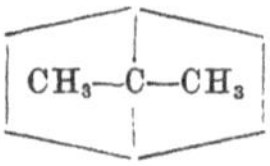 CH_3—C—CH_3

[1] Wegen der Bedeutung der Zahlen in eckiger Klammer siehe Text S. 118f.

polyzyklische Kohlenwasserstoffe.

Molekular-gewicht	Dichte bei Temp. g/cm³	°C	Schmelz-punkt °C	Siedepunkt bei Druck °C	Torr	Bemerkungen, zusätzliche Angaben
82,14	0,8144	20		~ 79	750	
96,17			~87			
110,19	~0,853	20		zwischen 121 und 125	760	
	0,8125	20		~115	760	
124,22	~0,822	20		~138	760	
	0,8611	22		149	747	
	~0,854	20	~16	142	760	
	0,8712	18				
	0,8538	20	~17	143,5	760	

[2] Vgl. Fußnote 1 zu Zahlentafel 9, S. 120.

Zahlentafel 10.

Bruttoformel	Name	Strukturformel
C_9H_{16}	[0,3,4]-Bizyklononan (Hydrindan)	
$C_{10}H_8$	Naphthalin	 Vgl. Text Seite 117
	Benzofulven	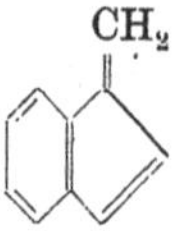 CH_2
$C_{10}H_{10}$	1,2-Dihydronaphthalin	
	1,4-Dihydronaphthalin	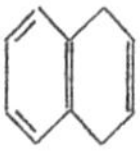
$C_{10}H_{12}$	1,2,3,4-Tetrahydronaphthalin (Tetralin) . .	 Vgl. Text Seite 134
$C_{10}H_{16}$	1-Isopropyl-4-methylen-[0,1,3]-bizyklohexan (Sabinen)	$CH_3—CH—CH_3$ … CH_2
	1-Methyl-7,7-dimethyl-[1,2,2]-bizyklohepten-2 (l-Bornylen)	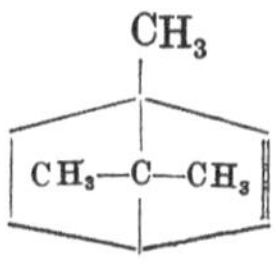 CH_3 … $CH_3—C—CH_3$
	2-Methylen-7,7-dimethyl-[1,2,2]-bizykloheptan (l-α-Fenchen)	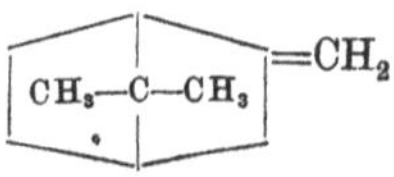 $CH_3—C—CH_3$ … $=CH_2$

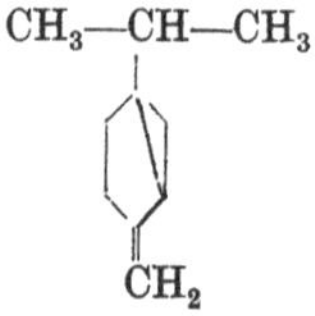

(Fortsetzung.)

Molekular-gewicht	Dichte bei Temp. g/cm³	°C	Schmelz-punkt °C	Siedepunkt °C	bei Druck Torr	Bemerkungen, zusätzliche Angaben
124,22	$0,881_9$	20		166	760	cis-Form
	0,863	20		159	760	trans-Form
128,16	1,168	22	80,4	217,9	760	
			37	95	17	Vgl. hiezu die Bemerkung Seite 115 oben
130,18	0,9974	20	— 8	89	24	Die Stellung der Doppelbindung hat einen deutlichen Einfluß auf den Schmelzpunkt
	0,993	32	+25	94,5	17	
132,19	0,9732	18	—31	~206	760	
136,22	0,8422	17		165	760	In den harzigen Ausscheidungen von Juniperus Salina (Wacholderart) enthalten; gehört mit den folgenden Verbindungen zu den Terpenen
			113	146	750	Sehr leicht flüchtig, optisch aktiv. Das vorgesetzte l- bedeutet: linksdrehend (von lat.-grch. laevogyr)
	0,867	20		~158	760	

Zahlentafel 10.

Brutto-formel	Name	Strukturformel
$C_{10}H_{16}$	2,2-Dimethyl-3-methylen-[1,2,2]-bizykloheptan (dl-Kamphen)	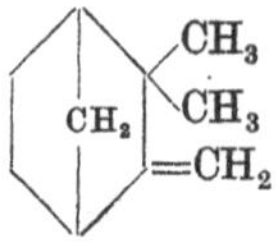 CH_3, CH_2, CH_3, $=CH_2$
	6,7,7-Trimethyl-[1,1,3]-bizyklohepten-5 . . (α-Pinen)	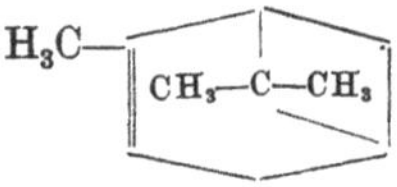 H_3C—, CH_3—C—CH_3
	6-Methylen-7,7-dimethyl-[1,1,3]-bizykloheptan (β-Pinen, Nopinen)	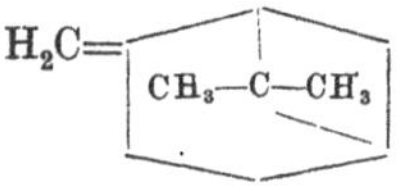 H_2C=, CH_3—C—CH_3
$C_{10}H_{18}$	[0,4,4]-Bizyklodeken-1 (Δ_1-Oktalin)	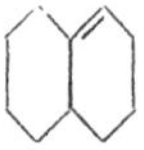
	1-Isopropyl-4-methyl-[0,1,3]-bizyklohexan . (Thujan, Tanazetan)	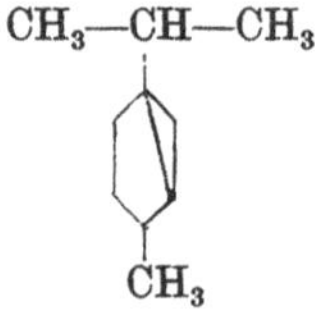 CH_3—CH—CH_3, CH_3
	1,7,7-Trimethyl-[1,2,2]-bizykloheptan . . . (Kamphan)	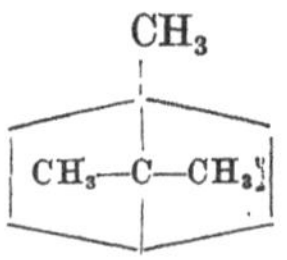 CH_3, CH_3—C—CH_3
	2,2,3-Trimethyl-[1,2,2]-bizykloheptan . . . (Isokamphan)	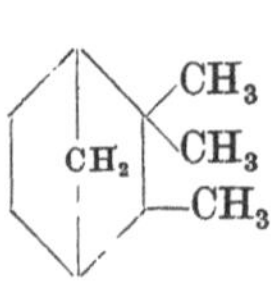 CH_3, CH_2, CH_3, —CH_3
	2,7,7-Trimethyl-[1,2,2]-bizykloheptan . . . (Isobornylan)	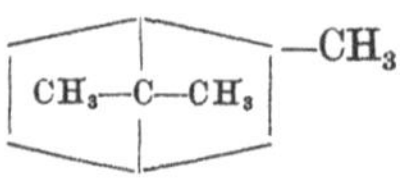 —CH_3, CH_3—C—CH_3

(Fortsetzung.)

Molekular-gewicht	Dichte bei Temp. g/cm³	°C	Schmelz-punkt °C	Siedepunkt °C	bei Druck Torr	Bemerkungen, zusätzliche Angaben
	$0{,}845_0$	50	zwischen 42 und 52	~158	760	Rechtsdrehend, d-Form (lat.-grch. dextrogyr)
	$0{,}854_7$	40	zwischen 39 und 55	~158		Linksdrehend, l-Form; vgl. Bemerkung S. 129 unten
	0,862	18	−55	~155	760	Optisch aktiv, jedoch sehr geringe Unterschiede zwischen den Eigenschaften. Hauptbestandteil der Terpentinöle, vgl. auch S. 171
	0,8708	20	−50	165	760	
138,24	zwischen 0,901 und 0,9103			~198	760	
	0,816	20		zwischen 157 und 160	760	
	0,7458	152	zwischen 145 und 150	zwischen 150 und 160	760	
	0,8276	67	~66	164	713	
	0,8579	20		163,5	760	

9*

Zahlentafel 10.

Brutto-formel	Name	Strukturformel
$C_{10}H_{18}$	2,2,4-Trimethyl-[1,1,3]-bizykloheptan . . . (Pinan)	CH_2, CH_3, CH_3, CH_3
	2,2,5-Trimethyl-[0,1,4]-bizykloheptan . . . (= 4,7,7-Trimethyl-[0,1,4]-bizykloheptan, Karan)	$H_3C—C—CH_3$, CH_3
	[0,4,4]-Bizyklodekan (Dekahydronaphthalin, Dekalin)	
$C_{11}H_{10}$	1-Methylnaphthalin (α-Methylnaphthalin) .	CH_3 $= C_{10}H_7—CH_3$
	2-Methylnaphthalin (β-Methylnaphthalin) .	$—CH_3$
$C_{12}H_{10}$	Acenaphthen	
$C_{12}H_{12}$	Dimethylnaphthaline	$C_{10}H_6—(CH_3)_2$
	Äthylnaphthaline	$C_{10}H_7—C_2H_5$

(Fortsetzung.)

Molekular-gewicht	Dichte bei Temp. g/cm³	°C	Schmelz-punkt °C	Siedepunkt °C	bei Druck Torr	Bemerkungen, zusätzliche Angaben
138,24	0,8566	20	−45	166	760	Rechtsdrehend, d-Form
	~0,855	20	−50	zwischen 165 und 168	760	Linksdrehend, l-Form; vgl. Bemerkung S. 131 oben
	~0,840	20		~170	760	
	$0{,}895_9$	20	zwischen −51 und −43	193	760	cis-Form
	zwischen 0,872 und 0,882	20	zwischen −36 und −31	~187	760	trans-Form
142,19	1,0005	19	−22	zwischen 240 und 243		Hemmende Komponente bei der Zündwilligkeitsprüfung mit Zetan
			+34,1	~241	760	
154,20	1,024	99	95	277,9	760	
156,21	zwischen 1,006 und 1,025	20	sehr unterschiedlich	~260	760	
	1,018	10	unter −14	~258	760	α-Form
	1,008	0	−19	251	760	β-Form

Zahlentafel 10.

Bruttoformel	Name	Strukturformel
$C_{12}H_{20}$	Dekahydroazenaphthen	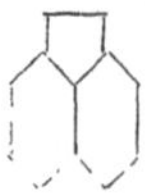
$C_{13}H_{10}$	Fluoren	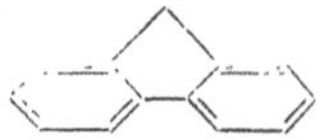
$C_{13}H_{22}$	Dodekahydrofluoren	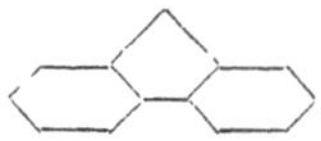
$C_{14}H_{10}$	Anthrazen	
	Phenanthren	
$C_{14}H_{12}$	9,10-Dihydroanthrazen	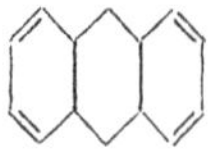
$C_{14}H_{24}$	3,4-Zyklohexano-[0,4,4]-bizyklodekan . . . (Perhydroanthrazen)	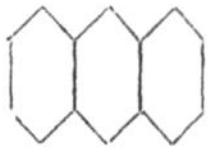
	2,3-Zyklohexano-[0,4,4]-bizyklodekan . . . (Perhydrophenanthren)	

Zahlentafel 10 mit aufgezählten hydrierten Naphthalin-, Anthrazen- und Phenanthrenverbindungen. Von diesen Stoffen sind insbesondere das Tetrahydronaphthalin

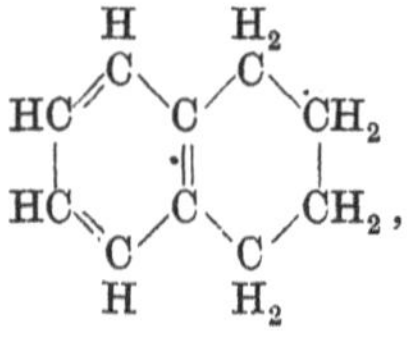

```
       H    H2
       C    C
  HC      C    CH2
  HC      C    CH2 ,
       C    C
       H    H2
```

(Fortsetzung.)

Molekular-gewicht	Dichte bei Temp. g/cm³	°C	Schmelz-punkt °C	Siedepunkt bei Druck °C	Torr	Bemerkungen, zusätzliche Angaben
164,28	0,9488	25		zwischen 230 und 237	760	
166,21			115	~294	760	Vorkommen im Steinkohlenteer
178,31	0,9496	0		zwischen 254 und 258	760	
178,22	1,242	20	217	351	760	Vorkommen im Steinkohlenteer
	1,063	101	100	340	760	
180,23			108	305	760	
192,33	0,9747	25	zwischen 60 und 90	zwischen 270 und 277	760	Die Endung -ano deutet an, daß der Seitenring kondensiert ist, also die beiden durch die vorgesetzten Ziffern bezeichneten Kohlenstoffatome mit der Grundverbindung gemeinsam hat
	~0,94	20	−3	zwischen 270 und 276	760	

auch Tetralin genannt, und das vollständig hydrierte Dekahydronaphthalin

```
       H2    H2
       C  H  C
  H2C     C     CH2
   |      |      |
  H2C     C     CH2 ,
       C  H  C
       H2    H2
```

auch Dekalin genannt, wichtig. Sie sind als verwandt mit den Naphthenen anzusehen. Die beiden erwähnten Verbindungen haben als

Lösungsmittel in der Benzolwäsche und in der neuesten Zeit bei der Kohlenextraktion nach POTT-BROCHE als Lösungsmittel für die zu hydrierende Kohlensubstanz technische Bedeutung erlangt. Sie wirken dabei in geringem Maße selbst hydrierend, indem sie einen Teil ihres Wasserstoffes an das Extrakt abgeben. Einige Mehrringverbindungen mit einer größeren Zahl von Ringen, auch solche mit Seitenketten und einzelnen der später noch zu besprechenden funktionellen Gruppen, sind als physiologisch äußerst wirksam erkannt worden. Unter ihnen finden sich z. B. solche, die als Krebserreger bekannt sind.

3. Elementarer Kohlenstoff (Graphit und Diamant) als Grenzfall.

Ein Erzeugnis aromatischer Natur ist auch der Koks, der nicht vollständig frei von Wasserstoff ist. Reiner Kohlenstoff ist nur der bei der Verkokung in geringen Mengen gewonnene Graphit. Den Koks muß man sich hingegen als ein durch mineralische Beimengungen (Asche) verunreinigtes Gemenge hoch-molekularer, weitgehend dehydrierter Körper mit vielen aromatischen Ringen vorstellen. Diese sind wie Bienenwaben zusammengesetzt, jedoch nicht nur flächenförmig, sondern auch räumlich. Gestützt wird diese Annahme durch Röntgenuntersuchungen des Kristallgitters von Graphit, das den in Abb. 2a wiedergegebenen Aufbau zeigt. Graphit kann als das Endergebnis einer fast vollständigen Dehydrierung von aromatischen Mehrringverbindungen betrachtet werden. Zum Teil findet er sich in den Poren und an der Oberfläche der einzelnen Koksstücke und gibt ihnen den bekannten metallischen Glanz, zum Teil lagert er sich in reiner Form und in einer Dicke von mehreren Millimetern bis zu einigen Zentimetern an besonders heißen Stellen der Koksofenwände ab. Als Mineral stellt er das Endglied der Kohlebildung dar, die ebenfalls eine Dehydrierung ist. Hierauf wird in Abschnitt III A 1 noch näher eingegangen.

Der Abb. 2a ist zum Vergleich in Abb. 2b das Kristallgitter des Diamantes gegenübergestellt. In ihm ist das bereits besprochene VAN'T HOFFsche Tetraedermodell unschwer als Elementarzelle wiederzuerkennen. Man sieht also, daß der die ganze Kohlenstoffchemie durchziehende Gegensatz zwischen aliphatischen und aromatischen Körpern bereits in den beiden Kristallformen des Kohlenstoffes ausgeprägt ist.

Diese Zusammenhänge lassen sich noch näher erläutern, wenn man die chemischen Bindungsarten, nämlich die Ionenbindung, die Atombindung und die Metallbindung, in Betracht zieht. Die Ionenbindung, auch Elektrovalenz genannt, liegt bei den Salzen vor. Die einfachen

Salze sind Verbindungen von Elementen, deren eines im Periodensystem links, das andere rechts steht, z. B. Kochsalz NaCl. Die Bindung läßt sich vom Standpunkt der Elektronentheorie so deuten, daß das Element mit einem Elektronenüberschuß gegenüber der abgeschlossenen Achterschale (Edelgaskonfiguration) ein oder mehrere Elektronen an den Partner, dem noch Elektronen zum Abschluß seiner Achterschale fehlen, abgibt. Dies bringt man zum Ausdruck, indem man für das bereits genannte Kochsalz $Na^{+}Cl^{-}$ oder $Na^{\cdot}Cl'$ schreibt.

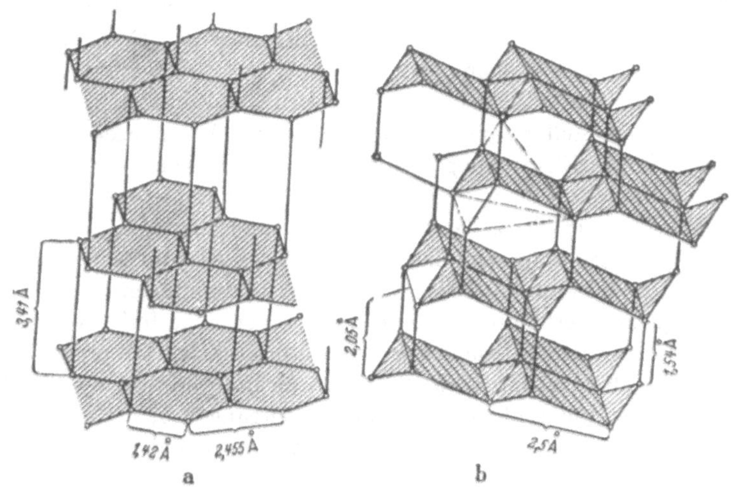

Abb. 2. Das Kristallgitter der beiden Kohlenstoffmodifikationen.
a Graphit. b Diamant.

In wässeriger Lösung ist die Dissoziation in die Ionen vollständig. Die Verbindungen sind dann *Leiter zweiter Klasse*; sie transportieren den Strom mittels der geladenen Ionen, werden dabei aber an den Elektroden chemisch verändert. Dies ist auch im geschmolzenen Zustand der Fall. Im kristallisierten Zustand bilden sie keine eigentlichen Moleküle, vielmehr ist der ganze Kristall als ein einziges Riesenmolekül anzusehen, dessen Gitter aus Ionen gebildet wird.

Da die Ionen der beiden Elemente (oder Elementgruppen) entgegengesetzte Polarität besitzen, nennt man diese Bindungsart auch „heteropolare" oder einfach „polare Bindung". Sie kommt in der organischen Chemie in der Hauptsache bei Salzen organischer Säuren vor, die in den Abschnitten I B 3aγ und cβ besprochen werden.

Die zweite Bindungsart ist die *Atombindung*. Sie tritt zwischen Elementen auf, die beide im Periodensystem rechts stehen. Da beiden Partnern Elektronen zum Abschluß der Achterschale fehlen, ist eine Bindung nur dadurch möglich, daß ein oder mehrere Elektronenpaare beiden Atomen zugleich angehören. Wegen der gleichen Polarität beider Partner spricht man in diesem Falle von „homöopolarer" oder „unpolarer Bindung" oder auch von Kovalenz. Will man dies durch Valenzstriche zum Ausdruck bringen, so muß man z. B. für das Chlormolekül Cl_2 statt Cl—Cl die Schreibung $|\overline{\underline{Cl}}-\overline{\underline{Cl}}|$ anwenden. Die quergestellten Striche deuten dann die freien (einsamen) Elektronenpaare an. Diese gehören ausschließlich zu einem Atom.

Beim Kohlenstoff können, wie einleitend erwähnt wurde, entsprechend seiner Stellung im Periodensystem, vier Kovalenzen betätigt sein. Da sich die Elektronenpaare wegen ihrer gleichen Polarität abstoßen, kommt es zu einer räumlichen Orientierung, die aus Gründen der Symmetrie zum Tetraeder führt. Man sieht also, wie sich die besonderen, für organische Verbindungen entwickelten Anschauungen in das auf Grund neuerer Forschung gewonnene Bild einfügen.

Homöopolare Verbindungen können sowohl einzelne frei bewegliche Moleküle bilden als auch sehr schwer flüchtige Kristalle. Die organische Chemie zeigt z. B. vom Methan der Paraffinreihe über verzweigte Molekülformen bis zum Diamant alle denkbaren Übergangsstufen.

Ist das Bindungselektronenpaar im Molekül unsymmetrisch angeordnet, so besitzt das Gebilde ein elektrisches Moment, ist also ein Dipol. Die Theorie der Dipole wurde besonders von DEBYE ausgebaut[1]. Der Begriff des Dipols wird in den folgenden Abschnitten noch öfters benötigt werden.

Es bleibt noch die *Metallbindung* zu besprechen. Sie ist, wie ihr Name sagt, kennzeichnend für die Metalle, die im Periodensystem der Elemente links stehen. Ihre Atome besitzen einen Überschuß an Elektronen gegenüber der abgeschlossenen Achterschale. Eine Bindung zwischen ihnen ist also weder durch Abgabe von Elektronen wie bei der Ionenbindung noch durch gemeinsame Beanspruchung eines Elektronenpaares wie bei der Atombindung möglich. Die Atome können nur dadurch zusammengehalten werden, daß die Ladungen der durch Elektronenabgabe positiv gewordenen Atomreste (Metallionen) weiterhin durch

---

[1] Vgl. hierzu DEBYE, P.: Polare Moleküle. Leipzig: Hirzel 1928 sowie DEBYE, P. u. H. SPATZ: Chemie der Molekulareigenschaften. Leipzig: Hirzel 1931.

frei gewordene Elektronen ausgeglichen werden. Die dabei mögliche freie Beweglichkeit der Elektronen im Gitter der Atomreste verleiht den Metallen die große Leitfähigkeit und macht sie dadurch zu Leitern erster Klasse; sie unterliegen keiner Veränderung durch den elektrischen Strom.

Auch die Metallbindung ist beim Kohlenstoff möglich dank seiner Stellung in der Mitte des Periodensystems. Beim Graphit treten nämlich die in sich homöopolar gebundenen, positiv geladenen Sechserringe an die Stelle der Metallionen im Metallgitter. In ihnen sind drei Kovalenzen betätigt. Die Bindung zwischen den einzelnen Schichtebenen des Graphits wird durch das vierte Valenzelektronenpaar in metallischer Bindung bewirkt. Der Abstand der so gebundenen Atome ist größer als der der homöopolar gebundenen. Damit erklärt sich die leichte Spaltbarkeit des Graphits nach den Schichtebenen und seine elektrische Leitfähigkeit.

Es zeigt sich also, daß die die ganze organische Chemie beherrschende Systematik nicht von den Grundanschauungen der übrigen Chemie losgelöst ist, sondern mit ihnen in sinnvollem, durch die neueren Forschungsergebnisse bewiesenem Zusammenhang steht.

B. Verbindungen von Kohlenstoff, Wasserstoff und dritten Elementen.

Die im vorhergehenden Abschnitt behandelten Verbindungen, die nur aus Kohlenstoff und Wasserstoff bestehen, stellen wohl die Hauptbestandteile der natürlich vorkommenden oder künstlich erzeugten Brenn-, Kraft- und Schmierstoffe dar. Trotzdem wäre eine Behandlung der Chemie dieser Stoffe unvollständig, wollte man die große Reihe von Verbindungen außer acht lassen, in denen zu beiden genannten Elementen noch ein drittes hinzukommt. Einzelne dieser Stoffe, wie z. B. die Alkohole, können für sich als Kraftstoffe verwendet werden. Zum größten Teil handelt es sich jedoch um erwünschte oder unerwünschte Begleitstoffe. Je nach dem Wert, den sie für sich allein oder als Begleitstoffe haben, werden sie in besonderen Fällen entweder abgetrennt und für bestimmte Zwecke gewonnen oder — was häufiger der Fall ist — aus den Kohlenwasserstoffen so gut als möglich entfernt, mitunter auch unter Verzicht auf eine besondere Gewinnung. Hier sind als Beispiel die Phenole und die stickstoffhaltigen Verbindungen, die im Teer vorkommen, zu nennen. Als Ausgangsstoffe für die Kunststoff-, Farbstoff- und Arzneimittelindustrie haben sie erhebliche Bedeutung und spielen wirtschaftlich für Kokereien, Gaswerke usw. eine große Rolle. Ohne Rücksicht auf ihre technische Verwendbarkeit müssen manche Begleitstoffe — z. B. wegen ihrer Aggressivität oder wegen ihrer Giftigkeit — auf alle Fälle aus den Mineralölerzeugnissen oder aus den Abwässern von Verarbeitungsanlagen entfernt werden.

Unerwünschte Begleitstoffe von Kraftstoffen und Schmiermitteln sind z. B. die Peroxyde, die vielfach für die Alterungsneigung oder für die Erhöhung der Klopffreudigkeit verantwortlich gemacht werden. Vereinzelt, wie bei den Halogeniden, handelt es sich um Verbindungen, die analytisch wichtige Reaktionen geben oder in der synthetisch arbeitenden Konstitutionsforschung von Bedeutung sind.

1. Die Halogenide.

Unter Halogeniden versteht man Verbindungen, in denen ein oder mehrere Wasserstoffatome von Kohlenwasserstoffen durch die Halogene F, Cl, Br oder J (Gruppe VII b des Periodensystems, vgl. Zahlentafel 1, S. 2) ersetzt werden. Die einfachsten hieher gehörenden Verbindungen sind in Zahlentafel 11 zusammengestellt. Ihre physikalischen Eigenschaften zeigen so wie die homologer Reihen von Kohlenwasserstoffen eine bestimmte Gesetzmäßigkeit je nach der Zahl der substituierten Wasserstoffatome. Von den in Zahlentafel 11 aufgeführten Halogeniden ist Methylchlorid ein in der Kältetechnik mitunter angewendetes Kältemittel, Chloroform und das ihm ähnlich gebaute Jodoform finden in der Medizin umfangreiche Verwendung und Tetrachlorkohlenstoff wird wegen der Nichtbrennbarkeit und der hohen Dichte seines Dampfes als Feuerlöschmittel verwendet. Weiterhin dient es auch als Lösungsmittel für organische Stoffe, wie Lacke, Harze und Fette. Einige weitere dieser Verbindungen werden in Abschnitt IV E 8 besprochen.

Daß die leichte Anlagerung von Halogenen an Doppelbindungen dazu benutzt werden kann, den Anteil von Olefinen in einem Kohlenwasserstoffgemisch zu bestimmen, wurde im Abschnitt I A 1b bereits erwähnt, ebenso die Reaktionsfreudigkeit von Azetylen. Im Gegensatz zu diesen Additionsreaktionen können gesättigte Kohlenwasserstoffe auch in der Weise reagieren, daß bei ihnen ein oder mehrere Wasserstoffatome durch Halogene ersetzt (substituiert) werden; die in Zahlentafel 11 aufgezählten Verbindungen sind zum Teil auf diese Weise herzustellen. Als Reaktionspartner wird, wenn es sich um die Substitution von Chlor handelt, Chlorwasserstoffsäure (Salzsäure HCl) verwendet. Die Reaktionen verlaufen aber nur mit Chlor und Brom einigermaßen

Fortsetzung des Textes Seite 142.

Zahlentafel 11. *Die einfachsten Halogenide.*

Monohalogenmethan oder Methylfluorid, -chlorid usw.	Dihalogenmethan oder Methylenchlorid usw.	Trihalogenmethan	Tetrahalogenmethan	Monohalogenbenzol
CH_3F Sdp = −78,2° C ϱ = 1,5454 g/l bei 0° C, 760 Torr	Difluormethan ist unbekannt	CHF_3* Sdp = −84° C	CF_4 Sdp = −128° C	C_6H_5Fl Sdp = +85° C ϱ = 1,023 g/cm³ bei 20° C
CH_3Cl Sdp = −23,7° C ϱ = 2,3073 g/l bei 0° C, 760 Torr	CH_2Cl_2 Sdp = +41,6° C ϱ = 1,336 g/cm³ bei 20° C	$CHCl_3$** Sdp = +61,2° C ϱ = 1,489 g/cm³ bei 20° C	CCl_4†† Sdp = +76,7° C ϱ = 1,595 g/cm³ bei 20° C	C_6H_5Cl Sdp = +132° C ϱ = 1,106 g/cm³ bei 20° C
CH_3Br Sdp = +4,5° C ϱ = 1,732 g/cm³ bei 0° C	CH_2Br_2 Sdp = +96,5° C ϱ = 2,495 g/cm³ bei 20° C	$CHBr_3$*** Sdp = +149,6° C ϱ = 2,889 g/cm³ bei 20° C	CBr_4 Sdp = +189,5° C ϱ = 2,9609 g/cm³ bei 100° C	C_6H_5Br Sdp = +156,6° C ϱ = 1,495 g/cm³ bei 20° C
CH_3J Sdp = +42,3° C ϱ = 2,279 g/cm³ bei 20° C	CH_2J_2 Sdp = rd. 181° C ϱ = 3,325 g/cm³ bei 20° C	CHJ_3† Smp = +119° C ϱ = 4,008 g/cm³ bei 17° C	CJ_4 zersetzt sich bei +140° C ϱ = 4,32 g/cm³ bei 20° C	C_6H_5J Sdp = 188,5° C ϱ = 1,83 g/cm³ bei 20° C

* Fluoroform.
** Chloroform.
*** Bromoform.

† Jodoform.
†† Tetrachlorkohlenstoff.

Sdp = Siedepunkt.
Smp = Schmelzpunkt.

glatt. Eben weil dies bei Jod (und Fluor) nicht der Fall ist, eignet sich Jod zur Bestimmung der ungesättigten Bindungen.

Die Tatsache, daß die Halogenide mit Metallen, insbesondere mit Alkalimetallen (Gruppe I des Periodensystems, vgl. Zahlentafel 1, S. 2) sehr häufig reagieren, wird bei der WÜRTZschen Synthese zur Bestimmung der Struktur von Paraffinen ausgenutzt.

Es ist hier der Platz, noch eine weitere Frage der Nomenklatur zu erörtern. Vorstehend wurde allgemein von Halogeniden gesprochen, ohne die Unterschiede näher zu beachten, die sich durch die Verzweigung der Kohlenwasserstoffe ergeben. Grundsätzlich ist es möglich, daß ein Kohlenstoffatom, an das ein Halogenatom bei der Bildung eines Halogenides tritt, mit den übrigen Kohlenstoffatomen bzw. Radikalen auf dreierlei Art verknüpft ist. Man unterscheidet

ein primäres Bromid

```
     H
     |
  R—C—Br ,
     |
     H
```

ein sekundäres Bromid

```
     R
     |
  R—C—Br
     |
     H
```

und ein tertiäres Bromid

```
     R
     |
  R—C—Br ,
     |
     R
```

je nach der Anzahl der Radikale, die außer dem Halogenatom an dem Kohlenstoffatom sitzen. Sinngemäß spricht man auch von primären, sekundären und tertiären Alkoholen usw., was später noch behandelt wird. Wenn jedoch zwei, drei oder mehrere Halogenatome an einem Kohlenwasserstoffrest sitzen, nicht nur an einem Kohlenstoffatom wie in Zahlentafel 11, so nennt man diese Verbindungen Di-, Tri-, allgemein Polyhalogenide.

Ein wegen seiner überraschenden Wirkung besonders zu erwähnender halogenisierter Kohlenwasserstoff ist das Dichlor-diphenyl-trichloräthan. Es ist unter der Kurzbezeichnung DDT allgemein bekanntgeworden und hat sich als Bekämpfungsmittel gegen Läuse und ähnliches Ungeziefer in den letzten Kriegsjahren hervorragend bewährt. Gegen viele Pflanzenschädlinge ist es ebenso wirksam.

Die Verbindung wurde von einem deutschen Studenten Anfang der siebziger Jahre des vorigen Jahrhunderts in Straßburg entdeckt, blieb aber unbeachtet[1]. Nachdem eine Schweizer Firma ihre Wirksamkeit erkannt hatte, wurde sie von der amerikanischen Armee in größtem Maßstab verwendet. Diesem Umstand dürfte es in gewissem Umfang zu verdanken sein, daß nicht in dem verwüsteten Nachkriegseuropa durch Ungeziefer verschleppbare Seuchen zu einer Katastrophe führten. Die Strukturformel ist

```
              Cl
              |
          Cl—C—Cl
              |
Cl<(C6H4)>—C—<(C6H4)>Cl;
              |
              H
```

im BEILSTEIN[2] ist die Verbindung unter dem Namen $\beta\cdot\beta\cdot\beta$-Trichlor-$\alpha\cdot\alpha$- bis [x-chlor-phenyl]-äthan $C_{14}H_9Cl_5 = (C_6H_4Cl)_2CH \cdot CCl_3$ zu finden. Die Stellung des Chlors an den beiden Phenylgruppen ist inzwischen als p-Stellung erkannt worden. Man hat auch noch Isomere des DDT mit o, o'-, o, p'- und m, p'-Stellung der zwei Chloratome an den Phenylgruppen gefunden[3].

Von ebensolcher oder noch stärkerer Wirkung als DDT ist eine Verbindung, bei der ein Teil der Chloratome durch Fluoratome ersetzt ist. Die Erzeugung dieses Mittels war in Deutschland knapp vor Kriegsende geplant, konnte aber nicht mehr durchgeführt werden. Schließlich ist hier noch Hexachlorzyklohexan zu nennen, von dem besonders das als δ-Form bezeichnete Isomer mit drei benachbarten Chloratomen auf der einen und den anderen drei Chloratomen auf der entgegengesetzten Seite der durch den Zyklohexanring zu legenden Ebene besonders wirksam ist[4].

Sowohl das DDT als auch das Hexachlorzyklohexan gehören zu einer Gruppe von Stoffen, die allgemein als Mittel zur Bekämpfung von Insekten Bedeutung haben, sei es in der Land-, Forst- oder Gartenwirtschaft, sei es im Kampf gegen Schädlinge der für die menschliche Kleidung verwendeten Textilfasern. Für den zweiten Verwendungszweck haben die nach dem ersten Weltkrieg einsetzenden Bestrebungen in der Entwicklung der Eulane und verwandter Mottenschutzmittel zu beacht-

---

[1] ZEIDLER, O.: Ber. Dtsch. chem. Ges. Bd. 7 (1874) S. 1184.

[2] Beilsteins Handbuch der organischen Chemie, 4. Aufl., herausgegeben von der Dtsch. chem. Ges., bearb. von B. PRAGER und P. JACOBSON, 5. Band, S. 606. Berlin: Springer 1922.

[3] Vgl. Angew. Chem. A Bd. 59 (1947) S. 252 nach J. Amer. Chem. Soc. Bd. 69 (1947) S. 510—515. Dort auch eine Notiz über die Herstellung von DDT nach Ind. Engng. Chem., Ind. Edit. Bd. 38 (1946) S. 211—214.

[4] Vgl. Angew. Chem. A Bd. 59 (1947) S. 63 u. 252.

lichen Erfolgen geführt[1]. Dabei handelt es sich darum, die zu schützenden Garne oder Gewebe durch eine Vorbehandlung wasch- und walkfest zu imprägnieren, ohne daß ihre Aufnahmefähigkeit für Farbstoffe beeinträchtigt wird. Es hat sich gezeigt, daß ein Halogen und eine Hydroxylgruppe, die im Abschnitt I B 3a α noch eingehend zu besprechen sein wird, am Benzol in p-Stellung besonders wirksam sind. Die Strukturformel eines dieser Stoffe, nämlich der unter der Bezeichnung Eulan CN im Handel befindlichen Pentachlor-dioxy-triphenylmethan-sulfosäure, lautet:

Cl Cl
H
Cl— C —Cl
HO OH
O
—S—OH .
O
Cl

Es zeigte sich hier, daß selbst auf einem so abgelegenen, jedoch keineswegs unwichtigen Gebiet äußerst interessante Forschungsaufgaben gestellt werden, an deren Lösung nicht nur die Chemie, sondern auch die Biologie und die Technik beteiligt sind.

In den letzten Jahren wurde den halogenierten Kohlenwasserstoffen in den Vereinigten Staaten von Amerika ein weiteres Anwendungsgebiet erschlossen. Sie dienen zur Herstellung neuartiger Kunststoffe, die unter dem Namen Silikone bekanntgeworden sind[2]. Bei ihnen wird die in der Einleitung zu diesem Hauptabschnitt I erwähnte Besonderheit des Siliziums ausgenutzt, zusammen mit Sauerstoff das Gerippe für verschiedenartige Molekülkomplexe zu bilden, und mit den bereits reich entwickelten Möglichkeiten der organischen Kunststoffchemie verbunden.

Man läßt die Halogenide mit Magnesium reagieren und erhält dabei mittels der sog. GRIGNARDschen Synthese magnesium-organische Verbindungen, die zur Gruppe der in Abschnitt I B 6 noch zu besprechenden

[1] Interessante Ausführungen hierüber findet man bei STÖTTER, H.: Moderne Mottenmittel, Entwicklungsgeschichte des „Eulan". Angew. Chem. A Bd. 59 (1947) S. 145—150.

[2] Vgl. hiezu z. B. PRINZ, E.: Kunststoffgruppe Silikone. Die Technik Bd. 2 (1947) S. 457—458 und die dort genannten Quellen.

metallorganischen Verbindungen gehören. Als zweite Komponente benötigt man Siliziumtetrachlorid ($SiCl_4$), eine bei $-67,7°$ C erstarrende und bei $+56,7°$ C siedende Flüssigkeit, die man aus Chlor und Quarzsand gewinnt. Durch Einwirkung von GRIGNARDschen Verbindungen auf Siliziumtetrachlorid erhält man Magnesiumchloride und organische Siliziumchloride, die durch Hydrolyse in Salzsäure und Kondensationsprodukte von der Grundstruktur

```
     R      R      R
     |      |      |
   —Si—O—Si—O—Si—
     |      |      |
     R      R      R
```

zerlegt werden. Je nach Wahl der Reaktionsbedingungen erhält man Stoffe, die die verschiedensten Eigenschaften haben können. Es gibt unter ihnen niedrig-molekulare Flüssigkeiten von geringer Zähigkeit und hoch-polymere Körper mit plastischen oder elastischen Eigenschaften sowie alle denkbaren Zwischenstufen. Sie zeichnen sich gegenüber den bisher bekannten Kunststoffen durch große Widerstandsfähigkeit gegen chemische Angriffe, verhältnismäßig hohe Wärmebeständigkeit bei Temperaturen bis über 200° C und hohe elektrische Durchschlagsfestigkeit aus. Ihre Verwendung in größerem Maße dürfte zu umwälzenden Neuerungen im Bau säurefester Geräte, in der Isoliertechnik und auf anderen Gebieten, auf denen man die durch die Silikone gebotenen Möglichkeiten nutzen kann, führen. Sie können als das halb organische, halb anorganische Bindeglied zwischen den bisher bekannten rein organischen Kunststoffen und den Silikaten, die auch noch vielfältige Entwicklungsmöglichkeiten in sich bergen, angesprochen werden[1].

2. Die funktionellen Gruppen.

An den Halogeniden läßt sich die leichte Ersetzbarkeit einzelner Wasserstoffatome von Kohlenwasserstoff-Verbindungen durch Atome

[1] Eine gute Einführung in die Chemie und Technologie der Kunststoffe finden interessierte Leser z. B. bei HOUWINK, R.: Grundriß der Kunststofftechnologie, 2. Aufl. Leipzig: Akad. Verlagsges. 1944 oder PABST, F. u. R. VIEWEG: Kunststoffe, 2. Aufl. Berlin: VDI-Verlag 1943. — Grundlegend für die Kenntnis der Silikate ist das umfangreiche Werk EITEL, W.: Physikalische Chemie der Silikate, 2. Aufl. Leipzig: Barth 1941; als Einführung kann EITEL, W.: Die heterogenen Schmelzgleichgewichte silikatischer Mehrstoffsysteme. Leipzig: Barth 1945 dienen. — Hinweise auf praktische Verwendungsmöglichkeiten bei NAUMANN, O.: Porzellan und keramische Sondermassen als technische Werkstoffe. Die Technik Bd. 2 (1947) S. 385—392.

Fortsetzung des Textes Seite 148.

Übersicht 1. *Die funktionellen*

Name	Formel	bildet	an (mit)
Hydroxyl oder Oxygruppe	—OH	Alkohole	aliphatischen Radikale
		Phenole	aromatischen Radikale
	—O—	Äther	beliebigen Radikalen
Karbonyl oder Oxogruppe	$>C=O$	Aldehyde (Alkanale)	primärem C-Atom aliphatischer Radikale
		Ketone (Alkanone)	sekundärem C-Atom aliphatischer Radikale
Karboxyl	$-C\langle^{O}_{OH}$	Säuren	beliebigen Radikalen
	—O—O—	Peroxyde	beliebigen Radikalen
	$C-C\langle^{O-C}_{O}$	Ester	
Aminogruppe	$-NH_2$	primäre Amine	einem C-Atom aliphatischer Radikale
Iminogruppe	$>NH$	sekundäre Amine (Imine)	zwei C-Atomen aliphatischer Radikale
	$\geqslant N$	tertiäre Amine	drei C-Atomen aliphatischer Radikale
Iminogruppe	$=NH$	Imine	einem C-Atom aliphatischer Radikale bei Doppelbindung
Oxy-iminogruppe	$=N-OH$	Oxime	
Amino-imino-gruppe	$=N-NH_2$	Hydrazone	
Zyan- oder Nitrilgruppe	$-C\equiv N$	Nitrile	einem C-Atom aliphatischer Radikale bei Dreifachbindung
Amidogruppe	$-C\langle^{O}_{NH_2}$	(Säure-) Amide	beliebige Radikale
	$>N-N<$	Hydrazine	beliebige Radikale

Gruppen und Kupplungsglieder.

Name	Formel	bildet (bilden)	an (mit)
Imidogruppe	$-C{\lesssim}^{O}_{\rangle NH}$ $-C{\lesssim}_{O}$	(Säure-) Imide	beliebige Radikale
Sulfhydryl	—SH	Merkaptane (Schwefel- od. Thioalkohole)	aliphatischen Radikalen
	—S—	Schwefel- oder Thioäther	beliebigen Radikalen
	>S=O	Sulfine (Sulfoxyde)	beliebigen Radikalen
	$>S{\lesssim}^{O}_{O}$	Sulfone	beliebigen Radikalen
	—S—S—	Disulfide (Persulfide)	beliebigen Radikalen
Sulfogruppe	$-S{\lesssim}^{OH}_{O}{=}O$	Sulfonsäuren	beliebigen Radikalen
	$-S(=O)_2-NH_2$	Sulfonamide (Therapeutika)	beliebigen Radikalen
Hydroxyl und Karboxyl	$-OH + -C{\lesssim}^{O}_{OH}$	Oxysäuren	beliebigen Radikalen
Aminogruppe und Karboxyl	$-NH_2 + -C{\lesssim}^{O}_{OH}$	Aminosäuren (Eiweißstoffe)	beliebigen Radikalen
Hydroxyl und Karbonyl	—OH + >C=O	Oxyaldehyde, Oxyketone (Zucker)	aliphatischen Radikalen
Karbonyl und Karboxyl	$>C{=}O + -C{\lesssim}^{O}_{OH}$	Aldehyd- und Ketonsäuren	aliphatischen Radikalen

anderer Elemente oder durch Atomgruppierungen gut beobachten. Zu diesen Atomgruppierungen sind auch die schon erwähnten Radikale zu rechnen. Atomgruppen, die an zahlreichen organischen Verbindungen immer wiederkehren und deren Charakter wesentlich beeinflussen, nennt man funktionelle Gruppen. Die wichtigsten von ihnen enthalten neben Kohlenstoff und Wasserstoff den in organischen Verbindungen sehr verbreiteten Sauerstoff als drittes Element. Außer ihm haben noch Schwefel und Stickstoff große Bedeutung. Hierauf wird im folgenden näher eingegangen, soweit das für die Brennstoffchemie von Interesse ist.

Die wichtigsten funktionellen Gruppen, ihre Namen und die Bezeichnung der mit ihrer Hilfe gebildeten Verbindungen sind in Übersicht 1 aufgeführt. Es gibt Verbindungen, bei denen nur eine einzelne funktionelle Gruppe vorhanden ist, und solche mit mehreren derartigen Gruppen. Sind sie gleichartig, so spricht man z. B. von mehrwertigen Alkoholen oder mehrwertigen Phenolen. Die Anwesenheit verschiedener funktioneller Gruppen schafft jedoch Verbindungen besonderen Charakters. Diese Tatsache ist für die Systematik der organischen Chemie von grundlegender Bedeutung. Soweit es im Rahmen dieses Buches erforderlich ist, werden nachstehend die wichtigsten funktionellen Gruppen und die davon abgeleiteten Verbindungen besprochen.

3. Der Sauerstoff als drittes Element.

a) Die sauerstoffhaltigen funktionellen Gruppen.

Die Übersicht über die Kohlenstoff—Wasserstoff—Sauerstoff-Verbindungen wird durch die mit Hilfe der funktionellen Gruppen geschaffene Systematik sehr erleichtert. Dabei kann man feststellen, daß der Unterschied zwischen Ketten- und Ring-Kohlenwasserstoffen auch bei den durch funktionelle Gruppen gebildeten Stoffen deutlich bemerkbar ist.

α) Die Hydroxylgruppe (Alkohole und Phenole). Läßt man auf ein Halogenid mit kettenförmigem Kohlenstoffskelett eine wässerige Lösung eines Alkalihydroxydes einwirken, so entstehen ähnlich wie bei der ersten, in Abschnitt I A 1 b, S. 27 erwähnten Reaktion durch Abspaltung des Halogen- und eines Wasserstoffatoms nach der Gleichung

$$C_2H_5Cl + NaOH = C_2H_4 + NaCl + H_2O$$

ein Olefin, ein Alkalihalogenid und Wasser. Neben dieser Reaktion kommt es aber nach der Gleichung

$$C_2H_5Cl + NaOH = C_2H_5OH + NaCl$$

auch zu einem einfachen Austausch eines Halogenatoms gegen eine Hydroxylgruppe des Alkalihydroxydes. Untersucht man den neuentstandenen Stoff C_2H_5OH, so erkennt man ihn als Alkohol; im vorliegenden Fall als den in geistigen Getränken durch Gärung von Zucker entstandenen Äthylalkohol.

Hier wurde also ein Wasserstoffatom des Äthans durch die ebenfalls einwertige Hydroxylgruppe —O—H, auch Oxygruppe genannt, ersetzt. So wie der Äthylalkohol von Äthan abgeleitet wird, so können von sämtlichen Gliedern der Paraffinreihe und ihren Isomeren, ebenso von den Zykloparaffinen Alkohole abgeleitet werden. Sinngemäß unterscheidet man auch hier Normal- und Isoalkohole und benennt sie in der Weise, daß man dem Namen des Paraffins die Endung -ol anhängt. Außerdem trifft man die im vorhergehenden Abschnitt erwähnte Unterscheidung in primäre, sekundäre und tertiäre Alkohole je nach der Zahl der Radikale, die zusammen mit der Hydroxylgruppe an dem betreffenden Kohlenatom stehen; die Stellung der OH-Gruppe wird von einem Ende an gezählt und erforderlichenfalls in Klammern dem Namen nachgesetzt. So ist z. B. die Verbindung

```
   H  H   H  H
   |  |   |  |
H—C—C——C—C—H = CH₃ · CH(OH) · C₂H₅
   |  |   |  |
   H  OH  H  H
```

ein sekundärer n-Buthylalkohol oder n-Butanol-(2). Einige physikalische Daten der wichtigsten Alkohole sind in Zahlentafel 12 zusammengestellt.

Auch die Alkohole zeigen die gleiche Erscheinung wie die Paraffine, daß nämlich die Verzweigung den Siedepunkt erniedrigt. Im allgemeinen liegen diese Siedepunkte jedoch wesentlich höher als die der dazugehörigen Paraffine. Schon der einfachste Alkohol, das Methanol, ist bei Zimmertemperatur flüssig. Dagegen steigen die Siedepunkte mit wachsender Kohlenstoffatomzahl nicht mit gleicher Schnelligkeit an.

Wichtig ist die Tatsache, daß die Hydroxylgruppe bei organischen Verbindungen keineswegs die Eigenschaften von Basen verursacht. Der Grund hiefür liegt darin, daß die Oxyverbindungen der Ketten-Kohlenwasserstoffe keine Hydrolyse (Abspaltung von H- oder OH-Ionen in Wasser) zeigen und daher in wässeriger Lösung den p_H-Wert nicht ändern. Bei Ring-Kohlenwasserstoffen liegen die Verhältnisse etwas anders, was im Zusammenhang noch erwähnt wird.

Wenn man Alkohol allgemein mit der Formel R—O—H schreibt und daneben die Strukturformel des Wassers H—O—H setzt, erkennt

Zahlentafel 12. *Die einfachsten einwertigen Alkohole und Phenole*

Bezeichnung	Formel	Molekulargewicht	Dichte bei Temperatur g/cm³	Dichte bei Temperatur °C	Schmelzpunkt °C	Siedepunkt[1] °C
Methylalkohol = Methanol	CH_3OH	32,03	0,792	+20	− 97,1	+ 64,7
Äthylalkohol = Äthanol	$CH_3 \cdot CH_2 \cdot OH$	46,05	0,789	+20	−114,2	+ 78,4
Propylalkohole: z. B. n-Propanol	$CH_3 \cdot CH_2 \cdot CH_2 \cdot OH$	60,06	0,806	+20	−127	+ 97,2
Butylalkohole:		74,08				
n-Butanol	$CH_3 \cdot CH_2 \cdot CH_2 \cdot CH_2 \cdot OH$		0,804	+20	− 79,9	+117,7
sek. i-Butanol	$(CH_3)_2 \cdot CH \cdot CH_2 \cdot OH$		0,808	+20	?	+ 99,5
tert. i-Butanol	$(CH_3)_3 \cdot C \cdot OH$		0,789	+20	+ 25,5	+ 82,3
Amylalkohole: z. B. 3,3-Dimethylbutanol	$(CH_3)_2 \cdot CH \cdot CH_2 \cdot CH_2 \cdot OH$	88,10	0,815	+20	− 78,5	+137,8
Allylalkohol	$CH_2{:}CH \cdot CH_2 \cdot OH$	58,05	0,855	+20	−129	+ 96,7
Phenol	$C_6H_5 \cdot OH$	94,05	1,060	+40,6	+ 41	+180,5
Kresole = Methylphenole, uud zwar	$CH_3 \cdot C_6H_4 \cdot OH$	108,06				
o-Kresol			1,046	+25	+ 30	+190,2
m-Kresol			1,035	+13,6	+ 4	+200,5
p-Kresol			1,031	+25	+ 36,5	+200
α-Naphthol	$C_{10}H_7 \cdot OH$	144,6	1,224	+ 4	+ 96	+280
β-Naphthol			1,217	+ 4	+122	+286

[1] Alle Angaben für Siedepunkte gelten für 760 Torr.

man, daß systematisch gesehen Alkohol aus Wasser durch Alkylierung entstanden gedacht werden kann. Daher ist es nicht verwunderlich, daß die ersten Glieder der Alkoholreihe in mancher Beziehung ähnliche Eigenschaften wie Wasser haben, daß diese Ähnlichkeit aber mit zunehmender Größe des Radikals verschwindet. Damit im Zusammenhang steht die gute Löslichkeit und Mischbarkeit, die vorhanden ist, solange die Einzelstoffe chemisch ähnlich gebaut sind. So ist die Mischbarkeit zwischen Methanol und Äthanol einerseits sowie dem hauptsächlich aus Hexanen bis Nonanen (Eneanen) bestehenden Benzin andererseits noch leidlich gut, was für die Spiritusbeimischung zu den Kraftstoffen wichtig ist.

Die höheren Alkohole sind ölige Flüssigkeiten, bei sehr großer Kohlenstoffzahl auch feste Körper. Die bei der Vergärung entstehenden sog. Fuselöle sind höhere Alkohole, vornehmlich Isoamylalkohol. Sie werden aus dem in den vergorenen Produkten enthaltenen pflanzlichen Eiweiß oder aus dem Eiweiß der zur Einleitung der Gärung zugesetzten Hefe gebildet. Wegen ihrer öligen Beschaffenheit muß darauf geachtet werden, daß sie beim Verarbeiten alkoholhaltiger Flüssigkeiten in Trennsäulen (Rektifizierkolonnen) von Böden, auf denen sie sich ausscheiden, abgezogen werden, weil sie sonst das einwandfreie Arbeiten der Trennsäulen beeinträchtigen. Es gibt auch Alkohole, die sich von Olefinen ableiten lassen, doch sind nur wenige von ihnen bekannt, so z. B Allylalkohol. Sie haben mehr wissenschaftliches als praktisches Interesse.

Methyl- und Äthylalkohol sind sehr klopffeste Kraftstoffe, deren reine Verwendung im Motor jedoch Schwierigkeiten macht, weil ihre Verdampfungswärme ein Mehrfaches der des Benzins beträgt. (Vgl. hiezu Abb. 35, S. 267 — dort je kmol — und Abschnitt IV B 1.) Für den Vergaser bestünde dann z. B. bei tiefen Lufttemperaturen (Höhenflug!) die Gefahr, daß er vereist; denn es ist nur sehr schwer möglich, völlig wasserfreien Alkohol herzustellen[1]. Außerdem liegen die Grenzen für die Bildung eines zündfähigen Gemisches ungünstiger.

Daß der Heizwert von Alkohol, bezogen auf die Gewichtseinheit, niedriger als der von Kohlenwasserstoffen ist, hat seinen Grund darin, daß ein Teil der im Molekül verfügbaren Energie bereits durch das

[1] Dies hängt damit zusammen, daß das Gemisch Alkohol—Wasser unter einem Druck von 760 Torr bei 95,6% C_2H_5OH einen azeotropischen Punkt besitzt und bei 78,15° C siedet. Über die dadurch verursachten technischen Probleme vgl. FRITZWEILER, R.: Verfahren zur Herstellung von wasserfreiem Spiritus. Z. VDI Bd. 82 (1938) S. 1374—78. Vgl. auch Abb. 25a, S. 246.

Sauerstoffatom gebunden ist. Dies hat jedoch nicht zur Folge, daß ein gesättigtes Kraftstoff—Luft-Gemisch einen geringeren Heizwert hat, vielmehr ist dieser bei Benzin und Alkohol ungefähr gleich. Innerhalb der üblichen Grenzen, in denen Alkohol zur Erhöhung der Klopffestigkeit dem Benzin beigemischt wird, tritt daher am Motor keine Leistungseinbuße ein[1].

Die für technische Zwecke wichtigste Gewinnungsart von Äthylalkohol ist zur Zeit noch die Herstellung aus der Stärke der Kartoffeln. Diese wird mit Hilfe von Fermenten in Zucker übergeführt und dann durch Hefe in Alkohol und Kohlensäure zerlegt. (Vgl. hiezu Abschnitt IB 3d, S. 172.) Nach SCHOLLER oder BERGIUS kann man auch aus der Zellulose des Holzes durch Hydrolyse mit Hilfe von verdünnter Schwefelsäure oder konzentrierter Salzsäure Zucker erhalten und diesen, so wie bei der Kartoffelbrennerei, auf Alkohol verarbeiten. Eine zweite, industriell wichtige Quelle der Spirituserzeugung sind die Ablaugen der Sulfit-Zellstoffabriken. Die Sulfitlaugen werden mit gelöschtem Kalk neutralisiert, geklärt und auf luftgekühlten Gradierwerken etwas eingedickt; dann können sie vergoren werden. Der Sulfitspiritus hat besonders in Ländern mit umfangreicher Zellstoffindustrie, wie in Skandinavien und Finnland, große Bedeutung. Die Gewinnung von Methylalkohol durch Synthese wird in Abschnitt III C 5, S. 380 noch kurz erwähnt werden.

Neben den in Zahlentafel 12 zusammengestellten Alkoholen mit einer Hydroxylgruppe, die deswegen auch einwertige Alkohole genannt werden, gibt es Alkohole mit mehreren Hydroxylgruppen, sog. mehrwertige Alkohole oder Polyhydroxylverbindungen. Wichtige Vertreter dieser Verbindungen sind das Glykol

$$\begin{array}{ccccccc} & & OH & & OH & & \\ & & | & & | & & \\ H & — & C & — & C & — & H\,, \\ & & | & & | & & \\ & & H & & H & & \end{array}$$

der einfachste zweiwertige Alkohol, und das Glyzerin

$$\begin{array}{ccccccccc} & & OH & & OH & & OH & & \\ & & | & & | & & | & & \\ H & — & C & — & C & — & C & — & H\,, \\ & & | & & | & & | & & \\ & & H & & H & & H & & \end{array}$$

[1] Näheres hierüber bei WILKE, W.: Methanol als Kraftstoff. Öl u. Kohle Bd. 13 (1937) S. 1030—1038 oder SPAUSTA, F.: Treibstoffe für Verbrennungsmotoren, S. 153ff. Wien: Springer 1939.

der einfachste dreiwertige Alkohol. Glykol (1, 2-Dioxyäthan) ist eine zähe Flüssigkeit, die bei −12 ° C erstarrt, jedoch sehr hygroskopisch ist und im feuchten Zustand auch bei tieferen Temperaturen flüssig bleibt. Ähnlich verhält sich das Glyzerin. Dieses findet ausgedehnte Anwendung in der Sprengstoffindustrie, wo es durch Behandlung mit Salpetersäure (Nitrierung) zu Trinitroglyzerin verarbeitet wird. (Vgl. Abschnitt I B 5d, S. 184.) Wegen seiner Kältebeständigkeit wird Glyzerin bei hydraulischen Pressen, die bei tiefen Außentemperaturen im Freien arbeiten müssen, und für ähnliche Zwecke verwendet; da es gleichzeitig mit 290 ° C einen hohen Siedepunkt hat, wird es weiterhin als Füllung für die Zwischenböden von Kochapparaten benutzt. Glyzerin wird bei der Seifenbereitung gewonnen und kann, soweit Kältebeständigkeit oder hoher Siedepunkt in Frage kommen, auch durch Glykol ersetzt werden, das bei 197,4 ° C siedet.

So wie die Alkohole von Ketten-Kohlenwasserstoffen abgeleitet werden, führen die Ring-Kohlenwasserstoffe zu den **Phenolen**, so genannt nach dem einfachsten Vertreter dieser Gruppe, dem Oxybenzol C_6H_5OH

—OH,

dem Phenol im engeren Sinn[1].

Phenol zeigt deutlich saure Reaktion und unterscheidet sich dadurch von den Alkoholen. Es siedet bei 181 ° C. Gewonnen wird es aus Braunkohlen- und aus Steinkohlenteer und dient heute in großem Umfang als Grundstoff für die Herstellung von Kunststoffen, Farbstoffen und Arzneimitteln. Durch Nitrierung (vgl. Abschnitt I B 5d) entsteht das 2, 4, 6-Trinitrophenol (Pikrinsäure), das einen hochbrisanten Sprengstoff darstellt.

Aus dem Steinkohlenteer erhält man auch die unter dem Namen Kresole bekannten drei Methylphenole, das o-, m- und p-Kresol; sie tragen am Benzolkern eine Oxy- und eine Methylgruppe in Ortho-, Meta- oder Parastellung. Eine Seifenlösung von Kresol ist das als Desinfektionsmittel viel gebrauchte Lysol. Es gibt auch mehrwertige Phenole, die hier außer Betracht bleiben müssen.

Ähnlich wie das Phenol vom Benzol abgeleitet wird, führt das Anhängen der Oxygruppe an das Naphthalin zum α- und zum β-Naphthol. Beide haben in der Medizin und in der Industrie der Farben Bedeutung.

---

[1] Der Seite 81 erwähnte Name „Phenyl“ für das einfachste aromatische Radikal ist von dieser Bezeichnung abgeleitet.

β) Die Karbonylgruppe (Aldehyde und Ketone). Es ist bekannt, daß aus Alkohol Essig entstehen kann. Chemisch bedeutet dies eine Oxydation, die jedoch über eine Zwischenstufe verläuft. So entsteht nach der Formel

$$C_2H_5OH + {}^1\!/_2\, O_2 = C_2H_4O + H_2O$$

aus Äthylalkohol durch Oxydation ein Stoff, der als Aldehyd bezeichnet wird, d. h. „**al**coholus **dehyd**rogenatus", also ein Alkohol, dem Wasserstoff entzogen ist. Der weitere Verlauf der durch Katalysatoren begünstigten Reaktion wird bei den Säuren besprochen. Es sind jedoch nur primäre Alkohole zu dieser zweimaligen Umwandlung fähig, weil nur sie am selben Kohlenstoffatom zwei Wasserstoffatome besitzen.

Schreibt man den Reaktionsverlauf in Strukturformeln, so sieht man daß nach dem Schema

$$\begin{array}{ccccc} & H & & H & \\ & | & & | & \\ H- & C & - & C & -O \\ & | & & | & | \\ & H & & \boxed{H} & \boxed{H} \end{array} \quad + \quad {}^1\!/_2\, O_2 \quad \rightarrow \quad \begin{array}{ccccc} & H & & H & \\ & | & & | & \\ H- & C & - & C & =O \\ & | & & & \\ & H & & & \end{array} \quad + \quad H_2O$$

ein Wasserstoffatom aus dem Hydroxyl und das andere von dem Kohlenstoffatom, das die Hydroxylgruppe trug, abgetrennt wurde. Die verbleibende Gruppe C=O ist das in Übersicht 1, S. 146 genannte Karbonyl, das auch als Oxogruppe bezeichnet wird.

Ein besonderes Merkmal der Aldehyde ist ihre Fähigkeit, unter Einwirkung von Säuren zu polymerisieren, d. h. Moleküle aufzubauen, die sich aus einer großen Zahl von Atomgruppen zusammensetzen und daher Stoffe von zähflüssiger oder fester Beschaffenheit bilden. Die Synthese vieler Kunststoffe geht von Formaldehyd und Phenol aus. Eine andere, viel angewandte Synthese benutzt Harnstoff statt des Phenols und führt ebenfalls zu hoch-molekularen Körpern, die sich durch ihre elektrische Durchschlagsfestigkeit auszeichnen.

Die wichtigsten Aldehyde sind der Formaldehyd[1]

$$H-C\begin{array}{l} \nearrow\!\!\!\!\!= O \\ \searrow H \end{array}$$

und der Azetaldehyd[1]

$$CH_3-C\begin{array}{l} \nearrow\!\!\!\!\!= O \\ \searrow H \end{array}.$$

[1] Wegen dieser Namen, die von den entsprechenden Säuren abgeleitet sind, vgl. die Anmerkung zu Zahlentafel 13. Im angelsächsischen Schrifttum sind jedoch auch die Bezeichnungen Methanal, Ethanal usw. gebräuchlich.

Der Formaldehyd siedet bei $-21°$ C; sein Siedepunktabstand gegenüber Methanol mit $+66°$ C und Ameisensäure mit $+100°$ C ist beträchtlich. Er wird durch das Fehlen der Hydroxylgruppe verursacht. Formaldehyd dient als Ausgangsmittel für die soeben erwähnten Polymerisationserzeugnisse. Das Grundschema des ersten Schrittes der dabei auftretenden Reaktion lautet

Phenol + Formaldehyd

Das so gebildete Trimethylolphenol reagiert — wie angedeutet — unter Ausscheidung von Wasser zu sehr stark vernetzten Makromolekülen, bei denen Benzolkerne durch CH_2- und durch CH_2-O-CH_2-Brücken miteinander verbunden sind. Solche Makromoleküle bilden den Grundstoff der Phenol—Formaldehyd-Kunststoffe (Bakelite).

Wegen seiner giftigen Wirkung für Mikroorganismen wird Formaldehyd auch als Desinfektionsmittel verwendet. Er ist ein besonders starkes Reduktionsmittel, weil er zwei Wasserstoffatome am Karbonylkohlenstoff trägt.

Bei gestörten Verbrennungsvorgängen scheint sich Formaldehyd zu bilden, da er von amerikanischen Forschern in den Auspuffgasen klopfender Motoren nachgewiesen wurde. Ob es sich dabei um ein ständig auftretendes, jedoch unter normalen Verhältnissen nicht zu fassendes Zwischenprodukt jeder Verbrennung von Kohlenwasserstoffen handelt, ist nicht sicher. Auffällig ist, daß er allein über Ameisensäure hinaus zu Kohlensäure weiter oxydiert werden kann, was bei anderen Aldehyden, die nur ein Wasserstoffatom an der Karbonylgruppe besitzen, nicht der Fall ist.

Sehr große technische Bedeutung hat der Azetaldehyd mit einem Siedepunkt von $+21°$ C. Er wird heute meist aus Azetylen und Wasser durch katalytische Umwandlung nach der Formel $HC{\equiv}CH + H_2O = CH_3COH$ gewonnen und bildet den Ausgangspunkt für eine große Zahl von Erzeugnissen der modernen Chemie, von denen Azeton, Alkohol, Kunstharz und künstlicher Kautschuk (Buna) die wichtigsten sind. Eine Übersicht über diese Verfahren gibt Abb. 3.

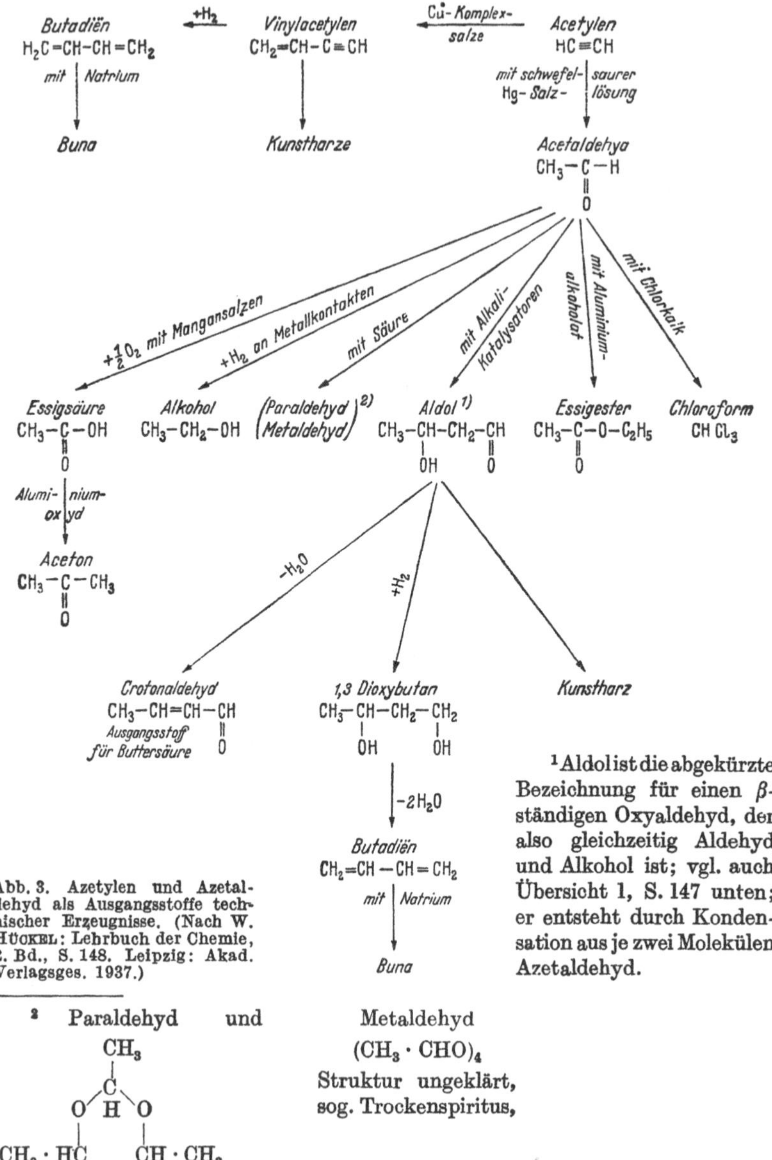

Abb. 3. Azetylen und Azetaldehyd als Ausgangsstoffe technischer Erzeugnisse. (Nach W. HÜCKEL: Lehrbuch der Chemie, 2. Bd., S. 148. Leipzig: Akad. Verlagsges. 1937.)

[1] Aldol ist die abgekürzte Bezeichnung für einen β-ständigen Oxyaldehyd, der also gleichzeitig Aldehyd und Alkohol ist; vgl. auch Übersicht 1, S. 147 unten; er entsteht durch Kondensation aus je zwei Molekülen Azetaldehyd.

[2] Paraldehyd und Metaldehyd

CH_3
C
O H O
$CH_3 \cdot HC$ $CH \cdot CH_3$
O

$(CH_3 \cdot CHO)_4$ Struktur ungeklärt, sog. Trockenspiritus,

sind im Text nicht besprochen.

Ähnlich wie bei den Alkoholen gibt es auch hier höhere Aldehyde und ungesättigte Aldehyde. Die höheren Aldehyde zeichnen sich vielfach durch angenehmen Geruch aus, sind in verschiedenen Naturstoffen, wie Rosenöl, Zitronenöl und Wein, nachgewiesen und werden als Ursache des kennzeichnenden Geruches oder Geschmackes angesehen. Stechend riecht dagegen der einfachste ungesättigte Aldehyd, das Akroleïn

$$CH_2{=}C{-}C\begin{matrix}\nearrow O\\ \searrow H\end{matrix},$$

das bei unvollkommener Verbrennung von Holz oder bei starkem Erhitzen von Fett entsteht; es reizt die Schleimhäute, besonders die der Augen. Der einfachste der aromatischen, meist angenehm riechenden Aldehyde ist der Benzaldehyd

$$C_6H_5{-}C\begin{matrix}\nearrow O\\ \searrow H\end{matrix}.$$

Er ist identisch mit reinem Bittermandelöl und hat in der Geschichte der Chemie dadurch Bedeutung erlangt, daß vor mehr als 100 Jahren von LIEBIG und WÖHLER Untersuchungen an ihm angestellt wurden, die zu bahnbrechenden Erkenntnissen führten.

Es wurde bereits darauf hingewiesen, daß die Umwandlung über Aldehyde zu Säuren nur bei primären Alkoholen stattfindet. Sekundäre Alkohole führen zu den den Aldehyden ähnlichen Ketonen mit der Karbonylgruppe $>C{=}O$. Während jedoch an dem Kohlenstoffatom der aldehydischen Karbonylgruppe noch ein Wasserstoffatom steht, das leicht oxydierbar ist und die stark reduzierende Wirkung der Aldehyde bewirkt, fehlt diese Eigenschaft den Ketonen. Dagegen haben beide Gruppen die gemeinsame Eigenschaft, die Doppelbindung des Sauerstoffes zu lösen und zu Additionsreaktionen zu neigen.

Von den Ketonen sei hier nur die Formel des Azetons genannt, das bei 56° C siedet und als Lösungsmittel sowie als Ausgangsstoff für verschiedene Synthesen wichtig ist; sie lautet:

$$\begin{matrix}CH_3{-}C{-}CH_3\\ \|\\ O\end{matrix}$$

Die Ketone sind in der Natur weit verbreitet und zeichnen sich fast immer durch einen eigentümlichen Geruch aus.

Tertiäre Alkohole, die also am selben Kohlenstoffatom neben —OH drei weitere Kohlenstoffatome besitzen, können ohne Bruch des Kohlenstoffskelettes nicht oxydiert werden, weshalb von ihnen keine Verbindungen mit Karbonylgruppen abzuleiten sind.

Das Sauerstoffatom kann auch unmittelbar an ein Kohlenstoffatom einer Ringverbindung treten, wodurch z. B. das Zyklohexanon

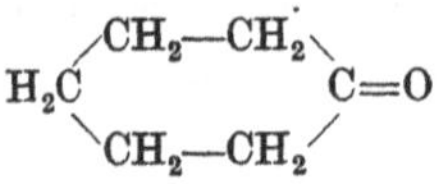

```
     /CH2—CH2\
H2C           C=O
     \CH2—CH2/
```

entsteht. Manche dieser Stoffe bilden die unter dem Namen „ätherische Öle" bekannten Riech- und Duftstoffe. Ein Beispiel hiefür ist der Kampfer mit der Strukturformel

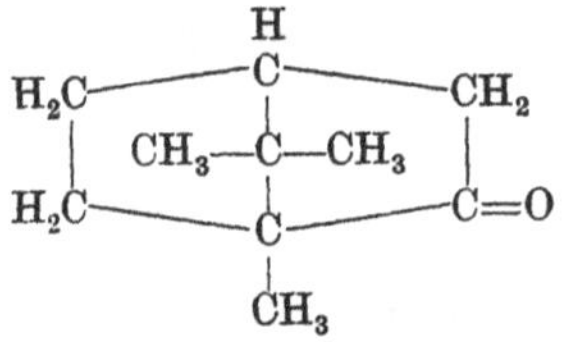

```
             H
H2C——————————C——————————CH2
 |           |           |
 |   CH3—————C—————CH3   |
 |           |           |
H2C——————————C——————————C=O
             |
            CH3
```

Der Kohlenwasserstoff, von dem er abgeleitet wird, das Kamphan, ist in Abschnitt I A 2c genannt und in Zahlentafel 10, S. 130 zu finden. Räumlich muß man sich das Molekül so vorstellen, daß die beiden an dem Kohlenstoffatom der Mittelbrücke stehenden Methylgruppen aus der etwas verformten Ebene des Zyklohexanringes in eine dazu senkrechte Ebene herausgedreht sind.

Bei Aromaten gelingt es, durch vorsichtige Oxydation, z. B. von Oxybenzolen, ketonartige Verbindungen zu gewinnen, die zwei Karbonylgruppen enthalten und zwar das o- und p-Chinon mit den Formeln

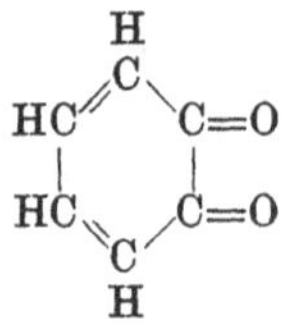

```
      H
      C
   // \
HC      C=O
 |       |          und   O=C/CH=CH\C=O .
HC      C=O                  \CH=CH/
   \\ /
      C
      H
```

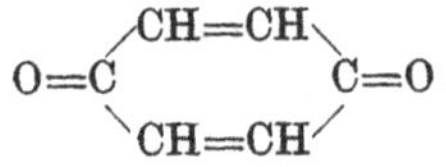

Bei ihnen ist die für den Benzolring kennzeichnende Bindung aufgehoben. Sie entspricht etwa der der Zyklohexadiëne. Man ist deshalb der Ansicht, daß in den Chinonen ein Spannungszustand eigener Art vorliegt.

γ) Die Karboxylgruppe (Säuren). In der Einleitung des vorhergehenden Abschnittes wurde bereits darauf hingewiesen, daß Aldehyde als Zwischenstufe bei der Umwandlung von Alkohol in Säure entstehen und daß die Säuren das Ergebnis einer weitergehenden Oxydation sind.

Sie sind gekennzeichnet durch die mit dem Namen Karboxylgruppe belegte Atomgruppierung

$$-\mathrm{C}\genfrac{}{}{0pt}{}{\diagup \mathrm{OH}}{\diagdown\!\!\diagdown \mathrm{O}},$$

bei der neben dem zweiwertig gebundenen Sauerstoff nicht wie bei den Aldehyden ein Wasserstoffatom, sondern eine Hydroxylgruppe am Kohlenstoff sitzt. Sie sind Säuren, weil bei diesen Verbindungen anders als bei den Alkoholen die Hydroxylgruppe gemäß

$$\mathrm{R-C}\genfrac{}{}{0pt}{}{\diagup \mathrm{OH}}{\diagdown\!\!\diagdown \mathrm{O}} \rightleftarrows \mathrm{R-C}\genfrac{}{}{0pt}{}{\diagup \mathrm{O'}}{\diagdown\!\!\diagdown \mathrm{O}} + \mathrm{H}^{\cdot}$$

in wässeriger Lösung dissoziiert. Dies ist in normaler Lösung jedoch nur mit wenigen Prozenten der Fall. Die organischen Säuren sind zum Unterschied von den aus Oxyden von Nichtmetallen abgeleiteten Säuren der anorganischen Chemie nur schwache Säuren. Sie werden allgemein Karbonsäuren genannt.

Wenn der mit der Karboxylgruppe verbundene Rest kettenförmig ist, spricht man von Fettsäuren, und zwar je nachdem, ob das Alkyl aus der Paraffin- oder Olefinreihe stammt, von gesättigten oder ungesättigten Fettsäuren. Gleichbedeutend mit dieser Bezeichnung sind die entsprechenden Namen Paraffin-Karbonsäuren und Olefin-Karbonsäuren (Ölsäuren). Ihre allgemeine Formel lautet:

$$C_mH_{2m+1}COOH = C_nH_{2n}O_2 \quad \text{bzw.} \quad C_mH_{2m-1}COOH = C_nH_{2n-2}O_2.$$

Die wichtigsten gesättigten Säuren mit ihren Schmelz- und Siedepunkten sind in Zahlentafel 13 zusammengestellt. Ihre Namen sind nicht von den Homologen der Paraffinreihe abgeleitet, sondern meist von ihren hauptsächlichsten Vorkommen in Naturstoffen. Es gibt auch hier Isomerien, auf die nicht eingegangen werden kann. Die hoch-molekularen Verbindungen zeigen einen feinkristallinen Aufbau und sind ziemlich spröde. Eine Mischung aus Palmitinsäure $C_{15}H_{31}COOH$ — ihr Glyzerinester kommt in Palmöl vor — und aus Stearinsäure $C_{17}H_{35}COOH$ ist das Stearin, das früher zur Herstellung von Kerzen verwendet wurde. Es ist viel weniger spröde als seine beiden Komponenten, was auf ähnliche Zusammenhänge des Gefügeaufbaues deutet, wie sie bei Metallegierungen bekannt sind. Heute werden Kerzen jedoch vielfach aus Paraffin hergestellt, das billig aus Braunkohlenteer gewonnen wird.

Ähnlich wie in der anorganischen Chemie ist auch bei den Karbonsäuren die Bildung von Säurechloriden möglich; das Chloratom tritt an

Zahlentafel 13. *Die einfachsten Karbonsäuren.*

Bezeichnung	Formel	Molekulargewicht	Dichte bei Temperatur g/cm³	°C	Schmelzpunkt °C	Siedepunkt °C
Ameisensäure[1]	$H \cdot COOH$	46,02	1,220	+20	+ 8,4	+100,7
Essigsäure[1]	$CH_3 \cdot COOH$	60,03	1,049	+20	+ 16,7	+118,2
Propionsäure	$CH_3 \cdot CH_2 \cdot COOH$	74,05	0,992	+20	− 20,7	+141,3
Buttersäure, und zwar		88,06				
n-Buttersäure	$CH_3 \cdot CH_2 \cdot CH_2 \cdot COOH$		0,964	+20	− 5,2	+164,5
i-Buttersäure	$(CH_3)_2 \cdot CH \cdot COOH$		?		− 46,1	+154,7
Akrylsäure	$CH_2{=}CH \cdot COOH$	72,03	1,062	+16	+ 13	+140,8
1-Methylakrylsäure (α-Methylakrylsäure)	$CH_2{=}C(CH_3){-}COOH$	86,05	1,015	+20	+ 15	+160,5
Oxalsäure (einfachste Dikarbonsäure)	$COOH{-}COOH$	90,02	1,652	+16,5	+189,5	zersetzt sich
Benzoesäure	$C_6H_5 \cdot COOH$	122,05	1,34		+121	+250
Phthalsäuren, und zwar	$C_6H_4 \cdot (COOH)_2$	154,05				
o-Phthalsäure			1,585 bis 1,543		+231	—
m-Phthalsäure			?		+325	—
p-Phthalsäure (= Terephthalsäure)			?		sublimiert, ohne zu schmelzen	—

[1] Die für abgeleitete Verbindungen gebräuchlichen Stammsilben Form- und Azet- (z. B. Formaldehyd, Azetamid) kommen von den lat. Ausdrücken formīca = Amẹise und acētum = Essig.

die Stelle der Hydroxylgruppe, die zusammen mit dem restlichen Wasserstoffatom des einwirkenden Chlorwasserstoffes als Wasser austritt. Zur Unterscheidung von den Alkylen und Arylen nennt man die so chlorierten Säurereste Akyle. Sie haben die Form

$$\begin{array}{c} R—C— \\ \| \\ O \end{array},$$

können also auch als Aldehydreste aufgefaßt werden. Die Namen für die einfachsten von ihnen werden von den betreffenden Säuren abgeleitet und heißen Formyl HCO—, Azetyl $CH_3 \cdot CO$—; Propionyl $C_2H_5 \cdot CO$— usw., entsprechend Benzoyl $C_6H_5 \cdot CO$—; das letzte ist der Akylrest der aromatischen Benzoesäure $C_6H_5 \cdot COOH$. Um Mißverständnisse zu vermeiden, muß betont werden, daß die bei der Hydrolyse für das Säureanion gebräuchliche Abkürzung „Ac“ bei organischen Säuren daher für die Gruppe RCOO zu verwenden ist, also nicht für die Atomgruppierung, die man unter einem Acyl (Akyl) versteht.

Die Ölsäuren haben meist niedrigere Schmelz- und Siedepunkte als die gesättigten Fettsäuren; sie sind zwar nicht in der Chemie der Brenn- und Kraftstoffe wichtig, um so mehr jedoch in der Nahrungsmittelchemie, weil ihre Glyzerinester die für den menschlichen Genuß bestimmten flüssigen Öle pflanzlichen Ursprungs sind, so wie die Glyzerinester der Fettsäuren die meist von Tieren gelieferten festen Fette darstellen. Soweit diese Verbindungen für Seife und Schmierfette von Bedeutung sind, werden sie noch besprochen; im übrigen vgl. hiezu auch Abschnitt I B 3cβ.

Neben den einleitend besprochenen Säuren mit einer Karboxylgruppe, die dementsprechend als Monokarbonsäuren bezeichnet werden, gibt es noch verschiedene Di-, Tri- und Polykarbonsäuren mit zwei, drei und mehreren Karboxylgruppen am Kohlenwasserstoff-Skelett. Sie können hier außer Betracht bleiben.

Ringförmige Kohlenwasserstoffe, die an gesättigten und ungesättigten sowie an verzweigten und unverzweigten Seitenketten eine oder mehrere Karboxylgruppen besitzen, spielen eine gewisse Rolle im Pflanzenreich. Sie kommen in ätherischen Ölen und Harzen vor, haben jedoch im hier zu besprechenden Zusammenhang keine Bedeutung, weil sie den Inkohlungsvorgang nicht überstehen und in Brennstoffen nicht mehr nachweisbar sind.

Dagegen kommen im Erdöl die sog. Naphthensäuren vor, deren genauer Aufbau zum Teil noch ungeklärt ist. Sie werden als Karbonsäuren des Zyklopentans (vgl. Zahlentafel 7) angesehen. Dieses wurde früher auch Pentamethyl genannt. Das niedrigste Glied dieser Säuren hat die Formel $CH_3C_5H_8COOH$ und kann entweder Methylpentamethylenkarbonsäure oder Hexanaphthen-karbonsäure oder Heptanaphthensäure genannt werden. Die Mengen, in denen die Naphthensäuren auftreten, bewegen sich meist nur in der Größenordnung von Tausendsteln. Ihre Untersuchung ist aus diesem Grunde und wegen der Schwierigkeit, sie einwandfrei von den sie begleitenden Kohlenwasserstoffen, Phenolen und Harzen zu trennen, nicht einfach. Nach der Ermittelung verschiedener Forscher sind sie in den mittleren Fraktionen von Erdöl am meisten vertreten[1]. Vgl. hiezu auch Zahlentafel 28, S. 328.

Weiterhin sind hier noch die Huminsäuren zu erwähnen, die den Hauptanteil gut zersetzten Torfes bilden. Sie gehören zu den Huminstoffen, die für Landwirtschaft, Biologie und Geologie große Bedeutung haben. Ihr hoch-molekularer Aufbau und die praktische Unlöslichkeit in Wasser erschweren ihre Analyse, was ein Grund dafür sein mag, daß sie in den gängigen Chemielehrbüchern sehr stiefmütterlich behandelt werden. Als Huminsäuren bezeichnet man die in Lauge löslichen Huminstoffe und unterscheidet sie von den laugeunlöslichen Huminen. Ihre weitere Einteilung ist aus Übersicht 2 zu ersehen[2].

Die Huminsäuren enthalten Karboxylgruppen und phenolische Hydroxylgruppen, sowie Ketogruppen und die im nächsten Abschnitt zu erwähnende Methoxylgruppe CH_3O-. Ihr Molekulargewicht wurde in der Größenordnung von 300 bestimmt. Die mit Alkali- und Erdalkalimetallen gebildeten Salze, die Humate, kommen auch in der Braunkohle vor und besitzen u. a. die Fähigkeit, Ionen auszutauschen. Die Entstehung der Huminsäuren wird in Abschnitt III A 1 noch näher

---

[1] Eine Übersicht über die Forschungsarbeiten auf diesem Gebiet gibt V. Th. Cerchez in Öle u. Kohle Bd. 39 (1943) S. 453—459. Danach bilden sich Naphthensäuren und auch Fettsäuren im Erdöl durch Einwirkung von Luftsauerstoff und Licht, insbesondere aber bei der Verarbeitung des Rohöles. Offenbar bestehen enge Beziehungen zur gleichzeitigen Bildung von Peroxyden und Harzen, wobei besonders bemerkenswert ist, daß selbst gesättigte Kohlenwasserstoffe unter verhältnismäßig milden Bedingungen oxydiert werden können. Weitere Angaben bei Sachanen, A. N.: The Chemical Constituents of Petroleum, Kap. 7, S. 315 ff. New York: Reinhold 1945. Dort ausführliche Schrifttumshinweise.

[2] Die in der Fußnote zu Übeisicht 2 genannten Arbeiten sind besonders im Zusammenhang mit der Theorie der Kohlenentstehung von Interesse; vgl. hiezu Abschnitt III A 1.

Übersicht 2. *Die Huminsäuren und ihre Eigenschaften.*

Name	Verhalten gegen			Salze	Farbe	Sonstige kennzeichnende Eigenschaften
	Wasser	Alkohol	Lauge			
Humussäure	Schwer löslich, aber dispergierbar, wobei Suspensionen entstehen	Nicht löslich, aber etwas dispergierbar	Löslich	Alkalisalze in Wasser löslich, in Alkohol dispergierbar; andere Salze schwer löslich, aber in Wasser dispergierbar	Schwarzbraun mit einem Stich ins Rote	Äquivalentgewicht etwa 340, Kohlenstoffgehalt etwa 58 %
Hymatomelan säure	Schwer löslich, aber leicht dispergierbar, wobei suspensoide bis kolloide Lösungen entstehen	Echt löslich	Löslich		Braun mit einem Stich ins Gelbe	Äquivalentgewicht etwa 250, Kohlenstoffgehalt etwa 62 %
Fulvosäuren	Echt löslich, Lösungen leicht diffundierend	Echt löslich	Löslich	Größtenteils wasserlöslich	Goldgelb bis blaßgelb	Kohlenstoffgehalt etwa 55 %

Nach Odén, S.: Die Huminsäuren. Dresden u. Leipzig: Steinkopff 1919.

Wegen neuerer Forschungsergebnisse siehe Jodl, R.: Über Phenolhuminsäuren und natürliche Huminsäuren. Brennst.-Chem. Bd. 20 (1939) S. 87—91 — Über Chemie und Technologie natürlicher und künstlicher Huminstoffe. Brennst.-Chem. Bd. 22 (1941) S. 78—85 — Röntgenographische Untersuchungen über natürliche und künstliche Huminstoffe. A. a. O. S. 157—161 — Über Kohlehydrathuminsäuren und ihre Beziehungen zu natürlichen und Phenol-Huminsäuren. A. a. O. S. 217—220 — Über Größe und Form von Huminsäurekrystalliten. A. a. O. S. 256—257 — Über die Beziehungen zwischen Hymatomelansäure und Huminsäure. Brennst.-Chem. Bd. 23 (1942) S. 259—263.

besprochen. Ein Gemenge, das etwa 90% Huminsäuren enthält, ist das Kasselerbraun, eine natürlich gewonnene Farbe[1].

Die Besprechung der organischen Säuren kann nicht abgeschlossen werden, ohne kurz auf die Kohlensäure einzugehen. Sie ist nicht beständig und nur durch ihre Salze, bzw. durch ihre Amide, von denen der Harnstoff noch zu erwähnen ist, bekannt. Die Kohlensäure hat die hypothetische Formel

$$\begin{matrix} HO \\ HO \end{matrix}\!\!>C=O$$

und kann daher als Oxy-Ameisensäure HO—COOH bezeichnet werden. Da sie eine zweibasische Säure ist, bildet sie saure und neutrale Salze, die Karbonate und die Bikarbonate, die aber trotz ihrer Ableitung von der Kohlensäure nicht zur organischen Chemie gerechnet werden. Es ist oft üblich, auch das Anhydrid der Kohlensäure, nämlich das Kohlendioxyd, als Kohlensäure zu bezeichnen, doch sollte dies besser vermieden werden.

b) Durch Sauerstoff gekuppelte Verbindungen.

In Übersicht 1, S. 146 sind auch der Sauerstoff in den Formen —O— und —O—O— sowie der Schwefel in gleicher Gruppierung mit aufgezählt. In diesen Fällen spricht man mitunter nicht von funktionellen Gruppen, obwohl durch diese Atome oder Atomgruppen ebenfalls organische Stoffe mit sehr kennzeichnenden Eigenschaften gebildet werden. Diese unterscheiden sich jedoch von den beschriebenen dadurch, daß nicht eine oder mehrere funktionelle Gruppen an ein irgendwie gestaltetes Kohlenwasserstoffradikal treten, sondern daß zwei Radikale durch ein kohlenstofffreies Zwischenglied gekuppelt werden. Die so entstehenden Verbindungen sind theoretisch und praktisch von erheblichem Interesse und müssen deshalb kurz erörtert werden.

α) Die Äther (Verbindungen mit Alkoxylgruppen, insbesondere mit der Methoxylgruppe). Es wurde schon im Abschnitt über die Alkohole die nahe Beziehung zwischen Wasser von der Formel H—O—H und Alkohol von der Formel R—O—H erwähnt. Ersetzt man nun das ver-

---

[1] R. Jodl vertritt in Brennst.-Chemie Bd. 22 (1941) S. 217 (vgl. Fußnote zu Übersicht 2, S. 163) die Ansicht, daß die natürlich vorkommenden Huminsäuren den synthetisch gewonnenen *Phenol*-Huminsäuren wesentlich näher stehen als den aus verschiedenen Zuckern erhaltenen *Kohlehydrat*-Huminsäuren, sie also in der Hauptsache aromatisch aufgebaut sind. Dies kann als Stütze für die in Abschnitt III A 1 zu besprechende Lignintheorie der Kohlenentstehung angesehen werden.

bliebene Wasserstoffatom des Alkohols durch ein zweites Radikal, dann erhält man einen Körper, der in der organischen Chemie als Äther bezeichnet wird. Dieser kann symmetrisch gebaut sein, wenn die beiden Radikale gleich sind. Hieher gehört der Dimethyläther CH_3-O-CH_3, dessen Siedepunkt bei $-23{,}6\,°$ C liegt. Der nächste ist der Diäthyläther $C_2H_5-O-C_2H_5$, kurz Äther (im landläufigen Sinne) genannt, der z. B. bei der Narkose verwendet und als Lösungsmittel vielfach benutzt wird. Er siedet bei $+34{,}6\,°$ C, seine Dichte bei $20\,°$ C ist $\varrho = 0{,}7135$ g/cm^3. Die unsymmetrischen Äther nennt man gewöhnlich gemischte Äther.

Zu jedem Äther gehört ein Alkohol mit gleicher Bruttoformel, d. h. Äther und Alkohol sind isomer. Die Siedepunktsunterschiede zwischen den Äthern und ihren isomeren Alkoholen sind aber sehr beträchtlich, woran man gut den Einfluß der Hydroxylgruppe erkennt. Zwischen Dimethyläther und Äthylalkohol beträgt dieser Unterschied über 100°. Dies deutet auf eine viel größere Beweglichkeit der Atome der leicht flüchtigen Äther. Auch ist die Mischbarkeit mit Wasser bzw. die Löslichkeit im Wasser bei Äthern wesentlich geringer als bei den isomeren Alkoholen, weil ihr Molekülbau von dem des Wassers erheblich stärker abweicht. Für organische Substanzen sind sie meist gute Lösungsmittel.

Gewissermaßen als Radikal eines Äthers kann die im vorhergehenden Abschnitt bei den Huminsäuren bereits erwähnte Methoxylgruppe CH_3O-, im allgemeinen Fall jede Alkoxylgruppe $R-O-$ aufgefaßt werden. Das Vorhandensein von Methoxylgruppen, die durch verschiedene Farbreaktionen nachzuweisen sind, ist eine Besonderheit des Lignins. Es ist als sicher anzunehmen, daß es nicht nur ein Lignin, sondern eine ganze Gruppe chemischer Körper gibt, die unter diese Bezeichnung fallen. Sie besitzen eine Grundstruktur, die aus einer großen Anzahl bienenwabenförmig zusammengeschlossener Ringe besteht, welche Hydroxyl- und Methoxylgruppen sowie über Sauerstoff angeschlossene Einzelringe tragen. Das Molekulargewicht liegt schätzungsweise bei 1000. Diese großen Moleküle bilden weiter Mizellen (vgl. Abschnitt III A 3, S. 307), die in enger Verflechtung mit Zellulose den Baustoff der lebenden Pflanzen abgeben (vgl. Abschnitt III A 1a, S. 293). Bei der Gewinnung der Zellulose aus Holz wird das Lignin durch Natron- oder Sulfitlauge aus dem Holzstoff herausgelöst; bei der Holzverzuckerung bleibt es hingegen als Rückstand übrig[1].

[1] Siehe hiezu auch JODL, R.: Feinstrukturuntersuchungen über Lignine. Brennst.-Chem. Bd. 23 (1942) S. 163—169, 178—181. Über Einwände gegen die obige Ansicht vgl. u. a. die in Fußnote 1, Seite 295 genannte Arbeit.

Zum Schluß soll noch ein zyklischer, also gewissermaßen an den Enden geschlossener Äther, das Tetrahydrofuran

$$\begin{array}{ccc} H_2C & \text{——} & CH_2 \\ | & & | \\ H_2C & \diagdown_{O}\diagup & CH_2 \end{array}$$

erwähnt werden, das vollständig gesättigt ist und durch Dehydrieren zum Furan mit der Strukturformel

$$\begin{array}{cccl} HC & \text{——} & CH & \beta \\ \| & & \| & \\ HC & \diagdown_{O}\diagup & CH & \alpha \end{array}$$

führt. Durch Substitution des Wasserstoffes in α-Stellung mittels der Aldehydgruppe erhält man den α-Furanaldehyd Furfurol

$$\begin{array}{ccc} HC & \text{——} & CH \\ \| & & \| \\ HC & \diagdown_{O}\diagup & C\text{—}C\begin{smallmatrix}\diagup H \\ \diagdown\!\!\diagdown O\end{smallmatrix} \end{array},$$

der sich sehr ähnlich verhält wie der Benzaldehyd. Diese drei Stoffe sind Beispiele für die heterozyklischen Verbindungen. Die Spannung in dem durch Sauerstoff geschlossenen Fünferring scheint der im Benzolring herrschenden sehr ähnlich zu sein. Furfurol hat Bedeutung als auswählendes Lösungsmittel in der Schmierölraffination, vgl. Abschnitt III B 3 c ζ.

β) Die Peroxyde. Die gleichen Zusammenhänge des Molekularaufbaues, wie sie zwischen Wasser, Alkohol und Äther bestehen, lassen sich auch bei den Peroxyden zeigen. Es tritt nur an die Stelle der Bindung —O— die durch —O—O—. Das Wasserstoffperoxyd H—O—O—H ist allgemein bekannt. In die Chemie der Brenn- und Schmierstoffe gehören die den Alkoholen und Äthern entsprechenden Verbindungen R—O—O—H und R—O—O—R*, wobei R und R* nicht nur aliphatische, sondern auch aromatische oder olefinische Radikale darstellen können. Der Stern soll nur andeuten, daß es sich um unterschiedliche Radikale handeln kann. Außer von diesen Peroxyden weiß man auch von dem Vorhandensein anders gebauter, nämlich solcher mit parallelen Gliedern von der Form

$$\begin{array}{ccccc} R\text{—} & CH & \text{—}CH_2\text{—} & CH & \text{—}R^* \\ & | & & | & \\ & O & \text{————} & O & \end{array} \quad \text{oder} \quad R{=}C\begin{smallmatrix}\diagup O\text{—}O \diagdown \\ \diagdown O\text{—}O \diagup\end{smallmatrix}C{=}R^*.$$

Die Koppelungsglieder beider Verbindungen können als besondere Arten von heterozyklischen Ringen aufgefaßt werden. Alle Peroxyde zeichnen sich durch eine gewisse Unbeständigkeit aus, weil die für sie kennzeichnende Gruppe mit zwei Sauerstoffatomen offenbar sehr labil ist. Sie sind deswegen in zweifacher Hinsicht von Bedeutung.

Benzine, Dieselkraftstoffe und Schmieröle sind nie vollkommen frei von Peroxyden. Ob diese schon von den Ausgangsstoffen stammen oder sich erst während der Verarbeitung bilden, ist noch unentschieden. Sicher ist jedenfalls, daß sie bei der Harzbildung bzw. bei der Alterung mitwirken. Dies scheint sowohl durch direkte Umbildung zu Harzen als auch katalytisch der Fall zu sein, indem sie die, wenn auch nur in geringer Menge vorhandenen Olefine und andere ungesättigte Verbindungen zur Bildung von Sauerstoff enthaltenden Polymerisaten anregen[1].

Man hat auch versucht, sich die Neigung der Peroxyde zum Zerfall und zur Sauerstoffabgabe dort zunutze zu machen, wo diese Vorgänge erwünscht sind, nämlich bei der Erhöhung der Zündwilligkeit schwer zündender Dieselkraftstoffe. Es wurden umfangreiche diesbezügliche Versuche angestellt und wirksame Stoffe gefunden; doch haben sich Peroxydzusätze zu diesem Zweck in der Praxis nicht eingeführt.

c) Ester und Seifen.

Eine der bekanntesten Reaktionen der anorganischen Chemie ist die Neutralisierung von Laugen durch Säuren. Rein formelmäßig gesehen kennt die organische Chemie einen gleichlaufenden Vorgang. Das Kennzeichen der Laugen oder Basen, nämlich die Hydroxylgruppe (OH—), ist auch die funktionelle Gruppe der Alkohole. Allerdings dissoziieren Alkohole in wässeriger Lösung nicht, weshalb der Gleichlauf der Erscheinung beim Zusammentreffen von Alkohol und Säuren nur äußerlich ist. Der zeitliche Ablauf ist ebenfalls sehr verschieden. Die Bildung der Ester, wie man die dabei entstehenden Verbindungen nennt, nimmt zum Unterschied von der durch elektrolytische Kräfte bewirkten und in Bruchteilen von Sekunden verlaufenden Neutralisation längere Zeit in Anspruch.

α) Die Ester der Mineralsäuren. Die Alkohole reagieren mit Säuren unter Wasseraustritt. Bei Mineralsäuren bilden sich die entsprechenden Alkylchloride, -sulfate usw. Diese sind also Ester im weiteren Sinn. Bei zweibasischen Säuren, wie der Schwefelsäure, sind daher auch zweierlei

[1] Bezüglich der Harze vgl. den Schluß des folgenden Abschnittes I B 3c. Dazu auch Fußnote 1, S. 162.

Ester, nämlich saure und neutrale möglich. Für ihre Bildung gelten z. B. bei Äthylalkohol und Schwefelsäure folgende Formeln:

$$C_2H_5OH + H_2SO_4 \rightleftarrows C_2H_5HSO_4 + H_2O$$
$$C_2H_5HSO_4 + C_2H_5OH \rightleftarrows (C_2H_5)_2SO_4 + H_2O.$$

Die Strukturformel des Äthylsulfates wird gewöhnlich $\begin{matrix}C_2H_5O\\HO\end{matrix}\!\!>SO_2$ geschrieben und diese Verbindung Äthylschwefelsäure genannt. Die entsprechende Formel des Diäthylsulfates lautet dann

$$\begin{matrix}C_2H_5O\\C_2H_5O\end{matrix}\!\!>OS_2, \quad \text{während} \quad \begin{matrix}HO\\HO\end{matrix}\!\!>SO_2$$

als Strukturformel der gewöhnlichen Schwefelsäure geschrieben werden könnte. Doch hat die Schreibung mit den in der organischen Chemie bewährten Strukturformeln für die anorganische Chemie nicht die gleiche Bedeutung. Dies hängt mit den am Schluß von Abschnitt I A 2d erwähnten Bindungsarten zusammen.

Praktisch von Bedeutung ist im hier besprochenen Rahmen insbesondere der Trisalpetersäureester des einfachsten dreiwertigen Alkohols; es ist das Nitroglyzerin von der Formel

$$\begin{matrix}CH_2\text{—}O\text{—}NO_2\\|\\CH\text{—}O\text{—}NO_2\\|\\CH_2\text{—}O\text{—}NO_2.\end{matrix}$$

Der darin enthaltene Sauerstoff reicht vollständig aus, die Verbrennungsprodukte CO_2, H_2O und N_2 zu bilden, weshalb dieser Stoff äußerst explosiv ist. Kieselgur mit dieser Flüssigkeit getränkt ist Dynamit. Die sonst gebräuchlichen Sprengstoffe, deren es heute eine große Zahl gibt, sind zum Teil nach ähnlichen Gesichtspunkten gebildet, soweit es sich nicht um nitrierte Aromaten handelt, die im Abschnitt I B 5d besprochen werden.

Verläuft die Reaktion in den einleitend angeschriebenen Formeln von links nach rechts, so spricht man von Verestern, läuft sie von rechts nach links, so nennt man diesen Vorgang Verseifen. Die Gründe hiefür werden noch angegeben.

β) Die Ester der Karbonsäuren. Von praktisch größerer Wichtigkeit als die Ester der Mineralsäuren sind die Ester der Karbonsäuren, unter denen die Glyzerinester oder Glyzeride einen besonderen Platz einnehmen. Diese sind im Pflanzen- oder Tierreich sehr weit verbreitet, vor allem die Triglyzeride, bei denen der Wasserstoff aller drei Hydroxylgruppen des Glyzerins durch verschiedene Fettsäurereste ersetzt ist. Es sind, wie schon auf S. 161 erwähnt, die Öle und Fette. Ihre allgemeine Formel lautet:

$$\begin{array}{l} CH_2{-}O{-}C{\lt}^{R_1}_{O} \\ | \\ CH{-}O{-}C{\lt}^{R_2}_{O} \\ | \\ CH_2{-}O{-}C{\lt}^{R_3}_{O} \end{array}$$

Wenn die Fettsäurereste gesättigt sind, sind die Fette bei gewöhnlicher Temperatur fest, so wie die Fettsäuren selbst. Je mehr ungesättigte Verbindungen sie enthalten, desto dünnflüssiger werden die Fette, desto mehr nähern sie sich dem, was man im gewöhnlichen Sprachgebrauch als Öl bezeichnet.

Abgesehen von der Bedeutung, die die Glyzeride für die menschliche Ernährung haben, spielen sie in der Technik eine Rolle bei der Herstellung der Seife. Da es heute schon möglich ist, aus Paraffin, somit aus einem Erzeugnis, dessen Ursprung meist Braunkohle (Schwelung) oder Koks (Synthese) ist, durch Oxydation Fettsäuren und aus diesen Säuren Seifen herzustellen, und da die Schmierfette sowie die Bohr-, Schneid- und Schleifölemulsionen Seifen enthalten, soll das Verfahren hier kurz besprochen werden.

Es muß allerdings einleitend bemerkt werden, daß dabei wohl Seife gebildet wird, ohne daß ein Verseifen in dem eingangs dargestellten Sinne vor sich geht. Die Bezeichnung „Verseifen" erklärt sich aus der geschichtlichen Entwicklung. Als Grundstoffe für die Herstellung von Seifen dienten früher nur Fette und Öle, die für den menschlichen Genuß ungeeignet waren. Sie wurden durch Soda- und Pottaschelösung (Na_2CO_3 und K_2CO_3) in Glyzerin und Wasser gespalten. Der Ester wird also nicht durch Wasser in Glyzerin und Säure, sondern durch Wasser und das Salz einer schwachen Säure in Seife (das Salz einer Fettsäure) und in das Anhydrid der betreffenden schwachen Säure (im obigen Falle: Kohlendioxyd) zerlegt. Da nun Seife für den Chemiker jedes Salz einer Fettsäure ist, bezeichnet man diesen Vorgang als „Verseifen". Im engeren Sinne wird aber die Bezeichnung nur für den durch Wasser allein eingeleiteten Grundvorgang verwendet.

Heute arbeitet man statt mit den Karbonaten Soda und Pottasche mit den entsprechenden Laugen der Alkalimetalle. Mit Natronlauge

NaOH erzeugt man feste Kern- oder Natronseifen und mit Kalilauge KOH weiche Schmier- oder Kaliseifen. Neben dieser alkalischen Verseifung wird auch die saure Verseifung mit verdünnter Schwefelsäure angewendet.

Zum Unterschied von den mit Alkalimetallen gebildeten, gut wasserlöslichen Seifen sind schon die Seifen der Erdalkalimetalle Ca und Mg im Wasser fast unlöslich, weshalb sie im landläufigen Sinne nicht mehr als Seifen betrachtet werden. Die starke Beeinträchtigung der Waschwirkung durch hartes Wasser ist auf die Bildung von Kalzium- und Magnesiumseifen durch die im Wasser enthaltenden Ca- und Mg-Bikarbonate zurückzuführen.

Eine andere Unterscheidung, nämlich die zwischen den wasserlöslichen Seifen — auch Ammoniumseifen mit der Formel $RCOOH_4N$ gehören hieher — und den öllöslichen Seifen, zu denen die Blei-, Kalzium- und Aluminiumseifen zu zählen sind, ist wichtig für die Art der Emulsionsbildung bei den als Schmierfetten verwendeten Seifenfetten. Bei den Alkaliseifen-Schmierfetten wird beim Emulgieren die Oberflächenspannung des Wassers in stärkerem Maße erniedrigt als die des Öles, so daß in einer Emulsion von Mineralöl, Seife und Wasser das Öl die innere und das Wasser die äußere Phase bildet. Die einzelnen Öltröpfchen sind von einem Seifenhäutchen umhüllt, in dem die Moleküle der fettsauren Salze mit der Kohlenwasserstoff-Kette nach innen und mit der durch das Alkalimetall abgesättigten Karboxylgruppe nach außen weisen. Über Schmierfette folgt noch Einiges in Abschnitt IV D 2.

Die technisch verwendeten Natronseifen-Schmierfette sind praktisch vom Wasser befreit, so daß sich die Seifenhüllen berühren und zum Teil nur Öl-, zum Teil auch Luftbläschen umschließen. Sie haben meist eine faserige oder schwammige Beschaffenheit und wegen des Widerstandes, den die Seifenhüllen infolge ihrer Oberflächenspannung der Zerstörung beim Erwärmen entgegensetzen, einen Tropfpunkt, der wesentlich über 100° C liegen kann. Die Seifenbläschen werden erst gesprengt, wenn der Dampfdruck der eingeschlossenen Öltröpfchen die Oberflächenspannung überwunden hat. Die Natronschmierfette werden daher an Schmierstellen benutzt, die höheren Temperaturen ausgesetzt sind.

Bei den Kalkseifen-Schmierfetten, zu denen auch das Staufferfett gehört, bildet dagegen das Wasser die innere und das Öl die äußere Phase. Wenn man daher eine solche Emulsion bis nahe an 100° C erhitzt, platzen die Seifenhäutchen, in denen die Moleküle umgekehrt stehen. Das Schmierfett zerfällt unter Ausdampfen in seine beiden restlichen Bestandteile Mineralöl und Seife und darf deshalb nur zur Schmierung mäßig warm werdender Maschinenteile verwendet werden.

Eine für die Brennstoffchemie nicht unwichtige Gruppe von Stoffen, die in der Hauptsache Ester enthalten, sind die Harze und Wachse. Die Harze (Resine) sind keineswegs chemisch einheitliche Körper. Sie sind ein Gemisch aus Estern hochmolekularer Alkohole und organischen Säuren. Diese kommen in den Harzen zum Teil auch unverestert vor und können als Harzalkohole (Resinole) und als Harzsäuren (Resinsäuren) isoliert werden. Die Atomzahl des Kohlenstoffskelettes liegt in der Größenordnung von 20; es sind meist drei bis vier Ringe mit kurzen Seitenketten vorhanden. Da die aus Harzsäuren gewonnenen Seifen eine gewisse Waschwirkung zeigen und billig herzustellen sind, werden sie zum Teil zum Strecken von anderen Seifen verwendet[1].

Ein Gemisch aus Harzsäuren und Terpenen, den hydrierten Abkömmlingen des Zymols, dessen Eigenschaften in Zahlentafel 6, S. 66 erwähnt sind, ist der hauptsächlich aus Nadelbäumen als Ausscheidung gewonnene Terpentin. Durch Destillation können daraus Pinene, Bornylene und ähnliche Verbindungen abgetrennt werden, die in Zahlentafel 10, S. 128 ff. zu finden sind; der dabei verbleibende feste Rückstand heißt Kolophonium. Diese Stoffe haben Bedeutung für die Herstellung von Lacken und verwandten Erzeugnissen.

Den Harzen ähnlich sind die Wachse, die ebenfalls Gemische aus Estern hochmolekularer Alkohole und diesen Alkoholen selbst sind. Dabei handelt es sich vornehmlich um kettenförmige Verbindungen, die 30 oder mehr Kohlenstoffatome enthalten können.

d) Verbindungen mit mehreren unterschiedlichen funktionellen Gruppen.

Der Vollständigkeit halber soll nur bemerkt werden, daß es neben den bisher besprochenen Verbindungen von Kohlenwasserstoffen mit Sauerstoff, die meist nur eine funktionelle Gruppe enthielten, eine sehr große Zahl von Verbindungen gibt, bei denen mehrere voneinander verschiedene, funktionelle Gruppen am Skelett der Kohlenwasserstoff-Verbindungen sitzen. Einige von ihnen sind bereits in Übersicht 1, S. 147 erwähnt. Die meisten dieser Stoffe sind jedoch in der Brennstoffchemie kaum von Bedeutung. Eine um so größere Rolle spielen sie in der Natur als Baustoffe der Pflanzen- und Tierkörper. Da sie sich sehr leicht zersetzen,

[1] Näheres über Harze siehe bei Wolf, H.: Die natürlichen Harze. Stuttgart: Enke 1929; über Harzsäuren u. a. bei Sandmann: Fette und Seifen, Bd. 99 (1942) S. 578—85; Auszug daraus Brennst.-Chemie Bd. 23 (1942) S. 253.

ist es verständlich, daß sie in den Brennstoffen nicht mehr in der ursprünglichen Form erhalten blieben. Nur des Interesses wegen sei hier erwähnt, daß Kohlenwasserstoff-Verbindungen mit Hydroxyl- (Oxy-) und Karboxylgruppen die Oxysäuren ergeben, zu denen die Milch-, Äpfel-, Wein- und Zitronensäuren gehören. Oxyaldehyde bzw. Oxyketone sind die verschiedenen Kohlehydrate, die der menschlichen Ernährung dienen.

Die Bezeichnung Kohlehydrate kommt daher, weil sich die Bruttoformeln der Oxykarbonylverbindungen $C_x(H_2O)_y$ schreiben lassen, also Wasserstoff und Sauerstoff im gleichen Verhältnis wie beim Wasser zeigen. Heute wird diese Bezeichnung den Oxydationsprodukten mehrwertiger Alkohole vorbehalten. Man spricht dann von Aldosen bei den Aldehydalkoholen und von Ketosen bei den Ketoalkoholen. Will man die Zahl der Kohlenstoffatome des Skeletts angeben, so nennt man sie Pentosen, Hexosen usw. Nun lassen sich die in der Natur vorkommenden Zucker in verdünnter Säure unter Hinzutritt von Wasser in einfache Kohlehydrate zerlegen, weshalb man diese auch Saccharide nennt[1]. Man spricht dann von Mono-, Di- usw. Sacchariden, allgemein von Polysacchariden, je nachdem, aus wieviel einzelnen Bausteinen die Verbindung besteht. Zu den Polysacchariden gehören die bei der alkoholischen Gärung erwähnte Stärke und die Zellulose. Aus dieser und dem in Abschnitt I B 3bα genannten Lignin sind in der Hauptsache alle Pflanzen aufgebaut. Da die meisten natürlichen Brennstoffe aus Pflanzen entstanden sind, sollte hier wenigstens mit einigen Worten erwähnt werden, an welcher Stelle der organisch-chemischen Systematik die Zellulose zu finden ist. Die in Abschnitt I B 3 aα erwähnte Holzverzuckerung macht sich die obengenannte Reaktionsmöglichkeit zunutze.

Die Stärke, für die man meist die Formel $(C_6H_{10}O_5)_n$ annimmt, wird bei der alkoholischen Gärung zunächst in Gegenwart von Wasser durch Enzyme (Fermente, von Organismen erzeugte Katalysatoren) in Maltose $C_{12}H_{22}O_{11}$ (eine Zuckerart) verwandelt. Die Maltosemoleküle werden nun ebenfalls durch Enzyme unter Aufnahme von je einem Molekül Wasser nach der Formel

$$C_{12}H_{22}O_{11} + H_2O = 2\,C_6H_{12}O_6$$

[1] Dieser Name soll die Entstehung aus Zucker andeuten, der grch. σάκχαρον, lat. saccharum heißt. Beide Ausdrücke gehen über altpers. šäkär auf ein Sanskritwort zurück und haben z. B. russ. caxap geliefert. Andererseits entstand aus dem persischen Wort über arab. sukkar, span. azúcar (mit arab. Artikel) und ital. zucchero das deutsche Wort „Zucker".

Die Endung -ide dient ganz allgemein zur Kennzeichnung abgeleiteter Verbindungen, vgl. Sulfide, Halogenide usw.

in zwei Moleküle Glukose (Traubenzucker, eine „Hexose") gespalten. Diese geht unter Mitwirkung von Hefepilzen gemäß

$$C_6H_{12}O_6 = 2\,C_2H_5OH + 2\,CO_2$$

in Äthylalkohol und Kohlendioxyd über, was man „Gärung" nennt.

4. Der Schwefel in der Brennstoffchemie.

Eine ähnliche Rolle wie der Sauerstoff spielt der Schwefel bei der Bildung organischer Verbindungen. Verständlich wird dies dadurch, daß Schwefel im Periodensystem in der Gruppe VI unmittelbar unter dem Sauerstoff steht. Er ist ein in der Natur sehr weit verbreitetes Element und kommt in wechselnden Mengen in den natürlichen Brennstoffen vor. Zwar wird bei seiner Verbrennung Wärme frei, so daß er nicht als ausgesprochener Ballast anzusehen ist, jedoch haben seine Verbrennungsprodukte SO_2 und SO_3 bzw. die Säuren, die sich daraus und aus dem bei jeder Verbrennung organischer Verbindungen entstehenden Wasserdampf bilden, höchst unangenehme Eigenschaften für die in der Technik üblichen Baustoffe. Deshalb ist die Anwesenheit von Schwefel durchaus unerwünscht; er muß in manchen Fällen selbst unter Aufwand beträchtlicher Kosten entfernt werden. Besonders ist dies der Fall bei der Gaserzeugung für Fernversorgung, weil die Rohrleitungen durch schwefelhaltiges Gas angegriffen werden. Desgleichen müssen die Schwefelverbindungen aus dem für Synthesezwecke bestimmten Gas entfernt werden, weil sie die Wirksamkeit der meisten Katalysatoren binnen kurzem stark beeinträchtigen; vgl. hiezu bes. Abschnitt IB4d.

a) Schwefel in anorganischen Begleitstoffen.

In der Kohle kommt Schwefel in anorganischen Verbindungen als Schwefelkies (FeS_2), auch Eisenkies oder Pyrit genannt, vor. Er findet sich in Knollenform oder fein verteilt in Form von Kriställchen in der Kohle, insbesondere in dem noch zu erwähnenden Fusit, vgl. hierüber Abschnitt III A 2, S. 305. So wertvoll dieses Mineral als Ausgangsstoff für die Erzeugung von Schwefelsäure ist, wenn es bergmännisch allein gewonnen werden kann, so unangenehm ist es wegen seiner Härte für die Vermahlung der Kohle. Es setzt die Lebensdauer der Schläger, Kugelfüllungen usw. in den Kohlenmahlanlagen auf Bruchteile der sonst erreichbaren Werte herab. Es gibt Kohlen, besonders im oberschlesischen Revier, die 5% und mehr Pyrit enthalten, wogegen die Kohlen des Ruhr- und Saargebietes meist arm an Pyrit sind.

Der in den Veraschungsrückständen von Kohle vielfach gefundene Gips ($CaSO_4$) dürfte hingegen ursprünglich nicht darin enthalten sein, sondern erst während des Veraschens entstehen. Näheres hierüber folgt im Abschnitt III A 7.

b) Schwefel statt Sauerstoff in funktionellen Gruppen.

Besonderes Interesse bieten die organischen Schwefelverbindungen der Kohle und des Erdöles. In diesen ist der Schwefel gegenüber dem Wasserstoff zweiwertig wie der Sauerstoff. Wie aus Übersicht 1, S. 147 zu sehen ist, braucht man nur in den Formeln für Alkohole, Äther und Peroxyde O durch S zu ersetzen, um die Formeln der entsprechenden Schwefelverbindungen zu erhalten. Schwefelwasserstoff H_2S entspricht nach diesem Schema dem Wasser.

Schwefelwasserstoff enthält kein Kohlenstoffatom, gehört also streng genommen nicht zu den organischen Verbindungen. Er muß aber erwähnt werden, weil er als Endstufe von Reduktionsprozessen in den Gasen der Kokereien, Syntheseanlagen usw. auftritt. Durch Alkylierung des Schwefelwasserstoffes kommt man zu den Schwefelalkoholen R—S—H, auch Thioalkohole oder Merkaptane genannt, und zu den Schwefeläthern oder Thioäthern R—S—R. Die von der griechischen Bezeichnung *θεῖον* abgeleitete Vorsilbe Thio- wird häufig zum Unterschied von Wortbildungen, die auf das lateinische sulfur zurückgehen, dort verwendet, wo der Schwefel an die Stelle von Sauerstoff getreten ist. So gibt es z. B. eine Thioschwefelsäure von der Formel $H_2S_2O_3$, deren Salze bekannt sind.

Aus Merkaptanen, die sich übrigens durch äußerst üblen Geruch bemerkbar machen — ihre niedrigsten Glieder sind gasförmig —, kann man durch milde Oxydation nach der Formel

$$2\,R{-}S{-}H + O = R{-}S{-}S{-}R + H_2O$$

Disulfide oder richtiger Persulfide erhalten, die den Peroxyden entsprechen.

Weiterhin sind, abgeleitet von der theoretischen Kohlensäure H_2CO_3, drei verschiedene Thiokohlensäuren denkbar, von denen jedoch nur die Trithiokohlensäure

$$\begin{matrix} HS \\ HS \end{matrix}\!\!>C{=}S$$

als ziemlich unbeständige Flüssigkeit bekannt ist; Salze dieser Säure sind vereinzelt gefunden worden. Erwähnt werden soll in diesem Zusammenhang noch der Dithio-kohlensäure-äthylester

$$\begin{matrix} C_2H_5O \\ HS \end{matrix} \!\!>\! C{=}S,$$

der als Xanthogensäure bekannt ist. Ein Natriumsalz

$$\begin{matrix} R_cO \\ NaS \end{matrix} \!\!>\! C{=}S$$

mit dem Zelluloserest R_c wird aus Zellulose durch Behandeln mit Natronlauge und Schwefelkohlenstoff gewonnen und geht durch längeres Stehen („Reifen") in die zur Erzeugung der Kunstseide und Zellwolle dienende Viskose über. Andere Xanthogenate — Salze der Xanthogensäure — werden als Sammler in der Schwimmaufbereitung verwendet und in Abschnitt III E 5 besprochen.

Schließlich sei noch ein chlorierter Thioäther, das Dichlor-diäthylsulfid $ClCH_2{-}CH_2{-}S{-}CH_2{-}CH_2Cl$ genannt. Es ist eine farblose Flüssigkeit, die bei 14° C erstarrt, bei 216° C siedet und im ersten Weltkrieg unter dem Namen Gelbkreuz, Lost, Yperit oder Senfgas als Kampfstoff verwendet wurde. Der senfartige Geruch kommt jedoch nicht von dem Dampf des Stoffes, sondern von Verunreinigungen des technischen Erzeugnisses durch Arsenverbindungen.

c) Schwefel als Substituent im Kern von Ringverbindungen.

In einer Menge von etwa 0,5% kommt in dem bei der Steinkohlenentgasung gewonnenen Benzol ein ungesättigter zyklischer Schwefeläther vor, dessen Moleküle die Strukturformel

$$\begin{matrix} HC & \text{——} & CH & \beta \\ \| & & \| & \\ HC & \diagdown_{S}\diagup & CH & \alpha \end{matrix}$$

haben und der sich in physikalischer Hinsicht sehr ähnlich dem Benzol verhält. Es ist das Thiophen, eine dem Furan analoge heterozyklische Verbindung. Sein Siedepunkt liegt mit 84° C nur 4° über dem des Benzols. Bemerkenswert an ihm ist, daß auch dieser Fünferring so wie das Furan (vgl. S. 166) ganz ähnliche Eigenschaften wie ein normaler Sechserring zeigt. Dies dürfte darauf zurückzuführen sein, daß die Spannungsverhältnisse im Ring durch das Schwefelatom ebenso wie durch das Sauerstoffatom denen des Benzolringes angeglichen werden. Auch die höheren Homologen des Benzols enthalten ihnen sehr ähnliche

Thiophene, so findet man α- und β-Methylthiophene als Begleiter von Toluol, wobei die Stellung der Methylgruppe nach dem obigen Schema gekennzeichnet ist. Dem Naphthalin ist in gleicher Weise das Thionaphthen vom Bau

S

zugeordnet. Diese sämtlichen Verbindungen sind sehr starke Katalysatorgifte.

d) Die Schwefelverbindungen in den natürlichen Brennstoffvorkommen.

Nicht nur in der Kohle, sondern auch im Erdöl und Erdgas kommen Schwefelverbindungen in unterschiedlichen Mengen vor. In einzelnen Erdgasquellen Italiens, wie z. B. bei Solferino, überwiegen die Schwefelverbindungen die eigentlichen Kohlenwasserstoffe.

Die Schwefelmengen, die in Form von Schwefelwasserstoff, Dämpfen von Merkaptanen und Thioäthern und von Schwefeldioxyd in den bei der Entgasung, Vergasung und Verbrennung entstehenden Gasen und in den Abgasen von Hydrier- und Krackanlagen vorkommen, sind sehr beträchtlich[1]. Es sind heute verschiedene Verfahren bekannt, die der jeweiligen Gaszusammensetzung angepaßt die Möglichkeit bieten, den Schwefel aus diesen Gasen zu gewinnen und der Volkswirtschaft nutzbar zu machen. In gewissen Fällen, die bereits erwähnt wurden, ist die Entfernung des Schwefels sogar unerläßlich, unabhängig davon, ob sie geldlich Verlust oder Gewinn bringt[2].

---

[1] So sind im letzten Friedensjahr 1938 in den Kokereien des Ruhrgebietes etwa 100000 t Schwefel angefallen. Davon wurden rd. 45% gewonnen.

[2] Eine Übersicht über die Verfahren findet sich bei RETTENMEYER, A.: Glückauf Bd. 70 (1934) S. 228. — THAU, A.: Z. VDI Beih. Verf.techn. Nr. 3 (1938) S. 81—88. — AHLEN, A. VAN: Glückauf Bd. 77 (1941) S. 481—487 u. 493—501. — THAU, A.: Öl u. Kohle Bd. 40 (1940) S. 208—220. Einzelne Verfahren sind eingehender beschrieben von KOCH, E.: Stahl u. Eisen Bd. 53 (1933) S. 1301 (Thylox). — BÜTEFISCH, H.: Chem. Fabrik Bd. 8 (1935) S. 228 (Alkazid). — BÄHR, H.: Glückauf Bd. 73 (1937) S. 901—913; Chem. Fabrik Bd. 11 (1938) S. 10—18 (Katasulf). — LORENZEN, G.: Z. VDI Bd. 82 (1938) S. 462—464 (Alkazid und Katasulf). — ROESNER, G.: Chem. Fabrik Bd. 10 (1937) S. 101 (Sulfidin). — THAU, A.: Z. VDI Beih. Verf.techn. 1937, S. 105—111; Öl u. Kohle Bd. 37 (1941) S. 217, 302 u. 441 (Ammoniumsulfat). — WEITENHILLER, H.: Glückauf Bd. 74 (1938) S. 126. — KLEMPT, W.: Z. VDI Bd. 82 (1938) S. 909 (Eisenhydroxyd-Schwefeldioxyd). — MANTEL, W.: Glückauf Bd. 78 (1942) S. 491—495 (Kalkmilch für Generatorgas). — SCHEER, W.: Glückauf Bd. 78 (1942) S. 765—766 (Ammoniak).

In flüssigen Kraftstoffen wird Schwefel als unerwünscht angesehen, nicht nur deshalb, weil der Schwefeldioxydgehalt der Verbrennungsgase zusammen mit dem immer vorhandenen Wassergehalt Anlaß zu Korrosionen gibt. Auch die Kraftstoffe selbst greifen Metalle an, wenn sie Schwefelverbindungen enthalten. Weiterhin werden der Geruch und die Bleiempfindlichkeit — vgl. hierüber Abschnitt IV B 4, S. 412 — beeinträchtigt. Allerdings verhalten sich nicht alle Schwefelverbindungen gleich. Als besonders korrosionsfördernd gelten Schwefelwasserstoff, Schwefeldioxyd, größere Mengen von elementarem Schwefel (0,15 g/l und mehr) bei Abwesenheit von Merkaptanen oder aber bereits Mengen von 0,01 g/l dann, wenn gleichzeitig Merkaptane vorhanden sind. Diese selbst sollen allein keine Korrosionen veranlassen. Es wird deshalb auch bei der Verarbeitung von Erd-, Hydrier- und Schwelöl der Entfernung des Schwefels große Aufmerksamkeit gewidmet.

Über den chemischen Bau der Schwefelverbindungen, die im Erdöl und den daraus gewonnenen Erzeugnissen vorkommen, ist man durch eine große Zahl analytischer Arbeiten einigermaßen unterrichtet[1]. Denn bei flüssigen Verbindungen sind die Möglichkeiten einer Analyse eher vorhanden als bei den in festen Brennstoffen vorkommenden. Die Hauptschwierigkeit besteht darin, sie einwandfrei zu isolieren.

Neben Verbindungen, wie sie in den vorhergehenden Unterabschnitten bereits erwähnt sind, findet man im Erdöl sehr komplex gebaute Mehrringverbindungen, die neben Sauerstoff auch Schwefel in heterozyklischer Bindung oder in Brücken zwischen einzelnen Ringen enthalten. Es handelt sich dabei um hoch-molekulare Körper, die gewöhnlich als Asphalte bezeichnet werden. Die Einteilung der verschiedenen asphaltartigen Stoffe ist wechselnd; es soll hier nicht näher darauf eingegangen werden. Auch die Grenze zwischen ihnen und den bereits am Schluß von Abschnitt I B 3c erwähnten Harzen, die nur Sauerstoff als drittes Element enthalten, ist schwer zu ziehen. Allerdings können ein oder zwei Schwefelatome in einem Molekül mit zwanzig und mehr Kohlenstoffatomen und der entsprechenden Zahl von Wasserstoffatomen bereits einen merkbaren Einfluß auf die Eigenschaften eines so gebauten chemischen Körpers haben. Um ein Beispiel zu geben, seien nachstehend zwei von amerikanischen Forschern[2] als hypothetisch mit-

[1] Vgl. hiezu z. B. die Schrifttumsübersicht bei SACHANEN, A. N.: The Chemical Constituents of Petroleum, S. 383—384. New York: Reinhold 1945.

[2] HILLMAN, E. S. u. B. BARNETT: Proc. Amer. Soc. Test. Mater. Bd. 37 II (1937) S. 559. — Wegen des Ursprunges des Wortes „Asphalt" siehe Fußnote 2 S. 345.

geteilte Formeln für Asphalte angeführt. Es sind dies Molekülformen, wie sie auch bei den synthetisch hergestellten Hochpolymeren, nämlich bei den Kunstharzen, bei Buna usw., nachgewiesen oder vermutet sind. Auch das linksstehende Molekül ohne Sauerstoff oder Schwefel zeigt Eigenschaften, welche die chemisch nicht eindeutige Bezeichnung „Harz“ oder „Asphalt“ rechtfertigen.

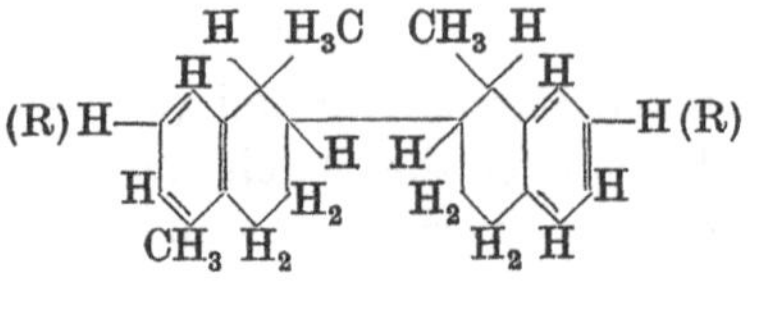

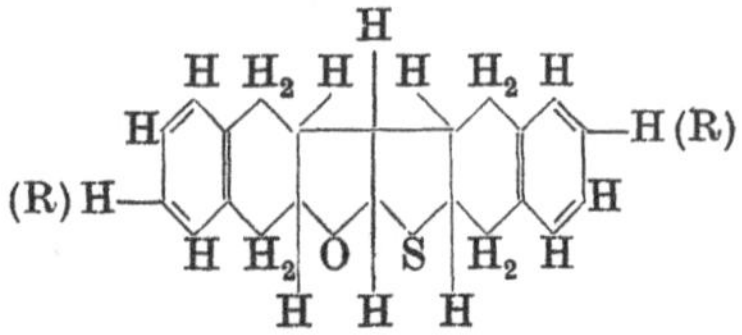

Die Asphalte werden bei der thermischen Behandlung der Rohöle teilweise gekrackt und liefern die deshalb besonders in Spalterzeugnissen meist reichlich vorhandenen Schwefelverbindungen niedrigeren Molekulargewichtes. Die hoch-molekularen Restverbindungen finden sich in den Rückständen. Auch die natürlich gewonnenen Asphalte zeichnen sich meist durch hohen Schwefelgehalt aus.

Von den aus Kohle gewonnenen Kraftstoffen und verwandten Erzeugnissen sind es besonders die Braunkohlen-Schwelteere und deren einzelne Fraktionen, die viel Schwefel enthalten. Die Ursache liegt im Schwefelgehalt der Rohkohle. Chemisch handelt es sich dabei jedoch um dieselben Verbindungen, wie sie im Erdöl und den daraus hergestellten Erzeugnissen angetroffen werden. Ihre Entfernung erfordert daher grundsätzlich die gleichen Maßnahmen, wie sie in der Erdölindustrie üblich sind.

Durch Hydrierung oder Synthese erzeugte flüssige Kraftstoffe sind hingegen sehr arm an Schwefel, denn bei beiden Verfahren müssen wegen der Gefahr der Kontaktvergiftung möglichst schwefelfreie Ausgangsstoffe verwendet werden, so daß auf diese Weise von vornherein einwandfreie Produkte erzielt werden.

Ähnlich günstig liegen die Verhältnisse bei Erzeugnissen, die aus katalytisch arbeitenden Krackanlagen gewonnen werden. Als Beispiel hiefür wird in Abschnitt III C 2a das HOUDRY-Krackverfahren erwähnt werden. Das dabei als Kontakt verwendete Aluminiumchlorid ($AlCl_3$) bewirkt bereits eine weitgehende Entschwefelung, so daß sich das auf solche Weise gewonnene Krackbenzin hinsichtlich des Schwefelgehaltes vorteilhaft von anderen Krackbenzinen unterscheidet.

e) Schwefelverbindungen in Abfallstoffen der Erdölraffination (Sulfonsäuren).

Die in Abschnitt I B 3 c α erwähnte Bildung von Estern der Schwefelsäure hat bei der später zu besprechenden Raffination von Erdöl und ähnlichen Erzeugnissen kaum Bedeutung, weil Alkohole in diesen nicht vorhanden sind. Konzentrierte Schwefelsäure reagiert hingegen mit Aromaten analog der Formel

$$Ar \cdot H + H_2SO_4 = Ar \cdot SO_3H + H_2O$$

unter Bildung der in Übersicht 1, S. 147 aufgezählten Sulfonsäuren. Es zeigt sich also, daß die Doppelbindung im Benzolring unter günstigen Bedingungen sehr reaktionsfähig sein kann. Dies wird sich auch bei den im folgenden Abschnitt I B 5d zu erwähnenden Nitroverbindungen erweisen. Diese Wirkung der Schwefelsäure auf die Aromaten wird bei der Raffination von Erdöl- und Schwelteerprodukten ausgenutzt. Die Reaktion nennt man Sulfurierung oder Sulfonierung. Der Schwefel tritt dabei anders als bei den Estern unmittelbar an den Kohlenstoff.

Es gibt auch Sulfonsäuren mit aliphatischem Radikal von der Formel $C_nH_{2n+1} \cdot SO_3H$, doch können sie nicht durch unmittelbare Einwirkung auf Ketten-Kohlenwasserstoffe gewonnen werden. Vielmehr erhält man sie, wenn man von Merkaptanen ausgeht; diese Reaktionen haben für die Raffination keine praktische Bedeutung. Sulfonsäuren selbst können mit Alkoholen wiederum Ester bilden.

Eine eingehende Behandlung der bei der Raffination auftretenden Reaktionen mit Hilfe von chemischen Formeln würde jedoch den Rahmen dieses Buches weit überschreiten. Außerdem bestehen noch manche Unklarheiten über die Reaktionen selbst. Es erscheint deshalb zweckmäßiger, das Wichtigste hierüber in Abschnitt III B 3 c α zu bringen und hier nur durch den Hinweis darauf den systematischen Zusammenhang zu wahren.

Es mag noch bemerkt werden, daß vor mehreren Jahren in den Vereinigten Staaten von Amerika die Möglichkeit gefunden wurde, durch Behandlung von Kohlenwasserstoffen mittels eines Gemisches von Schwefeldioxyd und Chlor in Gegenwart von Eisenchlorid ($FeCl_2$) als Katalysator oder unter der Einwirkung von ultraviolettem Licht Chloride der Sulfonsäuren zu erhalten. Die durch diese Sulfochlorierung gewonnenen Stoffe haben für die Weiterentwicklung von Wasch- und Textilhilfsmitteln Bedeutung, was in Abschnitt IV E 4 besprochen wird.

5. Die Rolle des Stickstoffes.

Wohl in noch größerem Maße als der Schwefel ist der Stickstoff in der organischen Chemie von Bedeutung. Da organische Stickstoffverbindungen die ständigen Begleiter der verschiedensten Naturstoffe sind, finden sie sich auch in den aus diesen entstandenen Brennstoffen. Sie sollen deswegen hier kurz aufgezählt werden, soweit sie für dieses Teilgebiet der organischen Chemie von Interesse sind.

a) Die Amide.

Wenn man eine Karbonsäure mit Ammoniak reagieren läßt, bildet sich unter normalen Verhältnissen nach der Formel

$$RCOOH + NH_3 = RCOONH_4$$

das Ammoniumsalz der betreffenden Säure, das jedoch bei hoher Temperatur wieder in die beiden Komponente zerfällt. Verhindert man durch Arbeiten in Druckgefäßen den Austritt des gasförmigen Ammoniaks, so entstehen nach der Formel

$$RCOONH_4 = RCONH_2 + H_2O$$

Karbonsäureamide, von denen die einfachsten das Formamid $HCONH_2$ und das Azetamid CH_3CONH_2 sind. Beide dienen als Lösungsmittel für zahlreiche organische Stoffe. Besondere Bedeutung hat noch das neutrale Diamid der zweibasischen Kohlensäure, nämlich der Harnstoff

$$\begin{matrix} H_2N \\ H_2N \end{matrix} \!\!>\! C{=}O\,.$$

Da er als Düngemittel in großen Mengen benötigt wird, wird er industriell hergestellt, und zwar aus Ammoniak und Kohlendioxyd. Seine Bedeutung für die Synthese von Kunststoffen wurde in Abschnitt I B 3aβ bereits gestreift. Die dabei entstehenden Kunststoffe werden auch Karbamidharze genannt.

Das Ammoniak NH_3, die einfachste Wasserstoff—Stickstoff-Verbindung, entsteht in nicht unbeträchtlicher Menge bei der Entgasung der Kohle und wird mit Wasser aus dem Rohgas der Kohle ausgewaschen. Auch das Kohlendioxyd entfernt man durch Auswaschen mit Wasser unter Druck aus dem Wassergas, in dem es bei Arbeitstemperaturen unter 800° C auftritt und nur inerter Bestandteil ist. Bei der Konvertierung von Wassergas zu Synthesegas entsteht es ebenfalls. Die Formel in Übersicht 1, S. 146 zeigt, daß in den Säureamiden die Bindung zwischen Stickstoff und Radikal durch eine C=O-Gruppe vermittelt wird. Man kann sie daher als akyliertes Ammoniak auffassen, d. h. im Amidmolekül ist ein Wasserstoffatom des Ammoniaks durch einen Säurerest ersetzt.

Ein weiteres, in diese Gruppe gehörendes Düngemittel ist der Kalkstickstoff (Kalzium-Zyanamid $CaCN_2$). Er wird erzeugt, indem zuerst Kalziumkarbid CaC_2 im Lichtbogenofen aus gebranntem Kalk und Kohle nach der Formel

$$CaO + 3\,C = CaC_2 + CO$$

gebildet und dieses mit Luftstickstoff über Kalzium-Zyanid $Ca(CN)_2$ nach der Gleichung

$$CaC_2 + N_2 = Ca(CN)_2 = CaCN_2 + C$$

azotiert wird[1]. Die Zyanide sind in Abschnitt I B 5e besprochen.

Wegen ihres allgemeinen Interesses müssen hier im Zusammenhang noch die Sulfonamide erwähnt werden. Bei ihnen tritt die Amidogruppe NH_2 nicht unmittelbar an einen Kohlenwasserstoffrest, sondern an das zwischengeschaltete Schwefelatom der Sulfogruppe $-SO_2-$, vgl. Übersicht 1, S. 147. Die Sulfonamide, deren Wirksamkeit etwa Mitte der dreißiger Jahre erkannt wurde, haben große Bedeutung bei der Bekämpfung von Infektionskrankheiten erlangt, die durch Streptokokken, Staphylokokken und Koli erregt werden. Prontosil, Cibazol und Eleudron sind die bekanntesten von ihnen[2]. Sie eignen sich besonders für Stoßtherapie und zeichnen sich durch sehr spezifische Wirkung aus, ohne den Organismus zu schädigen.

b) Die Amine.

Zum Unterschied von den vorbeschriebenen Amiden haftet bei den Aminen das Alkyl oder Aryl unmittelbar am Stickstoff des Ammoniakrestes. Daher haben diese Verbindungen die Form RNH_2. Sie sind also alkyliertes Ammoniak. In der Natur kommen sie sehr häufig vor. Sie entstehen in höheren Pflanzen beim Eiweißabbau. Das einfachste aromatische Amin, nämlich das Phenylamin $C_6H_5NH_2$, das mit dem Namen Anilin belegt wurde, dient als Ausgangsstoff für die Herstellung von Farben und Arzneien.

---

[1] Über technische Fragen dieses in großem Maßstab durchgeführten Verfahrens vgl. Heilmann, K.: Verfahrenstechnische Untersuchungen über die Herstellung von Kalkstickstoff. Z. VDI Beih. Verf.techn. 1939, S. 104—115.

[2] Eine gute Übersicht bietet die Schrift von Mietzsch, F.: Therapeutisch verwendbare Sulfonamid- und Sulfonverbindungen. Beiheft Nr. 54 zu der Z. Ver. dtsch. Chem. Berlin: Verlag Chemie 1945.

Im engeren Bereich der Schmierstoffchemie hat Anilin dadurch Bedeutung, daß in ihm Ring- und Ketten-Kohlenwasserstoffe in verschiedenem Maße löslich sind. Anilin ist also ähnlich wie Phenol und Nitrobenzol ein selektives (auswählendes) Lösungsmittel, das bei der Raffination verwendet wird. Diese Eigenschaft des Anilins wird zur Konstitutionsbestimmung von Schmierölen ausgenutzt, was in Abschnitt II B 4a noch besprochen wird. Die Dichte von Anilin hat bei 20° C einen Wert von 1,0217 g/cm³; sein Schmelzpunkt liegt bei −6,2° C, sein Siedepunkt bei 184,4° C. Es ist bei Zimmertemperatur eine ölige Flüssigkeit.

Die Aminogruppe NH_2 kann auch gleichzeitig mit der Karboxylgruppe auftreten, ähnlich wie dies für mehrere Sauerstoffgruppen in Abschnitt I B 3d beschrieben ist. Die so entstehenden Aminosäuren sind als Grundbausteine bei Eiweißstoffen wichtig und spielen eine bedeutende Rolle im Haushalt der Natur.

c) Die Pyridinbasen.

Ein Ringverbindung, die durch einen um zwei Wasserstoffatome verkleinerten Ammoniakrest, die sog. Imidgruppe, geschlossen ist, ist das Piperidin

```
         H2
         C
      /     \
  H2C         CH2
    |         |
  H2C         CH2 .
      \     /
         N
         H
```

Es gehört demnach zu den bereits mehrfach erwähnten heterozyklischen Verbindungen. Piperidin kommt im Pfeffer vor und hat daher seinen Namen. Die Gruppe wird in sinngemäßer Anwendung der bei den Halogeniden in Abschnitt I B 1, S. 142 erläuterten Bezeichnungsweise auch sekundäre Aminogruppe genannt. Durch Dehydrieren gelangt man zum Pyridin

```
         H
         C
      //    \
   HC         CH
    |         ||
   HC         CH ,
      \\    /
         N
```

das aus Steinkohlenteer gewonnen wird und eine ähnlich bevorzugte Stellung einnimmt wie das Benzol und das Thiophen. Pyridin riecht eigentümlich scharf, hat eine Dichte von 0,9828 g/cm³ bei 20° C, siedet bei 115° C und erstarrt bei −41,8° C. Es ist eine sehr schwache Base.

Die ihm entsprechenden, vom Naphthalin abzuleitenden Stoffe sind das Chinolin

```
        H     H
        C     C
  HC //  \ C /  \\ CH
   |       ||     |
  HC \\  / C \  // CH
        C     N
        H
```

und das Isochinolin

```
        H     H
        C     C
  HC //  \ C /  \\ CH
   |       ||     |
  HC \\  / C \  // N .
        C     C
        H     H
```

Beide sind wichtige Inhaltsstoffe des Steinkohlenteeres, in dem sie so wie das Pyridin in Mengen von Bruchteilen von Prozenten vorkommen.

Pyridin- und Chinolinringe sind wesentliche Bausteine verschiedener Alkaloide, pflanzlicher Gifte, wie Nikotin und Atropin, die aus Naturstoffen oder synthetisch hergestellt, als Heilmittel verwendet werden. Deshalb wird auf die Gewinnung der Pyridinbasen großer Wert gelegt.

Als wichtigste stickstoffhaltige heterozyklische Fünferringverbindung ist das Pyrrol

```
HC——CH
 ||    ||
HC    CH
  \  /
   N
   H
```

zu nennen. Es kann ebenfalls dem Thiophen an die Seite gestellt werden, denn die Bindung im Ring zeigt aromatischen Charakter. Sein Siedepunkt liegt jedoch mit 131 °C erheblich über dem dieser Schwefelverbindung. Der Pyrrolring scheint physiologisch besonders wirksam zu sein; er bildet ein wesentliches Bauelement der Chlorophyllmoleküle des Blattgrüns; auch in den Blutfarbstoffen der Wirbeltiere, den Hämoglobinen, ist er nachgewiesen. Er hat also offenbar für den Stoffwechsel der Pflanzen und Tiere Bedeutung.

Schließlich soll noch ein heterozyklischer Fünferring genannt werden, der sowohl Stickstoff als auch Schwefel enthält. Es ist das bei 117 °C siedende Thiazol

```
 N——CH .
 ||    ||
HC    CH ,
  \  /
   S
```

das sich physikalisch und chemisch ähnlich wie das Pyridin verhält.

d) Die Nitroverbindungen.

Die Bildung von Salpetersäureestern, die also Stickstoff im Säurerest enthalten, wurde bereits im Abschnitt I B 3cα besprochen. Kennzeichnend für die dabei unter Energiespeicherung entstehenden Stoffe ist der reiche Sauerstoffgehalt, der dazu führt, daß einmal eingeleitete Reaktionen zwischen ihm und dem im Molekül vorhandenen Kohlenstoff und Wasserstoff unter großer Energieentwicklung ablaufen. Bei ihnen dient eines der Sauerstoffmoleküle des Säurerestes dazu, die Verbindung mit dem Kohlenwasserstoffradikal herzustellen. Behandelt man hingegen Benzolhomologen mit Salpetersäure oder mit Nitriersäure, einem Gemisch von Salpeter- und Schwefelsäure, so erhält man Stoffe, in denen je nach Ausgangsstoff und Behandlungsart eine oder mehrere NO_2-Gruppen mittels des Stickstoffatoms unmittelbar an die Kohlenstoffatome angelagert sind. Von ihnen werden als Sprengstoffe besonders

2,4,6-Trinitrotoluol (TNT) und 2,4,6-Trinitrophenol (Pikrinsäure)

NO_2 / H_3C—⟨ring⟩—NO_2 / NO_2 HO—⟨ring⟩—NO_2 (mit NO_2 oben und unten)

verwendet. Das Lösungsmittel Nitrobenzol $C_6H_5NO_2$ gehört auch hieher.

Bei der Nitrierung zeigen sich also die Aromaten ebenso wie bei der in Abschnitt I B 4e behandelten Sulfonierung als sehr reaktionsfähig und verhalten sich grundsätzlich anders als die Paraffine und die Zykloparaffine. Die dabei wirksame Nitrogruppe $-N\langle\!\langle^{O}_{O}$ spielt auch bei der Bildung anorganischer Komplexverbindungen eine Rolle.

e) Die Nitrile, Isonitrile und Rhodanverbindungen.

Wegen des Vorkommens in den Kokereigasen muß hier eine letzte Gruppe von organischen Stickstoffverbindungen besprochen werden, deren einfachster Vertreter $H-C\equiv N$, der Zyanwasserstoff (Blausäure), ist. Durch Alkylierung erhält man seine organischen Abkömmlinge $R-C\equiv N$, die man Nitrile nennt und die durch die Nitrilgruppe (Zyangruppe) $-C\equiv N$ gekennzeichnet sind. Die Nitrile und die aus den Säuren entstandenen Salze sind meist äußerst giftig; ein bekanntes Beispiel ist das Kalium-Zyanid (Zyankali KCN). Neben diesen Verbindungen gibt es noch die Isonitrile mit der Atomgruppierung RNC.

Sie sind theoretisch deshalb von Interesse, weil sie voraussetzen, daß der Kohlenstoff auch zweiwertig sein kann, wie im Kohlenmonoxyd[1].

Praktisch wichtig sind die ebenfalls im Koksofengas enthaltenen Rhodanverbindungen, die durch Schwefelanlagerung an Isonitrile zustande kommen. Sie lassen sich von der Rhodanwasserstoffsäure H—N=C=S ableiten und werden allgemein als Senföle mit der Formel R—N=C=S bezeichnet. Bei Entfernung der Blausäure aus dem Koksofengas gewinnt man durch eine Aufschlemmung von elementarem Schwefel Rhodan-Ammonium, das mit Schwefelsäure nach der Gleichung

$$NH_4NCS + H_2SO_4 + H_2O = (NH_4)_2SO_4 + COS$$

Ammoniumsulfat, ein begehrtes Düngemittel, und Kohlenoxysulfid liefert. Aus dem Sulfid kann durch katalytische Verbrennung der für die Rhodanauswaschung erforderliche Schwefel wiedergewonnen werden[2].

6. Metallorganische Verbindungen.

Es gibt auch Verbindungen zwischen Kohlenwasserstoffresten und Metallen, die theoretisch von Interesse sind. Sie werden ausschließlich auf synthetischem Wege hergestellt und kommen in der Natur nicht vor.

Praktisch besonders wichtig ist unter ihnen jedoch das Bleitetraäthyl $Pb(C_2H_5)_4$. Es ist sehr giftig, findet aber wegen seiner hervorragenden Wirkung auf die Klopffestigkeit von Benzin ausgedehnte Anwendung. Schon in kleinen Zusätzen erhöht es die Oktanzahl beträchtlich, was in Abschnitt IV B 4 noch näher besprochen wird. Bleitetraäthyl wurde durch systematische Untersuchung einer sehr großen Zahl der in Frage kommenden Mittel vor etwa zwanzig Jahren als das wirksamste befunden. Verglichen mit Benzol wirkt es auf die Verhinderung des Klopfens von Benzin etwa 500mal so stark.

Für die synthetische Chemie haben die am Schluß von Abschnitt I B 1 im Zusammenhang mit den Silikonen erwähnten magnesium-organischen Verbindungen $(C_nH_{2n+1})_2Mg$ große Bedeutung erlangt. Ihre Verwendbarkeit wurde besonders von GRIGNARD eingehend untersucht; sie werden deshalb meist auch nach ihm benannt.

---

[1] Diese Möglichkeit läßt sich einwandfrei nur atomtheoretisch begründen; Näheres siehe z. B. bei MÜLLER, E.: Neuere Anschauungen der organischen Chemie (Organische Chemie in Einzeldarstellungen Bd. 1), S. 253ff. Berlin: Springer 1940.

[2] Das hiebei angewendete Verfahren ist in einigen der in Fußnote 2, Seite 176 aufgezählten Arbeiten beschrieben (Sulfidin).

II. Die physikalisch-chemischen Eigenschaften der Kohlenwasserstoffe und ihrer Derivate.

Es ist heute zwar noch nicht möglich, alle technisch wichtigen physikalischen Eigenschaften einer organischen Verbindung aus der Struktur der Moleküle abzuleiten. Immerhin sind schon so viele Zusammenhänge zwischen physikalischen Eigenschaften und chemischer Konstitution bekannt, daß es sich lohnt, sie zu erörtern[1]. Dabei können zwei Ziele verfolgt werden. Entweder dient die genaue Kenntnis der Eigenschaften einzelner Verbindungen einer homologen Reihe und der Gesetzmäßigkeiten, denen sie gehorchen, dazu, Lücken zu schließen, indem für Zwischenglieder einer solchen Reihe die Werte für einzelne Eigenschaften durch Interpolation ermittelt werden. In mäßigen Grenzen erscheinen auch Extrapolationen zulässig. Verwandt mit dieser Aufgabe ist die Kontrolle von Meßergebnissen. Denn wenn der Wert einer physikalischen Eigenschaft eines Stoffes einer homologen Reihe von dem, der auf Grund erkannter Gesetzmäßigkeiten zu erwarten ist, erheblich abweicht, besteht der Verdacht, daß bei der Messung Fehler unterlaufen sind oder bisher nicht beachtete Zusammenhänge übersehen wurden.

Die Lösung solcher Aufgaben ist vor allem für den forschenden Physikochemiker von Interesse. Der Techniker wird hingegen oft vor der Notwendigkeit stehen, die Eigenschaften irgendwelcher als Brenn-, Kraft- oder Schmierstoffe zu verarbeitender oder zu verwendender Gemische von Kohlenwasserstoffen und ihren Begleitstoffen im voraus abzuschätzen, ohne die Möglichkeit zu haben, sie im Laboratorium bestimmen zu lassen; sei es, daß ihm die Stoffe selbst zunächst noch gar nicht zur Verfügung stehen oder daß die Planungs- oder Vorbereitungsarbeiten eine Belastung durch Kosten und Zeitaufwände, wie sie für genaue Untersuchungen erforderlich wären, nicht vertragen. Dann wird es erwünscht sein, z. B. auf Grund der Erkenntnisse über die Herkunft einer Kohle oder eines Heizöles Aussagen über ihre voraussichtliche Beschaffenheit machen zu können, wobei unter Herkunft nicht nur der

---

[1] Vgl. hiezu die Seite X unter 2. genannten Bücher.

geographische Ort der Förderung, sondern auch alle erreichbaren Angaben über Verarbeitungsart u. ä. zu verstehen sind. Selbstverständlich wird man sich dabei soweit als möglich auf Versuchsergebnisse stützen müssen. Allerdings sind viele solche Angaben rein statistisch gewonnen und nicht immer systematisch verwertet. Es kann in solchen Fällen vorteilhaft sein, mit Hilfe der Kenntnis des chemischen Aufbaues der Einzelstoffe und der für die Eigenschaften erkannten Gesetzmäßigkeit das statistisch vorliegende Material kritisch zu sichten und daraus die erforderlichen Schlüsse zu ziehen. Deshalb sollen hier im Anschluß an die chemische Systematik die Eigenschaften der einzelnen Stoffe und Verbindungsgruppen erörtert werden. Im Hauptabschnitt IV wird sich dann Gelegenheit ergeben, an die folgenden Abschnitte anknüpfend die wichtigsten Eigenschaften der natürlich vorkommenden und technisch gewonnenen Brenn-, Kraft- und Schmierstoffe zu besprechen.

A. Dynamische Größen.

1. Die Zähigkeit.

Die Zähigkeit interessiert in erster Linie bei den als Schmierstoffe zu verwendenden Kohlenwasserstoffgemischen. Es wird deshalb im Abschnitt IV D 1 noch näher erörtert werden, von welchen Gesetzmäßigkeiten ihre Größe bei Schmierstoffen beherrscht wird und wie sich diese darstellen lassen. Es ist jedoch zweckmäßig, auch die Zähigkeit der einzelnen Stoffe zu kennen.

Die Zähigkeit wird entweder im konventionellen oder absoluten Maße gemessen. Als konventionelle Maße sind Angaben in Grad Engler, Redwood-Sekunden oder Saybolt-Sekunden gebräuchlich. Die Angabe in Engler-Graden (° E) bedeutet, um wieviel mehr Zeit das betreffende Öl zum Ausfluß aus einem Engler-Viskosimeter benötigt als Wasser von 20° C. Näheres über die Bestimmung der Zähigkeit im Engler-Viskosimeter siehe DIN DVM 3655. Die in den Vereinigten Staaten von Amerika und in England gebräuchlichen Angaben in Redwood- oder Saybolt-Sekunden geben ebenfalls Ausflußzeiten aus den dort gebräuchlichen Viskosimetern an. Demgegenüber hat sich in den letzten Jahren in Deutschland immer mehr eingebürgert, zur Angabe der Zähigkeit einer Flüssigkeit das absolute Maßsystem zu verwenden. Die Zähigkeit wird dabei nach der dem Sinne nach bereits bei Newton zu findenden Gleichung

$$\tau = \eta \frac{dv}{dn} \qquad (1a)$$

definiert, worin τ eine Schubspannung, η die Zähigkeit, v die Relativgeschwindigkeit zweier gegeneinander bewegter paralleler Flächenelemente und n die Senkrechte zu diesen Flächenelementen bedeuten. Als Dimension für die Zähigkeit ergibt sich daraus im cm-g-s-System

$$\left[\frac{\text{dyn}}{\text{cm}^2} \cdot \frac{\text{s}}{\text{cm}} \cdot \text{cm}\right] = \left[\frac{\text{dyn} \cdot \text{s}}{\text{cm}^2}\right] = \left[\frac{\text{g}}{\text{cm} \cdot \text{s}}\right].$$

Diese Einheit wird als Poise (P) bezeichnet, ihr 100-ter Teil ist die Centipoise (cP). Benutzt man das technische kg-m-s-System, dann ist die damit dargestellte Zähigkeitseinheit 1 kg s/m² = 98,1 P. Die so definierte Zähigkeit wird als dynamische Zähigkeit bezeichnet und ist von der vor allem für Ähnlichkeitsbetrachtungen wichtigen kinematischen Zähigkeit ν zu unterscheiden. Diese wird als Quotient aus der dynamischen Zähigkeit und der Massendichte definiert:

$$\nu = \frac{\eta}{\varrho}; \tag{1b}$$

sie hat im cm-g-s-System die Dimension

$$\left[\frac{\text{g}}{\text{cm} \cdot \text{s}} \cdot \frac{\text{cm}^3}{\text{g}}\right] = \left[\frac{\text{cm}^2}{\text{s}}\right],$$

diese Dimensionseinheit bezeichnet man als Stok (St).

Es ist nun zu beachten, daß die konventionell ermittelten Zähigkeitsmaße nicht mit der dynamischen, sondern mit der kinematischen Zähigkeit in Beziehung zu setzen sind, weil die in den Viskosimetern bestimmte Ausflußgeschwindigkeit nicht nur eine Funktion der Zähigkeit, sondern auch der Dichte ist. Denn es wird mit gleichem Volumen gemessen und die Kraftwirkungen sind dementsprechend gleich der Massendichte bzw. dem spezifischen Gewicht. Eine eindeutige Zuordnung zu den durch konventionelle Maße ausgedrückten Werten und Angaben im absoluten Maßsystem ist bei Zähigkeiten von weniger als 50° E wegen der im Viskosimeter auftretenden Turbulenz streng genommen nicht möglich. Es leistet jedoch die von UBBELOHDE angegebene Gleichung

$$\nu = 0{,}0752\,\text{E} - \frac{0{,}0631}{\text{E}}\ [\text{St}]$$

im allgemeinen recht gute Dienste[1]. Außerdem ist in Zahlentafel 36, S. 431 der Zusammenhang zwischen dem absoluten Maß und den kon-

[1] Näheres über die Hydrodynamik zäher Flüssigkeiten z. B. bei PRANDTL, L.: Führer durch die Strömungslehre, S. 92ff. Braunschweig: Vieweg 1942. — MÜLLER, W.: Einführung in die Theorie der zähen Flüssigkeiten (Mathematik und ihre Anwendung Bd. 10). Leipzig: Akad. Verlagsges. 1932.

ventionellen Maßen wiedergegeben. Es ist dabei auch die im französischen Schrifttum gebräuchliche, in cm^3/h gemessene Fluidität berücksichtigt[1].

Wenn man zunächst die Werte der dynamischen Zähigkeit dampfförmiger Kohlenwasserstoffe nach den im Schrifttum mitgeteilten Versuchsergebnissen in Abhängigkeit von der Temperatur aufträgt — vgl. Abb. 4 —, so sieht man, daß sie etwa linear verlaufen und alle einem in der Nähe des Ursprungs gelegenen Pol zuzustreben scheinen. Sie zeigen bei den Normalparaffinen eine mit der Kohlenstoffatomzahl im Molekül abnehmende Tendenz. Die Größe $\log \eta$ für eine bestimmte Temperatur über der Kohlenstoffatomzahl aufgetragen, ergibt eine sehr schwach gekrümmte Linie. Die Werte für verzweigte Alkane weichen, soweit sie bekannt sind, nur unmerklich von denen der Normalalkane ab. Die Doppel- und Mehrfachbindungen wirken sich hingegen wesentlich stärker aus, und zwar im Sinne einer Erhöhung der Zähigkeit, also so, als ob die Kohlenstoffatomzahl des Moleküls kleiner wäre. Auch die Werte von Zyklohexan liegen über den für Normalhexan gemessenen, die übrigens offensichtlich zu hoch sind, und Benzoldampf hat eine Zähigkeit, die bereits zwischen der von Butan und Propan liegt.

Auf die Möglichkeit, die Zähigkeit η als Funktion der freien Weglänge der Moleküle darzustellen und so exakt gültige Formeln abzuleiten, kann hier nicht näher eingegangen werden. Man erhält dabei nach $\eta = \eta_0 \cdot T^{3/2}/(T + C)$ schwach gekrümmte Kurven; C ist die sog. SUTHERLANDsche Konstante. Immerhin gibt Abb. 4 die Möglichkeit, die Zähigkeit auch für andere darin nicht wiedergegebene Kohlenwasserstoffdämpfe mit einer für technische Zwecke genügenden Genauigkeit abzuschätzen.

---

[1] Zur Umrechnung von Zähigkeitsmaßzahlen des physikalischen und des technischen Maßsystems können die beiden nachstehenden Zahlentafeln dienen:

Zahlentafel 14. *Dynamische Zähigkeit.*

	$\frac{kg \cdot h}{m^2}$	$P = \frac{g}{cm \cdot s}$	$\frac{kg \cdot s}{m^2}$
$1 \frac{kg \cdot h}{m^2} =$	1	$0{,}3532 \cdot 10^6$	$3{,}6 \cdot 10^3$
$1 \frac{g}{cm \cdot s} =$	$2{,}833 \cdot 10^{-6}$	1	0,0102
$1 \frac{kg \cdot s}{m^2} =$	$277{,}8 \cdot 10^{-6} = \frac{1}{3{,}6 \cdot 10^3}$	98,1	1

Zahlentafel 15. *Kinematische Zähigkeit.*

	$\frac{m^2}{h}$	$St = \frac{cm^2}{s}$	$\frac{m^2}{s}$
$1 \frac{m^2}{h} =$	1	$2{,}778 = \frac{1}{0{,}36}$	$277{,}8 \cdot 10^{-6} = \frac{1}{3{,}6 \cdot 10^3}$
$1 \frac{cm^2}{s} =$	0,36	1	$1 \cdot 10^{-4}$
$1 \frac{m^2}{s} =$	$3{,}6 \cdot 10^3$	$1 \cdot 10^4$	1

Bei der dynamischen Zähigkeit von Gasen kann im allgemeinen, der kinetischen Theorie entsprechend, keine Abhängigkeit vom Druck festgestellt werden Da die Dichte ϱ bei gleichbleibender Temperatur dem Druck ungefähr proportional ist, ändert sich folglich die kinematische Zähigkeit etwa im umgekehrten Verhältnis mit diesem. Berechnet man die Zähigkeit von Gasgemischen nach der Mischungsregel, so erhält

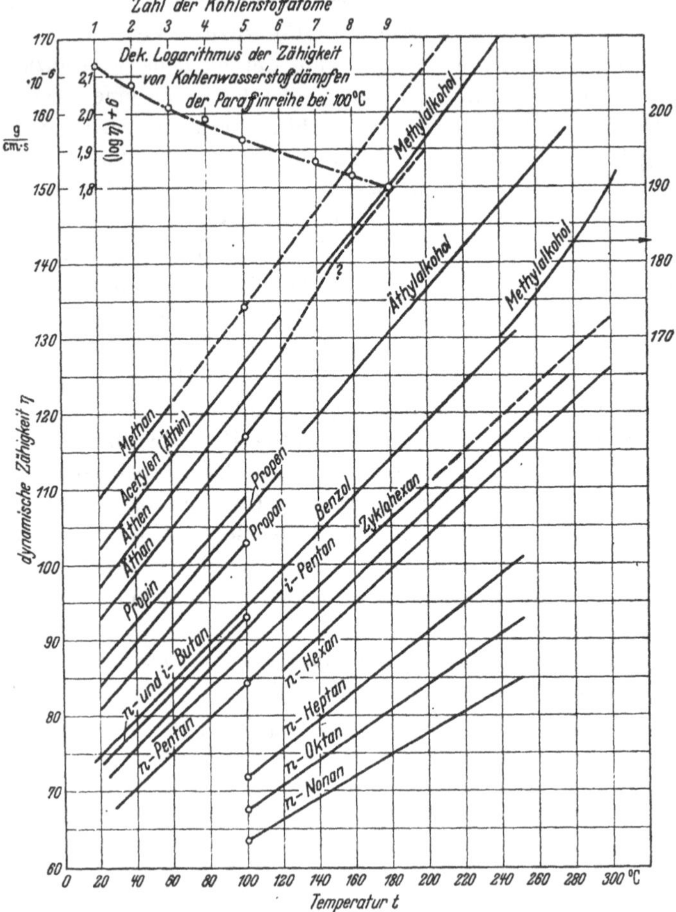

Abb. 4. Dynamische Zähigkeit dampfförmiger Kohlenwasserstoffe und davon abgeleiteter Verbindungen nach LANDOLT-BÖRNSTEIN.

Die Punkte der Kurve, welche die Abhängigkeit von der Zahl der Kohlenstoffatome bei 100° C zeigt (links oben), sind durch Kreise kenntlich gemacht.

man meist niedrigere Werte, als sie gemessen werden, obwohl Assoziationen verschiedenartigen Gasmoleküle nicht beobachtet sind[1].

Komplizierter liegen die Verhältnisse bei Flüssigkeiten. Das Studium der Zusammenhänge zwischen Zähigkeit und Molekülbau ist in den letzten Jahren in der physikalischen Chemie sehr eingehend betrieben worden und hat für die Technik deshalb Bedeutung, weil in der Erkenntnis der Zusammenhänge beachtliche Erfolge erzielt wurden, was sich besonders bei der Entwicklung neuer synthetischer Schmierstoffe auswirkte.

Bei Gasen wird die Zähigkeit als ein Impulstransport aufgefaßt, indem Moleküle einer vom mittleren Wert abweichenden Impulsgröße ihre Schicht verlassen. Nach Zurücklegen einer mittleren freien Weglänge werden die Differenzen der Impulsgrößen durch Zusammenstöße mit anderen Molekülen ausgeglichen. Der lineare Anstieg der dynamischen Zähigkeit von Gasen und Dämpfen mit der Temperatur spiegelt diesen Zusammenhang wider.

Flüssigkeiten zeigen demgegenüber einen ganz anderen Verlauf, denn bei ihnen nimmt die Zähigkeit fast ausnahmslos mit der Temperatur ab. Somit kann die Impulsübertragung nicht die entscheidende Größe für die Zähigkeit von Flüssigkeiten sein. Dies wird so erklärt, daß bei Gasen die Abstände zwischen den Molekülen so groß sind, daß die Gestalt der Moleküle und das sie umgebende Kraftfeld ohne Einfluß auf ihr Verhalten sind. Es kann deshalb die Annahme einer vollständig ungeordneten, allgemeinen statistischen Gesetzen unterliegenden Molekularbewegung getroffen werden. Flüssigkeiten haben jedoch einen ganz bestimmten Ordnungszustand, der nicht nur auf die Zähigkeit, sondern ebenso auf die anderen Eigenschaften, wie Molvolumen, Diffusion, Oberflächenspannung usw., von Einfluß ist. Eine Gleichung, die die Abhängigkeit der Zähigkeit von der Temperatur bei „normalen, nichtassoziierenden" Flüssigkeiten wiedergibt, lautet nach ANDRADE und SHEPPARD[2]

$$\log \eta = A + \frac{B}{4{,}57\,R\,T}\,. \tag{2}$$

Darin bedeuten T die absolute Temperatur in Grad Kelvin, R die allgemeine Gaskonstante und A und B zwei individuelle Konstante.

---

[1] Näheres hierüber bei ZIPPERER, L. u. G. MÜLLER: Beitrag zur Bestimmung und Berechnung der Zähigkeit von Gasgemischen. GWF Bd. 75 (1932) S. 623—627, 641—644, 660—664. — SCHUDEL, W.: Kinetische Gastheorie und Viskosität binärer Gasmischungen. Monatsbull. schweiz. Ver. Gas- und Wasserfachm. Bd. 22 (1942) S. 21—30; — Ref.: GWF Bd. 86 (1943) S. 306.

[2] ANDRADE, E. N. DA: Nature, Lond. Bd. 125 (1930) S. 309. — SHEPPARD, S. E.: Nature, Lond. Bd. 125 (1930) S. 489.

Demnach sollen also die Zähigkeitskurven von solchen Flüssigkeiten in einem Diagramm mit $\log\eta$ als Ordinate und $1/T$ als Abszisse als Gerade erscheinen.

Wie Abb. 5 zeigt, ist dies bei den Normal- und Isoparaffinen der Fall. Für reine Olefine liegen zu wenig Meßwerte vor; eine Überprüfung ist deshalb noch nicht möglich. Es kann jedoch vermutet werden, daß sie

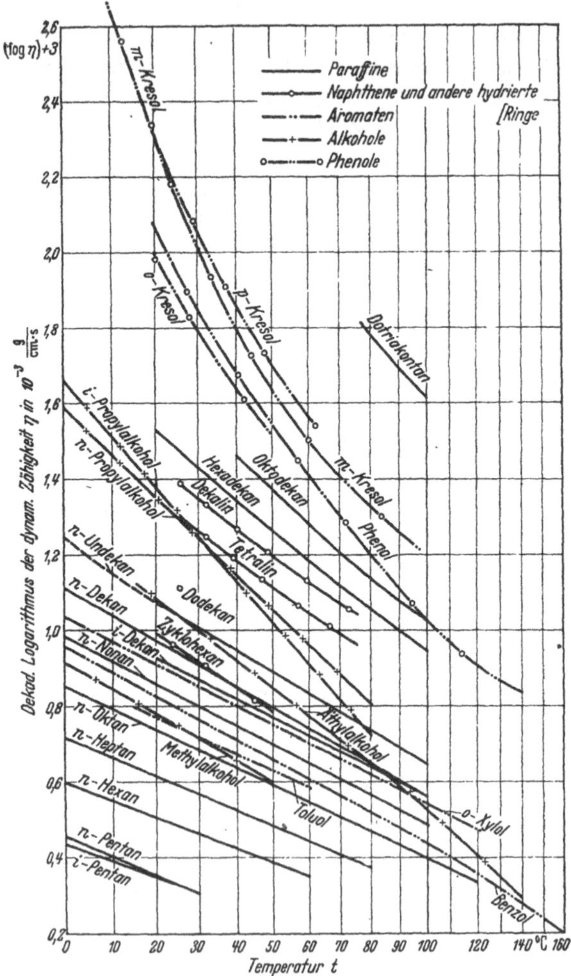

Abb. 5. Dynamische Zähigkeit flüssiger Kohlenwasserstoffe und davon abgeleiteter Verbindungen; Logarithmen über der reziproken Temperaturskala aufgetragen nach LANDOLT-BÖRNSTEIN.

derselben Gesetzmäßigkeit gehorchen; denn selbst bei Benzol und Toluol weichen die Werte kaum vom geraden Verlauf ab. Hingegen zeigen z. B. die Kurven für Meta- und Parakresol, deren Zähigkeit um eine Zehnerpotenz größer ist als die von Benzol, eine deutliche Krümmung. Dies wird auch bei Wasser und Phenol beobachtet. Den Grund sieht LINKE[1], der diese Zusammenhänge insbesondere im Hinblick auf die Verwendung von Kohlenwasserstoffen als Schmiermittel untersucht hat, in einer zunehmenden Dissoziation der bei niedrigen Temperaturen vorhandenen Molekülaggregate. Obwohl es sich bei der Gl. (2) um eine halbempirische Formel handelt, hat man doch versucht, die beiden Konstanten physikalisch zu deuten. Danach soll B die Aktivierungsenergie sein, die einem Molekül zugeführt werden muß, um es zu einem Platzwechsel zu veranlassen, d. h. also, daß man doch von der Vorstellung eines Impulstransportes ausgeht; A wäre dann der Logarithmus der bei unendlich hoher Temperatur verbleibenden Zähigkeit.

Die Kenntnis des Verhaltens der Einzelstoffe ist jedoch bei der Zähigkeit von geringerem Wert, sofern es sich um die technische Verwendung als Schmiermittel handelt. Die Schmiermittel enthalten sehr viele einzelne Komponenten, von denen bisher noch nicht eine einzige für sich aus Schmieröl isoliert werden konnte. Als synthetisch gewonnene Stoffe sind sie selbstverständlich bekannt. Bei der Mischung von Kohlenwasserstoffen treten nun zusätzliche Erscheinungen auf, die das Verhalten der Gemische gegenüber dem der einzelnen Komponenten grundsätzlich ändern. Hierüber wird auch im Zusammenhang mit der gegenseitigen Löslichkeit und der Mischungswärme in den folgenden Abschnitten II B 4a und II C 4 einiges zu sagen sein.

Um auf diesem Gebiet weiterzukommen, haben deshalb besonders WOLF und seine Schüler zunächst an Modellmischungen von wohldefinierten Kohlenwasserstoffen und daraus abgeleiteten Verbindungen umfangreiche Untersuchungen durchgeführt[2]. Um möglichst allgemeine

[1] LINKE, R.: Über Assoziationsvorgänge im Schmieröl. Angew. Chem. A Bd. 54 (1941) S. 260—262 — Einige Betrachtungen über das Wesen der Schmieröle. Kolloid-Z. Bd. 97 (1941) S. 189—192 — Die Viskosität der Flüssigkeiten mit besonderer Berücksichtigung der Schmieröle. Öl u. Kohle Bd. 37 (1941) S. 956. — HARMS, H., H. RÖSZLER u. K. L. WOLF: Über innere Reibung und innere Schmierung. Z. phys. Chem. Abt. B Bd. 41 (1938) S. 321—364.

[2] WOLF, K. L.: Molekularphysikalische Probleme der Schmierung. Z. VDI Bd. 83 (1939) S. 781—786. — HARMS, H.: Über zwischenmolekulare Kräfte und Zähigkeiten von Flüssigkeiten. Z. phys. Chem. Abt. B Bd. 44 (1939) S. 14—40. — WOLF, K. L. u. H. HARMS: Über starke und schwache Dipolbildner. Z. phys.

Aussagen machen zu können, rechnen sie jedoch nicht mit der wie üblich definierten dynamischen Zähigkeit, sondern mit der molaren Zähigkeit

$$\eta_M = \eta V_M^{1/3}. \tag{3}$$

Der Wert η_M stellt also nicht die an einem Würfel von 1 cm Kantenlänge, sondern die an einem Würfel von der Größe des Molvolumens V_M gemessene Schubkraft dar. Diese Wahl ist berechtigt, weil dann die Verhältnisse an einer immer gleichen Anzahl von Molekülen im Schubwürfel betrachtet werden. Um geeignete Untersuchungsmethoden zu gewinnen, ziehen WOLF und seine Schüler noch andere, vom Ordnungszustand der Moleküle abhängige Größen in den Kreis ihrer Betrachtungen, so die Orientierungspolarisation, die Mischungswärme, die Raumbeanspruchung, die elektrischen Verluste, das Molekulargewicht und den Gasdruck. Nach ihren Ansichten ist die Zähigkeit einer Flüssigkeit nicht als Wirkung eines Energietransportes durch die Moleküle selbst, sondern als Wirkung einer Energiefortleitung durch Schwingungen der einander dicht berührenden Moleküle aufzufassen. Die Größe B der ANDRADEschen Gleichung kann dann als die hiefür erforderliche Energie aufgefaßt werden, so daß es sich erklärt, wieso diese Gleichung tatsächlich erfüllt ist, obwohl die ihr ursprünglich zugrunde liegenden Überlegungen nicht richtig sein dürften. Die Auffassung von WOLF berührt sich mit den von UMSTÄTTER entwickelten Ansichten, die anschließend noch zu besprechen sein werden. Wegen Einzelheiten muß auf die zahlreichen Veröffentlichungen dieser Forscher verwiesen werden.

Die Änderung der Zähigkeit mit der Temperatur bei Flüssigkeiten wurde bereits als Folge der Änderung des Assoziationszustandes erklärt. Es ist daher zu erwarten, daß hohe Drücke denselben Einfluß haben wie tiefe Temperaturen, weil sie zu einer Erhöhung der Packungsdichte der Moleküle führen. Abb. 6 zeigt den Verlauf des Wertes $\log \eta_p/\eta_1$ für einige einfache Kohlenwasserstoffe und Alkohole. Man sieht, daß sich die Werte um Beträge bis nahezu an zwei Zehnerpotenzen bei Druckänderungen von 1 bis 10000 at ändern können. Eine Untersuchung der Verhältnisse bei den in Schmierstoffen vorkommenden chemischen Individuen wäre deshalb sehr interessant, weil im Schmierspalt von Lagern sehr hohe Drücke auftreten können. Sie lassen sich nach der

---

Chem. Abt. B Bd. 44 (1939) S. 359—373. — DUNKEN, H., J. FREDENHAGEN u. K. L. WOLF: Übermolekülbildung in Grenzflächen. Kolloid-Z. Bd. 95 (1941) S. 186—188.

hydrodynamischen Theorie der Schmierung berechnen, bei der allerdings bisher die Zähigkeit als konstant angenommen wird.

Einer noch weiter gehenden Korrektur bedarf diese Annahme allerdings infolge des Auftretens der Strukturviskosität. Man versteht dar-

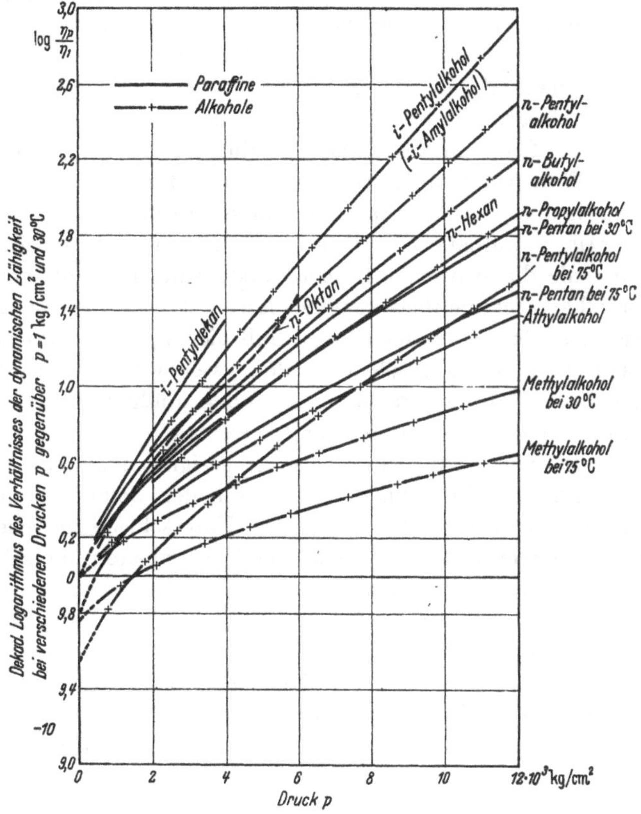

Abb. 6. Änderung der dynamischen Zähigkeit einiger einfacher Kohlenwasserstoffe und Alkohole mit dem Druck nach Messungen von BRIDGMAN.
Die Werte für 30° C beginnen bei log 1 = 0; die für 75° C bei den der Zähigkeitsabnahme entsprechenden niedrigeren Werten. Vgl. LANDOLT-BÖRNSTEIN, 1. Erg.-Bd., Tabelle 47, S. 135 und 2. Erg.-Bd., 1. Teil, Tabelle 47, S. 133ff.

unter die Änderung der Zähigkeit in Abhängigkeit vom Schergefälle (Geschwindigkeitsgradienten). Die Strukturviskosität ist eine den Kolloidchemikern seit etwa zwanzig Jahren geläufige Erscheinung, weil sie bei den aus riesigen Molekülkomplexen bestehenden Kolloiden am frühesten und am besten beobachtet werden konnte. Es ist jedoch die Annahme berechtigt, daß sie eine ganz allgemeine Erscheinung ist. Sie dürfte bei Flüssigkeiten, von denen man annimmt, daß sie der NEWTONschen Gleichung gehorchen, erst bei extrem hohen Geschwindigkeitsgradienten auftreten[1]. Flüssigkeiten, für die der Wert η in der NEWTONschen Gl. (1) konstant ist, werden — allerdings in anderem Sinn als früher — ebenfalls als „normal" bezeichnet.

Die mögliche Änderung der Zähigkeit mit dem Schergefälle wurde bisher in der Theorie der Schmierung noch kaum beachtet. Die Untersuchung dieser Zusammenhänge ist erst durch die Arbeiten von UMSTÄTTER in Fluß gekommen. Hier sind zunächst seine grundlegenden Ausführungen über Strukturmechanik zäh-elastischer Kontinua zu erwähnen[2]. Darauf aufbauend hat er in allerletzter Zeit Arbeiten veröffentlicht[3], die die Anwendung seiner Gedankengänge auf praktische Fragen der Lagerschmierung erkennen lassen. Wegen der nicht leicht zu durchschauenden Zusammenhänge muß hier von einer ins einzelne gehenden Darstellung abgesehen werden, weil wenig bekannte Beziehungen zur Erklärung herangezogen werden müßten. Es sollen aber die wesentlichen Gesichtspunkte erörtert werden.

Die Arbeiten von UMSTÄTTER erscheinen geeignet, manche der bisher ungeklärt gebliebenen Zusammenhänge aufzuhellen, denn es gelingt ihm nachzuweisen, daß sich trotz der großen Unterschiede zwischen den Molekülabmessungen und den Größen der Unebenheiten, die selbst bei feinster Bearbeitung der Flächen vorhanden sind, die Grenzflächenkräfte weit in den Gleitraum hinein auswirken. An der Tatsache, daß an den Oberflächen der Lagermetalle die Schmiermittelmoleküle eine Orientierung aufweisen, ist auf Grund verschiedener Beobachtungen nicht zu zweifeln. Andererseits lassen die Ansichten von UMSTÄTTER einer Behandlung der Aufgaben nach der strengen hydrodynamischen Theorie alle Möglichkeiten offen, vorausgesetzt, daß die Änderung der Zähigkeit

---

[1] Im Schmierspalt von Lagern können Werte von 10 MHz u. m. erreicht werden.

[2] UMSTÄTTER, H.: Strukturmechanik zäh-elastischer Kontinua. Kolloid-Z. Bd. 75 (1936) S. 135—142; Bd. 84 (1938) S. 168—179; Bd. 90 (1940) S. 172—178; Bd. 92 (1940) S. 169—179; Bd. 97 (1941) S. 353; Bd. 102 (1942) S. 232—245; Bd. 103 (1943) S. 7—18, 150—159; Bd. 105 (1943) S. 181—198; Bd. 107 (1944) S. 81—86.

[3] UMSTÄTTER, H.: Fließkunde und Strömungslehre. Die Technik Bd. 1 (1946) S. 167—172 — Strukturviskosität als Ursache des Schmierwertes. Die Technik Bd. 1 (1946) S. 46—52 — Schlüpfrigkeit und Grenzphasenreibung. Die Technik Bd. 2 (1947) S. 171—176.

berücksichtigt wird. Hiezu bedarf es allerdings noch eines Ausbaues des mathematischen Apparates, den UMSTÄTTER bereits angekündigt hat.

Wesentlich an den Ausführungen UMSTÄTTERs ist, daß er von dem MAXWELLschen Relaxationstheorem[1] ausgeht. Darunter wird der durch die Gleichung

$$\frac{ds}{dt} = \frac{\tau}{\eta} + \frac{d\tau}{dt} \cdot \frac{1}{G} \tag{4}$$

beschriebene Zusammenhang zwischen der Deformationsgeschwindigkeit ds/dt, der Schubspannung τ, der Zähigkeit η und dem Schubmodul G verstanden, der an einem „MAXWELLschen Körper" zu beobachten ist. Die Deformation s ist darin als dimensionslose Größe zunächst gleich der Änderung irgendeiner Abmessung dl/l gesetzt. Ein solcher Körper weist sowohl elastische Eigenschaften nach dem HOOKEschen Gesetz $s = \tau/G$ mit konstantem G als auch Eigenschaften einer NEWTONschen Flüssigkeit auf, für die die Beziehung $\tau = \eta \frac{dv}{dn}$ mit konstantem η gilt. Nun ist aber v beim MAXWELLschen Körper gleich dl/dt, d. h. gleich der zeitlichen Änderung der Schiebungsstrecke dl. Beachtet man die geometrischen Verhältnisse an einem Schubquader Abb. 7, so folgt wegen $s = dl/l = dl/dn$, daß

$$\frac{dv}{dn} = \frac{d}{dn}\frac{dl}{dt} = \frac{ds}{dt} \tag{5}$$

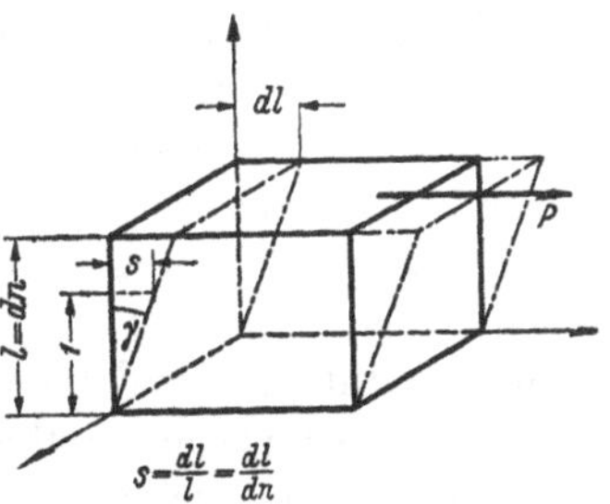

Abb. 7. Die geometrischen Verhältnisse am Schubquader. P Schubkraft.

ist, woraus sich die Gl. (4) ergibt. Denn die bei der Schiebung als Bezugsmaß gewählte Strecke l ist der Abstand der beiden betrachteten Parallelflächen und kann gleich dn gesetzt werden.

Unter „Relaxation" versteht man dann die zeitliche Änderung der Spannung an einem solchen „MAXWELLschen Körper". Setzt man also in der Gl. (4) $s =$ konst., $ds/dt = 0$, so wird

$$\frac{d\tau}{\tau} = -\frac{G}{\eta}dt \text{ und daraus } \tau = \tau_0 \exp\left(-\frac{Gt}{\eta}\right), \tag{6}$$

d. h. die Spannung τ klingt mit der Relaxationszeit $T = \eta/G$ als Zeitkonstante exponentiell mit der Zeit t bis auf null ab. Praktische Beispiele

[1] Vgl. hiezu z. B. PHILIPPOFF, W.: Viskosität der Kolloide. Handbuch der Kolloidwissenschaft, Bd. 9, S. 401. Dresden u. Leipzig: Steinkopff 1942.

MAXWELLscher Körper mit Relaxationszeiten in der Größenordnung von Sekunden oder Minuten sind Bitumina; sie verhalten sich bei plötzlicher Beanspruchung elastisch, ihre Spannungen verschwinden jedoch allmählich, wobei sie zu fließen beginnen.

Bei der Prüfung der Arbeiten von UMSTÄTTER ist nun zu beachten, daß dort s als Größe von der Dimension einer Länge behandelt ist und die Scherspannung so wie eine Oberflächenspannung in dyn/cm von dem in dyn/cm² zu messenden Tangentialdruck unterschieden wird. Damit ergeben sich gewisse Schwierigkeiten für das Verständnis. Eine weitere Erschwerung liegt darin, daß, wie sich UMSTÄTTER ausdrückt, „die Viskosität... nur unter ganz bestimmten Dimensionen ihrer geometrischen Berandung definierbar ist“. Man muß daher zwischen bedingt kleinen Differentialwerten unterscheiden, weshalb von UMSTÄTTER für die ersten der Begriff „Extremalwerte“ vorgeschlagen wird[1]. Neben der bedingten Kleinheit ist weiterhin noch eine bedingte Veränderlichkeit zu beachten, besonders dann, wenn die Teilchen groß sind, die Ausbreitungsgeschwindigkeit der Tangentialstörungen aber klein ist. So kann die Zähigkeit bei sehr kleinen und bei sehr großen Geschwindigkeitsgefällen als konstant, in einem mittleren Bereich muß sie aber als veränderlich angesehen werden, was dann für die Relaxationszeit ebenfalls gilt. Dies muß bei der Integration der MAXWELLschen Gleichung beachtet werden.

Die an die Gl. (4) geknüpften Untersuchungen MAXWELLS sind wenig beachtet geblieben, auch wurde die diesbezügliche Theorie von MAXWELL nicht in gleichem Maße ausgebaut wie seine elektromagnetische Theorie des Lichtes. Es fehlte damals noch an geeigneten Beobachtungsunterlagen; ebenso war man sich der praktischen Bedeutung der Frage noch nicht bewußt. Doch kann sie auf die seit dem letzten Jahrzehnt sehr stark in Entwicklung begriffene Fließkunde (Rheologie) befruchtend wirken. Darüber hinaus eröffnet sie die Möglichkeit, selbst das elastische Verhalten von Stoffen mit so unterschiedlichen Eigenschaften wie Stahl und Kautschuk einheitlich zu beschreiben.

Als weitere Folge aus den geschilderten Verhältnissen ergibt sich die bereits erwähnte Tatsache, daß die Zähigkeit von Flüssigkeiten nicht als eine durch die einzelnen Moleküle bestimmte Eigenschaft der Materie anzusehen ist, sondern erst durch das Zusammenwirken größerer Molekülkomplexe zustande kommt. Damit ist auch ohne weiteres erklärlich,

[1] Da der Begriff „Extreme“ und „Extremwerte“ besonders in der Variationsrechnung einen bereits feststehenden Sinn hat, wäre ein anderer Ausdruck vielleicht zweckmäßiger.

daß die „Anomalien" zunächst an Kolloiden beobachtet wurden und daß sich erst jetzt die Erkenntnis durchsetzt, daß es sich dabei um Eigenschaften der ganzen Materie handelt.

Man sieht also, daß unsere Kenntnisse über den Zusammenhang zwischen Zähigkeit und chemischem Aufbau noch lange nicht geklärt sind, was bei der Vielfältigkeit und Verwicklung der Erscheinungen nicht verwundern darf. Obwohl außerdem für die Beurteilung praktischer Fragen die Kenntnis der Zähigkeit einzelner chemischer Stoffe vorläufig noch von geringerem Wert ist, weil man es in der Technik fast ausnahmslos mit Gemischen zu tun hat und dadurch das Erscheinungsbild tiefgreifend geändert wird, schien es trotzdem zweckmäßig, auf diese Frage etwas näher einzugehen, um zu zeigen, welche Forschungsaufgaben noch offen sind. Denn es ist immerhin denkbar, daß sich durch die Untersuchung von Einzelstoffen und von Modellmischungen mit der Zeit Erkenntnisse gewinnen lassen, die erhebliche praktische Bedeutung erlangen können.

2. Die Wärmeleitfähigkeit und die Wärmeübergangszahl.

Für viele Aufgaben der Technik ist es erforderlich, die Wärmeleitfähigkeit zu kennen. Sie kann theoretisch mit der Zähigkeit in Verbindung gebracht werden, denn auch sie ist ein Impulstransport so wie diese, wenigstens soweit es sich um den gasförmigen Zustand handelt. Welchen Einfluß Unterschiede im Molekülbau, wie sie in organischen Verbindungen bestehen, auf ihre Größe haben, ist noch nicht klar. Denn die Beobachtung zeigt, daß die Wärmeleitfähigkeit fast aller bekannten organischen Verbindungen im flüssigen Zustand von gleicher Größenordnung ist, allerdings nur dann, wenn man 1 cm und nicht die Kantenlänge $V_M^{1/3}$ des Molwürfels als Längeneinheit wählt. Zahlentafel 16 gibt die Werte für eine Anzahl von ihnen wieder. Die Temperaturen, bei denen sie gemessen sind, sind mit angegeben, doch ist die Wärmeleitfähigkeit in den bisher gemessenen Bereichen nur wenig veränderlich. Sie nimmt zwischen 0 und 100° C im Durchschnitt um etwa 3 bis 8% ab.

Die in Zahlentafel 17 angegebenen Werte der Wärmeleitfähigkeit von Gasen zeigen hingegen eine deutliche Abhängigkeit von der Anzahl der Kohlenstoffatome im Molekül. Es sind aber noch zu wenig Meßwerte bekannt, um weiter gehende Schlüsse ziehen zu können. Für Gase besteht die Möglichkeit, die Wärmeleitfähigkeit mit Hilfe einer aus der

Zahlentafel 16. *Wärmeleitfähigkeit von organischen Flüssigkeiten.*

Stoff	Formel	$10^6 \cdot \lambda$ in cal/cm · s · grd bei °C					
		0	12	20	50	75	100
Pentan	C_5H_{12}	330	—	320	—	—	—
Hexan	C_6H_{14}	340	—	330	—	—	—
Heptan	C_7H_{16}	340	—	330	—	320	—
Oktan	C_8H_{18}	350	—	340	—	330	330
Dekan	$C_{10}H_{22}$	360	—	—	—	340	340
Dodekan	$C_{12}H_{26}$	360	—	—	—	340	330
Benzol	C_6H_6	—	—	370	—	350	—
Toluol	$C_6H_5 \cdot CH_3$	360	—	360	350	320	—
Xylol	$C_6H_4 \cdot (CH_3)_2$	340	—	—	—	330	330
Zymol	$CH_3 \cdot C_6H_4 \cdot CH(CH_3)_2$	—	270	—	230	—	—
Methylalkohol	CH_3OH	510	—	510	—	490	—
Äthylalkohol	C_2H_5OH	450	—	430	430	420	—
n-Propylalkohol	C_3H_7OH	410	—	410	—	380	—
i-Propylalkohol	C_3H_7OH	370	—	370	—	360	—
n-Butylalkohol	C_4H_9OH	410	—	400	—	390	—
i-Butylalkohol	C_4H_9OH	370	340	—	—	—	—
n-Amylalkohol	$C_5H_{10}OH$	400	—	390	380	380	370
i-Amylalkohol	$C_5H_{10}OH$	360	—	360	360	350	350
Hexylalkohol	$C_6H_{13}OH$	390	—	390	380	370	370
Glykol	$(CH_2 \cdot OH)_2$	610	—	620	620	—	640
Glyzerin	$CH_2 \cdot OH$ $CH \cdot OH$ $CH_2 \cdot OH$	680	— —	680	680	680	680
Ameisensäure	$HCOOH$	—	650	—	—	—	—
Essigsäure	CH_3COOH	—	470	—	—	—	—
Propionsäure	C_2H_5COOH	—	390	—	—	—	—
Buttersäure	C_3H_7COOH	—	360	—	—	—	—
Azeton	$CH_3 \cdot CO \cdot CH_3$	440	—	430	—	—	—
Diäthyläther	$C_2H_5 \cdot O \cdot C_2H_5$	340	—	330	—	—	—
Methylenchlorid	CH_2Cl_2	380	—	—	—	—	—
Chloroform	$CHCl_3$	—	290	—	—	—	—
Tetrachlorkohlenstoff	CCl_4	280	—	—	—	220	—
Chlorbenzol	C_6H_5Cl	360	300 (?)	—	—	330	—
Anilin	$C_6H_5NH_2$	410	—	410	410	400	—

Die letzten Stellen aller angegebenen Werte sind unsicher.

Zahlentafel 17. *Wärmeleitfähigkeit von Gasen organischer Stoffe.*

Stoff	Formel	$10^6 \cdot \lambda$ in cal/cm · s · grd bei °C				
		0	20	50	100	200
Methan	CH_4	73	79	—	—	—
Äthan	C_2H_6	43	49	60	77	—
Propan	C_3H_8	36	41	—	—	—
n-Butan	C_4H_{10}	32	37	—	—	—
i-Butan	C_4H_{10}	33	—	—	—	—
n-Pentan	C_5H_{12}	31	34	—	—	—
i-Pentan	C_5H_{12}	30	34	40	52	82
n-Hexan	C_6H_{14}	26	29	—	—	—
n-Heptan	C_7H_{16}	—	—	—	41	—
Äthen	C_2H_4	40	—	—	64	—
Azetylen	C_2H_2	44	—	—	—	—
Hexen	C_6H_{12}	24	29	—	44	—
Zyklohexan	C_6H_{12}	—	—	—	42	—
Benzol	C_6H_6	21	25	30	41	68
Methylalkohol	CH_3OH	34	—	—	52	—
Äthylalkohol	C_2H_5OH	33	36	42	50	—
Azeton	$CH_3 \cdot CO \cdot CH_3$	23	26	31	40	65
Diäthyläther	$C_2H_5 \cdot O \cdot C_2H_5$	31	35	42	54	82
Methylchlorid	CH_3Cl	22	25	30	38	57
Methylenchlorid	CH_2Cl_2	16	17	20	25	37
Chloroform	$CHCl_3$	15	17	19	24	32
Tetrachlorkohlenstoff	CCl_4	14	15	17	21	27

kinetischen Theorie abgeleiteten Gleichung[1] von der Form

$$\lambda = \varepsilon\, c_v\, \eta\, g \left[\frac{\text{kcal}}{\text{m} \cdot \text{s} \cdot \text{grd}}\right] \tag{7}$$

zu berechnen, wenn c_v die spezifische Wärme in kcal/kg · grd bei konstantem Volumen, η die dynamische Zähigkeit in kg · s/m², $g = 9{,}8067$ m/s² die Fallbeschleunigung und ε einen dimensionslosen Faktor bedeuten. Für dessen Berechnung gibt Eucken die Formel $\varepsilon = \frac{4{,}47}{C_v} + 1$ an, mit

[1] Vgl. Gröber, H. u. S. Erk: Die Grundgesetze der Wärmeübertragung, S. 246. Berlin: Springer 1933. — Eucken, A.: Gesetzmäßigkeiten für das Wärmeleitvermögen verschiedener Stoffarten und Aggregatzustände. Forsch. Ing.-Wes. Bd. 11 (1940) S. 6 — Auszug daraus Z. VDI Beih. Verf.techn. 1940, S. 65.

C_v in kcal/kmol·grd als Molwärme bei konstantem Volumen. Mit Hilfe der Gl. (7) ist es also möglich, erforderlichenfalls die Wärmeleitfähigkeit der Gase oder Dämpfe von organischen Verbindungen näherungsweise abzuschätzen, wenn Meßwerte nicht bekannt sind.

An einem Beispiel soll die Brauchbarkeit der Gl. (7) gezeigt werden. Für Methan von 0° C und 1 Atm ist die Molwärme bei konstantem

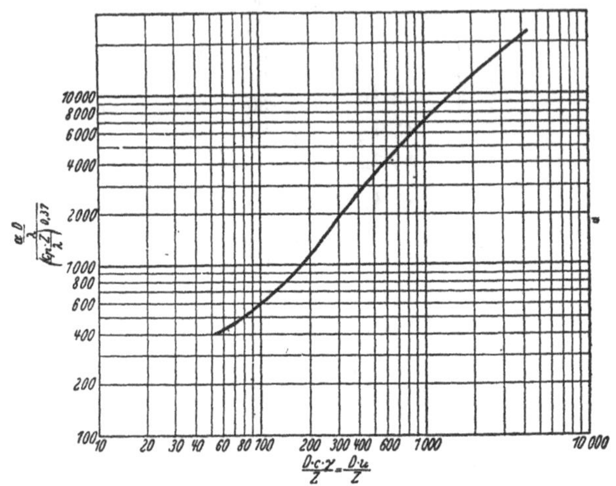

Abb. 8. Wärmeübergangszahl von Wand an Öl im kreisrunden Rohr bei turbulenter Strömung nach MORRIS und WHITMAN.
Erklärung der Formelzeichen im Text.

Volumen mit $C_v = 6{,}262$ kcal/kmol · grd gegeben[1]. Daher wird der Faktor $\varepsilon = \frac{4{,}47}{6{,}262} + 1 = 1{,}714$. Mit der spezifischen Wärme $c_v = \frac{6{,}262}{16{,}04}$ $= 0{,}3905$ kcal/kg·grd und der dynamischen Zähigkeit $\eta = 102 \cdot 10^{-6}$ g/cm · s $= 102 \cdot 10^{-6} \cdot 0{,}0102 = 1{,}04 \cdot 10^{-6}$ kg · s/m² nach Abb. 4, S. 190 extrapoliert erhält man $\lambda = 1{,}714 \cdot 0{,}3905 \cdot 1{,}04 \cdot 10^{-6} \cdot 9{,}81 = 6{,}83 \cdot 10^{-6}$ kcal/m·s·grd. Da 1 kcal/m·s·grd = 10 cal/cm·s·grd, ist die Übereinstimmung mit dem in Zahlentafel 17 gegebenen Wert von $\lambda = 73 \cdot 10^{-6}$ cal/cm·s·grd hinreichend.

Beim Wärmeübergang an feste Wände und beim Wärmedurchgang ist die Größe der Wärmeleitfähigkeit gegenüber den Wärmeübergangszahlen meist von untergeordneter Bedeutung. Die Bestimmung allgemein-

[1] Vgl. JUSTI, E: Spezifische Wärme, Enthalpie, Entropie und Dissoziation technischer Gase. Tabelle 109, S. 149 und Tabelle 94, S. 142. Berlin: Springer 1938.

gültiger Wärmeübergangszahlen ist aber, wie jeder Ingenieur weiß, eine der schwierigsten Aufgaben. Wegen des umfangreichen Schrifttums hierüber muß auf die Buchveröffentlichungen verwiesen werden[1]. Es fehlt auch nicht an Stimmen, die die Zweckmäßigkeit des Begriffes der Wärmeübergangszahl in Frage stellen[2].

Die Wärmeübergangszahl ist auch keine Größe, die als reine Stoffgröße anzusprechen ist. Insoweit ist ihre Erörterung an dieser Stelle etwas unsystematisch. Da aber dem Ingenieur mit dieser Erkenntnis allein nicht geholfen ist, wenn er wenigstens eine ungefähre Zahlenangabe benötigt, und Werte für Öle im Schrifttum sehr selten zu finden sind, sei hier mit Vorbehalt in Abb. 8 eine Kurve nach amerikanischen Versuchen mitgeteilt, aus der die Wärmeübergangszahl α in kcal/m^2·h·grd für den Übergang von der Wand an Öl (Kohlenwasserstoffe) bei turbulenter Strömung im kreisrunden Rohr ermittelt werden kann[3]. Für die Ordinaten sind die Wärmeleitfähigkeit λ des Öles in kcal/m·h·grd, der innere Durchmesser des Rohres D in cm (!), die dynamische Zähigkeit der Flüssigkeit Z bei mittlerer Grenzschichttemperatur in cP, die mittlere Geschwindigkeit c in dm/s (!) und das spezifische Gewicht γ in kg/dm^3 einzusetzen. Beim Übergang der Wärme vom Öl an die Wand müssen die aus Abb. 8 bestimmten Werte um etwa 25% erniedrigt werden[4].

3. Die Oberflächenspannung.

Die Oberflächenspannung $\sigma \left[\frac{\text{dyn}}{\text{cm}}\right]$ zeigt eine sehr deutliche Abhängigkeit von der chemischen Konstitution und wurde deshalb bereits sehr

---

[1] Vgl. hiezu u. a. Gröber, H. u. S. Erk: Die Grundgesetze der Wärmeübertragung. Berlin: Springer 1933. — Bosch, M. ten: Die Wärmeübertragung, 3. Aufl. Berlin: Springer 1936. — Schack, A.: Der industrielle Wärmeübergang, 2. Aufl. Düsseldorf: Stahleisen 1940.

[2] Walger, O.: Inwieweit ist der Gebrauch der Wärmeübergangszahl entbehrlich. Z. VDI Beih. Verf.techn. 1942, S. 110—112.

[3] Nach Morris u. Whitman, Industr. Engng. Chem. Bd. 20 (1928) S. 234 bis 240, wiedergegeben bei Badger, W. L. u. W. L. McCabe: Elemente der Chemie-Ingenieur-Technik, S. 100. Berlin: Springer 1932.

[4] Der Wärmeübergang an Transformatorenöl, ein für die Elektrotechnik sehr wichtiger Vorgang, wurde in letzter Zeit von Gotter untersucht. Er kommt zu Ergebnissen, die von den im Schrifttum zu findenden Angaben nicht unwesentlich abweichen. Vgl. hierüber Gotter, G.: Die stationäre Temperaturverteilung in mehrlagigen Röhrenspulen bei natürlicher Ölkühlung, Diss. TH Berlin 1944 — Die Wärmeübergangszahl von Transformatorenöl, Elektrotechn. Bd. 1 (1947) S. 169—176.

eingehend untersucht. Sie ist hier einmal wegen ihrer theoretischen Bedeutung erwähnenswert, dann aber auch deshalb, weil sie bei Zerstäubungs- und ähnlichen Vorgängen für die Technik Bedeutung hat.

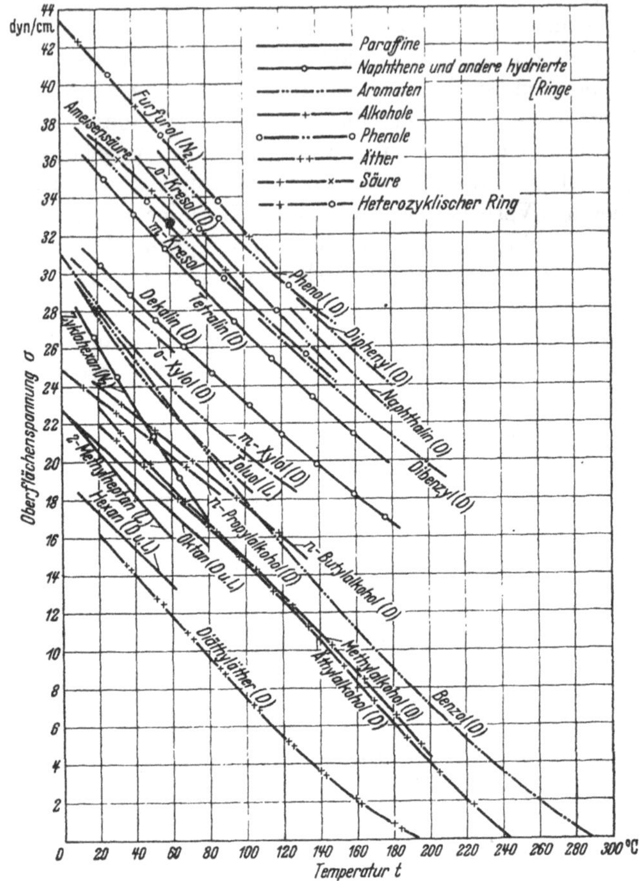

Abb. 9. Oberflächenspannung von Kohlenwasserstoffen und davon abgeleiteten Verbindungen gegen den eigenen koexistierenden Dampf (*D*), gegen Luft (*L*) oder gegen Stickstoff (N_2).

Der Stoff der angrenzenden Dampf- oder Gasphase hat auf die Größe der Oberflächenspannung nach bisher bekannten Messungen — von Ausnahmen abgesehen — keinen erheblichen Einfluß.

Bei der gegenseitigen Lösung von Stoffen wird sie sehr erheblich geändert. Deshalb wurde versucht, aus dieser Änderung Aussagen über andere Eigenschaften, die mit ihr gleichsinnig verlaufen, zu gewinnen.

Ihre Größe und Abhängigkeit von der Temperatur bei einigen der wichtigsten organischen Stoffe kann aus Abb. 9 entnommen werden[1].

Die annähernd lineare Abhängigkeit der Oberflächenspannung von der Temperatur bei einer größeren Anzahl von Flüssigkeiten, zu denen z. B. Benzol gehört, führte zu der Annahme, daß es sich bei diesen gewissermaßen um normale Stoffe handelt — wobei nun die Bezeichnung „normal" bereits in einer dritten Bedeutung gebraucht wird —. Insbesondere hat Eötvös festgestellt, daß die Größe

$$\frac{d\sigma_M}{dT} = -k_\sigma \tag{8}$$

fast immer den gleichbleibenden Wert von $-2{,}12$ ergibt. Darin ist $\sigma_M = \sigma \cdot V_M^{2/3}$ die sog. molekulare Oberflächenarbeit mit $V_M^{2/3}$ als Fläche des bereits erwähnten Molwürfels. Die Gl. (8) ist auch als sog. Eötvössche Regel bekannt. Zwischen ihr und dem Theorem der übereinstimmenden Zustände bestehen gewisse Zusammenhänge, derentwegen jedoch auf die Seite X erwähnten Lehrbücher der physikalischen Chemie verwiesen werden muß.

Abweichungen von dieser Regel werden besonders bei jenen Stoffen festgestellt, bei denen auch andere Beobachtungen darauf schließen lassen, daß die Stoffe im flüssigen Zustand assoziiert sind, d. h. daß sich die Moleküle zu Komplexen zusammenschließen. Solche Stoffe sind Wasser, Alkohole und andere, die ein ausgeprägtes Dipolmoment aufweisen.

Eine mit der Oberflächenspannung im Zusammenhang stehende Größe ist der von Sudgen vorgeschlagene Parachor[2]

$$P = \sigma^{1/4} \cdot V_M \,. \tag{9}$$

Der Parachor zeigt wesentlich schärfer ausgeprägt als die Oberflächenspannung eine deutliche Abhängigkeit vom chemischen Aufbau. Bei Paraffinen ist er am größten und nimmt mit steigender Zahl der Seitenketten, Doppelbindungen und Ringe ab. Er ist eine additive Größe, die sich aus den Werten für die einzelnen Atome und aus bestimmten Inkrementen für verschiedene Arten von Bindungen berechnen läßt. Ein Anwendungsfall des spezifischen Parachors $p = \sigma^{1/4}/\varrho$ mit ϱ als Dichte in g/cm^3 wird später in Abschnitt IV B 4 noch erwähnt werden.

---

[1] Wegen einiger neuerer Werte vgl. auch Hückel, W. u. H. Harder: Die Oberflächenspannung einiger alicyclischer Kohlenwasserstoffe. Chem. Ber. Bd. 80 (1947) S. 357—361.

[2] Sudgen, S.: J. chem. Soc. Bd. 125 (1924) S. 1177.

Außer der Oberflächenspannung der reinen Stoffe gegen Luft, gegen andere Gase oder gegen den eigenen Dampf hat die Änderung, die sie oft in starkem Maße durch Beimischungen erfährt, nicht nur theoretisch, sondern auch praktisch großes Interesse. Steht doch die Frage der mitunter erwünschten, meist jedoch sehr unerwünschten Emulsionsbildung damit in engstem Zusammenhang. Bei der Erörterung des Verhaltens von Seifen wurde bereits auf diesen Punkt hingewiesen. Meßwerte, deren Wiedergabe hier mit Rücksicht auf die Möglichkeit einer systematischen Gruppierung gerechtfertigt wäre, sind kaum bekannt. Es wird deshalb an passenden Stellen das Nötigste noch erwähnt werden.

B. Mechanisch-thermische Größen.

Die im vorhergehenden Abschnitt besprochenen Größen sind zwar von der Temperatur oder dem Druck des untersuchten Stoffes abhängig. Doch wurde vorläufig die Frage nach der Existenzmöglichkeit eines durch willkürliche Werte für Druck und Temperatur bestimmten Zustandes nicht näher untersucht. Sie wird durch die Zustandsgleichung beantwortet. Diese gibt an, welche Zustandsgrößen willkürlich gewählt werden können, damit ein Zustand vollständig bestimmt sei. Die übrigen Zustandsgrößen sind dann Funktionen der willkürlich wählbaren.

Hier interessiert zunächst die thermische Zustandsgleichung, die den Zusammenhang zwischen Druck, Temperatur und Volumen darstellt. An Stelle des Volumens kann bei Gemischen auch die Konzentration der betrachteten Komponente treten. Die durch die kalorische Zustandsgleichung dargestellten Energiegrößen und ihre Temperaturabhängigkeit werden in Abschnitt II C 5d noch zu besprechen sein.

Der allgemeine Ausdruck für die thermische Zustandsgleichung ist:

$$v = v(p, T) \tag{10}$$

mit v dem spezifischen Volumen in m^3/kg,
p dem Druck in kg/m^2 und
T der absoluten Temperatur in $°K$,

wenn man das technische Maßsystem benutzt. Diese Gleichung kann auch in der Form geschrieben werden, daß p oder T als Funktion der beiden anderen Größen dargestellt wird. Faßt man den durch die Gleichung wiedergegebenen Zusammenhang geometrisch als Fläche in einem dreidimensionalen Koordinatensystem auf, so hat diese im allgemeinen die aus Abb. 10 zu entnehmende Form. Auf ihr liegen alle Punkte, denen existenzfähige Zustände entsprechen. Ausgezeichnet sind besonders der Tripelpunkt A und der kritische Punkt K.

Eine solche Darstellung ist geeignet, zur Betrachtung der für die physikalische Chemie so wichtigen Gleichgewichte überzuleiten. Denn die Zustandswerte auf den Kurven, in denen die Fläche Unstetigkeiten zeigt, sind für die Technik von besonderem Interesse. Die Bedeutung

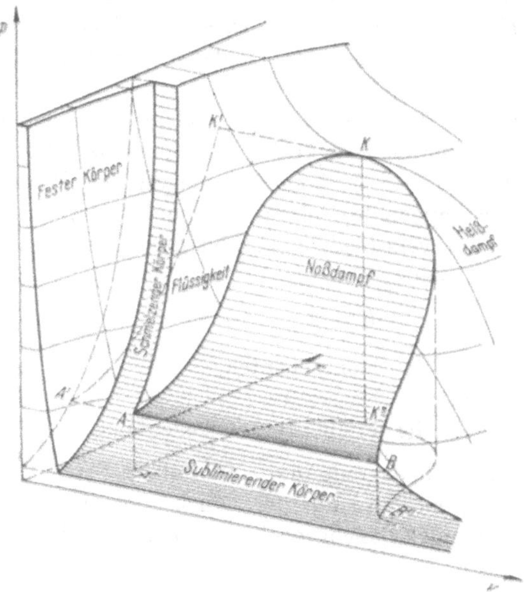

Abb. 10. Schematische Darstellung der Zustandsfläche eines Stoffes im T, v, p-Diagramm.

der unteren Grenzkurve AK und der oberen Grenzkurve KB des Verdampfungsgebietes, die beide durch den kritischen Punkt voneinander getrennt sind, ist von der Dampftechnik her geläufig. Zwei grundsätzlich ähnliche Kurven begrenzen das Schmelzgebiet. Es konnte jedoch bisher noch bei keinem Stoff festgestellt werden, ob sie sich unter extrem hohen Drücken bei einem dem kritischen entsprechenden Punkt treffen. Die Darstellung zeigt unter anderem die nicht immer beachtete Tatsache, daß es ohne Durchgang durch eine Phasengrenze möglich ist, aus dem Gebiet der Flüssigkeit in das des gasförmigen Zustandes zu gelangen, wenn durch ausreichende Drucksteigerung während der Zustandsänderung der kritische Punkt umgangen wird.

Da im Verdampfungs- und Schmelzgebiet die Erzeugenden der betreffenden Flächenabschnitte parallel zur v-Achse verlaufen, bedeutet dies, daß bei dem zugehörigen Wert für p und T für v alle zwischen den Grenzkurven liegenden Werte möglich sind. Die Projektion dieser Flächen und damit auch der Grenzkurven fällt in der p, T-Ebene in zwei Kurven zusammen, die sich in der Projektion des Tripelpunktes A treffen. Diese Projektionen sind die Dampfdruckkurven des sublimierenden und des siedenden Stoffes. Ihr Verlauf für einzelne Kohlenwasserstoffe und davon abgeleiteten Verbindungen wird in den folgenden Abschnitten noch besprochen werden.

Vom Standpunkt des thermischen Gleichgewichtes handelt es sich bei den den Grenzkurven entsprechenden Zuständen um das Gleichgewicht eines heterogenen Einkomponentensystems. Denn es ist nur ein Stoff (eine Komponente) vorhanden, und das Gleichgewicht ist heterogen, weil zwei verschiedene Phasen daran beteiligt sind. Nach der GIBBSschen Phasenregel[1]

$$K + 2 = P + F, \tag{11}$$

in der K die Anzahl der Komponenten,
P die Anzahl der Phasen und
F die Anzahl der Freiheitsgrade bedeuten,

folgt die Zahl der Freiheitsgrade in diesem Fall zu $F = 1$. D. h., es kann nur eine Zustandsgröße, also nur der Druck oder die Temperatur geändert werden, wenn das Gleichgewicht zwischen Dampf und Flüssigkeit erhalten bleiben soll.

---

[1] Vgl. hiezu z. B. EUCKEN, A.: Grundriß der physikalischen Chemie, 4. Aufl., S. 229. Leipzig: Akad. Verlagsges. 1934. Eine einfache Begründung dieser Regel kann folgendermaßen gegeben werden: Bei K Komponenten und P Phasen sind zunächst $K \cdot P$ Konzentrationsangaben denkbar, weil fürs erste die Möglichkeit offengelassen werden soll, daß jede Komponente in jeder Phase auftritt. Dazu kommen noch zwei Angaben für den Zustand des Gesamtsystems, also etwa Druck und Temperatur. Nun wird aber der Zustand jeder Phase durch eine Gleichung beschrieben, die die Zustandsgrößen dieser Phase miteinander verknüpft. Es sind demnach für jede Phase eine, insgesamt P Zustandsgrößen nicht mehr frei wählbar. Außerdem müssen die Konzentrationen jeder Komponente in allen Phasen im Gleichgewicht sein. Durch eine Angabe sind also die übrigen $(P - 1)$ Größen für die betreffende Komponente bestimmt. Daher vermindert sich die Zahl der frei wählbaren Größen um weitere $K \cdot (P - 1)$. Die Zahl der Freiheitsgrade ist also

$$F = K \cdot P + 2 - P - K(P - 1),$$

woraus die Beziehung Gl. (11) folgt.

In dem schon erwähnten Tripelpunkt, in dem die untere Grenzkurve des Verdampfungsgebietes von der oberen Grenzkurve des Schmelzgebietes abzweigt, ist also nach dem Phasengesetz der Freiheitsgrad gleich null, denn die Zahl der miteinander im Gleichgewicht stehenden Phasen P ist gleich 3. Tatsächlich sind in ihm Druck, Temperatur und Volumen bestimmt.

Als Grenzfall können auch alle anderen Punkte der Zustandsfläche durch die GIBBSsche Phasenregel erfaßt werden, die dann nur aussagt, daß die Zahl der Freiheitsgrade 2 beträgt; dasselbe drückt Gl. (10) in anderer Form aus.

In den nachfolgenden Unterabschnitten wird nun zunächst neben dem Molekulargewicht das spezifische Gewicht und seine Abhängigkeit von Druck und Temperatur besprochen, also der durch die thermische Zustandsgleichung gegebene Zusammenhang. Daran schließen sich Ausführungen über das Schmelz- und das Siedeverhalten einfacher Kohlenwasserstoffe an. Da man es jedoch in der Chemie der Brenn-, Kraft- und Schmierstoffe fast immer mit der gleichzeitigen Anwesenheit mehrerer, ja meistens sogar fast unübersehbar vieler Stoffe zu tun hat, sind die Gleichgewichte von Zwei-, Drei- und Mehrkomponentensystemen besonders wichtig.

Das Verhalten homogener Zwei- und Mehrkomponentensysteme im gasförmigen Zustand, zu dessen Beschreibung vor allem das Massenwirkungsgesetz dient, ist besonders für die Kenntnis des Ablaufes chemischer Reaktionen wichtig. In der flüssigen Phase ist für den Gleichgewichtszustand hingegen die gegenseitige Löslichkeit kennzeichnend. Wegen ihrer Bedeutung für das hier behandelte Gebiet ist ihr ein besonderer Abschnitt gewidmet. Es empfiehlt sich, anschließend daran die Absorption von Gasen in Flüssigkeiten und die Adsorption von Gasen und Flüssigkeiten an festen Körpern zu besprechen. Zwar handelt es sich dabei um heterogene Gleichgewichte, und zwar im ersten Fall mit dampfförmiger und flüssiger Phase, im zweiten Fall mit dampfförmiger oder flüssiger und fester Phase. Bei der Absorption ist aber der Dampfdruck des flüssigen, im Überschuß vorhandenen Stoffes sehr gering; in noch viel stärkerem Maße gilt dies vom Dampfdruck fester, adsorbierender Stoffe. Das Erscheinungsbild dieser Gleichgewichte unterscheidet sich daher wesentlich von dem heterogener Zwei- und Mehrkomponentensysteme, bei denen die Dampfdrücke der beteiligten Stoffe von gleicher Größenordnung sind.

Für Mehrkomponentensysteme der zuletzt genannten Art ist vor allem kennzeichnend, wie sich die bei unterschiedlichen Temperaturen

Zahlentafel 18. *Übersicht der Gibbsschen Phasenregel für Ein-, Zwei- und Dreikomponentensysteme* (nach TAMMANN und EUCKEN).

K	F	Bezeichnung des Systems	P	Existenzmöglichkeit
1 (Einkomponentensystem)	0	nonvariant	3	Nur ein Zustandspunkt (Tripelpunkt), z. B. im p, v, T-Raum
	1	univariant	2	Zustandspunkte auf drei Kurven, die sich im Tripelpunkt schneiden
	2	divariant	1	Zustandspunkte auf Flächen, die durch die Kurven univarianter Systeme (Grenzkurven) getrennt sind
2 (Zweikomponentensystem)	0	nonvariant	4	Zustandspunkte (Quadrupelpunkte), im dreidimensionalen Darstellungsraum für konstante vierte Zustandsgröße als Schnittpunkte von je vier Dreiphasenlinien abgebildet
	1	univariant	3	Zustandspunkte auf sechs Raumkurven, deren vier Projektionen sich im Quadrupelpunkt schneiden; zwei Paare von Projektionen fallen zusammen
	2	divariant	2	Zustandspunkte auf Flächen, welche die Zustandsräume trennen; die Schnittkurven dieser Flächen sind die Raumkurven des univarianten Systems
	3	trivariant	1	Zustandspunkte in den Einphasenräumen, welche durch die Flächen des divarianten Systems getrennt werden
3 (Dreikomponentensystem)	0	nonvariant	5	Zustandspunkte des Fünfphasengleichgewichtes, z. B. für $p =$ konst., auf einer Ebene parallel zur Ebene der gleichseitigen Dreiecke für die Zusammensetzung darstellbar; Zusammensetzung der fünf Phasen durch Punkte gegeben (Quintupelpunkte)
	1	univariant	4	Zustandspunkte auf Kurven des vierdimensionalen Darstellungsraumes, wenn z. B. $p =$ konst.
	2	divariant	3	Zustandspunkte auf Kurven des dreidimensionalen Raumes, wenn z. B. $p =$ konst.
	3	trivariant	2	Zustandspunkte, z. B. für $p =$ konst., auf zwei Flächen, von denen jede eine Phase darstellt
	4	quadrivariant	1	Vierdimensionaler Zustandsraum, der z. B. für $p =$ konst. als durch die vorgenannten Flächen begrenztes Bereich in den dreidimensionalen Raum projiziert werden kann

liegenden Siede- und Taupunkte mit der Zusammensetzung ändern. Deshalb sind schließlich die Siede- und Taulinien von Gemischen und Gemengen zu betrachten, die den technisch besonders wichtigen Gleichgewichtszustand heterogener Zwei- und Mehrstoffgemische mit flüssiger und dampfförmiger Phase beschreiben. Eine Übersicht über die Aussagen der GIBBSschen Phasenregel und ihre geometrische Deutung für Ein-, Zwei- und Dreikomponentensysteme kann der Zahlentafel 18 entnommen werden[1].

1. Das Molekulargewicht und die Dichte oder das spezifische Gewicht (Wichte).

Das aus der Bruttoformel einfach zu bestimmende Molekulargewicht ist bei sämtlichen Stoffen in den Zahlentafeln 2 bis 13 angegeben. Es wurde für H mit 1,008, für C mit 12,01, für N mit 14,008, für O mit 16,00 und für S mit 32,06 entsprechend der internationalen Atomgewichtstabelle von 1940 gerechnet. Das Molekulargewicht kann mit Hilfe der Zustandsgleichung für ideale Gase zur angenäherten Berechnung des spezifischen Volumens v in cm^3/g oder m^3/kg und damit der Massendichte ϱ in g/cm^3 oder des spezifischen Gewichtes γ in kg/m^3 einer Verbindung im gas- oder dampfförmigen Zustand benutzt werden[2].

---

[1] Die Lehre von den Gleichgewichten wurde besonders von G. TAMMANN sehr eingehend bearbeitet, dessen Lehrbuch der heterogenen Gleichgewichte. Braunschweig: Vieweg 1924 für eingehendes Studium zu empfehlen ist. Dieser Forschungszweig hat auch für die Metallkunde und die physikalische Chemie der Silikate große Bedeutung. Im Zusammenhang mit dem zuletzt genannten Sondergebiet war er für neue Erkenntnisse über das Schmelzverhalten von Schlacken fester Brennstoffe sehr förderlich. Vgl. hiezu Abschnitt IV A 7, besonders Fußnote 2, Seite 398.

[2] Es empfiehlt sich, bei allen Rechnungen vorher darüber zu entscheiden, ob man das physikalische oder das technische Maßsystem anwenden will. Man soll jedoch bei der Verwendung des technischen Maßsystems nicht übersehen, daß man sich durch Einführen des kg als Maßes einer Kraft auf die in einer bestimmten geographischen Breite herrschende Fallbeschleunigung festlegt. Für den Ingenieur ist dies ohne Belang.

Demgegenüber bevorzugt der Physiker die Bezugnahme auf die — im Rahmen genügend kleiner Geschwindigkeiten — unveränderliche Masse. Dieser Unterschied ist wesentlich und wichtiger als der rein äußerliche der Größenordnung und des Zwanges, die Fallbeschleunigung als mitunter lästig empfundenen Faktor in den Rechnungen mitzuschleppen.

Leider ließ es sich nicht vermeiden, in den Diagrammen und Zahlentafeln beide Maßsysteme abwechselnd anzuwenden. Es wäre sonst die Umrechnung von zu vielen, in den Tabellenwerken angegebenen Werten notwendig gewesen. Bei

Wenn für einen Stoff Angaben des spezifischen Volumens oder eines Reziprokwertes für verschiedene Drücke bekannt sind, läßt sich durch Extrapolation auf den Druck 0 die Genauigkeit der Berechnung sehr steigern, weil man die Abweichungen vom idealen Zustand berücksichtigen kann. Zum Zweck der Extrapolation trägt man am besten das Produkt $p \cdot v$ über p auf. Es ist bei allen bekannten Stoffen bei niedrigen Drücken angenähert linear von p abhängig.

Es mag hier darauf hingewiesen werden, daß vom Standpunkt des physikalischen Maßsystems die Benennung Molekulargewicht irreführend ist; es sollte eigentlich Molekularmasse heißen. Diese Größe M hat also in diesem Maßsystem die Dimension g/mol, wenn man den für die Elemente oder Verbindungen festliegenden Zahlenwert als Mol bezeichnet und dafür das „Kurzzeichen" mol verwendet. Man versteht also darunter eine Masse von soundso viel g wie das Molekulargewicht der betreffenden Verbindungen beträgt. Sinngemäß ist ein kmol $= 10^3$ mol definiert und kann ebenso wie g und kg bei Beachtung des Wechsels seiner Bedeutung auch im technischen Maßsystem verwendet werden. Hier darf man dann vom Molekulargewicht sprechen.

Nun ist das Volumen $V = M \cdot v$ eines Mols (das Molvolumen) bei Gasen (und Dämpfen) im idealen Zustand bei 0 °C und 760 Torr (=1 Atm) immer gleich dem Volumen von 22415 cm³/mol. Somit stellt die ideale Gasgleichung

$$pV = RT \tag{12}$$

eine Beziehung zwischen der Temperatur T in °K und dem Druck p her. Die allgemeine Gaskonstante R hat dann den Wert $62396 \frac{\text{Torr} \cdot \text{cm}^3}{\text{grd} \cdot \text{mol}}$. Wird jedoch mit den in der Technik üblichen Dimensionen gerechnet, also p in kg/m² eingeführt und für das Molvolumen die Größe $22{,}415 \frac{\text{m}^3}{\text{kmol}}$ gesetzt, so ergibt sich R zu

$$\frac{10333 \cdot 22{,}415}{273{,}16} = 847{,}93 \frac{\text{kg} \cdot \text{m}}{\text{grd} \cdot \text{kmol}} = 1{,}985 \frac{\text{kcal}}{\text{grd} \cdot \text{kmol}}.$$

---

einiger Aufmerksamkeit dürften sich aber Fehler beim Gebrauch der hier mitgeteilten Werte vermeiden lassen. Allerdings soll nicht verschwiegen werden, daß selbst geübte Rechner durch die Benutzung der beiden Maßsysteme nicht selten zu immer wiederkehrenden Überlegungen gezwungen werden.

Selbst anerkannte Lehrbücher lassen mitunter die erforderliche Klarheit vermissen, z. B. das in Fußnote 1, Seite 203 erwähnte Buch von SCHACK, S. 57. Das Gewicht ist eine Kraft und soll nicht für den Begriff der Masse gebraucht werden, wie dies dort geschehen ist. Die dynamische Zähigkeit in kg/m·s zu messen, kann daher leicht Anlaß zu Irrtümern geben. Vgl. hiezu die Zahlentafeln 14 und 15 in Fußnote 1, Seite 189.

Ein Vergleich der mit Hilfe der Zustandsgleichung für ideale Gase berechneten Werte für die ersten Glieder der Paraffinreihe mit den in Zahlentafel 2 eingetragenen zeigt, daß diese für $\varrho = \frac{1}{v}\left[\frac{\text{kg}}{\text{m}^3} = \frac{\text{g}}{\text{l}}\right]$ etwas kleiner sind als die gemessenen. Eine solche Abweichung realer Gase von den Verhältnissen, wie sie mittels der Gleichung für ideale Gase vereinfachend beschrieben sind, wird mit einer für praktische Zwecke der Technik ausreichenden Genauigkeit durch die VAN DER WAALSsche Zustandsgleichung

$$\left(p + \frac{a}{V^2}\right)(V - b) = RT \tag{13}$$

wiedergegeben. Zwar ist theoretisch nachgewiesen, daß sie nicht die Allgemeingültigkeit besitzen kann, die man ihr ursprünglich zusprach. Denn mit Hilfe von nur zwei zusätzlichen Konstanten kann der Zusammenhang zwischen den thermischen Zustandsgrößen realer Körper exakt nicht wiedergegeben werden. Dies beeinträchtigt jedoch nicht ihre Verwendbarkeit für technische Aufgaben. Die beiden in ihr vorkommenden Werte a und b sind die Druck- und Volumenkorrektion, über deren physikalische Bedeutung Näheres in jedem Lehrbuch der Physik, insbesondere der Thermodynamik, oder der physikalischen Chemie zu finden ist. Soweit sich diese Werte aus gemessenen kritischen Zustandsgrößen ermitteln lassen, sind sie für eine Anzahl von Kohlenwasserstoffen und davon abgeleiteten Verbindungen in Zahlentafel 19 zu finden.

Die VAN DER WAALSsche Gleichung ist in Bezug auf V vom dritten Grade und geeignet, auch die Grenze des Zweiphasengebietes als geometrischen Ort der kleinsten und größten reellen Wurzel im p, V-Diagramm wiederzugeben. Der kritische Punkt, an dem sich untere und obere Grenzkurven treffen, ist durch die Lösung der Gleichung mit drei reellen Wurzeln gekennzeichnet. Die Isotherme der zugehörigen kritischen Temperatur hat dort eine horizontale Tangente. Bei Drücken, die über dem kritischen liegen, liefert die VAN DER WAALSsche Gleichung nur mehr eine reelle Wurzel, der Verlauf der Isothermen, die zunächst noch einen Wendepunkt aufweisen, nähert sich immer mehr dem einer Hyperbel, wie ihn die Zustandsgleichung für ideale Gase fordert. Allerdings machen sich die in der VAN DER WAALSschen Gleichung noch enthaltenen Vernachlässigungen im Zweiphasengebiet und in dem des flüssigen Zustandes bereits stärker bemerkbar, weshalb man sie für diese Fälle in der Praxis wenig benutzt.

Die Tatsache, daß der kritische Punkt der dreifachen Wurzel der VAN DER WAALSschen Gleichung entspricht, gibt die Möglichkeit, seine

Zahlentafel 19. *Kritische Daten und Korrektionsglieder der van der Waalsschen Gleichung für die wichtigsten Kohlenwasserstoffe und einige davon abgeleitete Verbindungen, soweit bekannt*[1].

Name	Formel	Kritische Temperatur t_k °C	Kritischer Druck p_k $\frac{kg}{m^2}$	Kritische Wichte γ_k $\frac{kg}{m^3}$	a	b	Kritischer Koeffizient K_k
Methan	CH_4	− 82,1	473097	162,3	141890	$0{,}03294_3$	3,464
Äthan	C_2H_6	+ 35	506300	210	217500	0,0476	3,68
Propan	C_3H_8	+ 96,81	433940	226	402510	$0{,}0650_3$	3,705
n-Butan	C_4H_{10}	+152,0	356450	225	276180	$0{,}0860_9$	3,914
i-Butan	C_4H_{10}	+133,7	377100	—	—	—	—
n-Pentan	C_5H_{12}	+197	341000	232	318100	$0{,}1036_5$	3,758
i-Pentan	C_5H_{12}	+188	341000	234	315380	$0{,}1027_6$	3,718
n-Hexan	C_6H_{14}	+234,8	305820	234	337850	$0{,}1227_5$	3,825
n-Heptan	C_7H_{16}	+266,85	276900	234	339660	0,14272	3,862
n-Oktan	C_8H_{18}	+296,2	255190	233	375300	$0{,}1634_1$	3,860
n-Dekan	$C_{10}H_{22}$	+346	211800	230	312260	$0{,}2062_3$	4,005
Äthen	C_2H_4	9,5	523800	216	204070	0,04329	3,524
Propen	C_3H_6	92	468050	—	—	—	—
Buten-1	$C_3H_6:CH_2$	144	—	—	—	—	—
Buten-2	$C_2H_4:C_2H_4$	155	—	—	—	—	—
Azetylen	C_2H_2	35,7	636450	231	215230	$0{,}0375_8$	3,649
Zyklohexan	C_6H_{12}	281,02	419090	273	387550	$0{,}1027_5$	3,637
Benzol	C_6H_6	288,6	496100	304,5	381770	0,08551	3,743
Toluol	$C_6H_5 \cdot CH_3$	320,6	421500	~300	383000	0,102	4,09
Äthylbenzol	$C_6H_5 \cdot C_2H_5$	~350	~393000	—	—	—	—
o-Xylol	$C_6H_4 \cdot (CH_3)_2$	~360	~382000	—	—	—	—
m-Xylol	$C_6H_4 \cdot (CH_3)_2$	~348	~370500	—	—	—	—
p-Xylol	$C_6H_4 \cdot (CH_3)_2$	~348	~362000	—	—	—	—

n-Propylbenzol	$C_6H_5 \cdot C_3H_7$	365,6	334000	~280	~430000	~0,143	3,77
i-Propylbenzol (Kumol)	$C_6H_5 \cdot C_3H_7$	zwischen 347 u. 362	~320000	—	—	—	—
1,2,4-Trimethylbenzol (Pseudokumol)	$C_6H_3(CH_3)_3$	381,2	344000**	—	—	—	—
1,3,5-Trimethylbenzol (Mesitylen)	$C_6H_3(CH_3)_3$	~369	344000**	—	—	—	—
1,2,4,5-Tetramethylbenzol (Durol)	$C_6H_2(CH_3)_4$	402,5	296000	—	—	—	—
Diphenyl	$C_6H_5 \cdot C_6H_5$	495,6 *	329000	—	—	—	—
Diphenylmethan	$C_6H_5 \cdot CH_2 \cdot C_6H_5$	zwischen 479 u. 555	292000	—	—	—	—
Naphthalin	$C_{10}H_8$	468,2	405000	—	—	—	—
Methylalkohol	$CH_3 \cdot OH$	240	1022900	358	274640	$0{,}0298_3$	4,746
Äthylalkohol	$C_2H_5 \cdot OH$	243,1	651950	243,1	321800	$0{,}0548_5$	4,080
n-Propylalkohol	$C_3H_7 \cdot OH$	256,0	550000	—	—	—	—
i-Propylalkohol	$C_3H_7 \cdot OH$	234,6	548000	—	—	—	—
Phenol	$C_6H_5 \cdot OH$	~419,2	624000	—	—	—	—
o-Kresol	$CH_3 \cdot C_6H_4 \cdot OH$	422,3	—	—	—	—	—
m-Kresol	$CH_3 \cdot C_6H_4 \cdot OH$	432	464500	—	—	—	—
p-Kresol	$CH_3 \cdot C_6H_4 \cdot OH$	426,0	—	—	—	—	—
Azeton	$CH_3 \cdot CO \cdot CH_3$	235	485000	268	402000	0,0929	3,19
Thiophen	C_4H_4S	317,3	492000	—	—	—	—
Anilin	$C_6H_5 \cdot NH_2$	425,65	540900	—	—	—	—

[1] Die in die Tafel aufgenommenen Werte sind nach den bei EGLOFF (vgl. Vorwort, Seite IV) und D'ANS-LAX: Taschenbuch für Chemiker und Physiker (vgl. Fußnote 1, Seite 235) mitgeteilten Angaben auf die Dimensionen des technischen Maßsystems umgerechnet. Weitere Angaben bei LANDOLT-BÖRNSTEIN.

* Außer der angegebenen, von GOLDHAMMER 1910 bestimmten Temperatur haben noch CARNELLEY 1880 den Wert 374,5° C und CORK 1930 den Wert 528° C gefunden.

** Für beide Stoffe gibt EGLOFF als kritischen Druck nur je einen gleichlautenden Meßwert von 25232,0 Torr an; möglicherweise handelt es sich bei einer der Angaben um einen Druckfehler.

Zustandsgrößen, sofern sie bekannt sind, zur Berechnung der beiden Korrektionsglieder a und b zu verwenden[1]. Denn wenn man das Molvolumen im kritischen Punkt mit V_k bezeichnet, so kann man diese Größe als dreifache Wurzel einer Gleichung dritten Grades für V nach dem Hauptsatz (Fundamentalsatz) der Algebra gleich

$$(V - V_k)^3 = V^3 - \left(b + \frac{R\,T_k}{p_k}\right) V^2 + \frac{a}{p_k}\, V - \frac{a b}{p_k} = 0 \tag{14}$$

setzen. Die rechte Seite dieser Gleichung erhält man, wenn man für T und p die kritischen Werte einsetzt und die ursprüngliche Form (13) mit V^2/p_k multipliziert. Der Vergleich der Koeffizienten führt zu den Beziehungen

$$\left.\begin{aligned} R &= \frac{8}{3}\,\frac{p_k V_k}{T_k}, \\ a &= 3\,p_k V_k^2 = \frac{27\,R^2\,T_k^2}{64\,p_k}, \\ b &= \frac{V_k}{3} = \frac{R\,T_k}{8\,p_k}. \end{aligned}\right\} \tag{15}$$

Mit deren Hilfe sind die in Zahlentafel 19 angegebenen Werte für a und b berechnet und deshalb im Zusammenhang mit den kritischen Daten angeführt. Die erste der Gl. (15) hat dieselbe Form wie die ideale Gasgleichung, enthält jedoch noch den Faktor $\frac{8}{3} = 2{,}666$. Setzt man die gemessenen kritischen Werte ein, so findet man, daß der Faktor von $\frac{p_k V_k}{T_k}$ größer gewählt werden muß, um den genau bekannten Wert der allgemeinen Gaskonstante zu erhalten. Man bezeichnet diesen Faktor mit

$$K_k = \frac{R\,T_k}{p_k V_k} = \frac{R\,T_k}{M\,p_k v_k} \tag{16}$$

und nennt ihn den kritischen Koeffizienten. Seine immer positive Abweichung vom Werte 2,666 läßt erkennen, wie groß die Assoziation einer Verbindung im kritischen Zustand ist. Denn der theoretisch geforderte Wert ergäbe sich nur bei einem entsprechenden größeren M, d. h. die Moleküle sind in gewissen Gasen zu Doppel- oder Mehrfachmolekülen assoziiert. Dies ist besonders bei allen Verbindungen mit polaren Gruppen, wie z. B. bei den Karbonsäuren, zu beobachten. Bei diesen ist die Assoziation auch im flüssigen Zustand vorhanden.

Mit Hilfe der Gln. (15) kann die van der Waalssche Zustandsgleichung (13) so umgeformt werden, daß alle Zustandsgrößen als Ver-

---

[1] Wegen der genauen Ermittlung der kritischen Zustandsgrößen vgl. auch die am Schluß von Fußnote 1, S. 222 genannte Arbeit.

hältniswerte zu den kritischen Werten erscheinen. Wählt man zur Abkürzung

$$\mathfrak{p} = \frac{p}{p_k}, \quad \mathfrak{v} = \frac{V}{V_k}, \quad \mathfrak{t} = \frac{T}{T_k}, \tag{17}$$

so ergibt sich damit die sog. reduzierte Form der VAN DER WAALSschen Gleichung zu

$$\left(\mathfrak{p} + \frac{3}{\mathfrak{v}^2}\right)(3\mathfrak{v} - 1) = 8\mathfrak{t}. \tag{18}$$

Da sie keine individuellen Konstanten mehr enthält, könnte sie Allgemeingültigkeit für alle Stoffe beanspruchen. Dies ist der Inhalt des sog. Theorems der übereinstimmenden Zustände. Bei ihm ist jedoch ebensowenig wie bei der VAN DER WAALSschen Gleichung von strenger Gültigkeit die Rede. Allerdings hat man es in der Chemie der Brenn-, Kraft- und Schmierstoffe größtenteils mit ganz bestimmten Stoffgruppen zu tun, die einander chemisch ähnlich sind. Deshalb ist es möglich, Abhängigkeiten zu formulieren, die den Beobachtungen in weiten Bereichen gut entsprechen. Dies gilt namentlich für die den Ingenieur besonders interessierenden Zustände an den Grenzkurven.

Bevor hierauf eingegangen wird, soll kurz der flüssige Zustand betrachtet werden, für dessen Beschreibung sich — wie bereits gesagt — die VAN DER WAALSsche Gleichung wenig eignet. Als einer der Gründe für diese Tatsache möge erwähnt werden, daß in ihr die Volumenkorrektion b auf Grund der Annahme starrer, unzusammendrückbarer Moleküle bestimmt ist. Dies trifft aber bei hohen Drücken nicht zu und erst recht nicht im flüssigen Zustand. Denn die Moleküle sind so nahe aneinandergerückt, daß sich ihre Kraftfelder gegenseitig beeinflussen und sich die Moleküle, genauer ausgedrückt, ihre Wirkungssphären deformieren.

Nun ist aber die Dichte im flüssigen Zustand von den meisten Stoffen noch am besten bekannt, so daß auf die Anwendung von Gl. (13) für diesen Zweck verzichtet werden kann. Auch die Änderung der Dichte mit der Temperatur ist vielfach gemessen und zeigt nur mäßige Abweichungen innerhalb ähnlicher Stoffgruppen. Die Zahlentafeln 2 bis 13 enthalten die erforderlichen Angaben, soweit sie bekannt sind.

Eine graphische Darstellung der Dichte in Abhängigkeit von der Kohlenstoffatomzahl ist nicht ohne Interesse und zeigt eine klare Gesetzmäßigkeit, wenn man gleichgebaute Molekülformen zusammenfaßt. Dies ist aus Abb. 11 ersichtlich. Der Anstieg der Dichte bei gleicher Kohlenstoffatomzahl infolge zunehmender Zahl der Doppelbindungen oder beim Übergang einer Doppelbindung zu einer Dreifachbindung läßt sich durch die damit verknüpfte Abnahme des Molekülvolumens erklären. Bei den Benzolhomologen bewirken hingegen die aliphatischen Seitenketten, daß die Dichte mit zunehmender Kohlenstoffatomzahl kleiner wird, weil der Einfluß des kompakten Benzolkernes gegenüber den sperrigen Seitenketten immer mehr zurücktritt. Aus der Darstellung sieht man auch, daß einige der in den Zahlentafeln genannten Werte offensichtlich un-

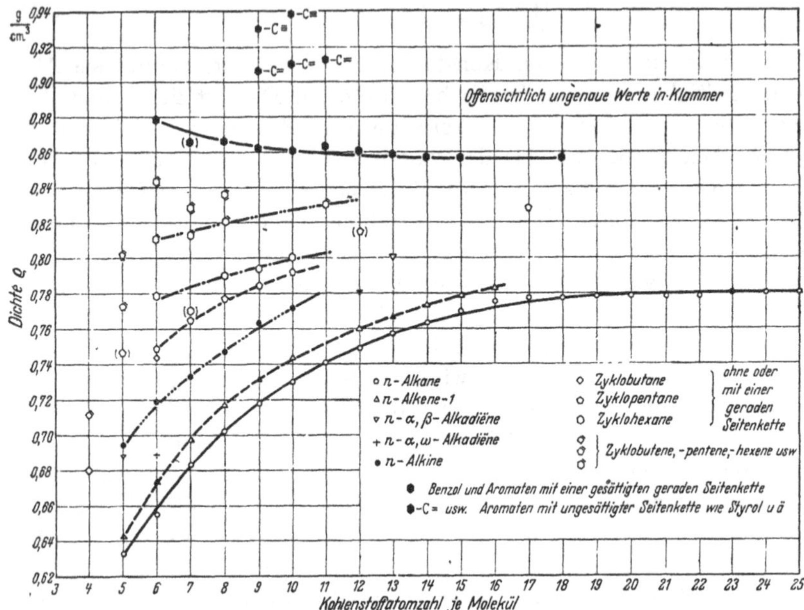

Abb. 11. Dichte der Kohlenwasserstoffe bei 20° C in Abhängigkeit von der Kohlenstoffatomzahl je Molekül.

richtig sind und auf Ungenauigkeiten bei den Messungen zurückzuführen sein dürften. Denn die z. B. für Zyklopentan oder Methylzyklohexan mitgeteilten Werte fallen so stark aus dem vermutlichen Verlauf der Kurven, daß die Annahme von Meßfehlern berechtigt erscheint.

Der Einfluß der Verzweigungen läßt sich nicht eindeutig erkennen, wie die Zahlentafeln und Abb. 11 zeigen. Die Dichte von Isoalkanen wurde in vielen Fällen sowohl größer als auch kleiner als die der Normalalkane gleicher Kohlenstoffatomzahl gemessen. Diese Erscheinung läßt sich etwa dadurch erklären, daß bei unsymmetrisch oder einander gegenüber sitzenden Seitenketten die Moleküle sperrig sind und deshalb die Dichte (Raumerfüllung) verringert ist. Dies sieht man deutlich bei 2-Methylpentan oder bei 2, 2-Dimethylbutan gegenüber n-Hexan, vgl. Zahlentafel 2. Dagegen mag es verständlich erscheinen, daß die symmetrischen Moleküle von 3-Methylpentan und von 2, 3-Dimethylbutan mit zentral sitzenden Seitenketten den Raum kompakter erfüllen und damit eine etwas höhere Dichte aufweisen. Es wäre Aufgabe der physikalischen Chemie, diese Zusammenhänge eingehender zu durchleuchten, zumal die dabei angestrebten Erkenntnisse von allgemeiner Bedeutung sein dürften[1].

2. Das Schmelzverhalten.

Unter Schmelzpunkt (Erstarrungspunkt) wird hier, wie ganz allgemein üblich, die bei 1 Atm (= 760 Torr) beobachtete Temperatur des schmelzenden oder erstarrenden Stoffes verstanden. Oft wird jedoch in den Quellen die Nennung des Druckes unterlassen. Es mag deshalb nicht überflüssig sein, daran zu erinnern, daß dies streng genommen erforderlich wäre. Denn die Schmelzpunkte (Schmelztemperaturen) sind genau so wie die Siedepunkte (Siedetemperaturen) druckabhängig. Wie Abb. 10 zeigt, muß man von einer Schmelzlinie ebenso wie von einer Siedelinie sprechen. Allerdings macht sich diese Abhängigkeit der Schmelztemperaturen im Gegensatz zu der der Siedetemperaturen erst in Bereichen bemerkbar, die gewöhnlich außerhalb der technischen Anwendung liegen. So fällt z. B. der Schmelzpunkt von Eis zunächst bis zu einem Druck von etwa 200 at (kg/cm^2) auf etwa $-20°$ C und steigt dann nach Durchlaufen von zwei Umwandlungspunkten, in denen die Kurven jeweils einen Knick haben, bis zu $+72°$ C bei 20000 at an. Bei Benzol ändert er sich von 5,49° C bei 1 Atm bis zu 204,2° C bei 11000 Atm. Ein eindeutig festliegender Punkt im Zuge der Schmelzlinie ist nur der Tripelpunkt. Bei der Darstellung im p, T-Diagramm zweigt im Tripelpunkt die Siedelinie von der immer steiler verlaufenden Schmelzlinie ab. Der Tripelpunkt liegt bei sehr vielen Stoffen jedoch bei Drücken in der Größenordnung von 1 at, so daß seine Temperatur mit genügender Genauigkeit der bei 1 at gemessenen Schmelztemperatur gleichgesetzt werden kann.

---

[1] Interessierte Leser seien hier auf das zur Zeit allerdings nur in russischer Sprache vorliegende Buch von Frenkel, J. I.: Kinetische Theorie der Flüssigkeiten (Kinjetičeskaja tiorija židkostjej). Moskau u. Leningrad: Verlag der Akademie der Wissenschaften 1945 hingewiesen; es gibt eine zusammenfassende Darstellung der für die Behandlung dieser Aufgabe wichtigen Fragen nach dem neuesten Stande.

Die Abhängigkeit der Schmelzpunkte von der Zahl der Kohlenstoffatome im Molekül ist deutlich erkennbar. Dabei ist der Einfluß der Molekülform wesentlich stärker ausgeprägt als bei der Dichte, wie man sich an Hand der Zahlentafeln überzeugen kann. Um dies augenfällig zu machen, sind in Abb. 12 die Schmelzpunkte der wichtigsten Kohlenwasserstoffgruppen wiedergegeben. Bei den n-Alkanen ist z. B. sehr deutlich zu sehen, daß der Schmelzpunkt von Verbindungen mit gerader Kohlenstoffatomzahl über dem nach einem glatten Kurven-

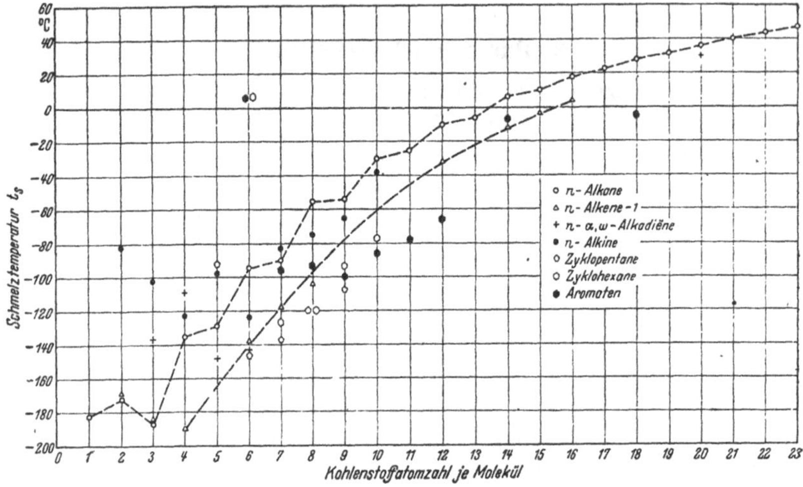

Abb. 12. Schmelztemperatur unverzweigter Ketten-Kohlenwasserstoffe und einiger Ring-Kohlenwasserstoffe in Abhängigkeit von der Kohlenstoffatomzahl je Molekül.

verlauf zu erwartenden Wert liegt, bei ungerader Zahl darunter. Während weiterhin die Siedekurven bei zunehmender Verzweigung ausnahmslos bei um so tieferen Temperaturen verlaufen, sind bei den Schmelzpunkten mehrere Abweichungen von einer ähnlichen Regel festzustellen. Zwischen den Schmelzpunkten von Isomeren bestehen bisweilen Unterschiede von mehr als 100°. Man vergleiche z. B. die Werte für 2-Methylbutan mit dem für 2, 2-Dimethylpropan, für 3, 3-Dimethylpentan mit dem für 2, 2, 3-Trimethylbutan oder gar für 2, 2, 3, 3-Tetramethylbutan mit denen anderer i-Oktane. Mit Zunahme der Kohlenstoffatomzahl werden diese Unterschiede jedoch kleiner, soweit sich dies überhaupt an Hand bekannter Daten verfolgen läßt (vgl. Zahlentafeln 2 bis 7, 9 und 13).

Bei den Alkanen und Alkinen liegen die Verhältnisse ähnlich. Hier treten erhebliche Schmelzpunktunterschiede sogar bei derselben Verbindung auf, je nachdem es sich um die cis- oder die trans-Form handelt, wie z. B Buten-2 (Zahlentafel 3, S. 29) zeigt.

Die Ring-Kohlenwasserstoffe weisen kein so eindeutiges Baugesetz auf wie die normalen Ketten-Kohlenwasserstoffe. Deshalb sind bei ihnen die Zusammenhänge nicht so deutlich sichtbar. Die Zahl der Ausgangsverbindungen (Benzol, Zyklobutan, Zyklopentan usw.) ist viel kleiner, der Einfluß der Seitenketten hingegen viel stärker ausgeprägt. Doch empfiehlt sich auch bei ihnen eine Beachtung der Abhängigkeit, denn dies kann eine brauchbare Handhabe liefern, um die zu erwartenden Eigenschaften abzuschätzen, wenn Meßergebnisse nicht vorliegen und auch nicht leicht zu beschaffen sind.

Noch stärkeren Einfluß auf die Höhe der Schmelzpunkte als die Anlagerung von Kohlenwasserstoff-Radikalen haben die funktionellen Gruppen. Dabei treten auch wieder innerhalb gleichartiger Verbindungen ähnliche Unterschiede auf, wie z. B. die drei Butylalkohole und die drei Kresole (Zahlentafel 12) oder die beiden Formen der Buttersäure (Zahlentafel 13) erkennen lassen[1].

3. Das Siedeverhalten.

Wenn auch die Kenntnis des Schmelzverhaltens für einzelne Verwendungszwecke oder für gewisse Verarbeitungsverfahren von Bedeutung ist, so ist dies in unvergleichlich stärkerem Maße beim Siedeverhalten der Fall. Auf die Möglichkeiten, die die VAN DER WAALSsche Gleichung bietet, um das Zweiphasengebiet und damit auch die Grenzkurven analytisch zu erfassen, wurde bereits hingewiesen, jedoch auch auf die Tatsache, daß sich gerade in dessen Nähe die Unzulänglichkeiten dieser Gleichung deutlich bemerkbar machen.

Nun liegen über das Siedeverhalten von Kohlenwasserstoffen und davon abgeleiteten Verbindungen wegen seiner Wichtigkeit viele Meß-

---

[1] Während des Druckes dieses Buches erschien ein Aufsatz von A. LÜTTRINGHAUS: Molekulare Oberfläche und Schmelzwärme bei Kohlenstoffverbindungen. Angew. Chem. A Bd. 59 (1947) S. 228—233. Darin wird ein neuer Weg beschritten, allgemein gültige Beziehungen für das Schmelzverhalten organischer Verbindungen dadurch abzuleiten, daß die Oberfläche der Moleküle bestimmt und in Rechnung gesetzt wird. Dabei ist unter „Oberfläche" eines Moleküles die eines Gebildes verstanden, wie es etwa durch die bekannten Kalottenmodelle organische Moleküle wiedergegeben wird.

ergebnisse vor. Einen wesentlichen Fortschritt auf diesem Gebiet bedeuten für Kohlenwasserstoffe die Arbeiten von HOFFMANN und FLORIN[1], die auf den praktischen Gebrauch abgestellt sind. Nach deren Vorschlägen lassen sich die Dampfdruckkurven aller Kohlenwasserstoffe in einem $\log p$, $1/\tau$-Diagramm als gerade Linien darstellen, die einem bei 1127° C und 2600 kg/cm² liegenden Pol zulaufen, wie Abb. 13 zeigt. Es wurde deshalb vorgeschlagen, alle Stoffe, die diese Eigenschaften aufweisen, als „Polstoffe" zu bezeichnen. Als Abszisse für diese Darstellung wird eine empirisch ermittelte Temperaturfunktion verwendet. Darin stellt τ gewissermaßen eine „reduzierte Temperatur" dar, die aus der in °K gemessenen Temperatur T mit Hilfe der empirisch gefundenen Gleichung

$$\frac{1}{\tau} = \frac{1}{T} - 7{,}9151 \cdot 10^{-3} + 2{,}6726 \cdot 10^{-3} \log T - 0{,}8625 \cdot 10^{-6}\, T \qquad (19)$$

berechnet werden kann. Um die Auswertung dieser Gleichung zu erleichtern, sind in Zahlentafel 20 die Funktionswerte von τ und $\frac{1000}{\tau}$ für $T = 0$ bis 873° K ($t = -273$ bis 600° C) wiedergegeben.

Das Diagramm Abb. 13 ist nicht nur für die eingezeichneten Normalalkane, sondern, soweit sich feststellen ließ, auch für Isoalkane, Alkene, Zykloalkane und Benzol mit seinen Homologen gültig, offenbar also für alle Kohlenwasserstoffe. Andere Stoffe erweisen sich zum Teil ebenfalls

[1] Vgl. HOFFMANN, W. u. F. FLORIN: Zweckmäßige Darstellung von Dampfdruckkurven. Z. VDI Beih. Verf.techn. 1943, S. 47—51. Diese Arbeit enthält nur die Vorarbeit zu weitergehenden graphischen Rechenhilfen für den planenden und den im Betrieb tätigen Erdöltechniker. Diese weiteren Arbeiten sind noch nicht veröffentlicht.

Vorschläge, die Reziprokwerte der absoluten Temperatur als Grundfunktion zu verwenden, weil dies für viele Zwecke vorteilhafter ist, wurden schon wiederholt gemacht; vgl. hiezu z. B. NESSELMANN, K.: Die reziproke Temperaturskala. Z. ges. Kälteind. Bd. 44 (1937) S. 220—222. Die Erweiterung durch die empirische Funktion nach Gl. (19) bringt wegen der noch zu erörternden Anwendungsmöglichkeiten einen entschiedenen Fortschritt, auch wenn eine theoretische Begründung für die besondere Form der Funktion zunächst nicht gegeben werden kann. Sie lehnt sich an die allgemeine, aus der CLAUSIUS-CLAPEYRONschen Gleichung ableitbare Form der Dampfdruckgleichung

$$\log P = A - \frac{B}{T} + C \log T + D\,T + E\,T^2 + F\,T^3 + \cdots$$

an. Siehe hierüber auch PLANK, R. u. L. RIEDEL: Ein neues Kriterium für den Verlauf der Dampfdruckkurve am kritischen Punkt. Ing. Arch. Bd. 16 (1948) S. 255—266. Diese erst kürzlich erschienene Arbeit konnte hier nicht mehr berücksichtigt werden.

als Polstoffe; ihr Pol liegt jedoch in einem anderen Punkt, z. B. bei den Estern von Karbonsäuren. Nicht anwendbar ist diese Darstellungsart hingegen auf alle assoziierenden Stoffe, von denen uns hier vor allem Wasser, Alkohole und Karbonsäuren interessieren.

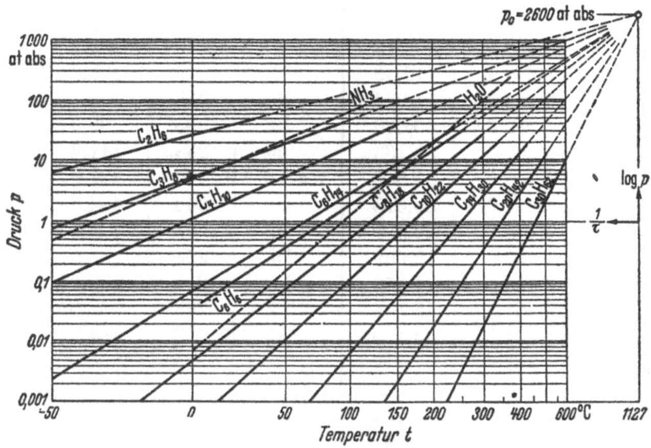

Abb. 13. Siedekurven paraffinischer Kohlenwasserstoffe sowie von Benzol im $\log p$, $1/\tau$-Diagramm. Zum Vergleich sind gestrichelt die Kurven für Wasser und Ammoniak eingetragen.

Florin hat anknüpfend an die in Fußnote 1, S. 222 erwähnte Arbeit eine allgemeine Siedepunktformel von der Form

$$\frac{\dfrac{1}{\tau_{aI}} - \dfrac{1}{\tau_{1I}}}{\dfrac{1}{\tau_{aI}} - \dfrac{1}{\tau_{2I}}} = \frac{\dfrac{1}{\tau_{aII}} - \dfrac{1}{\tau_{1II}}}{\dfrac{1}{\tau_{aII}} - \dfrac{1}{\tau_{2II}}} \tag{20}$$

abgeleitet, in der sich die Indizes I und II auf zwei Stoffe I und II beziehen und die Werte τ_1, τ_2 und τ_a die „reduzierten Siedetemperaturen" bei den Drücken p_1, p_2 und p_a bedeuten; p_a (Atmosphärendruck) setzt man zweckmäßig gleich 1 kg/cm². Gl. (20) ist nur der mathematische Ausdruck dafür, daß die Siedelinien der betrachteten Stoffe im $\log p$, $1/\tau$-Diagramm als Gerade erscheinen. Kennt man demnach die ganze Siedelinie des Stoffes I und die Siedetemperatur des Stoffes II bei zwei verschiedenen Drücken, so läßt sich die ganze Siedelinie für den Stoff II ermitteln. Bei Polstoffen kann τ_2 durch τ_0 ersetzt werden. Dieser Wert ist mehr als Rechnungsgröße zu betrachten; er entspricht der für alle Polstoffe derselben Gruppe gleichen „Siedetemperatur" bei dem Pol-

Zahlentafel 20. *Funktionswerte der reduzierten Temperaturfunktion* τ *und* $1000/\tau$ nach HOFFMANN und FLORIN.

t	T	τ	$\frac{1000}{\tau}$	t	T	τ	$\frac{1000}{\tau}$
−273	0	0,0	∞	−60	213	354,8	2,8189
−270	3	3,1	326,69	−55	218	365,8	2,7338
−265	8	8,4	119,49	−50	223	376,9	2,6529
−260	13	13,9	71,974	−45	228	388,2	2,5760
−255	18	19,6	50,980	−40	233	399,6	2,5028
−250	23	25,5	39,183	−35	238	411,0	2,4330
−245	28	31,6	31,643	−30	243	422,6	2,3663
−240	33	37,9	26,418	−25	248	434,3	2,3027
−235	38	44,3	22,590	−20	253	446,1	2,2418
−230	43	50,9	19,669	−15	258	458,0	2,1836
−225	48	57,6	17,370	−10	263	469,9	2,1279
−220	53	64,5	15,515	− 5	268	482,0	2,0745
−215	58	71,5	13,989	0	273	494,2	2,0233
−210	63	78,7	12,713	5	278	506,5	1,9742
−205	68	86,0	11,630	10	283	518,9	1,9270
−200	73	93,5	10,701	15	288	531,4	1,8817
−195	78	101,1	9,8950	20	293	544,0	1,8381
−190	83	108,8	9,1905	25	298	556,7	1,7962
−185	88	116,7	8,5695	30	303	569,5	1,7558
−180	93	124,7	8,0183	35	308	582,4	1,7169
−175	98	132,9	7,5262	40	313	595,4	1,6794
−170	103	141,2	7,0843	45	318	608,5	1,6433
−165	108	149,6	6,6855	50	323	621,7	1,6084
−160	113	158,1	6,3241	55	328	635,0	1,5747
−155	118	166,8	5,9950	60	333	648,4	1,5422
−150	123	175,6	5,6944	65	338	661,9	1,5107
−145	128	184,5	5,4187	70	343	675,5	1,4803
−140	133	193,6	5,1652	75	348	689,2	1,4509
−135	138	202,8	4,9313	80	353	703,0	1,4225
−130	143	212,1	4,7149	85	358	716,9	1,3949
−125	148	221,5	4,5143	90	363	730,9	1,3682
−120	153	231,0	4,3277	95	368	744,9	1,3424
−115	158	240,7	4,1539	100	373	759,1	1,3173
−110	163	250,5	3,9916	105	378	773,4	1,2930
−105	168	260,4	3,8397	110	383	787,8	1,2694
−100	173	270,4	3,6975	115	388	802,3	1,2465
− 95	178	280,6	3,5638	120	393	816,8	1,2242
− 90	183	290,9	3,4382	125	398	831,5	1,2026
− 85	188	301,2	3,3198	130	403	846,3	1,1816
− 80	193	311,7	3,2082	135	408	861,2	1,1612
− 75	198	322,3	3,1027	140	413	876,1	1,1414
− 70	203	333,0	3,0029	145	418	891,2	1,1221
− 65	208	343,8	2,9084	150	423	906,4	1,1033

Zahlentafel 20. (Fortsetzung.)

t	T	τ	$\frac{1000}{\tau}$	t	T	τ	$\frac{1000}{\tau}$
155	428	921,7	1,0850	380	653	1735,6	0,5762
160	433	937,1	1,0672	385	658	1757,2	0,5691
165	438	952,6	1,0498	390	663	1779,0	0,5621
170	443	968,1	1,0329	395	668	1801,0	0,5552
175	448	983,8	1,0164	400	673	1823,3	0,5485
180	453	999,6	1,0004	405	678	1845,8	0,5418
185	458	1015,5	0,9847	410	683	1868,5	0,5352
190	463	1031,6	0,9694	415	688	1891,4	0,5287
195	468	1047,7	0,9545	420	693	1914,6	0,5223
200	473	1063,9	0,9399	425	698	1938,0	0,5160
205	478	1080,3	0,9257	430	703	1961,6	0,5098
210	483	1096,7	0,9118	435	708	1985,5	0,5037
215	488	1113,3	0,8982	440	713	2009,7	0,4976
220	493	1130,0	0,8850	445	718	2034,1	0,4916
225	498	1146,8	0,8720	450	723	2058,8	0,4857
230	503	1163,7	0,8593	455	728	2083,7	0,4799
235	508	1180,8	0,8469	460	733	2108,9	0,4742
240	513	1197,3	0,8348	465	738	2134,3	0,4685
245	518	1215,2	0,8229	470	743	2160,1	0,4629
250	523	1232,6	0,8113	475	748	2186,3	0,4574
255	528	1250,1	0,7999	480	753	2212,7	0,4519
260	533	1267,8	0,7888	485	758	2239,4	0,4465
265	538	1285,6	0,7779	490	763	2266,4	0,4412
270	543	1303,5	0,7672	495	768	2293,8	0,4360
275	548	1321,5	0,7567	500	773	2321,5	0,4308
280	553	1339,7	0,7465	505	778	2349,5	0,4256
285	558	1358,0	0,7364	510	783	2377,9	0,4205
290	563	1376,5	0,7265	515	788	2406,7	0,4155
295	568	1395,1	0,7168	520	793	2435,9	0,4105
300	573	1413,8	0,7073	525	798	2465,4	0,4056
305	578	1432,7	0,6980	530	803	2495,3	0,4007
310	583	1451,7	0,6888	535	808	2525,7	0,3959
315	588	1470,9	0,6798	540	813	2556,5	0,3911
320	593	1490,3	0,6710	545	818	2587,7	0,3864
325	598	1509,8	0,6623	550	823	2619,3	0,3818
330	603	1529,5	0,6538	555	828	2651,4	0,3772
335	608	1549,3	0,6455	560	833	2683,9	0,3726
340	613	1569,3	0,6373	565	838	2716,9	0,3681
345	618	1589,4	0,6292	570	843	2750,4	0,3636
350	623	1609,7	0,6212	575	848	2784,4	0,3591
355	628	1630,2	0,6134	580	853	2819,0	0,3547
360	633	1650,9	0,6057	585	858	2854,1	0,3504
365	638	1671,8	0,5981	590	863	2889,7	0,3461
370	643	1692,9	0,5907	595	868	2925,9	0,3418
375	648	1714,2	0,5834	600	873	2962,8	0,3375

druck p_0, so daß $1/\tau_{0I} = 0$ und $1/\tau_{0II} = 0$ wird. Damit vereinfacht sich für Polstoffe die Gl. (20) zu

$$\frac{\dfrac{1}{\tau_{aI}} - \dfrac{1}{\tau_{1I}}}{\dfrac{1}{\tau_{aII}} - \dfrac{1}{\tau_{1II}}} = \frac{\dfrac{1}{\tau_{aI}}}{\dfrac{1}{\tau_{aII}}}. \tag{21}$$

Man kann also für alle praktisch in Frage kommenden Kohlenwasserstoffe den gesamten Siedeverlauf mit einer für technische Aufgaben ausreichenden Genauigkeit ermitteln, wenn die Siedetemperatur bei einem einzigen Druck p_1 bekannt ist. Dies ist, wie die Zahlentafeln 2 bis 11

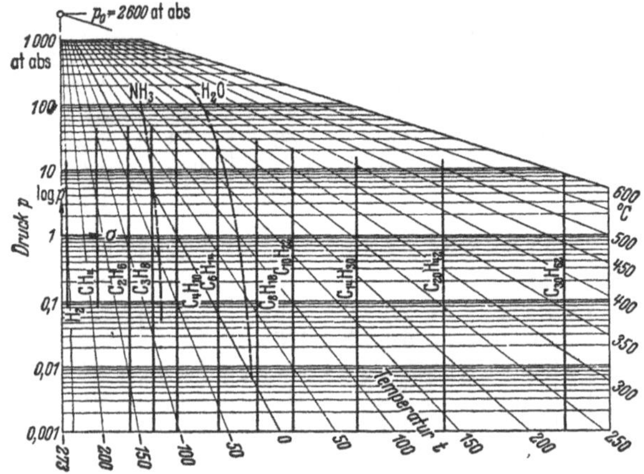

Abb. 14. Siedekurven paraffinischer Kohlenwasserstoffe im $\log p$, σ-Diagramm. Zum Vergleich sind gestrichelt die Kurven für Wasser und Ammoniak eingezeichnet.

zeigen, immerhin bei einer großen Zahl der fraglichen Verbindungen der Fall. Gl. (21) ist daher geeignet, die mitunter für denselben Zweck verwendete Beziehung von Ramsay und Young zu ersetzen, die als Folgerung aus dem Theorem der übereinstimmenden Zustände angesehen werden kann.

Hoffmann und Florin haben die erwähnte Darstellung der Siedelinie für weitere Anwendungen noch etwas umgeformt. Bezogen auf die für irgendeinen bestimmten Druck gewählte Horizontale als Abszisse, kann die Gleichung der Dampfdruckgeraden im $\log p$, $1/\tau$-Diagramm in der Form

$$\log p = -\tau_a \log p_b \cdot \frac{1}{\tau} + \log p_b \tag{22}$$

geschrieben werden. Darin ist τ_a der die einzelnen Stoffe kennzeichnende Parameter. Die Größe $\log p_b$ ist für alle zu einer Gruppe gehörenden Polstoffe gleich. Der Faktor von $\frac{1}{\tau}$ läßt sich auch $\frac{\log p_b}{1/\tau_a}$ schreiben und so als der durch das Verhältnis der Achsenabschnitte ausgedrückte Tangens des Neigungswinkels erkennen. Man kann jedoch die Gleichung auch als Funktion der Größe $\log p$ von τ_a auffassen und $1/\tau$ als Parameter betrachten. So kommt man zu der Darstellung von Abb. 14. Als Abszisse wählt man am zweckmäßigsten die Horizontale für $p_a = 1$ kg/cm². Jeder Punkt dieser Abszisse entspricht dann der Siedetemperatur eines Stoffes bei diesem Druck und, da die Siedelinien nunmehr als senkrechte Gerade erscheinen, sind alle Stoffe durch die Abszisse allein gekennzeichnet. Diese kann deshalb auch Stoffachse und die auf ihr veränderliche Größe σ genannt werden. Diese abgewandelte Diagrammform läßt sich zu weiteren Darstellungen benützen, was im folgenden noch besprochen wird.

4. Die Löslichkeit.

Zunächst soll jedoch das homogene Gleichgewicht von Zwei- und Mehrkomponentensystemen in flüssiger Phase und das heterogene Gleichgewicht solcher Systeme im Falle kleiner Dampfdrücke des einen Stoffes erörtert werden. In beiden Fällen spricht man von Löslichkeit, und zwar handelt es sich beim erwähnten homogenen Gleichgewicht um die gegenseitige Löslichkeit zweier oder mehrerer Flüssigkeiten, bei dem heterogenen Gleichgewicht mit sehr niedrigen Dampfdrücken des einen Stoffes um die Löslichkeit von Gasen und Dämpfen in Flüssigkeiten, die als Absorption bezeichnet wird.

Die Löslichkeit einzelner Stoffe verschiedenen und gleichen Aggregatzustandes ist sowohl theoretisch als auch praktisch von größtem Interesse. Im Rahmen des hier behandelten Themas spielt einmal die bereits hervorgehobene Tatsache, daß alle natürlich vorkommenden flüssigen Brennstoffe fast vollkommen ineinander gelöste Gemische sind, eine überragende Rolle. Unterschiede der Löslichkeit werden andererseits bei den Verarbeitungsverfahren in ausgedehntem Maße angewendet, um entweder mit Hilfe von selektiver Adsorption an oberflächenwirksamen Stoffen oder mit Hilfe selektiver Lösungsmittel einzelne Stoffgruppen voneinander zu trennen. Auch die Absorption von Kohlenwasserstoffdämpfen in Absorptionsflüssigkeiten (Waschölen) gehört hierher. Die beobachteten Erscheinungen sind jedoch so vielfältig, daß es völlig ausgeschlossen ist, eine eingehende Darstellung zu geben. Die theoretischen Grundlagen finden sich in den Seite X erwähnten Lehrbüchern der physikalischen Chemie. In den folgenden Unterabschnitten können daher nur die wichtigsten Zusammenhänge behandelt werden, soweit sie für das hier dargestellte Gebiet von Belang sind.

a) Die gegenseitige Löslichkeit in flüssiger Phase.

Wenn die gegenseitige Löslichkeit zweier Flüssigkeiten als unbeschränkt angegeben wird, ist immer die Frage berechtigt, für welche Temperaturbereiche diese Angabe gilt. Es ist zumindest beim Übergang in den festen Aggregatzustand mit der Möglichkeit zu rechnen, daß es selbst bei vollkommener Löslichkeit zweier Stoffe im flüssigen Zustand beim Abkühlen zur getrennten Ausscheidung der Kristalle beider Komponenten kommt, wenn nicht gerade das eutektische Mischungsverhältnis vorliegt. Die übliche Darstellung der Zustände solcher Systeme im t, x-Diagramm mit t als Temperatur und x als Gewichts- oder Molenanteil des einen Stoffes ist aus der Metallkunde bekannt.

Praktisch vollkommene gegenseitige Löslichkeit (Mischbarkeit) liegt bei allen reinen Kohlenwasserstoffen vor. In reinem Wasser sind sie hingegen fast unlöslich und können durch Absitzenlassen wieder vollständig getrennt werden. Es ist üblich, bei Mangel der Mischbarkeit von Gemengen zu sprechen und sie den Gemischen im engeren Sinne (Mischungen, Lösungen) gegenüberzustellen. Daneben ist die Bezeichnung „Gemische" für den übergeordneten Begriff geläufig.

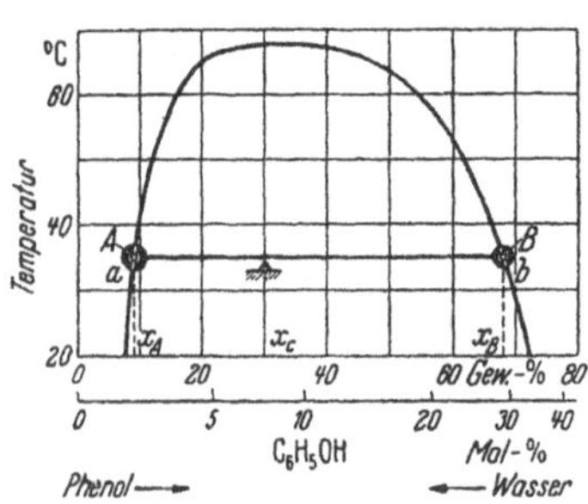

Abb. 15. Löslichkeit von Phenol in Wasser (mit Darstellung des „Hebelgesetzes"). Erläuterungen dazu im Text.

Enthält das Wasser Salze gelöst wie das Meerwasser, dann kann es zumindest wegen der Verringerung der an den Grenzflächen herrschenden gegenseitigen Oberflächenspannung, wenn auch nicht zu einer Lösung, so doch zur Bildung schwer zu trennender Emulsionen kommen.

Alle Alkohole mit geringer Kohlenstoffatomzahl in der Kette, auch höhere, wie z. B. das Glyzerin, dann niedrig-molekulare Karbonsäuren sind im Wasser im allgemeinen gut löslich. Das System Wasser—Phenol weist jedoch eine große Mischungslücke auf, wie aus Abb. 15 zu sehen ist. Die Darstellung zeigt, daß eine Mischung von 30 Gewichtsteilen Phenol und 70 Gewichtsteilen Wasser z. B. bei 35° C durch Absitzenlassen in zwei Schichten zu trennen ist, von denen die eine aus etwa 9% Phenol und 91% Wasser (Punkt A), die andere aus etwa 68% Phenol und rund 32% Wasser (Punkt B) besteht. Da die Menge jedes der beiden Stoffe als solche erhalten bleiben muß, folgt, daß das Verhältnis der entsprechenden Mengen a und b durch

$$\left.\begin{array}{c} a(x_C - x_A) = b(x_B - x_C) \\ a + b = 1 \end{array}\right\} \qquad (23)$$

gegeben ist. Darin bedeuten x_A und x_B die in Gewichtsprozent auszudrückenden Gehalte der Schichten, in die das Gemisch von der Zusammensetzung x_C zerfällt, an einem der beiden Stoffe. Die erste der beiden Gleichungen ist als Hebelgesetz bekannt und läßt sich auch für die Gleichgewichtsverhältnisse zwischen dampfförmigen und flüssigen Phasen ableiten. Erwärmt man das Gemisch über die kritische Temperatur, so verschwindet die Mischungslücke vollständig. Die Linien, welche zugehörige Punkte koexistierender Phasen, z. B. A und B verbinden, heißen Konoden oder Zuordnungslinien.

Es gibt auch Flüssigkeitspaare, bei denen erst bei höheren Temperaturen eine Mischungslücke entsteht, die bis zur Grenzlinie gegenüber der dampfförmigen Phase reichen kann, und schließlich solche, bei denen die Grenzkurve der Mischungslücke geschlossen ist; Mischungen der zuletzt genannten Stoffe entmischen sich also nur in einem begrenzten Temperaturbereich und innerhalb dieses nur bei gewissen Prozentsätzen der Komponentenanteile. Die Grenzkurve heißt auch Binodalkurve.

Tritt nun eine dritte Komponente hinzu, so werden die Verhältnisse meist wesentlich komplizierter. Für ihre Darstellung eignet sich, sofern man den Zustand bei einer bestimmten Temperatur betrachtet, ein Diagramm mit Dreieckskoordinaten, wie es schematisch in Abb. 16 wiedergegeben ist. Die fächerförmig verlaufenden Konoden, welche so wie der Verlauf der Löslichkeitskurve l (Grenzkurve der Mischungslücke) durch Versuche bestimmt werden müssen, schrumpfen mit Entfernung von der die beiden nur beschränkt mischbaren Komponenten verbindenden Dreiecksseite immer mehr zusammen; sie entarten schließlich in den mit K bezeichneten kritischen Punkt. Mischungen, deren Zusammensetzung durch Punkte außerhalb der Kurve l gegeben ist, sind bei der betreffenden Temperatur ineinander vollkommen gelöst[1].

---

[1] Näheres bei ENGELHARD, F. J. W.: Chemische Operationen bei Anwesenheit von zwei flüssigen Phasen, in: Der Chemie-Ingenieur. Herausgeg. von A. EUCKEN u. M. JAKOB. Bd. III, Teil 3, S. 198—246. Stuttgart: Enke 1939.

Die Neigung der Konoden und die exzentrische Lage von K lassen die unterschiedliche Löslichkeit der dritten Komponente in den beiden anderen erkennen. Das Diagramm zeigt, daß es möglich ist, ein Gemisch der beiden Komponenten A und B mit der dem Punkt D entsprechenden Zusammensetzung $a_0 = (1 - b_0)$ der Komponente A und b_0 der Komponente B durch Zumischen von C so in zwei Schichten zu zerlegen, daß z. B. die eine die Zusammensetzung a_1, b_1 und c_1 (Punkt E_1), die andere die Zusammensetzung a_2, b_2 und c_2 (Punkt E_2) hat.

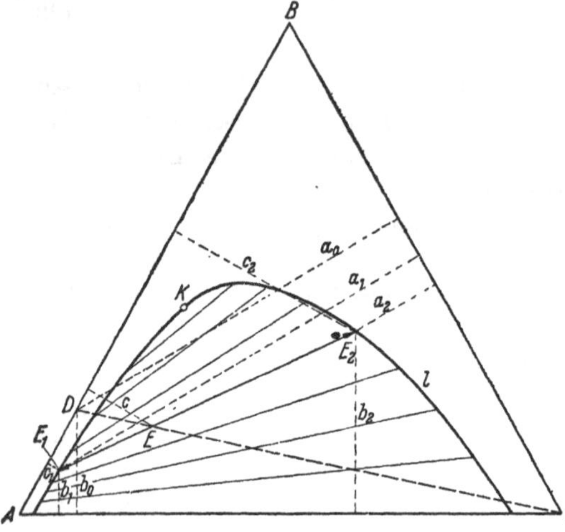

Abb. 16. Schematische Darstellung der Löslichkeit eines Dreikomponentengemisches in Dreieckskoordinaten.

Die Zustandsänderung durch Zumischen von C verläuft längs der Verbindungsgeraden DC. Sobald also die Mischungslücke erreicht ist, zerfällt das Gemisch in zwei Schichten, deren Zusammensetzung den Endpunkten jener Konode entspricht, welche die Zustandsgerade in dem die jeweilige Gesamtzusammensetzung kennzeichnenden Punkt schneidet. Die Mengen verhalten sich auch nach dem hier geltenden Hebelgesetz umgekehrt wie die anteiligen Strecken EE_2 und EE_1.

Der beschriebene Vorgang wird als Extraktion (Auswaschung) technisch genutzt, denn man kann dabei ein Extrakt mit einem höheren Gehalt b_2 und ein Raffinat mit einem niedrigeren Gehalt b_1 gewinnen als das ursprüngliche Gemisch hatte. Bei geeigneter Wahl der Lösungsmittel kann also auf diese Weise auf kaltem Wege eine Anreicherung der einen Komponente und eine Verarmung der anderen Komponente in der einen Schicht und der umgekehrte Erfolg in der anderen Schicht erzielt werden. Zur Durchführung des Verfahrens dienen ebenso wie bei der Rektifikation Austauschkolonnen mit Glockenböden oder Füllkörpern. Sie können Rektifikationsanlagen vorgeschaltet werden und dazu beitragen, den Aufwand an Dampf oder an anderen Trägern von Wärmeenergie in einer Rektifikationsanlage zu verringern. Viele Trennungen lassen sich überhaupt nur auf diesem Wege durchführen und haben besonders in der Schmierölverarbeitung in den beiden letzten Jahrzehnten sehr große Bedeutung erlangt.

Als Beispiel dafür, wie sich die Löslichkeit eines Dreikomponentengemisches in Abhängigkeit von der Temperatur darstellen läßt, ist in Abb. 17 axonometrisch die räumliche Löslichkeitsfläche des Systems Wasser — Phenol — Anilin wiedergegeben. Man erkennt in der linken T, x-Fläche das Diagramm der Abb. 15 wieder, ebenso den Zusammenhang dieser Darstellung mit der von Abb. 16, wenn man Temperaturen betrachtet, die zwischen K_1 und K_2 liegen. Unterhalb der Temperatur von K_1 sind zwei Mischungslücken vorhanden, die ineinander übergehen.

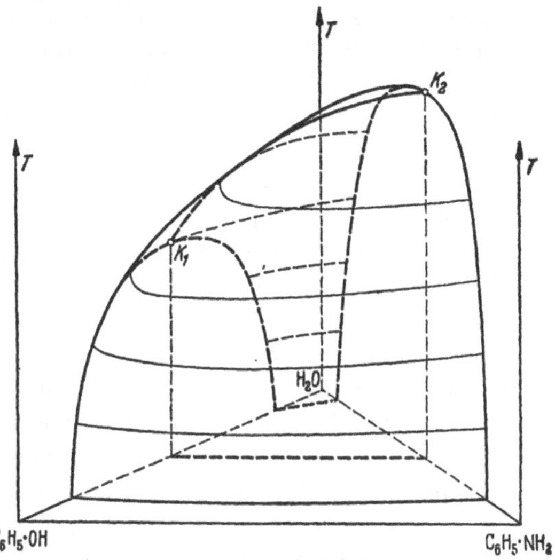

Abb. 17. Axonometrische Darstellung der Löslichkeitsfläche des Systems Wasser—Phenol—Anilin.

Ein solches Verhalten ist bei Anilin als einer Komponente auch dann zu beobachten, wenn die beiden anderen Komponenten reine Kohlenwasserstoffe sind. Aus Abb. 18 sieht man, daß die Konstitutionsunterschiede der Verbindungen n-Heptan und Methylzyklohexan, die beide

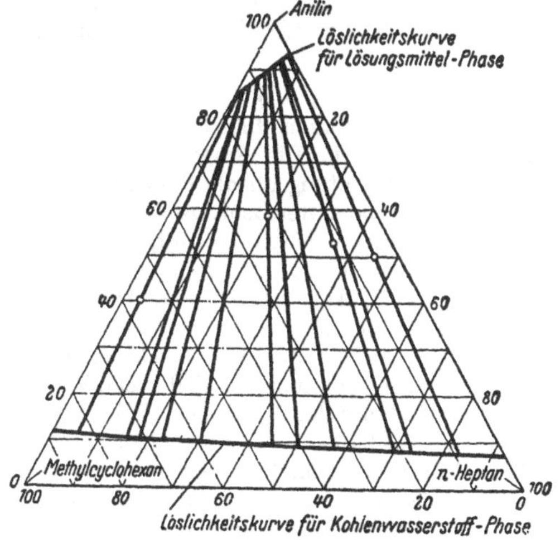

Abb. 18. Löslichkeit im System Methylzyklohexan—n-Heptan—Anilin bei 25° C und 1 at abs.

sieben Kohlenstoffatome enthalten, einen deutlichen Einfluß haben. Die Mischungslücke im System der beiden ringförmigen Verbindungen Anilin und Methylzyklohexan ist merkbar kleiner als bei Anilin und Heptan.

Auch in einem Fall, wie er durch Abb. 18 dargestellt ist, ist es möglich, mit Hilfe der dritten, nur beschränkt löslichen Komponente durch fraktionierte Extraktion ohne Aufwand an Wärme die beiden vollkommen ineinander gelösten Kohlenwasserstoffe bis zu einem gewissen Grad zu trennen[1].

Anilin hat als selektives Lösungsmittel sowohl für die Verarbeitung von Kohlenwasserstoffen als auch für die Untersuchung von Schmierölen Bedeutung erlangt. Beim Erwärmen werden in einer Mischung von Anilin und Schmieröl der Reihe nach sämtliche Bestandteile gelöst. Kühlt man dann die Mischung ab, so scheiden sich von den verschiedenartigen Kohlenwasserstoffen die normalen und verzweigten Paraffine zuerst kristallin aus und trüben die Lösung, dann folgen die normalen und verzweigten Olefine, die Zykloparaffine und schließlich die Aromaten. Die Temperatur, bei der dies geschieht, nennt man Anilinpunkt.

Die praktische Bedeutung der Schmierölprüfung durch die Bestimmung des Anilinpunktes soll hier nicht in Zweifel gezogen werden. Doch ist bei Berücksichtigung der vorstehenden Ausführungen offensichtlich, daß Angaben, wie sie Abb. 19 nach EVANS zeigt, mit Vorbehalt aufzunehmen sind. Wenn sie sich auch jeweils nur auf eine Mischung von Anilin mit dem betreffenden Kohlenwasserstoff beziehen, so müßte doch

[1] Eine Behandlung der grundsätzlichen Zusammenhänge, die hier nur angedeutet werden konnten, findet sich in dem in Fußnote 1, Seite 211 genannten Buch von TAMMANN. Die Fragen wurden in den letzten Jahren wegen ihrer zunehmenden Bedeutung für die Praxis besonders in den Vereinigten Staaten von Amerika eingehend untersucht. Aus dem deutschen Schrifttum seien vor allem die Arbeiten von W. MATZ genannt, und zwar: Auswaschung und Absorption. Z. VDI Beih. Verf.techn. 1939, S. 76—85 — Grundlagen des Stoffüberganges bei der Rektifikation, Auswaschung und Absorption. Z. VDI Beih. Verf.techn. 1939, S. 155—162 — Stoffaustausch bei der Auswaschung von Zweistoffgemischen. Z. VDI Beih. Verf.techn. 1940, S. 118—123 — Modellähnlichkeit beim Stoffübergang in der Strömung. Z. VDI Beih. Verf.techn. 1940, S. 171—175 — Darstellungsarten in der Verfahrenstechnik. Z. VDI Beih. Verf.techn. 1941, S. 6—10 — Theorie der spezifischen Austauschhöhe beim Stoffübergang zwischen zwei Phasen. Z. VDI Beih. Verf.techn. 1944, S. 21—26. Sie stützen sich z. T. auf amerikanische Arbeiten, sind aber nicht ganz frei von einigen Unklarheiten. Die ein Sondergebiet berührenden Fragen sind bei MOOS, J. u. TH. HAAS: Die Entparaffinierung von Kohlenwasserstoffölen als Löslichkeitsproblem. Erdöl u. Kohle Bd. 1 (1948) S. 29—36 behandelt. — Siehe auch Fußnote 1, Seite 229.

die Konzentration genannt werden, bei der die Ausscheidung der Kohlenwasserstoffkriställchen beginnt, genau so, wie in der Metallkunde sinngemäße Verhältnisse durch die üblichen Zustandsbilder wiedergegeben werden. Gewöhnlich wird ein Gemisch aus gleichen Teilen Anilin und Öl geprüft. Wird der kritische Punkt bestimmt, so spricht man auch vom „maximalen" Anilinpunkt[1]. Bei aromatenfreien Fraktionen mit einem

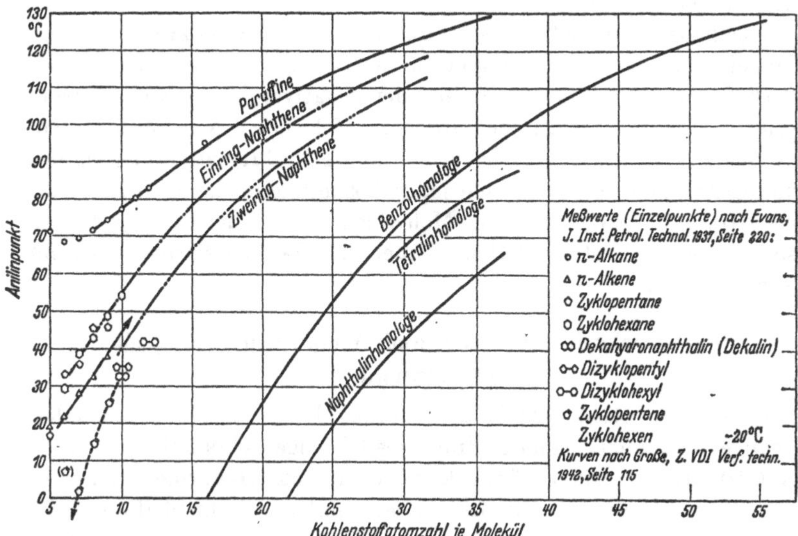

Abb. 19. Anilinpunkte verschiedener Kohlenwasserstoffgruppen und einzelner Kohlenwasserstoffe in Abhängigkeit von der Kohlenstoffatomzahl je Molekül.

Siedepunkt unter 300° C beträgt der Unterschied zwischen beiden Punkten zwar nur 0,2 bis 0,3°. Er kann aber bei hochsiedenden Aromaten auf 5 bis 7° ansteigen.

Es ist auch denkbar, daß sich bei Anwesenheit von sehr vielen, einander sehr nahe stehenden löslichen Komponenten die Verhältnisse durch stetige Übergänge sehr vereinfachen und ausreichend genau mit Hilfe von Durchschnittswerten beschrieben werden. Für diese Annahme

[1] Vgl. Sachanen, A. N.: The Chemical Constituents of Petroleum, S. 88ff. New York: Reinhold 1945. Gelegentlich wird die Ansicht vertreten, daß der Anilinpunkt dem kritischen Löslichkeitspunkt entspricht, vgl. Grosze, L.: Chemische Zusammensetzung und physikalische Eigenschaften von Schmieröldestillaten. Z. VDI Beih. Verf.techn. 1942, S. 112—116; doch wird bei seiner Bestimmung selten dementsprechend verfahren.

spricht die Tatsache, daß sich die Anilinpunktsbestimmung zur angenäherten Konstitutionsermittlung von Schmierölen durchaus bewährt hat. Trotzdem empfiehlt es sich, bei solchen Prüfverfahren die theoretischen Grundlagen so weit wie möglich zu klären, denn an konventionellen Verfahren ist die ganze Brennstoffchemie noch überreich. Es wird sich noch Gelegenheit ergeben, mehrere Verfahren dieser Art kritisch zu betrachten.

Abschließend sei noch erwähnt, daß bei der Mischung zweier Flüssigkeiten eine Änderung der Energieform des Systems auftreten kann. Dies äußert sich dann in einer positiven oder negativen Wärmetönung beim Mischen. Diese als kalorische Größe im folgenden Abschnitt zu besprechende Energie ist ein sehr empfindliches Maß für die Änderung des Bindungszustandes der Moleküle jeder Lösungskomponente für sich als auch dafür, ob zwischen den Molekülen der beiden Komponenten Assoziationen auftreten. Näheres über die Lösungswärme folgt im Abschnitt II C 4.

b) Die Löslichkeit von Gasen und Dämpfen in Flüssigkeiten (Absorption).

Bei der Absorption wird die Berechnung der technisch zu lenkenden Vorgänge vollkommen von der Frage des Gleichgewichts zwischen einem Gas (Dampf) und einer Flüssigkeit beherrscht. Hauptmerkmal zum Unterschied von dem im Zusammenhang mit der Rektifikation wichtigen und im nächsten Unterabschnitt zu besprechenden Gleichgewichten ist hier, daß der Partialdruck der lösenden Flüssigkeit gegenüber dem des zu lösenden Gases oder Dampfes vernachlässigt werden kann. Daneben spielen Reaktionsgeschwindigkeiten eine, wenn auch nicht so ausschlaggebende Rolle, weil man für praktische Anwendungen, bei denen es sich um die Wiedergewinnung der gelösten Gase handelt, möglichst vermeidet, reagierende Lösungsmittel zu verwenden. Nach einem von Henry bereits 1803 aufgestellten Gesetz ist die Konzentration c_l eines in der Flüssigkeit gelösten Gases dem Partialdruck p_g dieses Gases in der Gasphase proportional. Man kann also

$$c_l = H p_g = H c_g R T \tag{24}$$

setzen. Der Wert c_g ist dann die Konzentration des betreffenden Gases im Gasraum, R und T sind die Gaskonstante und die absolute Temperatur. Die Größe H ist wohl unabhängig von den beiden anderen, somit in der Gleichung als Konstante anzusehen, ändert sich jedoch mit dem zu absorbierenden Gas, mit der absorbierenden Flüssigkeit und mit der Temperatur. Setzt man nun die beiden Konzentrationen ins Verhältnis, so folgt mit v_g, dem Volumen des Gasraumes, in dem eine bestimmte Mengeneinheit enthalten ist, und v_l, dem entsprechenden Volumen der Lösung

$$\frac{c_l}{c_g} = \frac{v_g}{v_l} = L. \tag{25}$$

Dabei versteht man unter L den Löslichkeitskoeffizient. Wegen seiner Größe muß auf die physikalisch-chemischen Tabellenwerke verwiesen werden[1]. Meist nimmt der Löslichkeitskoeffizient mit steigender Temperatur ab, so daß es möglich ist, das absorbierte Gas durch Erwärmen aus dem Lösungsmittel auszutreiben. Dies ist im allgemeinen spätestens bei Erreichen von dessen Siedepunkt der Fall. Dabei soll das Lösungsmittel möglichst wenig mitverdampfen. Ein anderes Verhalten ließe es wenig geeignet erscheinen. Die rechnerische Behandlung der hier angeschnittenen Fragen ist bei EUCKEN-JAKOB, BADGER-MCCABE sowie bezüglich des Grundsätzlichen eingehend bei BOŠNJAKOVIĆ zu finden[2].

Eine Erweiterung des HENRYschen Gesetzes gibt der NERNSTsche Verteilungssatz, der eine Aussage darüber macht, wie sich ein Stoff auf zwei gegenseitig nicht oder nur in geringem Maße mischbare Flüssigkeiten verteilt, vorausgesetzt, daß das Verhalten normal ist und keine Assoziationen auftreten. Dieser Satz gilt nicht nur für Gase und Dämpfe, sondern im Bereich kleiner Konzentrationen auch für Flüssigkeiten und beschreibt somit den Grenzfall, daß sich in einem Dreikomponentensystem der im vorhergehenden Unterabschnitt behandelten Art mit Mischungslücke zweier Komponenten die Konzentration der dritten dem Werte null nähert. Kennzeichnet man die beiden nicht oder nur sehr

---

[1] LANDOLDT-BÖRNSTEIN: Physikalisch-chemische Tabellen, 5. Aufl. Herausgegeben von W. A. ROTH und K. SCHEEL. 2 Bände. Berlin: Springer 1923. 1. Erg.-Bd. Berlin 1927; 2. Erg.-Bd., 2 Teile. Berlin 1931; 3. Erg.-Bd., 3 Teile. Berlin 1935/36, Tabelle 122. — D'ANS, J. u. E. LAX: Taschenbuch für Chemiker und Physiker, Abschnitt 33262, S. 958ff. Berlin: Springer 1943.

[2] Vgl. VERSCHOOR, H.: Absorption in gasförmig-flüssigen Systemen (Gaswäsche), in: Der Chemie-Ingenieur. Herausgeg. von A. EUCKEN und M. JAKOB. Bd. III, Teil 3, S. 65—135. Stuttgart: Enke 1939. — BADGER, W. L. u. W. L. MCCABE: Elemente der Chemie-Ingenieur-Technik. Übersetzt von K. KUTZNER, S. 287—307. Berlin: Springer 1932. — BOŠNJAKOVIĆ, F.: Technische Thermodynamik, 2. Teil, S. 97ff. Dresden u. Leipzig: Steinkopff 1937. — HEGELMANN, E.: Trennung von Gasen und Dämpfen durch Absorption (Gaswaschung), in: Chemische Ingenieur-Technik. Herausgeg. von E. BERL. 3. Bd., S. 463—520. Berlin: Springer 1935.

beschränkt mischbaren Flüssigkeiten durch die Indizes 1 und 2, so sagt er in der nachstehenden Form aus, daß sich das absorbierte Gas oder der gelöste Stoff auf die beiden Flüssigkeiten ohne Rücksicht auf die Gesamtmenge derart verteilt, daß das Verhältnis der Konzentrationen konstant bleibt. Denn wegen

$$\frac{c_{1l}}{c_g} = L_1 \quad \text{und} \quad \frac{c_{2l}}{c_g} = L_2 \tag{26}$$

ist

$$\frac{c_{1l}}{c_{2l}} = \frac{L_1}{L_2} = E. \tag{27}$$

Die Größe E wird für Berechnungen viel benutzt und Verteilungskoeffizient genannt. Man sieht bei Beachtung des allgemeinen Gasgesetzes, nach dem c_g und p_g einander proportional sind, daß bei Gültigkeit des HENRYschen Gesetzes L_1 und L_2, also auch E, bei einer bestimmten Temperatur konstant sind[1].

c) Der Einfluß der Konstitution auf die Löslichkeit.

Lösungsmittel mit sehr hohem Löslichkeitskoeffizienten für bestimmte Stoffe oder Stoffgruppen, sowie Lösungsmittelpaare mit entsprechend günstigen Verteilungskoeffizienten, die zu einer hohen Ausbeute bei der Extraktion oder Absorption führen, wurden bisher meist nur durch Prüfung der in Frage kommenden Verbindungen im Laboratorium, kaum durch theoretische Überlegungen allein gefunden. Das hat seinen Grund in der Kompliziertheit der Zusammenhänge und unserer unzureichenden Kenntnis der verschiedenen Möglichkeiten. Als Beispiel sind in Zahlentafel 21 die Verteilungskoeffizienten einiger Lösungsmittel für Phenol gegenüber Wasser bei einer ursprünglichen Phenolkonzentration von 2% im Wasser angegeben. Im Falle des in Abb. 18 dargestellten Systems beträgt der Verteilungskoeffizient von Anilin für Methylzyklohexan gegenüber Heptan bei allen Konzentrationen der beiden Kohlenwasserstoffe praktisch 1,9. In einem solchen Falle gilt der NERNSTsche Verteilungssatz nicht nur für die verdünnte Lösung.

Bei der Wahl eines für bestimmte Zwecke anzuwendenden Lösungsmittels sind aber nicht nur der Wert E, sondern auch die Möglichkeit

[1] TAMMANN hat in seinem in Fußnote 1, Seite 211 genannten Buch, S. 235 eine geometrische Deutung des Verteilungskoeffizienten gegeben; er nennt ihn dort Teilungskoeffizient. Einen Ersatz des nur für verdünnte Lösungen geltenden NERNSTschen Verteilungskoeffizienten durch Größen, die auch bei den in der Schmierölraffination angewendeten Konzentrationen exakt gültig sein sollen, strebt VOGEL, H.: Das Verteilungsgesetz bei der Extraktion mit selektiven Lösungsmitteln. Öl u. Kohle Bd. 36 (1940) S. 547—552 an.

Zahlentafel 21. *Verteilungskoeffizienten E einiger Lösungsmittel für 2%ige wäßrige Phenollösung gegenüber reinem Wasser bei 20° C.*

Leichtbenzin	0,2	Butylalkohol	19,0
Chlorbenzol	2,0	Trikresylphosphat	28,0
Benzol	2,2	Isopropylester	45,0
Diäthyläther	17,0	Phenosolvan (vgl. S. 460 oben)	49,0

der Trennung von dem extrahierten Stoff, Störungen durch andere Begleitstoffe und ähnliches zu beachten[1].

Nach allen bisher bekannten Versuchsergebnissen ist nicht zu bezweifeln, daß die gegenseitige Löslichkeit sehr wesentlich vom Molekülbau beeinflußt wird. Die reinen Kohlenwasserstoffe sind, sofern ihre Schmelz- oder Siedepunkte nicht allzu weit auseinander liegen, praktisch vollkommen ineinander löslich. Allerdings bestehen auch hier gewisse Unterschiede, indem die gegenseitige Löslichkeit von Ketten-Kohlenwasserstoffen am größten ist und etwas abnimmt, je mehr sich eine Komponente den Aromaten nähert. Großen Einfluß haben funktionelle Gruppen, weil sie meist eine vorhandene Symmetrie der Moleküle stören und ein Dipolmoment erzeugen. Auf die Unterschiede, die sich beim Verhalten von Alkoholen gegenüber Lösungsmitteln wie Wasser einerseits und Kohlenwasserstoffen andererseits zeigen, wurde bereits hingewiesen.

Sehr wichtig ist schließlich die Frage der Löslichkeit auch im Zusammenhang mit den erwünschten und unerwünschten Begleitstoffen. Zu den ersten sind z. B. die Zusätze zur Verbesserung der Klopffestigkeit bei Kraftstoffen oder der Schmiereignung bei Schmierstoffen zu verstehen. Unerwünscht sind alle jene Produkte von Alterungsvorgängen, bei denen durch Vergrößerung des Moleküls die Löslichkeit herabgesetzt wird, so daß es zumeist zu schleimigen Ausscheidungen kommt. Dies ist besonders bei den Harzen der Fall, die aromatischen Charakter und ein hohes Molekulargewicht besitzen; vgl. Ende des Abschnittes I B 3 c β. Sie werden deshalb von den in der Hauptsache aus paraffinischen Verbindungen bestehenden Grundstoffen bei Erreichen einer gewissen Molekulargröße ausgeschieden. Wenn man die starken Schwankungen der Löslichkeits- und Verteilungskoeffizienten infolge geringfügiger Änderungen im Molekülbau beachtet, so erkennt man leicht, daß z. B. bei der Mischung verschiedener Öle, wie die Erfahrung lehrt, unerwartete Aus-

[1] Vgl. hiezu z. B. Riediger, B.: Phenolgewinnung aus industriellen Abwässern. Z. VDI Beih. Verf.techn. 1943, S. 119—120. Dort sind diese Fragen für einen praktischen Fall näher erörtert. Siehe hiezu auch Ende des Abschnittes IV E 7.

scheidungen auftreten können; denn es handelt sich hier um Veränderungen im Gleichgewicht sehr zahlreicher Komponenten. Deshalb empfiehlt sich immer die vorherige Prüfung im Laboratorium, um vor Überraschungen sicher zu sein; siehe hiezu auch Abschnitt IV B 2. Wegen der Größe der Verteilungskoeffizienten muß auf die Tabellenwerke verwiesen werden[1].

d) Die Anlagerung von Gasen und Dämpfen oder Flüssigkeiten an feste Oberflächen (Adsorption).

Unter Adsorption versteht man eine Erhöhung der Konzentration von Gasen, kondensierenden Dämpfen oder Flüssigkeiten in unmittelbarer Nähe fester Oberflächen gegenüber den im angrenzenden Gas- oder Flüssigkeitsraum herrschenden Verhältnissen. Damit geht eine Änderung des Ordnungszustandes des angelagerten Stoffes (Adsorptiv) einher, denn die an festen Körpern angelagerten Moleküle werden in einen Zustand höherer Ordnung gebracht als er im angrenzenden Raum herrscht. Die Adsorption ist ein Sonderfall von Grenzflächenreaktion. Sie zeigt nach der einen Seite große Ähnlichkeit mit der Kapillarkondensation. Diese ist ein rein physikalischer Vorgang, bei der in kapillaren Spalten, Rissen oder sonstwie gearteten Hohlräumen der Partialdruck eines im Gasraum anwesenden Dampfes infolge der zusätzlichen Wirkung der Oberflächenspannung so erhöht wird, daß der Dampf kondensiert, ohne daß irgendeine chemische Reaktion eintritt. Nach der anderen Seite ist eine Abgrenzung gegen chemische Reaktionen an den Oberflächen fester Körper ebenfalls schwer zu ziehen. Wesentliches Merkmal aller für Zwecke der Adsorption praktisch in Frage kommenden Stoffe ist ein sehr großes Verhältnis von Oberfläche zu Volumen. Es werden vor allem Holzkohle, Kohle von Holundermark oder Kokosnußschalen und ähnliche Aktivkohlearten sowie Bleicherde, Silikagel oder andere feste Gele verwendet.

In der Technologie der Kohlenwasserstoffe wird die Adsorptionstechnik einmal zum Abtrennen von Benzol aus Kokereigas sowie von Flüssiggasen aus feuchtem Erdgas und dann zur Nachbehandlung der Schmieröle angewendet. Außerdem bedient man sich ihrer neuerdings mit Erfolg bei Untersuchungsverfahren[2].

---

[1] Vgl. Fußnote 1, Seite 235. LANDOLDT-BÖRNSTEIN: Tabelle 129. — D'ANS-LAX: wie bereits angegeben.

[2] Vgl. z. B. GRADER, R.: Untersuchungen über die Beziehungen zwischen Aufbau der Asphalte und Bitumina und ihren Eigenschaften. Öl u. Kohle Bd. 38 (1942) S. 867—878. Wegen der Grundlagen siehe ZECHMEISTER, L. u. L. v. CHOLNAKY: Die chromatographische Adsorptionsmethode. 2. Aufl. Wien: Springer 1938.

Hier können nur kurze Hinweise auf die Zusammenhänge gegeben werden, zumal die Forschung auf diesem Gebiet noch ziemlich in Fluß ist und eine systematische Darstellung nach den für diesen Abschnitt geltenden Gesichtspunkten vorläufig schwierig ist. Doch darf eine so wichtige Erscheinung nicht übergangen werden.

Bei der Durchführung technischer Aufgaben kommt es immer darauf an, sie mit erträglichem Aufwand an Zeit und Geräten durchzuführen. Nun zeigt sich, daß gerade bei der Adsorption die Strömungsgeschwindigkeiten eine sehr erhebliche Rolle spielen; es wird deshalb die statische und die dynamische Adsorption unterschieden, und zwar danach, ob bei dem Vorgang die Gasgeschwindigkeit des Adsorptivs durch das Adsorbens hindurch gleich oder fast gleich null oder ob sie erheblich davon verschieden ist. Weiterhin ändern sich die Verhältnisse je nachdem, ob nur ein adsorbierbarer Stoff vorhanden ist oder ob es deren mehrere sind. Im zweiten Falle spricht man von Mischadsorption.

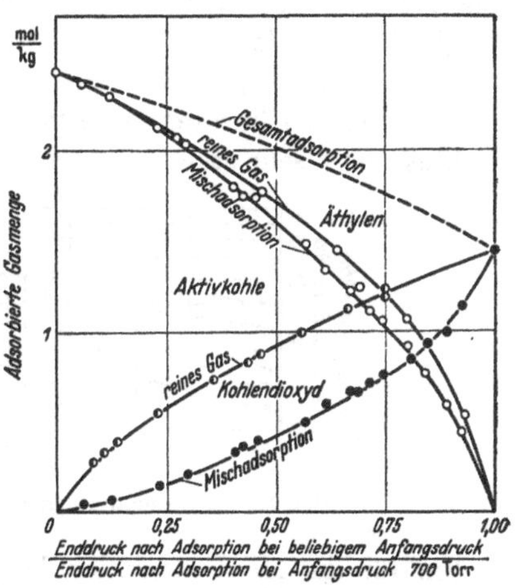

Abb. 20. Adsorption von Äthylen und Kohlendioxyd von 700 Torr Ausgangsdruck an Aktivkohle bei 25° C.

In vielen Fällen ist eine erhebliche gegenseitige Beeinflussung der Adsorptionsteilnehmer festzustellen, derart, daß die Gegenwart des einen die Adsorption des anderen behindern kann[1]. So zeigt Abb. 20, daß bei gleichzeitiger Adsorption eines Gemisches von Kohlendioxyd und Äthylen an Aktivkohle das Äthylen offenbar infolge seines ungesättigten Charakters die Adsorption des Kohlendioxydes stark behindert, während dies umgekehrt nur in viel geringerem Maße der Fall ist. Diese Möglichkeit wird in neuerer Zeit verschiedentlich dazu ausgenutzt, um Stoffe im dampf- oder gasförmigen Zustand durch selektive Adsorption zu trennen. Ähnlich wie der Zustand eines Gases läßt sich auch der eines adsorbierten Stoffes mittels einer Zustandsgleichung von der Form

$$k = k(p, T) \qquad \text{oder} \qquad k = k(c, T) \tag{28}$$

[1] Vgl. MAGNUS, A. u. F. TELLER: Untersuchungen über Mischadsorption. Z. VDI Beih. Verf.techn. 1939, S. 1—9.

beschreiben, wenn man unter k die Oberflächenkonzentration als Überschuß des Stoffes in der Grenzfläche gegenüber der im umgebenden Raum herrschenden Konzentration c versteht. Diese Größe kann bei Anwesenheit mehrerer Stoffe auch sonst an die Stelle des Volumens treten. Da es meist nicht möglich ist, die Oberfläche des adsorbierenden Stoffes genau anzugeben, bevorzugt man die Bezugnahme auf Gramm oder Mol. Analog zu der bei Gasen üblichen Ausdrucksweise versteht man unter einer Adsorptionsisotherme die einfache Mannigfaltigkeit von Zuständen bei gleichbleibender Temperatur, wofür in Abb. 21 ein Beispiel gegeben ist. Die Verwendung eines logarithmischen Abszissenmaßstabes ist vorteilhaft, weil bei linearem Maßstab die Kurven in der Nähe des Nullpunktes meist sehr steil verlaufen.

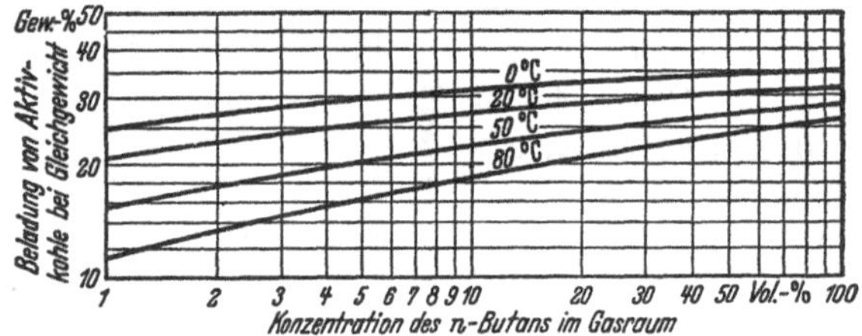

Abb. 21. Adsorptionsisothermen für n-Butan an Aktivkohle.

Ein für die Mischadsorption kennzeichnender Vorgang ist die Erscheinung, daß die bereits erwähnte Verdrängung der einen Komponente durch die andere ebenfalls von der Geschwindigkeit abhängig ist. Dadurch kann bei geeigneter Wahl der Strömungsquerschnitte und der Feinkörnigkeit des Adsorbens eine zusätzliche Selektivität erreicht werden[1].

Adsorption und Absorption sind zum Teil für denselben Zweck anwendbar; für die Wahl des Verfahrens sind dann vor allem die Möglichkeit der Rückgewinnung der abgetrennten Stoffe, Raumbedarf der

[1] Vgl. hiezu WICKE, E.: Empirische und theoretische Untersuchungen der Sorptionsgeschwindigkeit von Gasen an porösen Stoffen. Kolloid-Z. Bd. 86 (1939) S. 167—186 und 295—313 — Auszug daraus Z. VDI Beih. Verf.techn. 1940, S. 32 bis 34. Von demselben Verfasser stammen auch Arbeiten, die sich allgemein mit Vorgängen in Grenzflächen befassen, und zwar folgende: Der stoffliche Umsatz gasförmig — fest in seiner Abhängigkeit von Kenngrößen. Z. VDI Beih. Verf.techn. 1939, S. 85—95 — Physikalische Chemie der Grenzflächenvorgänge. Z. VDI Beih. Verf.techn. 1939, S. 127—130 — Zur Zerlegung von Gasgemische in durchströmter Adsorberschicht. Angew. Chem. B Bd. 19 (1947) S. 15—21. — Dazu noch: Umsetzungen in gasförmig — festen Systemen, in EUCKEN-JAKOB. Bd. III, Teil 3, S. 136—197.

Apparate, Verluste an Waschöl oder Aktivkohle durch den Prozeß u. ä. von entscheidender Bedeutung[1].

Aus Abb. 22 sieht man, daß im Gebiet von Kohlenwasserstoffen mit niedrigerer Kohlenstoffatomzahl als etwa sieben die Beladungsmöglichkeit bis zur Sättigung bei Aktivkohle erheblich über den Werten bei Waschöl liegt. Welches der beiden Verfahren wirtschaftlicher ist, kann allerdings auf Grund einer solchen Darstellung allein noch nicht entschieden werden.

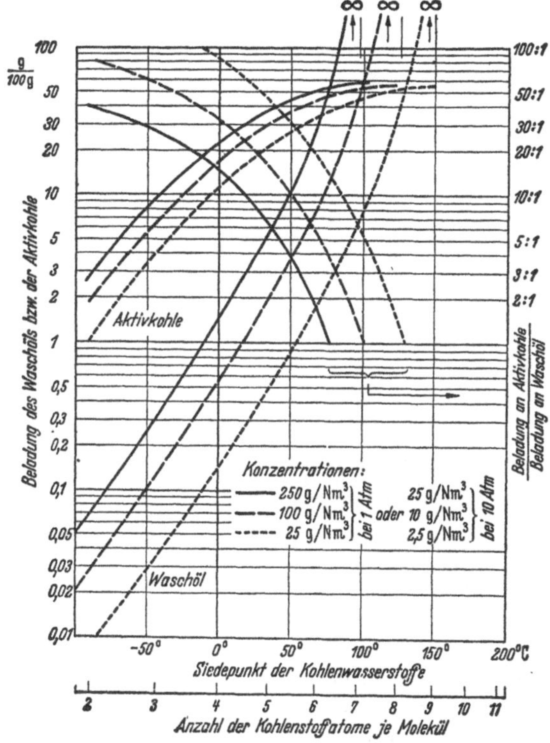

Abb. 22. Sättigungsbeladung von Waschöl (Molekulargewicht 200) und von Aktivkohle mit reinen Kohlenwasserstoffen bei 20° C in Abhängigkeit von der Anzahl der Kohlenwasserstoffatome je Molekül bzw. vom Siedepunkt.

Für die praktische Durchführung kommt noch hinzu, daß sich infolge der Selektivität bei der Mischadsorption die einzelnen adsorbierten Stoffe

[1] Vgl. HERBERT, W. u. H. RÜPING: Chem. Fabrik Bd. 13 (1940) S. 149.

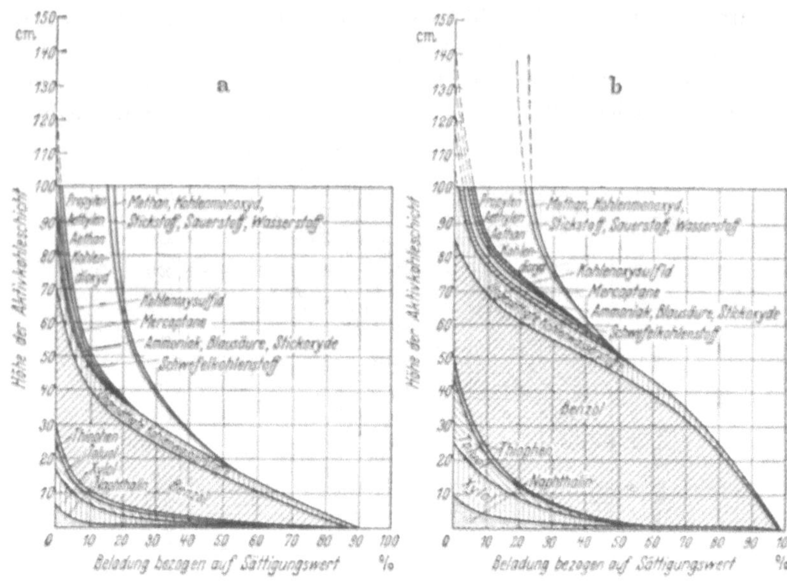

Abb. 23. Beladungszustand in der Adsorberschicht bei der Benzolgewinnung mittels Aktivkohle zu verschiedenen Zeitpunkten der Beladung nach WICKE.

a Nach $^1/_3$ der Beladungszeit.
b Nach $^2/_3$ der Beladungszeit.
c Nach $^3/_3$ der Beladungszeit.

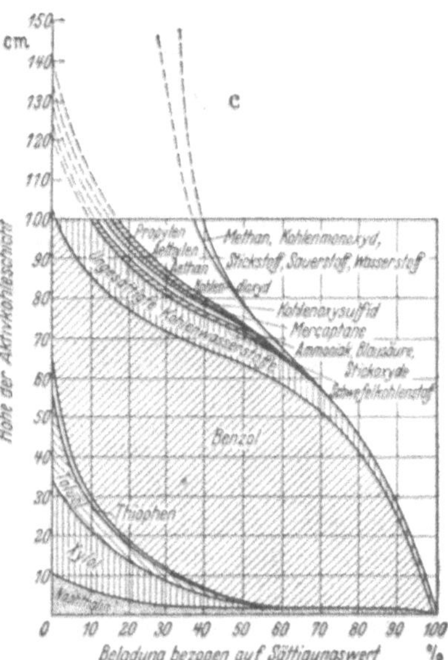

im Adsorbens bei genügender Länge der vom Gas durchströmten Strecke in Schichten anlagern. In der Nähe des Gaseintrittes wird zuerst der am leichtesten zu adsorbierende Stoff angelagert, und dann folgen entsprechend ihrer Adsorptionsfähigkeit die anderen. Bei Kohlenwasserstoffen deckt sich die Reihenfolge, wie Abb. 22 erkennen läßt, mit dem Molekulargewicht. Die Verteilung der einzelnen Fraktionen auf die Adsorberschicht in drei verschiedenen Zeitpunkten der Beladung, wie sie bei der praktisch durchgeführten Adsorption an Aktivkohle beobachtet wird, ist in Abb. 23a—c dargestellt. Wird der Betrieb nach Erreichen der Sättigungsbeladung noch weitergeführt, so beginnen die dem Gaseintritt näher liegenden Stoffe die folgenden infolge ihrer höheren Adsorbierbarkeit zu verdrängen, bis es zum Durchbruch kommt.

Die Tatsache, daß die adsorbierten Stoffe in Schichten angelagert sind, macht man sich bei der Rückgewinnung nutzbar. Zur Desorption verwendet man fast ausschließlich Wasserdampf, den man in umgekehrter Richtung das Adsorbens durchströmen läßt. Er verdrängt zuerst die dem Gasaustritt am nächsten befindlichen und am schwersten adsorbierbaren Stoffe und dann erst in umgekehrter Reihenfolge die anderen. Daher ist es möglich, eine fraktionierte Desorption durchzuführen und so die einzelnen Komponenten getrennt zu gewinnen. Wegen Einzelheiten der dabei angewendeten Verfahren muß auf das Schrifttum verwiesen werden[1].

5. Die Siede- und Taulinien von Gemischen und Gemengen.

Als Verfahren für die Trennung von Gemischen und Gemengen wurde die Auswaschung mit Hilfe selektiver Lösungsmittel und die Möglichkeit, sie allein oder als Vorstufe vor der Rektifikation anzuwenden, bereits erwähnt. Das wichtigste Verfahren ist jedoch nach wie vor die Rektifikation. Sie dient einmal dazu, die in der Natur vorkommenden Kohlenwasserstoffgemische zu trennen, und dann dazu, die mit Hilfe von selektiven Lösungsmitteln gewonnenen Extrakte, mitunter auch die zurückbleibenden Raffinate, aufzuarbeiten. Für die Berechnung der Rektifikation ist die Kenntnis der Gleichgewichtskurven der Gemische erforderlich. Die Theorie der Vorgänge ist besonders für Zweistoffgemische, wie sie z. B. bei der Alkoholdestillation vorliegen, eingehend bearbeitet[2].

---

[1] Vgl. z. B. BRATZLER, K.: Adsorption von Gasen und Dämpfen in Laboratorium und Technik (Technische Fortschrittsberichte Bd. 49). Dresden u. Leipzig: Steinkopff 1944.

[2] Ausführliche Behandlung in den in Fußnote 2, Seite 235 aufgezählten Werken und zwar HAUSEN, H.: Materialtrennung durch Destillation und Rektifikation, in EUCKEN-JAKOB. Bd. I, Teil 3, S. 70—169. 1933. — THORMANN, K.: Destillieren und Rektifizieren, in BERL. 3. Bd., S. 395—441. — BADGER-MCCABE: S. 246—279. — BOŠNJAKOVIĆ: S. 104—172. — Außerdem THORMANN, K.: Destillieren und Rektifizieren. Leipzig: Spamer 1928. — KIRSCHBAUM, E.: Destillier- und Rektifiziertechnik. Berlin: Springer 1940. — Das Schrifttum aus den Jahren 1920—1944 haben STAGE, H. u. GG. R. SCHULTZE: Die grundlegenden Arbeiten über Theorie, Apparate sowie Verfahren der Destillation und Rektifikation. Berlin: VDI-Verlag 1944, zusammengestellt.

Soweit es sich um Gemische der hauptsächlichsten Erdölkomponenten handelt, kann man die unbeschränkte Gültigkeit des RAOULTschen Gesetzes annehmen, das gewöhnlich in der Form

$$p \cdot x = P \cdot y \tag{29}$$

geschrieben wird. Es ist eine Erweiterung des im Abschnitt II B 4b, S. 234 erwähnten HENRYschen Gesetzes mit Hilfe des DALTONschen Gesetzes über die Teildrücke. In der Formel, die für eine bestimmte, jedoch beliebige Temperatur gilt, bedeuten

p den Teildampfdruck der betrachteten Komponente,
x den in Mol ausgedrückten Anteil dieser Komponente in der flüssigen Phase,
$P = \sum (p \cdot x)$ den Gesamtdruck des mit der flüssigen Phase im Gleichgewicht stehenden Dampfes,
y den in Mol ausgedrückten Anteil der betrachteten Komponente in der Dampfphase.

Untersucht man zunächst ein Zweistoffgemisch, so läßt sich mit Hilfe dieses Gesetzes graphisch, wie in Abb. 24a für den Fall eines Benzol—Toluol-Gemisches gezeigt, das Gleichgewichtsschaubild auf einfache Weise ableiten. Es ist dazu nur die Kenntnis des Dampfdruckes der beiden reinen Komponenten erforderlich, im vorliegenden Beispiel also die Kenntnis von p_B und p_T. Die Gl. (29) beinhaltet die Voraussetzung, daß sich das Gemisch ideal verhält. Die Wölbung der y-Linie ist ein Maß für den Unterschied der Molanteile im Dampf und in der Flüssigkeit und ist um so stärker, je weiter die Siedepunkte der beiden Komponenten auseinander liegen. Es muß wegen der Gültigkeit des DALTONschen Gesetzes jedem der beiden, zu einem bestimmten Wert x gehörenden Teildrücke ein und dieselbe Temperatur zugeordnet sein. Man kann daher aus Abb. 24a das darüber stehende Siedediagramm Abb. 24b entwickeln, das nun für einen bestimmten Druck gilt. Dazu ist die Kenntnis des Siedeverlaufes Abb. 24c der beiden Komponenten erforderlich. Bei der Ableitung ist die für ideale Gemische zulässige Annahme getroffen, daß die Gleichgewichtskurve für den ganzen betrachteten Temperaturbereich gilt. Die der Abbildung beigegebene Zahlentafel zeigt, wie man die einzelnen Punkte der Abb. 24b mit Hilfe der aus Gl. (29) abgeleiteten Beziehungen ermittelt.

Die Abkühlung eines aus zwei Stoffen bestehenden Dampfes, dessen Zustand etwa dem Punkt A entspricht, läßt sich an Hand eines solchen

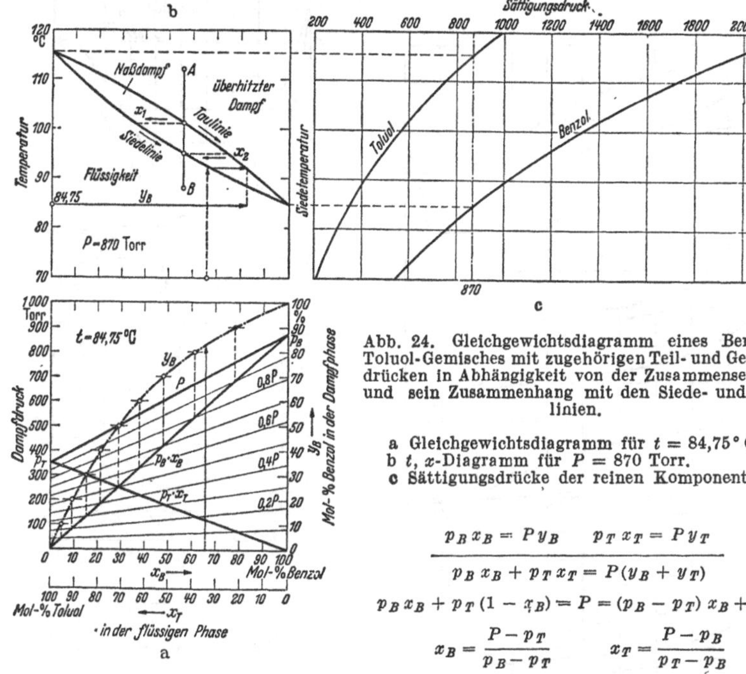

Abb. 24. Gleichgewichtsdiagramm eines Benzol—Toluol-Gemisches mit zugehörigen Teil- und Gesamtdrücken in Abhängigkeit von der Zusammensetzung und sein Zusammenhang mit den Siede- und Taulinien.

a Gleichgewichtsdiagramm für $t = 84{,}75$ °C.
b t, x-Diagramm für $P = 870$ Torr.
c Sättigungsdrücke der reinen Komponenten.

$$p_B x_B = P y_B \qquad p_T x_T = P y_T$$

$$p_B x_B + p_T x_T = P(y_B + y_T)$$

$$p_B x_B + p_T (1 - x_B) = P = (p_B - p_T)\, x_B + p_T$$

$$x_B = \frac{P - p_T}{p_B - p_T} \qquad x_T = \frac{P - p_B}{p_T - p_B}$$

t °C	p_B Torr	p_T Torr	$P - p_T$ Torr	$p_B - p_T$ Torr	$x_B = \frac{P - p_T}{p_B - p_T}$	$p_B \cdot x_B$	$y_B = \frac{p_B x_B}{P}$
85	875	350	520	525	0,990	866	0,996
90	1012	412	458	600	0,763	773	0,888
95	1163	485	385	678	0,566	658	0,756
100	1332	568	302	764	0,395	526	0,605
105	1518	652	218	866	0,252	382	0,439
110	1723	750	120	973	0,123	212	0,246
115	1950	860	10	1090	0,009	18	0,021

Diagramms leicht verfolgen. Wird die Temperatur der oberen, als Taulinie bezeichneten Kurve bei gegebenem x erreicht, so wird zunächst nur eine Flüssigkeit von der Zusammensetzung $x_1 < x$ mit einem kleineren Anteil der leichter siedenden Komponenten ausgeschieden. Dadurch wächst aber der Betrag x für den Anteil der leichter siedenden Komponente im Dampf und das Bild seines Zustandes wandert bei weiterer Temperaturabnahme auf der Taulinie abwärts. Das hat nun zur Folge, daß ein an der leichter flüchtigen Komponente zunehmend reiches Kon-

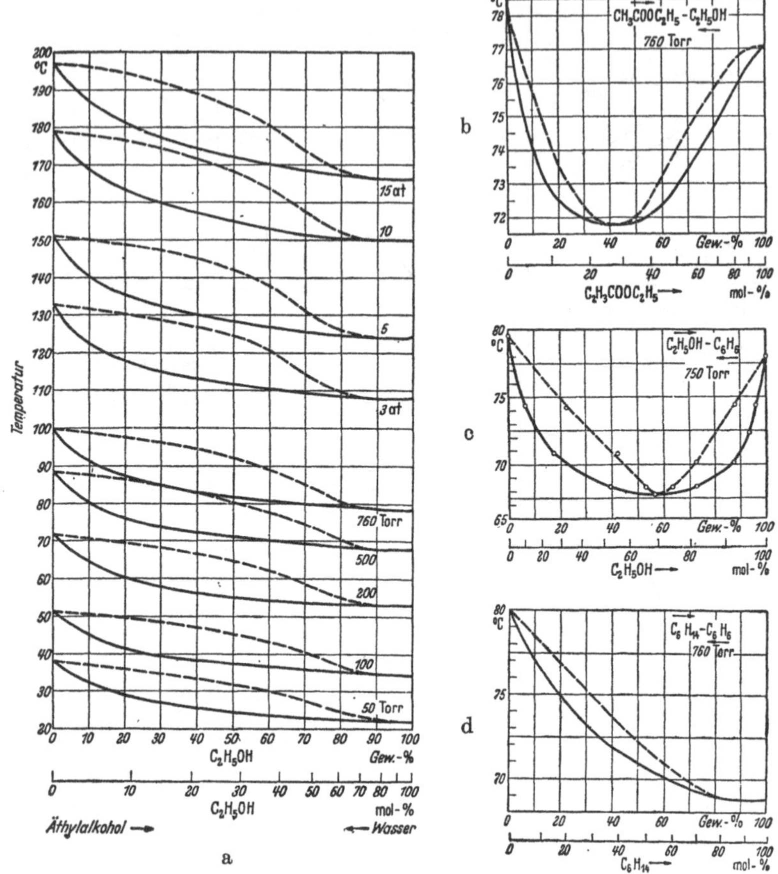

Abb. 25. Siede- und Taulinien von Gemischen je zweier Flüssigkeiten. Die Drucke, für die sie gelten, sind angegeben.
a Äthylalkohol—Wasser. b Essigsäureäthylester—Äthylalkohol.
c Äthylalkohol—Benzol. d Hexan—Benzol.

densat anfällt. Das Zustandsbild der Flüssigkeit wandert also auf der unteren Kurve, der Siedelinie, ebenfalls abwärts. Dies dauert solange, bis der senkrecht unter A liegende Punkt der unteren Kurve erreicht ist. Es werden dann die letzten Reste des Dampfes, der nunmehr die Zusammensetzung $x_2 > x$ hat, kondensiert, so daß nunmehr ausschließlich Flüssigkeit vorhanden ist, die selbstverständlich die gleiche Zusammensetzung x wie der ursprünglich vorhanden gewesene Dampf haben muß.

Handelt es sich um Rektifikationen von Gemischen mit Siede- und Taulinien, die von der idealen Form abweichen, so müssen umgekehrt zuerst diese experimentell bestimmt und daraufhin die Gleichgewichtsdiagramme abgeleitet werden. Gesetzmäßige Zusammenhänge des dabei zu beobachtenden Verhaltens mit dem Molekülbau sind noch kaum erkannt. Bemerkenswert ist, daß es sich dabei vielfach um Stoffe handelt, die gegenseitig gut löslich sind. Die Abweichung der Siede- und Taulinien von der idealen Form ist also ebenso wie die Mischungswärme ein viel empfindlicherer Indikator für Unterschiede im Molekülbau als die Löslichkeit allein.

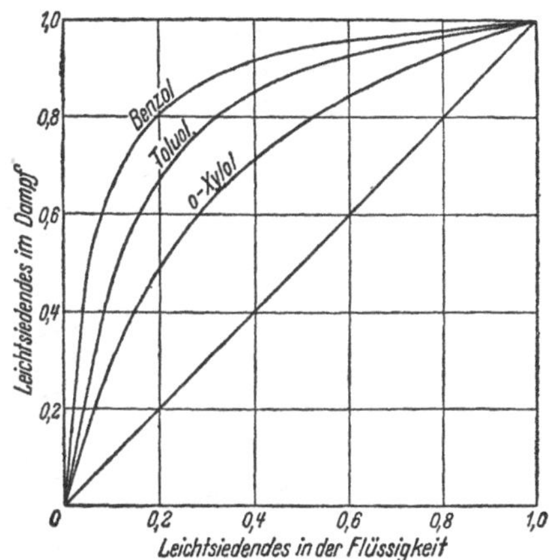

Abb. 26. Gleichgewichtskurven für Benzol, Toluol und o-Xylol mit Waschöl vom Siedebereich 240 bis über 300° C.

Wegen des Verlaufes der einzelnen Gleichgewichtskurven muß auf die Zusammenstellungen im Schrifttum und die Tabellenwerke verwiesen werden. Es sollen hier nur als Beispiele in Abb. 25a—d die Siede- und Taulinien der Gemische Äthylalkohol—Wasser, Äthylalkohol—Essigsäureäthylester, Äthylalkohol—Benzol und Hexan—Benzol gezeigt werden. In einer Darstellung mit wesentlich größerem Ordinatenmaßstab würde man auch in Abb. 25a u. d den in den beiden anderen Abbildungen sehr ausgeprägten azeotropischen Punkt erkennen, bei dem Dampf und Flüssigkeit gleicher Zusammensetzung miteinander im Gleichgewicht stehen. Er kann beim Rektifizieren nicht überschritten werden, weil die Siede- und Taulinien zu beiden Seiten ansteigen[1]. Die praktisch wichtigen Gleichgewichtskurven für Benzol und Benzolhomologen mit Waschöl in der in Abb. 24a entwickelten Darstellung sind in Abb. 26 gezeigt.

In Abb. 27 ist der Grenzfall eines Gemenges wie Wasser—Benzol wiedergegeben, das praktisch überhaupt nicht mischbar ist. Man sieht, daß das Diagramm eine entartete Form zeigt, zu der in Abb. 25b u. c bereits gewisse Ansätze vorhanden sind. Der mit einem solchen Gemenge im Gleichgewicht stehende Dampf hat bei einem bestimmten Druck

[1] Vgl. hiezu auch Fußnote 1, Seite 151.

immer eine gleichbleibende Zusammensetzung. Sie ist von der des Gemisches unabhängig und kann einfach aus den Teildrücken der beiden Komponenten errechnet werden. Der geometrische Ort der Punkte im

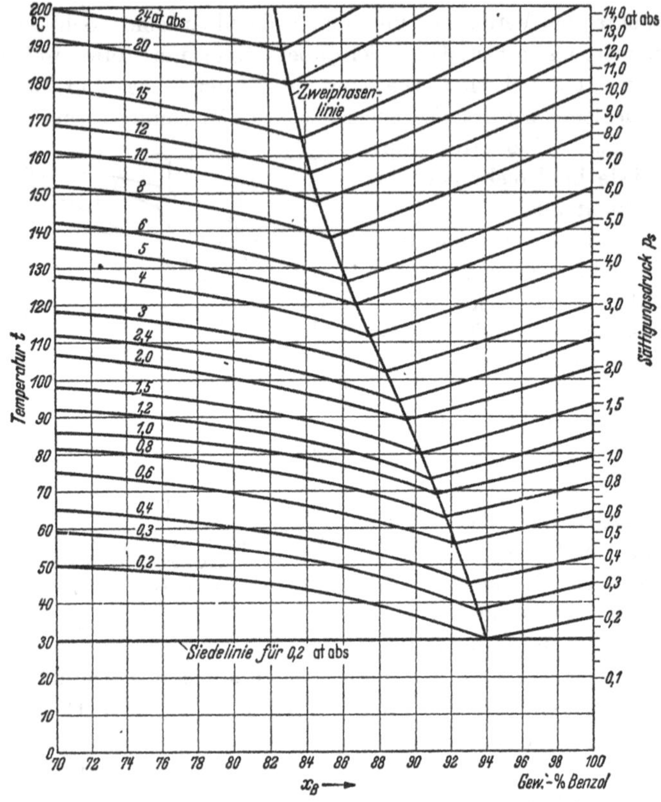

Abb. 27. Siede- und Taulinien des Gemenges Wasser—Benzol.

Die Siedelinien für höhere Drücke als 0,2 at abs sind Horizontale durch die Schnittpunkte der Zweiphasenlinie mit den zugehörigen Taulinien. Für $x_B = 0\%$ enden die Taulinien bei den zugehörigen Siedetemperaturen des reinen Wassers. Die Siedelinien fallen dort fast mit den Ordinaten zusammen, desgleichen für $x_B = 100\%$.

t, x-Diagramm, in denen bei verschiedenen Drücken das beschriebene Gleichgewicht herrscht, heißt Zweiphasenlinie.

Praktisch geht man bei der Aufstellung eines solchen Diagramms so vor, daß man schrittweise für einzelne Temperaturen die Sättigungsdrücke addiert und das Molverhältnis der Dampfzusammensetzung bestimmt.

Bei $x = 100\%$ des Stoffes I z. B. beginnt die Taulinie für einen bestimmten Druck p an der Ordinatenachse bei der Siedetemperatur des reinen Stoffes. Nun bestimmt man aus einer Dampftafel für eine etwas tiefer liegende Temperatur t den Sättigungsdruck der betreffenden Komponente p_{sI} und das zugehörige spezifische Gewicht γ_I'' an der oberen Grenzkurve. Die andere Komponente hat dann den Teildruck $p_{sII} = p - p_{sI}$. Zu diesem gehört jedoch eine Siedetemperatur t_{sII}, die unter t liegt. D. h. aber, daß der Dampf der Komponente II im Gebiet zwischen dem reinen Stoff I und der der Zweiphasenlinie entsprechenden Zusammensetzung überhitzt ist. Man muß also das spezifische Gewicht γ_{II} der zweiten Komponente ermitteln. Wenn keine Dampftafeln für die überhitzten Gebiete zur Verfügung stehen, genügt die Genauigkeit der Zustandsgleichung für ideale Gase, um

$$\gamma_{II} = \gamma_{II}'' \frac{t_{sII} + 273}{t + 273}$$

zu berechnen. Die Gewichtsverhältnisse des Mischdampfes von der Temperatur t errechnen sich dann aus

$$x_I = \frac{\gamma_I''}{\gamma_I'' + \gamma_{II}} \quad \text{oder} \quad x_{II} = \frac{\gamma_{II}}{\gamma_I'' + \gamma_{II}}. \qquad (30)$$ [1]

Bei den Gemengen ist die Berechnung in der angegebenen Art mit Hilfe der Dampftafeln der beiden Einzelkomponenten für verschiedene Drücke ohne weiteres möglich. Ebenso kann bei vollkommen löslichen Zweiphasengemischen der Verlauf der Tau- und Siedelinien, so wie dies in Abb. 24 gezeigt ist, mit Hilfe des RAOULTschen Gesetzes ermittelt werden. Bei allen Gemischen, deren Verhalten von diesen beiden Grenzfällen abweicht, können nur Versuche die erforderlichen Werte liefern.

Bei einem Zweistoffgemisch tritt in der Zustandsgleichung neben den drei Größen p, T und v noch der die Zusammensetzung kennzeichnende Wert x (Gewichtsanteil, Volumenanteil oder Molanteil einer Komponente) auf. Eine dreidimensionale Zustandsfläche als geometrischer Ort der möglichen Zustandspunkte existiert deshalb nur in einer vierfachen Mannigfaltigkeit. Für das Verständnis der Zusammenhänge ist es jedoch

[1] Auf diese Weise sind z. B. die Kurven in Abb. 3 bei BOŠNJAKOVIĆ, F.: Berechnung einer Mischdampf-Kraftmaschine. Z. VDI Bd. 75 (1931) S. 1197—1201 ermittelt. Sie haben praktisch weniger für die dort behandelte Aufgabe als für die Berechnung der in Abtreibekolonnen herrschenden Zustände Bedeutung. Die hier wiedergegebene Abb. 27 ist eine Erweiterung der ursprünglich von BOŠNJAKOVIĆ veröffentlichten.

vorteilhaft, sich den auf dieser Zustandsfläche vorhandenen geometrischen Ort der Grenzzustände in den dreidimensionalen Raum unserer sinnlichen Vorstellung projiziert zu denken. Für dessen Koordinaten kann jede aus drei Elementen bestehende Kombination der vier Veränderlichen verwendet werden.

Wegen ihrer Anschaulichkeit ist die Projektion der Grenzfläche zwischen flüssiger und dampfförmiger Phase in den p, t, x-Raum

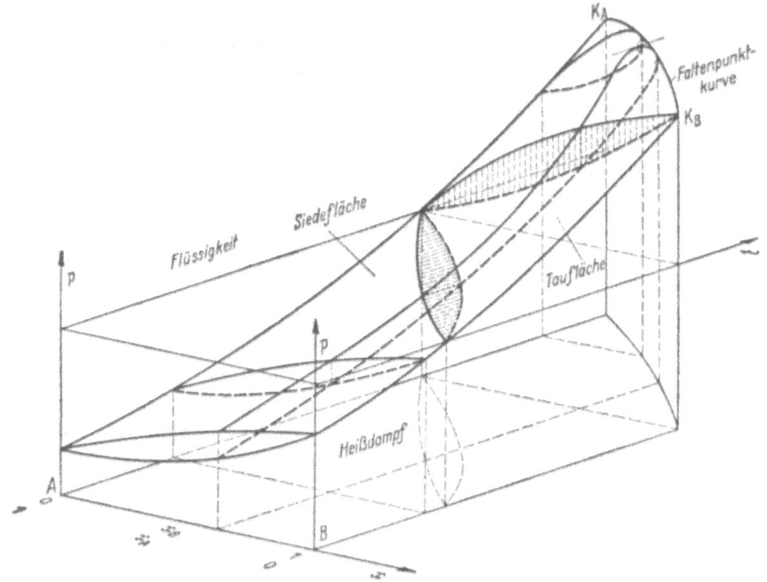

Abb. 28. Projektion der Grenzfläche eines idealen Zweistoffgemisches in den p, t, x-Raum.

für ein ideales Zweiphasengemisch in Abb. 28 gezeigt. Man erkennt in den p, t-Ebenen für die reinen Komponenten die bis zu den kritischen Punkten K_A und K_B verlaufenden Siedelinien der reinen Stoffe. Es ist zu beachten, daß die obere Fläche die Siedefläche und die untere Fläche die Taufläche ist und daß die Zustandspunkte der Flüssigkeit oberhalb, die des Dampfes unterhalb der Zweiphasenfläche liegen.

Die früher dargestellten Siede- und Taulinien für konstanten Druck erhält man durch die Projektion horizontaler Schnitte auf die Grundfläche. Die Projektion senkrechter Schnitte auf die p, x-Ebene, die die Zustände für konstante Temperatur wiedergeben, ist für manche Überlegung ebenfalls zweckmäßig und kann bei Kenntnis der Siede- und

Taulinien im t, x-Diagramm für verschiedene Drücke aus diesen ohne weiteres abgeleitet werden.

Bemerkenswert sind jene Schnitte der Fläche, welche von der Verbindungslinie der beiden kritischen Punkte K_A und K_B, der sog. Faltenpunktkurve, durchdrungen werden. Je ein Beispiel für konstantes x und konstantes t sind in Abb. 28 eingezeichnet. Die Kurve hat den Namen daher, weil eine Fläche, welche die freie Energie als Funktion zweier Zustandsgrößen, z. B. des spezifischen Volumens und der Temperatur, darstellt, bei einem einfachen Stoff oder einem Gemisch bestimmter Zusammensetzung für das Zweiphasengebiet eine Falte zeigt; diese geht im kritischen Punkt in einen Faltenpunkt über. Gemische besitzen daher eine Faltenpunktkurve als geometrischen Ort aller Faltenpunkte für verschiedene Zusammensetzungen.

Bei einem Gemisch bestimmter Zusammensetzung, dessen Siede- und Taulinien in dem Schnitt für konstantes x erscheinen, gehören der auf der Grenzkurve auftretende größte Druck, die höchste Temperatur und der kritische Punkt im allgemeinen je zu einem anderen Zustand. Dies kann man sich dadurch vergegenwärtigen, daß man an die die Siede- und Taulinien verbindende Schleife der Kurve für $x = \text{const}$ eine horizontale und eine vertikale Tangente zieht. Der durch die Faltenpunktkurve bestimmte kritische Punkt kann sowohl auf dem Bogen zwischen $p_{\max}$ und $t_{\max}$ als auch außerhalb auf den anschließenden Kurvenstücken liegen. Es treten dabei recht eigenartige Erscheinungen, wie retrograde Kondensation bei Temperaturänderungen, auf, auf die einzugehen sich hier jedoch verbietet.

Die Anschaulichkeit der räumlichen Darstellung kann auch dazu dienen, das Verständnis für die Zusammenhänge bei Dreistoffgemischen zu fördern. Geht man von den Dreieckskoordinaten in der Grundebene aus, die notwendig sind, um die Zusammensetzung zu kennzeichnen, so hat man im dreidimensionalen Raum nur mehr die Möglichkeit, noch eine der Zustandsgrößen zu verändern. Wählt man für die senkrechte Koordinate die Temperatur, so erhält man z. B. die Siede- und Tauflächen eines Dreistoffgemisches ähnlich der als Schema aufzufassenden Abb. 29. Die Siede- und Taulinien der t, x-Diagramme erscheinen als Schnittlinien der beiden Flächen mit den t, x-Ebenen. Man kann sich vorstellen, daß diese Flächen bei Abweichungen vom idealen Verlauf, besonders bei Mischungslücken, recht bizarre Formen annehmen können. Ein horizontaler Schnitt durch die in Abb. 29 dargestellte Fläche zeigt die vom Standpunkt des Phasengleichgewichtes vollkommene Parallelität der Erscheinungen mit den durch Abb. 18 dargestellten Verhältnissen. Auch hier gibt es Konoden, welche bei gleichem Druck und gleicher Temperatur koexistierende Punkte einander zuordnen[1].

Bei der Berechnung von Rektifiziersäulen der Erdöl- und Teeröltechnik muß man trotz der festgestellten Abweichungen von dem Verhalten idealer Gemische ein solches Verhalten annehmen. Hat man es doch hier nicht nur mit Zweistoffgemischen, sondern mit Vielstoffgemischen zu tun, deren Komponentenzahl gar nicht zu bestimmen ist. Die Aufgaben lassen sich daher ohne vereinfachende Annahme gar nicht lösen. Diese sind aber bei Gemischen von Kohlenwasserstoffen nicht allzu verschiedenen Molekülbaues im allgemeinen für technische Probleme zulässig. Bei dem diesbezüglichen Berechnungsverfahren benutzt man meist Gleichgewichtskurven wie Abb. 24a und 26 und bestimmt mit ihrer Hilfe die theoretisch erforderliche Bodenzahl der Trennsäule.

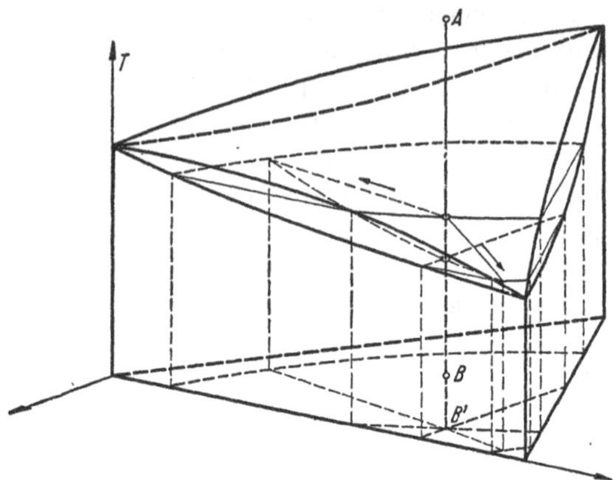

Abb. 29. Siede- und Taufläche eines idealen Dreistoffgemisches für konstanten Druck.

Die Zustandsänderung AB verläuft im Naßdampfgebiet analog der in Abb. 24b eingetragenen längs Konoden sowie auf Kurven, die den geometrischen Ort von deren Endpunkten auf beiden Flächen darstellen.

[1] Das hier nur angedeutete Gebiet wurde in der technischen Thermodynamik bisher recht stiefmütterlich behandelt, obzwar es sowohl für die gesamte Verfahrenstechnik als auch theoretisch von großem Wert ist. Einer der ersten, der besonders die Vorgänge bei Gemischen in der Nähe des kritischen Zustandes beobachtete und beschrieb, war J. P. Kuenen in seinem Buch: Theorie der Verdampfung und Verflüssigung von Gemischen. Leipzig 1906. Auch van der Waals hat sich eingehend mit der Thermodynamik von Gemischen befaßt.

Zur Einführung kann das bereits in Fußnote 1, Seite 211 erwähnte, mehr beschreibende Lehrbuch von Tammann empfohlen werden. Die erste, dem Denken des Ingenieurs angepaßte Darstellung verdankt man jedoch Bošnjaković im 2. Teil seiner Technischen Thermodynamik, vgl. Fußnote 2, Seite 235. Diese Darstellung ist für eingehendes Studium unerläßlich. Auch einige der in Fußnote 1, Seite 232 genannten Arbeiten von Matz befassen sich mit der Verdampfung und Kondensation von Gemischen.

Um die dabei durchzuführenden Rechnungen nach Möglichkeit durch graphische Verfahren zu ersetzen, hat HOFFMANN anknüpfend an die geschilderte Darstellung der Siedekurve im $\log p$, $1/\tau$-Diagramm in unveröffentlichten Arbeiten ein Rechenverfahren entwickelt, das hier kurz angedeutet werden soll. Die Siedelinie eines Vielstoffgemisches wird ge-

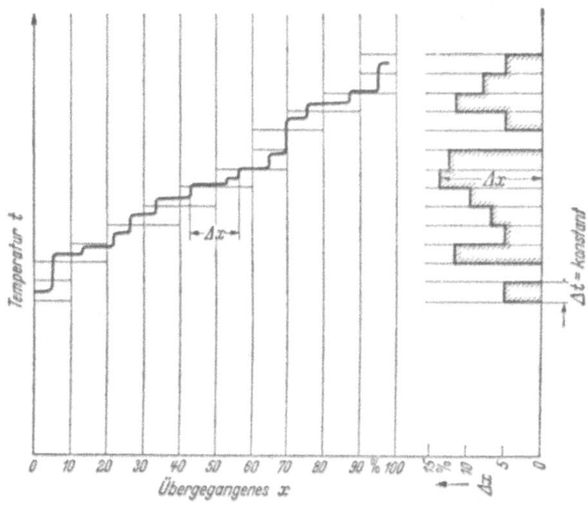

Abb. 30. Treppenkurve eines Vielstoffgemisches (schematisch) und Zusammenhang dieser Summenkurve mit der von MALLISON vorgeschlagenen Differenzenkurve.

wöhnlich als sog. Treppenkurve dargestellt, in der, wie Abb. 30 schematisch zeigt, als Ordinate die bis zu einer bestimmten Temperatur überdestillierte Gesamtmenge aufgetragen ist. Klarer ist die bereits von MALLISON[1] vorgeschlagene Darstellung, bei der der Mengenanteil jedes Stoffes über der zugehörigen Siedetemperatur aufgetragen ist. HOFFMANN benutzt nun für die Darstellung eines aus unbestimmbar vielen Komponenten bestehenden Gemisches die Stoffachse für σ als Abszisse und trägt die Menge m_i der willkürlich angenommenen Einzelkomponenten in einem Diagramm mit logarithmischer Mengenachse auf. Es ist zweckmäßig, die Stoffachse in gleiche Abstände von z. B. 20° zu teilen. Die Mengen m_i sind der Siedeanalyse zu entnehmen. Durch die Wahl der logarithmischen Ordinate wird man unabhängig von der jeweiligen Bezugnahme auf 100%, weil jeder beliebige Faktor durch Verschieben

[1] MALLISON, H.: Graphische Darstellung der Siedeanalyse von Mineralölen. Kraftstoff Bd. 17 (1941) S. 231.

des so gewonnenen Polygonzuges berücksichtigt werden kann. Bezeichnet man mit d_i die im Dampf vorhandenen Mengen der Kohlenwasserstoffe und mit f_i die in der Flüssigkeit vorhandenen, so ist

$$m_i = d_i + f_i, \tag{31a}$$

$$M = \Sigma m_i = \Sigma d_i + \Sigma f_i = D + F. \tag{31b}$$

Daraus läßt sich, wenn man den Index i als selbstverständlich wegläßt,

$$d = \frac{m}{f/d + 1}, \tag{32a}$$

$$f = \frac{m}{d/f + 1} \tag{32b}$$

ableiten, d. h. d und f erscheinen als Funktionen einer Größe d/f, die HOFFMANN „Frakturzahl" oder kurz „Fraktur" nennt. Sie ist für die Art der Stofftrennung, insbesondere für die Trennschärfe kennzeichnend.

Den Ausdruck Fraktur kann man auch auf den Arbeitsvorgang als solchen beziehen, so daß durch eine Fraktur ein Gemisch in zwei Fraktionen, allgemein durch n-Frakturen in $(n + 1)$-Fraktionen zerlegt wird. Führt man die Beziehungen

$$\frac{f}{F} = x, \tag{33a}$$

$$\frac{d}{D} = y \tag{33b}$$

in die RAOULTsche Gl. (29) ein, so erhält man nach Austausch des linken Nenners mit dem rechten Zähler

$$p\frac{f}{d} = P\frac{F}{D} = \pi, \tag{34}$$

eine neue, sehr zweckmäßige Form, in der π den auf die Gesamtmenge zu beziehenden „Frakturdruck" bedeutet. Wenn man schließlich noch $\pi/p = f/d$ in die Gln. (32) einsetzt, so erhält man für d und f die endgültigen Formen

$$d = \frac{m}{\pi/p + 1}, \tag{35a}$$

$$f = \frac{m}{p/\pi + 1}. \tag{35b}$$

Damit ist aber die Möglichkeit geboten, die Mengendarstellung für m, d und f über der Stoffachse σ mit der früher erläuterten Darstellung zu verbinden. Man erhält so, wie Abb. 31a—c zeigt, eine sehr anschauliche Berechnungsgrundlage. Vorgegeben sind die Mengenverteilung m, angenommen der Frakturdruck π und der in der logarithmischen Darstellung, hier z. B. linear gewählte Verlauf der Fraktur d/f. Er entspricht gut den in der Praxis erreichten Verhältnissen mit allmählich verlaufenden Siedeschwänzen, wie die aus der Annahme abgeleitete Abb. 31b

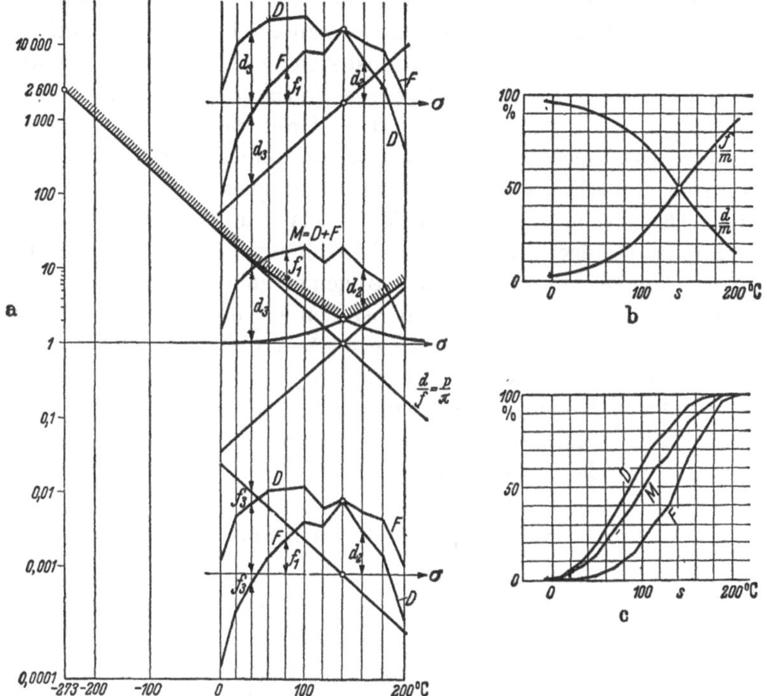

Abb. 31. Graphische Ermittlung der Trennung eines Vielstoffgemisches nach HOFFMANN. Erläuterungen dazu im Text.

a Verbindung der Darstellung nach Abb. 14 (log p, σ-Diagramm) mit einer logarithmischen Mengenachse als Ordinate.
b Verlauf der Frakturen bei linearem Mengen- und Temperaturmaßstab.
c Darstellung des Trennungsergebnisses mittels der üblichen Summenkurve.

zeigt. In Abb. 31c ist an Hand der üblichen Siedeanalysen zu erkennen, wie das Gemisch zerlegt wird. Die Berechnung selbst, bei der man für die Arbeitsweise der Kolonne von vorläufigen Annahmen für t und π ausgehen muß, führt man am besten an Hand von Tabellen durch. Man kommt aber mit wenigen Schritten schnell zum gewünschten Ergebnis. Weitere Einzelheiten des Berechnungsverfahrens müssen den geplanten Veröffentlichungen von HOFFMANN vorbehalten bleiben.

C. Kalorische Größen.

Die beiden vorhergehenden Abschnitte lassen erkennen, daß in den meisten Fällen Zusammenhänge zwischen den physikalischen Eigenschaften und der chemischen Konstitution nachweisbar sind. Allerdings ist es noch nicht möglich, erkannte Gesetzmäßigkeiten für praktische Berechnungen auszuwerten. Dies gilt insbesondere für die Brenn-, Kraft- und Schmierstoffchemie, weil die bisherige Forschung erst die einfachsten Verbindungen genau untersucht hat. Die klaren Baugesetze, welche die Chemie der Kohlenwasserstoffe beherrschen, konnten zwar in der Forschung sehr förderlich sein. Doch sind die Möglichkeiten so zahlreich, daß es noch geraume Zeit dauern dürfte, bis man über genügend Versuchsmaterial verfügen wird, um für die Abhängigkeiten theoretisch begründete Gesetze von genügender Allgemeingültigkeit aufstellen zu können. Dies ist am ehesten noch bei den im nachfolgenden zu besprechenden kalorischen Größen zu erwarten, weil diese als Energien skalare Größen sind. Daher ist anzunehmen, daß bei ihnen rein additive Gesetze Geltung haben; dabei kommen die Besonderheiten des Molekülbaues dadurch zum Ausdruck, daß sich verschiedenartige Bindungsverhältnisse zwischen Atomen auch auf die Energie auswirken.

1. Die spezifische Wärme.

Bezeichnet man die spezifische Wärme eines Mols bei konstantem Druck oder bei konstantem Volumen mit C_p oder C_v, so läßt sich aus der Zustandsgleichung für ideale Gase ableiten, daß $C_p - C_v = R$ ist. Dies trifft, wenn man auf den Druck $p = 0$ extrapoliert, bei vielen Gasen, darunter auch bei solchen von Kohlenwasserstoffen zu.

Die Kenntnis dieser Differenz ist zwar theoretisch von Interesse, für praktische Aufgaben jedoch unzureichend. Hier interessiert die Größe der beiden Werte für sich und ihre Abhängigkeit von Druck und Temperatur. Nun läßt sich theoretisch die Veränderlichkeit von C_p und C_v mit dem Druck aus der thermischen Zustandsgleichung berechnen[1]. Dabei wird man selbstverständlich, um zu brauchbaren Ergebnissen zu kommen, eine den wirklichen Verhältnissen möglichst gut entsprechende Gleichung verwenden. Hier zeigt sich ebenfalls, daß die VAN DER WAALsche Gleichung höheren Ansprüchen nicht genügt, denn nach ihr wäre C_v vom Druck unabhängig.

---

[1] Vgl. z. B. EUCKEN, A.: Grundriß der physikalischen Chemie. 4. Aufl. S. 87.

Soweit die Werte für einzelne Gase und Dämpfe bisher über größere Bereiche gemessen wurden, erhielt man meist Abhängigkeiten der C_p- und C_v-Werte von Druck und Temperatur, wie sie schematisch durch Abb. 32 wiedergegeben sind. Dabei bleibt auch die Differenz $C_p - C_v$ nicht konstant, sondern nimmt vom Werte 2 kcal/kmol für $p = 0$ einerseits mit steigendem Druck und andererseits mit Annäherung an die Sättigungslinie, d. h. also mit Entfernung vom idealen Gaszustand zu.

In dieser Darstellung der Molwärmen, von denen C_p praktisch wichtiger ist, erscheinen auch die beiden Grenzkurven des Zweiphasengebietes wieder, weil die Werte der spezifischen Wärme beim Übergang vom flüssigen zum dampfförmigen Zustand einen Sprung aufweisen. Die beiden Grenzkurven streben für die kritische Temperatur dem Werte Unendlich zu und dementsprechend auch die C_p-Kurven für den kritischen Druck. Die Abbildung läßt deutlich erkennen, welcher umfangreichen Messungen es bedarf, um für einen einzigen Stoff die interessierenden C_p-Werte zu ermitteln. Es ist deshalb nicht verwunderlich, daß unsere Kenntnis der spezifischen Wärme der meisten Kohlenwasserstoffe noch recht dürftig ist. Dieser Hinweis hat den Zweck, daran zu erinnern, daß alle im Schrifttum zu findenden Einzelangaben über Werte der spezifischen Wärme mit Vorsicht zu verwerten sind. Wie weit Schlüsse auf die für andere Zustände geltenden Werte beim Mangel von Meßergebnissen zulässig sind, bedarf immer einer sehr eingehenden Prüfung. Auf die Wiedergabe des theoretisch sehr interessanten Gebietes in der Nähe des absoluten Nullpunktes ist mit Rücksicht auf die hier verfolgten Absichten verzichtet. Die Maxima der Kurven für das überkritische Gebiet, in dem es keinen Unterschied zwischen flüssigem und dampfförmigem Zustand gibt, liegen jeweils bei jenen Temperaturen,

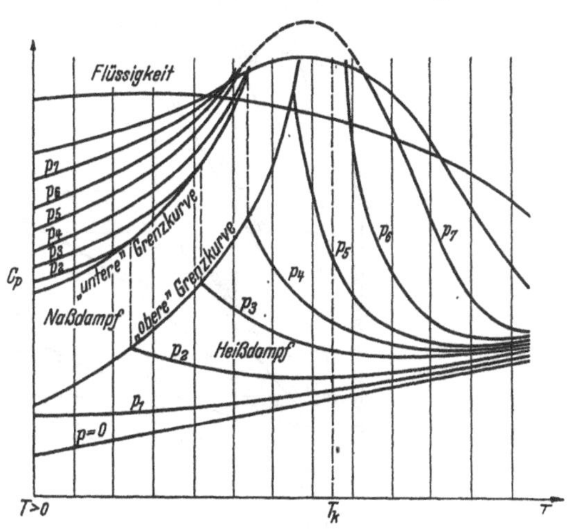

Abb. 32. Abhängigkeit der Molwärme C_p von Druck und Temperatur (schematisch).

bei denen die Zustandskurven einen Wendepunkt haben, und sie verschwinden auch bei dem Druck, bei dem der Wendepunkt der Zustandskurven verschwindet. Dabei muß man im Auge behalten, daß es auf die wahren Zustandskurven ankommt und nicht auf die besondere

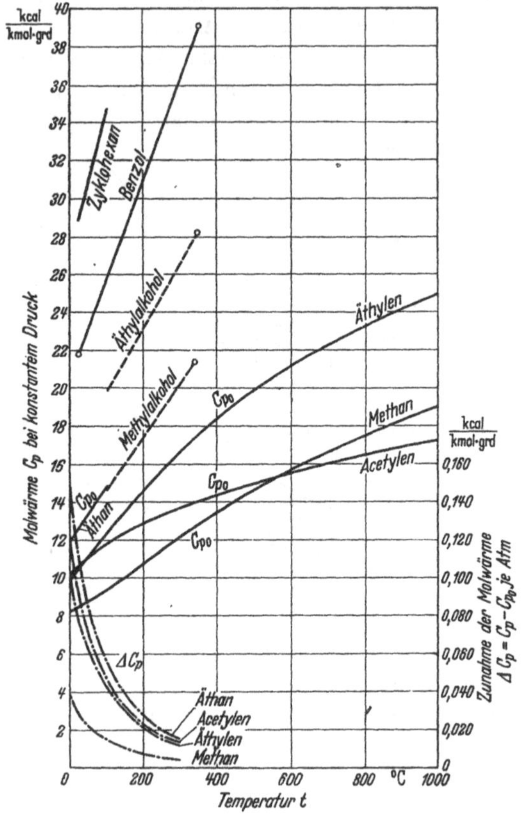

Abb. 33. Molwärme einiger Kohlenwasserstoffdämpfe bei konstantem Druck nach JUSTI (C_{p0}) sowie nach LANDOLT-BÖRNSTEIN.

Die Werte C_{p0} sind auf den Druck 0 Atm extrapoliert; die Änderung ΔC_p ist angegeben. Für genauere Berechnungen empfiehlt sich eine Darstellung mit logarithmischer Ordinate, um besser interpolieren zu können. Die übrigen Werte gelten für 1 Atm.

Gleichungsform, wie die VAN DER WAALSsche oder andere, durch die die thermische Zustandsfunktion mit mehr oder weniger großer Genauigkeit wiedergegeben wird.

Es können hier vorläufig nur wenige Daten für einzelne Kohlenwasserstoffe mitgeteilt werden. Sie sind nach JUSTI[1] in Abb. 33 für die Anfangsglieder der Alkan-, Alken- und Alkinreihe dargestellt. Außerdem ist die von JUSTI nach der BERTHELOTschen Zustandsgleichung berechnete Zunahme der spezifischen Wärme $\Delta C_p = C_p - C_{p0}$ beim Übergang vom idealen zum realen Gaszustand für $p = 1$ Atm eingetragen.

Die neue Forschungsrichtung auf diesem Gebiet, wie sie z. B. von JUSTI und ZEISE[2] vertreten wird, stützt sich auf spektroskopisch ermittelte Daten der Molekülschwingungen und ermöglicht eine Steigerung der Genauigkeit gegenüber der kalorischen Messung in Bomben. Allerdings nehmen die Schwierigkeiten mit der Zahl der Atome im Molekül erheblich zu, die Ergebnisse beschränken sich vorerst auf die einfachsten Verbindungen.

Man hat deshalb versucht, dort, wo die Berechnung der spezifischen Wärme von Gasmolekülen aus spektroskopischen Daten wegen der großen Zahl von Freiheitsgraden der Molekülschwingungen nicht durchführbar ist, empirische Formeln zu entwickeln. Auf diesem Gebiet haben TRAUTZ und BADSTÜBNER umfangreiche Untersuchungen an sehr vielen organischen Verbindungen angestellt. Es zeigte sich dabei, daß die Molwärme für gleichartige Bindungen im Molekül mit ausreichender Genauigkeit eine additive Größe ist. Wegen Einzelheiten sei auf die Veröffentlichungen dieser Forscher verwiesen[3].

Da jedoch das Bedürfnis, brauchbare Angaben für technische Berechnungen zu haben, gerade in der Erdölindustrie vorliegt, haben amerikanische Forscher empirische Gleichungen abgeleitet, die deshalb um so eher berechtigt sein dürften, als sich bei höheren Kohlenwasserstoffen die möglichen Unterschiede des Einflusses des Molekülbaues bei der spezifischen Wärme als Energiegröße am ehesten ausgleichen dürften. So geben COPE, LEWIS und WEBER die Molwärme eines Kohlenwasserstoffes C_nH_m durch die Formel

[1] JUSTI, E.: Spezifische Wärme, Enthalpie, Entropie, Dissoziation technischer Gase. Berlin: Springer 1938.

[2] Neben verschiedenen Zeitschriftenaufsätzen und dem in vorstehender Fußnote genannten Buch ist wegen der Darstellung der Grundlagen auf ZEISE, H.: Thermodynamik auf den Grundlagen der Quantentheorie, Quantenstatistik und Spektroskopie, 1. Band. Leipzig: Hirzel 1944 zu verweisen. Es ist zu hoffen, daß das Erscheinen der beiden noch ausstehenden Bände nicht durch die Ungunst der Verhältnisse auf unbestimmbare Zeit verschoben wird.

[3] TRAUTZ, M. u. W. BADSTÜBNER: Ann. Phys., Lpz. Bd. 8 (1931) S. 185. — Vgl. auch JUSTI, E.: Spez. Wärme usw., S. 123.

$$C_p = 1{,}74 + 1{,}74\,m + 1{,}33\,m + (-0{,}00486 + 0{,}00864\,n + + 0{,}003545\,m)\,t\ [\text{kcal/kmol}\cdot\text{grd}] \quad (36)$$

wieder, wobei t die Temperatur in °C bedeutet.

Bei JUSTI, der diese Formel mitteilt[1], fehlt allerdings die Angabe des Druckes, für den sie gilt. Da sie eine lineare Abhängigkeit von t erkennen läßt, scheint sie nur für niedrigere Drücke verwendbar zu sein.

Für die in der Technik durchzuführenden Berechnungen benötigt man jedoch im allgemeinen nicht die wahre spezifische oder Molwärme, sondern die mittlere zwischen zwei Temperaturen. Deren Ermittlung ist dann, wenn die Abhängigkeit der wahren Molwärme von der Temperatur nicht linear ist, umständlich. Deshalb wird hier nach der ebenfalls bei JUSTI zu findenden Angabe[1] noch die von BAHLKE und KAY entwickelte Formel für „Petroleumdämpfe"

$$c_p\Big|_0^t = (0{,}109 + 0{,}00014\,t)\,(4 - \gamma_{15,5})\ [\text{kcal/kg}\cdot\text{grd}] \quad (37\text{a})$$

mitgeteilt, in der $\gamma_{15,5}$ das spezifische Gewicht der Flüssigkeit bei 15,5° C in kg/dm³ (!) und t die Temperatur in °C bedeuten. Als Ausgangswert für die wahre spezifische Wärme ist die Beziehung

$$c_p = (0{,}109 + 0{,}00028\,t)\,(4 - \gamma_{15,5}) \quad (37\text{b})$$

benutzt. Benötigt man die mittlere spezifische Wärme zwischen zwei beliebigen Temperaturen t_1 und t_2, so ist zu beachten, daß

$$\bar{c}_p\Big|_{t_1}^{t_2} = \frac{\bar{c}_p\Big|_0^{t_2}\cdot t_2 - \bar{c}_p\Big|_0^{t_1}\cdot t_1}{t_2 - t_1}. \quad (38)$$

Dieser Betrag darf nicht mit $c_{p\,m}\Big|_0^{t_m}$ verwechselt werden, wobei $t_m = \frac{t_1 + t_2}{2}$ oder ein auf andere Weise gebildeter Mittelwert ist.

Die Berechnung der Molwärme flüssiger Substanzen aus spektroskopischen Daten ist bisher noch kaum gelungen. Das ist ohne weiteres verständlich, wenn man an die früheren Ausführungen über den Einfluß von Molekülgröße, Packungsdichte und anderer, durch den Ordnungszustand der Materie verursachte Eigenschaften denkt. Man muß sich deshalb hier mit der einfachen Wiedergabe der Versuchswerte begnügen, die in Abb. 34 zusammengestellt sind. An diesem Diagramm ist zu beachten, daß es nicht die Molwärme, sondern die durchschnittliche Atomwärme wiedergibt, aus der man die Molwärme durch Multiplikation mit

[1] JUSTI, E.: Spez. Wärme usw., S. 123; dort 0,19 offenbar ein Druckfehler.

der Atomzahl erhält. Alle Kurven zeigen einen Anstieg mit der Temperatur, der zum Teil linear mit t, zum Teil aber nach höheren Potenzen von t verläuft. Irgendwelche Schlüsse auf Zusammenhänge mit dem Molekülbau lassen sich daraus noch nicht ziehen.

Mit dem Druck ändern sich die Werte von C_p und C_v bei Flüssigkeiten nur wenig. Dieser Befund steht im Einklang mit den Grundgleichungen der Thermodynamik, denn es ist

$$\left(\frac{\partial C_p}{\partial p}\right)_T = -T\left(\frac{\partial^2 V}{\partial T^2}\right)_p \quad \text{und} \quad \left(\frac{\partial C_v}{\partial V}\right)_T = T\left(\frac{\partial^2 p}{\partial T^2}\right)_V.$$

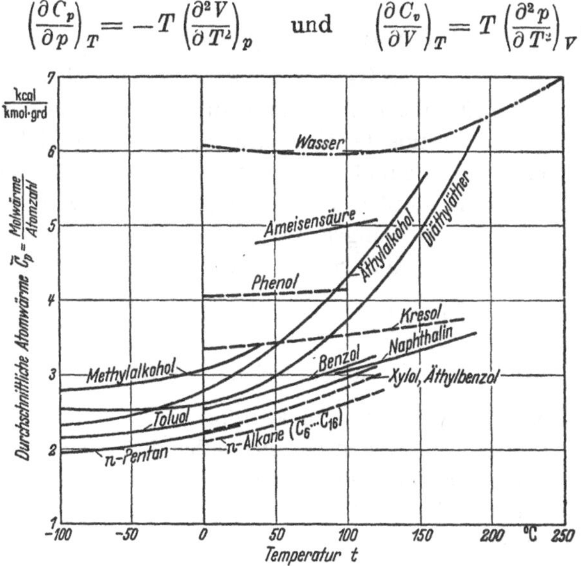

Abb. 34. Durchschnittliche Atomwärme $\tilde{C}_p$ einiger organischer Flüssigkeiten nach LANDOLT-BÖRNSTEIN und EUCKEN.

Die rechten Seiten dieser Gleichungen sind proportional der Veränderlichkeit des Ausdehnungskoeffizienten bzw. des Spannungskoeffizienten mit der Temperatur. Diese Koeffizienten sind aber bei Flüssigkeiten praktisch lineare Funktionen der Temperatur, die angegebenen zweiten Abteilungen also fast Konstante. Was für die Veränderlichkeit von C_v mit V gilt, trifft auch für die in der Technik geläufigere Abhängigkeit von p zu.

In Rechnungen, bei denen es auf keine besonders große Genauigkeit ankommt, kann man die spezifische Wärme von flüssigen Kohlenwasserstoffen etwa mit 0,4 bis 0,45 kcal/kg · grd einsetzen. Dieser Wert gilt für Öle, die aus höher-molekularen Komponenten bestehen. Für Leichtbenzin liegt der Wert etwas höher, bei rd. 0,45 bis 0,5 kcal/kg · grd, worauf die in Abb. 34 wiedergegebenen Kurven für n-Pentan und n-Hexan schließen lassen. Daß die Werte für die beiden einfachsten einwertigen Alkohole noch über diesen Werten liegen, mag vielleicht auf den bereits deutlich merkbaren Einfluß der Hydroxylgruppen bei diesen Stoffen zurückzuführen sein. Dies hat offenbar zur Folge, daß die spezifische Wärme dieser Alkohole in die Nähe der Werte von Wasser rückt.

2. Die Verdampfungswärme.

Für die thermodynamische Berechnung aller Prozesse, bei denen der flüssige in den dampfförmigen Aggregatzustand und umgekehrt verwandelt wird, ist die Kenntnis der Verdampfungswärme unerläßlich. Sie kann ein Mehrfaches der bis zum Siedepunkt zuzuführenden Flüssigkeitswärme betragen. Nun liegen über die Verdampfungswärme von Kohlenwasserstoffen zahlreiche Messungen vor, die außerdem mit Hilfe der streng gültigen CLAUSIUS-CLAPEYRONschen Gleichung

$$r = A \cdot (v'' - v') \cdot T \frac{dP}{dT} \text{ [kcal/kg]} \tag{39}$$

gut überprüft werden können. In der Gleichung bedeuten

r die Verdampfungswärme in kcal/kg,
v' das spezifische Volumen der siedenden Flüssigkeit in m^3/kg,
v'' das spezifische Volumen des Sattdampfes in m^3/kg,
T die absolute Temperatur in °K,
P den Druck in kg/m^2 und
$A = \frac{1}{426,9}$ kcal/mkg das mechanische Wärmeäquivalent.

Die Verdampfungswärme, über der Temperatur aufgetragen, zeigt im allgemeinen einen Verlauf ähnlich dem einer Parabel mit horizontaler Hauptachse. Die Kurve endet in dem Punkt für die kritische Temperatur mit senkrechter Tangente auf der Abszissenachse. Dadurch hat man die Möglichkeit, den Verlauf der r-Kurve durch Extrapolation über die gemessenen Werte hinaus mit großer Sicherheit zu ermitteln. Dies wird dadurch erleichtert, daß bei höheren Drücken die Werte der spezifischen Volumina meist gut bekannt sind. Umgekehrt kann man die meist für niedrige Siedetemperaturen genau bekannten Werte der Verdampfungswärme dazu benutzen, um die in diesem Bereich mit Unsicherheiten behafteten Werte für das spezifische Volumen des Sattdampfes zu korrigieren. So hat RIEDIGER in einer unveröffentlichten

Zahlentafel 22. *Verdampfungswärme von Benzol.*

t °C	r kcal/kg	t °C	r kcal/kg	t °C	r kcal/kg	t °C	r kcal/kg
0	[106,87][1]	75	94,59	150	80,75	225	60,3
5	[106,06]	80	93,75	155	79,60	230	58,4
10	105,25	85	92,91	160	78,5	235	56,4
15	104,44	90	92,07	165	77,3	240	54,3
20	103,63	95	91,23	170	76,1	245	52,1
25	102,82	100	90,39	175	74,9	250	49,7
30	102,00	105	89,54	180	73,7	255	47,0
35	101,18	110	88,68	185	72,5	260	44,0
40	100,36	115	87,81	190	71,2	265	40,7
45	99,54	120	86,92	195	69,8	270	37,0
50	98,72	125	86,00	200	68,4	275	32,7
55	97,90	130	85,05	205	66,9	280	27,8
60	97,08	135	84,05	210	65,4	288,6	0
65	96,25	140	83,00	215	63,8		
70	95,42	145	81,90	220	62,1		

Arbeit die in Zahlentafel 22 im Auszug wiedergegebenen Werte für die Verdampfungswärme von Benzol berechnet.

Ein vor allem für paraffinische Kohlenwasserstoffe anwendbares Verfahren hat FLORIN in einer ebenfalls unveröffentlichten Arbeit entwickelt. Er benutzt die schon bei der Darstellung der Dampfdruckkurven S. 222 erwähnte empirische Temperaturfunktion

$$\frac{1}{\tau} = \frac{1}{T} - 7{,}9151 \cdot 10^{-3} + 2{,}6726 \cdot 10^{-3} \log T - 0{,}8625 \cdot 10^{-6}\, T\,. \quad (19)$$

Wenn man in der CLAUSIUS-CLAPEYRONschen Gleichung nach PFAFF[2] das ideale spezifische Gasvolumen

$$v_i = R^*\, T/P\ [\mathrm{m^3/kg}] \quad (40)$$

einführt, so erhält man nach einigen Umformungen mit der individuellen Gaskonstante $R^* = R/M = 847{,}81/M$ mkg/kmol·grd und mit $d \ln p = 2{,}3026\, d \log p$ wegen $d \ln P = d \ln p$ die Beziehung

$$r = -4{,}573\, \frac{1}{M}\, \frac{d \log p}{d\, 1/T}\, \frac{v'' - v'}{v_i} \quad (41)$$

[1] Diese beiden Werte entsprechen der Verlängerung der Kurve für r, haben aber keine physikalische Bedeutung, weil der Tripelpunkt bei 5,4° C liegt.

[2] PFAFF, P.: Berechnung thermischer Eigenschaften von Flüssigkeiten und Dämpfen auf empirischer Grundlage. Forsch. Ing.-Wes. Bd. 11 (1940) S. 125—133 und 188—202 — Auszug: Z.VDI Bd. 85 (1941) S. 296/297. Als neuere Arbeit ist hier noch der in Fußnote 1, S. 222 erwähnte Aufsatz von PLANK und RIEDEL zu nennen.

mit p dem Druck in kg/cm². Diese Gleichung läßt sich mit Hilfe der zwei Funktionen

$$\Theta = \frac{d\,1/\tau}{d\,1/T} = 1 - 1{,}1607 \cdot 10^{-3}\,T + 0{,}8625 \cdot 10^{-6}\,T^2 \tag{42}$$

und

$$\Phi = \frac{v'' - v'}{v_i} \tag{43}$$

sowie des aus Gl. (22) gewonnenen Ausdruckes für $d\log p$ in die Form

$$r = 1/M \cdot \tau_a \cdot \log p_b \cdot 4{,}573\,\Theta \cdot \Phi \tag{44}$$

umwandeln. Damit hat man als Ersatz für die CLAUSIUS-CLAPEYRONsche Gleichung eine ebenso gültige, bei der die meist schwierige Ermittlung des Differentialquotienten dP/dT vermieden wird. Wenn man sich nicht allzu weit vom Tripelpunkt entfernt, kann v' gegen v'' vernachlässigt und $v'' = v_i$ gesetzt werden. Dann wird $\Phi = 1$, so daß man für die Anwendung der Gl. (44) nur die beiden Werte τ_a und p_b benötigt und die Funktion Θ kennen muß. Die Neigung der Kurve der Verdampfungswärme $r' = dr/dT$ ergibt sich dann auf einfache Weise aus der Näherungsgleichung

$$r' \doteq 1/M \cdot \tau_a \cdot \log p_b \cdot 4{,}573\,\Theta'. \tag{45}$$

Die darin erscheinende Ableitung der Temperaturfunktion Θ lautet

$$\Theta' = \frac{d^2\,(1/\tau)}{d\,(1/T)^2} \cdot \frac{d\,(1/T)}{d\,T} = -1{,}1607 \cdot 10^{-3} + 1{,}725 \cdot 10^{-6}\,T. \tag{46}$$

Um die Handhabung dieser Gleichungen zu erleichtern, sind in Zahlentafel 23 als Ergänzung zu der früher genannten Arbeit von FLORIN und HOFFMANN[1] die Zahlenwerte der Temperaturfunktion und ihrer Ableitung, mit den für die Berechnung erforderlichen Faktoren multipliziert, wiedergegeben.

Um nun Gl. (44) für den ganzen interessierenden Bereich anwenden zu können, hat FLORIN eine von THIESEN[2] angegebene empirische Formel für die Verdampfungswärme

$$r = a\,(t_k - t)^{\lambda} \tag{47a}$$

---

[1] Vgl. Fußnote 1, Seite 222.

[2] THIESEN, A.: Verh. dtsch. phys. Ges. Bd. 16 (1897) S. 30. — Vgl. auch die in Fußnote 2, Seite 263 genannte Arbeit von P. PFAFF, S. 195 sowie SCHUMACHER, R.: Neue Wege zur Berechnung der Verdampfungswärme. Öl u. Kohle Bd. 39 (1943) S. 634—639; dort ist ein der Abb. 35 entsprechendes Diagramm mit etwas abweichenden Werten in größerem Maßstab wiedergegeben.

Zahlentafel 23. *Temperaturfunktion Θ und ihre Ableitung Θ′ nach* FLORIN.

t	T	$4{,}573 \cdot \Theta$	$1000 \cdot 4{,}573 \cdot \Theta'$	$1000 \cdot \Theta'/\Theta$	t	T	$4{,}573 \cdot \Theta$	$1000 \cdot 4{,}573 \cdot \Theta'$	$1000 \cdot \Theta'/\Theta$
–273	0	4,573	–5,308	–1,161	–55	218	3,603	–3,588	–0,996
–270	3	4,557	–5,284	–1,160	–50	223	3,585	–3,549	–0,990
–265	8	4,531	–5,245	–1,158	–45	228	3,567	–3,509	–0,984
–260	13	4,505	–5,205	–1,155	–40	233	3,550	–3,470	–0,977
–255	18	4,479	–5,166	–1,153	–35	238	3,533	–3,431	–0,971
–250	23	4,453	–5,127	–1,151	–30	243	3,516	–3,391	–0,964
–245	28	4,427	–5,087	–1,149	–25	248	3,499	–3,352	–0,958
–240	33	4,402	–5,048	–1,147	–20	253	3,482	–3,312	–0,951
–235	38	4,377	–5,008	–1,144	–15	258	3,466	–3,273	–0,944
–230	43	4,352	–4,969	–1,142	–10	263	3,450	–3,233	–0,937
–225	48	4,327	–4,929	–1,139	– 5	268	3,434	–3,194	–0,930
–220	53	4,302	–4,890	–1,137	0	273	3,418	–3,154	–0,923
–215	58	4,278	–4,850	–1,134	+ 5	278	3,402	–3,115	–0,916
–210	63	4,254	–4,811	–1,131	10	283	3,368	–3,076	–0,908
–205	68	4,230	–4,772	–1,128	15	288	3,371	–3,036	–0,901
–200	73	4,206	–4,732	–1,125	20	293	3,356	–2,997	–0,893
–195	78	4,183	–4,693	–1,122	25	298	2,341	–2,957	–0,885
–190	83	4,160	–4,653	–1,119	30	303	3,326	–2,918	–0,877
–185	88	4,137	–4,614	–1,115	35	308	3,312	–2,878	–0,869
–180	93	4,114	–4,574	–1,112	40	313	3,298	–2,839	–0,861
–175	98	4,091	–4,535	–1,109	45	318	3,284	–2,799	–0,852
–170	103	4,068	–4,495	–1,105	50	323	3,270	–2,760	–0,844
–165	108	4,046	–4,456	–1,101	55	328	3,256	–2,721	–0,836
–160	113	4,024	–4,417	–1,098	60	333	3,242	–2,681	–0,827
–155	118	4,002	–4,377	–1,094	65	338	3,229	–2,642	–0,818
–150	123	3,980	–4,338	–1,090	70	343	3,216	–2,602	–0,809
–145	128	3,958	–4,298	–1,086	75	348	3,203	–2,563	–0,800
–140	133	3,937	–4,259	–1,082	80	353	3,190	–2.523	–0,791
–135	138	3,916	–4,219	–1,077	85	358	3,178	–2,484	–0,782
–130	143	3,895	–4,180	–1,073	90	363	3,166	–2,445	–0,772
–125	148	3,874	–4,141	–1,069	95	368	3,154	–2,405	–0,762
–120	153	3,853	–4,101	–1,064	100	373	3,142	–2,366	–0,753
–115	158	3,833	–4,062	–1,060	105	378	3,130	–2,326	–0,743
–110	163	3,813	–4,022	–1,055	110	383	3,118	–2,287	–0,733
–105	168	3,793	–3,983	–1,050	115	388	3,107	–2,247	–0,723
–100	173	3,773	–3,943	–1,045	120	393	3,096	–2,208	–0,713
– 95	178	3,753	–3,904	–1,040	125	398	3,085	–2,168	–0,703
– 90	183	3,734	–3,864	–1,035	130	403	3,074	–2,129	–0,693
– 85	188	3,715	–3,825	–1,030	135	408	3,064	–2,090	–0,682
– 80	193	3,696	–3,786	–1,024	140	413	3,054	–2,050	–0,671
– 75	198	3,677	–3,746	–1,019	145	418	3,044	–2,011	–0,661
– 70	203	3,658	–3,707	–1,013	150	423	3,034	–1,971	–0,650
– 65	208	3,639	–3,667	–1,008	155	428	3,024	–1,932	–0,639
– 60	213	3,621	–3,628	–1,002	160	433	3,014	–1,892	–0,628

Zahlentafel 23. (Fortsetzung.)

t	T	$4{,}573 \cdot \Theta$	$1000 \cdot 4{,}573 \cdot \Theta'$	$1000 \cdot \Theta'/\Theta$	t	T	$4{,}573 \cdot \Theta$	$1000 \cdot 4{,}573 \cdot \Theta'$	$1000 \cdot \Theta'/\Theta$
165	438	3,005	−1,853	−0,617	235	508	2,894	−1,301	−0,450
170	443	2,996	−1,813	−0,605	240	513	2,888	−1,261	−0,437
175	448	2,987	−1,774	−0,594	245	518	2,882	−1,222	−0,424
180	453	2,978	−1,735	−0,583	250	523	2,876	−1,182	−0,411
185	458	2,969	−1,695	−0,571	255	528	2,870	−1,143	−0,398
190	463	2,961	−1,656	−0,559	260	533	2,864	−1,103	−0,385
195	468	2,953	−1,616	−0,547	265	538	2,859	−1,064	−0,372
200	473	2,945	−1,577	−0,535	270	543	2,854	−1,025	−0,359
205	478	2,937	−1,537	−0,523	275	548	2,849	−0,985	−0,346
210	483	2,929	−1,498	−0,511	280	553	2,844	−0,946	−0,333
215	488	2,922	−1,458	−0,499	285	558	2,839	−0,906	−0,319
220	493	2,915	−1,419	−0,487	290	563	2,835	−0,867	−0,306
225	498	2,908	−1,380	−0,475	295	568	2,831	−0,827	−0,292
230	503	2,901	−1,340	−0,462	300	573	2,827	−0,788	−0,279

mit den beiden individuellen Konstanten a und λ und mit t_k als kritischer Temperatur umgeformt. Diese Gleichung gibt den parabelähnlichen Verlauf der r-Kurven wieder. Die der THIESENschen gleichwertige Beziehung

$$r = r_g \left(\frac{t_k - t}{t_k - t_g}\right)^{\lambda}, \tag{47b}$$

gilt für beliebige Wertepaare t_x und r_x und wird durch die Grenzwerte für den Tripelpunkt, die denen für den Gefrierpunkt (Index g) praktisch gleich sind, identisch erfüllt. Durch Differentiation von Gl. (47a) erhält man

$$r' = -a\lambda(t_k - t)^{\lambda-1} = -r\frac{\lambda}{t_k - t}, \tag{48}$$

eine in der Nähe des Gefrierpunktes (Schmelzpunktes) bis zu diesem streng gültige Beziehung. Dividiert man nun Gl. (45) durch Gl. (44), so ergibt sich mit den Werten für den Gefrierpunkt wegen $\Phi = 1$

$$\lambda = -(t_k - t_g)(r_g'/r_g) = -(t_k - t_g)(\Theta_g'/\Theta_g). \tag{49}$$

Damit ist die individuelle Konstante λ für jeden Stoff bestimmt, wenn man den Schmelzpunkt kennt und daher Θ und Θ' dafür ermitteln kann. Durch Einsetzen von r_g aus Gl. (44) und λ aus Gl. (49) in Gl. (47b) folgt

$$r = \frac{1}{M} \cdot \tau_a \cdot \log p_b \cdot 4{,}573\, \Theta_g \left(\frac{t_k - t}{t_k - t_g}\right)^{-(t_k - t_g)(\Theta_g'/\Theta_g)}. \tag{50}$$

Diese Gleichung kann demnach als verbesserte THIESENsche Formel angesehen werden. Aus ihr und Gl. (44) erhält man eine über den gesamten

Bereich bis t_k gültige Beziehung für die Funktion Φ, welche

$$\Phi = \frac{\Theta_g}{\Theta}\left(\frac{t_k - t}{t_k - t_g}\right)^{-(t_k - t)\,(\Theta_g'/\Theta_g)} \tag{51}$$

lautet. Dadurch ist man der Notwendigkeit enthoben, die spezifischen Volumina zu kennen, und doch in der Lage, die Verdampfungswärme genügend genau zu bestimmen.

Das Ergebnis der mit Hilfe der Gl. (50) berechneten Werte der Verdampfungswärme der Normalparaffine (auf Mol bezogen) von Methan

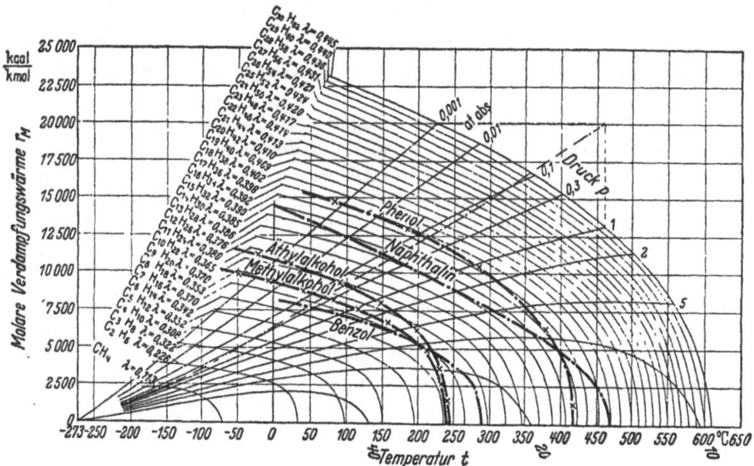

Abb. 35. Molare Verdampfungswärme r_M der Paraffine sowie einiger anderer Kohlenwasserstoffe und Oxyderivate nach FLORIN.

bis zum Triakontan ist in Abb. 35 wiedergegeben. Sie enthält außer den Kurven für die molare Verdampfungswärme auch eine Schar von Kurven, welche die zu einem gleichbleibenden Druck gehörenden Werte der Verdampfungswärmen der verschiedenen Stoffe miteinander verbinden. Die Kurven für die einzelnen Kohlenwasserstoffe enden jeweils bei ihrer kritischen Temperatur auf der Abszissenachse. Die beigeschriebenen λ-Werte sind die des Exponenten der THIESENschen Gleichung, der sich gemäß Gl. (49) berechnen läßt. Zum Vergleich sind in das Diagramm auch noch die Kurven für die Verdampfungswärme einiger anderer Kohlenwasserstoffe und Oxyderivate eingetragen.

Bei der hier ebenfalls zu erwähnenden Schmelzwärme spielen die Formen des Molekülbaues und der Ordnungszustand der Materie, also die Gitterkräfte, eine große Rolle ebenso wie bei der Schmelztemperatur; vgl. Abschnitt II B 2. Zur Ableitung allgemeingültiger Zusammenhänge sind Ansätze vorhanden[1]. Wegen einzelner Zahlenwerte kann, soweit sie bekannt sind, auf die Tabellenwerke verwiesen werden.

3. Zustandsdiagramme.

Sind für einen bestimmten Stoff genügend Werte der interessierenden Größen bekannt, so empfiehlt es sich, falls ein Bedürfnis dafür vorhanden ist, Tabellen und Zustandsdiagramme in der Art der gebräuchlichen Wasserdampftafeln zu berechnen und zu zeichnen. Mehrere Veröffentlichungen enthalten solche Diagramme auch für Kohlenwasserstoffe und ihre Abkömmlinge[2]. Als Ergänzung hiezu zeigt Abb. 36

---

[1] Vgl. die in Fußnote 1, Seite 221 erwähnte Arbeit von LÜTTRINGHAUS.

[2] Folgende Zustandsdiagramme sind u. a. im deutschen technischen Schrifttum veröffentlicht: Für Äthan ein log p, i-Diagramm nach PLANK, R. u. J. KAMBEITZ: Z. ges. Kälteind. Bd. 43 (1936) S. 209, 233 in: VDI-Kältemaschinen-Regeln, 3. Aufl. Berlin: VDI-Verlag 1940. — Für Propan ein T, s-Diagramm bei JUSTI, E.: Zustandsgrößen von Propan. Z. VDI Bd. 80 (1936) S. 103—104. — Für Benzol ein T, s-Diagramm bei MEHLIG: Arch. Wärmew. Bd. 13 (1932) S. 213. — Für Toluol ein T, s-Diagramm bei NESSELMANN, K. u. F. DARDIN: Eine Dampftabelle und eine Entropietafel für Toluol. Wiss. Veröff. Siemens-Werk Bd. 20 (1942) S. 145—156; Auszug daraus mit Diagramm: Z. VDI Beih. Verf.techn. 1943, S. 28—30. — Für Methylchlorid ein log p, i-Diagramm nach TANNER, H.G., A. F. BENNING u. W. F. MATHEWSON: Thermodynamic Properties of Methyl chloride. Industr. Engng. Chem. Bd. 31 (1939) S. 878, von R. FUCHS in metrische Einheiten umgerechnet in: VDI-Kältemaschinen-Regeln, 3. Aufl. Berlin: VDI-Verlag 1940. — Für Trifluor-monochlormethan (Freon-13) ein log p, i-Diagramm bei RIEDEL, L.: Das Mollier-Diagramm von Trifluor-Monochlormethan. Z. ges. Kälteind. Bd. 50 (1943) S. 29—31. — Für Difluor-dichlormethan (Freon-12, Frigen) ein log p, i-Diagramm nach BUFFINGTON, R. M. u. W. K. GILKEY: Thermodynamic Properties of Dichlorodifluoromethane. Circ. No. 12. Amer. Soc. Refriger. Engrs. 1931 und Industr. Engng. Chem. Bd. 23 (1931) S. 254 in: VDI-Kältemaschinen-Regeln, 3. Aufl. Berlin 1940 sowie bei VAZIRI, M.: Erweiterung der Dampftafel und des Mollier-Diagramms für Frigen 12 (CF_2Cl_2) bis zum kritischen Punkt. Z. ges. Kälteind. Bd. 50 (1943) S. 17—20.

In den meisten angeführten Veröffentlichungen finden sich auch Dampftafeln für die betreffenden Stoffe, für Methylenchlorid eine Tafel ohne Diagramm in den VDI-Kältemaschinen-Regeln. Es sind hier noch folgende Arbeiten zu erwähnen: RIEDEL, L.: Bestimmung der thermischen und kalorischen Eigenschaften von Difluormonochloräthan. Z. ges. Kälteind. Bd. 48 (1941) S. 165—167. — SEGER, G.: Die thermischen Eigenschaften aller Fluor-Chlor-Derivate des Methans. Beiheft Nr. 43 zu den Z. des VDCh. Berlin: Verlag Chemie 1942. — PLANK, R.: Die Fluor-Chlor-Derivate gesättigter Kohlenwasserstoffe und ihre technische Verwendbarkeit. Beiheft Nr. 44 zu den Z. des VDCh. Berlin: Verlag Chemie 1942.

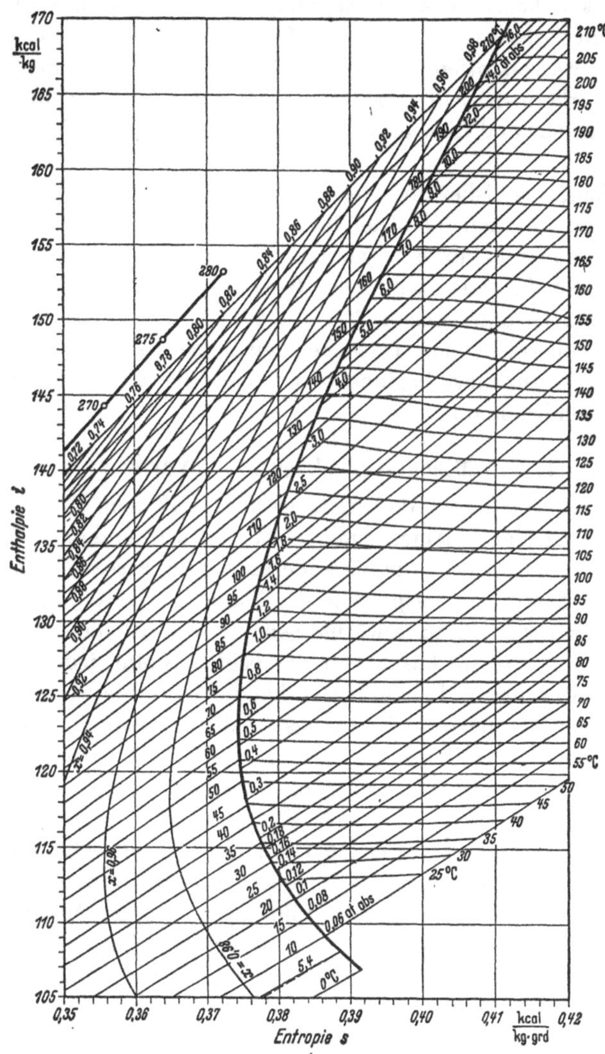

Abb. 36. i, s-Diagramm für Benzol.

Der Verlauf der Isothermen im Heißdampfgebiet ist unsicher; er ist mit Hilfe eines Mittelwertes aus den wenigen, im LANDOLT-BÖRNSTEIN zu findenden Angaben für c_p berechnet. Diese Kurven sind nur beschränkt gültig und offenbar zum Teil auch korrekturbedürftig, besonders in der Nähe der Sättigungslinie, wo sie nach Abb. 32, S. 257 erheblich ansteigen müssen. Ob tatsächlich Wendepunkte und negative Richtungstangenten auftreten können, ist ohne genaue Kenntns der Zustandsfunktion vorläufig nicht zu entscheiden.

den für praktische Zwecke interessierenden Ausschnitt aus dem von RIEDIGER entworfenen i, s-Diagramm für Benzol. Es läßt das bei fast allen Kohlenwasserstoffen zu beobachtende Rücklaufen der oberen Grenzkurve erkennen. Auf diese Erscheinung hat bereits SCHÜLE[1] aufmerksam gemacht und die diesbezüglichen mathematischen Beziehungen diskutiert.

Nach allem, was bisher über die kalorischen Zustandsgrößen bekannt ist, hat es den Anschein, daß der beim Wasserdampf festgestellte Verlauf der oberen Grenzkurve wegen der extrem großen Verdampfungswärme die Ausnahme darstellt. Die Regel scheint dem in Abb. 36 gezeigten Verlauf zu entsprechen. Die Folge eines solchen Verhaltens ist die zunächst überraschende Tatsache, daß in gewissen Bereichen eine an der oberen Grenzkurve beginnende adiabatische Expansion im Heißdampfgebiet enden kann.

4. Die Mischungs- (Lösungs-) Wärme.

In Abschnitt II B 4a wurde bereits erwähnt, daß beim Mischen vieler Flüssigkeitspaare eine Wärmetönung beobachtet wird und daß diese eine sehr empfindliche Anzeige für Veränderungen im Assoziationszustand der Moleküle der Mischungspartner ist. Diese Wärmetönung — auch Mischungswärme oder Lösungswärme genannt — tritt meist dann auf, wenn zwar vollkommene Löslichkeit der beiden Stoffe, jedoch gewisse Abweichungen in ihrem Molekülbau vorhanden sind. Sie ist sowohl von der Temperatur als auch vom Mischungsverhältnis abhängig. Die unterschiedliche, noch zu erläuternde Bedeutung der Ausdrücke „Wärmetönung“ einerseits und „Mischungs- oder Lösungswärme“ andererseits ist zu beachten.

Man unterscheidet zwei verschieden definierte Lösungswärmen. Unter „integraler oder totaler (molarer) Lösungswärme“ Q_t versteht man die Wärmemenge, die einem System zuzuführen ist, wenn ein Mol des einen Stoffes (I) in der zum Erreichen einer bestimmten Zusammensetzung erforderlichen Anzahl von Molen des anderen Stoffes (II) gelöst wird. Davon verschieden ist die „differentiale (molare) Lösungswärme“ Q_{dL}, die beobachtet wird, wenn man ein Mol des zu lösenden Stoffes I einer sehr großen Menge des Gemisches von der betrachteten Zusammensetzung hinzufügt, die Zusammensetzung des Gemisches also dadurch praktisch nicht ändert. Von der differentialen Lösungswärme zu unter-

[1] SCHÜLE, W.: Technische Thermodynamik. 2 Bände. 1. Band, Teil 2 (5. Aufl.), S. 85ff. Berlin: Springer 1923 und 1930.

scheiden ist die „differentiale (molare) Verdünnungswärme" Q_{dD}, die auftritt, wenn man einer sehr großen Menge des Gemisches ein Mol des Lösungsmittels (II) zusetzt. Zwischen den angeführten drei Größen besteht die Beziehung[1]

$$Q_t = Q_{dL} + \frac{n_{II}}{n_I} Q_{dD} \tag{52a}$$

mit n_I und n_{II} als Molenanteilen der beiden Stoffe. Dabei betrachtet man den Druck immer als konstant, weil Mischungen praktisch nur unter dieser Bedingung durchgeführt und beobachtet werden.

Schematisch läßt sich die Gl. (52a) durch Abb. 37a wiedergeben, wenn man als Abszisse den Bruch n_{II}/n_I wählt. Dies weicht aber von der üblichen Darstellung ab. Gewöhnlich wird die Mischungswärme über $x_I = \frac{n_I}{n_I + n_{II}}$ oder $x_{II} = (1 - x_I) = \frac{n_{II}}{n_I + n_{II}}$ aufgetragen. Der Wert von Q_t strebt für $n_{II}/n_I = \infty$, d. h. für sehr große Verdünnung, einem endlichen Wert zu. Es ist dann $Q_{dD\infty} = 0$ und $Q_{t\infty} = Q_{dL\infty}$. Bei unendlicher Verdünnung sind also totale und differentiale Lösungswärme einander gleich. Ist $n_{II} = 0$, so wird hingegen $Q_{t0} = 0$ und $Q_{dL0} = 0$; der Wert Q_{dD0} kann als Ordinate im Punkt $n_{II}/n_I = 1$ der im Ursprung an die Kurve für Q_t zu ziehenden Tangente abgelesen werden, wie dies in Abb. 37a angedeutet ist.

Die angeführten Größen können auch auf die Masseneinheit bzw. auf die Gewichtseinheit statt auf Mole bezogen werden. Da in Tabellen und Diagrammen von dieser Möglichkeit oft Gebrauch gemacht wird, sind die verwendeten Dimensionen besonders zu beachten. Abgesehen davon ist, wie bei anderen Größen, die Bezugnahme auf 1 mol oder 1 g, 1 kmol oder 1 kg des fertigen Gemisches üblich. Man kann die eine Darstellungsart ohne weiteres in die andere überführen, wie dies in Abb. 37b gezeigt ist. Die Ordinaten der strichpunktierten Kurve für Q_t entsprechen vollkommen denen der in Abb. 37a wiedergegebenen, nur ist der Abszissenmaßstab geändert. Die auf eine Mengeneinheit des fertigen Gemisches zu beziehende Mischungswärme q_t ist dann gleich

$$q_t = Q_t \cdot x_I = Q_{dL} \frac{n_I}{n_I + n_{II}} + \frac{n_{II}}{n_I} Q_{dD} \frac{n_I}{n_I + n_{II}}.$$

Folglich ist

$$q_t = Q_{dI} x_I + Q_{dII} x_{II} = Q_{dII} + (Q_{dI} - Q_{dII}) x_I. \tag{52b}$$

---

[1] Vgl. Eucken, A.: Grundriß der physikalischen Chemie, 4. Aufl., S. 138. Leipzig: Akad. Verlagsges. 1934. — Bošnjaković, F.: Technische Thermodynamik, 2. Teil, S. 69. Dresden u. Leipzig: Steinkopff 1937.

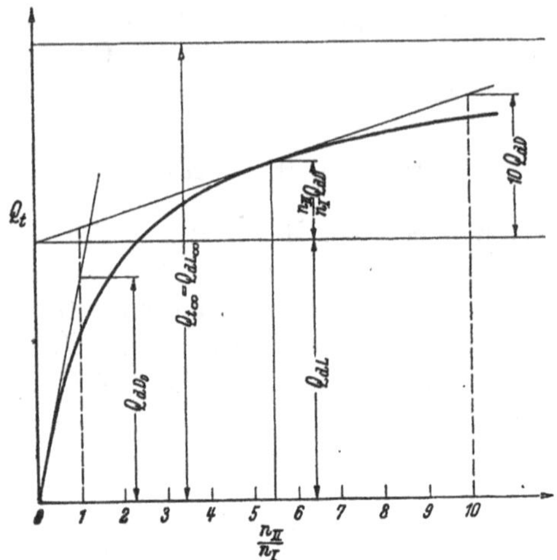

Abb. 37a. Totale und differentiale Lösungs- und Verdünnungswärmen nach Gl. (52a).

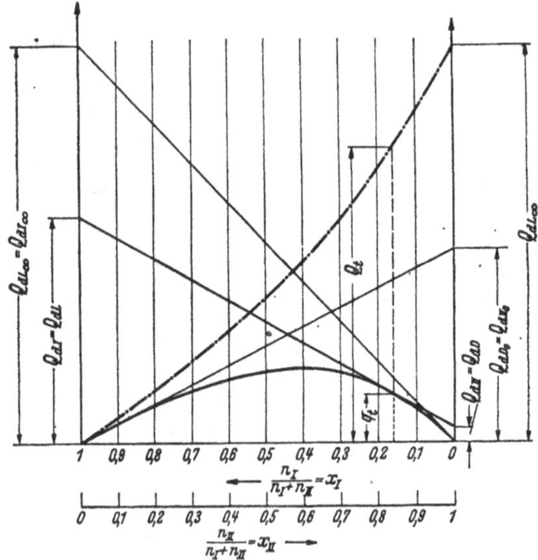

Abb. 37b. Totale und differentiale Mischungswärmen nach Gl. (52b).

Abb. 37a und b. Schematische Darstellung des Zusammenhanges zwischen den einzelnen Mischungswärmen.

Die zu jeder Mischung gehörigen differentialen Mischungswärmen lassen sich ebenso wie in Abb. 37a auch hier, und zwar in Übereinstimmung mit Gl. (52b), mittels der Tangente an die Kurve darstellen. Es zeigt sich, daß die Bezugnahme auf die Anteile x des Gemisches praktischen Bedürfnissen im allgemeinen besser entspricht und daß man den oft als verwirrend empfundenen Gebrauch der Indizes L und D für Verdünnungs- und Lösungswärme vermeiden kann, wenn man sich einfach auf die Mischungskomponenten bezieht und diese in den Indizes kennzeichnet. Im einzelnen können die Zusammenhänge zwischen den beiden Darstellungsarten an Hand der eingetragenen Ordinatenwerte verfolgt werden. Die beispielsweise eingetragenen Tangenten sind an die beiden einander entsprechenden Punkte, nämlich $n_{II}/n_I = 5{,}4$ in Abb. 37a und $x_{II} = 5{,}4/6{,}4 = 0{,}844$ in Abb. 37b gezogen.

Bezieht man sich auf das fertige Gemisch, so schneidet die Kurve für die Lösungswärme für $x = 0$ und $x = 1$ immer die Abszissenachse, bei Wechsel des Vorzeichens mitunter auch bei zwischenliegenden Werten.

Es muß noch erwähnt werden, daß neben den genannten Größen gelegentlich die gesamte, bis zum Erreichen der Sättigung entstehende oder verbrauchte Lösungswärme eines Mols des gelösten Stoffes als „ganze" Lösungswärme bezeichnet wird. Sie hat nur bei Gemischen mit Mischungslücke Bedeutung.

Das Auftreten von Lösungswärmen ist sowohl bei organischen als auch bei anorganischen Stoffen zu beobachten und wird z. B. bei der Herstellung von Kältemischungen genutzt. Die sehr große Lösungswärme, die beim Zusammenmischen von Schwefelsäure und Wasser entsteht, ist bekannt und erfordert bei der Handhabung besondere Vorsicht. Auch beim Mischen organischer Stoffe werden sehr häufig Mischungswärmen beobachtet, sofern es sich nicht um Stoffe mit sehr ähnlichem Molekülbau handelt. So wird z. B. Wärme frei, ist also abzuführen und als negativ zu bezeichnen, wenn man Alkohole mit Wasser mischt. Die Abhängigkeit der beim Zumischen von Äthylalkohol zu Wasser auftretenden totalen, auf 1 kg Gemisch bezogenen Mischungswärmen q_t zeigt Abb. 38. Mitunter wird die Lösungswärme entsprechend früheren Gepflogenheiten dann als positiv bezeichnet, wenn bei dem betrachteten Vorgang Wärme frei wird. Beide Auffassungen haben ihre Berechtigung, doch hat man sich auf Grund eines Vorschlages der Deutschen Bunsengesellschaft 1932 geeinigt, ebenso wie bei anderen Reaktionen in der Energiebilanz den Wärmeeffekt vor das Gleichheitszeichen zu den vor der Reaktion vorhandenen Teilnehmern zu setzen und das dann auftretende Vorzeichen als maßgebend für die Kennzeichnung zu betrachten. Deshalb wird seither der Ausdruck „Wärmetönung" vermieden, weil er bei Wärmeabfuhr im positiven Sinne gebraucht wurde, das Vorzeichen also dem der Mischungs- oder Lösungswärme entgegengesetzt ist.

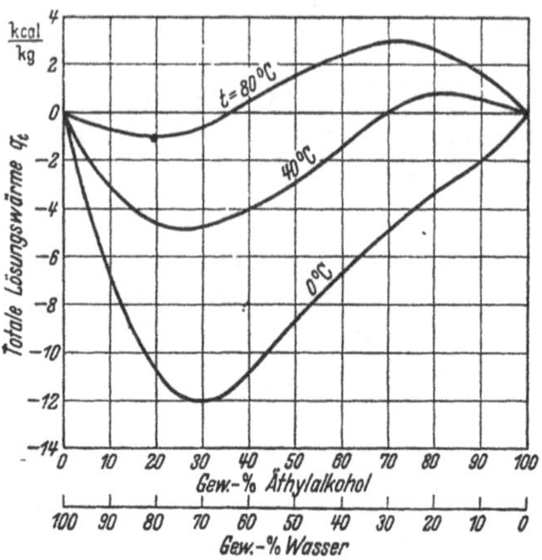

Abb. 38. Totale Mischungswärme eines Äthylalkohol—Wasser-Gemisches für verschiedene Temperaturen.

Beim Mischen von Paraffin-Kohlenwasserstoffen nicht allzu unterschiedlicher Kohlenstoffatomzahl wurden Mischungswärmen bisher kaum beobachtet. Die Mischung kettenförmiger mit ringförmigen Kohlenwasserstoffen vollzieht sich jedoch meistens unter gleichzeitigem Auftreten von Mischungswärme, die auf Assoziations- oder Dissoziationserscheinungen schließen läßt. Mit Assoziationen ist zu rechnen, wenn einzelne Moleküle der Lösungspartner zu Molekülkomplexen zusammentreten. Dissoziationen bei ursprünglich vorhandenen Übermolekülen infolge der Anwesenheit des zweiten Lösungspartners sind ebenfalls vorstellbar.

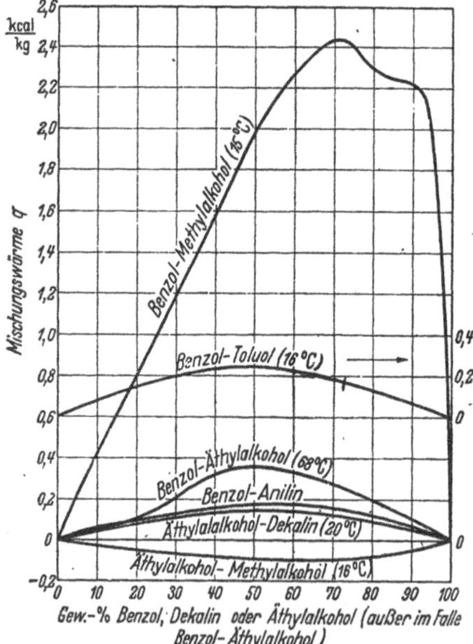

Abb. 39. Mischungswärme einiger Paare von Kohlenwasserstoffen und davon abgeleiteter Verbindungen nach LANDOLT-BÖRNSTEIN.

Auch beim Mischen von Kohlenwasserstoffen mit Alkoholen, Äthern, Ketonen und Säuren treten Mischungswärmen auf, von denen einige in Zahlentafel 24 wiedergegeben sind. Die Werte stellen die differentiale

Zahlentafel 24. *Differentiale Lösungswärme in cal/mol (= kcal/kmol) einiger Kohlenwasserstoffe und davon abgeleiteter Verbindungen bei unendlicher Verdünnung*, nach TIMOFEJEW[1]

Gelöstes	Lösungsmittel								
	Benzol	Toluol	Heptan	Oktan	Anilin	Äthyläther	Azeton	Äthylalkohol	Methylalkohol
Benzol	—	0	+0,69	+0,70	+0,60	—	+0,26	+0,36	+0,36
Heptan	+1,05	+0,54	—	—	+2,43	—	+1,72	+0,63	+1,11
Anilin	+1,16	—	—	—	—	—	−1,30	−0,24	−0,68
Äthyläther	+0,10	—	—	—	—	—	—	—	—
Azeton	+0,30	—	—	—	—	—	—	—	+0,50
Methylalkohol	+2,8	+1,1	+2,3	—	−0,02	+0,6	—	—	—
Äthylalkohol	+4,0	—	+0,8	—	+0,54	+0,9	+1,22	—	—
Propylalkohol	+3,5	—	+2,2	—	—	—	—	—	—
Essigsäure	+0,45	+0,30	—	—	—	—	−0,33	—	−0,19

[1] Mitgeteilt bei LANDOLT-BÖRNSTEIN, 2. Band, Tabelle 327, S. 1567. Positive Werte bedeuten entsprechend der Festlegung Seite 274, daß Wärme dem Prozeß zugeführt werden muß. Früher sprach man in diesem Falle von negativer Wärmetönung, so auch noch in der Quelle.

Lösungswärme bei unendlicher Verdünnung dar, die nach obigem in diesem Falle gleich der totalen Lösungswärme ist. In Abb. 39 sind schließlich noch die totalen Lösungswärmen einiger Stoffpaare für den ganzen Mischungsbereich dargestellt.

Die in den Abb. 37b bis 39 gezeigte Darstellung gibt nun die Möglichkeit, die Enthalpie von Zweikomponentengemischen graphisch wiederzugeben und damit ein brauchbares Hilfsmittel zu schaffen, das bei der Ermittlung des Wärmeaufwandes für Destillier- und Rektifiziervorgänge von großem Wert ist. Die Theorie dieser Darstellung wurde ursprünglich von MERKEL, einem Schüler MOLLIERS, in Dresden insbesondere für die Berechnung von Absorptionskältemaschinen entwickelt. Die bisher umfassendste Darstellung stammt von BOŠNJAKOVIĆ[1].

Will man die Kurven der Mischungswärmen für verschiedene Temperaturen in ein Diagramm eintragen, so muß man beachten, daß im allgemeinen nur eine einzige von ihnen eine zur Abszissenachse parallele Gerade in beiden Endpunkten schneiden wird. Es ist dies bei jener Temperatur der Fall, bei der der Wärmeinhalt der beiden unvermischten Komponenten gleichgesetzt wird. Gewöhnlich wählt man hiefür die Temperatur $t = 0°$ C. Für alle anderen Temperaturen erhält man die Kurve für die Enthalpie des Gemisches, indem man die Werte für q_t unter Beachtung des Vorzeichens zu der Verbindungslinie der Enthalpiewerte der beiden Komponenten, die auf den zugehörigen Ordinatenachsen $x_{\mathrm{I}} = 1$ und $x_{\mathrm{II}} = 1$ aufzutragen sind, addiert.

Bei Gasen und Dämpfen sind Mischungswärmen bisher praktisch nicht beobachtet worden. Die Enthalpie von Gasgemischen wird daher in einem i, x-Diagramm immer durch Gerade wiedergegeben. Hat man nun die Enthalpiekurven und -geraden für das erforderliche Temperaturbereich eingezeichnet, so kann man, wie dies in Abb. 40 schematisch gezeigt ist, aus einem t, x-Gleichgewichtsdiagramm von der Art der Abb. 24b die einander entsprechenden Punkte der Siede- und Taulinien für einen bestimmten Druck in das i, x-Diagramm übertragen. Die Isothermen des Naßdampfgebietes fallen für die reinen Stoffe mit den Ordinatenachsen zusammen und erfüllen mit wechselnder Neigung das zwischen ihnen liegende Feld. Sie werden also, wie im t, x-Diagramm, durch irgendeinen Zustandspunkt im umgekehrten Verhältnis des Anteiles von Flüssigkeit f und Dampf d geteilt. Die in Abb. 40 eingetragene Zustandsänderung zwischen den Punkten A und B entspricht der gleichen Eintragung in Abb. 24b. Wegen weiterer Anwendungsmög-

[1] Siehe BOŠNJAKOVIĆ, F.: a. a. O. 2. Teil, S. 80ff.

lichkeiten dieses Diagrammes muß auf die bereits erwähnten Arbeiten von Bošnjaković verwiesen werden. Es gilt auch hier das Hebelgesetz; vgl. Abschnitt II B 4 a.

Eine eingehende Untersuchung der Zusammenhänge zwischen Lösungswärme und physikalischen Eigenschaften von Gemischen steht noch aus. Soweit die hier interessierenden Stoffe in Frage stehen, haben Wolf und seine Schüler Zusammenhänge mit dem Zähigkeitsverhalten nachzuweisen versucht, worauf im Abschnitt II A 1 bereits hingewiesen wurde[1].

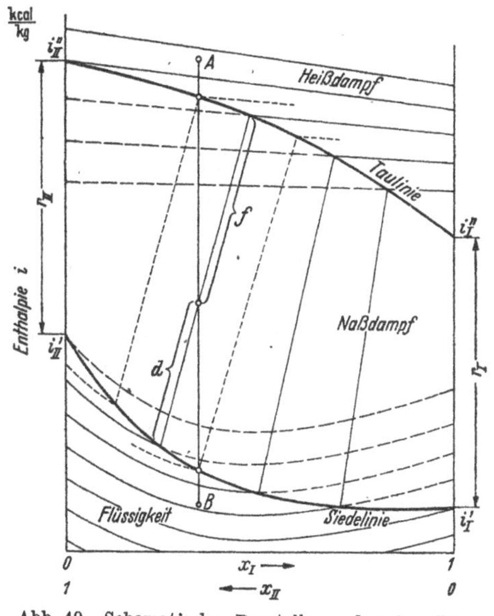

Abb. 40. Schematische Darstellung des i, x-Diagrammes eines Zweikomponentengemisches.

Wie aber in den diesbezüglichen Arbeiten wiederholt ausgedrückt wird, mangelt es noch an einer ausreichenden Kenntnis der zwischenmolekularen Kräfte, um auf Grund des Molekülbaues Aussagen über das Verhalten von Mischungen machen zu können. Es ist jedoch das eine sicher, daß Symmetrie und Unsymmetrie der Moleküle, besonders aber die Dipolmomente eine bedeutende Rolle spielen. Es lassen sich zwischen den die Elektrolyse bestimmenden Ionenbildnern und den die Polarisation bestimmenden Dipolbildnern gewisse Parallelen finden. Dabei besteht jedoch der Unterschied, daß die Ionen wandern, die Dipole aber, ohne ihren Platz zu verlassen, orientiert werden[2]. Starke Dipolbildner sind z. B. die einwertigen Alkohole mit endständiger OH-Gruppe, schwache Dipolbildner die Ketone, deren Sauerstoffatom mehr im Zentrum

[1] Vgl. z. B. Harms, H., H. Röszler u. K. L. Wolf: Über innere Reibung und innere Schmierung. Z. phys. Chem. Abt. B Bd. 41 (1938) S. 321—364 sowie dort genannte frühere Arbeiten; dazu siehe auch Fußnote 1, Seite 193.

[2] Vgl. Wolf, K. L. u. H. Harms: Über starke und schwache Dipolbildner. Z. phys. Chem. Abt. B Bd. 44 (1939) S. 359—373. — Eine zusammenfassende Darstellung früherer Arbeiten auch bei Stuart, H. A.: Molekülstruktur (Struktur und Eigenschaften der Materie Bd. 14) S. 102. Berlin: Springer 1934.

des Moleküls sitzt; das vollkommen symmetrische Benzol ist hingegen der typische Vertreter eines dipolfreien Stoffes. Die Theorie muß im einzelnen noch ausgebaut werden, doch kann man von ihr wertvolle Beiträge zur Aufhellung der Zusammenhänge zwischen chemischer Konstitution und physikalischen Eigenschaften der Materie erwarten.

5. Die Verbrennungs-, die Bildungs- und die Bindungswärme.

Will man den Heizwert von Brenn- und Kraftstoffen ohne kalorimetrische Messung ermitteln, so nützt die Kenntnis der Verbrennungswärme der einzelnen Kohlenwasserstoffe und sonstigen in ihnen vorkommenden Verbindungen nur in den seltensten Fällen, weil man im allgemeinen die einzelnen Komponenten selbst und die Höhe ihrer Anteile nicht genügend genau kennt. Es wird deshalb im Abschnitt IV A bis C noch gezeigt, welche Hilfsmittel für die Abschätzung oder Vorausbestimmung von Heizwerten der in der Technik gebräuchlichen Brenn- und Kraftstoffe zur Verfügung stehen. Nur bei Gasen ist diese Rechnung dank der Möglichkeit einer genauen Analyse verläßlich.

a) Die Verbrennungswärme und die Bildungswärme.

Die Verbrennungswärme ist jedoch deshalb von Interesse, weil sie von einer sehr großen Anzahl von Verbindungen durch kalorimetrische Messungen in Bomben bekannt ist und zur Berechnung der vom Molekülbau deutlich abhängigen Bildungswärme der Verbindungen dient[1].

Alle Kohlenwasserstoffe und ihre Derivate mit funktionellen Gruppen, die nur Sauerstoff enthalten, verbrennen zu Wasser und Kohlendioxyd. Die Verbrennungswärme einer solchen Verbindung ist demnach gleich der Bildungswärme von Wasser und Kohlendioxyd vermindert um die Bildungswärme der Ausgangsstoffe. Man muß in beiden Fällen als Ausgangszustand der Reaktionen denselben Aggregat- und Bindungszustand ins Auge fassen. Gewöhnlich geht man bei der Rechnung von festem Kohlenstoff und molekularem Wasserstoff bei 25° C als angenommener Versuchstemperatur aus. Beim Kohlenstoff sollte, je nachdem, ob es sich um aliphatische oder aromatische Verbindungen handelt, streng genommen die Verbrennungswärme von Diamant oder von Graphit eingesetzt werden. Der Unterschied zwischen beiden Größen ist jedoch sehr

[1] Bei D'ANS-LAX (vgl. Fußnote 1, Seite 235), Abschnitt 3126, S. 710ff. finden sich zahlreiche Angaben. Dort sind auch die Verbrennungswärmen angeführt. Weiter finden sich Angaben für die Verbrennungswärmen sehr vieler organischer Stoffe bei LANDOLT-BÖRNSTEIN (vgl. dieselbe Fußnote wie vorstehend), Tabelle 331.

klein und wird mitunter vernachlässigt. Außerdem müßte man z. B. bei Aromaten mit aliphatischen Seitenketten einen Teil des Kohlenstoffs als Graphit, den anderen Teil als Diamant berücksichtigen. Da es sich bei der Bildungswärme um die Differenz verhältnismäßig großer Beträge handelt, schwanken die im Schrifttum zu findenden Angaben in gewissen Grenzen.

Die Berechnung der Bildungswärme sei am Beispiel von Methan und Benzol gezeigt. Als Grundlage dienen die Bildungswärme von

gasförmigem Kohlendioxyd aus Diamant mit −94,45 kcal/mol,
gasförmigem Kohlendioxyd aus Graphit mit −94,08 kcal/mol
und flüssigem Wasser aus molekularem Wasserstoff mit −68,35 kcal/mol.

Das Vorzeichen ist dadurch bestimmt, daß entsprechend der früheren Festlegung eine Wärmemenge als positiv oder negativ angesehen werden soll, je nachdem ob sie dem reagierenden System zugeführt oder von ihm abgeführt wird. In Form von Reaktionsgleichungen geschrieben lauten diese Angaben[1]:

$$\left.\begin{aligned} [C]_d + O_2 - 94{,}45 &= CO_2 \\ [C]_g + O_2 - 94{,}08 &= CO_2 \\ H_2 + {}^1/_2\, O_2 - 68{,}35 &= (H_2O)\,. \end{aligned}\right\} \qquad (53)$$

Da nun die Verbrennungswärme von Methan mit 212,79 kcal/mol bekannt ist, erhält man seine Bildungswärme wie folgt:

$$\begin{aligned} [C]_d + O_2 - 94{,}45 &= CO_2 \\ 2\,H_2 + O_2 - 2\cdot 68{,}35 &= 2\,(H_2O) \\ -\{CH_4 + 2\,O_2 - 212{,}79 &= CO_2 + 2\,(H_2O)\} \\ \hline [C] + 2\,H_2 - 18{,}36 &= CH_4 \end{aligned}$$

Die Entstehung von Methan aus festem Kohlenstoff und molekularem Wasserstoff ist also ein exothermer Prozeß mit einer abzuführenden Bildungswärme von 18,36 kcal/mol. Bei D'ANS-LAX findet sich der etwas niedrigere Wert von −17,87 kcal/mol.

Die gleiche Rechnung für Benzol durchgeführt ergibt ein etwas anderes Bild. Die Verbrennungswärme von flüssigem Benzol ist mit 782,2 kcal/mol genannt. Will man die Bildungswärme von gasförmigem Benzol bestimmen, so muß die Verbrennungswärme um die Verdamp-

[1] Es ist zweckmäßig, zur sinnfälligen Kennzeichnung des festen Zustandes eckige Klammern und des flüssigen Zustandes runde Klammern zu benutzen. Der gasförmige Zustand bedarf dann keiner Kennzeichnung. Man erspart dadurch die lästige Schreibung mit Indizes.

fungswärme von 8,1 kcal/mol erhöht werden; denn die des flüssigen Benzols erscheint um diesen Betrag zu niedrig. Die Rechnung lautet also:

$$\begin{array}{rcl}
6\,[C]_g + 6\,O_2 \quad - 6\cdot 94{,}08 & = & 6\,CO_2 \\
3\,H_2 + {}^3/_2\,O_2 - 3\cdot 68{,}35 & = & 3\,(H_2O) \\
-\left\{\begin{array}{l}(C_6H_6) + {}^{15}/_2\,O_2 - \quad 782{,}2 \\ \qquad\qquad C_6H_6 - \quad 8{,}1\end{array}\right. & \begin{array}{c}= \\ =\end{array} & \left.\begin{array}{l}6\,CO_2 + 3\,(H_2O) \\ (C_6H_6)\end{array}\right\} \\
\hline
6\,[C]_g + 3\,H_2 \;+\; 20{,}8 & = & C_6H_6 \\
6\,[C]_g + 3\,H_2 \;+\; 12{,}7 & = & (C_6H_6)\,.
\end{array}$$

Die Bildung von Benzol verläuft somit unter Bindung von Wärme, ist also ein endothermer Vorgang. Der Energiegehalt des Benzolmoleküls ist größer als der von Graphit und Wasserstoff. Das Gleichgewicht liegt also auf Seite der getrennten Elemente. Dieser Befund steht nicht im Widerspruch mit der wiederholt erwähnten Tatsache, daß das Benzolmolekül besonders stabil ist. Durch das Vorzeichen der Bildungswärme ist nämlich über den zeitlichen Verlauf einer Reaktion noch nichts ausgesagt. Auch bei der Knallgasreaktion liegt das Gleichgewicht z. B. ganz auf der Seite des Wassers, und doch kommt es bei normalen Temperaturen praktisch nie zur Vereinigung von Wasserstoff und Sauerstoff; ebensowenig zerfällt bei niedrigen Temperaturen das Benzol in die Elemente.

Bei den als Beispiel gezeigten Rechnungen ist darauf zu achten, daß alle Werte für dieselbe Temperatur eingesetzt werden, wozu die Angaben im Schrifttum nicht immer vollkommen ausreichen. Desgleichen ist bei der Angabe der Verbrennungswärme zu berücksichtigen, ob sie für konstantes Volumen oder konstanten Druck gilt. Bezeichnet man sie, auf ein Mol bezogen, mit W_p und W_v, wobei diese Größen mit entgegengesetzten Vorzeichen gegenüber den früher üblichen „Wärmetönungen“ zu nehmen sind, so gilt zwischen beiden die Beziehung

$$W_p = W_v + \Delta n\, R\, T\,. \tag{54}$$

Darin ist Δn die bei der Reaktion eintretende Änderung der gesamten Molzahl je Mol des betrachteten Stoffes. Mit $R \doteq 2$ cal/grd·mol erhält man also bei 25° C = 298° K rd. 600 cal/mol für jedes Mol der Volumenänderung. Bei der Verbrennung von flüssigem Benzol sind 15/2 mol vor der Reaktion und 6 mol nach der Reaktion vorhanden. Der Rauminhalt der flüssigen Reaktionsteilnehmer kann vernachlässigt werden. Daraus folgt wegen $\Delta n = -\frac{3}{2}$, daß der absolute Betrag von W_p um 0,9 kcal/mol größer als der von W_v ist, denn die Beträge sind als Verbrennungswärmen negativ. Bei gasförmigem Benzol ergeben sich sinngemäß 1,5 kcal/mol als Unterschied. Die Gl. (54) ist der Ausdruck dafür, daß bei einer Volumenänderung Arbeit zu leisten ist, durch die die Reaktionswärme geändert wird.

Berechnet man die Bildungswärmen für homologe Reihen, so läßt sich eine vom Molekülbau abhängige, deutlich erkennbare Tendenz fest-

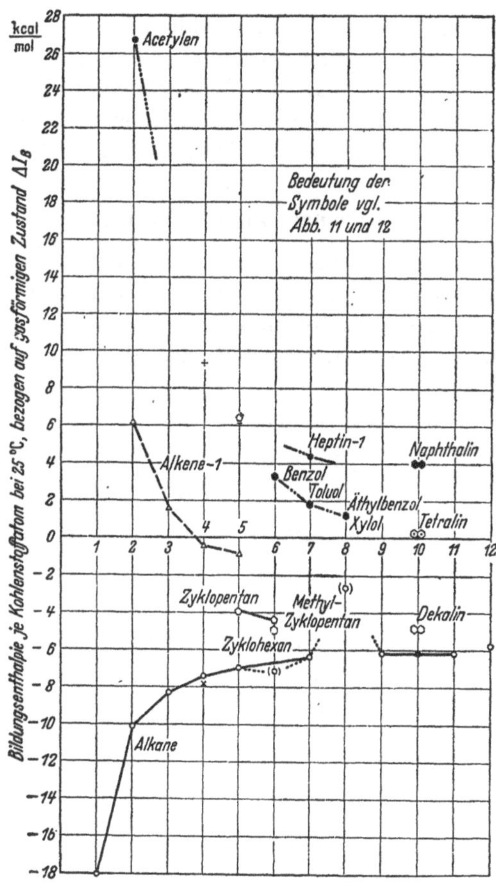

Abb. 41. Auf ein Kohlenstoffatom je Molekül bezogene Reaktionswärme gasförmiger Kohlenwasserstoffe bei der Bildung aus festem Kohlenstoff und molekularem Wasserstoff.

Die Bezugnahme auf gasförmigem Zustand ist erforderlich, wenn man die Tendenz der Kurven erkennen will. Beim Vergleich mit Tabellenwerten für flüssige Kohlenwasserstoffe ist zu berücksichtigen, daß deren Bildungsenergie um die Verdampfungswärme kleiner ist.

stellen. Dies wird noch klarer, wenn man die Werte je Kohlenstoffatom des Moleküls bestimmt, vgl. Abb. 41, wo sie über der Kohlenstoffatomzahl selbst aufgetragen sind. Man sieht, daß sich die so ermittelten Größen für Alkane offenbar einem Grenzwert nähern, dem auch die Werte für Alkene und Alkine zustreben. Dies wird verständlich, wenn man bedenkt, daß der Einfluß einer Doppel- oder Dreifachbindung auf den Energieinhalt des Moleküls mit zunehmender Länge zurücktritt. Auch erkennt man, daß der für die Bildungswärme von Oktan im Schrifttum mit $-20{,}8$ kcal/mol genannte Betrag, aus dem sich $-2{,}6$ kcal/mol je Kohlenstoffatomzahl errechnen, offenbar unrichtig ist. Auffallend ist der extrem hohe Wert des Azetylen, der die Bildung dieser Verbindung als endothermen Prozeß kennzeichnet, vgl. Abschnitt I A 1b.

b) Die atomare Bildungswärme.

Gegenüber den bisher durchgeführten Rechnungen hat es sich gezeigt, daß weitere Zusammenhänge zu erkennen sind, wenn man als Ausgangsstoffe für die Bildung Kohlenstoff und Wasserstoff im einatomigen gasförmigen Zustand voraussetzt. Man muß also die Verdampfungswärme von Kohlenstoff und die Dissoziationswärme von Wasserstoff berücksichtigen, wofür die beiden Gleichungen

$$\left.\begin{aligned}[\mathrm{C}] + 150 &= \mathrm{C}\\ \mathrm{H_2} + 103{,}8 &= 2\,\mathrm{H}\end{aligned}\right\} \tag{55}$$

geschrieben werden können. Führt man damit die Rechnung für Methan durch, so erhält man

$$\begin{aligned}[\mathrm{C}]_d + 2\,\mathrm{H_2} - 18{,}4 &= \mathrm{CH_4}\\ \mathrm{C} - 150 &= [\mathrm{C}]_d\\ 4\,\mathrm{H} - 207{,}6 &= 2\,\mathrm{H_2}\\ \hline \mathrm{C} + 4\,\mathrm{H} - 376 &= \mathrm{CH_4}\end{aligned}$$

Den so berechneten Betrag von -376 kcal/mol nennt man atomare Bildungswärme. Für Benzol erhält man durch eine sinngemäße Rechnung

$$6\,\mathrm{C} + 6\,\mathrm{H} - 1182 = \mathrm{C_6H_6}\,.$$

c) Die Bindungswärme.

Man hat nun die Kenntnis der atomaren Bildungswärme dazu benutzt, durch schrittweisen Vergleich der für die einzelnen Verbindungen erhaltenen Werte die Bildungswärme der in den Kohlenwasserstoffen und ihren Derivaten immer wiederkehrenden Bindungen, also die Bindungswärme zu bestimmen. So erscheint es zulässig anzunehmen, daß auf jede der vier im Methan vorliegenden C—H-Bindungen ein Energiebetrag von 376/4 = 94 kcal/mol entfällt. Dies hat sich — von kleinen Abweichungen abgesehen — auch aus anderen Berechnungen als richtig erwiesen. Auf diese Weise hat man die in Zahlentafel 25 nach KREMANN[1] wiedergegebenen Bindungswärmen gefunden. Damit ist es möglich, direkt die atomare Bildungswärme eines Kohlenwasserstoffes im Rahmen der dadurch gegebenen Genauigkeit zu ermitteln. So erhält man für Benzol $(6 \cdot 102 + 6 \cdot 96) = 1188$ kcal/mol, was mit dem oben berechneten Wert recht gut übereinstimmt.

Die für die aromatische C—C-Bindung ermittelte Bindungswärme liegt, wie man sieht, in der Mitte zwischen den Werten für die einfache

Zahlentafel 25. *Bindungswärme der in Kohlenwasserstoffen und ihren Derivaten vorkommenden Bindungsarten.*

Bindungsart	Bindungswärme cal/mol =kcal/kmol	Bindungsart	Bindungswärme cal/mol =kcal/kmol
C—H, aliphatisch	92,5	C=O in Ketonen	167
C—H, aromatisch	102	C=O in Kohlendioxyd	181
C—C, aliphatisch	71	C≡O in Kohlenmonoxyd	238
C=C (echte Doppelbindung)	125	C—N in Aminen, aliphatisch	58
C≡C (echte Dreifachbindung)	164	C—N in Aminen, aromatisch	73
C—C, aromatisch	96	C—S in Merkaptanen und Thioäthern	67,4
C—C, Bindung aliphatischer Seitenkette an aromat. Ring	80	H—H in molekularem Wasserstoff	103,8
C—O in Alkoholen, aliphatisch	74	O—H	109
		O—O	37
C—O in Äthern, aliphatisch	76	O=O	118
		S—H	86
C—O in Phenolen, aromatisch	97	S—S	64
		N—H	82
C=O in Aldehyden	164	N—N	31

[1] Bei KREMANN a. a. O. S. 39ff. findet man eine Darstellung der Entwicklung, wie man zu diesem Ergebnis gelangte, sowie Angaben über die von einigen Forschern gefundenen abweichenden Werte. Es ist jetzt in zunehmendem Maße möglich, die verschiedenen Energien aus spektroskopischen Daten zu errechnen; vgl. dazu die in den Fußnoten 1 und 2, Seite 259 genannten Arbeiten.

aliphatische C—C-Bindung und für die C=C-Doppelbindung, entspricht also ungefähr einer anderthalbfachen Bindung. Damit ist auch hier die Besonderheit der im Benzolring vorliegenden Bindung zu erkennen.

Es sei hier darauf hingewiesen, daß die Bindungsarbeit einer Doppelbindung und einer Dreifachbindung nicht doppelt oder dreimal so groß ist wie die der einfachen C—C-Bindung. Der Grund hiefür liegt darin, daß es sich bei Mehrfachbindungen um konstitutive Veränderungen im Molekülbau handelt, die durch einfache Addition der hier erörterten Energiegrößen nicht erfaßt werden können. Dies ist erst möglich, wenn man mit Hilfe der Quantenmechanik die Energie aller einzelnen Elektronen berechnet.

Der Betrag für die aliphatische C—C-Bindung ist mit 71 kcal/mol praktisch ebenso groß wie die je Kohlenstoffatom beim Verdampfen von Diamant und Graphit aufzuwendende Wärme. Denn von den vier Bindungen des Kohlenstoffatoms im Tetraeder oder im Graphitgitter gehört jede zu zwei Atomen, so daß je Atom zwei Bindungen zu lösen sind. Die atomare Bildungswärme im Kristallgitter des Kohlenstoffes ist demnach $150/2 = 75$ kcal/mol, ein Wert, der mit Rücksicht auf die unvermeidlichen Ungenauigkeiten bei der Berechnung aus Differenzen großer Beträge und der im vorliegenden Fall außerordentlich großen experimentellen Schwierigkeiten als gut übereinstimmend mit dem Betrag von 71 kcal/mol nach Zahlentafel 25 angesehen werden kann.

Nicht berücksichtigt in den in Zahlentafel 25 mitgeteilten Werten sind Energieänderungen im Molekül, die auf Verformungen zurückzuführen sind. Diese können durch Seitenketten bei Isomeren oder durch Verspannungen wie bei den Zykloparaffinen mit weniger als sechs Kohlenstoffatomen im Ring hervorgerufen sein. Sie wirken sich auch bei der Verbrennungswärme aus. Während diese in der Reihe der Alkane für jede CH_2-Gruppe um 158 kcal/mol zunimmt, beträgt die Änderung vom Zyklohexan abwärts 159, 165,5 und 168,5 kcal/mol bei fünf, vier und drei Kohlenstoffatomen. Darin äußert sich die beim Ringschluß erforderliche Energie zur Deformation der Valenzwinkel.

d) Die Temperaturabhängigkeit der Bildungswärme.

Die bisher genannten Werte bezogen sich durchwegs auf konstante Temperatur. Nun ist aber die Abhängigkeit der Bildungswärme von der Temperatur zur Beurteilung der möglichen Reaktionen von besonderem Interesse. Ob die Reaktionen auch tatsächlich eintreten, ist eine Frage der statistischen Wahrscheinlichkeit. Thermodynamisch handelt es sich im Wesen um dieselben Zusammenhänge, wie sie auch bei den anderen Energiegrößen, z. B. bei der spezifischen Wärme, beobachtet werden[1]. Es hat sich als zweckmäßig erwiesen, die von GIBBS eingeführte und als thermodynamisches Potential bezeichnete Größe

$$G = I - TS \tag{56}$$

und die HELMHOLTZsche freie Energie

$$F = U - TS \tag{57}$$

für die Berechnungen zu benutzen[2]. Darin sind I die Enthalpie (der Wärmeinhalt), U die innere Energie und S die Entropie im Sinne der üblichen Definitionen der Thermodynamik. In Anlehnung an die Bezeichnung freie Energie wird neuerdings für G auch der Ausdruck freie

---

[1] Näheres hierüber bei EUCKEN: Grundriß, S. 130f. u. 293ff. — Sowie bei BOŠNJAKOVIĆ: a. a. O. 2. Teil, S. 193ff.

[2] Es ist auch üblich, H statt G (GIBBS) sowie H (HELMHOLTZ) statt F zu schreiben. Außerdem wird im angelsächsischen Schrifttum die Größe G als „freie Energie" bezeichnet, was zu Mißverständnissen führen kann. Zudem wechselt die Benennung innerhalb des deutschen Schrifttums von Lehrbuch zu Lehrbuch, von denen folgende zu nennen sind: SCHOTTKY, W., H. ULICH u. C. WAGNER: Thermodynamik. Berlin: Springer 1929. — ULICH, H.: Kurzes Lehrbuch der physikalischen Chemie, 3. Aufl. Dresden u. Leipzig: Steinkopff 1941. — LEWIS, G. N. u. M. RANDALL: Thermodynamics and free Energy of chemical Substances. New York 1923. Deutsche Übersetzung von O. REDLICH. Wien: Springer 1927. — NERNST, W.: Theoretische Chemie vom Standpunkt der Avogadroschen Regel und der Thermodynamik, 8. bis 10. Aufl. Stuttgart: Enke 1921. — SACKUR, O.: Lehrbuch der Thermochemie und Thermodynamik, 2. Aufl. Berlin: Springer 1928. — PLANCK, M.: Vorlesungen über Thermodynamik, 9. Aufl. Berlin u. Leipzig 1930; der letzte Stand der Forschung findet sich in dem in Fußnote 2, Seite 259 erwähnten Buch von ZEISE sowie auch kurz bei JUSTI.

Durch den Mangel an Einheitlichkeit wird das Studium des hier in Frage stehenden Sondergebietes der Thermodynamik trotz der zahlreichen Lehrbücher nicht gerade erleichtert. Die Möglichkeit, von positiver und negativer „Wärmetönung" in entgegengesetzter Bedeutung sprechen zu können, tut ein übriges, um die Verwirrung zu vollenden.

Deswegen ist dieses Gebiet bisher erst einem kleinen Kreis von Ingenieuren geläufig, obwohl es größte Beachtung verdiente. Der Begriff der freien Energie wurde im Zusammenhang mit den Faltenpunkten der Zustandsfläche von Gemischen in Abschnitt II B 5, Seite 251 kurz gestreift.

Die freie Energie F eignet sich besonders dazu, um bei konstanter Temperatur und bei konstantem Volumen verlaufende Vorgänge zu verfolgen. Sie hat im Gleichgewicht einen Mindestwert. Das thermodynamische Potential G wird hingegen ein Minimum bei Vorgängen, die bei konstanter Temperatur und konstantem Druck vor sich gehen. — Für die Beziehung $U = U(v, T)$ bzw. die ihr gleichwertige $I = I(p, T)$ ist die Bezeichnung kalorische Zustandsgleichung gebräuchlich.

Enthalpie gebraucht. Wenn man die Bildungswärme I_B (streng genommen ΔI_B) und die Entropie kennt, kann man G berechnen[1]. Bei Kenntnis von G und F wird die Entropie S überhaupt nicht benötigt.

Technisch von Interesse sind nicht nur die Reaktionen, bei denen sich Kohlenwasserstoffe aus den Elementen bilden oder in sie zerfallen, sondern auch alle jene, bei denen neben ganzen Molekülen Bruchstücke von ihnen als Reaktionsteilnehmer auftreten; sei es, daß es sich um Spaltungsreaktionen handelt, wie beim Kracken, oder um Aufbau höher molekularer Verbindungen aus teilweise ungesättigten Ausgangsstoffen, wie beim Polymerisieren. SCHULTZE und Mitarbeiter[2] haben für die Spaltungsreaktion paraffinischer Kohlenwasserstoffe, die nach der Formel

$$C_{m+n}H_{2(m+n)+2} = C_mH_{2m+2} + C_nH_{2n} \tag{58}$$

verlaufen, die Gleichung

$$\Delta G = 33{,}4 - 0{,}5\,n - 0{,}0279\,T - 0{,}001\,n\,T \text{ [kcal/mol]} \tag{59}$$

abgeleitet. Aus ihr geht die durch die Erfahrung bestätigte Tatsache hervor, daß die Wahrscheinlichkeit des Zerfalles mit wachsender Molekülgröße des Olefins zunimmt; denn ΔG wird mit zunehmendem n kleiner.

Die zur Trennung einer Bindung aufzubringende Arbeit läßt sich auch aus Zahlentafel 25 erkennen, die zeigt, daß eine C—C-Bindung am leichtesten zu spalten ist.

Zur Beurteilung des Gleichgewichts eines Systems in der Gasphase ist die Kenntnis der Gleichgewichtskonstanten zweckmäßig. Man erhält

---

[1] Vgl. vor allem PARKS, G. S. u. H. M. HUFFMANN: The Free Energies of Some Organic Compounds. (Amer. Chem. Soc. Monograph Series No. 60) New York: Reinhold 1932. — PAULING, L.: Nature of the Chemical Bond, 2. Aufl. Ithaca und New York: Cornell University Press 1945. — JUSTI, E.: Spez. Wärme ... a. a. O. — SCHULTZE, GG. R.: Thermodynamische Gleichgewichte von Kohlenwasserstoffen in Anwendung auf die Spaltung. Öl u. Kohle Bd. 12 (1936) S. 267 bis 270 — Thermodynamische Grundlagenforschung in der Ölchemie. Öl u. Kohle Bd. 38 (1942) S. 1448—1454; dort auch weiteres Schrifttum. Es ist nur zu beachten, daß SCHULTZE in Anlehnung an die bereits erwähnte angelsächsische Bezeichnungsweise von freier Energie spricht, jedoch die freie Enthalpie (nach JUSTI) meint.

[2] SCHULTZE, GG. R. u. K. L. MÜLLER: Beitrag zur Kenntnis der Primärvorgänge bei der thermischen Spaltung des Butans. Öl u. Kohle Bd. 12 (1936) S. 922 bis 930. — SCHULTZE, GG. R. u. H. WELLER: Die thermische Beständigkeit von Butan und Isobutan. Öl u. Kohle Bd. 14 (1938) S. 998—1011. — Zu etwas anderen Werten kommt auf Grund der neuesten Daten ZEISE, H.: Neuere Werte für die Gleichgewichtskonstanten einiger organischer Reaktionen in der Gasphase. Öl u. Kohle Bd. 40 (1944) S. 242—248.

sie aus den erweiterten VAN'T HOFFschen Gleichungen

$$\frac{1}{R}\left[\frac{\partial(\Delta G/T)}{\partial T}\right]_p = -\frac{\Delta I}{RT^2} = -\frac{d(\ln K_p)}{dT} \tag{60a}$$

und

$$\frac{1}{R}\left[\frac{\partial(\Delta F/T)}{\partial T}\right]_c = -\frac{\Delta U}{RT^2} = -\frac{d(\ln K_c)}{dT}, \tag{60b}$$

in denen K_p die Gleichgewichtskonstante bei konstantem Druck und K_c die Gleichgewichtskonstante bei konstanter Konzentration (was konstantem Volumen entspricht) bedeuten. Sie sind den Quotienten der Partialdrücke der Reaktionsteilnehmer nach und vor der Reaktion gleich, was mit Hilfe des Massenwirkungsgesetzes bewiesen werden kann. Mit Hilfe dieser Gleichungen haben SCHULTZE und ZEISE[1] die Gleichgewichtskonstanten für die Elementarsynthese von Kohlenwasserstoffen berechnet. Die BRIGGschen Logarithmen einiger der von ZEISE ermittelten Werte für Alkane und Alkene und die der übrigen Kohlenwasserstoffe nach SCHULTZE sind in Abb. 42 aufgetragen. Integriert man die Gln. (60a) und (60b) über einen kleinen Temperaturbereich, in dem die freie Enthalpie oder Energie in erster Näherung als konstant angesehen werden können, so erhält man

$$\ln K_p = -\frac{\Delta I}{RT} + \text{const} \tag{60c}$$

und sinngemäß

$$\ln K_c = -\frac{\Delta U}{RT} + \text{const.} \tag{60d}$$

Die Gln. (60) sagen also aus, daß die Bildungswärme und der Tangens der Kurve für $\ln K$ in Abhängigkeit von der Temperatur gleiches Vorzeichen haben, der Wert für $\ln K$ selbst jedoch entgegengesetztes Vorzeichen hat. Bei der Berechnung der Bildungswärme von Benzol bei seiner Entstehung aus den Elementen ergab sich z. B. ein positiver Betrag für ΔI_B entsprechend den früheren Festlegungen. Daraus folgt für die Gleichgewichtskonstante wegen des positiven Richtungstangens, daß sie mit zunehmender Temperatur ständig wächst. Bei tiefen Temperaturen ist hingegen die Wahrscheinlichkeit der Dissoziation, die nur wegen der sehr kleinen Reaktionsgeschwindigkeit praktisch nicht eintritt, größer. Umgekehrt liegen die Verhältnisse bei den Methanhomologen, nur daß es bei hohen Temperaturen wegen der dann großen Reaktionsgeschwindigkeit auch tatsächlich zum Zerfall kommt.

Die Abb. 42 deckt sich inhaltlich mit einem schon früher auf Grund älterer Angaben für die Bildungswärme entwickelten Diagramm, das

[1] Vgl. Fußnote 2, Seite 286.

Francis veröffentlicht hat[1] und das in Abb. 43 gezeigt ist. Die Werte gelten je Kohlenstoffatom im Molekül. Es läßt sich daraus so wie aus Abb. 42 das gegenläufige Verhalten der Paraffine und der Aromaten

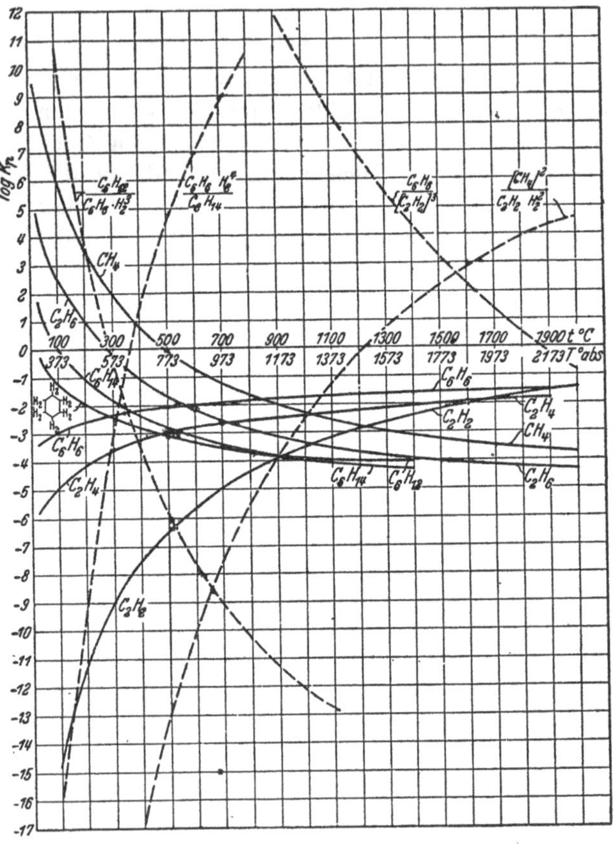

Abb. 42. Logarithmus der Gleichgewichtskonstanten K_p für Synthesereaktionen von Kohlenwasserstoffen nach Schultze und Zeise.

unschwer erkennen. Die für 25° C aus Abb. 43 abzulesenden Werte sollten sich mit den in Abb. 41 wiedergegebenen decken. Doch bestehen Unterschiede wegen der Abweichungen in den Berechnungsunterlagen. Man kann aus den Diagrammen erkennen, daß bei Temperaturen über etwa 500° C (nach Francis über 480° C) kein Kohlenwasserstoff ther-

[1] Vgl. Francis, A. W.: Industr. Engng. Chem. Bd. 20 (1928) S. 277.

misch beständig ist mit Ausnahme von Azetylen, dessen Bildungswärme bei sehr hohen, im Diagramm nicht dargestellten Temperaturen positiv wird. Hingegen sind etwa von derselben Temperatur an außer Methan nur noch die Aromaten, vor allem Naphthalin und Benzol, beständiger als alle übrigen Kohlenwasserstoffe. Im Bereich zwischen 1100° C (nach FRANCIS 800° C) und 1500° C sind diese beiden allein die relativ beständigsten gegenüber den Elementen[1]. Wegen weiterer Folgerungen aus diesen Darstellungen, die nicht nur für die technologischen Prozesse der

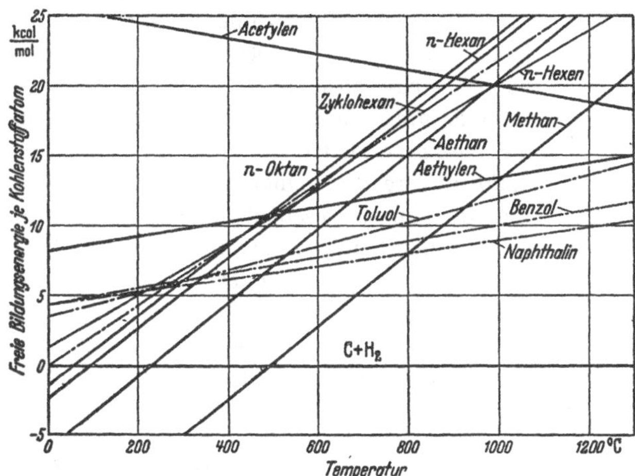

Abb. 43. Bildungsenergie je Kohlenstoffatom für verschiedene Kohlenwasserstoffe beim Druck von 1 at abs in Abhängigkeit von der Temperatur nach FRANCIS.

Erdölverarbeitung, sondern auch für die Erdölgeologie von großem Interesse sind, muß auf die angeführten Arbeiten verwiesen werden.

Wenn es auch mit Hilfe der hier nur angedeuteten Zusammenhänge vorläufig erst möglich ist, ganz allgemeine Aussagen über den wahrscheinlichsten Reaktionsverlauf zu machen, so dürfte doch so viel klar sein, daß eine eingehende Beschäftigung mit dieser Forschungsrichtung für Chemie, Physik und Technik sehr fruchtbringend sein kann. Das gründliche Studium der Thermodynamik der Kohlenwasserstoffe in den Vereinigten Staaten von Amerika, wo das Bedürfnis hiefür wegen des ungeheuren Umfanges der Erdölindustrie besonders dringend ist, kann als Vorbild dienen.

[1] Vgl. auch MARDER, M.: Motorenkraftstoffe I. Bd., Kraftstoffe aus Erdöl und Naturgas, S. 233ff. Berlin: Springer 1942. Es sind jedoch die Zahlenangaben an der Ordinatenachse der Abb. 66, S. 239 dort gemäß der hier wiedergegebenen Abb. 43 zu berichtigen.

III. Die natürlich vorkommenden und technisch gewonnenen Brenn-, Kraft- und Schmierstoffe.

Für die Gewinnung der Brenn-, Kraft- und Schmierstoffe stehen die geologisch entstandenen Kohlen und Erdöle sowie das Erdgas und das in der Gegenwart ständig nachwachsende Holz zur Verfügung. Daneben haben pflanzliche Abfallstoffe, wie z. B. Bagasse in den Rohrzuckerfabriken, Schalen und Kerne von Ölfrüchten, weiterhin Zuckerhirse zur Alkoholgewinnung und andere Erzeugnisse der Landwirtschaft eine örtlich oft erhebliche, im ganzen gesehen jedoch untergeordnete Bedeutung[1]. Da das Holz, daneben in geringerem Maße auch Sporen und Algen als die Grundlage für die Entstehung der Kohle angesehen werden, ist seine chemische Natur in Abschnitt I B 3d erwähnt worden. Dabei darf die Tatsache nicht stören, daß das lebende Pflanzenmaterial reine Kohlenwasserstoffe überhaupt nicht enthält. Es stellt jedoch den Ausgangspunkt der Entwicklung dar.

A. Kohle und sonstige feste Brennstoffe.

1. Die Entstehung der Kohle.

Es besteht noch keineswegs Übereinstimmung der Ansichten über die Entstehung der Kohle. Trotzdem werden — soweit es sich um die chemischen Vorgänge handelt — die Grundgedanken der von FISCHER und SCHRADER entwickelten Lignintheorie der Kohle von den meisten Forschern anerkannt[2]. Danach entsteht die Kohle hauptsächlich aus

---

[1] Vgl. z. B. ZINZEN, A.: Kesselfeuerungen für pflanzliche Brennstoffe in den Tropen. Z. VDI Bd. 84 (1940) S. 205—207.

[2] FISCHER, F. u. H. SCHRADER: Entstehung und chemische Struktur der Kohle, 2. Aufl. Essen 1922. An neueren Arbeiten hierüber siehe vor allem AGDE, G., H. SCHÜRENBERG u. R. JODL: Die Restkohlen der Braunkohlen als Beweismittel für die Lignintheorie der Kohlenentstehung. Brennst.-Chem. Bd. 23 (1942) S. 63—66. Dazu STACH, H: Beiträge zur Chemie und Kolloidstruktur der Restkohlen aus Erd-, Hart- und Glanz- (Pech-) Braunkohlen. Brennst.-Chem. Bd. 23 (1942) S. 199—205, 211—216 u. 227—229 sowie die Zuschrift und Erwiderung AGDE, G., H. SCHÜRENBERG u. R. JODL: Zur Frage der Restkohlen

dem aromatisch gebauten Lignin des Holzes von Gefäßpflanzen[1], während die Zellulose unter dem Einfluß von Pilzen und Bakterien zu Kohlendioxyd und Methan abgebaut wird und verschwindet. Schematisch sind die dabei verlaufenden Vorgänge in Übersicht 3 wiedergegeben. Neben dem Holz spielen Wachse und Harze eine gewisse Rolle. Außerdem sind niedrig organisierte Lagerpflanzen[1], hauptsächlich Algen, die im Klima der Steinkohlenzeit vermutlich viel verbreiteter waren als heute, sowie Ansammlungen von Sporen bei der Kohlenbildung beteiligt gewesen. Die im Abschnitt III A 2 noch näher zu beschreibenden Gefügebestandteile der Kohle sowie die verschiedenen Kohlenarten lassen durch ihre Unterschiede eine derartige Mannigfaltigkeit des Ausgangsmaterials als sicher erscheinen.

Es gilt heute als zweifelsfrei, daß die Steinkohle unter Luftabschluß gebildet wurde; bei der Braunkohlenbildung erscheint hingegen eine zeitweise Einwirkung von Luft nicht ganz ausgeschlossen. Die Mitwirkung von Kleinstlebewesen, wie Pilzen und Bakterien, ist als erwiesen zu betrachten.

Unter Beachtung der geologischen Gesichtspunkte wird die Entstehung der natürlichen Brennstoffvorkommen von POTONIÉ[2] erklärt, der die Vertorfung ohne Luftzutritt von der Verwesung mit vollkommenem und der Vermoderung mit ungenügendem Luftzutritt unterscheidet. Die bei der Vertorfung tätigen Lebewesen entnehmen ihren Sauerstoffbedarf der pflanzlichen Substanz. Der an die Vertorfung anschließende Vorgang wird als Inkohlung bezeichnet. Darunter versteht man den Umwandlungsvorgang, den Lignin, Wachse, Harze und die übrigen an der Kohlenbildung beteiligten Bestandteile des Holzes durchmachen. Das Hauptmerkmal ist eine Art Kondensation im chemischen Sinn, bei der unter Abspaltung von Wasser, Kohlendioxyd und Methan die ursprüng-

---

erdiger Braunkohlen. Brennst.-Chem. Bd. 24 (1943) S. 61—62 und STACH, H.: Zur Frage der chemischen Struktur der Restkohlen erdiger Braunkohlen a. a. O. S. 62—64. — Die Entstehung der Kohle aus Lignin und Zellulose sucht ERASMUS, P.: Über die Bildung und den chemischen Bau der Kohlen. Stuttgart: Enke 1938 zu beweisen.

[1] Gefäßpflanzen sind alle Blüten- und Samenpflanzen (1. Hauptabtlg. nach SCHMEIL: Lehrbuch der Botanik) und von den blütenlosen oder Sporenpflanzen (2. Hauptabtlg.) die Farne und Moose. Nur die dritte Gruppe der zweiten Hauptabteilung sind die Lagerpflanzen, die nicht in Stengel und Blätter gegliedert sind, sondern ein „Lager" bilden.

[2] POTONIÉ, H.: Die Entstehung der Steinkohle und der Kaustobiolithe überhaupt, 6. Aufl. Berlin: Borntraeger 1920.

Übersicht 3. *Entstehung der Kohle.*

Stoff	Lignin	Huminsäure	Humin	Graphit
Vorkommen	Holz	Humus — Torf — Braunkohle — Steinkohle — Anthrazit		Graphit
Bildungsvorgang	Demethylierung ⟶	Zunahme des Kohlenstoffgehaltes ⟶ Abspaltung peripherer Gruppen fortschreitende Inkohlung		
Löslichkeit	in allen Lösungsmitteln unlöslich	in Wasser kolloidal löslich; in Natronlauge molekulardispers löslich	in allen Lösungsmitteln unlöslich	
Molekularer Zustand	einaggregatige Makromoleküle bzw. Mizellen (nicht eindeutig geklärt)	mizellares Kolloid	einaggregatiger Kristall (nicht schmelzbar)	
Schichtebenenabstand Å	3,75	3,55		3,40
Wichte g/cm³	1,0	1,3	1,4 1,7	2,2

Nach JODL, R.: Brennst.-Chem. Bd. 32 (1941) S. 159.

lichen Moleküle locker gebundene Außengruppen verlieren und zu höhermolekularen Verbindungen zusammengeschlossen werden. Eine Folge davon ist eine ständige Zunahme des Kohlenstoffgehaltes der verbleibenden Moleküle. Das Endglied der Entwicklung ist der Graphit[1]. Schematisch werden die dabei durchlaufenden Stufen in dem Inkohlungsdreieck nach GROUT-APFELBECK, Abb. 44, anschaulich gemacht[2]. Dieses zeigt, daß die Reinsubstanz der natürlichen fossilen Brennstoffe auf einen verhältnismäßig schmalen Bereich begrenzt ist. Die eingetragene Einteilung der Kohlen stammt von SCHONDORFF[3] und verwendet als Kennzeichen die flüchtigen Bestandteile. Auf die als Gerade erscheinenden Linien gleichen unteren Heizwertes und gleichen CO_2-Gehaltes in den Verbrennungsgasen bei theoretischer Luftzufuhr wird im Abschnitt IV A 1 eingegangen.

Eingeleitet wird die Vertorfung gewöhnlich durch die Bildung von Faulschlamm aus abgestorbenen kleinen Lebewesen, Sporen, Blättern u. ä. Er sinkt in den stehenden Gewässern zu Boden, bildet mit der Zeit eine dickere Schicht, in der besonders Algen gedeihen können. Wenn nun beim Ansteigen der Faulschlammschicht das Wasser verdrängt wird, können sich höher organisierte Pflanzen entwickeln, wodurch die Moore entstehen.

a) Die Substanz der lebenden Pflanzen.

Der chemische Bau der Kohlehydrate wurde in Abschnitt I B 3d kurz beschrieben. Die als Vorrats- und Betriebsstoffe dienenden Verbindungen, wie die einfach gebauten Zucker oder die hoch-molekulare Stärke, werden größtenteils während des Lebensprozesses der Pflanzen verbraucht oder geraten bald nach dem Absterben in Verlust. Hingegen sind Zellulose und Lignin, die beiden Gerüstbaustoffe der Gefäßpflanzen, zunächst ziemlich widerstandsfähig gegen äußere Einflüsse. Das Verhältnis von Lignin zu Zellulose beträgt im Holz je nach Pflanzenart im Durchschnitt etwa 1:2. Wachse finden sich angereichert in einzelnen Pflanzenteilen, wie z. B. an den Blattoberflächen; sie unterliegen kaum der Zersetzung.

[1] Über künstliche Verfahren zur Herstellung von Graphit aus Kohle siehe SCHEER, W.: Von der Kohle zum Graphit. Glückauf Bd. 77 (1941) S. 609—615.

[2] Vgl. APFELBECK, H.: Die Darstellung der Inkohlung im Dreistoffdiagramm und ihre Nutzanwendung für die Kohlenveredlung, in: Entstehung, Veredlung und Verwertung der Kohle, Vorträge, gehalten an der Deutschen Technischen Hochschule in Prag, herausgegeben von K. A. REDLICH, J. C. BREINL, H. TROPSCH. Berlin: Borntraeger 1930.

[3] SCHONDORFF: Z. Berg-, Hütt.- u. Salinenwes. (1875) S. 135.

Harze sind Ausscheidungen der Gefäßpflanzen, die im Innern in Zellzwischenräumen anzutreffen sind oder bei Verletzungen des Pflanzen-

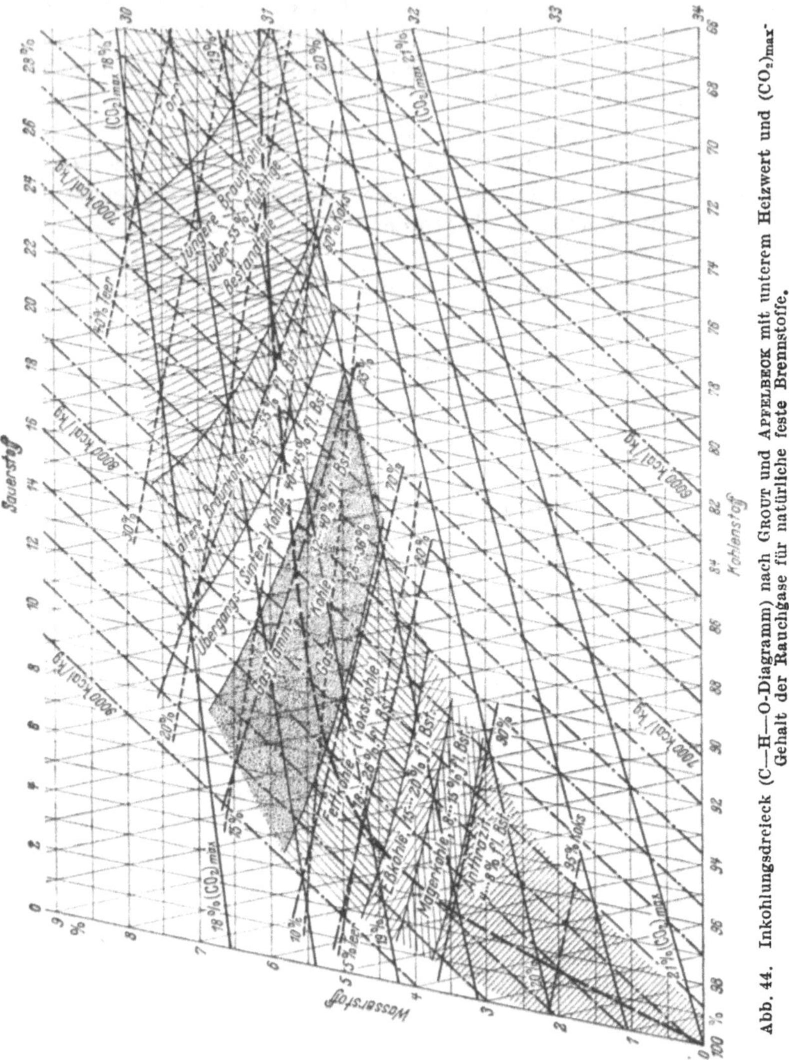

Abb. 44. Inkohlungsdreieck (C—H—O-Diagramm) nach GROUT und APPELBECK mit unterem Heizwert und $(CO_2)_{max}$-Gehalt der Rauchgase für natürliche feste Brennstoffe.

körpers nach außen treten. Sie verhärten dann meistens durch Verdunsten der leichter flüchtigen Anteile, teilweise auch infolge von Polymerisationsvorgängen, die durch den Luftsauerstoff bewirkt werden.

Wenn auch Wachse und Harze in lebenden Pflanzen nur einen geringen Bruchteil der Gesamtsubstanz ausmachen, können sie dort, wo sie durch äußere Einflüsse wie Wind und Wasser angehäuft wurden, einen merkbaren Beitrag zur Bildung der Kohle liefern. Auch darf nicht übersehen werden, daß ein Baum während seiner ganzen Lebenszeit dem Gewicht nach ungefähr ebensoviel Laub- oder Nadelstreu erzeugt als die den Baum bildende Holzmasse wiegt; in der Gesamtbilanz sind diese Mengen also keineswegs gering.

Bei lebenden Algen ist nachgewiesen, daß sie reich an Öl sind, was wohl auch für die Algen des Kohlenzeitalters zutraf. Dasselbe scheint bei einzelnen Sporenarten, die Samen blütenloser Pflanzen sind, der Fall gewesen zu sein. Schließlich sind auch in den Samen von Blütenpflanzen oft Anreicherungen von Ölen und Fetten festzustellen, was sie für die Wirtschaft besonders wertvoll macht. In der Gesamtsubstanz nimmt jedoch der Anteil der Öle und Fette umsomehr ab, je höher die Pflanze organisiert ist. Einige Algenarten zeichnen sich weiterhin durch einen Eiweißgehalt von 20 bis 30% gegenüber 5 bis 15% bei den übrigen Pflanzen aus und erscheinen so als die hauptsächlichen Stickstoffträger der Kohlenausgangsstoffe.

Es darf hier jedoch nicht unerwähnt bleiben, daß nach Ansicht einiger Forscher im Holz keine Substanz enthalten sei, die mit den als Lignin bezeichneten chemischen Körpern identisch ist[1]. Vielmehr hänge es vom Isolierungsverfahren ab, wie groß der „Ligninanteil" des Holzes ermittelt wird. Wenn demnach Lignin kein Naturstoff ist, sondern das Ergebnis chemischer Umwandlungen, so braucht die Richtigkeit der hier mitgeteilten Meinungen über die Entstehung der Kohle nicht beeinträchtigt zu werden. Es ist dann zwar Lignin erst durch eine chemische Umwandlung entstanden, kann aber nach wie vor als Ausgangsstoff der Kohlenbildung betrachtet werden.

b) Der Torf.

Der Torf ist die erste Stufe der Kohlenbildung. Er ist das Ergebnis einer unter Luftabschluß vor sich gegangenen Zersetzung von Pflanzen. Torf enthält sehr viel Wasser (mitunter bis zu 90%), das er schwer ab-

[1] Z. B. Schütz, F. u. P. Sarten (u. H. Meyer): Beiträge zur Holzchemie. Cellulose-Chem. Bd. 21 (1943) S. 35; Bd. 22 (1944) S. 1 u. 114; Angew. Chem. A Bd. 60 (1948) S. 115—125.

gibt, weil es größtenteils kolloidal gebunden ist. In ihm erscheinen die im Abschnitt I B 3 aγ erwähnten Huminsäuren, die als Oxydationsprodukt des Lignins angesehen werden. Sie sind der kennzeichnende Bestandteil des Torfes und verleihen ihm den sauren Charakter. Die Zunahme des Kohlenstoffgehaltes und die Abnahme des Sauerstoffgehaltes im Laufe der Vertorfung sind jedoch nicht, wie manchmal angenommen, das Ergebnis eines Reduktionsprozesses, sondern eine Folge dessen, daß die kohlenstoffarmen und sauerstoffreichen Substanzen der ursprünglichen Pflanzen, also die Eiweißstoffe und Kohlehydrate, leichter hydrolysiert und daher von Kleinlebewesen verbraucht werden. Trotz dieses Verbrauches von Eiweißstoffen verbleiben offensichtlich erhebliche Reste im Torf und unterliegen der Umwandlung, denn Torf enthält im allgemeinen zwischen 1 und 4% Stickstoff. Sein Schwefelgehalt beträgt meist nicht mehr als 1%. Woher er stammt, ist ungewiß, denn in Pflanzen ist er nicht nachzuweisen, und auch die Schwefelbakterien, die anzutreffen sind, müssen ihn aus irgendwelchen Quellen beziehen.

Neben den Huminsäuren enthält der Torf je nach Herkommen verschiedene Mengen von Bitumenstoffen. Darunter versteht man die Gesamtheit aller im Wasser unlöslichen, jedoch mit organischen Lösungsmitteln ausziehbaren Stoffe. Diese haben meist niedrigere Schmelzpunkte als die Huminsäuren und sind Kohlenwasserstoffe, Fette, Wachse, Harze und ähnliches. Ihre chemische Zusammensetzung ist fast gleich wie in lebenden Pflanzen, weil sie gegen Zersetzung sehr widerstandsfähig sind. Zellulose ist im Torf meist nur in geringen Mengen vorhanden, Lignin nur insoweit, als es noch nicht in Huminsäure umgewandelt ist.

Die kolloidale Natur[1] des Torfes ist wie die des Holzes nicht zweifelhaft; er läßt dabei noch deutlich die einzelnen Teile der Ausgangspflanzen erkennen. Seine Gewinnung und Verarbeitung stellt wegen der faserigen Beschaffenheit und wegen des hohen Wassergehaltes die Technik vor schwierige Aufgaben. Nach dem Aussehen teilt man den Torf ein in:

a) Moos- oder Fasertorf,
b) Sumpf- oder Modertorf,
c) Bruch- oder Stechtorf und
d) Lebertorf.

[1] Dabei werden nach Wo. OSTWALD unter Kolloiden disperse Systeme verstanden, deren Größenordnung zwischen der von molekular gelösten Teilchen und von mechanischen (mikroskopisch wahrnehmbaren) Suspensionen liegt. Vgl. hierüber Näheres z. B. bei BUZÁGH, A. v.: Kolloidik. Dresden u. Leipzig: Steinkopff 1936.

Die Farbe dieser vier Torfarten ändert sich von Hellbraun bis Pechglänzend, die Wichte nimmt in der Reihenfolge der Aufzählung zu. Die vier Arten stellen Stadien der fortschreitenden Vertorfung dar.

e) Die Braunkohle.

Unter Braunkohle versteht man fossile Brennstoffe, die aus dem Ende des Mittelalters und aus der Neuzeit der Erdgeschichte stammen. Sie weisen untereinander sehr erhebliche Unterschiede auf, so daß eine Übereinstimmung über ihre Einteilung bisher noch nicht erzielt wurde. Je nach dem Ausgangsmaterial werden von HINRICHSEN und TACZAK[1] die Humuskohlen und Faulschlammkohlen unterschieden. Die erste Gruppe ist dabei eingeteilt in:

a) holzartige Braunkohlen (Lignit),
b) gemeine Braunkohlen,
c) erdige Braunkohlen und
d) Pech- oder Glanzkohlen.

Als Unterscheidungsmerkmale werden Farbe, Gefüge und Bruch angesehen, die sich von Gelblichbraun bis Pechschwarz, Verschwinden der Holzstruktur und Übergang des Bruches von faserig über erdig in muschelig ändern. Die für die Faulschlammkohlen (Sapropelite, Sapropelkohlen) gegebene Unterteilung betrifft nur Sonderfälle, die hier übergangen werden können. Aus Faulschlamm entstandenes Bitumen durchsetzt in feiner Verteilung alle Humuskohlen, bildet jedoch nur selten eigene Flöze.

Eine etwas andere Einteilung gibt GOTHAN[2]; er unterscheidet:

1. Weichbraunkohlen (Braunkohlen mit Einschlüssen von sichtlich holziger Beschaffenheit), und zwar:
   a) erdige Weichbraunkohlen oder Erdbraunkohlen,
   b) schiefrige Weichbraunkohlen;
2. Hartbraunkohlen (Braunkohlen ohne Einschlüsse sichtlich holziger Beschaffenheit), und zwar:
   a) Mattbraunkohlen,
   b) Glanzbraunkohlen.

Zu den Kohlen nach 1a gehören die meisten mitteldeutschen östlich und westlich der Elbe und die rheinischen Vorkommen, die stauben und stumpfen Bruch zeigen. Braunkohlen der Gruppe 1b sind die Köflacher

[1] HINRICHSEN u. TACZAK: Die Chemie der Kohle, S. 147. Leipzig 1916.

[2] GOTHAN, W., K. PIETZSCH u. W. PETRASCHEK: Braunkohle Bd. 26 (1927) S. 669.

Kohlen (Mittelsteiermark), die Kohlen von Wolfsegg-Trauntal (Oberösterreich) und einige Kohlen des Beckens von Eger. Sie haben schiefrigen Bruch, färben nicht ab und stauben nur wenig. Kohlen der Art 2a sind die sudetenländischen Vorkommen von Dux und Brüx; sie haben würfeligen und schiefrigen, mitunter auch muscheligen Bruch, der matt glänzt. Sie stauben nicht und färben nicht ab. Beispiele für die Kohlen der Gruppe 2b sind schließlich die oberbayrischen Glanzkohlen und die Kohlen von Fohnsdorf in Obersteiermark und Trifail in Untersteiermark (Savetal). Ihr Aussehen ist dem von Steinkohlen ähnlich, ihr Bruch glänzend würfelig bis muschelig.

Die Reihenfolge, in der die Kohlen aufgezählt sind, dürfte ungefähr ihrem biologischen Alter entsprechen; wie die stärkeren Unterschiede in den Alpengegenden zeigen, spielen jedoch offensichtlich Einwirkungen durch Gebirgsdruck, vielleicht auch höhere Temperaturen durch vulkanische Tätigkeit wie in den Sudeten (warme Quellen im Egergraben bei Karlsbad) eine nicht unerhebliche Rolle. Pech- und Glanzkohlen scheinen keine Huminsäuren mehr zu enthalten und zeichnen sich durch hohen Wasserstoffgehalt aus, durch den sie sich von den sonst ähnlichen Steinkohlen unterscheiden.

Der Stickstoff in der Braunkohle, der 0,5 bis 2,5% betragen kann, ist auf die gleichen Ursachen wie beim Torf zurückzuführen. Der Schwefelgehalt, dessen Herkunft auch hier keineswegs sicher ist, schwankt in weiten Grenzen; im Ausgangsmaterial ist er nur in geringem Maße vorhanden. Schließlich muß der meist erhebliche Wasser- und Aschengehalt der Braunkohlen beachtet werden, weil er die praktische Verwendung stark beeinflußt.

Obwohl im einzelnen die Ansichten noch keineswegs einheitlich sind, kann doch bei Beachtung der großen Unterschiede zwischen den einzelnen Braunkohlenarten als sicher angenommen werden, daß sie ein Gemenge von freien Huminsäuren, huminsauren Salzen, Bitumen und sog. Restkohle sind. Die Restkohlen (Humine) sind noch wenig erforscht, weil sie kaum löslich sind und sich daher einer Aufhellung ihres Molekülaufbaues widersetzen. STACH[1] erklärt sie als Humusverbindungen von stark saurem Charakter (Phenol-Karbonsäuren), die mit den Huminsäuren chemisch verwandt sind. Diesen gegenüber erscheinen sie gealtert, eine Veränderung, die durch die obenerwähnten Einflüsse, wie Druck und Wärme, wohl begründet erscheint. Ob die Humine, wie

[1] Vgl. die in Fußnote 2, S. 290 genannte Arbeit von STACH, insbesondere S. 203 sowie die in den Fußnoten S. 163—165 genannten Arbeiten.

STACH und STADNIKOFF[1] annehmen, noch Karboxylgruppen enthalten, ist nicht unbestritten.

Bei Beurteilung solcher Fragen muß berücksichtigt werden, daß es sich bei diesen Stoffgruppen um keine einheitlichen Verbindungen handelt, ihre Ausbeute vielmehr von den angewandten Isolierungsverfahren abhängt. Da ihre Löslichkeit sehr gering ist, muß man trachten, sie durch feinste Mahlung aufzuschließen, um auf diesem Wege durch Anwendung kennzeichnender Reaktionen die Anwesenheit bestimmter funktioneller Gruppen im Molekül nachweisen zu können. Daß unter diesen Umständen die Forschungsergebnisse verschieden ausfallen oder zumindest unterschiedliche Deutungen zulassen, darf nicht verwundern.

d) Die Steinkohle.

Die in der Einleitung dieses Abschnittes besprochene Abb. 44 zeigt, wie sich an die Braunkohlen bei abnehmendem Sauerstoff- und Wasserstoffgehalt die Steinkohlen anschließen; deren Entstehung fällt in das Altertum der Erdgeschichte. Die in die erwähnte Abbildung eingetragene Einteilung nach SCHONDORFF läßt jedoch nicht erkennen, daß zwischen den älteren Braunkohlen und den Gasflammkohlen eine Lücke besteht, denn die von SCHONDORFF dort eingereihten Übergangs- (Sinter-) Kohlen mit 40 bis 45% flüchtigen Bestandteilen sind äußerst selten anzutreffen; es ist daher die Annahme nicht unberechtigt, daß Steinkohlen und Braunkohlen nicht Glieder einer stetigen Entwicklung, sondern zwei Äste verschiedenen Alters sind, die einen gemeinsamen Ausgangspunkt besitzen. Als Beweis für diese Meinung wird gewöhnlich auf die Moskauer Braunkohlen hingewiesen, die aus dem Karbon stammen und trotzdem nicht die Entwicklung gleich alter Vorkommen zu den Steinkohlen durchgemacht haben, vielmehr ausgesprochene Glanzbraunkohlen sind.

Als Gründe für die Unterschiede der Steinkohlen gegenüber den Braunkohlen werden außer dem höheren Alter ein fast völliger Mangel des Luftzutrittes, stärker alkalisches Medium während der Bildung sowie niedriger organisierte Pflanzen, wie Farne und Schachtelhalme, als Ausgangsmaterial gegenüber Nadel- und Laubholz bei Braunkohle angeführt. Es wird aber auch die Ansicht vertreten, daß die Entwicklung in einer Linie verlaufen sei, daß aber zu den bis zur Braunkohlenbildung in erster Linie wirksamen biologischen Einwirkungen (Diagenese nach

---

[1] STADNIKOFF, G.: Unsere Kenntnisse über die Zusammensetzung und die Entstehung der Kohlen. Brennst.-Chem. Bd. 18 (1937) S. 108—110.

POTONIÉ) die bereits erwähnten geochemischen Einflüsse hinzugetreten seien (Metamorphose), welche die weitere Inkohlung bewirkt hätten.

Wenn man von diesen die Einzelheiten betreffenden Unterscheidungen absieht, ist als sicher anerkannt, daß sich auch die Steinkohlen aus chemisch ähnlichen Ausgangsstoffen wie die Braunkohlen entwickelt haben. Den Hauptanteil stellen wiederum die Humuskohlen. Ihre Grundsubstanz sind die Humite, die sich über die Huminsäuren und Humine aus dem Lignin gebildet haben. Es sind fast rein aromatische, hoch-molekulare Körper, die nur mehr wenig Wasserstoff enthalten; sie sind nicht schmelzbar und können nicht ohne Zersetzung destilliert werden. Neben ihnen erscheinen noch die aus Faulschlamm entstandenen Sapropelite, die entweder als Boghead- und Kännelkohlen[1] ausnahmsweise besondere Vorkommen bilden oder in der Regel in mehr oder weniger feiner Verteilung die Humuskohlen wie bei der Braunkohle durchsetzen. Die Sapropelite sind wesentlich wasserstoffreicher und auf die durch stärkeren Fett- und Eiweißgehalt ausgezeichneten Algen und ähnliche im Wasser lebende Pflanzen bzw. auf Sporenanreicherungen zurückzuführen. Es gibt auch Mischformen. Beim Erhitzen geben Sapropelkohlen größere Mengen flüssiger Destillate und einen gut geschmolzenen Koks. Neben den Faulschlammkohlen werden als besondere Gruppe noch die aus Wachsen und Harzen entstandenen Liptobiolithe unterschieden[2].

Die Steinkohlen-Vorkommen beschränken sich örtlich im allgemeinen nicht auf Kohlen einer bestimmten Art, wie dies bei Erdöl meist der Fall ist und in Abschnitt III B 2 noch besprochen wird. Die großen Steinkohlenlager der Erde umfassen immer Vorkommen verschiedenen Alters. So finden sich z. B. im niederrheinisch-westfälischen Gebiet und in den mit ihm zusammenhängenden Gebieten von Aachen, Limburg und Brabant bis zum Pas-de-Calais oder im Donezbecken alle Arten von der Gasflammkohle bis zum Anthrazit. Der Gasgehalt der Kohle nimmt vom Liegenden zum Hangenden stetig zu, wenn die Schichten nicht verworfen sind.

---

[1] Die Bezeichnung kommt aus dem Englischen: bog = Sumpf, Torfmoor; candle = Kerze. Stücke reiner Kännelkohle verbrennen, wenn sie angezündet werden, frei, mit schwach leuchtender Flamme.

[2] Die Unterscheidung von Humiten, Sapropeliten und Liptobiolithen berücksichtigt demnach mehr genetische als chemische Gesichtspunkte. Sie stammt von H. POTONIÉ. Die sprachlichen Wurzeln dieser Kunstwörter sind: 1. humus (lat.) = Erdboden (verwandt mit humor = Feuchtigkeit); 2. σαπρός (grch.) = verfault und πέλανος (grch.) = Brei; 3. λίπος (grch.) = Fett, Öl; βίος (grch.) = Leben (vgl. Biologie) und λίθος (grch.) = Stein (vgl. Lithographie).

Auch in Oberschlesien und im angrenzenden Revier von Mähr.-Ostrau und Karwin sind alle Kohlenarten von der Magerkohle bis zur Gasflammkohle vertreten, jedoch ist der Anteil an Kokskohlen aus stratigraphischen Gründen im Verhältnis kleiner[1]. Kohlen mittleren Gasgehaltes werden in diesem Revier bisher fast ausschließlich in den Randgebieten gefördert, wo die entsprechenden Schichten höher steigen. Man nimmt jedoch an, daß unter den jetzt hauptsächlich abgebauten Gasflamm- und Gaskohlen mächtige Flöze von Kohlen geringeren Gehaltes an flüchtigen Bestandteilen liegen, so daß die vermuteten Vorräte des oberschlesischen Revieres die des Ruhrgebietes erheblich übertreffen dürften.

Die Absicht, die für das Verhalten beim Verkoken entscheidenden Bestandteile zu ermitteln, war ursprünglich für Untersuchungen maßgebend, bei denen man die Kohle durch Lösungsmittel in einzelne Stoffgruppen zerlegte. FISCHER und Mitarbeiter[2] haben durch Extraktion mit Benzol unter Druck aus Steinkohle ein Bitumen[3] gewonnen, das sie mit Petroläther in Ölbitumen und Festbitumen trennten. Auf deren Bedeutung wird im Abschnitt IV A 2 noch eingegangen. Vorher hatten schon CLARK, WHEELER und andere durch Wahl verschiedener Lösungsmittel und Arbeitsverfahren ganze Stammbäume von Extrakten erhalten, ohne dabei wesentliche, praktische Erkenntnisse gewinnen oder chemische Individuen isolieren zu können. Je nach der Stärke des Lösungsmittels und den Arbeitsbedingungen sind in dem gewonnenen „Bitumen" auch Anteile der Huminstoffe dispergiert oder gelöst. Praktisch bedeutsam waren hingegen noch die Arbeiten von POTT und BROCHE und von UHDE, auf die am Schluß von Abschnitt III C 3 kurz hingewiesen wird.

Eine Unterscheidung der einzelnen Bestandteile der Steinkohle auf Grund der chemischen Zusammensetzung wird immer schwieriger, je weiter die Inkohlung vorgeschritten ist und der Sauerstoff- und Wasserstoffgehalt abgenommen hat. Da es sich außerdem immer um Gemenge handelt und deshalb nur Durchschnittswerte ermittelt werden können, ist auf diese Weise keine chemisch begründete Systematik aufzubauen.

---

[1] Vgl. hiezu z. B. KUKUK, P.: Die geologischen Grundlagen des oberschlesischen Steinkohlenbeckens. Glückauf Bd. 76 (1940) S. 1—13 u. 30—32.

[2] Vgl. FISCHER, F., H. BROCHE u. J. STRAUCH: Über die Bestandteile des Steinkohlenbitumens und die Rolle der einzelnen für das Backen und Blähen der Steinkohlen. Brennst.-Chemie Bd. 6 (1925) S. 33—43.

[3] bitumen (lat.) = Erdpech, Asphalt.

Man hat auch rein physikalische Verfahren, wie Röntgenspektrographie, Bestimmung des Reflexionsvermögens usw. angewandt, ohne zu allseits anerkannten Ergebnissen zu kommen. Es würde zu weit führen, alle Versuche, die Steinkohlen nach wissenschaftlichen und praktischen Gesichtspunkten einzuteilen, hier zu erörtern. Für den Gebrauch der Kokerei- und Feuerungstechnik hält man meist an der alten SCHONDORFFschen Einteilung fest, die in Abb. 44 eingetragen ist.

2. Das Gefüge der Kohle.

Da die Schwierigkeiten, durch rein chemische Analyse das Wesen der Kohle zu ergründen, mit steigendem Inkohlungsgrad nahezu unüberwindlich werden, kommt gerade bei der Steinkohle die Kohlenpetrographie zu Hilfe und leistet manche Dienste für theoretische Forschung und praktische Anwendung, die wegen des Versagens der analytischen Verfahren besonders erwünscht sind[1]. Es soll aber nicht verschwiegen werden, daß auch die kohlenpetrographischen Unterscheidungsmerkmale mit zunehmender Inkohlung immer mehr verwischt werden, so daß Anthrazit als fast einheitliche Masse erscheint[2]. Da es sich aber bei der technischen Verwendung ähnlich verhält und Unterschiede verschiedener Anthrazitarten nicht mehr festzustellen sind, entsteht dadurch keine Lücke bei der Beantwortung praktisch wichtiger Fragen. Bei der Braunkohle hingegen findet die Kohlenpetrographie zwar wegen deren geringerem Alter ein ausgedehntes Betätigungsfeld. Dies ist aber zur Zeit mehr wissenschaftlich als technisch von Bedeutung, weil sich bei der üblichen Verwendung der Braunkohle das unterschiedliche Verhalten der Kohlenbestandteile weniger auswirkt.

Das Forschungsziel der Kohlenpetrographie ist es, die Gefügebestandteile der Kohle zu beschreiben, wenn möglich ihre Entstehung zu erklären und für die technische Verwendung maßgebliche Eigenschaften zu ermitteln. Es werden die Streifenarten Fusit, Vitrit, Clarit und Durit und die diese aufbauenden, eigentlichen Gefügebestandteile, für welche Bezeichnungen mit der Endung -init gebräuchlich sind, unterschieden. Diesen beiden Gruppen kommt ähnliche Bedeutung zu wie den Gesteinen einerseits und den sie bildenden Mineralien andererseits. Die vorstehend genannten vier Benennungen für die Streifenarten

[1] Als erste Einführung kann der Aufsatz MACKOWSKY, M.-T. u. C. ABRAMSKI: Kohlenpetrographische Untersuchungsmethoden und ihre praktische Anwendung. Feuerungstechn. Bd. 31 (1943) S. 25—33, 49—64 dienen.

[2] ἄνθραξ (grch.) = Kohle, verwandt mit ahd. sintar = Sinter, Schlacke.

wurden auf dem zweiten Kongreß für Karbonstratigraphie in Heerlen 1935 abschließend festgelegt. Sie decken sich in gewisser Hinsicht mit der den Bergleuten geläufigen Unterscheidung in Faserkohle, Glanzkohle und Mattkohle, wobei allerdings ein entsprechender Begriff für Clarit, der ein Gemenge darstellt, fehlt. Wie sich die Streifenarten aus den Gefügebestandteilen zusammensetzen, zeigt Abb. 45. Die darin angeführten Gefügebestandteile lassen sich bei einiger Übung und zweckmäßiger Vorbereitung der Probenstücke im Mikroskop bei einer Vergrößerung auf das 200fache oder mehr recht gut erkennen.

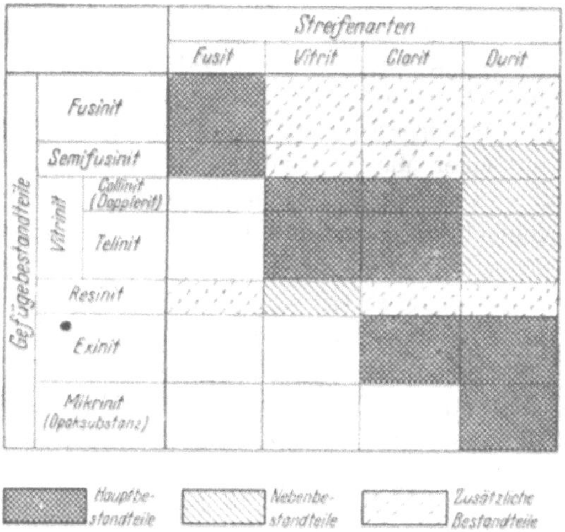

Abb. 45. Die Gefügebestandteile der Kohle und die Zusammensetzung der Streifenarten nach E. Stach sowie Mackowsky und Abramski.

Fusinit zeigt deutlich entweder ein unversehrt erhaltenes oder ein zerbrochenes Zellgefüge mit leeren oder durch Fremdasche ausgefüllten Hohlräumen. Man nimmt an, daß Fusinit und dementsprechend der fast ausschließlich daraus aufgebaute Fusit durch Waldbrände entstanden ist, daß darin also fossile Holzkohle vorliegt. Fusit macht meist nur wenige Prozente der Kohlensubstanz aus und findet sich linsenförmig in Flözen eingesprengt. Eine Ausnahme bildet die Zwickauer Rußkohle, die bis zu etwa einem Viertel aus Fusit besteht. Eine Stütze für die Waldbrandtheorie ist die Tatsache, daß der Inkohlungsgrad des Fusits unabhängig davon ist, ob er in Braun- oder Steinkohlen vorkommt.

Ein Übergangsglied zu dem aus der Humussubstanz entstandenen Vitrinit ist der Semifusinit, der meist auch räumlich an der Grenze beider Gefügebestandteile vorkommt und vermutlich durch Vertrocknen oder Erdwärme aus der ursprünglichen Holzsubstanz entstanden ist, ohne daß es dabei zur Bildung von reinem Fusinit kam.

Wie schon im vorhergehenden Abschnitt III A 1 geschildert wurde, hat sich die Grundmasse der Kohle aus Lignin über Humussäuren und Humine bildet. Diese Ansicht findet eine Stütze darin, daß der Vitrinit, der die Streifenart Vitrit bildet, unter dem Mikroskop bei geeignetem Schliff ein Zellgefüge erkennen läßt, das mitunter gut erhalten, öfters aber stark verquetscht ist. Ist er völlig frei von Harzeinschlüssen, so wird er auch Collinit genannt. Als Mineral ist er unter dem Namen Dopplerit bekannt. Davon unterschieden wird der Telinit, der wesentlich häufiger ist und Harzkörperchen enthält. Wenn die Zellräume erhalten sind, sind sie mit einer Masse angefüllt, die offenbar als Gel im Torf vorhanden war und eine weitgehende Verformung während der anschließenden Kohlenbildung verhinderte.

Die aus Harzen und Wachsen entstandenen Einschlüsse selbst bezeichnet man als Resinit. Er tritt lediglich im Vitrit als Nebenbestandteil, in den übrigen Streifenarten nur gelegentlich auf. Als reines Mineral ist er mit dem Bernstein identisch. Die Bezeichnung Resinit den aus Harzen allein entstandenen Gefügebestandteilen vorzubehalten und die im Mikroskop allerdings sehr schwer erkennbaren wachsartigen Bestandteile Zerinit zu nennen, empfiehlt SCHOCHARDT[1].

Die vielfältigsten Formen zeigt der Exinit, der aus Sporen und Pollen, Blatthäuten (Kutikulen), Pilzen (Sklerotien) und Algen, die einzeln oder in Kolonien vorkommen, entstanden ist. Der Exinit ist meist in Mikrinit eingebettet, der die für den Durit kennzeichnende Grundmasse bildet. Er zeigt kein Gefüge mehr. Entstanden ist er wohl aus der zersetzten gallertartigen Masse, die die Grundsubstanz des Faulschlammes bildet.

Der mikroskopische Befund bestätigt also nach vorstehendem ziemlich gut die in Abschnitt III A 1 wiedergegebenen Ansichten über die Entstehung der Kohle, die sich allerdings nicht ohne die Unterstützung durch die Forschungsarbeit der Kohlenpetrographie gebildet haben. Von praktischer Bedeutung ist die Steinkohlenpetrographie deshalb, weil sie zeigt, wie sich die einzelnen Streifenarten bei der technischen

[1] SCHOCHARDT, M.: Grundlagen und neuere Erkenntnisse der angewandten Braunkohlenpetrographie. Halle: Knapp 1943.

Verwendung der Kohle verhalten. Auf weitere Einzelheiten kann hier nicht eingegangen werden, weil dies bei der Vielfalt der Erscheinungsformen zu weit führen würde. Es muß daher auf das Schrifttum verwiesen werden[1]. Hier sollen nur die wichtigsten Eigenschaften kurz aufgezählt werden.

Der Fusit ist sehr spröde, weswegen die Kohle meist dort bricht, wo Fusit eingesprengt ist. Trotz seines kleinen Anteils an der Kohlensubstanz reichert er sich deswegen in der Feinkohle an. Er bildet einen pulvrigen, sehr locker gesinterten Koks, weil ihm jede Backfähigkeit fehlt. Von allen Streifenarten enthält er die wenigsten flüchtigen Bestandteile und zeigt geringe Neigung zur Selbstentzündung. Diese letzte Eigenschaft kann allerdings ins Gegenteil umschlagen, wenn er in den Hohlräumen Schwefelkies enthält, was häufig vorkommt, und damit zum Sitz eines gefährlichen Oxydationsförderers wird.

Der Vitrit wird als Träger des Kokungsvermögens angesehen, jedoch nur in den Inkohlungsstufen, die etwa 18 bis 35% flüchtige Bestandteile aufweisen. Er gibt dann einen schön geblähten, schaumigen, festen Koks. Im Bereich um etwa 20% flüchtige Bestandteile zeigt er aber außerdem einen starken Treibdruck, was die Verwendbarkeit als Kokskohle beeinträchtigt, weil die Kammerwände der Koksöfen gefährdet werden. Sein Gehalt an flüchtigen Bestandteilen deckt sich ungefähr mit den in Abb. 44 eingetragenen Werten, da er die Hauptmasse der Kohle darstellt. Ein höherer Anteil des Vitrits an Resinit setzt die Blähfähigkeit der Kohle bei der Verkokung herab.

Bei der mangelnden Einheitlichkeit der den Durit bildenden Gefügebestandteile ist es nicht ganz zutreffend, wenn nur von einer einzigen Duritart gesprochen wird. Es darf daher nicht überraschen, wenn die Eigenschaften des Durits stark streuen. Eine Besonderheit ist der an der Grenze zwischen Gas- und Fettkohle festgestellte Inkohlungssprung des Durits, der mit einer Umwandlung des Bitumens zusammenhängt. Oberhalb dieser Grenze ist der Durit wesentlich gasreicher als der Virtit der gleichen Inkohlungsstufe.

Bei Übergang zur Fettkohle werden jedoch gasförmige Kohlenwasserstoffe, besonders Methan, aus den den Durit bildenden Gefügebestandteilen in großer Menge frei. Dies wird z. B. als Ursache für die

[1] Grundlegend ist STACH, E.: Lehrbuch der Kohlenpetrographie. Berlin: Borntraeger 1935, wo sich etwa 1000 Schrifttumsquellen finden. Einen guten Überblick über den neuesten Stand, ebenfalls mit zahlreichen Schrifttumshinweisen, gibt die bereits in Fußnote 1, Seite 302 erwähnte Arbeit.

Schlagwettergefährlichkeit der Fettkohlenflöze des Ruhrgebietes angesehen. Unterhalb der erwähnten Grenze ist dann der Durit ärmer an flüchtigen Bestandteilen als der Vitrit gleicher Inkohlungsstufe.

Die Verkokungsfähigkeit des Durits ist im allgemeinen schlechter als die des Vitrits. Der Koks ist meist dichter, aber weniger fest und nicht so gut geflossen wie Vitritkoks. Seine Abriebfestigkeit ist ebenfalls geringer.

Beim Clarit lassen sich Eigenschaften nicht ohne weiteres angeben, weil sie vom Verhältnis der Gefügebestandteile abhängen und er alle Formen von fast reinem Vitrit bis zu fast reinem Durit durchlaufen kann. Die Eigenschaften ändern sich stetig mit dem Anteil. Dieses Verhalten nützt man auch praktisch aus, indem man z. B. Kokskohlen mit guten Eigenschaften dadurch zu erhalten trachtet, daß man Kohlen mischt, die einzeln petrographisch untersucht sind und im richtigen Verhältnis Koks von gewünschten Eigenschaften liefern können[1].

3. Die Kohle als Kolloid.

So wie die Kohlenpetrographie imstande ist, dort, wo die chemische Konstitutionsforschung versagt, also bei den Steinkohlen, Kenntnisse zu vermitteln, die der praktischen Technik dienen, liefert die Betrachtung der Kohle als Kolloid vor allem für die technische Verwendung der Braunkohle wertvolle Aufschlüsse. Denn bei dieser treten die besonderen Eigenschaften von Kolloiden deutlicher hervor und die auf diese Weise gewonnenen Erkenntnisse sind bei der andersgearteten Verwendung der Braunkohle von Nutzen.

Man hat erkannt, daß während der Inkohlung der kolloidale Aufbau der Grundmasse nicht verlorengeht[2]. In der grubenfeuchten Braunkohle

---

[1] Vgl. dazu Abschnitt IV A 2, besonders Fußnote 1, Seite 393.

[2] Von Interesse sind für diese Fragen außer den in den Fußnoten zu S. 163 bis 165 und Fußnote 2, S. 290 erwähnten Arbeiten insbesondere noch AGDE, G., H. SCHÜRENBERG u. R. JODL: Untersuchungen über die Kolloidstruktur der erdigen Braunkohlen. Braunkohle Bd. 41 (1942) S. 41—48, 65—69. — AGDE, G.: Die Kolloidtheorie, eine kolloidmäßige Erklärung der Bildung und der Festigkeitsunterschiede von Braunkohlenbriketts. A. a. O. S. 217—221, 229—233 — Vergleichende röntgenographische Untersuchung der humosen Gefügebestandteile der Braunkohle. A. a. O. S. 401—404. — AGDE, G., H. SCHÜRENBERG u. R. JODL: Untersuchungen über die Wasserbindungsverhältnisse, Bauform und Größe von Huminsäure-Kolloidteilchen. A. a. O. S. 545—547. — AGDE, G. u. H. SCHÜRENBERG: Ein versuchsmäßiger Beweis für die Richtigkeit der Kolloidtheorie der Braunkohlen-Brikettbildung. Braunkohle Bd. 42 (1943) S. 1—4, 13—16 — Ursachen, Arten, Wirkungsweisen und Größen der brikettbildenden Kohäsionskräfte

liegt ein Gel vor, das aus Mizellen besteht, die von lyosorptiv gebundenen Wasserhüllen umgeben sind. Man bezeichnet solche Gele als Lyogele, in dem hier vorliegenden besonderen Fall mit Wasser als dispergierender Phase als Hydrogele. Diese werden von den Xerogelen unterschieden, wie sie in den Gerüstbaustoffen der Natur, z. B. Zellulose, Lignin, Seide und anderen, vorkommen[1]. Auch vollkommen trockene Braunkohle kann als Xerogel angesehen werden. Bei stetiger Zunahme des Dispersionsmittels gehen Gele in Sole über, in denen die Kräfte zwischen den einzelnen dispersen Teilchen verschwinden[2].

Die **Mizellen** sind Molekülkomplexe, die durch Nebenvalenzbindungen aus einer Anzahl von Molekülen aufgebaut sind. Mizellen der natürlichen Kohlenwasserstoffvorkommen sind demnach Bündel von Hauptvalenzketten, die durch die Wirkung von Nebenvalenzen funktioneller Gruppen der Begleitstoffe aneinander haften. Beide Arten von Valenzen werden auch als VAN DER WAALSsche Kräfte bezeichnet. Sie sind elektrischer Art und wirken außerdem zwischen den Kernen der Mizellen und in den sie umgebenden Wasserhüllen (Lyosphären). Von den Mizellen verschieden sind die ihnen ähnlichen Makromoleküle, doch läßt sich die Grenze nicht immer scharf ziehen.

Man hat weiterhin erkannt, daß die Braunkohle ein offenes Kapillargel ist, bei dem die zwischenmizellaren Hohlräume miteinander verbunden sind, und nicht ein Wabengel, bei dem das Dispersionsmittel (die dispergierende Phase) von zusammenhängenden Wänden, die aus Mizellen aufgebaut sind, umschlossen wird.

---

der Braunkohlen. A. a. O. S. 109—112, 121—126. — AGDE, G.: Vergleichende Gegenüberstellung der Kolloidtheorie, der Huminsäuretheorie und der Kapillartheorie der Braunkohlenbrikettbildung. A. a. O. S. 161—164. — ADGE, G., u. H. SCHÜRENBERG: Über den Nachweis der die Festigkeit von Braunkohlenbriketts begrenzenden Wirkung des Kohlenwassers. A. a. O. S. 265—274, 289—293 — Über den Nachweis der die Festigkeiten von Braunkohlenbriketts erhöhenden Gleitmittelwirkung des Kohlenwassers. Braunkohle Bd. 43 (1944) S. 22—30, 269—278. — Diese Arbeiten stützen sich auf Versuche von FRITZSCHE, A.: Braunkohle Bd. 36 (1937) S. 643 u. 665, wiedergegeben auch bei HEUGEL, E.: Verfahren zur Herstellung standfester Braunkohlenbriketts. Z. VDI Beih. Verf.techn. 1937, S. 201—204.

[1] λύειν (grch.) = lösen vgl. Analyse; ξηρός (grch.) = trocken; gelu (lat.) = Eis (vgl. geler (frz.) = gefrieren, glacier (frz.) = „Gletscher").

[2] Diese Erscheinungsformen sind kennzeichnend für die Kolloide, während im Bereiche atomarer Größenordnung nur echte Lösungen oder aus Ionen oder Atomen aufgebaute Kristalle existieren, Zwischenformen und Übergänge jedoch nicht vorkommen. Vgl. hiezu das in Fußnote 1, S. 296 genannte Buch von v. BUZÁGH. Der Ausdruck Sol kommt von solvĕre (lat.) = lösen.

Der wahrscheinliche Bau eines Braunkohlenmizells, das in der Hauptsache als Huminsäuremizell anzusehen ist, zeigt Abb. 46. Die darin angegebenen, als ungefähr zu betrachtenden Größen sind röntgenographisch ermittelt. Im einzelnen werden die Teilchen höchstwahrscheinlich verformt sein und im Verband eine mehr oder minder ausgeprägte Textur zeigen, von der die mechanische Festigkeit der Braunkohle abhängt. Von erheblicher praktischer Bedeutung sind die Wasserbindungsverhältnisse dieser Gele, die in Übersicht 4 zusammengestellt sind. AGDE, SCHÜRENBERG und JODL[1] konnten nachweisen, daß die Festigkeit von Braunkohlenbriketts durch den Zusammenhalt der Kolloidteilchen erklärt werden kann und daß dabei Kohäsionskräfte in den Gelen wirken, die von lyopolaren Atomgruppen der Huminstoffe ausgehen. Besonders wirksam sind dabei die Hydroxylgruppen, und zwar insbesondere die OH-Gruppen des Karboxyls, dessen polarer Charakter bekannt ist. Eine Anwendung von Gedanken der Kolloidlehre ist das in Abschnitt III A 5a beschriebene Trocknungsverfahren lignitischer Braunkohle nach FLEISZNER, bei dem mit Hilfe von Sattdampf die Kohleteilchen durch Erwärmen von innen

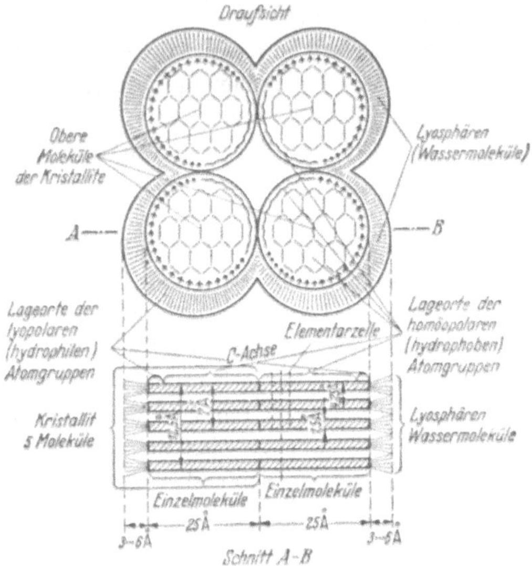

Abb. 46. Schematische Darstellung des wahrscheinlichen Baues eines Huminsäuremizells nach AGDE, SCHÜRENBERG und JODL.

[1] Vgl. die in Fußnote 2, Seite 306 erwähnten Arbeiten aus Braunkohle Bd. 42 (1943) und Bd. 43 (1944).

Übersicht 4. *Wasserbindungsverhältnisse von Braunkohle (Huminsäure-Gel).*

Bezeichnungen der Kolloidlehre	Andere Bezeichnungen	Bindungsformen	Bindungsstelle	Kennzeichnende Merkmale
a	b	c	d	e
1. Lyosorptionswasser	Lyosphärenwasser, Kolloidwasser, hygroskopisches Wasser	VAN DER WAALSsche Kräfte (Dipolkräfte), bei einheitlicher Ausrichtung der Moleküle	Ränder der Kristallite der Kolloidteilchen	Niedrigster Dampfdruck des Gesamtwassers, hohe Wichte, keine Lichtreflexion
2. Kapillarwasser	2 + 3 zusammen stellen die sogenannte grobe Feuchtigkeit dar	VAN DER WAALSsche Kräfte (Dipolkräfte), bei einheitlicher Ausrichtung der Moleküle	Grenzen der Kolloidteilchen, d.h. Grenzflächen der Lyosphären und in submikroskopischen und mikroskopischen Hohlräumen, Kapillaren, Spalten und Lücken	Dampfdruckhöhen zwischen dem des Lyosorptionswassers und freien Wassers, übernormale Wichte, keine Lichtreflexion
3. Grobgebundenes Wasser		Kohäsionskräfte zwischen Wassermolekülen bei teilweiser Ausrichtung der Moleküle	In makroskopischen Hohlräumen, über die Kapillarwassermoleküle geschichtet	Normaler Dampfdruck, normale Wichte, durch andere Flüssigkeiten verdrängbar, keine Lichtreflexion
4. Haftwasser	Grubenwasser, atmosphärisches Wasser usw.	Kohäsionskräfte zwischen Wassermolekülen	An den äußeren Grenzflächen der Braunkohlenkörner und -stücke	Wie bei 3, jedoch Lichtreflexion

Nach AGDE, G. und SCHÜRENBERG, H.: Braunkohle Bd. 41 (1942) S. 546.

nach außen getrocknet werden; dabei wird das kolloidal gebundene Wasser ausgetrieben, ohne daß die Kohle rissig wird und zerfällt.

Wegen der Abnahme des kolloidal gebundenen Wassers mit zunehmendem Inkohlungsgrad verschwinden die für Kolloide kennzeichnenden Eigenschaften immer mehr und wirken sich bei Steinkohle kaum mehr aus. Nur bei der Schwelung scheint der Charakter des Kolloids unter Abtrennung von Wasserstoff- und Methangruppen erhalten zu bleiben. Deshalb ist Steinkohlen-Schwelkoks viel reaktionsfähiger als Hochtemperaturkoks, denn er hat die große aktive Oberfläche des Gels behalten. Sie wurde durch den Austritt einzelner Gasmoleküle sogar noch vergrößert. Bei Braunkohlen-Schwelkoks, für den gleiches gilt, kommt noch die Wasseraufnahmefähigkeit hinzu, die zusammen mit der leichten Selbstentzündlichkeit bei Lagerung und Beförderung besondere Maßnahmen erfordert. Der Hochtemperaturkoks der Steinkohle ist hingegen geschmolzen und sehr kompakt. Er zeigt kaum noch Eigenschaften, die ihn als kolloidales System erkennen lassen. Seine Reaktionsfähigkeit wird durch den sehr fein auf seiner Oberfläche verteilten Graphit noch weiter beeinträchtigt.

Ob es zweckmäßig ist, Kohle auch in dem Sinn als Kolloid aufzufassen, daß die huminen Bestandteile die disperse Phase in den Bitumina als dispergierender Phase bilden, erscheint zweifelhaft, denn die Größe der Teilchen überschreitet im allgemeinen den von submikroskopischen Gebilden. Es fehlen bei dieser Betrachtung auch die sonstigen Besonderheiten der Kolloide, die sich vor allem in Grenzflächenreaktionen bemerkbar machen. Was sich von einer solchen Auffassung für die Erkenntnisse der Vorgänge beim Verkoken gewinnen läßt, ist zwanglos durch die mittels der Kohlenpetrographie gewonnenen Forschungsergebnisse zu erklären.

4. Die Asche in der Kohle.

Unter Asche versteht man zunächst die durch Glühen ermittelten, nicht brennbaren Bestandteile der Kohle. Diese Beschreibung reicht jedoch allein nicht aus, denn erstens gehen beim Glühen Verbrennungsprodukte des brennbaren Schwefels in die Asche über; es bilden sich schwer aufspaltbare Sulfate wie $CaSO_4$, $FeSO_4$ u. a., die das Gewicht der Asche erhöhen; zweitens enthalten die Mineralien flüchtige Bestandteile, die zwar nicht brennbar sind, aber beim Glühen entweichen, wodurch sich das Gewicht der Asche vermindert. Beispiele hiefür sind die Karbonate $CaCO_3$, $FeCO_3$ u. a., die CO_2 abspalten. Aus diesem Grunde muß immer bei der Aschebestimmung angegeben werden, bei welcher Temperatur die Kohle verascht wurde.

Die lignitischen und erdigen **Braunkohlen** enthalten viele Stoffe, die während der Überflutung der Lagerstätten im Tertiär durch Meerwasser in die Kohlen gelangt sind. Die Grundsubstanz solcher Aschen ist organischer Kalk (Kalziumhumat), der sich beim Glühen mit dem organischen Schwefel zu Gipsanhydrit ($CaSO_4$) verbindet. Deshalb findet man beim Veraschen dieser Kohlen vorzugsweise Ätzkalk (CaO) und Sulfate (SO_4). Daneben kommen oft starke Sandanreicherungen vor, die hauptsächlich aus Quarz (SiO_2) bestehen. Die Alkalimetalle treten meist in Form von Salzen auf. Gewöhnlich handelt es sich um Natrium, das als Glaubersalz (Na_2SO_4) und Steinsalz (NaCl) gefunden wird. Daneben sind in geringerem Umfang tonige Bestandteile aus den Bergen, in denen die Kohle gewachsen ist, wie Kaolin und glimmerartiger Ton sowie Eisen anzutreffen. Bemerkenswert ist die bei Braunkohle meist festzustellende Entfärbung des Deckgebirges, weil die ursprünglich darin enthaltenen Eisen- und Manganverbindungen durch das Schwarzwasser, ein aus den Huminsäuren entstandenes Sol, herausgelöst wurden. In den Aschen anderer Braunkohlen, die der Überflutung nicht ausgesetzt waren, überwiegen tonige Bestandteile; in Europa sind derartige Vorkommen jedoch selten. Das einzige Beispiel ist die bereits erwähnte Moskauer Braunkohle, deren Asche Toncharakter hat.

In den **Humus-Steinkohlen** ist die Art der eingelagerten Asche je nach dem Gefüge der Kohle verschieden. Reiner **Vitrit** enthält nur Pflanzenasche (Eigenasche), die mit der Kohlensubstanz eng verwachsen ist. Die Menge liegt meist unter 1% des Kohlengewichtes. Diese Asche ist eine braune, schwammige Masse, enthält viel Eisen, meist als Pyrit (FeS_2), außerdem Magnesiumoxyd (MgO) und Kalziumoxyd (CaO) und nur sehr wenig Kaolin; sie ist zu etwa 70% im Wasser löslich.

Fremdasche findet sich in Vitrit nur in Klüften, sie bildet dagegen den Hauptbestandteil der **Durit**asche. Dem Entstehungsvorgang des Durits entsprechend ist sie gleichzeitig bei der Bildung der Flöze eingelagert worden (syngenetisch). Durit enthält im allgemeinen 5 bis 7% Asche, in Ausnahmefällen aber auch mehr. Sehr aschereicher Durit wird als **Brandschiefer** bezeichnet. Die Bestandteile der Duritasche sind vor allem Kaolin ($Al_2O_3 \cdot 2\,SiO_2$), glimmerartige Tone, dann Sand, Quarzstaub, Schwefelkies als Pyrit, ferner Kalkspat in Form von Dolomitknollen und Eisenspat. Diese Asche ist zu ihrem überwiegenden Teil in Säure unlöslich. Ihr ähnlich ist die Asche der seltenen, aus Faulschlamm allein entstandenen Kohlen.

Der Fusit enthält eine andere Art von Fremdasche, die erst nach der Inkohlung in die Zellhohlräume des Fusits eingeschwemmt wurde (epigenetisch). Sie ist überwiegend säurelöslich. Ihre Bestandteile sind vor allem Kalkspat, Eisenspat, Schwefelkies, auch Mangan und stellenweise viel Phosphat. Dazu kommen in geringeren Mengen Kaolin, Pyrit, Hämatit und Tonerde. Die Verbindungen der Alkalimetalle bilden in der Steinkohle im allgemeinen keine Salze, sondern treten als Bestandteile glimmerartiger Tonmineralien auf[1].

5. Die Aufbereitung der Kohle.

In der Form, wie die Kohle aus dem Tagebau oder aus dem Schacht gefördert wird, ist sie nur für untergeordnete Zwecke zu verwenden. Der größte Teil der geförderten Menge muß nach Korngrößen und Aschengehalt getrennt, Braunkohle für die Brikettierung außerdem noch getrocknet werden. Die chemische Beschaffenheit der Kohle kommt bei den hier zu besprechenden Aufbereitungsverfahren nicht zur Geltung; diese stellen vielmehr in den meisten Fällen nur eine Anwendung einfacher mechanischer oder thermodynamischer Gesetze dar. Allerdings kann man die Aufbereitungsverfahren nicht streng von jenen trennen, bei denen der chemische Bau des Rohstoffes Kohle geändert wird, wovon Abschnitt III C handelt.

Unter der vielfach benutzten Bezeichnung Veredelung versteht man alle Verfahren, bei denen die Eigenschaften des natürlich vorkommenden Brennstoffes verbessert werden oder der Rohstoff zu höherwertigen Erzeugnissen verarbeitet wird, also sowohl die im Abschnitt III C zu beschreibenden Verfahren als auch z. B. die in diesem Abschnitt zu besprechende Brikettierung.

a) Die Aufbereitung der Braunkohle.

Wegen des im allgemeinen hohen Wasser- und Aschengehaltes werden Braunkohlen unveredelt fast nur auf den Gruben selbst oder in deren

[1] An neuesten Arbeiten über dieses Gebiet sind zu nennen: ENDELL, J. u. K. ENDELL: Über die Bestimmung der Röntgenfeinstruktur mineralischer Bestandteile von Kohlen und ihrer Aschen sowie ihre technische Bedeutung. Feuerungstechn. Bd. 31 (1943) S. 137—143. — MACKOWSKY, M.-TH.: Mikroskopische Untersuchungen über die anorganischen Bestandteile in der Kohle und ihre Bedeutung für Kohlenaufbereitung und Kohlenveredlung. Feuerungstechn. Bd. 31 (1943) S. 143—145.

näherer Umgebung verfeuert. Ausnahmen bilden manche Hartbraunkohlen, die wirtschaftlich eine Beförderung über größere Entfernung vertragen. So wurden die Kohlen von Brüx und Dux schon immer im ganzen Sudetenraum für Lokomotivfeuerung und Hausbrand verwendet.

Bei der Aufbereitung der Braunkohle wird der Naßdienst, in dem die gesamte grubenfeuchte Kohle verarbeitet wird, von dem Trocken-

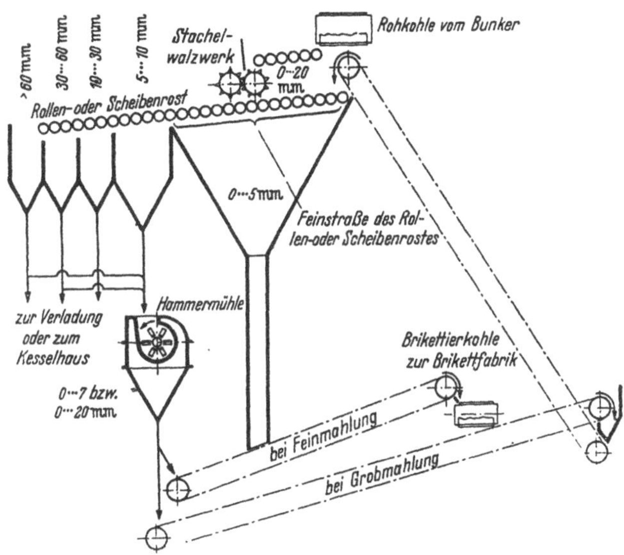

Abb. 47. Stammbaum des Naßdienstes einer Rohbraunkohlen-Aufbereitungsanlage mit vorhergehender Absiebung der Feinkohle nach HERMISSON.

dienst unterschieden, der zur Vorbereitung der zu brikettierenden Rohfeinkohle dient. Die schematische Darstellung einer solchen Anlage wird als Stammbaum bezeichnet. Bei der in Abb. 47 wiedergegebenen Anlage wird Brikett-, Versand- und Kesselkohle getrennt[1]. Die eingezeichnete Hammermühle kann durch Ändern der Drehzahl oder Wechseln des Siebes auf Fein- oder Grobmahlung umgestellt werden. Die Grobmahlung hat den Zweck, den Feinkornanteil niedrig zu halten. Es wird dann die Brikettierkohle nur der Feinstraße des Rostes entnommen.

[1] Vgl. z. B. HERMISSON, H. J.: Zerkleinerungsmaschinen für Roh- und Trockenbraunkohle. Z. VDI Beih. Verf.techn. 1937, S. 75—82 — Zweckmäßige Gestaltung von Naßdiensten für die Rohbraunkohlenaufbereitung. Z. VDI Beih. Verf.techn. 1939, S. 149—154.

Das Beispiel des Trockendienstes einer Brikettfabrik zeigt Abb. 48. Dort wird die Kohle auf einen für die Festigkeit der Briketts (Preßkohlen) günstigen Wassergehalt von rd. 15% gebracht. Statt der dargestellten Strangpresse werden heute vielfach Ringwalzenpressen verwendet. Die Preßdrücke betragen über 1000 atü. Die Brikettierung kann nach neueren Erkenntnissen[1] als Bildung eines Gelklumpens aufgefaßt

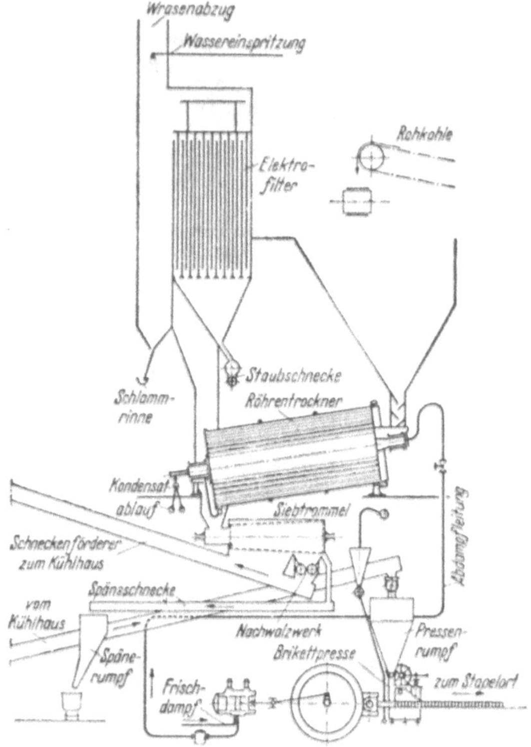

Abb. 48. Schema des Trockendienstes einer Braunkohlen-Brikettfabrik nach MÜLLER und GRAF.

werden, in dem die Mizellen geordnet und so gelagert werden, daß bei einem günstigen Wert des Wassergehaltes durch möglichst großflächige Berührung der Wasserhüllen der Mizellen ein Höchstwert an Festigkeit der Preßkohlen erreicht wird. Neben den im Bilde dargestellten dampfbeheizten Röhrentrocknern werden auch dampfbeheizte Tellertrockner

[1] Vgl. Fußnote 2, Seite 306.

sowie mit Feuergas beheizte Trommel- und Turbinentrockner verwendet[1]. Diese Brikettierverfahren werden vornehmlich für erdige Weichbraunkohlen angewendet.

Für lignitische Braunkohlen hat FLEISZNER[2] ein Verfahren zur Veredelung angegeben, bei dem die Kohlenstücke durch Dampf in zwei oder drei Stufen getrocknet werden, ohne daß sie zerfallen. Die Kohle wird durch Sattdampf von 15 bis 20 atü auf etwa 200° C erwärmt und gibt erst beim Entspannen das in den Kapillaren zwischen den Mizellen befindliche Wasser ab. Dabei bleibt die Kohle stückig, weil beim Erwärmen durch den Dampf zunächst kein Wasser austritt. Das Kohlestück beginnt daher nicht außen zu schrumpfen, während das feuchte Innere noch kühl bleibt. Es wird angenommen, daß bei dem Verfahren nach FLEISZNER infolge der erhöhten Temperatur an den Oberflächen der Kapillaren aus den Huminsäuren Methoxylgruppen abgespalten werden und dadurch Humine entstehen. Infolgedessen wird die Benetzbarkeit der Kapillaren erniedrigt. Demnach wäre mit der Trocknung nach diesem Verfahren eine künstliche Inkohlung verbunden.

Nach Aschengehalten werden Braunkohlen mit Ausnahme von Glanz- und Pechkohlen nicht getrennt, weil es keine wirtschaftlichen Verfahren hiefür gibt. Im Laboratorium hat man wohl versucht, durch Behandlung mit Säure die Asche aus Braunkohle zu entfernen. Doch konnte sich keines dieser Verfahren in der Praxis durchsetzen, weil die Kosten für die Chemikalien und die erforderliche Nachbehandlung zu hoch und die wirtschaftlichen Vorteile bei dem niedrigeren Heizwert der Braunkohle zu gering sind.

Die Glanz- und Pechkohlen hingegen können wie Steinkohlen aufbereitet, d. h. in Reinkohle, Mittelprodukt und Berge getrennt werden; die dabei angewendeten Verfahren sind die gleichen wie die im nächsten Unterabschnitt beschriebenen.

b) Die Aufbereitung der Steinkohle.

Zweck und Arbeitsweise der Steinkohlenaufbereitung weichen von denen der Braunkohle ab. Zwar wird auch hier zunächst durch Sieben die als wirres Haufwerk gewonnene Förderkohle, die alle Korngrößen vom feinsten Korn bis zum groben Brocken enthält, in einzelne Kornklassen

[1] Vgl. PIATSCHEK, H.: Neue Wege der Braunkohlen-Trocknung. Z. VDI Beih. Verf.techn. 1939, S. 181—186.

[2] FLEISZNER, H.: Montan. Rdsch. Bd. 19 (1927) S. 317—320, 345—348, 377 bis 382.

getrennt. Es sind wohl in den verschiedenen Revieren noch etwas voneinander abweichende Bezeichnungen der Kornklassen gebräuchlich, doch wird angestrebt, die in Zahlentafel 26 wiedergegebenen einheitlichen Benennungen allgemein einzuführen.

Zahlentafel 26. *Bezeichnung der Kornklassen der Steinkohle.*

Förderkohle	mit verschiedenem Grobgehalt von 25 bis 50%
Stückkohle	über 80 mm
Nuß I	50 bis 80 „
Nuß II	30 „ 50 „
Nuß III	18 „ 30 „
Nuß IV	10 „ 18 „
Nuß V	6 „ 10 „
Feinkohle	0 „ mind. 6 und höchst. 10 mm
Staubkohle	0 „ 0,5 mm

Nach dem, was in Abschnitt III A 4 über die Asche in den Streifenarten gesagt wurde, ist es verständlich, daß der Aschengehalt in den einzelnen Körnungen vom Durchschnitt der Förderkohle abweicht. Es reichert sich in der Fein- und Staubkohle nicht nur Fusit, sondern auch Asche an, und zwar solche, die mehr Eisen enthält, als dem Durchschnitt der aufzubereitenden Kohle entspricht. Der größere Teil der Asche bleibt jedoch auf die übrigen Kornklassen verteilt. Man trennt deshalb die klassierte Kohle weiter in Reinkohle (mit einem Aschengehalt bis etwa 10% Asche), Mittelprodukt, Mittelgut oder Zwischengut (mit einem Aschengehalt von 10 bis 55%) und Berge (mit 55% Asche und mehr). Diese Werte geben den Aschengehalt der einzelnen Kohlekörner an und dürfen nicht mit dem mittleren Aschengehalt des Ausbringens verwechselt werden[1]. Wohl als Folge der Eisenanreicherung im Feinen ist die Tatsache anzusehen, daß erfahrungsgemäß der Eisengehalt der Mittelgutasche unter dem Mittelwert der Ausgangskohle liegt. Sie ist vornehmlich Duritasche.

Da der Aschengehalt des einzelnen Kornes nicht einfach genug bestimmt werden kann, trennen die naß arbeitenden Aufbereitungsverfahren nicht nach dem Aschengehalt selbst, sondern nach der Wichte.

[1] Die Bezeichnung Reinkohle wird in zweierlei Bedeutung verwendet. In der Aufbereitungstechnik versteht man darunter die aschenärmste Kohle, während man bei der Analyse unter Reinkohle die vollkommen wasser- und aschefreie Substanz versteht. Vgl. hiezu Abschnitt IV A 1, Seite 389.

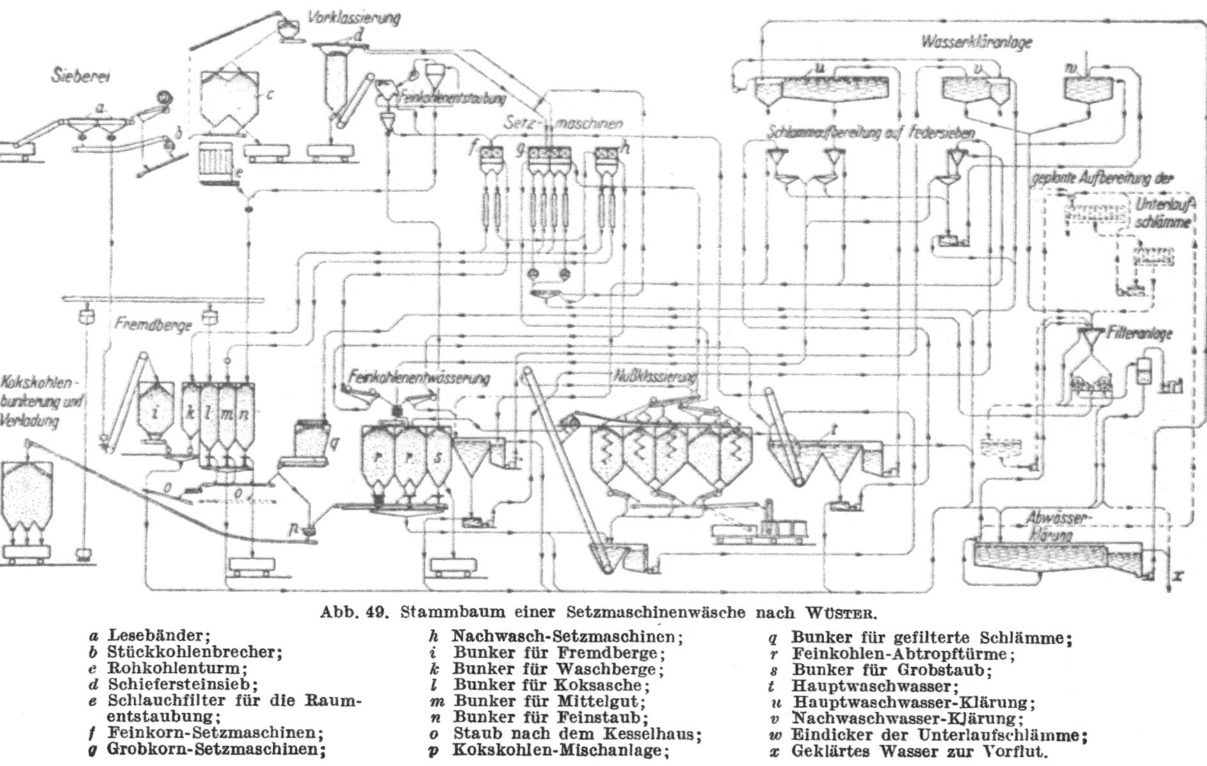

Abb. 49. Stammbaum einer Setzmaschinenwäsche nach WÜSTER.

a Lesebänder;
b Stückkohlenbrecher;
c Rohkohlenturm;
d Schiefersteinsieb;
e Schlauchfilter für die Raumentstaubung;
f Feinkorn-Setzmaschinen;
g Grobkorn-Setzmaschinen;
h Nachwasch-Setzmaschinen;
i Bunker für Fremdberge;
k Bunker für Waschberge;
l Bunker für Koksasche;
m Bunker für Mittelgut;
n Bunker für Feinstaub;
o Staub nach dem Kesselhaus;
p Kokskohlen-Mischanlage;
q Bunker für gefilterte Schlämme;
r Feinkohlen-Abtropftürme;
s Bunker für Grobstaub;
t Hauptwaschwasser;
u Hauptwaschwasser-Klärung;
v Nachwaschwasser-Klärung;
w Eindicker der Unterlaufschlämme;
x Geklärtes Wasser zur Vorflut.

Zwischen beiden besteht ein eindeutiger Zusammenhang, der durch Versuche ermittelt werden kann. Die Grenze zwischen Reinkohle und Mittelprodukt wird etwa bei 1,4 kg/dm³ und die zwischen Mittelprodukt und Bergen bei etwa 1,9 kg/dm³ gewählt. Dies ergibt dann die vorerwähnten ungefähren Aschengehalte. Soweit also in der Aufbereitungstechnik von Aschengehalten gesprochen wird, ist in der Regel die Wichte als tatsächliches Unterscheidungsmerkmal gemeint. Wird Feinkohle in Sichtern aufbereitet, so tritt die Korngröße an ihre Stelle, doch fehlt dann meist der eindeutige Zusammenhang mit dem Aschengehalt.

Der größte Teil der Steinkohlen-Aufbereitungsanlagen trennt die Produkte auf nassem Wege. Hier beherrscht zur Zeit die Setzmaschine noch ein weites Feld[1]. Bei ihr wird durch einen hin und her gehenden Kolben das durchfließende Wasser in einem trichterförmigen Becken auf und ab bewegt. Die Kohlekörner mit geringer Wichte werden nach oben geschwemmt und über ein von einem Austragregler verstelltes Wehr vom Wasserstrom weitergetragen. Die Teile mit größerer Wichte sinken nach unten und werden dort abgezogen. Den Stammbaum einer solchen Setzmaschinenwäsche zeigt Abb. 49. Da bei der Setzmaschine immer nur zwei Produkte gewonnen werden können, verlangt die übliche Trennung in drei Produkte eine Vor- (Haupt-) und eine Nachwäsche.

Neben den Setzmaschinen gibt es noch einige Verfahren, die durch Anwendung reiner Strömung die Unvollkommenheiten der Setzmaschine zu beseitigen trachten, sog. Rheoverfahren. Sie geben aber viel Abrieb und werden wenig angewendet. Von zunehmender Bedeutung sind dagegen die in letzter Zeit stärker in den Vordergrund getretenen Schwerflüssigkeitsverfahren, bei denen die Kohlen in Flüssigkeiten abgestufter Wichte durch Aufschwimmen und Sinkenlassen getrennt werden[2]. Durch Anwendung geeigneter Strömung ist es hier möglich, gleichzeitig drei Produkte aus einer Apparatur zu erhalten. Zur Gewinnung ganz besonders aschenarmer Kohlen wurde das Laminarstromver-

[1] Vgl. z. B. Wüster, R.: Neuzeitliche Steinkohlenaufbereitung. Z. VDI Bd. 81 (1937) S. 1105—1110. — Dupierry, E.: Die Aufbereitung der Steinkohle. Bochum 1941 (nicht im Buchhandel).

[2] Einen Überblick über den letzten Stand bietet u. a. Trümpelmann, E.: Neue Wege bei der Kohlenaufbereitung in Schwerflüssigkeiten. Glückauf Bd. 79 (1943) S. 529—537, 559—566. — Vgl. auch Gründer, W.: Die Entwicklung der Steinkohlenaufbereitung in den letzten Jahren. Kohle u. Erz Bd. 34 (1937) Sp. 88—126. — Schäfer, O.: Die Aufbereitung nach dem Schwerflüssigkeitsverfahren von Tromp. Glückauf Bd. 74 (1938) S. 581—586. — Moser, H.: Die Schwerflüssigkeits-Aufbereitung nach Tromp. Z. VDI Bd. 83 (1939) S. 53—57.

fahren entwickelt[1]. Schließlich gehen Bemühungen dahin, die in der Erzaufbereitung viel angewendete Flotation (Schaumschwimmaufbereitung) auch für die Kohle nutzbar zu machen. Dies ist in besonders gelagerten Fällen, wo es sich um die Verarbeitung sehr feiner Kohlen oder um die Gewinnung von Reinkohle mit Aschengehalten unter 1% handelt, möglich[2].

Kohle läßt sich auf den üblichen Setzmaschinen nur bis zu einer unteren Grenze von etwa 0,5 mm Körnung naß aufbereiten, weil sonst das Waschwasser durch die tonigen Aschenbestandteile (Letten) zu schnell verschmutzt; der Kohlenstaub muß daher vor dem Waschen entfernt werden. Hiezu dienen umlaufende Windsichter, Zittersiebsichter u. ä. Der dort anfallende Sichterstaub wird meist in den Kraftwerken der Zechen selbst verfeuert. Ein weiteres Nebenprodukt der Aufbereitung ist der Filterschlamm, der sehr viel Asche und Wasser enthält und von Trommelfiltern abgezogen wird, die unter Vakuum arbeiten. Er muß entfernt werden, um das Waschwasser wieder verwendungsfähig zu machen, denn der Wasserbedarf für Waschzwecke ist auf einer Grube sehr erheblich. Wegen seines Gehaltes an brennbarer Substanz stellt der Filterschlamm einen auf Kohlengruben ebenfalls viel verwendeten Brennstoff dar. Erforderlichenfalls muß er vorher noch in Abtropftürmen oder durch Schleudern entwässert werden. Diese Entwässerungsverfahren werden auch bei Feinkohlen für die Verkokung oder für ähnliche Zwecke angewendet[3]. Ob sich eine weitere Aufbereitung des Schlammes mittels der vorerwähnten Flotation lohnt, hängt sehr stark von dem fallweise festzustellenden Verbrauch an Flotationsmitteln ab. Als unterste Grenze für die auf diesem Wege noch aufzubereitende Korngröße werden etwa 0,075 mm genannt.

---

[1] Vgl. Schönmüller, J. R.: Das Laminarstromverfahren nach Dr. Walter Vogel. Glückauf Bd. 77 (1941) S. 93—101, 109—115 — Das Laminarstromverfahren nach Dr. Vogel. Techn. Mitt. Krupp Bd. 4 (1941) S. 12—29; Auszug daraus Z. VDI Beih. Verf.techn. 1941, S. 107—108.

[2] Vgl. Kühlwein, F. L.: Entwicklung und Bedeutung der Kohlenflotation. Arch. bergb. Forschg. Bd. 1 (1940) S. 49—65. — Götte, A.: Flotationsmittel für die Schaumschwimmaufbereitung der Reinkohle. Glückauf Bd. 77 (1941) S. 707 bis 711. — Menzel, H.: Der Einfluß der Körnung auf die Flotation von Steinkohlenschlamm. Glückauf Bd. 80 (1944) S. 367—372.

[3] Über Fragen der wirtschaftlichen Verwertung der Wascherzeugnisse vgl. z. B. Hack, W.: Die Bedeutung des Mittelgutes in der Steinkohlenaufbereitung mit besonderer Berücksichtigung der Verhältnisse Oberschlesiens. Glückauf Bd. 76 (1940) S. 193—202.

Um die Wirkungsweise einer Steinkohlen-Aufbereitungsanlage untersuchen und prüfen zu können, betrachte man in Abb. 50 die schaubildliche Darstellung der Verhältnisse. Die dort eingezeichnete Kurve AB muß man sich dadurch entstanden denken, daß eine vorgegebene Menge Kohle in eine große Zahl gleicher Schichten abnehmenden Aschengehaltes geteilt wird und diese Schichten übereinandergelegt werden. Diese Kurve ist also so zu lesen, daß ein Anteil Δx der mit 100% bezeichneten

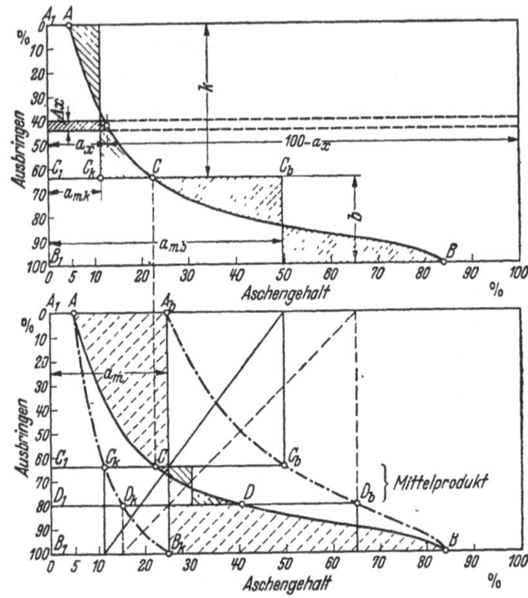

Abb. 50. Aschengehaltskurve und Ermittlung des mittleren Aschengehaltes nach REINHARDT.

Gesamtmenge den Aschengehalt a_x hat. Sie wird ermittelt, indem man feststellt, welche Anteile der zu untersuchenden Kohle in Prüfflüssig keiten verschiedener Wichte absinken oder schwimmen (Sink- und Schwimmanalyse[1]).

[1] Die Kurven werden deshalb auch Sink- und Schwimmkurven (*SS*-Kurven) genannt. Über ihre Anwendung zur Lösung von Aufgaben der Aufbereitungstechnik vgl. u. a. REINHARDT, K.: Untersuchung der Feinkohlen und Regeln für ihre wirtschaftliche Aufbereitung. Glückauf Bd. 62 (1926) S. 485—496, 521—528. — SCHÄFER, O.: Versuch zur Wertbestimmung verschiedener Kesselkohlenmischungen auf Grund der Waschkurve. Glückauf Bd. 67 (1931) S. 321—326. — GÖTTE, A.: Verwachsungskurven und Waschkurven. Glückauf Bd. 67 (1931) S. 945—953,

Der gesamte Aschengehalt der Kohle erscheint in dieser Darstellung als Fläche zwischen der Ordinatenachse und der Kurve. Trennt man also eine solche Kohle in zwei Teilmengen, so daß der dem Punkt C entsprechende Aschengehalt die Grenze bildet, so erhält man k% Kohle mit $a_{m\,k}$% Asche (im Mittel) und den Rest $(100 - k) = b$% als Berge mit $a_{m\,b}$% Asche (im Mittel). Die Werte der mittleren Aschengehalte a_m sind durch Planimetrieren gefunden. Wenn man für verschiedene Aschengehalte die zu den Punkten C gehörigen Punkte C_k und C_b ermittelt, so erhält man die in Abb. 50 unten strichpunktiert eingetragenen Kurven, mit deren Hilfe man zu jeder Trennlinie den mittleren Aschengehalt der ober- und unterhalb anfallenden Kohlen- oder Bergeanteile ablesen kann. Auf diese Weise kann also festgestellt werden, welches Ausbringen aus einer gegebenen Kohle bei einem gewünschten mittleren Aschengehalt möglich ist.

Aus Abb. 50 unten lassen sich weiterhin noch folgende Zusammenhänge erkennen: Der mittlere Aschengehalt a_m der untersuchten Rohkohle muß durch die Gleichheit der gestrichelt schraffierten Flächen gegeben sein. Bei den diesem Wert entsprechenden Punkten B_k und A_b schneiden die strichpunktierten Aschengehaltskurven die Abszissenachse bzw. die Parallele zu ihr, die sich für 100% ziehen läßt. Der Punkt B_k stellt dabei den einen Grenzfall dar, daß das Ausbringen an Kohle 100% beträgt, die Berge also 0% werden; dann muß der Aschengehalt der „Reinkohle“ dem der Ausgangskohle gleich sein, der Achengehalt der letzten Spuren von Bergen jedoch dem der aschenreichsten Schicht der Kohle; dieser ist durch Punkt B gegeben. Sinngemäße Überlegungen gelten für den anderen, durch die Punkte A und A_b dargestellten Grenzfall, daß nämlich das Ausbringen an Kohle gegen 0% geht. Den Wert a_m muß man selbstverständlich auch erhalten, wenn man die Ausgangskohle als Mischung beliebiger, einander entsprechender Kohle- und Bergeanteile betrachtet und die Gleichung

$$k \cdot a_{m\,k} + b \cdot a_{m\,b} = (k + b) \cdot a_m$$

985—989. — Schäfer, O.: Einfluß des Aufbereitungsverfahrens und des Brennstoffbedarfes auf das Ausbringen von Feinkohlenwäschen. Glückauf Bd. 71 (1935) S. 437—445. — Blümel, E.: Die Genauigkeit von Waschkurven. Glückauf Bd. 73 (1937) S. 77—88, 110—114. — Paul, H.: Schaubildliche Darstellung von Trennergebnissen bei Aufbereitungsanlagen. Z. VDI Bd. 82 (1938) S. 1197—1199. — Mayer, F.: Erweiterung des Verwachsungskurvenbildes durch eine Mittelgutkurve. Glückauf Bd. 79 (1943) S. 211—215. — Meyer, H.: Richtlinien für Abnahme und Überwachung von Steinkohlen-Aufbereitungsanlagen. Erläuterungen zu der Neufassung Entwurf 3 DIN 23011, Ausgabe 1943. Glückauf Bd. 80 (1944) S. 339—353.

zeichnerisch nach der Regel für die Verwandlung zweier Rechtecke in eines mit gemeinsamer Grundlinie löst. Dies ist für C und D gezeigt.

Trennt man die Kohle in drei Produkte, dann behalten die Aschengehaltskurven für Reinkohle und Berge ihre Gültigkeit, denn die Werte für Reinkohle werden nicht beeinflußt, wenn der Rest noch weiter getrennt wird; dasselbe gilt für die Berge. Den Aschengehalt des Mittelproduktes erhält man durch einfaches Planimetrieren, wie dies schematisch in Abb. 50 unten angedeutet ist. Wegen der Benutzung der

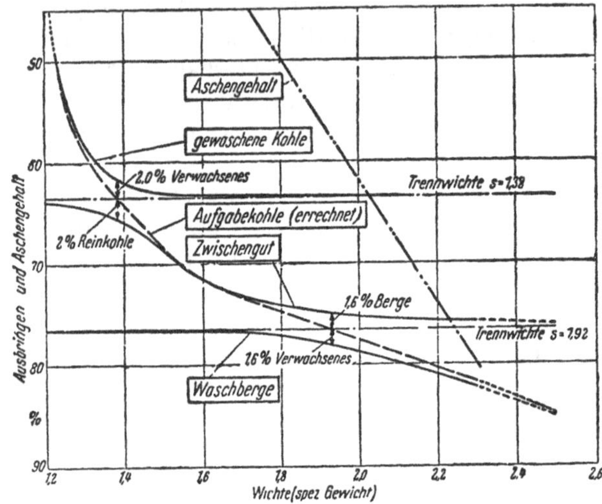

Abb. 51. Schaubildliche Darstellung der Trennung einer Ruhrflammkohle, Körnung 10—80 mm, auf einer Naßsetzmaschine nach PAUL.

wiedergegebenen Kurven zur Lösung weiterer Aufgaben der Aufbereitungstechnik sei auf das bereits erwähnte Schrifttum verwiesen[1].

Da jedoch die Trennschärfen der Wäschen und Sichter nicht vollkommen sind, vielmehr ein Fehlaustrag von Reinkohle und Bergen in das Mittelprodukt und von Mittelprodukt (Verwachsenem) in die Reinkohle und in die Berge gerät, kann man die Arbeitsweise einer solchen Aufbereitungsanlage deutlich erkennen, wenn man die Sink- und Schwimmanalysen der Produkte in ein Schaubild ähnlich Abb. 50 einträgt und mit der Sink- und Schwimmanalyse der Aufgabekohle vergleicht. Ein Beispiel, bei dem als Abszisse die Wichte eingetragen und

---

[1] Vgl. Fußnote 1, Seite 320/321.

der Aschengehalt durch eine besondere Kurve dargestellt ist, zeigt Abb. 51. Wenn der Zusammenhang zwischen Ausbringen und Wichte wiedergegeben ist, spricht man auch von Waschkurven, im Falle der Sichtung von Siebkurven; bei diesen ist dann die Korngröße als Abszisse aufgetragen.

Das Brikettieren der Steinkohle hat bei weitem nicht die gleiche Bedeutung wie das der Braunkohle. Es wird nur selten ohne Bindemittel, wie Steinkohlenteerpech, Sulfitablauge oder Zellpech, durchgeführt und erfordert Feinkohle, die heute zweckmäßiger für zahlreiche andere Veredelungsverfahren verwendet wird.

B. Erdöl und Erdgas.

1. Die Entstehung des Erdöles und des Erdgases.

Wenn auch die Ansichten über die Entstehung des Erdöles noch nicht im gleichen Maße einheitlich sind wie die über die Entstehung der Kohle, so gilt doch am wahrscheinlichsten, daß das Erdöl durch einen ähnlichen Vorgang, wie ihn die Inkohlung darstellt, aus Ansammlungen von Meerespflanzen und Meerestieren unter Luftabschluß entstanden ist. Diese müssen sich durch erheblichen Gehalt an Fetten ausgezeichnet haben. Die Versuche, die Erdölbildung im Laboratorium nachzuahmen, haben zwar Erfolg gehabt, ohne daß die Richtigkeit der damit zu stützenden Theorien zur unbedingten Gewißheit wurde. Es muß deshalb zur Frage der Entstehung des Erdöles dieser kurze Hinweis genügen[1].

Das Erdgas, das in der Hauptsache in Schichten oberhalb von Erdöllagern gefunden wird, verdankt seine Herkunft der Abspaltung von niedrig-molekularen Kohlenwasserstoffen aus Erdölen. Entwicklungsgeschichtlich kann es mit dem Grubengas der Kohlenlagerstätten auf eine Stufe gestellt werden.

Da mitunter irrtümliche Vorstellungen über die Form der Erdölvorkommen anzutreffen sind, darf hier die Bemerkung zwischengeschoben werden, daß sich Erdöl und Erdgas nicht in großen Hohlräumen im Erdinnern vorfinden. Es sind vielmehr Schichten poröser Sande, die mit Erdöl getränkt sind und durch das darüber lagernde Deckgebirge

[1] Vgl. hiezu Treibs, A.: Zur Entstehung des Erdöls. Angew. Chem. Beih. Nr. 37. Berlin 1940. — Schultze, Gg. R.: Öl u. Kohle Bd. 38 (1942) S. 1449—1458, in Fußnote 1, Seite 286 erwähnt.

unter Druck stehen. Wenn nun ein Ölhorizont angebohrt wird und das aus dem Sande ausgequetschte Erdöl im Bohrloch hochsteigt, so kann es bei den beträchtlichen Tiefen der Bohrlöcher von 1000 m und mehr und dem Unterschied der Wichte zwischen Deckgebirge und Öl oder durch den Druck des Randwassers mit Drücken bis zu 100 at am Bohrkopf zutage treten.

Die Art der Förderung des Erdöles macht es verständlich, daß je nach den geologischen Besonderheiten und der angewandten Technik im Mittel etwa 70% des Erdöls in den Lagerstätten bleiben und nicht gefördert werden können. Ein beliebtes Mittel, den Verlust zu verringern, ist das Gaspressen, bei dem eine Lagerstätte durch Sonden, deren Produktion schon beendet ist, mit Gas (Erdgas, Gas aus den Gasolinstationen oder Rauchgas) künstlich unter Druck gesetzt wird, um zusätzlich Öl aus dem Sand an die Oberfläche zu fördern. Bei günstigen geologischen und hydrologischen Verhältnissen kann durch Wasserfluten dasselbe Ergebnis mit noch größerem Erfolg erzielt werden[1].

Mit dem Erdölvorkommen sind die Ölschiefer verwandt, die mit Bitumen getränkte, schiefrige Gesteine darstellen. Die anorganische Substanz kann 20 bis 75% betragen und läßt sich mechanisch nicht von der organischen Substanz trennen. Als Brennstoff wird Ölschiefer nur in einzelnen Fällen bei Mangel anderer fester Brennstoffe verwendet. In der Hauptsache wird durch Schwelung Rohöl gewonnen, das eine verhältnismäßig hohe Wichte hat und ähnlich wie gleichartige Erdöle verarbeitet werden kann. Der Ölschiefer ist von dem in Abschnitt III A 4 erwähnten Brandschiefer scharf zu unterscheiden; seine brennbaren Bestandteile sind wesentlich wasserstoffreicher und haben mehr teerige Beschaffenheit. Er dürfte sich zum Erdöl ähnlich verhalten wie der Brandschiefer zur Kohle. Dagegen ist mit dem Ölschiefer die Ölkreide verwandt, bei der nicht sandige Gesteine, sondern Kreide die bituminösen Stoffe enthält.

[1] Näheres findet sich in dem Buch von MAYER-GÜRR, A.: Grundfragen der Erdölförderung. Berlin: Hernhaußen 1944. Weiterhin von demselben Verfasser: Grundsätzliches zur Erdölausbeutung. Öl u. Kohle Bd. 40 (1941) S. 379—383 — Druck, Temperatur und Gasgehalt in Erdöllagerstätten. Öl u. Kohle Bd. 40 (1941) S. 455. — RÜHL, W.: Gas- und Energiehaushalt in Erdöllagerstätten. Öl u. Kohle Bd. 40 (1941) S. 607—613 — Bedeutung und Aufgaben sekundärer Erdölausbeutung in Deutschland. Erdöl u. Kohle Bd. 1 (1948) S. 20—26. — MEHLHORN, F.: Technische Probleme beim Einpressen von Rauchgas in die Erdöl-Lagerstätte. Erdöl u. Kohle Bd. 1 (1948) S. 70—73. — Weitere Einzelheiten in den Seite XI unter 5a) u. c) aufgezählten Werken.

2. Die Zusammensetzung des Erdöles und des Erdgases.

Je nach den Fördergebieten weist die Zusammensetzung des Erdöles erhebliche Unterschiede auf. Innerhalb einzelner Felder werden Änderungen meist nur beobachtet, wenn die Sonden aus verschiedenen Horizonten fördern. Es besteht ein Bedürfnis, die verschiedenen Erdölarten hinsichtlich ihrer Zusammensetzung zu kennzeichnen. Dabei ergeben sich grundsätzlich ähnliche Schwierigkeiten, wie sie bei den geschilderten Vorschlägen für die Einteilung der Kohle auftreten.

Eine sehr geläufige Kennzeichnung unterscheidet die paraffinbasischen, die gemischtbasischen und die naphthenbasischen Erdöle. Es soll dadurch die im Erdöl vorherrschende Kohlenwasserstoffgruppe gekennzeichnet werden. Doch kann die Art der Zusammensetzung in verschiedene Siedebereiche schwanken. Es wurden deshalb verschiedene Vorschläge gemacht, die angegebene Einteilung zu verfeinern. Dabei ist zu bedenken, daß es mit zunehmender Molekülgröße immer schwieriger wird, ein chemisches Individuum einer bestimmten Kohlenwasserstoffgruppe zuzuweisen, denn es handelt sich besonders in den höhersiedenden Fraktionen vielfach um Moleküle, die mehrere kennzeichnende Merkmale in sich vereinen. So kennt man Mehrringverbindungen, bei denen ein Teil der Ringe aromatisch ist und ein anderer Teil zykloparaffinisch (naphthenisch). Außerdem können noch Seitenketten vorhanden sein, so daß die Zuweisung eines solchen Kohlenwasserstoffes zu einer der im Hauptabschnitt A beschriebenen Gruppen immer mit einer gewissen Willkür verbunden ist. Eine Bestimmung der Zusammensetzung eines Gemisches von Kohlenwasserstoffen höheren Molekulargewichts ist daher nur durch Gruppenanalyse möglich. Eine der wichtigsten, nämlich die Ringanalyse von Vlugter, Waterman und van Westen, wird in Abschnitt IV D 1b noch näher besprochen. Die meisten gebräuchlichen Bestimmungsverfahren stellen Abwandlungen dieser Analyse dar, die der Eigenheit der zu untersuchenden Öle mehr oder weniger angepaßt sind.

Früher begnügte man sich mitunter, die Rohöle nur durch das spezifische Gewicht zu kennzeichnen, was zulässig wäre, wenn es sich um Gemische mit engen Siedegrenzen handelte; denn die einzelnen Kohlenwasserstoffgruppen unterscheiden sich in dieser Hinsicht erheblich, wie in Abschnitt II B 1 gezeigt wurde. Im Zollverfahren werden z. B. Erdöle und Erdölerzeugnisse in den meisten Staaten einfach nach dem spezifischen Gewicht in den Zolltarif eingruppiert.

Um zu einer geeigneten Kennzeichnung eines Kohlenwasserstoffgemisches zu gelangen, hat sich seit einigen Jahren besonders in den Vereinigten Staaten von Amerika der sog. „Correlation Index" (C.I.) eingebürgert, der nach der empirischen Formel

$$\text{C.I.} = \frac{48\,640}{T_s} + 473{,}7\,\gamma - 456{,}8$$

berechnet wird. In dieser Formel bedeuten T_s die durchschnittliche Siedetemperatur in °K und γ das spezifische Gewicht bei 15,6° C (= 60° F), bezogen auf Wasser von 15,6° C. Der Korrelationsindex ergibt für Normalparaffine den Wert 0 und für Benzol den Wert 100. Aromatische Mehrringverbindungen ergeben Werte, die über 100 liegen, während Naphthene auf Werte zwischen 100 und 0 führen[1].

Nach neueren Vorschlägen unterscheidet man die in Zahlentafel 27 angeführten Gruppen und vermeidet es so, von gemischtbasischen Ölen zu sprechen, weil diese Bezeichnung zu allgemein ist. Gewöhnlich enthalten die niedriger siedenden Fraktionen mehr paraffinische Bestandteile, die höher siedenden und die Rückstände mehr ringförmige Bestandteile, seien es naphthenische, aromatische oder asphaltische. Bei erheblichen Abweichungen empfiehlt es sich daher, die einzelnen Fraktionen nach den angegebenen Gruppen zu kennzeichnen. Die Angaben der Vorkommen in Zahlentafel 27 sind keineswegs erschöpfend, sie sollen nur die bekannteren Fundorte nennen.

Sehr umfangreiche Untersuchungen der Zusammensetzung von Erdöl hat das Bureau of Mines in Washington durchgeführt und veröffentlicht. Zahlreiche Angaben nach diesen Quellen wurden von Marder[2] mitgeteilt.

Wie der Zahlentafel entnommen werden kann, sind Aromaten in Rohölen am seltensten anzutreffen. Es gibt nur einige Vorkommen in Burma und Kalifornien, die größere Mengen davon enthalten. Ungesättigte Kohlenwasserstoffe sind mit Sicherheit im Rohöl überhaupt nicht nachgewiesen; sie entstehen erst bei der Verarbeitung.

Außer reinen Kohlenwasserstoffen finden sich als Begleitstoffe im Rohöl geringe Mengen sauerstoffhaltiger Verbindungen, wie Naphthen- und Fettsäuren sowie Harze und Ester; Phenole kommen wohl nur in

---

[1] Vgl. Smith, H. M.: Correlation Index to Aid in Interpreting Crude-Oil Analyses. T. P. 610, Bureau of Mines, Washington, D. C. 1940. — Sachanen, A. N.: The Chemical Constituents of Petroleum, S. 113. New York: Reinhold 1945.

[2] Vgl. Marder, M.: Motorkraftstoffe, 1. Bd., S. 34—58. Berlin: Springer 1942.

Zahlentafel 27. *Die verschiedenen Erdölarten* nach SACHANEN (ergänzt).

Basis	Chemische Zusammensetzung				Vorkommen
	Paraffinische Seitenketten	Naphthenische Ringe	Aromatische Ringe	Harze und Asphalte	
Paraffinisch	über 75%	Rest			Pennsylvanien, Westvirginia, Texas (Panhandle), Kanada (New Brunswick); Elsaß (Pechelbronn)
Naphthenisch	Rest	über 70%	Rest		Kalifornien, Louisiana, Texas[1], Venezuela; Embagebiet (Südural), Bakugebiet; Rumänien (Prahova, Dambovița), Galizien, Österreich, Slowakei; Borneo, Sumatra, Java, Sachalin
Aromatisch	Rest		über 50%	Rest	Keine natürlichen Vorkommen bekannt
Asphaltisch	Rest			über 60%	Trinidad (natürliche Asphalte)
Paraffinisch-naphthenisch	60 bis 70%	über 20%	Rest		Colorado, Kansas, New Mexico, Oklahoma, Indiana, Ohio, Wyoming[1], Argentinien; Kaukasus (Grozny), Irak (Kirkuk), Iran; Rumänien (Buzäu), Niedersachsen
Paraffinisch-naphthenisch-aromatisch	je ungefähr gleiche Menge			Rest	Kaukasus (Maikop)
Naphthenisch-aromatisch	Rest	über 35%	über 35%	Rest	Kalifornien, Texas, Burma
Naphthenisch-aromatisch-asphaltisch	Rest	über 25%	über 25%	über 25%	Kalifornien, Texas
Aromatisch-asphaltisch	Rest		über 35%	über 35%	Ural, Mexico

[1] Die Fördergebiete in Texas und Louisiana werden in den Vereinigten Staaten von Amerika zusammenfassend oft als Gulf-Coast-Vorkommen, die in den Staaten beiderseits des Mississippi und bis zu den Rocky Mountains als Mid-Continent-Vorkommen bezeichnet.

gekrackten Verarbeitungserzeugnissen vor. Wie sich der Gehalt an Naphthensäuren auf die einzelnen Fraktionen eines kaukasischen Vorkommens verteilt, ist beispielsweise aus Zahlentafel 28 zu sehen. Dabei ist zu bemerken, daß sich kaukasische Erdöle so wie rumänische und kalifornische durch einen verhältnismäßig hohen Gehalt an Naphthensäuren auszeichnen. Bemerkenswert ist, daß das Maximum bei Fraktionen auftritt, deren Siedebereich in der Gegend von etwa 350—400° C liegt.

Zahlentafel 28. *Gehalt der Fraktionen zweier kaukasischer Rohöle desselben Feldes an Naphthensäuren* nach BLAGODAROV und TERTERYAN, wiedergegeben bei SACHANEN.

Fraktion	Schweres Balachany-Öl	Leichtes Balachany-Öl
	Gehalt in Gewichts-%	
Benzin	Spuren	Spuren
Leuchtöl	0,69	0,83
Leichtes Gasöl	1,60	1,54
Schweres Gasöl	2,48	1,65
Spindelöl	2,98	1,57
Maschinenöl	2,68	1,16
Zylinderöl	1,90	0,82

Während bei sauerstoffhaltigen Begleitstoffen die Angabe des Gehaltes an Sauerstoff im allgemeinen einen Rückschluß auf das chemische und physikalische Verhalten gestattet, weil es sich gewöhnlich um polare Gruppen mit ähnlichen physikalischen und chemischen Eigenschaften handelt, liegen die Verhältnisse bei den Schwefelverbindungen komplizierter. Es wurde bereits in Abschnitt I B 4d auf die unterschiedlichen Einflüsse verschiedener Formen von Schwefelverbindungen in Erdölen, Teeren und daraus gewonnenen Erzeugnissen hingewiesen. Dazu kommt, daß unter Umständen ein einziges Schwefelatom in der Brücke oder im Ring eines im übrigen nur aus Kohlenstoff und Wasserstoff bestehenden Moleküles dessen Eigenschaften erheblich verändern kann. Nun hat man Schwefel in Rohölen in Mengen von kaum nachweisbaren Spuren bis zu Anteilen von 5 Gewichtsprozent, in Ausnahmsfällen auch mehr, nachgewiesen. Nimmt man das mittlere Molekulargewicht von Rohöl mit 250 und ein Schwefelatom je Molekül an, so kommt man zu dem Ergebnis, daß in schwefelreichen Rohölen die Schwefelverbindungen, die meist asphaltartigen Charakter haben, bis zu 40 Gewichtsprozent ausmachen können. Dies zeigt, daß die landläufige Ansicht, Rohöl bestehe fast ausschließlich aus „Kohlenwasserstoffen“, in gewissen Fällen einer erheblichen Einschränkung bedarf.

Diese Ansicht findet eine Stütze in dem Befund, daß der Schwefelgehalt in den einzelnen Fraktionen eines Erdöles fast immer mit dem Siedebereich, d. h. mit dem Molekulargewicht, ansteigt. Dabei ist zu bedenken, daß durch die Spaltung der Moleküle bei der mit jeder Fraktionierung unvermeidlich verbundenen Wärmebehandlung Schwefelverbindungen von kleinerem Molekulargewicht, die ursprünglich im Rohöl gar nicht vorhanden waren, in die niedrig siedenden Fraktionen gelangen und deren ursprünglichen Gehalt erhöhen. Im Rohöl sind daher Schwefelwasserstoff, Merkaptane, Thiophene u. ä. Verbindungen zunächst wohl nur in geringen Mengen enthalten. Für die Technologie des Erdöles ist es daher viel wichtiger, ihr Vorkommen in den einzelnen, bei der Verarbeitung erhaltenen Zwischen- und Enderzeugnissen zu kennen. Hierauf wird im nächsten Unterabschnitt noch näher eingegangen.

Von stickstoffhaltigen Verbindungen hat man im Erdöl hauptsächlich Pyridin und Chinolinbasen sowie deren Hydroverbindungen nachgewiesen. Der Stickstoffgehalt von Rohöl bewegt sich jedoch im allgemeinen in der Größenordnung von Promille; nur einige kalifornische und mexikanische Öle weisen einen durchschnittlichen Stickstoffgehalt von etwa 0,5% auf. Daher haben Erdöle lange nicht dieselbe Bedeutung wie Steinkohlenteer für die Gewinnung der in der Farben- und Arzneimittelindustrie wichtigen organischen Stickstoffverbindungen.

Bei den Erdgasen unterscheidet man die trockenen und die nassen Gase. Trockenes Erdgas besteht im wesentlichen aus Methan und enthält daneben noch Äthan und Spuren höherer Paraffinhomologen. Die nassen Gase, die entweder aus unmittelbarer Nähe von Erdöllagerstätten stammen oder überhaupt zusammen mit Erdöl dem Bohrloch entströmen, enthalten außer den Bestandteilen der trockenen Gase noch Dämpfe von Propan, n- und i-Butan, n- und i-Pentan sowie Spuren der folgenden Paraffinhomologen. Ungesättigte Verbindungen sind im Erdgas äußerst selten; dagegen finden sich in wechselnder Menge Kohlendioxyd, Stickstoff, Sauerstoff, vereinzelt Helium und Schwefelwasserstoff.

3. Die Trennung und Verarbeitung von Erdöl und Erdgas.

a) Die Behandlung des Erdgases.

Die in den nassen Erdgasen enthaltenen kondensierbaren Dämpfe von Paraffinhomologen werden daraus abgeschieden und unter dem Namen Gasolin als Kraftstoff für Ottomotoren verwendet. Zur Gewinnung dient entweder Waschöl, das meist unter Druck arbeitet und absorbierend wirkt, oder Aktivkohle, die die Dämpfe adsorbiert; es wird auch Kondensation nach vorhergehender Kompression oder Tiefkühlung angewendet[1]. Vor der Verwendung als Treibstoff ist eine Stabilisierung durch Abtrennen der am leichtesten flüchtigen Anteile Propan und Butan erforderlich, damit der Dampfdruck des „Erdgasbenzines" innerhalb genormter Grenzen bleibt. Auch das aus den Sonden unter Druck austretende Öl wird zunächst über eine sog. Gasolinstation geleitet, wo durch Entspannen die leicht flüchtigen Anteile abgetrennt werden. Wenn dieser Vorgang durch Erwärmen von Rohöl und Arbeiten in Trennsäulen begünstigt wird, spricht man vom „Toppen" des Rohöles[2]. Es wird in verschiedenen Verarbeitungsanlagen vor den eigentlichen Arbeitsgang geschaltet.

b) Die Destillation des Erdöles.

Das Rohöl ist ein Gemisch aus einer großen Zahl von Kohlenwasserstoffen und Begleitstoffen, deren Siedepunkte ein weites Temperaturbereich überdecken. Deshalb wird es zunächst durch fraktionierte Destillation in Erzeugnisse mit vorgeschriebenen Siedegrenzen zerlegt.

Der in Abb. 52 gezeigte Verlauf der Siedekennlinie eines Rohöles läßt erkennen, in welche Einzelfraktionen es getrennt werden kann. Höhe und Neigung dieser Kennlinie liegt bei jedem Rohöl anders, daher sind die erzielbaren Ausbeuten schwankend. Die Darstellung nach MALLISON wurde im Anschluß an Abb. 31 bereits erwähnt. Wenn die hochsiedenden Fraktionen günstige Schmiereigenschaften haben, wird das Rohöl auf

---

[1] Die Grundlagen der Absorptions- und Adsorptionstechnik sind im Abschnitt II B 4 behandelt. Die Gewinnung durch Tiefkühlung ist so wie die nach Kompression eine einfache Kondensation bei den hiezu erforderlichen tiefen Temperaturen. Die technischen Probleme liegen in diesem Fall mehr bei der wirtschaftlichen Erzeugung dieser Temperaturen und sind nicht durch besonderes Verhalten der abzutrennenden Gase verursacht. Im einzelnen vgl. MARDER, M.: Motorkraftstoffe, Bd. 1, S. 208ff.

Die Tiefkühlanlagen sind grundsätzlich die gleichen, wie sie für Kokereianlagen gebaut werden, um Benzol und Naphthalin abzuscheiden. Vgl. hiezu auch NIEBERGALL, W.: Gaskühlanlagen. Z. VDI Bd. 82 (1938) S. 1423—1428 — Kälteanlagen bei Gasreinigung und Gasaufbereitung. Rheinmetall-Borsig-Mitt. 1940, H. 12. Von den zur Gasreinigung gebauten Tiefkühlanlagen, die mit Temperaturen bis zu etwa —30° C arbeiten, sind die ebenso benannten, in Abschnitt III C erwähnten zu unterscheiden, in denen Koksofengas auf —200° C abgekühlt wird, um den Wasserstoff zu gewinnen; vgl. Fußnote 1, Seite 372.

[2] top (engl.) = Spitze, Giebel, Kopf (nämlich der Trennsäule), weil die leichter flüchtigen Bestandteile oben abgezogen werden.

Schmieröl, anderenfalls auf Heizöl destilliert, dessen untere Siedegrenze mitunter schon bei 300° C gewählt wird. Läßt man das Heizöl im Rückstand, so daß er flüssig bleibt und als Ganzes verfeuert werden kann, so nennt man die Fraktion meist Masut oder Păcură[1].

Die im Laboratorium bestimmte Kennlinie wird meist in Apparaturen ermittelt, die nach dem Differentialverfahren arbeiten, d. h. die Menge

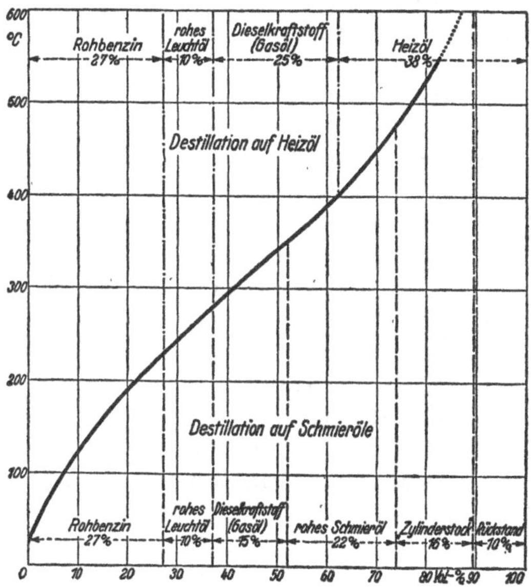

Abb. 52. Siedebereiche der Destillationserzeugnisse eines Rohöles bei der Verarbeitung auf Heizöl oder auf Schmieröl nach Heinze.

der zu destillierenden Flüssigkeit nimmt durch das Ausdampfen der leichter flüchtigen Anteile ständig ab; ihre Zusammensetzung ändert sich deshalb dauernd. Die so ermittelte Siedekennlinie verläuft steiler als eine nach dem Gleichgewichtsverfahren bestimmte. Bei dieser stehen in jeder Temperaturlage die flüssige Phase und die Dampfphase miteinander im Gleichgewicht. Da alle neuzeitlichen Anlagen der Erdölverarbeitung mit Röhrenöfen und Trennsäulen (Rektifizierkolonnen), also im Phasengleichgewicht arbeiten, müssen die im Laboratorium nach

[1] „Masut" (мазут, mit weichem s gesprochen und deshalb oft mit z geschrieben) kommt aus dem Russischen und heißt soviel wie „Schmiere"; „Păcură" (gesprochen pékure) bedeutet auf rumänisch Rohöl (Erdöl) und dürfte ebenfalls aus dem Russischen stammen, wo пакостить beschmieren heißt.

dem Differentialverfahren ermittelten Kennlinien vor ihrer Benutzung zum Entwurf von Anlagen umgerechnet werden. Hiefür sind auf Grund umfangreicher Untersuchungen Verfahren angegeben worden, auf die hier nicht näher eingegangen werden kann[1].

Die heute fast ausschließlich verwendeten Trennsäulen wurden ursprünglich für die Trennung von Alkohol—Wasser-Gemischen, also von Zweistoffgemischen, entwickelt. Sie sind hohe zylindrische Körper mit einer Anzahl Glockenböden, auf denen der vom unteren Boden kommende Dampf mit der auf dem Boden befindlichen Flüssigkeit innig gemischt wird. Dadurch wird er mit dem leichter flüchtigen Anteil angereichert, während ein Teil der schwerer flüchtigen Komponenten in der Flüssigkeit kondensiert wird. Das am Kopf der Säule abziehende Destillat wird kondensiert und ein Teil davon als Rücklauf dem obersten Glockenboden aufgegeben, so daß sich in der ganzen Trennsäule Dampf und Flüssigkeit im Gegenstrom bewegen.

Bei der Alkoholdestillation wird das zu rektifizierende Gemisch vorgewärmt, ungefähr in der Mitte der Säule eingeleitet und die Wärme über mittelbar beheizte Flächen im Sumpf der Säule zugeführt. Die einen geringen Rest von Alkohol enthaltende Schlempe fließt unten ab und der hochprozentige Alkohol wird durch Kondensation des am Säulenkopf abgezogenen Dampfes gewonnen.

Das Verfahren bei der Erdöl**destillation** weicht von dieser ursprünglichen Form der Rektifizierung insofern ab, als das Rohöl unter Druck in stetig durchflossenen Röhrenerhitzern auf eine bestimmte Temperatur erwärmt und beim Eintritt in die Trennsäule entspannt wird. Da eine größere Zahl von Erzeugnissen gewonnen werden soll, sind die Glockenböden in Gruppen unterteilt. Außerdem arbeitet man oft in zwei Stufen und verwendet für die höher siedenden Fraktionen Unterdruck an, oft auch Wasserdampf zur Erniedrigung des Partialdruckes der Kohlenwasserstoffe, um bei niedrigeren und daher schonenderen Temperaturen arbeiten zu können[2]. Dadurch wird die Koksbildung beschränkt, die bei

[1] Vgl. MARDER, M.: Motorkraftstoffe. Bd. 1, S. 72ff. (siehe Fußnote 1, S. 289).

[2] Eine ausführliche Darstellung enthält das vorstehend erwähnte Buch von MARDER. Vgl. außerdem HEINZE, R.: Das Erdöl und die neueren Verfahren seiner Aufbereitung. Z. VDI Bd. 82 (1938) S. 1005—1011. — GROSZE, L.: Theoretische und konstruktive Aufgaben bei der Fraktionierung von Mineralöl. Z. VDI Beih. Verf.techn. 1941, Nr. 4, S. 79—88. — MAYER, N.: Die Fraktionierung des Erdöls. Öl u. Kohle Bd. 38 (1942) S. 985—989; Bd. 39 (1943) S. 46—57. — WARNECKE, A.: Neuere Ausführungen im Kolonnenbau unter besonderer Berücksichtigung der Austauschböden. Z. VDI Beih. Verf.techn. 1944, Nr. 2, S. 38—47.

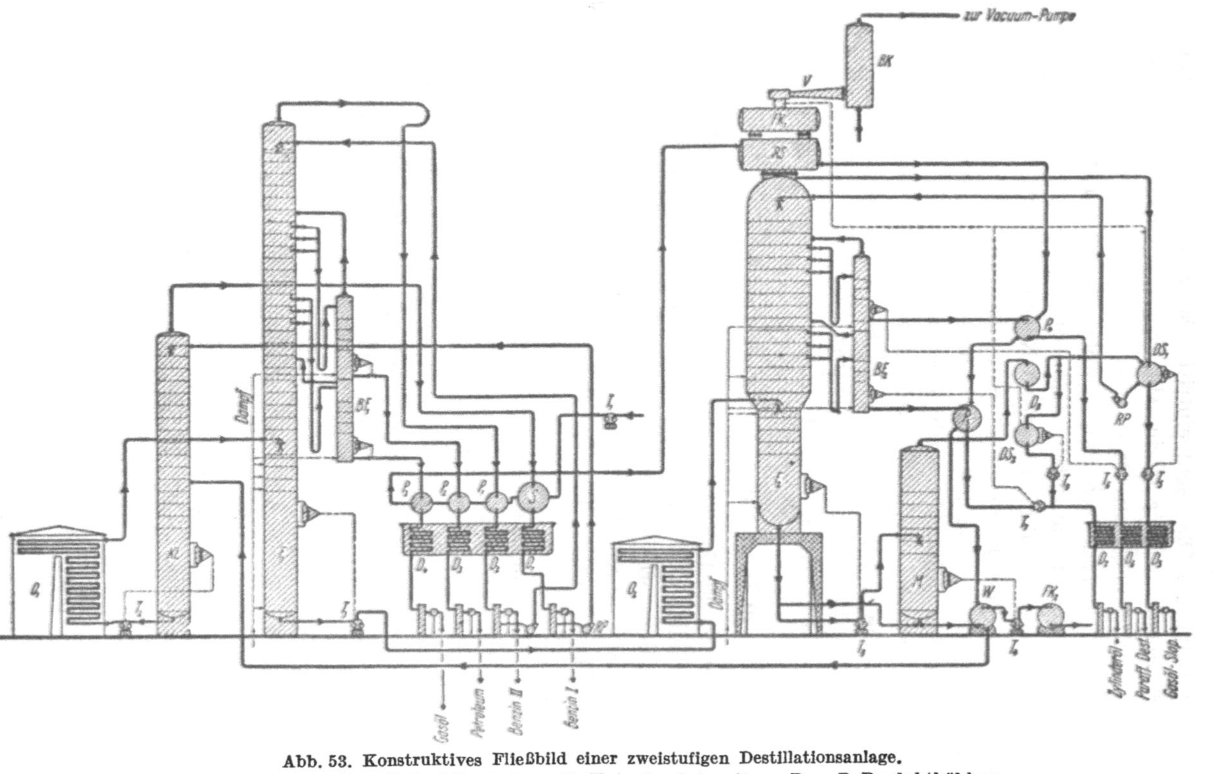

Abb. 53. Konstruktives Fließbild einer zweistufigen Destillationsanlage.

BF_1 Brüdenfraktionator (Abstreifer) für F_1; BF_2 Brüdenfraktionator (Abstreifer) für F_2; BK Barometrischer Kondensator; $D_1 \ldots D_8$ Destillatabläufe mit Nachkühlern; DS_1, DS_2 Destillatsammler; F_1 Fraktionierturm für Normaldruck (erste Stufe); F_2 Fraktionierturm für Unterdruck (zweite Stufe); FK_1, FK_2 Frischwasserkühler; KL Kolonne für Leichtbenzin; M Masutkolonne; O_1 Röhrenofen für erste Destillationsstufe; O_2 Röhrenofen für zweite Destillationsstufe; $P_1 \ldots P_5$ Produktkühler; RP Rückförderpumpe; RS Rücklaufsammler (vom Rohöl durchflossen); $T_1 \ldots T_9$ Förder-(Transport-)Pumpen; S Stromkühler (für Hauptstrom des Destillates); V Vakuumpumpe (Ejektor); W Wärmetauscher.

zu hoher Erhitzung der Öle leicht eintritt. Das Schema einer solchen zweistufig arbeitenden Anlage ist in Abb. 53 wiedergegeben. Auch in den Erdölfraktionieranlagen strömt ständig Dampf von unten nach oben und Flüssigkeit von oben nach unten, wobei der Anteil der leichter flüchtigen Komponenten von unten nach oben zunimmt und die Temperatur in der gleichen Richtung abnimmt. Neben den hier dargestellten Verfahren gibt es noch eine Anzahl anderer, die je nach Art der zu verarbeitenden Rohöle abgewandelt sind. Auch die Teere, die man bei einzelnen der in Abschnitt III C zu besprechenden Verfahren gewinnt, werden in grundsätzlich gleicher Weise destilliert. Sie werden dabei in die flüssigen Teeröle und das zähflüssige bis feste Teerpech zerlegt. Auf Hilfsmittel für die Berechnung von Rektifizierkolonnen und das hierüber vorhandene Schrifttum wurde in Abschnitt II B 5 hingewiesen[1].

c) Die Raffination der Produkte.

Die nach der ersten Destillation gewonnenen Erzeugnisse stellen in den seltensten Fällen verkäufliche Produkte dar, denn sie enthalten noch alle im Erdöl vorhandenen störenden Begleitstoffe entweder in unveränderter oder durch die Wärmebehandlung veränderter Form. Deshalb schließt sich an die Destillation eine ausgedehnte Weiterverarbeitung an.

Im folgenden soll zunächst von jenen Verfahren abgesehen werden, bei denen die Kohlenwasserstoffe der gewonnenen Fraktionen einer tiefgreifenden chemischen Umwandlung unterworfen werden. Auf diese wird im folgenden Abschnitt III C eingegangen. Hier sind jene Verfahren zu erläutern, die man gewöhnlich als „Raffination" bezeichnet. Dabei werden sowohl chemische als auch physikalische Verfahren an-

---

[1] Ergänzend zu den dort genannten Büchern sind noch die folgenden Einzelarbeiten erwähnenswert, in denen die angewendeten Berechnungsverfahren behandelt sind. Fischer, W.: Grundfragen bei der Destillation von Vielstoffgemischen. Z. VDI Beih. Verf.tech. 1938, Nr. 6, S. 178—184. — Hausen, H.: Berechnung der Rektifikation mit Hilfe kalorischer Mengeneinheiten. Z. VDI Beih. Verf.techn. 1942, Nr. 1, S. 17—20. — Kirschbaum, E.: Verfahren zur Bestimmung der Höhe von Füllkörpersäulen der Destillier- und Rektifiziertechnik. Z. VDI Beih. Verf.techn. 1943, Nr. 1, S. 15—20. — Fischer, W.: Stetige Destillation des Vielstoffgemisches Steinkohlenteer. Z. VDI Beih. Verf.techn. 1944, Nr. 1, S. 13—20. — Grosze, L.: Berechnung stetig arbeitender Fraktionierkolonnen für Vielstoffgemische. Z. VDI Beih. Verf.techn. 1944, Nr. 2, S. 54—55; Referat nach Smith, R. L.: Design of fractionating columns for multicomponent mixtures. Trans. Amer. Inst. Chem. Engrs. Bd. 37 (1941) S. 333—355.

gewendet, um Erzeugnisse gewünschter Eigenschaften aus den zu raffinierenden Produkten zu erhalten. Hiefür kommen Destillate in Frage, wie sie unmittelbar aus dem Rohöl gewonnen werden, also sog. Straightrun-Produkte, dann alle gekrackten Erzeugnisse und Polymerisate, deren Herstellung in dem erwähnten Abschnitt III C näher behandelt wird. In den Grundzügen gelten die folgenden Ausführungen auch für die Raffination von Erzeugnissen, die man aus der Teerdestillation erhält. Auf die infolge der abweichenden Beschaffenheit der Teerdestillate notwendigen Abänderungen der Verfahren wird an passenden Stellen kurz hingewiesen.

α) **Die Behandlung mit Schwefelsäure.** Das älteste und heute noch in ausgedehntem Umfang angewendete Raffinationsverfahren arbeitet mittels Schwefelsäure. Konzentrierte oder rauchende Schwefelsäure greift mehr oder weniger fast alle Komponenten des Rohöls an; dabei hat die Temperatur einen sehr erheblichen Einfluß. Von den einzelnen Komponenten sind die Paraffine am widerstandsfähigsten, doch unterliegen auch sie mit zunehmender Molekülgröße einem gewissen Angriff. Bei Verbindungen gleichen Molekulargewichts sind jene mit sekundären und tertiären Kohlenstoffatomen einer Sulfonierung eher zugänglich als jene, die ausschließlich primäre Kohlenstoffatome besitzen. In geringem Grade sind Paraffine in dem bei der Raffination gebildeten Säureteer (auch Säuregoudron genannt) löslich. Naphthene verhalten sich ähnlich wie Paraffine; auch von ihnen können kleine Mengen gelöst werden.

Aromaten reagieren hingegen, wie in Abschnitt IB4e ausgeführt wurde, sehr intensiv mit Schwefelsäure. Es war dies früher einer der Hauptgründe, Schwefelsäure zur Raffination von Erdölerzeugnissen zu verwenden, weil die Aromaten in dem damals als Haupterzeugnis gewonnenen Leuchtöl das Rußen verursachen. Allerdings ist eine restlose Entfernung der Aromaten nicht möglich, weil einzelne von ihnen, wie Benzol und seine Abkömmlinge mit zwei Seitenketten in Parastellung oder mit vier Seitenketten nur in beschränktem Maße sulfoniert werden.

Am leichtesten zur Bildung von Sulfonaten neigen die ungesättigten Kohlenwasserstoffe, was aus den im Abschnitt I A 1b geschilderten Gründen ohne weiteres einleuchtet. Es entstehen dabei saure und neutrale Ester der Schwefelsäure sowie Polymerisationsprodukte nicht genau bestimmten Charakters, die sich größtenteils im Säureteer ansammeln. Ein Teil von ihnen bleibt allerdings in den Kohlenwasserstoffen gelöst. Für den gewünschten Endzweck der Säurebehandlung ist es günstig, daß Diolefine leichter polymerisieren als einfache Olefine. Dies macht sie zwar als Ausgangsstoffe für Synthesen wertvoller, ist aber auch der Anlaß zur Bildung von Harzen und anderen Alterungsprodukten, während einfache Olefine z. B. wegen ihrer günstigen Wirkung auf die Klopffestigkeit in Benzinen erwünscht sind. Deshalb wird gerade auf die Entfernung der Diolefine (durch Ausscheidung im Säureteer) großer Wert gelegt.

Der Menge nach die wichtigste Gruppe von Erdölkomponenten, die durch die Säurebehandlung entfernt werden soll, ist die der Harze und Asphalte. Über die chemischen Reaktionen, die dabei verlaufen, ist zwar wenig bekannt; die Wirkung ist jedoch im allgemeinen ausreichend.

Die Einwirkung von Schwefelsäure auf sauerstoff- und stickstoffhaltige Verbindungen ist beschränkt. Diese sind im Rohöl meist nur in mäßigen Mengen vorhanden. Die Stickstoffverbindungen sind dann im allgemeinen unschädlich. In Teerdestillaten, in denen sie in größeren Mengen vorkommen, können sie allerdings wegen ihres basischen Charakters und des unangenehmen Geruches lästig werden. Außerdem sind sie als Rohstoffe für die chemische Industrie sehr begehrt. Man muß dann zunächst mit Schwefelsäure von 15 bis 20% Konzentration arbeiten und kann die Basen aus der Säure durch Natronlauge oder Ammoniak abtrennen. Die Sauerstoffverbindungen reichern sich, wie aus Zahlentafel 28 hervorgeht, in der Hauptsache in der Schmierölfraktion an. Es ist daher bei Erdölerzeugnissen meist nicht nachteilig, daß sie nur teilweise entfernt werden, denn dort sind sie bis zu einem gewissen Grad sogar erwünscht, weil sie die Schmierfähigkeit erhöhen.

Schwelteerdestillate müssen hingegen wegen ihres hohen Gehaltes an Phenolen und anderen sauren Verbindungen in der Regel vor der Behandlung mittels Schwefelsäure durch Natronlauge gewaschen werden. Dies hat den Vorteil, daß dabei die abzuscheidenden Begleitstoffe als wertvolle Rohstoffe für die Weiterverarbeitung auf Kunststoffe, Arzneimittel u. ä. verhältnismäßig leicht gewonnen werden können. Nach der Schwefelsäureraffination wäre der größte Teil von ihnen sulfoniert und ginge bei der Nachbehandlung in das Waschwasser, wäre also schwer wiederzugewinnen und außerdem chemisch verändert.

Sehr wichtig für den Erfolg der Raffination ist weiterhin, welcher Einwirkung die Schwefelverbindungen nach Art und Menge unterliegen. Da sich die einzelnen Verbindungen, wie in Abschnitt I B 4d ausgeführt wurde, sowohl in den Erzeugnissen aus Erdöl als auch in denen aus Teer in unterschiedlicher Weise bemerkbar machen, ist eine nähere Betrachtung der Vorgänge erforderlich. Merkaptane werden nach den Formeln

$$\begin{aligned} RSH + H_2SO_4 &= RSHSO_3 + H_2O \\ RSH + RSHSO_3 &= (RS)_2SO_2 + H_2O \\ (RS)_2SO_2 &= R_2S_2 + SO_2 \end{aligned}$$

zu Disulfiden oxydiert. Die Säure selbst wird zu Schwefeldioxyd reduziert. In einer Nebenreaktion entsteht gleichzeitig etwas freier Schwefel. Disulfide gehen zum größeren Teil im Säureteer in Lösung, sind aber auch im Öl verhältnismäßig harmlos. Es sind jedoch große Mengen hochkonzentrierter Säure erforderlich, um Merkaptane restlos zu entfernen. Deshalb reicht im allgemeinen die Säurebehandlung allein nicht aus, wenn dieses Ziel angestrebt wird.

Die aus Diolefinen entstehenden Sulfonate sind in der Säure löslich, was auch bei etwa vorhandenen Sulfonen ebenso wie bei Sulfoxyden, Alkylsulfiden und -disulfiden bis zu einem gewissen Grade der Fall ist.

Es ist zu beachten, daß aus Schwefelwasserstoff nach der Formel

$$H_2S + H_2SO_4 = S + 2\,H_2O + SO_2$$

elementarer Schwefel entsteht. Deshalb empfiehlt es sich, den Schwefelwasserstoff aus Destillaten, die ihn enthalten, vorher mittels Lauge zu entfernen, weil es sonst nach der Säurebehandlung geschehen müßte; dies ist aber wesentlich schwieriger. Elementarer Schwefel wird so wie Schwefelkohlenstoff von Schwefelsäure nicht verändert.

Von den einzelnen Fraktionen werden Destillatbenzine und Dieselkraftstoffe meist nur dann mit Schwefelsäure behandelt, wenn eine Bleicherdebehandlung in Dampfphase nicht ausreicht, um sie farbbeständig zu machen. Hingegen sind gekrackte Benzine wegen ihres hohen Schwefelgehaltes um so schwieriger zu behandeln. Eine Ausnahme bilden einige der bereits in Abschnitt I B 4 erwähnten Krackbenzine aus katalytisch arbeitenden Prozessen dann, wenn der Katalysator imstande ist, den Schwefel zu binden. Die wegen der unzureichenden Entfernung der Schwefelverbindungen speziell bei Benzinen erforderliche Weiterbehandlung wird noch besonders besprochen werden.

Die Leuchtölfraktionen sind jene, bei denen die Raffination mittels Schwefelsäure auch in Zukunft kaum von einem anderen Verfahren verdrängt werden dürfte. Denn die mit Schwefelsäure erzielten Ergebnisse genügen in den meisten Fällen für diese Produkte, so daß eine

Steigerung des Aufwandes kaum gerechtfertigt ist. Auch ist die Bedeutung des Leuchtöles sehr stark in den Hintergrund getreten.

Bei der Raffination von Schmieröl wird zwar die Schwefelsäurebehandlung nach wie vor angewendet. Doch sind ihr auf diesem Gebiete in den Lösungsmittelverfahren viele Wettbewerber entstanden. Denn die mittels Schwefelsäure erzielten Ergebnisse konnten den im Laufe der Zeit ständig erhöhten Ansprüchen an hochwertige Schmiermittel vielfach nicht mehr genügen.

Der Bedarf der einzelnen Fraktionen an Schwefelsäure ist sehr unterschiedlich. Er bewegt sich in der Größenordnung von 0 bis 10 kg H_2SO_4 je Tonne Öl bei Straightrun-Benzinen und von 6 bis 20 kg/t bei Krackbenzinen. Für Leuchtöl und Schmieröl können Mengen bis zum zehnfachen Betrag, also rd. 200 kg/t erforderlich werden. Bei Transformatorenölen kann je nach Beschaffenheit des Ausgangsöles der Bedarf an Säure Werte erreichen, die noch 50% über dem zuletzt genannten Zahlenwert liegen. Es ist dann eine Frage der Wirtschaftlichkeit, ob sich in einem solchen Fall die Verarbeitung auf dieses Erzeugnis noch lohnt.

Von wirtschaftlich erheblicher Bedeutung beim Schwefelsäureverfahren ist auch die Verwertung des Säureteers, denn es fallen erhebliche Mengen davon an, in den größten Raffinerien der Vereinigten Staaten von Amerika bis zu 100 t täglich. Das Nächstliegende ist es, die darin in einer Menge von durchschnittlich 30 bis 60% enthaltene Säure wiederzugewinnen. Hiefür sind besonders in den Vereinigten Staaten verschiedene Verfahren entwickelt worden, auf deren nähere Besprechung jedoch hier verzichtet werden muß[1]. Wegen des großen Bedarfs an Schwefelsäure trachtet man, auch den Schwefelwasserstoff aus den Abgasen der Krackanlagen auf Schwefelsäure zu verarbeiten, und verfährt dabei nach ähnlichen Grundsätzen, wie sie bei der Entschwefelung der Kohlengase angewendet werden[2].

β) Die Behandlung mit Laugen. Aus vorstehendem ergab sich, daß besonders bei Anwesenheit saurer Bestandteile, wie Schwefelwasserstoff oder Phenolen, eine der Schwefelsäureraffination vor-

---

[1] Vgl. hiezu die betreffenden Abschnitte bei KALICHEVSKY, V. A. u. B. A. STAGNER: Chemical Refining of Petroleum (Amer. Chem. Soc. Monograph Series No. 63), 2. Aufl. New York: Reinhold 1942. — KALICHEVSKY, V. A.: Modern Methods of Refining Lubricating Oils (Amer. Chem. Soc. Monograph Series No. 76). New York: Reinhold 1938.

[2] Vgl. hiezu das Schrifttum in Fußnote 2, Seite 176 und Fußnote 2, Seite 352.

geschaltete Behandlung mittels Lauge zweckmäßig ist. Gewöhnlich wird hiefür Natronlauge (NaOH) verwendet. Dadurch können bis zu einem gewissen Grad die Unzulänglichkeiten der Schwefelsäureraffination beseitigt sowie der Bedarf an Schwefelsäure und die dabei eintretenden Substanzverluste verkleinert werden.

Eine Entfernung der durch die Schwefelsäurebehandlung entstandenen schädlichen Beimengungen erfordert auf alle Fälle, daß das gesamte Öl mit alkalischen Lösungen nachgewaschen oder durch Bleicherde neutralisiert wird. Denn obwohl sich nach dem Durchmischen in Agitatoren Öl und Säureteer wegen der erheblichen Unterschiede im spezifischen Gewicht weitgehend trennen, bleiben Reste von Schwefeldioxyd, Sulfonsäuren, Alkylsulfate u. a. im Öl zurück und würden bald Geruch, Farbe und Alterungsbeständigkeit des „raffinierten" Öles so ungünstig beeinflussen, daß die Beseitigung eines Übels durch ein anderes erkauft wäre.

Die Wirkung von Natronlauge auf Schwefelwasserstoff und Merkaptane nimmt mit zunehmendem Molekulargewicht der zu entfernenden Schwefelverbindung erheblich ab, weil der Einfluß der sauer wirkenden polaren SH-Gruppen um so geringer ist, je größer das Molekül ist. Wenn also in einem bestimmten Fall Schwefelwasserstoff zu 100% und von Methyl- und Äthylmerkaptanen noch weit über 90% entfernt werden, so kann dieser Betrag z. B. bei Merkaptanen mit fünf und mehr Kohlenstoffatomen auf 30% sinken. Im Durchschnitt kann man damit rechnen, daß 50 bis 60% aller Merkaptane durch die Laugenwäsche entfernt werden. Wenn diese nicht genügt, wie z. B. bei Krackbenzinen, weil der Restschwefelgehalt die Klopfneigung erhöhen und die Bleiempfindlichkeit erheblich beeinträchtigen würde, wird durch das nachstehende noch zu besprechende „Doktorverfahren" (Sweetening, Süßen) der gewünschte Erfolg erzielt.

Außer Natronlauge hat man auch Verfahren mit Kalilauge, Natriumkarbonat, Ammoniak, Magnesiumhydroxyd und Ätzkalk versucht, die in besonders gelagerten Fällen Vorteile bieten können[1].

γ) Der Doktorprozeß und verwandte Verfahren. Um Merkaptane und freien Schwefel in raffinierten Erdölerzeugnissen vollkommen unschädlich zu machen, wendet man besonders für Krackbenzine Verfahren an, welche diese „sauren" Bestandteile, die durch Schwefelsäure und Lauge nicht beseitigt werden können, so verändern, daß

[1] Auch hierüber finden sich nähere Angaben mit ausführlichem Schrifttum in den bereits in Fußnote 1, Seite 338 erwähnten Werken von KALICHEVSKY.

die Reaktionsprodukte gelöst in Öl belassen oder ausgefällt werden können. Hiefür hat sich Natriumplumbit als besonders geeignet erwiesen. Nach den Formeln

$$2\,RSH + Pb\,(NaO)_2 = (RS)_2Pb + 2\,NaOH$$
$$(RS)_2Pb + S = R_2S_2 + PbS$$

entstehen Alkyldisulfide und Bleisulfid. Grundsätzlich könnte auch Schwefelwasserstoff auf diese Weise reagieren; er läßt sich jedoch billiger durch Natronlauge entfernen. Die angegebene Reaktion, die den Verlauf nur summarisch beschreibt, erfordert die gleichzeitige Anwesenheit von freiem Schwefel, weshalb dieser zugegeben werden muß, wenn er in dem zu süßenden Benzin nicht vorhanden ist. Neben der durch die Formeln wiedergegebenen Reaktion verläuft bei Überschuß an freiem Schwefel auch die Bildung von Polysulfiden. So wurden als Reaktionsprodukte auch Verbindungen von den Formen $Pb_2S(SR)_2$, $Pb_2(OH)_2S_3$, $Pb_2(OH)_2S_4$ usw. gefunden.

Die entstandenen Di- und Polysulfide bleiben im Öl gelöst, so daß das Süßen zunächst nur eine Verwandlung der unerwünschten Schwefelverbindungen in harmlosere chemische Körper von höherem Molekulargewicht bewirkt. Das Bleisulfid kann durch Waschen oder Filtern beseitigt werden. Dort, wo der gesamte Schwefelgehalt gesenkt werden muß, ist anschließend an die Doktorbehandlung eine Redestillation nötig, bei der ein großer Teil des Schwefels im Rückstand bleibt. Dies ist z. B. bei Schwelbenzinen praktisch immer erforderlich.

Als sog. „Doktorlösung" wird in der Praxis nicht Natriumplumbit allein, sondern eine wäßrige Lösung von Natronlauge und Natriumplumbit mit der erforderlichen Menge von Schwefelpulver verwendet. Man hat auch mit mehr oder weniger Erfolg eine Anzahl anderer Verfahren entwickelt, die mit Aluminium- oder Zinkchlorid, mit Kupfersulfat, mit Chlor oder mit Hypochloriten von Alkalimetallen arbeiten[1].

δ) Die Adsorptionsverfahren. Neben der Schwefelsäurebehandlung war die Verwendung von adsorbierend wirkenden Mitteln in der Erdölindustrie zur Verbesserung von Farbe und Geruch der Erzeugnisse schon seit langem im Gebrauch. Sie hat ihr Vorbild in der seit Jahrhunderten bekannten Raffination von Pflanzenölen mittels adsorptiv wirkender Stoffe, wie z. B. Holzkohle. Es werden dadurch höher molekulare Verunreinigungen zurückgehalten, vor allem wenn sie Sauerstoff enthalten.

---

[1] Vgl. hiezu die in Fußnote 1, Seite 360 angeführte Arbeit, deren 2. Teil auch für die Raffination von Destillationsbenzinen von Belang ist.

Auf diese Weise kann also der Harz- und Asphaltgehalt gesenkt und die Stabilität der Erzeugnisse erhöht werden. In der Erdölindustrie werden hauptsächlich Infusorienerde, Silikagel, Eisenhydroxydgel und Gemische aus diesen und anderen Adsorbentien verwendet.

Grundsätzlich sind drei Arten üblich:

a) das Perkolieren flüssigen Öles durch körnige Adsorbentien,

b) das Mischen flüssigen Öles mit feinverteilten Adsorbentien und die anschließende Trennung durch Filtern und

c) die Einwirkung dampfförmiger Öle auf körnige Adsorbentien.

Die Anwendung des Perkolierens hat den Vorteil, daß eine Regeneration des Adsorptionsmittels möglich ist, was bei Zumischen in gepulverter Form nicht der Fall ist. Es würde zu weit führen, hierauf noch näher einzugehen, da die Verfahren je nach den zu behandelnden Erzeugnissen und den angewendeten Adsorptionsmitteln wohl Unterschiede in Einzelheiten aufweisen, die grundsätzlichen Fragen jedoch gleich sind.

Ein Raffinationsverfahren besonderer Art, bei dem nicht nur ein adsorptiv wirkendes Mittel angewendet, sondern ein Schritt weiter getan wird, indem ein Katalysator benutzt wird, ist von HOUDRY angegeben worden[1]. Es weicht zwar von dem in Abschnitt III C 2a noch zu erwähnenden HOUDRY-Krackverfahren ab und wird im amerikanischen Schrifttum deshalb zur Unterscheidung als „HOUDRY Catalytic Treating Process" bezeichnet. Offensichtlich haben aber beide Verfahren mehrere gemeinsame Merkmale; die entscheidende Rolle dürfte der Katalysator spielen. Die Tatsache, daß ein Druck von etwa 3,5 at und Temperaturen von 320 bis 460° C angewendet werden, unterscheidet es wesentlich von allen sonst unter „Raffination" verstandenen Verfahren. Ähnliches gilt von dem in Abschnitt III C 3 zu erwähnenden ROSTIN-Verfahren zur Raffination von Rohbenzol.

ε) Die Kopplung der Arbeitsgänge. Überblickt man das bisher Gesagte, so ergibt sich für die vollständige Behandlung einzelner Ölfraktionen etwa folgende Reihenfolge bei der Raffination bis zur Verkaufsreife (dabei brauchen jedoch von einem bestimmten Erzeugnis nicht alle Behandlungsstufen durchlaufen zu werden):

1. Laugenwäsche, um Schwefelwasserstoff oder Phenole zu entfernen (meist nur für Schwelöle);

2. Wäsche mit verdünnter Schwefelsäure, um Stickstoffbasen zu gewinnen (nur für Teerdestillate);

---

[1] Vgl. z. B. KALICHEVSKY, V. A.: Chemical Refining of Petroleum, S. 298.

3. Behandlung mit konzentrierter Schwefelsäure;
4. Wasserwäsche als Vorstufe der Neutralisation durch Lauge;
5. Behandlung mit Lauge oder mit Bleicherde.

Die weiteren Arbeitsgänge hängen ganz von der Art der zu behandelnden Fraktionen ab. Für Benzine kommen etwa in Frage:

6. Redestillation, um die in den bisherigen Behandlungsstufen gebildeten Polymerisate zu entfernen;
7. Doktorbehandlung;
8. Wasserwäsche zur Beseitigung des Bleisulfids;
9. allenfalls nochmalige Redestillation.

Bei Schmierölen muß außerdem der Entfernung des Paraffins besondere Aufmerksamkeit geschenkt werden, um Erzeugnisse mit genügend tiefen Trübungs- und Stockpunkten zu erhalten. Hiezu werden die Öle vor oder besser nach der Schwefelsäurebehandlung so tief gekühlt, daß sich die Paraffinkristalle ausscheiden und sie in Filterpressen, Zentrifugen oder Kratzern entfernt werden können[1].

ζ) Die Lösungsmittelverfahren. Die wesentlichsten Nachteile der Schwefelsäurebehandlung sind erstens die bei ihr auftretenden, nicht unerheblichen Verluste an Substanz und zweitens die ungenügende Selektivität. Es werden einerseits gewisse Mengen von Stoffen aus den zu raffinierenden Ölen herausgelöst und gehen im Säureteer verloren, obwohl ihre Anwesenheit in dem raffinierten Erzeugnis erwünscht wäre. Andererseits werden aber die unerwünschten Bestandteile nur teilweise entfernt. Es hat daher nicht an Versuchen gefehlt, Verfahren zu entwickeln, die diese Nachteile vermeiden. Hiefür haben sich selektiv wirkende Lösungsmittel als besonders geeignet erwiesen und große praktische Bedeutung erlangt. Die theoretischen Grundlagen der dabei ablaufenden Vorgänge wurden in Abschnitt II B 4a erläutert. Auf das älteste dieser Verfahren, das auch heute noch alle anderen an Bedeutung übertrifft, erhielt EDELEANU 1908 ein Patent. Es verwendet flüssiges Schwefeldioxyd und arbeitet bei Temperaturen von etwa −10° C.

EDELEANU strebte bei seinem zunächst für die Behandlung von Leuchtöl vorgeschlagenen Verfahren an, die Aromaten aus dieser damals

[1] Vgl. hiezu u. a. MOOS, J. u. TH. HAAS: Die Entparaffinierung von Kohlenwasserstoffölen als Löslichkeitsproblem. Erdöl u. Kohle Bd. 1 (1948) S. 29—36. Darin ist auch die Anwendung der im folgenden Unterabschnitt besprochenen Verfahren auf die Entparaffinierung behandelt, jedoch ohne Angaben über die erforderlichen Maschinen und Apparate.

wirtschaftlich noch sehr wichtigen Fraktion besser zu entfernen als dies mittels Schwefelsäure möglich ist. Da die Aromaten aber auch wegen ihres steilen Zähigkeits—Temperatur-Verhaltens im Schmieröl unerwünscht sind, wurde das Verfahren für die Verarbeitung von Schmieröl weiter entwickelt. Das Schwefeldioxyd wird heute meist in Mischung mit Benzol angewendet. Es wirkt als auswählendes Lösungsmittel insbesondere auf ungesättigte Verbindungen, Aromaten und deren Polymerisationsprodukte (Harzkörper und Asphaltbildner), auch auf Merkaptane, was sehr erwünscht ist. Für die Raffination von Benzinen ist das EDELEANU-Verfahren unzweckmäßig. Das Lösungsmittel kann durch Verdampfen aus dem Extrakt wiedergewonnen werden. Der Rückstand, ein hoch-molekulares, sehr zähflüssiges Gemisch, ist als Heizöl noch brauchbar. Das Schema einer nach dem EDELEANU-Verfahren arbeitenden Anlage zeigt Abb. 54.

Je nach dem angewendeten Mischungsverhältnis von Schwefeldioxyd zu Benzol kann man ausgeprägte Schichtenbildung wie bei der Schwefelsäure erreichen oder ziemlich homogene Mischungen, wenn es darauf ankommt, das Paraffin durch anschließende Temperaturabsenkungen fein verteilt auszuscheiden. Das Schwefeldioxyd kann dann gleichzeitig in der Anlage als Kältemittel dienen. Das Schwefeldioxyd—Benzol-Gemisch wirkt bei der zweiten Stufe des Verfahrens mehr als Verdünnungsmittel, so daß das zu entparaffinierende Schmieröl auch bei tiefen Temperaturen breiig bleibt und in Filterpressen oder Trommelfiltern bei Unterdruck vom Paraffin befreit werden kann.

Die Zahl der meist organischen Verbindungen, die im Hinblick auf ihre Eignung als auswählende Lösungsmittel untersucht wurden, ist sehr groß. Von ihnen haben Nitrobenzol, Phenol, Anilin, Kresol, Dichloräthyläther ($CH_3 \cdot CHCl \cdot O \cdot CHCl \cdot CH_3$, Chlorex) und Furfurol in beachtlichem Maße Anwendung in großtechnischen Anlagen gefunden. Um die umlaufende Lösungsmittelmenge klein zu halten, arbeiten viele Verfahren in mehreren Stufen, wobei die einzelnen Maschinen und Klärgefäße im Gegenstrom geschaltet werden. In den Vereinigten Staaten von Amerika wurden schon in den letzten Jahren vor dem zweiten Weltkrieg 90% aller Schmieröle auf diese Weise raffiniert.

Zum Schluß soll noch der in den Vereinigten Staaten von Amerika in großem Umfang angewendete „Duo-Sol-Process“ erwähnt werden, der mit zwei getrennt wirkenden Lösungsmitteln arbeitet. Das leichter flüchtige — meist Propan — löst das angestrebte Raffinat aus dem Rohschmieröl heraus und kann durch Verdampfen leicht davon ab-

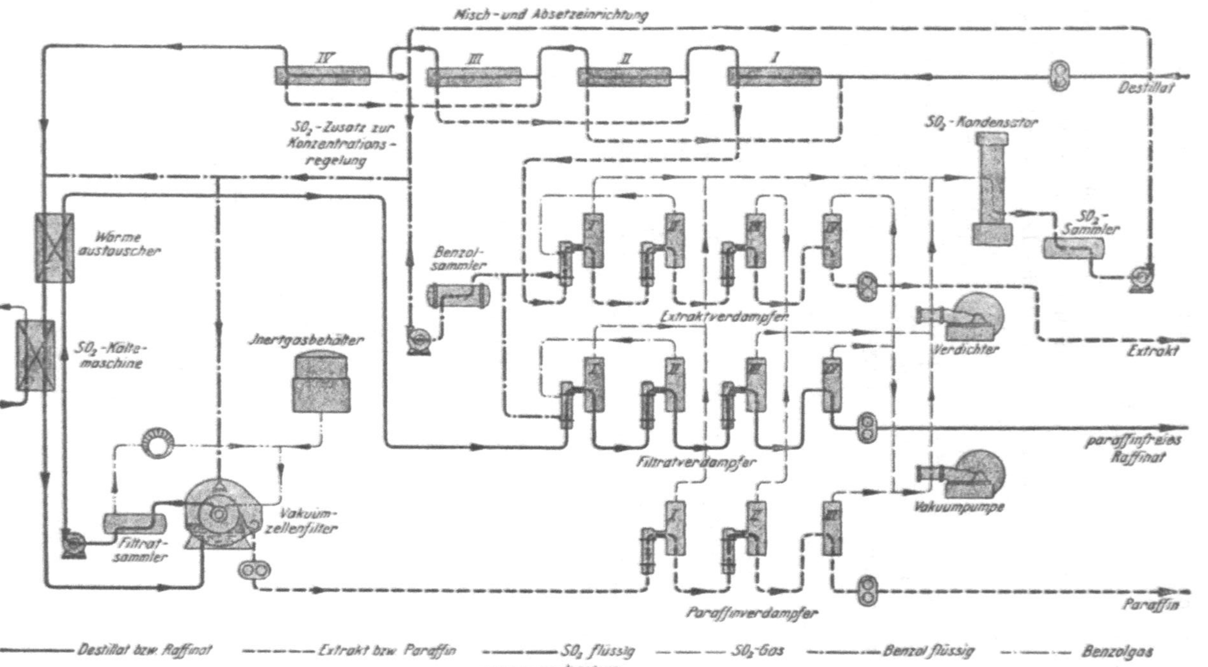

Abb. 54. Schematisches Fließbild einer Edeleanu-Anlage zur Raffination von Schmieröl nach Bahr.

getrennt und wiedergewonnen werden. Zur besseren Trennwirkung werden die unerwünschten Stoffe gleichzeitig noch durch ein zweites Lösungsmittel — meist Kresol — aufgenommen, das ebenfalls durch Verdampfen aus dem Extrakt zurückerhalten wird. Das Raffinat muß dann anschließend wie bei den früher beschriebenen Verfahren von Paraffin befreit werden[1].

Wenn die bei der Erdölverarbeitung verbleibenden Rückstände so zähflüssig sind, daß sie nicht mehr als Heizöl verwendet werden können, so dienen sie heute meist als Straßenbaustoffe statt der nur in beschränkter Menge natürlich vorkommenden Asphalte[2]. Die Erforschung ihres chemischen Aufbaues und des Zusammenhanges zwischen diesem und den physikalischen Eigenschaften hat erst in den letzten Jahren begonnen. Begründet ist dies in dem verwickelten Bau dieser hochmolekularen Körper, der die Schwierigkeiten in ähnlichem Maße anwachsen läßt wie bei der Erforschung der chemischen Natur der Kohle[3]. Näheres hierüber findet sich in den Abschnitten I B 4d und IV E 9.

[1] Eine Zusammenstellung der gebräuchlichen Raffinationsverfahren von Schmieröl enthält das Buch KADMER, E. H.: Schmierstoffe und Maschinenschmierung. S. 10—27. Berlin: Borntraeger 1940; 2. Aufl., 1941; an Zeitschriftenaufsätzen sind u. a. zu nennen: SPAUSTA, F.: Über die Raffination mit selektiven Lösungsmitteln. Brennst.-Chemie Bd. 18 (1937) S. 333. — STEINBRECHER, H. u. H. KÜHNE: Zur Raffination der Mineralöle mit Lösungsmitteln. Z. angew. Chem. Bd. 50 (1937) S. 233 — Öl u. Kohle Bd. 13 (1937) S. 417, 481, 563. — SCHICK, F.: Neue Wege in der Praxis der Mineralölraffination mittels selektiver Lösungsmittel, besonders des Phenols. Öl u. Kohle Bd. 13 (1937) S. 869—875 (behandelt vor allem die Raffination von Braunkohlen-Schwelölen). — HEINZE, R.: Neue Wege zur Aufarbeitung von Braunkohlen-Schwelteeren. Braunkohle Bd. 40 (1941) S. 25—32, 40—44, 53—55. — SUIDA, H.: Extraktion und Raffination von Schmierölen nach dem SNP-Verfahren. Öl u. Kohle Bd. 36 (1940) S. 270—274. — LINKE, R.: Die theoretischen Grundlagen der Behandlung von Schmierölen mit selektiven Lösungsmitteln. Öl u. Kohle Bd. 39 (1943) S. 723—725. — TER MEULEN, H.: J. Ind. Petrol. Technol. Bd. 29 (1943) S. 237. — Auszug daraus HOFMANN, L.: Die Lösungsmittelextraktion von Schmierölen. Öl u. Kohle Bd. 40 (1944) S. 733—735. — Ausführliche Darstellung weiterhin in: The Science of Petroleum (vgl. S. XI) und in den in Fußnote 1, Seite 338 genannten Werken von KALICHEVSKY sowie KALICHEVSKY und STAGNER.

[2] ἄσφαλτος (grch., semit. Lehnwort) = Erdpech, in Babylonien statt Mörtel verwendet. Von den mesopotamischen Erdpech- und Erdölvorkommen weiß schon HERODOT zu berichten. Vgl. a. Fußnote 1, S. 83. Interessierte Leser finden Näheres über die Geschichte des Erdöles bei HECHT, H.: Gewinnung und Verwertung des Erdöls im Altertum. Öl u. Kohle Bd. 39 (1943) S. 1—6 — Das Erdöl als Kriegsmittel bis zur Erfindung des Schießpulvers. Öl u. Kohle Bd. 39 (1943) S. 117—128.

[3] Siehe hierüber MAASZ, W.: Asphalt u. Teer Bd. 42 (1942) S. 43. — NÜSSEL, H.: Untersuchungen und kritische Betrachtungen über die Gruppenaufteilung von Bitumen. Öl u. Kohle Bd. 38 (1942) S. 1254—1262.

C. Die technischen Verfahren zur Umwandlung der Kohlenwasserstoffe.

Ein großer Teil der natürlich vorkommenden Brennstoffe, insbesondere der Kohle, wird heute noch in chemisch unverändertem Zustand verbrannt. Daneben werden aber ständig zunehmende Mengen einer sehr tiefgreifenden chemischen Umwandlung unterzogen. Der Zweck der angewandten Verfahren besteht in der Hauptsache darin, Erzeugnisse zu schaffen, die der Verwendung besser angepaßt sind, oder einzelne Wertstoffe abzutrennen, deren besondere Eigenschaften anderenfalls ungenützt blieben[1]. Wenn es dabei auch gelang, große Fortschritte zu erzielen, so entheben diese Erfolge nicht der Notwendigkeit, trotzdem beim Bau von Feuerungen, Verbrennungskraftmaschinen und Apparaten Formen zu entwickeln, die imstande sind, die zur Verfügung stehenden Brenn- und Kraftstoffe bei schwankender chemischer Zusammensetzung oder bei Verunreinigungen durch unerwünschte Begleitstoffe und bei dementsprechend schwankenden Eigenschaften mit erträglich guten Wirkungsgraden umzusetzen.

Für die Verwendung in Motoren besteht heute die Möglichkeit, Energieträger von hoher chemischer Reinheit herzustellen, doch ist dies nur wirtschaftlich, wenn erstens die Maschinen für diesen besonderen Fall gebaut sind, um die Vorteile eines solchen Kraftstoffes voll ausnützen zu können, und wenn zweitens die Maschinen für solche Zwecke verwendet werden, bei denen es auf Spitzenleistungen ankommt, wie z. B. im Flugwesen. Der Feuerungsbau steht hingegen heute vor der Aufgabe, seine Anlagen in zunehmendem Maße ballastreichen Brennstoffen, wie Mittelgut, Sichterstaub und Filterschlamm, oder aus anderen Gründen schwer verwertbaren Abfallstoffen, wie z. B. Koksgrus oder Rauchkammerlösche, anzupassen; denn man trachtet, die Verfeuerung besserer Brennstoffsorten ohne Nutzung der darin enthaltenen Wertstoffe nach Möglichkeit einzuschränken.

1. Die Entgasung.

a) Die Hochtemperaturentgasung der Steinkohle.

Das älteste Verfahren zur Umwandlung natürlich vorkommender Kohlenwasserstoffe ist die seit der ersten Hälfte des 18. Jahrhunderts

[1] Vgl. hiezu THAU, A.: Die Kohlenveredlung zur Kraftstoffgewinnung. Z. VDI Bd. 82 (1938) S. 129—138, dort auch weiteres Schrifttum.

auf die Steinkohle angewandte Entgasung oder Verkokung, die das im Holzkohlenmeiler übliche Verfahren, allerdings bei höheren Temperaturen, nachahmte. Dabei wird die Kohle in Koks, flüssige Bestandteile (Teer einschließlich Benzol) und Gas zerlegt, deren Anteile für Kohlen verschiedenen Alters in Abb. 44 eingetragen sind oder als Differenz ermittelt werden können[1].

Die chemische Natur des Kokses wurde in Abschnitt I A 2d besprochen; Beispiele der Elementaranalyse von Koks gibt Zahlentafel 29.

Zahlentafel 29. *Elementarzusammensetzung einiger Koksarten (Mittelwerte) in Gewichtsanteilen.*

Koksart	Zusammensetzung des Reinkokses					Oberer Heizwert kcal/kg
	C	H	O	S	N	
Holzkohle	91,0	2,0	7,0	—	—	7760
Torfkoks	91,0	2,3	6,0	0,2	0,5	7990
Braunkohlen-Schwelkoks	86,5	3,0	9,5	1,0	1,0	7800
Steinkohlen-Schwelkoks	90,96	2,76	4,58	1,30	0,4	8150
Gaskoks	97,00	0,51	0,90	1,00	1,63	8010
Hüttenkoks	97,00	0,56	0,59	0,70	1,00	8040

Nach Müller-Graf, Lehrbuch, vgl. Verzeichnis Seite XI; etwas abweichende Angaben für wasserfreie (also nicht aschenfreie) Substanz bei d'Ans-Lax, Tabelle 581115.

Die in den flüssigen Bestandteilen vorkommenden Verbindungen wurden in Abschnitt I A 2a erwähnt[2]. Die dabei anfallenden Mengen sind als Durchschnittswerte in Zahlentafel 30 zusammengestellt.

[1] Eine Zusammenstellung der Bestimmungsverfahren nach Schrifttumsangaben bei Hoffmann, P.: Die Methoden zur Bestimmung der Kohlenwertstoffausbeuten bei der Verschwelung und Verkokung der Steinkohle. Feuerungstechn. Bd. 29 (1941) S. 205—109. — Vgl. auch Dolch, M.: Brennstofftechnisches Praktikum. Halle: Knapp 1931. — Auf den Unterschied zwischen den „flüchtigen Bestandteilen“ und dem „Gasgehalt“ der Steinkohle weist u. a. H. Mainz in Glückauf Bd. 80 (1944) S. 184—187 hin und erörtert den Anteil des Reingases in den flüchtigen Bestandteilen, der sich in erster Linie mit dem Inkohlungsgrad ändert.

[2] Eine Zusammenstellung der im Steinkohlenteer nachgewiesenen Verbindungen gibt die in Fußnote 1, Seite 80 genannte Arbeit von Trefny. Über Änderungen der Anteile einzelner Komponenten in Abhängigkeit von den Verfahrensbedingungen siehe z. B. Ahlen, A. van: Untersuchungen über die Beschaffenheit der Benzol-Kohlenwasserstoffe im Verlaufe der Entgasung. Glückauf Bd. 78 (1942) S. 633—639.

Das Steinkohlengas enthält rd. 50% Wasserstoff, 30% und mehr Methan und höhere Glieder dieser Reihe, bis zu 10% Kohlenoxyd sowie Kohlendioxyd, Stickstoff, Ammoniak (NH_4) und Zyanwasserstoff (HCN). Bei der Entgasung entsteht auch das sog. Gaswasser, das sich aus dem in der Kohle hygroskopisch oder chemisch gebundenen Wasser bildet und ebenfalls Ammoniak, dann noch andere Ammoniumverbindungen und Schwefelwasserstoff gelöst enthält. Es kommt dampfförmig aus dem Koksofen und wird durch Kühlung kondensiert.

Zahlentafel 30. *Zusammensetzung von Steinkohlenteer aus Horizontal-Kammeröfen (Durchschnittswerte) in Gewichtsanteilen.*

Bestandteil	Gew.-%
Benzol, Toluol, Xylol . .	2,5
Phenol und Kresole . . .	2,0
Pyridin und Chinolinbasen	0,3
Naphthalin	6,0
Anthrazen, Phenanthren .	2,0
Schweröle	20,0
Lösliche Pechanteile . . .	38,0
Unlösliche Pechanteile . .	24,0
Wasser	4,0
Leichtflüchtige Bestandteile	1,2
	100,0

Ein Unterschied zwischen Gaswerken und Kokereien ist im Wesen des Verfahrens, dessen Fließbild Abb. 55 zeigt, nicht vorhanden. Er bezieht sich nur auf die Wahl der zu entgasenden Kohle und die Lenkung des Verfahrens, weil Gaswerke eine hohe Gasausbeute anstreben, die Menge und Güte des Kokses hingegen erst in zweiter Linie von Bedeutung sind. Kokereien, die gewöhnlich in der Nähe der Gruben oder Hüttenwerke errichtet werden, haben demgegenüber zunächst die Aufgabe, einen für metallurgische Zwecke gut geeigneten Koks zu erzeugen.

Gaswerke arbeiten mit möglichst gasreichen Kohlen; deshalb ist die Garungsdauer (Entgasungszeit) etwas länger als in Kokereien. Sie beträgt je nach Kohlenart und Ofenbauform bis zu etwa 24 Stunden. Die Temperatur während des Prozesses liegt in den Kammern neuzeitlicher Öfen bei 950 bis 1000° C; in Heizzügen entsprechend höher, bis zu 1300° C. Sie darf nicht zu rasch ansteigen, weil sonst die Festigkeit des Kokses durch zu starkes Aufblähen der flüssig gewordenen Masse beeinträchtigt wird; vgl. hierüber Näheres in Abschnitt IV A 2. Bei den im Koksofenbetrieb in der Hauptsache verwendeten Fettkohlen ist die Garung in etwas kürzerer Zeit beendet als im Gaswerkbetrieb.

Die Veränderungen, die die Füllung einer Koksofenkammer während der Garung erleidet, sind in Abb. 56 schematisch dargestellt. Man sieht

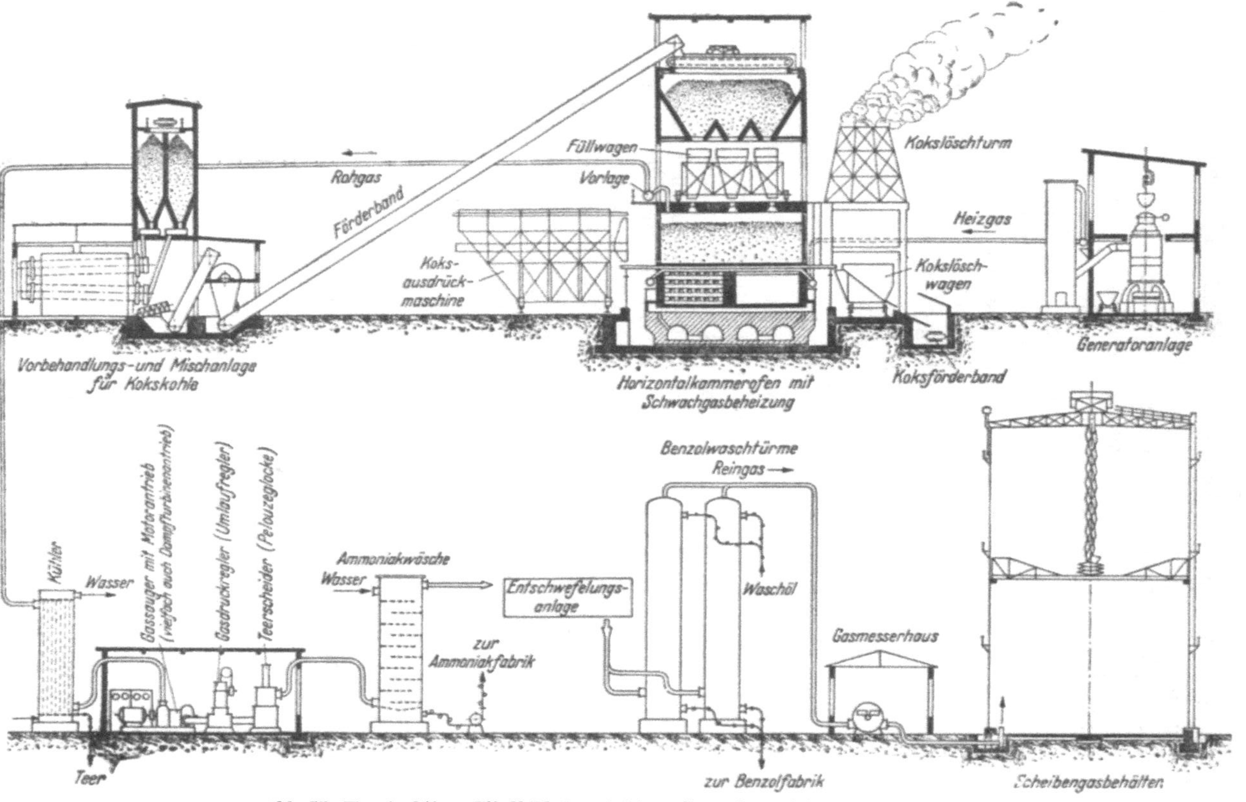

Abb. 55. Konstruktives Fließbild des üblichen Gaswerk- und Kokereiprozesses.

Die Entschwefelungsanlage ist wegen der vielfältigen Möglichkeiten nur angedeutet; Einzelheiten sind in den in Fußnote 2, Seite 176 und Fußnote 2, Seite 352 aufgezählten Arbeiten zu finden.

das Wandern der Teernaht, in der die entscheidenden Phasen der Koksbildung durchlaufen werden[1].

Seit etwa zwanzig Jahren wurde sehr eingehend erörtert und durch Versuche zu klären getrachtet, welchen Einfluß die Kammerwandtemperaturen, die Führung der Entgasungsprodukte und ähnliche Bedingungen auf die Ausbeute an Kohlenwasserstoffen haben. Die Verhältnisse sind noch nicht restlos aufgehellt, weil sich die Untersuchungsergebnisse teilweise widersprechen. Wegen Einzelheiten muß auf das Schrifttum verwiesen werden[2].

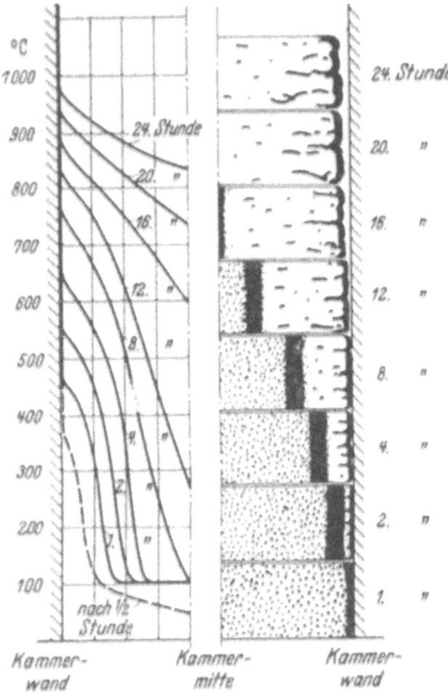

Abb. 56. Veränderung der Füllung eines Horizontal-Kammerofens während der Garung nach MÜLLER und GRAF.

Man hat auch Versuche unternommen, das entstehende Gas aus dem Raum zwischen den beiden Teernähten abzusaugen und so die darin enthaltenen Wertstoffe vor der Zersetzung in der glühenden Koksschicht zu bewahren. So hat man nach dem Füllen der Kammern von Horizontalöfen senkrechte Löcher in die Kohle gebohrt und diese durch Stahlrohre in der Mitte der Kammerdecke mit einem besonderen Gassammelraum in Verbindung gebracht. Diese Rohre sind allerdings den hohen Temperaturen ausgesetzt. Nach einem anderen Vorschlag wurde ein Teil des Gases in der Mitte der Kammertüren abgesaugt und getrennt

[1] Über Ofenbauformen und sonstige Einzelheiten des Kokerei- und Gaswerkbetriebes geben die Lehr- und Handbücher der Brennstofftechnologie Auskunft, so von neueren MÜLLER, W. J. u. E. GRAF: Kurzes Lehrbuch der Technologie der Brennstoffe. Wien: Deuticke 1939, und das groß angelegte Werk: Handbuch der Gasindustrie. Herausgegeben von H. BRÜCKNER. 7 Bände. München u. Berlin: Oldenbourg 1937 ff.

[2] DAMM, P. u. F. KORTEN: Der Weg der Gase im Koksofen. Glückauf Bd. 67 (1931) S. 1339—1345. — NETTLENBUSCH, L. u. A. JENKNER: Wege zur Erhöhung der Benzolausbeute bei der Verkokung. Glückauf Bd. 70 (1934) S. 1165—1172. — LITTERSCHEIDT, W. u. W. REERINK: Einfluß der Innen- und der Deckenabsaugung

von dem übrigen Gas behandelt[1]. Dadurch konnte die Erzeugung von Teeren und Leichtölen, die größere Mengen von Aliphaten enthalten, auf Kosten anderer Erzeugnisse gesteigert werden.

Die Reihenfolge, in der die im Rohgas nebel-, dampf- oder gasförmig enthaltenen Nebenprodukte gewöhnlich abgeschieden werden, läßt Abb. 55 erkennen. Der größere Teil der schwer siedenden Teere wird bereits in der Ofenvorlage abgeschieden, der Rest hinter den Kühlern in Teerscheidern, die entweder durch Umlenkung des Gasstromes, durch Schleuderwirkung oder in neuester Zeit durch elektrostatische Kraftfelder wirken. Ammoniak wird mit Hilfe von kaltem Wasser, Zyanwasserstoff mittels einer Eisensulfatlösung ($FeSO_4$) oder eines Gemisches einer solchen Lösung mit Kalkmilch in Wäschern mit Rieseleinbauten aus dem Gas entfernt. Zum Auswaschen von Benzol und Naphthalin dienen Waschöle, die als Absorbens wirken[2]. Seit den dreißiger Jahren

auf das Ausbringen an Verkokungserzeugnissen. Glückauf Bd. 71 (1935) S. 461 bis 471. — DEMANN, W. u. N. BRÖSSE: Techn. Mitt. Krupp Bd. 5 (1937) S. 176. — GRÖBNER, W. u. A. VAN AHLEN: Untersuchungen über den Einfluß der Kammerwandtemperaturen auf die Ausbeute und Beschaffenheit der Kohlenwasserstoffe bei der Verkokung. Glückauf Bd. 78 (1942) S. 201—211. — VAN AHLEN, A.: Der Einfluß der Temperatur des Gassammelraumes auf die Beschaffenheit des erzeugten Benzols. Glückauf Bd. 78 (1942) S. 259—264. — MAINZ, H.: Über die pyrogene Zersetzung des Steinkohlengases bei der Retortenverkokung. Glückauf Bd. 78 (1942) S. 389—392, 408—413. — REERINK, W.: Die Ölausbeute bei der Verkokung. Glückauf Bd. 78 (1942) S. 597—605. — VAN AHLEN, A.: Untersuchungen ... (vgl. Fußnote 2, S. 347). — STÖCKEL, W. u. G. LORENZEN: Zur Frage der Sonderregelung der Gassammelraumtemperaturen. Glückauf Bd. 78 (1942) S. 773—782. — Dazu PAUS, H.: Bewertung von Vorschlägen zur Erhöhung der Benzolausbeute bei der Hochtemperatur-Entgasung der Steinkohle im Waagerecht-Kammerofen. Öl u. Kohle Bd. 38 (1942) S. 1087—1102, 1119—1130, 1153—1164.

[1] Vgl. SPILKER, A.: Kokerei und Teerprodukte, 5. Aufl., S. 49. Halle: Knapp 1933. — SCHMIDT, J.: Technische Grundlagen des Still-Verfahrens. Öl u. Kohle Bd. 1 (1933/34) S. 93—94. — NIGGEMANN, H.: Die Innenabsaugung bei der Verkokung. Glückauf Bd. 73 (1937) S. 705—712 — Z. VDI Bd. 82 (1938) S. 43—44 — Verkokung mit Innenabsaugung durch die Kammertüren. Glückauf Bd. 74 (1943) S. 5—9.

[2] Vgl. die Ausführungen in Abschnitt II B 4 b und c, dazu noch BRÜCKNER, H. u. H. GRUBER: Über die Eignung verschiedener technischer Öle als Benzolwaschöl. GWF Bd. 77 (1934) S. 897—901. — FUCHS, O.: Die neuere Entwicklung der Waschverfahren für Gase. GWF Bd. 80 (1937) S. 18—24. — REICHARD, F.: Erfahrungen über Gestaltung und Betrieb einer Waschöl-Benzolanlage. GWF Bd. 80 (1937) S. 38—43. — HECKER, E.: Untersuchungen an einer Benzolgewinnungsanlage. GWF Bd. 80 (1937) S. 203—208. — THAU, A.: Neuzeitliche Technik der Benzolgewinnung. Öl und Kohle Bd. 13 (1937) S. 568—583. — DOLCH, P.: Die Grundlagen des Waschölverfahrens. Feuerungstechn. Bd. 27 (1938) S. 161—173,

wird auch Aktivkohle für die Benzolgewinnung durch Adsorption angewendet[1]. Auf die Beseitigung und Gewinnung der Schwefelverbindungen wurde bereits hingewiesen[2].

Von den bei der Entgasung entstehenden, bei normaler Temperatur flüssigen Kohlenwasserstoffen und ihren Derivaten wird zwar der größte Teil als Teer abgeschieden. Geringe Mengen bleiben jedoch in Dampfform im Gas und sind selbst nach guter Reinigung in Spuren darin nachweisbar. Unter ihnen befinden sich auch einige, die als Harzbildner wirken[3]. Sie scheiden sich dann zum Teil zusammen mit dem Kondenswasser im Rohrleitungsnetz ab und führen dazu, daß die Rohre innen mit einer dünnen, schmierigen Schicht überzogen werden, weil sie zu Harzen polymerisieren. Außer dem in Abschnitt I A 2a S. 83 genannten Styrol sind besonders die beiden kondensierten aromatischen Zweiringverbindungen

---

230—235. — KOOPMANS, H.: Studien und Untersuchungen über die Auswaschung des Benzols aus Gas mit Waschöl. GWF Bd. 82 (1939) S. 509—515. — KOEPPEL, C.: Untersuchungen über die Arbeitsweise von Benzolabtreibern. Glückauf Bd. 75 (1939) S. 465—474 — Tensionsbestimmungen von Mischungen des Benzols mit Waschöl und mit Phenol. GWF Bd. 83 (1940) S. 73—79. — MÜLLER, F., F. FREUDE u. P. KAUNERT: Physikalisch-chemische Untersuchungen über die Benzolwaschung mit Steinkohlenteerölen. GWF Bd. 83 (1940) S. 521—527.

[1] Vgl. z. B. MÜLLER, G. u. W. HERBERT: Fortschritte der Benzolgewinnung aus Leucht- und Kokereigas mit der Aktivkohle „Benzorbon". Mitt. Metallges. 1933, Nr. 8, S. 17—25. — SIMON, A.: Die Benzolgewinnung nach dem Aktivkohleverfahren auf dem Gaswerk Charlottenburg. GWF Bd. 79 (1936) S. 357—362. — WITT, D.: Untersuchungen über die Vermeidung der Harzbildung in Aktivkohle-Benzol. GWF Bd. 80 (1937) S. 85—88. — HEINZE, R.: Das Benzorbon-Verfahren. Abscheidung dampfförmiger Kohlenwasserstoffe aus Gas durch Adsorption mit aktiver Kohle. Z. VDI Beih. Verf.techn. 1937, S. 124—126. — GRIMME, W.: Gewinnung von Flüssiggasen aus Kokerei-, Synthese- und sonstigen Gasen. Z. VDI Beih. Verf.techn. 1940, S. 12—16. — MÜLLER, F., F. FREUDE u. P. KAUNERT: Physikalisch-chemische Untersuchungen an Aktivkohlen. GWF Bd. 84 (1941) S. 65—71. — Die Grundlagen sind in Abschnitt II B 4d behandelt.

[2] Hiezu Abschnitt I B 4 d, besonders Fußnote 2 S. 176. Außer den dort genannten Arbeiten noch ROSENDAHL, F.: Die Naßentschwefelung von Gasen. GWF Bd. 84 (1941) S. 463—467, 477—483. — EYMANN, C.: Über die Auswaschung von Ammoniak, Schwefelwasserstoff und Kohlendioxyd aus Kohlendestillationsgasen. Ein Beitrag zur Kenntnis der Lösungsgeschwindigkeiten von CO_2 und H_2S in ammoniakalischen Lösungen. GWF Bd. 84 (1941) S. 573—579. — LORENZEN, G. u. F. LEITHE: Die neuzeitlichen Entschwefelungsverfahren. GWF Bd. 86 (1943) S. 313—321.

[3] BUNTE, K.: Harzbildner im gereinigten Stadtgas. GWF. Bd. 77 (1934) S. 81—86.

Inden C_9H_8 und Kumaron C_8H_6O

```
      H                    H
  H /\‾‾H             H /\‾‾‾‾H
  H \/ \/ H           H \/ \O/ H
    H  H2                H
```

Siedepunkt 181° C Siedepunkt 174° C

zu erwähnen. Inden steht mit dem in Zahlentafel 10, S. 128 genannten Hydrindan, der vollhydrierten, gesättigten Verbindung in Beziehung. Es polymerisiert sehr leicht zu größeren Molekülen, die aus 8 bis 10 Indenkernen bestehen, wobei einzelne der Doppelbindungen zur Kupplung mit dem Nachbarmolekül aufgelöst werden.

Kumaron bildet in ähnlicher Weise sehr leicht die auch aus dem Teer gewonnenen Kumaronharze von der Formel $(C_8H_6O)_x$, die wechselnde Molekülgröße besitzen. Kumaron ist die Sauerstoffverbindung, die dem in Abschnitt I B 4c erwähnten Thionaphthen entspricht. Sein Fünferring ist der des Furans, das in Abschnitt I B 3bα genannt wurde. Das Vorkommen dieser beiden Verbindungen im Steinkohlenteer ist wegen der Ähnlichkeit der Bindungsverhältnisse im Doppelring mit denen des Naphtalins leicht zu erklären. Die in Abschnitt I B 4d, S. 178 rechts oben wiedergegebene hypothetische Strukturformel eines Asphaltes weist je einen hydrierten Kumaron- und Thionaphthenkern auf.

Schließlich ist als Harzbildner noch Zyklopentadien nachgewiesen. Es ist bekannt, daß das in Zahlentafel 8, S. 108 erwähnte

Zyklopentadien in Dizyklopentadien

```
                             H     H
HC——CH              H2C——C——C——CH2
‖    ‖               |    |    |    |
HC   CH             H2C   C——C   CH2
  \ /                  \ / H  H \ /
   C                    C        C
   H2                   H2       H2
```

und weiterhin in Tri-, Tetra-, Penta- und Polyzyklopentadien übergeht. Bei Anwesenheit von Sauerstoff, das in Mengen bis zu 0,5% auch im gereinigten Stadtgas vorkommen kann, kann aus Dizyklopentadien ein Peroxyd $C_{10}H_{12}O_4$

```
     H    H    H    H
O——C——C——C——C——O
|    |    |    |    |    |
O——C   C——C   C——O
     H \ / H  H \ / H
        C          C
        H2         H2
```

entstehen, das katalystisch die Harzbildung fördern kann; vgl. dazu noch Abschnitt I B 3bβ und IV B 2.

Diese Harzbildner gelangen auch in das Benzol, verursachen dessen Verfärbung infolge der Einwirkung von Licht und Luftsauerstoff und bei längerer Lagerung die Bildung von Schlamm. Man hat nun die Beobachtung gemacht, daß Benzol aus Aktivkohleanlagen leichter zu Harzbildung neigt[1]. Die Prüfung hat ergeben, daß bei der Benzolgewinnung durch Absorption aus dem Waschöl Inhibitoren in das Benzol gelangen, durch die die Harzbildung verhindert oder zumindest stark gehemmt wird. Durch die Zugabe von Waschöl in der Menge von Bruchteilen von Promille konnte bei Aktivkohlebenzol die gleiche Wirkung erzielt und die Polymerisation der an sich vorhandenen Harzbildner unterbunden werden.

Es ist noch nicht allzulange her, daß das in den Kokereien entstehende Gas einfach abgefackelt wurde. Inzwischen hatte man erkannt, welch wertvoller Brennstoff Gas ist. Es bietet z. B. in allen Warmbetrieben der eisenschaffenden und eisenverarbeitenden Industrie große Vorteile für die Betriebsführung und verringert den Ausschuß. Die Ferngasversorgung durch die Kokereien der Kohlenreviere hat sich in den Jahren vor dem zweiten Weltkrieg stark entwickelt.

Steinkohlengas, das der Fernversorgung dient, muß noch mehr als Stadtgas von Bestandteilen, welche zu Verstopfungen oder Korrosionen in den Leitungen führen könnten, befreit werden. Es wird wegen der zu überwindenden Strömungsverluste und um Material durch Anwendung kleiner Rohrleitungsdurchmesser zu sparen, an den Lieferstellen und, falls bei größeren Entfernungen erforderlich, in Zwischenstationen auf Drücke verdichtet, die ursprünglich unter 10 atü lagen, in den vergangenen Jahren aber immer höher gewählt wurden. Der dadurch erhöhte Partialdruck angreifender Begleitstoffe, vor allem der Schwefelverbindungen, macht die Feinreinigung zum Gebot[2].

---

[1] Witt, D.: Untersuchungen über die Vermeidung der Harzbildung in Aktivkohle-Benzol. GWF Bd. 80 (1937) S. 85—88.

[2] Vgl. hiezu Wunsch, W.: Fortschritte der Technik der Gasfernversorgung. Z. VDI Bd. 84 (1940) S. 2—10; weiterhin Pippig, H.: Erfahrungen über die Reinigung und Trocknung von Stadtgas mittels Tiefkühlanlage im Gaswerk Mainz der Kraftwerke Mainz-Wiesbaden AG. GWF Bd 77 (1934) S- 346—349 sowie die in Fußnote 1, Seite 330 genannten Arbeiten von Niebergall und die in den Fußnoten 2, Seite 176 und 2, Seite 352 aufgezählten Veröffentlichungen über die Entschwefelungsverfahren. Einen gedrängten Überblick über die verschiedenen Behandlungsverfahren der Kokerei bietet auch Gras, W.: Fortschritte und Erkenntnisse in der Verarbeitung des Destillationsgases der Kokereien. Glückauf Bd. 78 (1942) S. 57—61, 73—76. Die „Richtlinien für die Beschaffenheit des Gases“ von

Das im Koksofen angewendete Verfahren, die Verkokung, ist durch Arbeitstemperaturen von rd. 1000° C und mehr gekennzeichnet und wird deshalb Hochtemperaturentgasung genannt. Ihr gegenüber bezeichnet man die jüngere Schwelung als Tieftemperaturentgasung oder -verkokung. Deren Entwicklung wurde durch die nachstehend geschilderten Umstände angeregt.

b) Die Schwelung.

Bei der Verbrennung von Kohle entsteht viel Rauch und Ruß — es sind die Zerfallsprodukte der wertvollen, aus der Kohle bei mittleren Temperaturen entweichenden Kohlenwasserstoffe. Deshalb wurden in England schon vor der Jahrhundertwende Versuche gemacht, statt des reaktionsträgen Hochtemperaturkokses, der die Rauch- und Rußbildner nicht mehr enthält, einen rauch- und rußlos verbrennenden, aber reaktionsfähigeren Brennstoff zu gewinnen, der den Anforderungen des Haushaltes und der Industrie genügt. Man versuchte die Verkokung bei Temperaturen, die wenig über 500° C liegen. Die damals entwickelten Verfahren haben sich aber nicht durchgesetzt.

Erst dank der nach dem ersten Weltkrieg einsetzenden neuerlichen Bemühungen, die Schwelung von Steinkohle wegen des größeren Anfalles flüssiger Kohlenwasserstoffe zur Betriebsreife zu entwickeln, ist es unter Verwertung der bei der Schwelung von Braunkohle gewonnenen Erkenntnisse gelungen, Verfahren für die Steinkohlenschwelung zu finden, die Aussicht auf Erfolg bieten. Die Schwelung neuerer Art hat also die Aufgabe, nicht nur die Eigenschaften des Kokses zu verändern, sondern vor allem die in der Kohle enthaltenen, volkswirtschaftlich wichtigen, flüssigen Kohlenwasserstoffe durch schonende Behandlung vor der Zersetzung zu bewahren und nutzbar zu machen. Der bei diesem Verfahren gewonnene, früher so genannte „Urteer" besteht aus aliphatischen und aromatischen Kohlenwasserstoffen und enthält außerdem viele der in Abschnitt I B 3

1939 — vgl. GWF Bd. 82 (1939) S. 745 — sehen unter Punkt III vor, daß sich durch Feinreinigungsverfahren die nach Punkt II dieser Richlinien geforderten Werte für die Reinheit des Gases wesentlich herabsetzen lassen. Näheres über die Richtlinien in Abschnitt IV C 2. Als Feinreinigungsverfahren werden genannt:

1. Stickstoffoxyd- und Zyanwasserstoffverminderung in der Trockenreinigung;
2. Sauerstoffverminderung in der Trockenreinigung;
3. Gastrocknung;
4. Aktivkohleverfahren;
5. Gasentgiftung.

besprochenen Verbindungen, wie Ester, Phenole, Ketone, Karbonsäuren sowie organische Schwefel- und Stickstoffverbindungen[1].

Den Hauptanteil bilden Paraffine, während die Kohlenwasserstoffe der Benzolreihe nur in geringer Menge vertreten sind. Benzol und Naphthalin selbst sind überhaupt nicht anzutreffen, weil der Abbau der vielgestaltigen Moleküle bei den Temperaturen von ungefähr 500° C unvollständig ist. Daher unterscheidet sich der Schwel- oder Urteer in seiner Zusammensetzung grundsätzlich vom Hochtemperaturteer, der praktisch nur aus Aromaten besteht. Das Auftreten von Olefinen, die sich ebenfalls im Schwelteer finden, erklärt sich leicht dadurch, daß langkettige Paraffine den angewendeten Temperaturen nicht mehr widerstehen und nach der bereits im Abschnitt II C 5d, S. 286 erwähnten Formel (58)

$$C_{m+n}H_{2(m+n)+2} = C_mH_{2m+2} + C_nH_{2n}$$

in Paraffine und Olefine mit kürzeren Ketten zerfallen. Es ist dies der Hauptvorgang beim Kracken oder Spalten, worüber im nächsten Abschnitt III C 2 noch Näheres zu sagen sein wird.

Die Menge des anfallenden Schwelteeres bewegt sich je nach dem Alter der Steinkohle zwischen 4 und 12%; die höheren Werte gelten für jüngere Kohlen. Gleichzeitig steigt der Phenolgehalt auf Werte von rd. 45%, was dadurch zu erklären ist, daß in der jüngeren Kohle der Anteil der sauerstoffhaltigen Verbindungen sehr groß ist; stellen doch, wie in Abschnitt III A 1 ausgeführt, die aus dem Lignin entstandenen Humine und Humite den Hauptanteil der Substanz jüngerer Kohlen dar. Die Zusammensetzung der Schwelteere unterliegt wegen des Einflusses der Beschaffenheit der Ausgangskohle und der verschiedenen Arbeitsverfahren so starken Schwankungen, daß Angaben mit einiger Allgemeingültigkeit nicht gemacht werden können.

Wesentlich früher als die Verschwelung der Steinkohle wurde die der Braunkohle technisch gelöst. Sie wird schon seit Jahrzehnten in

[1] Die beiden hauptsächlich angewendeten Verfahren, nämlich das Spülgas-Schwelverfahren und das Heizflächen-Schwelverfahren ergeben Teere mit erheblich voneinander abweichender Zusammensetzung. Wegen Einzelheiten siehe z. B. Jäppelt, A.: Kreosot und Paraffin in Steinkohlenschwelteeren. Öl u. Kohle Bd. 36 (1940) S. 190—193. — Agde, G. u. E. Kahles: Untersuchungen zur Identifizierung von Steinkohlenschwelteer-Phenolen. Öl u. Kohle Bd. 40 (1944) S. 1—7. — Mit Kreosot oder Kreosotöl bezeichnete man ursprünglich die zwischen 200° und 220° (250°) C siedende Fraktion von Buchenholzteer, die sehr reich an Oxyverbindungen ist, verwendet diese Bezeichnung jetzt aber auch für gleich hoch siedende Fraktionen von Braunkohlen- und Steinkohlen-Schwelteeren.

großem Maßstabe besonders in Mitteldeutschland durchgeführt. Die Schwelung ist die einzig mögliche Art, Braunkohle durch Entgasen zu veredeln. Die Schwierigkeiten lagen und liegen vor allem darin, einen stückigen Koks zu gewinnen, den die Wirtschaft gerne abnimmt.

Die Zusammensetzung des Schwelteeres der Braunkohle schwankt noch stärker als die des Steinkohlen-Schwelteeres, und zwar abhängig vom Verfahren. Olefine sind meist neben den hauptsächlich vorhandenen Paraffinen anzutreffen. Beim Spülgasschwelen entstehen besonders viele sauerstoffhaltige Verbindungen. Die Verarbeitung von Braunkohlen- und Steinkohlen-Schwelteer zu hochwertigen Kraftstoffen wird in den folgenden Abschnitten noch näher erläutert. Soweit es sich um die Raffination handelt, wurde im Zusammenhang mit der Verarbeitung des Erdöles in Abschnitt III B 3 c darauf hingewiesen, daß für die Behandlung der Schwelteerdestillate grundsätzlich die gleichen Gesichtspunkte gelten, wie sie dort für Erdölerzeugnisse dargelegt wurden.

Auch die bei der Schwelung der Stein- und Braunkohle gewonnenen Gase zeichnen sich gegenüber dem Koksofengas durch ein Überwiegen der paraffinischen und olefinischen Kohlenwasserstoffe aus. Ihr Wasserstoffgehalt beträgt 5 bis 15%. Der Gehalt von Braunkohlen-Schwelgas an Kohlendioxyd ist beträchtlich, weil die Braunkohlen erhebliche Mengen Sauerstoff enthalten. Es ist nicht das Ergebnis von Oxydationen. An Steinkohlen-Schwelgasen ist noch der hohe Heizwert bemerkenswert, der bis 8000 kcal/Nm^3 betragen kann, demgegenüber Koksofengas Werte von rd. 4500 kcal/Nm^3 aufweist.

Die Entwicklung der beim Schwelen angewendeten Verfahren ist zwar, soweit die Braunkohlen in Frage kommen, zu einem gewissen Abschluß gekommen, nachdem sie in der Zeit vor dem zweiten Weltkrieg nach jahrzehntelanger Stagnation stark in Fluß gekommen war. Eine nähere Behandlung ist aber im Rahmen dieses Buches undurchführbar. Bei der Steinkohlenschwelung ist dies noch viel weniger möglich. Es möge deshalb der Hinweis auf die im Zeitpunkt des Erscheinens erschöpfende Darstellung des Themas bei THAU genügen[1].

[1] THAU, A.: Die Schwelung der Braun- und Steinkohle. Halle: Knapp 1927. Erg.-Bd. Halle 1938, dort weiteres Schrifttum in großer Zahl. Dazu OETKEN, F. A.: Die Schwelung von festen Brennstoffen und ihre Bedeutung für die Beschaffung flüssiger Treib- und Brennstoffe. Z. VDI Sonderh. 74. Hauptvers. Darmstadt (1936) S. 69—78. — THAU, A.: Entwicklung und gegenwärtiger Stand der Spülgasschwelung. Z. VDI Bd. 83 (1939) S. 1277—1282. — Siehe auch Abschnitt IV A 2 und das Seite XI erwähnte Lehrbuch von MÜLLER u. GRAF.

c) Sonstige Entgasungsverfahren.

Besonders für Länder mit großem Waldbestand, denen Erdöl überhaupt nicht oder nur in unzulänglichen Mengen zur Verfügung steht, hat die Holzverkohlung Bedeutung, weil sich die Holzkohle wegen ihres hohen Heizwertes und des geringen Gehaltes an Schwefel, Phosphor und Asche sowie wegen ihrer Reaktionsfähigkeit für die Vergasung in Fahrzeug-Gasgeneratoren sehr gut eignet. In Schweden wird sie auch zur Gewinnung sehr reinen Stahles (z. B. für Kugellager) im Hochofen verwendet. Weiterhin dient sie in zunehmendem Maße wegen ihrer großen Oberfläche als Trägersubstanz zur Herstellung von Katalysatoren für die chemische Industrie.

Diese zuletzt genannte Eigenschaft verdankt die Holzkohle dem Umstand, daß das Holz bei der Verkohlung, die chemisch den gleichen Prozeß darstellt wie die Schwelung der Kohle, bis auf einige Prozente von Wasserstoff und Sauerstoff zu reinem Kohlenstoff abgebaut wird. Das aus ineinander verflochtenen Zellulose- und Ligninmizellen aufgebaute Gerüst bleibt dabei erhalten, weil die Bitumenstoffe fehlen und daher die Restsubstanz bei den während des Verfahrens herrschenden Temperaturen nicht schmilzt. Durch das Herauslösen der Wasserstoffatome sowie eines großen Teiles der Seitenketten des Graphitgerüstes entsteht eine Unzahl offener Stellen von kolloidaler und atomarer Größe, die oberflächenaktiv wirken.

Als Nebenerzeugnis gewinnt man bei der Holzverkohlung aus den abziehenden Dämpfen und Gasen Holzteer und Holzessig, Kreosote, Form- und Azetaldehyd, Azeton, Methylalkohol und Essigsäure. Als Ausgangsstoff können Nadel- und Laubhölzer dienen. Die Nadelhölzer liefern den wertvolleren Teer, dessen Destillationsprodukte besonders für die Imprägnierung von Holz ausgezeichnet geeignet sind.

Neben der Holzverkohlung sind noch die Torfverkokung — streng genommen eine Schwelung — und die Ölschieferschwelung in Ländern mit Torf- oder Ölschiefervorkommen von einiger Bedeutung. Größere Anlagen finden sich hauptsächlich im Ostseeraum. Bekannt sind die estnischen Ölschieferwerke im Norden des Landes. Ölschiefervorkommen, von denen nur wenige ausgebeutet werden, sind jedoch auch in anderen Gebieten und Erdteilen, so in Frankreich, Schottland und in der Mandschurei, solche von ungeheurer Ausdehnung in Nordamerika bekannt. Die Ölschieferschwelung wird nur wegen des dabei gewonnenen Öles betrieben, der feste Rückstand wandert als wertlos auf die Halden. Hingegen hat Torfkoks, der sehr porös ist, als Ausgangsstoff für die Herstellung von Aktivkohle und als Kraftstoff für Generatorfahrzeuge eine gewisse Bedeutung.

2. Das Spalten (Kracken) und Polymerisieren.

a) Das Kracken.

Bei der Schwelung konnte auf die Tatsache hingewiesen werden, daß sich bei diesem Verfahren vornehmlich Paraffine und Olefine einer bestimmten Kettenlänge als Anteile der flüssigen Erzeugnisse bilden. Wählt man Druck und Temperatur passend, so gelingt es, die pyrogene Zersetzung hoch-molekularer Verbindungen in bestimmte Bahnen zu lenken; hiebei kann mit und ohne Katalysator gearbeitet werden[1]. Ein solches Verfahren ist deshalb von besonderer Bedeutung, weil es dadurch möglich wird, bei der Verarbeitung des Erdöles die anfallende Menge der durch die Siedekennlinie gegebenen Fraktionen zugunsten bevorzugter Fraktionen zu verschieben. Man nennt eine gelenkte Zersetzung hoch-molekularer Kohlenwasserstoffe Kracken oder Spalten (Druck—Wärme-Spalten). Seine Erfindung war sehr willkommen, als der Benzinverbrauch zu Anfang dieses Jahrhunderts infolge der Zunahme des Kraftwagenverkehrs immer stärker anstieg, für die bei gewöhnlicher Destillation gleichzeitig entstehenden „Nebenprodukte" aber kein günstiger Absatz zu finden war.

Es gibt heute Verfahrensvorschriften und Patente für das Kracken, deren Zahl in die Hunderte geht und die hier nicht näher besprochen werden können. Fast allen gemeinsam ist als Arbeitstemperatur der Bereich zwischen 400 und 500° C. Der Druck wird verschieden gewählt, ebenso bestehen Unterschiede darin, ob das Kracken in flüssiger, dampfförmiger oder in beiden Phasen zugleich durchgeführt wird. Kennzeichnend für den Vorgang ist die im Abschnitt II 5d, S. 286 in allgemeiner Form geschriebene Gl. (58) für den Zerfall langkettiger Paraffine, die hier für das Dodekan ausführlich wiederholt werden soll:

$$\begin{aligned} C_{12}H_{26} &= C_6H_{14} + C_6H_{12} = C_5H_{12} + C_7H_{14} = \\ &= C_4H_{10} + C_8H_{16} = \quad \text{usw. bis} \quad = H_2 + C_{12}H_{24}. \end{aligned} \tag{1}$$

---

[1] Eine zusammenfassende Darstellung über Katalyse bei SCHWAB, G.-M.: Katalyse vom Standpunkt der chemischen Kinetik. Berlin: Springer 1931; ausführlicher in: „Handbuch der Katalyse". Herausgeg. von G.-M. SCHWAB. 7 Bände. Wien: Springer 1940ff. — Vgl. auch LANGENBECK, W.: Formaldehyd, Acetaldehyd und Crotonaldehyd als Bausteine für katalytische Synthesen. Öl u. Kohle Bd. 40 (1944) S. 206—208. — Die Katalyse hat sowohl in der Technik, als auch beim Ablauf biologischer Vorgänge große Bedeutung; vgl. S. 172 unten u. Abb. 3, S. 156.

Eine Temperatursteigerung bewirkt erfahrungsgemäß eine Verschiebung der Spaltstelle an das Ende des Moleküls, hoher Druck dagegen, daß die Spaltstücke mehr symmetrisch werden. Dies zu begründen, reicht allerdings die S. 286 wiedergegebene Gl. (59) nicht aus.

Für das Kracken kommen nur Ausgangsstoffe in Frage, die größtenteils aus kettenförmigen Kohlenwasserstoffen bestehen, denn Aromaten bleiben wegen ihrer Hitzebeständigkeit — abgesehen von etwa vorhandenen Seitenketten — im wesentlichen unverändert. Für diese Seitenketten gilt, daß sie sich um so leichter abspalten lassen, je länger sie sind. Naphthene werden beim Kracken eines Teiles ihres Wasserstoffes beraubt und zu Aromaten oder Zwischengliedern zwischen diesen und den Naphthenen dehydriert.

Das Kracken hat nicht nur den Vorteil, die Ausbeute an niedriger siedenden Fraktionen zu steigern, vielmehr sind die so gewonnenen Benzine sehr klopffest, denn der Vorgang spielt sich in erster Linie auf Kosten der klopffreudigen Anteile ab; Näheres über das Klopfen folgt in Abschnitt IV B 4. Das Krackbenzin ist für die Verbrennung im Motor gewissermaßen vorbehandelt und daher wesentlich klopffester als ein aus dem gleichen Erdöl gewonnenes Destillatbenzin[1].

Welche Bedeutung die Gewinnung von Spaltbenzin hat, geht aus der Tatsache hervor, daß sein Anteil vom Ende des ersten Weltkrieges bis zum Jahre 1935 von etwa 10 auf 50% der Gesamterzeugung an Benzin zugenommen hat. Es wird vielfach nicht rein verwendet, sondern mit Destillatbenzin verschnitten, wodurch Handelsware mit guten Klopfeigenschaften gewonnen wird. Wegen des verhältnismäßig hohen Anteils an Olefinen und Diolefinen, die zum Verharzen neigen — vgl. Abschnitt IV B 2 —, ist eine Raffination der Spaltbenzine unbedingt erforderlich; in Abschnitt I B 4d wurde dieser Umstand bereits hervorgehoben und der hohe Gehalt von Krackbenzinen an Schwefelverbindungen begründet. Die Krackbenzine sollen aber wegen der sonstigen, für die Verwendung im Ottomotor vorteilhaften Eigenschaften der Olefine möglichst schonend behandelt werden.

---

[1] Ausführlich sind die dabei verlaufenden Reaktionen von Rumpf, K. K.: Spalten und Reformieren einschließlich Fertigung des Spaltbenzins unter besonderer Berücksichtigung des Dubbsverfahrens. Öl u. Kohle Bd. 38 (1942) S. 2—15, 31—42 erörtert. — Vgl. auch Egloff G. u. E. F. Nelson: Brennst.-Chemie Bd. 18 (1937) S. 233; dazu die in Fußnote 1 und 2, Seite 286 erwähnten Arbeiten von Schultze und Mitarbeitern.

Das Kracken verläuft nicht ohne begleitende Nebenreaktionen, durch die Koks und Krackgas entstehen. Dies erklärt sich aus der Gleichung für den Krackvorgang bei stark unsymmetrischer Spaltung. Einen beträchtlichen Einfluß hat die Dauer des Spaltens; dieser Einfluß ist in Abb. 57 anschaulich gemacht und offenbar eine Folge der durch die Veränderung des Anteiles der Reaktionsteilnehmer hervorgerufenen Verschiebung des Gleichgewichtes während des Prozesses.

Die Wiedergabe des Fließbildes einer Krackanlage kann bei der Unzahl von Möglichkeiten und ausgeführten Schaltungen nur als eines

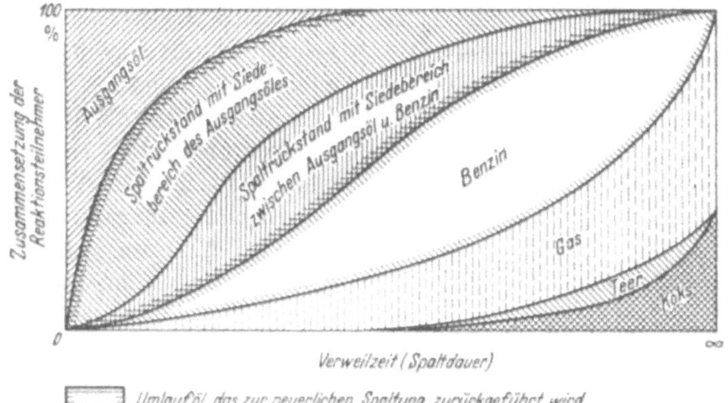

Abb. 57. Veränderung der Ausbeute an Spalterzeugnissen abhängig von der Spaltdauer. Die Zeit t ist nicht linear, sondern etwa entsprechend einer e-Funktion aufgetragen. Die Darstellung findet sich in mehreren Schrifttumsquellen und geht zurück auf A. L. STROUT: Refiner Bd. 8 (1928) S. 64.

von vielen möglichen Beispielen gewertet werden. In Abb. 58 ist das DUBBS-Verfahren schematisch dargestellt, weil es sehr verbreitet ist. Dieses Verfahren, bei dem sowohl die Entspannung als auch die Verkokung angewendet werden kann, bietet die Möglichkeit, auch schwer siedende Rückstandsöle zu kracken. Es sind zwei Reaktionskammern als Verkokungskammern vorhanden, die abwechselnd in Betrieb genommen werden. Sie sind so groß, daß trotz der beim Keacken schwer siedender Öle unvermeidbaren Koksbildung die einzelnen Betriebsperioden genügend lang sind. Außerdem ist eine Reaktionskammer für den Betrieb beim Arbeiten ohne Koksbildung vorhanden.

Von den beiden Erhitzern arbeitet der für Schweröl unter milderen Bedingungen. Die Anlage kann gleichzeitig mit Leicht- und Schweröl beschickt werden. Die Öl- und Benzindämpfe gehen aus der unter einem

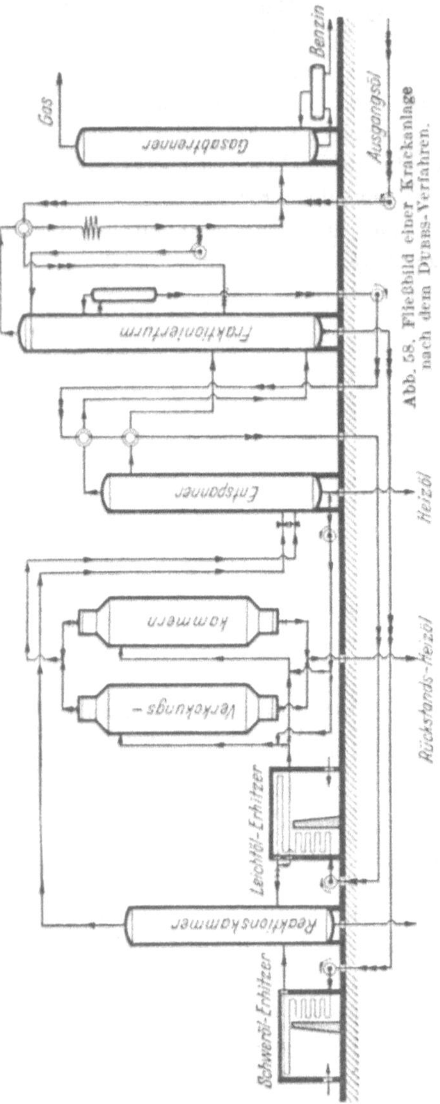

Abb. 58. Fließbild einer Krackanlage nach dem DUBBS-Verfahren.

Druck von 10 bis 20 atü stehenden Reaktionskammer zum Entspanner, wo ihr Druck auf 2 bis 5 atü herabgesetzt wird, und von dort über den Fraktionierturm zum Gasabscheider. Wenn man aber schwere Rückstandsöle auf Krackbenzin und Koks verarbeitet, führt man sie zusammen mit einer den Erfordernissen entsprechenden Menge Leichtöl durch den Leichtölerhitzer in die Verkökungskammer und von dort ebenso weiter wie aus der Reaktionskammer für Betrieb ohne Koksbildung. Die in Abb. 58 zu findenden einzelnen Anlagenteile kehren bei allen Krackanlagen in verschiedenen Kombinationen wieder[1].

Als **Hydroforming** wird ein vor mehreren Jahren entwickeltes Spaltverfahren bezeichnet, bei dem unter Mitwirkung von Katalysatoren Wasserstoff angelagert wird. Diese Bezeichnung lehnt sich an den viel gebrauchten Ausdruck „Reforming" an, der für die katalytisch arbeitenden Spaltverfahren verwendet wird. Diese haben wegen der ausgedehnten Anwendungsmöglichkeiten eine

[1] Eine zusammenfassende Darstellung der Krackverfahren findet sich bei MARDER, M.: Motorkraftstoffe, 1. Bd., S. 233—323. Berlin: Springer 1942. — Außerdem z. B. SCHRÖDER, F.: Das Gulf-Polyform-Verfahren für die Erdölindustrie. Öl u. Kohle Bd. 38 (1942) S. 1226—1238 nach OSTERGAARD, P. u. E. R. SMOLEY: World Petrol. Bd. 11 (1940) S. 68ff. und die in Fußnote 1, Seite 36 genannten Arbeiten.

große Zukunft, weil sie, sowohl was Ausgangsstoffe als auch was Enderzeugnisse betrifft, sehr anpassungsfähig sind. Eines der modernsten derartigen Verfahren ist von HOUDRY entwickelt worden. Es arbeitet mit feststehenden Katalysatoren aus hydratisierten Aluminiumsilikaten in Kontaktkammern[1]. Das Fließbild einer Anlage, in der eine Fraktionierungsanlage mit einer HOUDRY-Anlage für das aus dem Fraktionierturm ablaufende Schweröl kombiniert ist, zeigt Abb. 59.

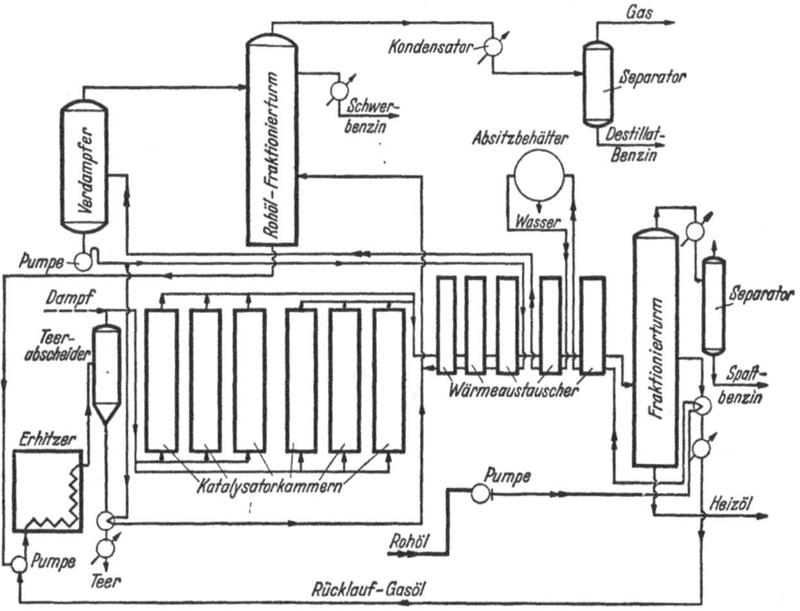

Abb. 59. Fließbild einer mit Katalysatoren arbeitenden Krackanlage nach dem HOUDRY-Verfahren, die mit einer Fraktionieranlage kombiniert ist.

Die Wirkungsweise der Anlage ist an Hand der Abbildung leicht zu verfolgen. Als Katalysator dienen Aluminiumsilikat und -chlorid.

[1] Dieses Verfahren ist auch deshalb bemerkenswert, weil die dabei verwendeten Katalysatoren durch einfaches Abbrennen von den im Betrieb entstehenden Kohlenstoffablagerungen befreit und so regeneriert werden. Die sich dabei bildenden heißen Verbrennungsgase dienen in einigen Anlagen zum Antrieb von Gasturbinen. Über das Verfahren selbst siehe z. B. SCHULTZE, GG. R.: Houdry-Verfahren zur katalytischen Spaltung von Erdöl-Kohlenwasserstoffen. Z. VDI Bd. 85 (1941) S. 588—589. Wegen des als „Houdry Catalytic Treating Process" bezeichneten Raffinationsverfahrens siehe Abschnitt III B 3cε.

Krackgase bestehen in der Hauptsache aus Paraffinen und Olefinen mit ein bis vier Kohlenstoffatomen. Die Zusammenstellung eines solchen Gases zeigt Zahlentafel 31, die gleichzeitig Unterschiede des Arbeitens in flüssiger und dampfförmiger Phase erkennen läßt. Mit diesen Gasen schlägt man nun, in dem Streben, zusätzlich Kraftstoffe für Ottomotoren zu erhalten, den umgekehrten Weg wie beim Kracken ein.

Zahlentafel 31. *Zusammensetzung von Krackgasen (als Beispiel).*

Bestandteile der Krackgase in Vol.-%	Kracken in	
	Dampfphase	Flüssigphase und Dampfphase
	Ausbeute 25 bis 30 Gew.-%	Ausbeute 15 Gew.-%
Methan und Wasserstoff	31,2	45,0
Äthan	12,4	17,7
Propan	4,7	11,0
Butan	3,0	5,4
Paraffine und Wasserstoff	51,3	79,1
Äthen	23,0	3,7
Propen	15,7	9,1
Buten	8,0	3,6
Olefine	46,7	16,4
Butadien	1,0	4,1
Unbestimmter Rest	1,0	0,4

Bevor hierauf näher eingegangen wird, müssen noch einige Worte den Bestrebungen gewidmet werden, die dazu führten, Wege zu finden, um auch Braunkohlen-Schwelteere durch Kracken in die begehrten Kraftstoffe für Otto- und Dieselmotoren zu verwandeln und sich nicht nur mit der durch einfache Destillation zu erzielenden Ausbeute an diesen Wertstoffen zu begnügen. Braunkohlen-Schwelteer stellt im Vergleich zu Erdöl einen wesentlich schwieriger zu behandelnden Ausgangsstoff für Spaltverfahren dar. Enthält er doch im Vergleich zu diesem etwas größere Mengen von Aromaten, außerdem aber viele Sauerstoffverbindungen, besonders wenn er aus der Spülgasschwelung stammt, viele Schwefelverbindungen und viele Asphaltstoffe. Die Phenole und Kresole bereiten wegen ihrer Aggressivität dem Apparatebau besondere Schwierigkeiten. Trotzdem ist es gelungen, Verfahren zu entwickeln, durch die die technischen Probleme gelöst wurden. Eines davon, das Karburol-Verfahren, wurde ursprünglich für Erdölerzeugnisse entwickelt und wird auch für diese angewendet[1]. Wie weit sich diese Verfahren wirtschaftlich durchsetzen und behaupten können, hängt von Voraussetzungen und Bedingungen ab, die hier nicht zu erörtern sind.

b) Das Polymerisieren.

Durch geeignete Wahl von Druck, Temperatur und Katalysatoren gelingt es, aus Molekülen ungesättigter Kohlenwasserstoffe Moleküle höheren Molekulargewichtes aufzubauen. Es werden dabei die ungesättigten Bindungen der einzelnen Bausteine gegenseitig abgesättigt. Dieser Prozeß, Polymerisation genannt, verläuft bei manchen Stoffen schon bei gewöhnlicher Temperatur. Soweit dieser Vorgang bei der Harzbildung unerwünscht ist, wurde er bereits in Abschnitt III C1a erwähnt und ist in den Abschnitt VI B 2 und VI D 4 noch zu erörtern. Hier handelt es sich um die Polymerisation als Verfahren zur Gewinnung flüssiger Kraftstoffe.

Da die Krackgase beträchtliche Mengen von ungesättigten Kohlenwasserstoffen enthalten, wie Zahlentafel 31 zeigt, sind sie geeignet, als Ausgangsstoffe für die Gewinnung von Polymerisationsbenzin zu dienen. Es gibt eine große Anzahl von Verfahren, die sich auf gesättigte und ungesättigte Kohlenwasserstoffgase anwenden lassen. Gesättigte Kohlenwasserstoffe müssen erst gespalten oder dehydriert werden, um sie für die Polymerisation reif zu machen. Vereinzelt sind in den zahlreichen Patenten, die auf diesem Gebiete entwickelt wurden, auch Verfahren angegeben, die die gesättigten Kohlenwasserstoffe unverändert lassen und sie mit ungesättigten kondensieren. Der Prozeß ist als Alkylierung in der organischen Chemie durchaus geläufig; es werden Alkyle angelagert. Eine weitere Unterscheidung, die wesentliche Merkmale hervorhebt, teilt die Polymerisationsverfahren in katalytische und thermische.

Bei jedem Polymerisationsverfahren laufen zahlreiche Reaktionen nebeneinander, der gegenseitige Einfluß ist vielfach noch nicht erforscht. Es soll deswegen davon abgesehen werden, eine formelmäßige Darstellung zu geben[2].

---

[1] Es ist bei MARDER, M.: Motorkraftstoffe, 1. Bd., S. 297—298. Berlin: Springer 1942 kurz beschrieben.

[2] Einzelheiten siehe z. B. bei SCHEER, W.: Die Synthese aliphatischer Benzine aus niedrigmolekularen Kohlenwasserstoffen. Feurungstechn. Bd. 29 (1941) S. 273 bis 286 — auszugsweise in: Öl u. Kohle Bd. 38 (1942) S. 691—696. — Eine ausführlichere Darstellung bei MARDER, M.: Motorkraftstoffe, Bd. 1, Abschnitt G, S. 368—458.

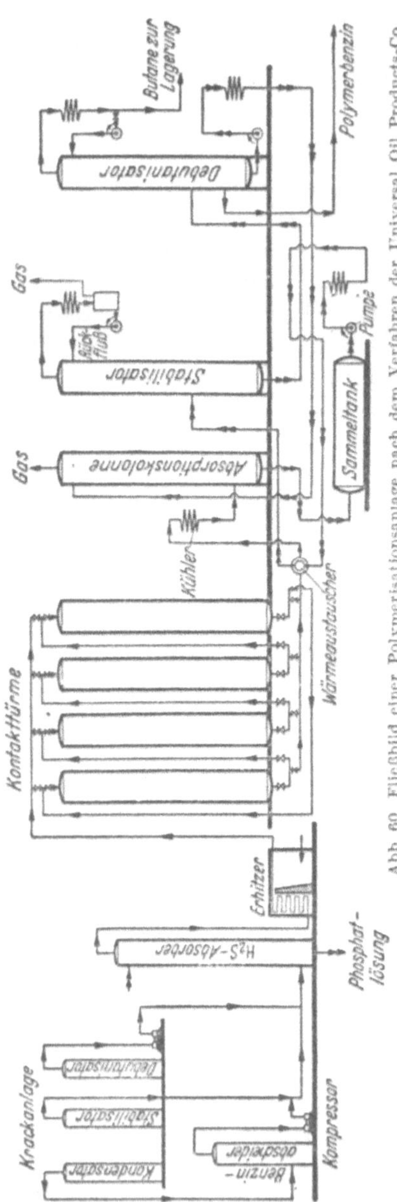

Abb. 60. Fließbild einer Polymerisationsanlage nach dem Verfahren der Universal Oil Products-Co.

Neben Spaltgasen werden heute besonders in den Vereinigten Staaten von Amerika große Mengen Erdgas nach geeigneter Vorbehandlung zur Benzingewinnung nutzbar gemacht. Auch die Abgase von Hydrierungsanlagen können zur Gewinnung von Polymerisationsbenzin verwendet werden. Dabei kommt es weniger auf die Herkunft als auf die Zusammensetzung der Gase an. Als Beispiel ist in Abb. 60 eine Polymerisationsanlage schematisch wiedergegeben. Sie zeigt, daß die zu polymerisierenden olefinhaltigen Gase nach Durchgang durch den Kontaktofen zum Abscheider gehen. Von diesem wird das Benzin über eine Stabilisierkolonne geführt, aus dem es nach dem Sammelbehälter geleitet wird. Das im Abscheider getrennte Gas geht ebenfalls zur Stabilisierkolonne, hinter der der nicht kondensierbare Anteil abgeschieden wird. Das Flüssiggas, das also noch nicht genügend polymerisiert ist, gelangt mit dem zu verarbeitenden Gas wieder in den Kreislauf zurück.

Bei der Wahl der Arbeitsbedingungen ist man darauf bedacht, möglichst klopffeste Benzine zu gewinnen. Besondere Bemühungen sind darauf gerichtet, reines Isooktan (= 2, 2, 4-Trimethyl-Pentan) zu erzeugen. Eines der Verfahren geht von den Abgasen der Stabilisieranlagen für Krackbenzin aus. In diesen Anlagen werden hauptsächlich Butan und Butene wegen ihres niedrigen Siedepunktes aus dem Krackbenzin entfernt, um einen Kraftstoff von genügend niedrigem Dampfdruck zu erhalten. Durch Polymerisation der Isobutene erhält man eine Mischung von 2, 2, 4-Trimethylpenten-3 und 2, 2, 4-Trimethylpenten-4. Durch Hydrieren können diese in das vorgenannte Isooktan umgewandelt werden. Diesem wird wegen seiner geringen Flüchtigkeit (Siedepunkt 99,3 ° C) auf ähnliche Weise gewonnenes Isopentan (= 2-Methylbutan, Siedepunkt 27,95 ° C), das ebenfalls sehr klopffest ist, zur Bereitung hochwertigen Fliegerbenzins beigemischt. Es wurden auch Verfahren der Hydropolymerisation entwickelt, bei denen durch Wahl geeigneter Katalysatoren gleichzeitig ein Molekülzusammenschluß und eine Wasserstoffanlagerung stattfinden. Hieher gehört offenbar auch das sog. Hydrocol-Verfahren zur Gewinnung von Benzin aus Erdgas. Es wird zwar als Syntheseverfahren bezeichnet und nutzt die beim FISCHER-TROPSCH-Verfahren gewonnenen Erfahrungen. Zur Zeit sollen einige nach diesem Verfahren arbeitende Anlagen in Amerika im Bau sein.

Um die Ausbeute der Druckwärmespaltung zu verbessern, hat man andererseits den Weg eingeschlagen, durch katalytische Dehydrierung mit Hilfe von Chrom- und Aluminiumoxydgemischen nach der Formel

$$C_nH_{2n+2} \rightarrow C_nH_{2n} + H_2 \qquad (2)$$

aus Propan und Butan die entsprechenden Olefine herzustellen, um sie polymerisieren zu können. Ein Blick auf Zahlentafel 31 zeigt, daß dadurch die Ausbeute an klopffesten Benzinen durch Erhöhen des Anteiles polymerisierbarer Kohlenwasserstoffe gesteigert werden kann.

3. Das Hydrieren.

Das Spalten und Polymerisieren hat vor allem dort Bedeutung, wo es sich darum handelt, abweichend von der natürlichen Zusammensetzung aus Erdöl Kraftstoffe in einer Menge und Güte zu gewinnen, wie sie von den Kraftstoffverbrauchern benötigt werden. Hingegen sind diese Verfahren nicht geeignet, flüssige Kraftstoffe aus Kohle herzustellen. Kohle ist gegenüber Erdöl sehr arm an Wasserstoff. Die wenigen in ihr enthaltenen Seitenketten von Aromaten können nur beim Schwelen vor der Umwandlung in Aromaten oder der Zersetzung in Wasserstoff und Methan bewahrt werden. Da jedoch die auf die Weise gewonnenen Mengen flüssiger Kraftstoffe viel zu klein sind und auch das beim Entgasen gewonnene Benzol bei weitem nicht ausreicht, den Bedarf einer entwickelten Volkswirtschaft an flüssigen Kraftstoffen zu decken, wurde im Deutschen Reich die Hydrierung der Kohle zu der heutigen Höhe entwickelt. Die grundlegenden Arbeiten stammen von Bergius. Sie wurden von Pier im Auftrage der I.G. Farbenindustrie AG. weitergeführt. Das Verfahren wird heute nicht nur auf die Kohlensubstanz, sondern auch auf wasserstoffarme Öle angewendet, um ihre Eigenschaften, sei es als Kraftstoffe, sei es als Schmierstoffe, zu verbessern. Wegen der Vorteile, die die Hydrierung bietet, hat sie auch Eingang in die an Erdöl so reichen Vereinigten Staaten von Amerika gefunden. Dort werden vor allem Erdölerzeugnisse hydriert.

Der Grundgedanke der Hydrierung (Wasserstoffanlagerung) besteht darin, die in der Kohle enthaltenen, wasserstoffarmen Einzelkörper in solche umzuwandeln, die den im Erdöl vorkommenden ähnlich sind. Deshalb ist für dieses Verfahren auch die Bezeichnung Kohlenverflüssigung üblich. Da sich der Wasserstoffgehalt der Kohlen, bezogen auf Reinkohle (wasser- und aschefreie Substanz), in der Größenordnung von 3 bis 8% bewegt, bei den Erdölerzeugnissen jedoch rd. 16% beträgt, ergibt sich die kennzeichnende Tatsache, daß bei der Hydrierung zusätzlich erzeugter Wasserstoff verwendet werden muß. Dieses Merkmal hat die Hydrierung mit der Synthese gemein; sie unterscheidet sich dadurch grundsätzlich vom Kracken und Polymerisieren. Das erwähnte Hydropolymerisieren stellt ein Mittelglied zwischen den beiden Verfahrensgruppen dar. Die Reaktionen verlaufen jedoch nur bei Anwesenheit bestimmter Katalysatoren in der gewünschten Richtung und für technische Anwendungen schnell genug.

Sowohl Kohle als auch Stein- und Braunkohlenteer enthalten unterschiedliche Mengen von Sauerstoff, Schwefel und andere Verunreinigungen. Das Problem der Hydrierung war gelöst, als es gelungen war, Katalysatoren zu finden, die durch den Schwefel nicht binnen kurzem vergiftet wurden. Es eignen sich hiezu besonders die Sulfide von Elementen der Hauptgruppe VI des Periodensystems der Elemente, nämlich von Molybdän, Wolfram und Uran. Hingegen sind Verbindungen der Gruppe VIII, nämlich Eisen, Kobalt und Nickel, wohl gut geeignet für den gewünschten Verlauf der Hydrierung, jedoch nicht schwefelfest genug. Da sie aber mit wesentlich geringeren Kosten zu beschaffen sind als die zuerst genannten, verwendet man sie in der ersten Phase des Hydrierganges, der sogenannten Sumpfphase, indem man sie der zu verflüssigenden Kohle in feiner Verteilung beimengt und mit dem Rückstand entfernt. Das so gewonnene, noch ziemlich hoch-molekulare Öl, das in einer Menge von etwa 70% der Ausgangskohle anfällt, wird dann in einer zweiten Phase, der Gasphase, an feststehenden Katalysatoren der Gruppe VI zu Benzin weiter hydriert.

Eine Darstellung des Vorganges mit Hilfe von Formeln hätte hier nur begrenzten Wert. Außerdem kennt man nur die Ausgangsstoffe und Enderzeugnisse, während man bezüglich der Zwischenreaktionen noch vielfach auf Vermutungen angewiesen ist. Ein Wesensmerkmal der Hydrierung sind hohe Temperaturen von 400 bis 500° C und außerordentlich hohe Drücke von einigen hundert Atmosphären. Die Entwicklung der für solche Arbeitsverhältnisse geeigneten Apparaturen stellte begreiflicherweise außerordentlich hohe Anforderung an die Technik.

Die Eigenschaften der Erzeugnisse der Hydrierung sind von denen der Ausgangsstoffe weitgehend abhängig. Da nicht nur Kohle, feingemahlen mit Öl zu einer Paste angerührt, sondern auch Teeröl und wasserstoffarmes Erdöl hydriert werden, können aromatische, naphthenische und paraffinische Enderzeugnisse gewonnen werden. Die aus Kohle durch Hydrieren erzeugten Benzine sind wegen des aromatischen Charakters der Kohle meist ziemlich klopffest. Dagegen haben die auf gleichem Wege gewonnenen Dieselöle keine hohe Zündwilligkeit. Eine bei der Hydrierung von Kohle nicht zu übersehende Schwierigkeit bietet ihre Asche. Es erscheint daher nicht ausgeschlossen, daß die Hydrierung von Kohle gegenüber der von flüssigen, praktisch aschelosen Schwerölen, Extrakten und ähnlichen Erzeugnissen zurücktreten und für die Gewinnung von Kraftstoffen aus Kohle die noch zu besprechende Synthese das Verfahren κατ' ἐξοχὴν wird. Die Entwicklung der allerjüngsten Vergangenheit läßt dies vermuten.

Ausgehend von Destillatschmierölen gelang es, durch Hydrieren Schmieröle mit verbesserten Eigenschaften zu gewinnen[1]. Ein Teil des Ausgangsstoffes wird jedoch bei diesem Verfahren durch Spaltung in Fraktionen mit niedrigem Siedepunkt verwandelt. Grundsätzlich ähnlich verläuft der Vorgang bei der Herstellung von Schmierölen aus Paraffin.

Schematisch ist eine Hydrieranlage, soweit es sich zunächst um die Erzeugung eines dem Erdöl ähnlichen Ausgangsproduktes handelt, in

[1] Vgl. hiezu Koch, K.: Über Schmierölsynthesen aus Olefinen und die Eigenschaften des synthetischen Schmieröles. Z. angew. Chem. Bd. 51 (1938) S. 411 bis 412. — Zorn, H.: Über hochwertige Schmieröle aus Erdöl und Kohleprodukten. Z. angew. Chem. Bd. 51 (1938) S. 412—413. — Schmidt, A. W. u. V. Scholler: Über synthetische Schmiermittel. Brennst.-Chemie Bd. 23 (1942) S. 235, 247 — Öl u. Kohle Bd. 40 (1944) S. 723—733.

Abb. 61 wiedergegeben. Die weitere Verarbeitung unterscheidet sich nicht grundsätzlich von den bereits geschilderten Verfahren zur Verarbeitung von Roherdöl.

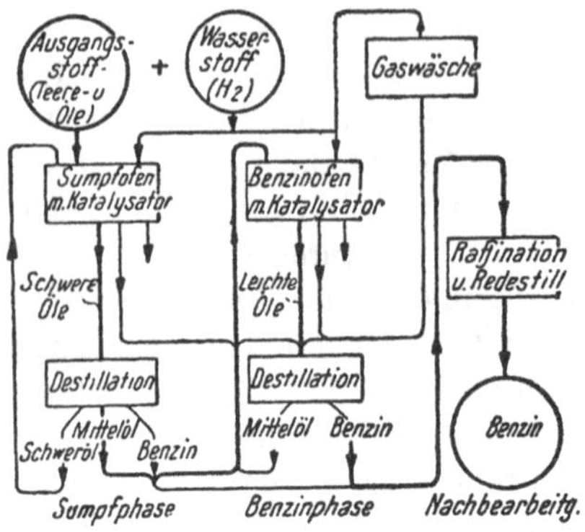

Abb. 61. Prinzipschema einer Hydrieranlage.

Die Hydrierung ist sehr anpassungsfähig und Abb. 62 läßt erkennen, wie sich die Mengen der Erzeugnisse auf die einzelnen Phasen bei der Hydrierung von Steinkohle und von Braunkohle verteilen.

Im Zusammenhang mit Spalt- und Raffinationsverfahren wird die Hydrierung in immer ausgedehnterem Umfang angewendet. Auf die Kombinationsmöglichkeiten, wie sie das Houdry-Krackverfahren ausnutzt, wurde bereits in Abschnitt III C 2a hingewiesen. Daneben bezeichnet man als sog. „Hydrofining"-Prozesse jene, bei denen die Hydrierung die Aufgaben

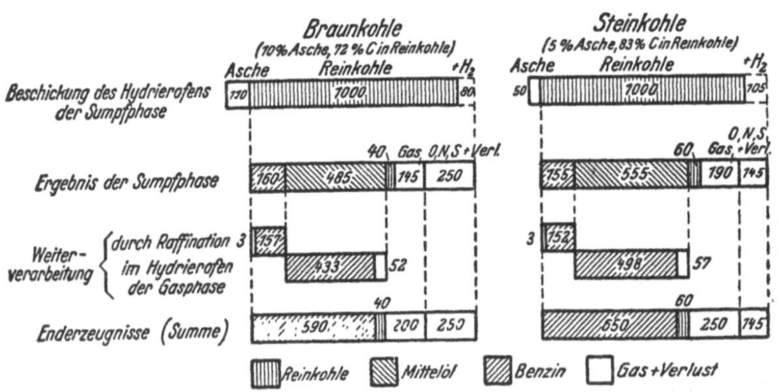

Abb. 62. Die Ausbeute beim Hydrieren von Braun- und Steinkohle nach Pier.

übernimmt, die sonst von den üblichen Raffinationsverfahren zu lösen sind. So werden vornehmlich die ungesättigten Kohlenwasserstoffe hydriert, ohne daß sie und andere Verbindungen tiefgreifenden Umwandlungen unterworfen werden.

Eine bei jeder Hydrierung zu beobachtende Erscheinung ist die

Reduktion von Schwefelverbindungen zu Schwefelwasserstoff, so daß auch in dieser Hinsicht eine Raffination erzielt oder zumindest vorbereitet wird. Solche Verfahren wurden von der I.G. Farbenindustrie AG. und der Standard Oil Company of New Jersey entwickelt.

Ein eigenartiges Verfahren zur Raffination von Rohbenzol ist unter dem Namen ROSTIN-Verfahren bekanntgeworden[1]. Bei diesem werden lothringische Minetteerze als Kontakt und entschwefeltes Leucht- oder Wassergas als Wasserstoffspender benutzt. Es arbeitet ohne Anwendung von Druck unter Zusatz von Wasserdampf bei einer Temperatur von etwa 350° C. Es ist besonders den Betriebsverhältnissen auf Gaswerken angepaßt, wurde aber versuchsweise auch auf Braunkohlen-Schwelwerken zum Behandeln von Schwelbenzin angewendet.

Sonderverfahren des Hydrierens stellen die zweiten Stufen der Verfahren von POTT-BROCHE und von UHDE dar. Bei diesen wird nicht ein Kohle—Öl-Brei, sondern ein Extrakt hydriert. Zu dessen Gewinnung in der ersten Stufe dienen bei POTT-BROCHE Tetralin und Dekalin in Mischung mit Phenol und Naphthalin, bei UHDE Teeröle unter hohem Druck. Es handelt sich dabei um das Hydrieren von Bitumenstoffen. Das Extrakt wird durch stufenweise Steigerung der Temperatur bis nahe unter den Zersetzungspunkt der Kohle erhalten und ist sehr arm an Asche. Bei dem Verfahren von POTT-BROCHE werden das Tetralin oder Dekalin zur Wasserstoffabgabe herangezogen[2], UHDE benutzt dagegen wie bei den übrigen Hydrierverfahren gasförmigen Wasserstoff.

Die Verfahren von POTT-BROCHE und von UHDE hängen eng mit den im Abschnitt III A 1d geschilderten Bemühungen zusammen, die Substanz der Kohle durch Behandlung mit Lösungsmitteln in einzelne Bestandteile zu trennen[3]. Am aufschlußreichsten waren dabei die im Kaiser-Wilhelm-Institut für Kohlenforschung durchgeführten Arbeiten, bei denen BROCHE Mitarbeiter von FISCHER war.

---

[1] Vgl. THAU, A.: Neuzeitliche Technik der Benzolgewinnung. Öl u. Kohle Bd. 13 (1937) a. a. O. bes. S. 575. — ALWIN, E.: Braunkohlenleichtöl-Verarbeitung nach dem Rostin-D.C.G.G.-Verfahren. Braunkohle Bd. 41 (1942) S. 449—453.

[2] POTT, A. u. H. BROCHE: Glückauf Bd. 69 (1933) S. 903—912. — Vgl. auch SANDER, A.: Das Verfahren von Pott und Broche zur Druckextraktion und Hydrierung von Kohlen. Teer u. Bitum. Bd. 36 (1938) S. 269—271.

[3] Vgl. Fußnote 2, Seite 301. — Eine Zusammenstellung der sonstigen diesbezüglichen Arbeiten mit kurzer Angabe der dabei erzielten Ergebnisse enthalten die Aufsätze von SCHEER, W.: Über die Entwicklung der Kohleextraktion. Feuerungstechn. Bd. 27 (1939) S. 225—230 — Beiträge zur Extraktion der Braunkohle. Feuerungstechn. Bd. 28 (1940) S. 150—155.

Eine der wichtigsten Voraussetzungen für die Wirtschaftlichkeit von Hydrieranlagen ist eine billige Herstellung von Wasserstoff. Hiefür stehen außer den in Abschnitt III C 5 zu schildernden Verfahren zur Gewinnung von Synthesegas — zwei Teile Wasserstoff und ein Teil Kohlenmonoxyd — jene zur Verfügung, die von Koksofengas ausgehen. Dieses ist dort, wo kein Naturgas vorkommt, wie in den meisten europäischen Ländern, die hauptsächlichste Quelle für Wasserstoff. Man trennt ihn entweder durch Tiefkühlen auf Temperaturen unter —200° C als nicht verflüssigten Bestandteil oder durch Spalten und anschließendes Konvertieren aller Kohlenwasserstoffe zu Wasserstoff und Kohlendioxyd und Auswaschen des Kohlendioxyds ab.

Bei den Tiefkühlverfahren können Methan und die höheren Kohlenwasserstoffe sowie Kohlenmonoxyd und Stickstoff durch fraktionierte Kondensation, erforderlichenfalls auch durch fraktionierte Rektifikation der Kondensate getrennt gewonnen werden[1]. Bei den Konvertierungsverfahren bleibt außer Wasserstoff, dessen Menge allerdings durch den Beitrag des zersetzten Wasserdampfes größer ist, nur das wertlose Kohlendioxyd übrig, das in Druckwäschern mit Wasser verhältnismäßig leicht entfernt werden kann.

4. Das Vergasen.

Das Vergasen von Brennstoffen bildet den Grenzfall der Umwandlung von Kohlenwasserstoffen; praktisch kommen nur feste nichtbakkende Brennstoffe in Frage. Die Vergasungsprodukte sind Kohlenmonoxyd und Wasserstoff, während von Kohlenwasserstoffen selbst höchstens Methan in Spuren erhalten wird. Die Bedeutung der Vergasungstechnik hat während der Kraftstoffknappheit der Kriegsjahre durch die Ausrüstung vieler Kraftfahrzeuge und Binnenschiffe mit Gasgeneratoren und durch die schon vorher einsetzende Entwicklung der Syntheseverfahren in unerwartetem Maßstabe zugenommen. Außer Betracht bleibt hier das mit demselben Wort bezeichnete Vergasen flüssiger Kraftstoffe im Vergaser von Ottomotoren. Es ist keine chemische

---

[1] Die thermodynamischen Grundlagen zur Berechnung des Verfahrens hat Fischer, V.: Gewinnung von Wasserstoff aus Koksofengas. Z. VDI Beih. Verf.techn. 1937, S. 14—20 behandelt. — Wegen allgemeiner Angabe siehe auch Gumz, W. u. R. Lessnig: Verfahren zur Herstellung von Synthesegas. Z. VDI Beih. Verf.-techn. 1940, S. 35—42, besonders S. 40—41; dort sind auch noch andere Verfahren kurz beschrieben. Bezüglich der Bezeichnung „Tiefkühlung" vgl. auch Fußnote 1, Seite 330.

Umwandlung, sondern ein physikalischer Vorgang, nämlich ein Verdampfen, um ein explosionsfähiges Gemisch von Luft und Kohlenwasserstoffdampf zu bilden. Für die Benennung der verschiedenen brennbaren Gase, die man durch Entgasen und Vergasen erhält, ist DIN 1340 maßgebend.

Die Technik des Vergasens fester Brennstoffe hat eine jahrzehntelange Entwicklung hinter sich. Die für die Industriefeuerung üblichen Bauformen können als ziemlich feststehend angesehen werden. Der übliche Gasgenerator besteht aus einer Aufgabevorrichtung für den Brennstoff, dem Schacht mit dem Gasabzug und dem bei ortsfesten Einheiten heute meist als Drehrost mit exzentrischer Spitze ausgebildeten unteren Abschluß des Schachtes. Sollen bitumöse Brennstoffe vergast werden, so ist noch ein über dem eigentlichen Vergasungsschacht angeordneter Schwelschacht erforderlich. Um das Anbacken von Schlacken an der feuerfesten Ausmauerung des Schachtes zu verhindern, wird oft ein Wassermantel vorgesehen, durch den die Temperatur des Mauerwerks erniedrigt wird. Der darin erzeugte Dampf kann im Betriebe genutzt oder unter den Rost geblasen werden. Dadurch wird die Temperatur der Vergasungszone gesenkt und der Heizwert durch Wassergasbildung erhöht. In Anlagen, die jedoch das erzeugte Gas heiß verwenden, um die fühlbare Wärme mit auszunutzen und hohe Flammentemperaturen zu erzielen, wie z. B. in Siemens-Martin-Öfen, werden die Generatoren so heiß wie möglich betrieben.

Die zwei wichtigsten Verfahren sind die Gewinnung von Luftgeneratorgas, nach DIN 1340 kurz Generatorgas genannt, und von Wassergas. Beide Arten werden in Gasgeneratoren erzeugt, das eine mit Luft, das andere mit Wasserdampf als Vergasungsmittel. Je mehr Luft das Vergasungsmittel enthält, um so mehr Kohlenmonoxyd bildet sich und um so mehr Stickstoff gelangt als Ballast in das erzeugte Gas. Als Vergasungsstoff dienen Braunkohlenbriketts, nichtbackende Steinkohle, Koks, Holzkohle, Holz usw., die in den Formeln für die Reaktionen der Einfachheit halber als reiner Kohlenstoff eingesetzt werden. Die nebenher laufenden Reaktionen der Begleitstoffe bzw. des Wasserstoff- und Sauerstoffrestgehaltes werden dabei vernachlässigt.

Der Heizwert und die für Feuerungen wichtige Leuchtkraft der Flamme sind beim Vergasen von Kohle höher als bei Koks, weil das Gas infolge des Schwelens des Vergasungsstoffes mit Teerdämpfen angereichert wird.

Der Generatorgasprozeß verläuft nach der noch zu besprechenden Gl. (4) exotherm. Bei kleineren Generatoren (z. B. auf Fahrzeugen) genügt die Oberfläche, um die entstehende Wärme durch Strahlung und Konvektion abzuführen. Der Wassergasprozeß ist hingegen endotherm, wie Gl. (6), S. 378 zeigt. Es muß deshalb durch wechselweises Gasen mit Wasserdampf und Heißblasen mit Luft oder auf andere Weise für die erforderliche Wärmezufuhr gesorgt werden.

Eine Generatorgasanlage moderner Bauart für eine Glashütte, in der Braunkohlenbriketts vergast werden, hat z. B. MÖLLER[1] beschrieben. Bemerkenswert an dieser Anlage ist, daß die Vergasungsluft nicht mittels Dampf gesättigt, sondern daß das aus dem Gas abgeschiedene, für den Betrieb unangenehme phenolartige Wasser in die vorgewärmte Vergasungsluft eingespritzt und auf diese Weise einfach beseitigt wird. Das Schrifttum über Bauformen und Betriebsweise von Generatorgasanlagen besonders für Kraftfahrzeuge, dann auch für Schiffe, ist im Zusammenhang mit den vor und während des letzten Krieges notwendig gewordenen Umstellungen ins Unübersehbare angewachsen. Vieles davon ist jedoch nicht von bleibendem Wert, so daß weitere Hinweise nicht ohne eine gewisse Willkür wären[2].

Bei der Erzeugung von Kraftgas müssen an die Reinheit des Gases besondere Anforderungen gestellt werden, um ein Verstopfen von Leitungen und ein Verharzen von Ventilen durch teerige Bestandteile, Korrosion durch Schwefel und übermäßigen Verschleiß der Zylinderlaufbüchsen durch Flugstaub zu verhindern.

Wassergas kann in ähnlich gebauten Generatoren erzeugt werden wie Luftgeneratorgas, wenn die erforderlichen Umschaltmöglichkeiten für den Wechselbetrieb mit Luft und Wasserdampf vorgesehen sind. Hiefür sind vielfach selbsttätig arbeitende Apparaturen entwickelt worden.

Entscheidend für die Weiterentwicklung der Wassergaserzeuger war die Tatsache, daß das Wassergas als Synthesegas dient, denn es besteht praktisch nur aus Kohlenmonoxyd und Wasserstoff, allerdings noch nicht im richtigen Verhältnis. Nun konnten die großen erforderlichen Mengen von 10^6 m^3 im Tag und mehr nicht mittels der bisher gebräuchlichen Generatorbauformen bewältigt werden. Es mußten deshalb neue

[1] MÖLLER, R.: Hochleistungsgaserzeugungsanlage für eine Glashütte. Z. VDI Bd. 81 (1937) S. 1167—1171.

[2] Eine kurze Übersicht bei RETTENMAYER, A.: Der Entwicklungsstand der restlosen Vergasung. Öl u. Kohle Bd. 38 (1942) S. 457—465.

Wege beschritten werden, zumal ein Wechselbetrieb bei der Synthesegaserzeugung kaum anwendbar ist[1].

Die für einen ständigen Wassergasprozeß nötige stetige Zufuhr von Wärme kann auf verschiedene Weise bewirkt werden. In den BUBIAG-DIDIER-Anlagen dient eine Außenbeheizung der Vergasungsschächte diesem Zweck. Sie erhält das Heizgas aus einem besonderen Generator üblicher Ausführung, der mit dem anfallenden Restkoks aus den Vergasungskammern beschickt wird.

Eine andere Möglichkeit der Wärmezufuhr bietet die Anwendung von Wälzgas, indem ein Teilstrom des erzeugten Gases z. B. in Regene-

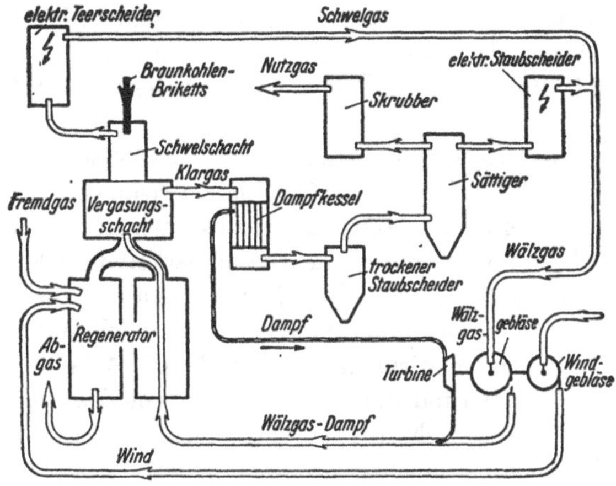

Abb. 63. Schematisches Fließbild der stetigen Wassergaserzeugung nach dem PINTSCH-HILLEBRAND-Verfahren.

ratoren erhitzt und dem Vergasungsschacht wieder zugeführt wird. Zu dieser Gruppe gehören das SCHMALFELDT-WINTERSHALL-Verfahren für grubenfeuchte Braunkohle sowie das Verfahren von KOPPERS und das in Abb. 63 schematisch angedeutete PINTSCH-HILLEBRAND-Verfahren, die beiden letzten für Braunkohlenbriketts.

---

[1] SCHULTES, W.: Die Herstellung von Wassergas und Synthesegas aus Steinkohle. Glückauf Bd. 72 (1936) S. 273—285. — BAUM, K.: Großwassergaserzeuger insbesondere zur Herstellung von Synthesegasen. Z. VDI Sonderh. 74. Hauptvers. Darmstadt (1936) S. 59—69. — THAU, A.: Großwassergaserzeugung für chemische Synthesen. Öl u. Kohle Bd. 38 (1942) S. 589—601, 617—624, 685—690, 721—727, 749—765. — GUMZ, W. u. R. LESSNIG: Verfahren zur Herstellung von Synthesegas. Z. VDI Beih. Verf.-techn. 1940, S. 35—42.

Eine weitere Möglichkeit, Wassergas stetig zu erzeugen, bietet die Anwendung von Sauerstoff. Die Reaktion verläuft dann theoretisch nach der Gleichung

$$2\,[C] + H_2O + {}^1/_2\,O_2 - 1\ \text{kcal/mol} = 2\,CO + H_2\,, \tag{3}$$

also praktisch ohne die Notwendigkeit der Wärmezu- oder -abfuhr. Das Verfahren gewann praktische Bedeutung, sobald der erforderliche Sauerstoff zu einem wirtschaftlich tragbaren Preis zur Verfügung gestellt werden konnte. Es ist deshalb nicht erstaunlich, daß bereits LINDE, dem es gelungen war, die Luft zu verflüssigen und so praktisch reinen Sauerstoff zu gewinnen, daran dachte, feste Brennstoffe mittels Sauerstoff zu vergasen. Dies beweist sein Patent. DRP. Nr. 108158 vom 21. 5. 1898. Wegen der großen Aktivität des Sauerstoffes dachte er an Vergasung mit flüssigem Schlackenabzug. Dieses Patent blieb jedoch ungenützt.

Erst im Jahre 1926 wurde diese Idee von DRAWE aufgegriffen, jedoch ein Sauerstoff—Wasserdampf-Gemisch als Vergasungsmittel vorgeschlagen, um mit festbleibender Asche fahren zu können. Eine Versuchsanlage im Gaswerk Berlin-Tegel zeigte die Brauchbarkeit und Wirtschaftlichkeit der Vorschläge[1]. In großtechnischem Maßstab ist der Gedanke der Vergasung mit Sauerstoff dann beim Verfahren nach WINKLER von der I.G. Farbenindustrie verwirklicht worden. An die Arbeiten von DRAWE anknüpfend ist auf Grund der Berechnungen von DANULAT und HUBMANN die Lurgi-Gesellschaft für Wärmetechnik bei dem Druckvergasungsverfahren noch einen Schritt weiter gegangen[2].

Dieses Verfahren arbeitet ebenfalls mit Sauerstoff, jedoch unter Drücken von 5 bis 30 atü, je nach der gewünschten Zusammensetzung des Gases. Bei 5 bis 10 atü erhält man Synthesegas, bei 20 bis 30 atü ein Gas, das den Normen für Stadtgas entspricht. Das Schema einer

---

[1] Vgl. DRAWE, R.: Hochwertiges Gas und flüssige Brennstoffe als Endziele der Kohlenveredelung. Gas- u. Wasserfach Bd. 69 (1926) S. 1013—1015 — Neue Wege der Schwelung und Vergasung. Braunkohle Bd. 26 (1927) S. 573—577 — Starkgas durch Brennstoffvergasung mit Sauerstoff. GWF Bd. 76 (1933) S. 541 bis 545 — Wege zur gesteigerten Brennstoffveredelung. GWF Bd. 80 (1937) S. 806 bis 810.

[2] Dazu HUBMANN, D.: Erzeugung von wasserstoffreichem Gas für Städteversorgung und Synthese. Mitt. Metallges. 1933, Nr. 8, S. 10—16. — DANULAT, F.: Die Druckvergasung fester Brennstoffe mit Sauerstoff. Mitt. Metallges. 1938, Nr. 13 S. 14—22. — Die Sauerstoff-Druckvergasung fester Brennstoffe. GWF Bd. 84 (1941) S. 549—552.

solchen Anlage ist in Abb. 64 wiedergegeben. Auf weitere Einzelheiten kann hier nicht eingegangen werden.

Die beim Vergasen mit Luft auftretende Reaktion kann unter der Voraussetzung des Entstehens gleicher Mole von CO und CO_2 geschrieben werden:

$$2\,[C] + 1{,}5\,O_2 + 5{,}67\,N_2 - 126{,}3\ \text{kcal/mol} \rightarrow CO_2 + CO + 5{,}67\,N_2. \quad (4)$$

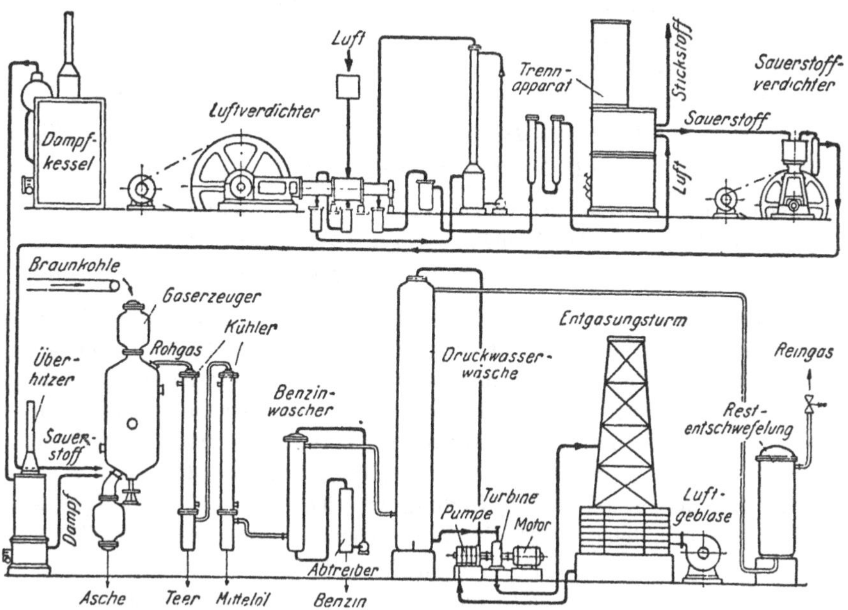

Abb. 64. Konstruktives Fließbild einer nach dem LURGI-Verfahren mit Sauerstoff arbeitenden Druck-Vergasungsanlage für Braunkohle.

Im praktischen Betrieb ergibt sich aber das Verhältnis vom CO zu CO_2 nach dem sog. BOUDOUARDschen Gleichgewicht:

$$[C] + CO_2 + 41{,}95\ \text{kcal/mol} \rightleftarrows 2\,CO; \quad (5)$$

es verschiebt sich mit steigender Temperatur nach der rechten Seite, d. h. die Wärmeaufnahme, die bei der durch Berührung mit glühendem Kohlenstoff eingeleiteten Rückverwandlung des entstandenen CO_2 in CO auftritt, verhindert, daß die nach Gl. (4) zu erwartenden hohen Temperaturen erreicht werden. Das so gewonnene Generatorgas enthält etwa 30% CO und 65% N_2; der Rest besteht aus etwas Wasserstoff (entstanden aus der immer vorhandenen Luftfeuchtigkeit), Kohlendioxyd und Schwefelverbindungen. Sein oberer Heizwert liegt bei 800 bis 1000 kcal/Nm³, der untere etwa 50 kcal/Nm³ darunter. Bei geeigneter Bauart der Generatoren kann man, wie bereits erwähnt, auch aus bituminösen Brennstoffen, also vor allem aus Kohle, Generatorgas erzeugen. Es entstehen dann teilweise Schwelgase, die die Zusammensetzung des gewonnenen Gases ändern und dadurch ein Gas mit höherem Heizwert — bis etwa $H_u = 1300$ kcal/Nm³ — und mit größerer Leuchtkraft der Flamme liefern.

Bei der Gewinnung von Wassergas treten hauptsächlich die beiden folgenden Reaktionen auf:

$$[C] + H_2O + 28{,}42\ \text{kcal/mol} = CO + H_2 \tag{6}$$

$$[C] + 2\,H_2O + 18{,}16\ \text{kcal/mol} = CO_2 + 2\,H_2. \tag{7}$$

Zwischen den entstehenden und an der Reaktion beteiligten Gasen und Dämpfen stellt sich das Gleichgewicht nach der Beziehung

$$CO + H_2O - 10{,}26\ \text{kcal/mol} \rightleftarrows CO_2 + H_2, \tag{8}$$

die als Wassergasgleichgewicht bezeichnet wird, ein. Sie ergibt sich durch Subtraktion der Gl. (6) von Gl. (7). Berechnet man mit Hilfe der Gleichgewichtskonstanten die Zusammensetzung des Wassergases für verschiedene Temperaturen, so findet man, daß bei einer Temperatur von mehr als 800° C, bei der die Reaktionen so schnell verlaufen, daß sie eine technische Auswertung gestatten, ungefähr gleiche Mengen CO und H_2 im Rohgas entstehen. Die Bildung von CO_2 und auch von CH_4, das nach der im nächsten Abschnitt zu besprechenden oder ähnlichen Gleichungen entstehen kann, geht auf Bruchteile von Prozenten zurück. Der Prozeß verläuft demnach nur nach Gl. (6). Wegen des Fehlens von Stickstoff hat Wassergas einen wesentlich höheren Heizwert als Luftgeneratorgas. Er beträgt rd. 2700 kcal/Nm³.

Wassergas findet heute auch ausgedehnte Anwendung zum Strecken von Leuchtgas. Die beizumischende Menge wird in normalen Zeiten so bemessen, daß das Gemisch ein normgerechtes Stadtgas von 4200 kcal/Nm³ oberem Heizwert ergibt. In der Industrie wird Generator- und Wassergas sehr viel zum Heizen keramischer und metallurgischer Öfen verwendet, weil die Befeuerung mit Gas wegen der guten Regelbarkeit und wegen des Fehlens der Asche große Vorzüge gegenüber der Beheizung mit festen Brennstoffen bietet.

Die Trennung der Asche vom Verbrennlichen und dessen Überführung in die Gasform sind überhaupt die wichtigsten Merkmale, durch die die Vergasung für Feuerungen zur idealen Brennstoffveredelung wird.

Über die beim Vergasen sich einstellenden Gleichgewichte besteht ein umfangreiches Schrifttum, das von der Thermodynamik chemischer Reaktionen ausgeht und mit Hilfe von experimentell ermittelten Gleichgewichtskonstanten auf Grund des Massenwirkungsgesetzes den Reaktionsverlauf durch Aufstellen von Stoff- und Energiebilanzen beschreibt[1].

[1] Einer der ersten, der sich mit den bei der Vergasung auftretenden Reaktionsgleichgewichten befaßte, war R. MOLLIER in einer Arbeit: Gleichungen und Diagramme zu den Vorgängen im Generator. Z. VDI Bd. 51 (1907) S. 532. Eingehende Untersuchungen und Berechnungen wurden in neuerer Zeit von TERRES und seinen Schülern durchgeführt; hierüber siehe TERRES, E., G. PATSCHEKE, H. HOFMANN, ST. KOVACS u. O. LÖHR: Über die Bildung des Wassergases und das Verhalten der Kokse und Halbkokse, Braunkohlen und Steinkohlen bei der Wassergaserzeugung. GWF Bd. 77 (1934) S. 585—587, 628—636, 650—654, 666—669, 681—684, 703—705. Dazu kommen die folgenden Arbeiten, in denen in zunehmendem Maße die von der physikalischen Chemie gebotenen Forschungsergebnisse genutzt werden. DOLCH, P.: Synthesegaserzeugung durch Sauerstoff-Wasserdampfvergasung. Feuerungstechn. Bd. 27 (1939) S. 101—111. — KOELSCH, H.: Die Reaktionsgleichung für die Bildung von Generatorgas. Feuerungstechn. Bd. 27 (1939) S. 195 bis 201. — ZEISE, H. u. S. KHODSCHAIAN: Einige technisch wichtige Gasgleichgewichte. Feuerungstechn. Bd. 28 (1940) S. 54—56 [Berichtigung und Ergänzung von Angaben über Gleichgewichtskonstante in Z. Elektrochem. Bd. 43 (1937) S. 704—708]. — KOELSCH, H.: Die Gleichgewichtskonstante der Generatorreaktion. Feuerungstechn. Bd. 88 (1940) S. 83—85 — Die Reaktionsgleichung für die Bildung von Generatorgas a. a. O. S. 155—159, 185—190. — LEYE, A. R.: Vergasung mit Wasserdampf und Sauerstoff. Ein Verfahren zur rechnerischen Erfassung der Vergasung und Spaltung. GWF Bd. 83 (1940) S. 669—672, 688—691. — TRAUSTEL, S.: Praktische Berechnung von Vergasungsgleichgewichten. Feuerungstechn. Bd. 29 (1941) S. 105—114. — TRAUSTEL, S. u. A. REUTER: Die Gaswandlung in der Reduktionszone eines Gaserzeugers. Feuerungstechn. Bd. 29 (1941) S. 159—161. — GUMZ, W.: Graphisch-rechnerische Behandlung von Vergasungsvorgängen. Feuerungstechn. Bd. 29 (1941) S. 177—182. — ZEISE, H.: Thermodynamische Berechnung von Verbrennungstemperaturen und Umsätzen in Gasgemischen bei strenger Berücksichtigung aller Spaltungsmöglichkeiten. Feuerungstechn. Bd. 30 (1942) S. 25 bis 29, 231—234. — DRAWE, R. u. S. TRAUSTEL: Grundbedingungen der Vergasung. GWF Bd. 85 (1942) S. 184—191. — TRAUSTEL, S.: Entropie und Gleichgewicht. Feuerungstechn. Bd. 30 (1942) S. 129—135 — Grundsätzliches zur Berechnung von Vergasungsvorgängen a. a. O. S. 225—231 — Zur Berechnung von Vergasungsgleichgewichten. Feuerungstechn. Bd. 31 (1943) S. 111—114. — Eine zusammenhängende Darstellung, die allerdings noch nicht den letzten Stand der Entwicklung berücksichtigen kann, findet man bei SCHUSTER, F.: Energetische Grundlagen der Gastechnik. Halle, Knapp 1933. — Weiterhin sind an Büchern zu nennen DOLCH, P.: Wassergas. Leipzig: Barth 1936. — MÜLLER, W. J. u. E. GRAF: Kurzes Lehrbuch der Technologie der Brennstoffe, S. 70—111, 325—372. Wien: Deuticke 1939. — GUMZ, W.: Kurzes Handbuch der Brennstoff- und Feuerungstechnik, S. 264—285. Berlin: Springer 1942. — Vgl. auch Abschnitt II C 5.

5. Die Synthese.

Bei den bisher besprochenen Verfahren zur Umwandlung von Kohlenwasserstoffen werden die in den natürlichen Brennstoffen vorkommenden Moleküle jeweils nur soweit verändert, als es das gewünschte Enderzeugnis verlangt. Dies trifft auch für das Vergasen zu, bei dem der Abbau bis auf die kleinsten Moleküle vor sich geht. Die Umwandlung von Kohlenstoff in Kohlenmonoxyd ergibt sich zwangsläufig aus dem Verlangen, nur gasförmigen Brennstoff zu erhalten.

Die am tiefsten greifende Umwandlung von Kohlenwasserstoffen, die gleichzeitig die Möglichkeit bietet, durch Wahl geeigneter Arbeitsbedingungen bestimmte chemische Stoffe zu gewinnen, liegt in der Synthese von Kohlenwasserstoffen aus den einfachsten Baustoffen, nämlich aus den bei der Wassergaserzeugung entstehenden Gasen Kohlenmonoxyd und Wasserstoff. Daß durch das Kohlenmonoxyd auch Sauerstoff an der Reaktion beteiligt ist, darf hier nicht stören; es muß fast bei jeder Synthese der hier zu besprechenden Art zusammen mit Wasserstoff als Wasser aus dem Prozeß entfernt werden. Hingegen bietet die Verwendung des bei normaler Temperatur gasförmigen Monoxydes die Möglichkeit, unter milden Bedingungen zu arbeiten.

Die älteste Synthese ist die von SABATIER vor etwa 50 Jahren entdeckte Synthese des Methans aus Kohlenmonoxyd und Wasserstoff mit Hilfe von Nickel- und Kobaltkatalysatoren. Sie verläuft nach der Gleichung

$$CO + 3\,H_2 - 49{,}2\,\text{kcal/mol} = CH_4 + H_2O. \qquad (9)$$

Diese Umsetzung erfordert Temperaturen von etwa 250° C. Später gelang bei 300 bis 400° C und Drücken von rd. 200 at der damaligen Badischen Anilin- und Sodafabrik (BASF) nach jahrelangen Vorarbeiten die Synthese von Methylalkohol nach der Formel

$$CO + 2\,H_2 - 23\,\text{kcal/mol} = CH_3OH, \qquad (10)$$

womit bereits ein flüssiger Motorenkraftstoff gewonnen war. Große Bedeutung erlangte schließlich die Synthese schwererer Kohlenwasserstoffe nach dem Verfahren von FISCHER und TROPSCH, das bei Temperaturen von 180 bis 190° C arbeitet und bei verschiedenen Drücken die in Abb. 65 gezeigten Ausbeuten liefert[1].

Die bei der Synthese auftretenden Reaktionen lassen sich wie folgt darstellen:

$$x\,CO + 2x\,H_2 - 44x\,\text{kcal/mol} = (CH_2)_x + x\,H_2O. \qquad (11)$$

---

[1] Vgl. hiezu FISCHER, F.: Überblick über die Synthesen aus Kohlenoxyd und Wasserstoff. Öl u. Kohle Bd. 39 (1943) S. 517—522.

Wie die Gleichung zeigt, wird Wasserstoff und Kohlenmonoxyd im Molverhältnis 2:1 benötigt. Da sich nun bei der Erzeugung von Wassergas diese Anteile ungefähr wie 1:1 verhalten, muß bei der Synthese zusätzlich Wasserstoff erzeugt werden. Deswegen wird ein Teilstrom des Wassergases durch eine Konvertierungsanlage geleitet, in der aus dem Kohlenmonoxyd und zugesetztem hochüberhitztem Wasserdampf nach der schon früher erwähnten Gleichung für das Wassergasgleichgewicht

$$CO + H_2O - 10{,}26\ \text{kcal/mol} = CO_2 + H_2 \quad (8)$$

Kohlendioxyd und Wasserstoff gebildet wird. Durch das Hinzutreten des Wasserdampfes kann die Zusammensetzung des Gases in der gewünschten Richtung geändert werden. Das im Gas vorhandene Kohlendioxyd kann auf einfache Weise unter Druck mit Wasser ausgewaschen werden. Auf die Wichtigkeit einer weitgehenden Entfernung des Schwefels und seiner Verbindungen bei der Synthesegaserzeugung wurde bereits in Abschnitt I B 4 hingewiesen.

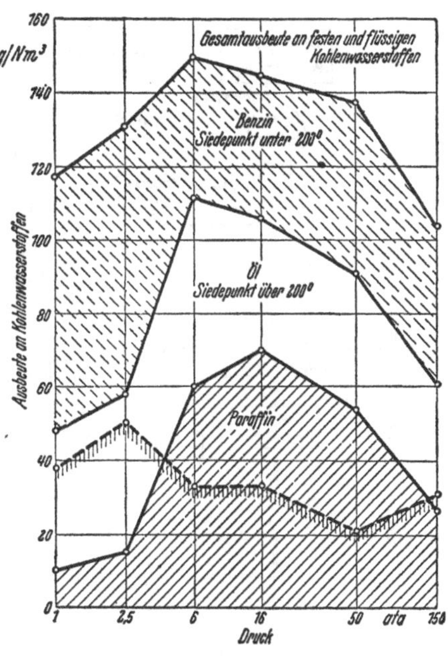

Abb. 65. Die Ausbeute bei der Synthese von Kohlenwasserstoffen aus Kohlenoxyd und Wasserstoff an Kobaltkontakten bei verschiedenen Arbeitsdrücken und bei Temperaturen von etwa 180 bis 190° C nach FISCHER und PICHLER.

Die gestrichelte Kurve zeigt die Ausbeute an gasförmigen Kohlenwasserstoffen einschließlich Gasol.

Durch die wiedergegebene Formel wird nur die für die Synthese wichtigste Reaktion beschrieben. Es laufen mit ihr noch einige andere Nebenreaktionen parallel, die hier nicht näher erörtert werden können. In der Hauptsache bilden sich aus den entstehenden (CH_2)-Radikalen kettenförmige Kohlenwasserstoffe. Die Länge der Ketten kann ungefähr aus den Angaben der Abb. 65 ersehen werden. Man nennt das nach dem FISCHER-TROPSCH-Verfahren gewonnene Öl Kogasin. Da es aus CH_2-Radikalen aufgebaut ist, enthält insbesondere die Fraktion mit der kleinen Kohlenstoffatomzahl viele Olefine; ihr Anteil nimmt mit steigender Molekülgröße ab.

Wegen des kettenförmigen Charakters eignet sich Kogasin II, das bei der Kraftstoffsynthese entstehende höher siedende Erzeugnis, ausgezeichnet als Dieselkraftstoff. Es weist sogar eine Zündwilligkeit entsprechend einer Zetanzahl von rd. 90 auf, vgl. Abschnitt IV B 4. Deshalb wird es in reiner Form gar nicht verwendet, sondern dient fast nur zur Herstellung von Dieselkraftstoffen durch Mischen mit weniger zündwilligen Kraftstoffen. Um klopffeste Benzine zu erhalten, wird das direkt durch Synthese gewonnene Benzin (Kogasin I) mit einem aus schwerer flüchtigem Kogasin erzeugten Krackbenzin hoher Oktanzahl verschnitten.

In den letzten Jahren gelang es aber auch, mittels oxydischer Kontakte sowie durch Anwendung von Drücken in der Größenordnung von 300 at und von Arbeitstemperaturen von 400—450° C verzweigte Kohlenwasserstoffe herzustellen. Die bei dieser sog. Isosynthese gewonnenen Kraftstoffe sind dementsprechend klopffest.

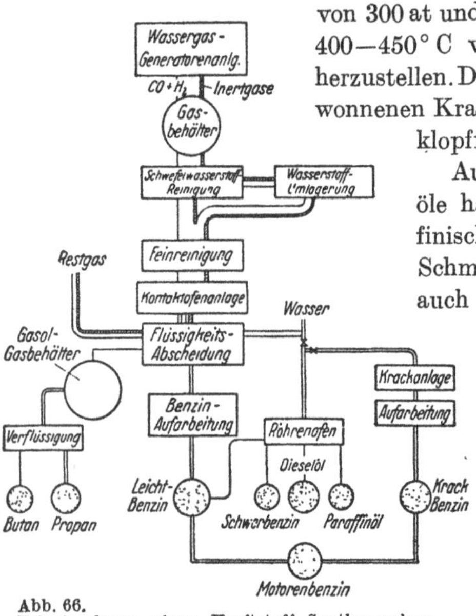

Aus Kogasin gewonnene Schmieröle haben wegen ihres rein paraffinischen Aufbaues hervorragende Schmiereigenschaften. Es wurden auch Anlagen errichtet, die durch Mitteldrucksynthese in der Hauptsache feste Paraffine erzeugen; diese dienen als Ausgangsstoffe für die Gewinnung industrieller Fette. Wie sich die Anteile dieser Produkte bei Änderung des Druckes verschieben, zeigt Abb. 65. Dabei wurde wie üblich Kobalt für die Kontakte verwendet. Mit Rutheniumkontakten konnte ein stetiger Anstieg der Paraffinausbeute bis zu rd. 100 g/Nm³ bei 180 at im Laboratoriumsversuch erzielt werden. Eine weitere Erhöhung des Druckes bis zu 1000 at steigerte die Ausbeute nur mehr unwesentlich[1]

Abb. 66. Prinzipschema einer Kraftstoff-Syntheseanlage nach dem Verfahren von FISCHER und TROPSCH.

[1] Vgl. hiezu FISCHER, F. u. H. RICHTER: Gewinnung von Olefin aus Kohlenoxyd und Wasserstoff. Brennst.-Chemie Bd. 20 (1939) S. 41—48, 221—228 — Auszug daraus Z. VDI Bd. 83 (1939) S. 1216. — RICHTER, H. u. H. BUFFLEB: Versuche über Hochdrucksynthese. Brennst.-Chemie Bd. 21 (1940) S. 257—264,

Bei der Benzinsynthese nach FISCHER-TROPSCH, die in Abb. 66 schematisch dargestellt ist, entstehen schließlich auch Flüssiggase, die sich aus Propan, Propen, Butan und Buten zusammensetzen, und Abgase, die Methan, Äthan und Äthylen enthalten. Man trachtet, sie möglichst restlos zu verwerten. Deshalb wird gewöhnlich nicht ein Verfahren allein zur Umwandlung von Kohlenwasserstoffen angewendet. Vielmehr werden meist mehrere gekuppelt, um ihre Vorteile besser nutzen zu können.

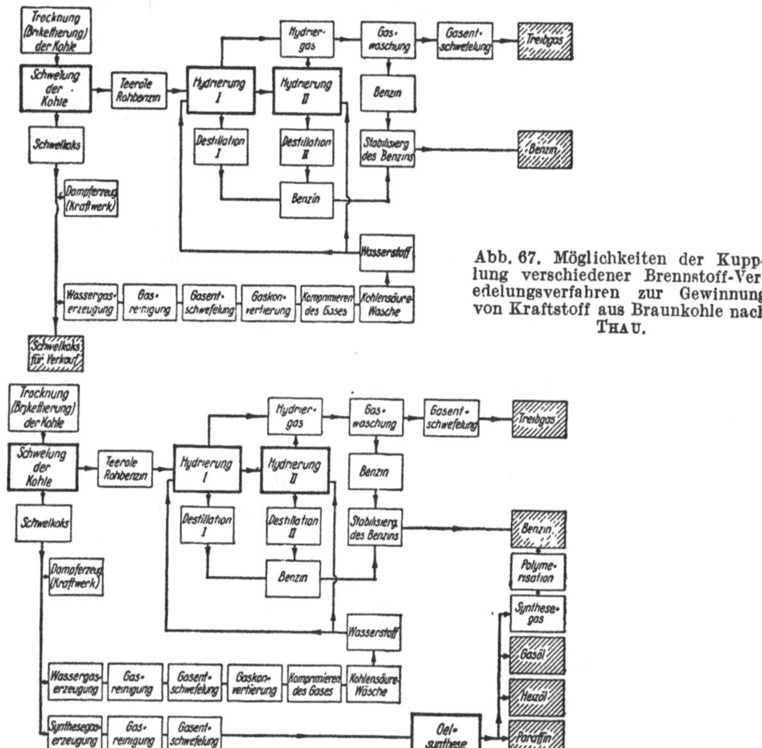

Abb. 67. Möglichkeiten der Kupplung verschiedener Brennstoff-Veredelungsverfahren zur Gewinnung von Kraftstoff aus Braunkohle nach THAU.

Welche Möglichkeiten sich dabei bieten, zeigt Abb. 67 für den Fall, daß aus Braunkohle flüssige Kraftstoffe und andere Öle gewonnen werden sollen.

273—280 — Auszug daraus Z. VDI Bd. 85 (1941) S. 468—469. — Über die Verarbeitung von Paraffin zu Fettsäuren siehe WIETZEL, G. (u. G. MISENTA): Herstellung von synthetischen Fettsäuren. Z. angew. Chem. Bd. 51 (1938) S. 531—537 — Z. VDI Bd. 83 (1939) S. 108—110. — MARTIN, F.: Über Fortschritte in der Kohlenwasserstoff-Synthese (FISCHER-TROPSCH). Erdöl u. Kohle Bd. 1 (1948) S. 26—29.

6. Sonstige Verfahren zur Umwandlung von Kohlenwasserstoffen.

In den vorstehenden Abschnitten sind die Verfahren zur Umwandlung von Kohlenwasserstoffen beschrieben, welche wirtschaftlich am bedeutendsten sind. Daneben gibt es noch einige, die der Vollständigkeit halber kurz besprochen werden sollen. Hieher gehört als eines der ältesten die Erzeugung von Ölgas aus flüssigen Kohlenwasserstoffen, insbesondere aus dem etwa zwischen 300 und 350° C siedenden Gasöl, das seinen Namen dieser ursprünglichen Verwendung verdankt. Es wird verdampft und bei 700 bis 800° C thermisch gespalten. Hiebei wird in erster Linie Wert auf hohe Gasausbeute gelegt. Diese ist bei Paraffin-Kohlenwasserstoffen am höchsten und bei Aromaten am niedrigsten. Die mit ungesättigten Kohlenwasserstoffen erzielbaren Ausbeuten liegen in der Mitte.

Das Ölgas besteht zu 30 bis 50% aus Methan und zu 10 bis 30% aus Wasserstoff, der Rest aus Äthan, Äthen und schwereren Kohlenwasserstoffen. Teer entsteht in einer Menge von etwa 20 bis 30% des Einsatzgutes und hat in der Zusammensetzung Ähnlichkeit mit Steinkohlenteer.

Ölgas hatte früher Bedeutung für Beleuchtungszwecke, weil seine Leuchtkraft ein Mehrfaches der von Koksofengas beträgt. Ausgedehnte Verwendung fand es zur Beleuchtung der Eisenbahnwagen, in denen es in Behältern unter Druck von 8 bis 10 at mitgeführt wurde. Seit der Einführung der elektrischen Zugbeleuchtung mit Hilfe der Querfeldmaschine von ROSENBERG, die bei veränderlicher Drehzahl konstanten Strom liefert, wurde die Ölgasbeleuchtung jedoch immer mehr verdrängt. Diese Entwicklung wurde durch das schwere Eisenbahnunglück bei Domodossola an der Simplonbahn im Jahre 1923 sehr beschleunigt, bei dem viele Menschen dadurch ums Leben kamen, daß Wagen eines entgleisten Zuges durch ausströmendes Ölgas in Brand gesetzt wurden.

Die hohe Leuchtkraft zersetzter Dämpfe schwerer Kohlenwasserstoffe wird in erdölreichen Ländern dazu benutzt, aus Wassergas ein Leuchtgas durch Einspritzen heißer Öle in Öfen mit Schamottausmauerung zu erzeugen. Dieses Verfahren ist als Karburierung bekannt. Es hat heute in dieser Form in Europa kaum mehr Bedeutung; in den Vereinigten Staaten von Amerika werden aber vielfach die Siemens-Martin-Öfen mit karburiertem Wassergas geheizt. Hingegen werden im Ruhrgebiet sonst schlecht verwertbare Teere z. B. in Stahlwerken gerne dazu benutzt, die Leuchtkraft der Flamme von Koksofengas in den Stahlwerksöfen zu erhöhen[1].

Ein Verfahren, das hier ebenfalls erwähnt werden kann, ist die Zersetzung von Methan und höher-molekularen Kohlenwasserstoffen, um Wasserstoff zu gewinnen. Auf diese Weise kann aus Koksofengas und den bei der Hydrierung und Synthese anfallenden Abgasen mehr Wasserstoff gewonnen werden als mit Hilfe der Verflüssigung der höher als Wasserstoff siedenden Anteile.

Für Methan, das sich am schwersten zersetzen läßt, gilt die Umkehrung der Gl. (9). Bei hohen Temperaturen von etwa 800 bis 1000° C kann man bei Anwendung geeigneter Katalysatoren mit Hilfe von Wasserdampf und unter Zufuhr von Wärme Methan nach der Gleichung

$$CH_4 + H_2O + 49{,}2\ \mathrm{kcal/mol} = CO + 3\ H_2 \qquad (12)$$

in Kohlenmonoxyd und Wasserstoff zerlegen.

[1] Das Schrifttum über dieses Thema ist ziemlich umfangreich. Die nachstehende Zusammenstellung verdankt der Verfasser dem freundlichen Entgegenkommen der Bücherei des Vereines deutscher Eisenhüttenleute (VDEh) in Düsseldorf. ZIEGLER, A.: Der Einfluß der Karburierung und des Wasserdampfgehaltes von Heizgasen auf den Wärmeübergang im Siemens-Martin-Ofen. Ber. Stahlw.-Aussch. VDEh Nr. 96 (1925). — STEIN, F.: Untersuchung über den Zusatz von Karburierungsmitteln bei mit Mischgas beheizten Siemens-Martin-Öfen. Arch. Eisenhüttenw. Bd. 1 (1927/28) S. 629—638. — SCHLÄPFER, P. u. S. SCHAFFHAUSEN: Studien über die Untersuchung und Bewertung von Karburierölen. Monatsbull. schweiz. Ver. Gas- u. Wasserfachm. Bd. 13 (1933) S. 125—143, 159 bis 168, 193—202. — SCHLÄPFER, P.: Die Aufwertung des Wassergases durch Karburieröle. Monatsbull. schweiz. Ver. Gas- u. Wasserfachm. Bd. 14 (1934) S. 1 bis 18. — SCHUMACHER, F.: Erzeugung von karburiertem Wassergas in den Entgasungsräumen der Öfen. Gas u. Wasserfach Bd. 77 (1934) S. 65—70. — HEINZE, R.: Aufwertung des Wassergases durch Karburieröle und Bewertung dieser Öle. Z. VDI Bd. 80 (1936) S. 152. — KREUTZER, C.: Betrieb koksofengasgefeuerter Siemens-Martin-Öfen mit erhöhtem Braunkohlenstaubzusatz. Stahl u. Eisen Bd. 57 (1937) S. 1397—1404. — WULFERT, E : Das Karburieren mit Braunkohlenstaub im koksofengasbeheizten basischen Siemens-Martin-Ofen. Stahl u. Eisen Bd. 57 (1937) S. 1165—1171, 1195—1201, 1403—1404 — Dr.-Ing.-Diss. Bergakad. Clausthal. — LANGE, E.: Steinkohlenteerpech als Karburierungs- und Heizmittel. Stahl u. Eisen Bd. 58 (1938) S. 1361—1365. — BREMER, P.: Die Karburierung des Ferngases zum Schmelzen in Siemens-Martin-Öfen unter Berücksichtigung der Verwendung von Steinkohlenteerpech. Stahl u. Eisen Bd. 58 (1938) S. 1365—1369 — Auszug daraus Z. VDI Bd. 82 (1938) S. 846. — PASCHKE, M.: Neues aus der Metallurgie des Eisens und ihre Beziehungen zur Braunkohle. Braunkohle Bd. 38 (1939) S. 565—571. — RUMMEL, K. u. P. O. VEH: Die Strahlung leuchtender Flammen, 1. Teil. Arch. Eisenhüttenwes. Bd. 14 (1940/41) S. 489—499. — VEH, P. O.: Die Strahlung leuchtender Flammen. 2. Teil. Arch. Eisenhüttenwes. Bd. 14 (1940/41) S. 533—542 — Auszug daraus Arch. Wärmew. Bd. 23 (1942) S. 61—64.

Bei tieferen Temperaturen kann auch die Reaktion

$$CH_4 + 2\,H_2O + 29{,}1\ \text{kcal/mol} = CO_2 + 4\,H_2 \tag{13}$$

stattfinden. Wenn jedoch Sauerstoff zur Verfügung steht, kann Methan in einer schwach exothermen Reaktion nach der Gleichung

$$CH_4 + {}^1/_2\,O_2 - 8{,}4\ \text{kcal/mol} = CO + 2\,H_2 \tag{14}$$

umgewandelt werden.

Große praktische Bedeutung hat die als zukunftsreich anzusehende Methanzersetzung vorläufig noch nicht erlangen können, weil die bisher angewendeten Kontakte verhältnismäßig hohe Temperaturen verlangen und dadurch erhebliche Schwierigkeiten an den Apparaten entstehen. Wenn die erforderlichen Temperaturen nicht eingehalten werden, kann leicht Rußbildung eintreten. Die ihr zugrunde liegende Reaktion deckt sich mit der Umkehrung der im Abschnitt II C 5a aus Gl. (53) abgeleiteten Beziehung für die Bildungswärme des Methans, welche

$$CH_4 + 18{,}36\ \text{kcal/mol} = [C] + 2\,H_2 \tag{15}$$

lautet. Sie wird mit Absicht bei der Rußgewinnung aus Erdgas, die meist mit ziemlich primitiven Einrichtungen auskommt, angewendet.

Die oft zu beobachtende starke Rußbildung bei der Verbrennung von Methan und auch von höher-molekularen Kohlenwasserstoffen kann durch Verwendung geeigneter Brenner vollkommen vermieden werden. Vorbild dafür ist der Bunsenbrenner. Daß sich bei jedem Brand von Erdöl oder Erdölerzeugnissen starker Qualm bildet, liegt nur an der ungenügenden Mischung mit der Verbrennungsluft. Beachtet man dies, so macht die Gestaltung der Feuerungen für Erdgas und ähnliche Brennstoffe keine unüberwindlichen Schwierigkeiten.

Obwohl es sich nicht mehr um die Umwandlung eines Kohlenwasserstoffes, sondern um die von Kohlenmonoxyd handelt, möge zum Schluß noch kurz darauf hingewiesen werden, daß bei der in einigen Gaswerken bereits eingeführten Stadtgasentgiftung im Grundsatz dasselbe Verfahren angewendet wird, das im vorhergehenden Abschnitt als Konvertierung des Wassergases bei der Synthesegaserzeugung erwähnt wurde. Denn die Umwandlung von Kohlenmonoxyd zusammen mit hoch überhitztem Wasserdampf in Wasserstoff und Kohlendioxyd nach Gl. (8) ist die wichtigste bei der Gasentgiftung durchgeführte Reaktion.

Es wurden mehrere Verfahren entwickelt und erprobt. Sie unterscheiden sich durch die Wahl der Kontakte für die Konvertierung sowie durch die Maßnahmen, die erforderlich sind, damit die Brenneigenschaften des entgifteten Gases gegenüber den in den „Richtlinien" verlangten nicht beeinträchtigt werden. Denn es muß vermieden werden, daß die Entgiftung des Gases Änderungen an den üblichen Haushalts- und Industrie-Gasgeräten notwendig macht. Wird z. B. das entstehende Kohlendioxyd nicht ausgewaschen, so muß ein an Kohlengas reicheres Gemisch der Entgiftungsanlage zugeleitet werden, um „normgerechtes" Stadtgas zu erhalten.

Ob diese Verfahren eine Zukunft haben, ist eine Frage der Wirtschaftlichkeit, denn die Entgiftung erfordert einen zusätzlichen Aufwand an Apparaten und Betriebskosten. Vorteile entstehen dabei, abgesehen von der in Geld schwer einzuschätzenden Verringerung der Gefährlichkeit, in einer Feinreinigung des Gases, weil durch den Einfluß des Wasserdampfes die Schwefelverbindungen zu Schwefeldioxyd oder am Kontakt in Schwefelwasserstoff umgewandelt werden. In ähnlicher Weise wird der Zyanwasserstoff in Ammoniak überführt. Diese Umwandlungsprodukte lassen sich leichter entfernen als die ursprünglichen Gasbegleitstoffe Eine Folge dieser Feinreinigung ist auch eine größere Reinheit des aus dem Gas gewonnenen Benzols. Es werden nämlich die in Abschnitt III C 1 a erwähnten Harzbildner aufgespalten. Der Gehalt entgifteten Stadtgases an Naphthalin liegt unter den sonst auftretenden Werten, weil es bei der Entgiftung zusammen mit den anderen höhermolekularen aromatischen Begleitstoffen zersetzt wird. Schließlich ist eine erhebliche Verringerung des Stickstoffoxydgehaltes zu beobachten, so daß sich die Gasentgiftung in mehrfacher Hinsicht als vorteilhaft erweist[1].

---

[1] Siehe hiezu STIEF, F.: Die Wirtschaftlichkeit der Eingliederung einer Gasentgiftungsanlage in den Gaswerksbetrieb mit besonderer Berücksichtigung der Starkgasofenbeheizung. GWF Bd. 80 (1937) S. 114—121. — SCHUSTER, F.: Wassergasgleichgewicht und Stadtgasentgiftung. GWF Bd. 80 (1937) S. 304—307. — Das Wichtigste auch in dem S. XI erwähnten Lehrbuch von MÜLLER u. GRAF S. 388.

IV. Die technisch wichtigen Eigenschaften der Brenn-, Kraft- und Schmierstoffe.

Nach den für eine einheitliche Bezeichnung vorgeschlagenen Regeln, die von dem verstorbenen Prof. HEINZE des Institutes für Mineralölforschung an der Technischen Hochschule Berlin sehr befürwortet wurden, sollen unter Kraftstoffen alle brennbaren Substanzen verstanden werden, die sich mittelbar oder unmittelbar für die motorische Verbrennung eignen. Hingegen dienen Brennstoffe der Verwendung in Feuerungen. Die Bezeichnung „Treibstoffe" sollte nach diesen Vorschlägen vermieden werden. Es besteht demnach zwischen Kraftstoffen und Brennstoffen ein Unterschied nur im Hinblick auf die Verwendung und schließt nicht aus, daß eine Anzahl von Stoffen beiden Gruppen gleichzeitig angehört; es ist daher zweckmäßig und auch üblich, als Oberbegriff „Brennstoffe" im weiteren Sinn beizubehalten.

Die Abhängigkeiten zwischen dem chemischen Aufbau und dem physikalisch-chemischen Verhalten der Einzelverbindungen, welche die Brenn-, Kraft- und Schmierstoffe bilden, sind in Abschnitt II besprochen worden. Daraus lassen sich in gewissem Umfang Schlüsse auf das Verhalten der zusammengesetzten Stoffe ziehen. In den folgenden Abschnitten sollen hauptsächlich jene Eigenschaften erörtert werden, die mit Rücksicht auf die technische Verwendung der Stoffe besondere Bedeutung haben. Allerdings entziehen sie sich zum Teil einer Kennzeichnung durch eindeutige physikalische Größen. Damit hängt zusammen, daß viele in diesem Bereich verwendete Prüf- und Bewertungsverfahren auf Messungen mit absoluten Maßstäben verzichten und an deren Stelle übereinkommensgemäße Festlegungen setzen müssen. Wenn daher in den nachstehenden Ausführungen zu diesen Verfahren stellenweise kritisch Stellung genommen ist, so soll dies nur als Anregung angesehen werden, die verschiedenen Fragen unter Verwertung der in den Hauptabschnitten I und II besprochenen Erkenntnisse zu betrachten. Das wohl nie ganz zu erreichende Ziel besteht darin, in absoluten Maßen zu fassende und jederzeit wiederholbare Prüfverfahren an Stelle der bisher gebräuchlichen zu setzen, soweit es sich um konventionelle

Verfahren handelt. Denn nur dadurch lassen sich die technisch wichtigen Eigenschaften der Brenn-, Kraft- und Schmierstoffe sowie der von ihnen abgeleiteten, anderen Zwecken dienenden Stoffe einwandfrei kennzeichnen. Bei flüssigen Kraftstoffen sind die Zusammenhänge zwischen technischen Eigenschaften und physikalisch-chemischen Eigenschaften der einzelnen Komponenten noch am besten zu überblicken, denn die störenden Beimengungen und die Art der Grundstoffe lassen sich mit einiger Sicherheit erkennen[1,2].

A. Feste Brenn- und Kraftstoffe.

1. Der Heizwert.

Für alle Energiebilanzrechnungen ist der Heizwert die wichtigste Größe. Er schwankt mit dem Wasser- und Aschengehalt in so weiten Grenzen, daß mit allgemeinen Zahlen wenig gedient ist. Für Reinkohle läßt er sich aber aus dem Gehalt an C, H und O ermitteln, wenn bestimmte Annahmen über die chemischen Bindungen zwischen diesen drei Elementen getroffen werden. Denn wie die Zahlentafel 25 S. 283 zeigt, hat die Bindungswärme je nach der Art der Bindung verschiedene Werte. Gewöhnlich wird für überschlägige Berechnungen angenommen, daß der gesamte Sauerstoff zur Bildung von Wasser an Wasserstoff gebunden ist. Zum Heizwert trägt danach nur der sog. disponible Wasserstoff $H - \frac{O}{8}$ bei. Die in Abb. 44 S. 294 eingetragene Geradenschar ist auf diese Weise ermittelt.

Hier wird also unter Reinkohle — abweichend von dem in der Aufbereitungstechnik üblichen Gebrauch — die wasser- und aschenfreie Substanz verstanden[3]. Der Schwefelgehalt wird bei dieser Rechnung allerdings vernachlässigt. Dies ist bei der sog. Verbandsformel

$$H_u = 8100\,c + 29000\left(h - \frac{o}{8}\right) + 2500\,s - 600\,w\,[\text{kcal/kg}] \qquad (1)$$

nicht der Fall. Darin sind unter c, h, o, s und w die Gewichtsanteile von Kohlenstoff (C), Wasserstoff (H), Sauerstoff (O), Schwefel (S)

[1] Man kann daher bei flüssigen Kraftstoffen umgekehrt aus ihren Eigenschaften auf die Zusammensetzung schließen, ohne große Fehler befürchten zu müssen; vgl. hiezu MARDER, M.: Die Verwendbarkeit physikalischer Konstanten zur Ermittlung der Zusammensetzung von Kraftstoffen. Öl u. Kohle Bd. 11 (1935) S. 1—5, 41—43, 75—77, 150—152, 222—225.

[2] Die Besprechung der Prüfverfahren selbst liegt außerhalb des Rahmens dieses Buches. Hierüber geben u. a. die Seite XI unter 7. genannten Werke Aufschluß.

[3] Vgl. hiezu Abschnitt III A 5b, insbesondere Fußnote 1, Seite 316.

und Wasser in kg je kg Brennstoff verstanden. Trotzdem ist auch diese aus den vorangeführten Gründen nicht streng gültig und versagt besonders bei sauerstoffreichen, d. h. bei jüngeren Kohlen[1].

Wenn keine Analysen oder sonstige Untersuchungsergebnisse vorliegen und der Heizwert ungefähr ermittelt werden soll, können nachstehende Formeln zusammen mit den in Abb. 44 eingezeichneten Linien für den unteren Heizwert der Reinkohle einen ungefähren Anhalt geben, sofern die Art des Brennstoffvorkommens bekannt ist. Darin sind:

H_{uf} [kcal/kg]	unterer Heizwert des feuchten Brennstoffes,
H_{of} [kcal/kg]	oberer Heizwert des feuchten Brennstoffes.
H_{ut} [kcal/kg]	unterer Heizwert des trockenen Brennstoffes,
H_{ot} [kcal/kg]	oberer Heizwert des trockenen Brennstoffes,
H_{ur} [kcal/kg]	unterer Heizwert des wasser- und aschefreien Brennstoffes (Reinkohle) (aus Abb. 44 abzulesen),
H_{or} [kcal/kg]	oberer Heizwert des wasser- und aschefreien Brennstoffes,
w %	Wassergehalt der Rohkohle,
a %	Aschengehalt der Rohkohle,
h %	Wasserstoffgehalt der Reinkohle,
$r = 586$ [kcal/kg]	Verdampfungswärme des Wassers bei 20° C.

Dann gelten folgende Beziehungen[2]:

---

[1] Wegen anderer, ähnlich aufgebauter Formeln siehe Gumz, W.: Kurzes Handbuch der Brennstoff- und Feuerungstechnik, S. 69ff. Berlin: Springer 1942.

[2] In den Formeln (2) bis (6) ist allerdings noch der Einfluß des Hydratwassers der Aschebildner vernachlässigt. Will man es berücksichtigen, so müssen bestimmte Annahmen über seine Bindung an die einzelnen Aschebildner getroffen werden. Diesbezügliche Untersuchungen wurden z. B. von Hübáček, J.: Mitt. techn. Dienst (Prag) Bd. 21 (1939) S. 183, 199, 207; Bd. 23 (1941) S. 31 — Uhlí Bd. 19 (1939) S. 1, 52 sowie von Orlov, A.: Mitt. Geol. Anst. (Prag) Bd. 17 (1941) S. 221 — Uhlí Bd. 20 (1941) S. 26 veröffentlicht. — Auf diesen Arbeiten fußend, hat Šimek, B.: Die Umrechnung der Verbrennungswärme der Kohle bei Betriebsanalysen und die richtige Ermittlung des wahren Heizwertes der eigentlichen Kohlenstubstanz. Glückauf Bd. 80 (1944) S. 33—37 für die Menge des Hydratwassers in % der Kohle die Formel

$$w_h = 0{,}3747 \cdot (SO_4'')_k + 0{,}01 \cdot a \cdot [0{,}3535\, Al_2O_3 + 0{,}3751 \cdot (SO_4'')_a + 0{,}6005 \cdot (CO_3'')_a - 0{,}3352 \cdot MgO - 0{,}6426 \cdot CaO - 0{,}2538 \cdot P_2O_5 - 0{,}5813 \cdot Na_2O]$$

abgeleitet. Die Indizes k und a bedeuten, daß die in der Kohle und die in der Asche bestimmten Sulfat- und Karbonat-Ionen getrennt zu berücksichtigen sind. In den Beziehungen (3) bis (7) ist dann einfach der Wert w um den Betrag w_h zu erhöhen.

$$H_{or} = H_{ur} + \frac{9hr}{100}, \tag{2}$$

$$H_{ot} = H_{or} \frac{100 - w - a}{100 - w}, \tag{3}$$

$$H_{of} = H_{or} \frac{100 - w - a}{100}, \tag{4}$$

$$H_{ut} = H_{ur} \frac{100 - w - a}{100 - w}, \tag{5}$$

$$H_{uf} = H_{ur} \frac{100 - w - a}{100} - \frac{wr}{100}. \tag{6}$$

Aus den Beziehungen (2), (4) und (6) läßt sich eine Formel ableiten, die den Wasserstoffgehalt eines Brennstoffes zu berechnen gestattet, wenn der obere und untere Heizwert bekannt sind:

$$h = \left(H_{of} - H_{uf} - \frac{wr}{100}\right) \frac{10000}{9r(100 - w - a)}. \tag{7}$$

In Abb. 44 ist außer den bereits erwähnten Werten der theoretische Kohlendioxydgehalt der trockenen Rauchgase bei vollkommener Verbrennung ohne Luftüberschuß eingetragen. Daraus und aus den tatsächlich gemessenen Werten läßt sich der wirkliche Luftüberschuß berechnen.

Der Nutzen der in vielen Büchern über Brennstoffe abgedruckten, meist sehr umfangreichen Tafeln mit Angaben des Heizwertes der Kohlen verschiedener Zechen und Gruben ist beschränkt. Gewöhnlich fehlen Angaben über Wasser- und Aschengehalt, die eine Umrechnung auf Reinkohle zuließen. Aber auch wenn diese angeführt sind, darf an solche, oft auf Einer genau angegebene Analysenwerte kein hoher Anspruch auf Allgemeingültigkeit gestellt werden. Die Streuung selbst innerhalb ein und desselben Flözes ist mitunter nicht unbeträchtlich. Wenn es also auf möglichst verläßliche Angaben ankommt, wie bei Abnahmeversuchen, läßt sich die Ermittlung des Heizwertes der verwendeten Kohle in der Bombe nicht umgehen[1].

Für Planungen ist es daher zweckmäßiger, sich Angaben über die Art des Vorkommens und des mittleren Reinkohlenheizwertes sowie über den möglichen Streubereich von Wasser- und Aschengehalt zu beschaffen. Dadurch kann man sich manche Überraschungen ersparen.

[1] Über die Genauigkeitsgrenzen von Heizwertbestimmungen im Laboratorium vgl. NIEZOLDI, O.: Zur Ermittlung des Wärmeaufwandes im Kesselbetrieb. Arch. Wärmew. Bd. 24 (1943) S. 71—75.

2. Das Verhalten beim Erhitzen.

Für die Anwendung besonders wichtig ist das Verhalten der festen Brennstoffe beim Erhitzen. Nicht nur die Technik des Schwelens und Verkokens muß die Backfähigkeit und das Treibvermögen der Kohlen beachten; auch beim Verbrennen auf dem Rost und beim Vergasen ist hierauf Rücksicht zu nehmen. Die diesbezüglichen Eigenschaften der Gefügebestandteile treten am deutlichsten bei der Steinkohle in Erscheinung. Bei der Braunkohle wirkt hingegen der Gehalt an gebundenem Wasser so stark mit, daß die bei diesem Inkohlungsgrad anscheinend weniger ausgeprägten Unterschiede im Verhalten der Gefügebestandteile überdeckt werden. Nähere Untersuchungen fehlen noch.

Die Schwelwürdigkeit der Braunkohle ist zunächst davon abhängig, wie hoch die Ausbeute an Schwelteer ist. Sie wird durch den Bitumengehalt der Kohle am meisten beeinflußt, also durch die Bestandteile, die bei der Steinkohle den Durit bilden und daneben in den Zellräumen des Vitrits vorkommen. Weiterhin sind die Möglichkeiten der Gewinnung eines stückigen Schwelkokses und sein Aschengehalt für die Wirtschaftlichkeit von Bedeutung. Erscheinungen wie Backen und Treiben treten bei der Braunkohlenschwelung aus später zu erwähnenden Gründen noch nicht auf. Die Entscheidung, welche Braunkohlen schwelwürdig sind, hängt demnach mehr von wirtschaftlichen als von technischen Gesichtspunkten ab. Die Menge und Art des zu gewinnenden Teeres muß vorher im Laboratorium festgestellt werden.

Bei der Steinkohle ist hingegen sowohl beim Verschwelen als auch beim Verkoken zu beachten, daß sie bei Temperaturen, die in der Höhe von etwa 400° C liegen, plastisch wird, weil das Bitumen schmilzt und die humosen Bestandteile darin gelöst werden. Je nachdem, unter welchen Begleiterscheinungen dieses Schmelzen vor sich geht, bläht die Kohle beim Backen mehr oder weniger stark. Dabei entweicht bereits ein großer Teil des Teeres in Dampfform.

Wenn die flüssig gewordene Kohlensubstanz beim Erstarren einen zwar blasigen, jedoch festen Koks gibt, besitzt die Kohle ein gutes Backvermögen. Es ist am besten bei den Fettkohlen entwickelt und wird dem Vitrit zugeschrieben, was bereits in Abschnitt III A 2 erwähnt wurde. Wenn jedoch die Gasentwicklung während der Koksbildung zu heftig ist, verliert der Koks an Festigkeit und wird dementsprechend niedriger bewertet. Dies ist der Fall bei Kohlen, die jünger sind als Fettkohlen und, bezogen auf Reinkohle, 30% flüchtige Bestandteile oder mehr enthalten. Es sind dies die Sinterkohlen, die zum Verkoken völlig ungeeignet sind. Wenn aber die Inkohlung weiter vorgeschritten ist als bei Fettkohlen, verliert der Vitrit sein Backvermögen und die Kohle liefert ebenfalls einen gesinterten Koks geringer Festigkeit. Aus Anthrazit und Magerkohlen erhält man einen Koks von sandiger Beschaffenheit, der keine mechanische Festigkeit besitzt. Man nennt diese Kohlen deswegen auch Sandkohlen.

Der Einfluß des Durits auf die Bildung eines guten Kokses läßt sich nicht so klar erkennen, weil sich z. B. exenitreicher Durit jüngerer Kohlen günstiger verhält als Vitrit gleicher Inkohlungsstufe. Er liefert mehr Schwelteer und backt besser. In höheren Inkohlungsstufen und beim Fehlen des Exinits sind die Eigenschaften des Durits jedoch ungünstiger. Fusit hat überhaupt kein Backvermögen und gibt weder Teer noch Gas ab, weshalb er in der Kokskohle ausgesprochen unerwünscht ist.

Die Entwicklung der Verfahren zur Schwelung von Steinkohle ist noch nicht abgeschlossen. Es gibt solche, die eine Kohle mit ausreichendem Backvermögen verlangen, um aus feinkörniger Rohkohle stückigen Koks zu erhalten. Jene, die von Nußkohle ausgehen und die Körnung unverändert lassen, arbeiten bei nicht backenden Kohlen am günstigsten. Es ist anzunehmen, daß sich mehrere dieser Verfahren durchsetzen werden, so daß für Zwecke des Schwelens eine breitere Kohlengrundlage zur Verfügung stehen wird; beim Verkoken ist dies leider nicht der Fall.

Bei der Hochtemperaturverkokung liegen die Verhältnisse in dieser Hinsicht wesentlich anders, zumal die Bedeutung der Nebenerzeugnisse gegenüber der des Kokses stark zurücktritt. Um einen druck- und abriebfesten Koks zu erhalten, wie er insbesondere für Hochöfen und andere metallurgische Zwecke benötigt wird, muß nach vorstehendem Fettkohle verwendet werden. Weder Kohlen höheren noch geringeren Inkohlungsgrades können einen gleichwertigen Koks liefern. Das verschiedene Verhalten der Gefügebestandteile gibt aber die Möglichkeit, durch Mischen eine Ausgangskohle für die Verkokung zu erhalten, welche die gleichen Eigenschaften aufweist, wie gute Kokskohle natürlicher Zusammensetzung[1]. Bei manchen Fettkohlen, die stark treiben und dadurch die Ofenwandungen gefährden, kann eine Beimischung von Magerkohle oder Fusit, der sich angereichert in der Staubkohle findet, zweckmäßig sein.

---

[1] Zu dieser Frage siehe u. a. SIEBEL, H.: Untersuchungen über den Einfluß der Mischung und Mahlung von Kohlen auf die Koksqualität. GWF Bd. 82 (1939) S. 721 bis 726, 736—741. — BUNTE, K.: Grundlagen des Mahlens und Mischens der Kohlen. GWF Bd. 84 (1941) S. 661—665.

Neben dem Backvermögen spielen noch eine Reihe anderer Eigenschaften bei der Bildung eines guten Kokses eine Rolle. Sehr eingehende Forschungsarbeiten hat in dieser Hinsicht MACURA durchgeführt, die zu besprechen hier jedoch zu weit führen würde[1].

Unabhängig vom Gefügebau der Kohle versuchten F. FISCHER und Mitarbeiter, wie bereits in Abschnitt III A 1 d erwähnt wurde[2], die Kohle durch Extraktion mit Benzol unter Druck bei erhöhter Temperatur in einzelne Bestandteile zu zerlegen, denen wichtige Eigenschaften für das Verkoken zukommen. Es ergab sich, daß Kohle, der auf diese Weise das ganze Bitumen entzogen wurde, jede Fähigkeit zum Backen und Blähen verlor. Das mit Petroläther aus dem Gesamtbitumen gewonnene Ölbitumen wurde als Träger der Backfähigkeit und das zurückbleibende Festbitumen als Ursache für das Treiben der Kohle erkannt.

Mit zunehmendem Alter wächst der Anteil des Ölbitumens auf Kosten des Festbitumens an; gleichzeitig steigt der Zersetzungspunkt des Festbitumens. Das Treiben des Festbitumens kommt am meisten zur Geltung, wenn seine Zersetzungstemperatur so hoch liegt wie der Erweichungspunkt des begleitenden Ölbitumens.

In Übereinstimmung mit den vorhergehenden Ausführungen zeigte sich, daß bei Kohlen, die jünger als Fettkohlen sind, der Gehalt an Ölbitumen noch zu gering ist, um beim Verkoken einen geschmolzenen und gebackenen Koks zu liefern. Bei Kohlen, die jedoch wesentlich stärker inkohlt sind als Fettkohlen, liegt der Zersetzungspunkt des Festbitumens bereits so weit über dem Erweichungspunkt, daß die flüchtigen Bestandteile des Ölbitumens Zeit genug zum Entweichen haben und der Rest beim Zersetzungspunkt des Festbitumens wieder erstarrt ist. Der

---

[1] MACURA, H.: Neue Erkenntnisse über das Verhalten von Steinkohlen bei der Erhitzung. Öl u. Kohle Bd. 14 (1938) S. 1097—1107; Bd. 16/35 (1939) S. 1—12, 45—54; Bd. 36 (1940) S. 117—121, 161—170; Bd. 37 (1941) S. 727—740; Bd. 39 (1943) S. 113—116, 365—377; Bd. 40 (1944) S. 227—231, 269—279, 341—353, 383—393. — Außerdem eine Gegenüberstellung der üblichen Prüfverfahren und ihrer Ergebnisse bei RODE, H.: Ein Beitrag zur Vereinheitlichung der Backfähigkeitsbestimmung von Steinkohlen. Glückauf Bd. 78 (1942) S. 144—150. — GRÖBNER, W.: Über die Methoden zur Bestimmung des Bläh- und Treibvermögens der Steinkohle. Feuerungstechn. Bd. 30 (1942) S. 4—8. — HOFFMANN, P.: Die Methoden zur Bestimmung der Bildsamkeit von Steinkohlen (Schrifttumsübersicht). Feuerungstechn. Bd. 30 (1942) S. 249—255. — HOFFMANN, H.: Die Bestimmung der Bildsamkeit von Steinkohlen nach der Dilatometermethode. Öl u. Kohle Bd. 40 (1944) S. 531—551, 581—594. — FREY, W. A.: Über die Ursache des Treibens von Steinkohlen. Öl u. Kohle Bd. 37 (1941) S. 637—647.

[2] Siehe dort besonders Fußnote 2, Seite 301.

Gehalt an Gesamtbitumen nimmt aber mit fortschreitendem Alter so stark ab, daß sich bei Magerkohle und Anthrazit ein geschmolzener Koks überhaupt nicht mehr bilden kann.

3. Die Lager- und die Reaktionsfähigkeit.

Die gute Lagerfähigkeit von Steinkohlen-Hochtemperaturkoks (Hüttenkoks, Gaskoks) ist eine Folge seiner im Verhältnis zu anderen Brennstoffen ausgeprägten Reaktionsträgheit, die sich durch seine Bildung erklärt. Die entgaste und zusammengeschmolzene Substanz besitzt nur noch die groben, mit dem bloßen Auge zu erkennenden Poren und bietet bei normalen Temperaturen den Reaktionsteilnehmern sehr wenig Angriffsflächen. Diese sind zudem noch mit einer Graphitschicht überzogen. Koks nimmt daher auch grobe Feuchtigkeit nur in beschränktem Maße an. Die Holzkohle ist ähnlich gut lagerfähig wie Koks, obwohl sie eine sehr große aktive Oberfläche hat. Es fehlen jedoch praktisch alle Verunreinigungen, die katalytisch eine Selbstzündung fördern könnten.

Die Reaktionsfähigkeit von Koks steht im umgekehrten Verhältnis zur Graphitmenge, die auf seinen Porenoberflächen abgelagert ist. In Abschnitt I A 3, S. 139 ist erwähnt, daß Graphit infolge der Metallbindung zwischen seinen Schichtebenen elektrisch leitfähig ist. Es hat sich gezeigt, daß die elektrische Leitfähigkeit von Koks der abgelagerten Graphitmenge etwa proportional ist und daß diese Eigenschaft durch normale Aschengehalte nicht merklich gestört wird, daher ein brauchbares Maß für seine Reaktionsfähigkeit ist[1].

Sehr empfindlich gegen den Angriff von Sauerstoff ist hingegen schon bei normalen Temperaturen der Schwelkoks, besonders der aus Braunkohle hergestellte. Da dieser nicht geschmolzen ist, besitzt er ein ähnlich aufgelockertes Gefüge wie Holzkohle, enthält aber wegen der niedrigen Arbeitstemperaturen noch viele aktive Gruppen. Außerdem enthält er immer den katalytisch wirkenden Schwefel. Er muß deshalb in gemahlenem Zustand bei der Beförderung auf Bändern und in Gefäßen durch Inertgase geschützt werden. Sehr unangenehm ist seine Eigenschaft, nicht nur grobe Feuchtigkeit aufzunehmen, sondern Wasserdampf in den

[1] Vgl. hiezu Koppers, H. u. A. Jenkner: Reaktionsfähigkeit, Graphitierung und elektrische Leitfähigkeit von Koks. Arch. Eisenhüttenwes. Bd. 5 (1931/32) S. 543—547. — Andere Verfahren bei Heinze, R., M. Marder u. E. Rammler: Die laboratoriumsmäßige Bewertung der Reaktionsfähigkeit von festen Kraftstoffen für Fahrzeuggaserzeuger. Feuerungstechn. Bd. 28 (1940) S. 49—54.

Kapillaren adsorptiv zu binden. Eine Temperatursenkung um wenige Grade kann äußerlich trocken aussehenden Schwelkoksstaub, dessen Wassergehalt sich in den Kapillaren jedoch schon in der Nähe der Sättigungsgrenze befindet, in einen feuchten Brei verwandeln, der sämtliche Fördereinrichtungen hoffnungslos verschmiert.

Steinkohlen-Schwelkoks hat diese unangenehmen Eigenschaften nicht in so ausgeprägtem Maße, weil durch das bei seiner Bildung eintretende teilweise Schmelzen des Bitumens die Zahl der Kapillaren verringert wird; doch erfordert auch er wesentlich größere Vorsicht beim Lagern und Befördern als Hochtemperaturkoks.

Die Lagerfähigkeit der Kohlen hängt von ihrem Alter ab und steht mit ihm in direktem Zusammenhang. Die Selbstentzündung wird durch einzelne Aschenbestandteile, besonders Pyrit, katalytisch gefördert; Braunkohle, die verhältnismäßig viel Sauerstoff enthält, kann sich auch ohne Luftzutritt selbst entzünden. Die örtliche Temperatursteigerung wird möglicherweise durch Spaltung mehrfacher Kohlenstoffbindungen der Kohlensubstanz bewirkt. Zu beachten ist bei gasreichen Kohlen die Abnahme des Gasgehaltes mit der Lagerdauer, weil schon bei normalen Temperaturen flüchtige Bestandteile entweichen. Bei Torf und Holz wirkt sich, sofern sie gegen Regen geschützt gestapelt werden, das Lagern infolge der Abnahme der Feuchtigkeit günstig aus, ist bei Torf sogar eine notwendige Maßnahme vor der Weiterverarbeitung oder Verfeuerung.

4. Die Zündfähigkeit.

Die Zündfähigkeit ist zunächst abhängig von der Reaktionsfähigkeit, soweit sie durch den physikalischen Aufbau des betreffenden Brenn- oder Kraftstoffes gegeben ist. Hinzu kommt noch die Möglichkeit, flüchtige Bestandteile abzutrennen. Streng können diese Erscheinungen nicht unterschieden werden. weil die Zündung nur einen Sonderfall der möglichen Reaktionen darstellt. Bei Kohle lassen sich zwischen den Gefügebestandteilen Verschiedenheiten der Zündfähigkeit feststellen. Bei Durit ist sie etwas größer als bei Vitrit, wohl wegen des größeren Gasgehaltes; bei Fusit hängt sie stark vom Gehalt an Schwefelkies ab.

Die Zündfähigkeit kann experimentell durch Bestimmen der Zündtemperatur (des sog. Zündpunktes) ermittelt werden, doch muß der Untersuchungsgang in allen Einzelheiten genau festliegen, um vergleichbare Ergebnisse zu erhalten[1]. Einen nicht unwesentlichen Einfluß hat

[1] Siehe hiezu Abschnitt IV C 2.

dabei die Größe des Brennstoffkornes; seine Wirkung im Sinne einer Begünstigung der Zündung bei abnehmender Größe wird in den Kohlenstaubfeuerungen ausgenutzt. Schließlich ist bei der Beurteilung der Zündfähigkeit auch der erhebliche Einfluß des Wassergehaltes zu berücksichtigen, weil beim feuchten Brennstoff das Wasser zunächst verdampfen muß, bevor die Zündung eingeleitet wird.

Demnach sind gasreiche Steinkohlen und Schwelkoks am zündfähigsten; Magerkohlen, Anthrazit und Hochtemperaturkoks erfordern für eine gute Zündung hohe Luftvorwärmung oder große Wärmeeinstrahlung aus dem Feuerraum. Sie gelten daher für Rostfeuerungen wegen der damit zwangsläufig verbundenen großen Temperaturbeanspruchung des Rostbelages als unangenehm.

Bei Rohbraunkohlen ist wegen der hohen Feuchtigkeit die Wärmezufuhr zur Trocknung wesentlich. Sie wird bei Rostfeuerungen z. B. durch intensive Strahlung des Mauerwerkes, besondere Flammenführung oder muldenförmige Ausbildung des Rostes erreicht. Bei Feuerungen mit Einblasemühlen wendet man deshalb hohe Luftvorwärmung oder Rauchgasrücksaugung, mitunter beides an.

5. Das Bindungsvermögen (die Brikettierbarkeit).

Bei erdigen Weichbraunkohlen, die in erster Linie für das Brikettieren in Frage kommen, spielt das Bindungsvermögen zwischen den einzelnen Kohlenteilchen eine besondere Rolle, weil dadurch die Festigkeit der Preßkohlen erreicht wird, wie in Abschnitt III A 3 erwähnt wurde. Sie wird jedoch beim Lagern im Freien durch Quellen infolge von Wasseraufnahme beeinträchtigt. Diese ist um so stärker, je mehr Kalziumhumat und je weniger freie Huminsäure die Kohle enthält[1].

6. Die Ionenaustauschfähigkeit.

In gewisser Beziehung zu den für das Bindungsvermögen der Braunkohlen maßgebenden Eigenschaften steht die Ionenaustauschfähigkeit, die bei Braunkohlen zu beobachten ist. Es wurde bereits in Abschnitt III A 1 c erläutert, daß in der Braunkohle huminsaure Salze vorhanden sind. Diese haben Permutitcharakter und können zweiwertige Ionen der Erd-

[1] Außer dem in Fußnote 2, Seite 306 genannten Schrifttum siehe zu der letzten Frage Fritzsche, A.: Quellerscheinungen an Braunkohlenbriketts und ihre Bekämpfung. Braunkohle Bd. 37 (1938) S. 561 — Auszug daraus Z. VDI Beih. Verf.techn. 1939 S. 70/71.

alkalimetalle Kalzium und Magnesium gegen die einwertigen Ionen der Alkalimetalle Natrium und Kalium austauschen. Das Gleiche ist zwischen den dreiwertigen Ionen des Aluminiums und des Eisens und den Alkalimetallen möglich. Schließlich können bei Anwesenheit von Säuren Umwandlungen von Humaten in Huminsäure unter Bildung von Salzen der betreffenden Säuren stattfinden. Die Versuche, Braunkohlen durch Säuren zu entaschen, benutzen diese Reaktion.

Besonders in den letzten Jahren wurde eine ganze Anzahl von basenaustauschfähigen Stoffen auf Braunkohlengrundlage entwickelt, die sich in großtechnischen Betrieben für die Wasseraufbereitung als geeignet erwiesen haben. Ihr Vorteil gegenüber den auf Silikatgrundlage aufgebauten Permutiten liegt darin, daß sie durch warmes Wasser mit nahezu 100° C nicht zerstört werden und daher im Kraftwerksbetrieb mitunter wärmetechnisch günstigere Schaltungen zulassen[1].

7. Die Asche während der Verbrennung.

Um das Verhalten der Asche bei der Verbrennung fester Brennstoffe übersehen zu können, hat ZINZEN ein „Allgemeines Schmelzdiagramm" in Dreieckskoordinaten entworfen. Es stützt sich auf die Analyse des Verhaltens sehr vieler Aschenproben im BUNTE-BAUM-Apparat und auf die Erkenntnisse der Silikatchemie[2]. Durch die Koordinaten des Diagrammes werden die in Abschnitt III A 4 aufgezählten Aschenbestandteile folgendermaßen zusammengefaßt:

1. eine Tonsubstanz, bestehend aus Siliziumdioxyd (SiO_2) und Tonerde (Al_2O_3),
2. die Eisenoxyde Fe_2O_3, Fe_3O_4 und FeO,
3. Kalziumoxyd (CaO), Magnesiumoxyd (MgO) und Schwefeltrioxyd (SO_3), wodurch die im Wasserlöslichen der Asche hauptsächlich auftretenden Sulfate $CaSO_4$ und $MgSO_4$ erfaßt werden, ferner Phosphorpentoxyd P_2O_5 und Unbestimmtes.

[1] Näheres siehe in der in Fußnote 1, Seite 290 erwähnten Arbeit von STACH, H.: S. 213ff., S. 227—229 sowie u. a. bei GRIESZBACH, R.: Über die Herstellung und Anwendung neuer Austauschadsorbentien, insbesondere auf Harzbasis. Beih. Nr. 31 zu der Z. Ver. dtsch. Chem. Berlin: Verlag Chemie 1939.

[2] Grundlegend sind die im Kaiser-Wilhelm-Institut für Silikatforschung durchgeführten Arbeiten. Hiezu vgl. EITEL, W.: Physikalische Chemie der Silikate, 2. Aufl. Leipzig: Barth 1941 — Die heterogenen Schmelzgleichgewichte silikatischer Mehrstoffsysteme. Leipzig: Barth 1945. — Außerdem NIGGLI, P.: Das Magma und seine Produkte. 2 Bände. Leipzig: Akad. Verlagsges. 1937 und bezüglich des Grundsätzlichen die in Fußnote 1, Seite 211 genannte Arbeit von TAMMANN.

In diesem Schaubild verteilen sich die Braunkohlen- und Steinkohlenaschen in der Weise, daß die Steinkohlen in der oberen Ecke des Diagrammes liegen, weil sie vorzugsweise Ton enthalten, während die Braunkohlen in der unteren Ecke zu finden sind. In der Mitte des Diagrammes gehen beide ineinander über; hier liegen die stark sandhaltigen Braunkohlen und die kalkhaltigen Steinkohlen.

Für die Beurteilung einer Asche ist es notwendig, diejenige Temperatur kennenzulernen, bei der sie beginnt, an den Brennkammerwänden oder an den Rohren eines Dampfkessels zu haften. Diese Temperatur liegt im allgemeinen unterhalb des eigentlichen Schmelzpunktes, denn die Asche wird schon durch Teilschmelzen in einen klebrigen Zustand versetzt. Auch die Umsetzungen, die durch die Anwesenheit von Schwefel und Kohlenstoff in der Asche beim Glühen stattfinden, können zu Sinterungen unterhalb des Schmelzpunktes führen. In dem Schmelzdiagramm Abb. 68 sind Isothermen eingezeichnet, die angeben, bei welcher Temperatur die Hauptschmelze zu erwarten ist. Diese Angaben sind jedoch nur angenähert richtig, weil das Diagramm kein eindeutiges Zustandsdiagramm im Sinne der Phasenlehre ist. Es sind fünf Sintergebiete gekennzeichnet, in denen das Verhalten der Asche jeweils bestimmte Merkmale aufweist[1].

Das Gebiet *a* umfaßt im allgemeinen verhältnismäßig gutartige Steinkohlenaschen, deren Grundsubstanz aus Ton und Sand besteht. Die erste Teilschmelze wird durch die Anwesenheit des Eisens herbeigeführt. Nach der Reduktion des Eisenoxydes (Fe_2O_3) zu Eisenoxydul (FeO), mit der ein trockenes Schrumpfen des Probekörpers verbunden ist, führen Fayalit ($2\,FeO \cdot SiO_2$) und Schwefeleisen (FeS) zu einer Teilschmelze, die zwischen 950 und 1200° C liegt und die sich im allgemeinen als zweite Sinterstufe abbildet. Im Gebiet *b* erweitert sich diese „Fayalitschmelze" durch die Anwesenheit größerer Mengen Kalk zu einer Olivinschmelze [$2\,(Fe \cdot Ca)O \cdot SiO_2$]. Hier kann auch schon Kalziumsulfid auftreten, dessen Wirkung bei der Betrachtung der Braunkohlenaschen beschrieben wird.

[1] Vgl. hiezu ZINZEN, A.: Allgemeine Schmelzdiagramme für Kohlenaschen. Rheinmetall-Borsig-Mitt. 1943, Heft 17. — ENDELL, K., A. ZINZEN u. M. v. ARDENNE: Über das Sintern und Schmelzen von Kohlenaschen im Erhitzungs-Übermikroskop sowie die Bedeutung der Schlackenviskosität für die Schmelzkammerfeuerung. Feuerungstechn. Bd. 31 (1943) S. 73—84. — ZINZEN, A.: Das Verhalten der Brennstoffaschen in technischen Feuerungen. Forsch. Ing.-Wes. Bd. 14 (1943) S. 89—104 — Neue Forschungsergebnisse über die Ursachen der Aschenansätze an Kesselheizflächen. Z. VDI Bd. 88 (1944) S. 171—178 — Auszug daraus Feuerungstechn. Bd. 31 (1943) S. 146—147.

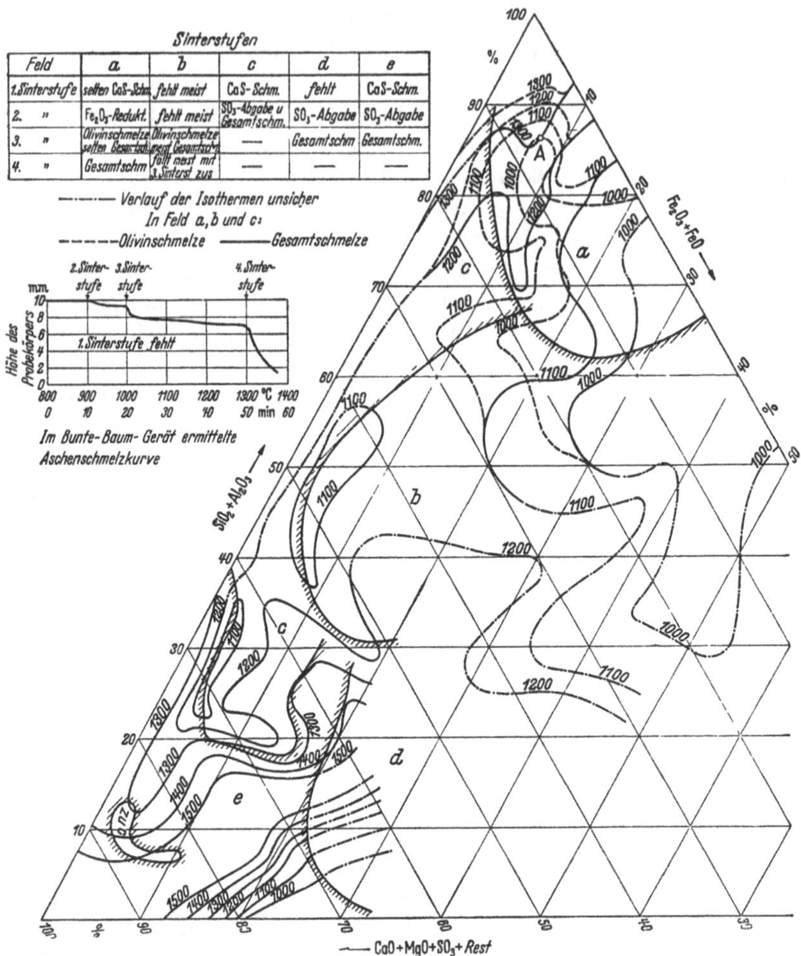
Sinterstufen

Feld	a	b	c	d	e
1. Sinterstufe	selten CaS-Schm.	fehlt meist	CaS-Schm.	fehlt	CaS-Schm.
2. "	Fe_2O_3-Redukt.	fehlt meist	SO_3-Abgabe u. Gesamtschm.	SO_3-Abgabe	SO_3-Abgabe
3. "	Olivinschmelze selten Gesamtschm.	Olivinschmelze meist Gesamtschm.	—	Gesamtschm.	Gesamtschm.
4. "	Gesamtschm.	fällt meist mit 3. Sinterst. zus.	—	—	—

Abb. 68. Allgemeines Schmelzdiagramm für Braunkohlen- und Steinkohlenaschen nach ZINZEN. Die links oben wiedergegebene BUNTE-BAUM-Kurve ist die einer Asche entsprechend Punkt *A* mit folgender Zusammensetzung:

86,3% $SiO_2 + Al_2O_3$, 7,4% Fe_2O_3 + FeO, 6,4% CaO + MgO + SO_3 + Rest.

Bei Aschen, deren Zusammensetzung durch das Feld *b* gekennzeichnet ist, schmilzt der Probekörper wie bei einem homogenen Stoff, ohne daß sich vorher Sinterstufen zeigen. Die Aschen werden verhältnismäßig dünnflüssig und in diesem Schmelzbad entwickelt sich unter

Umständen gasförmiges Siliziumsulfid (SiS), das aus Kieselsäure und Schwefeleisen in Anwesenheit von Kohlenstoff gebildet wird. Dieser Vorgang ist von der Entschwefelung des Eisens durch saure Schlacken her bekannt. Da sich dieses Gas an den kälteren Flächen, die der Brennkammer nachgeschaltet sind, niederschlägt, können auf diese Weise störende Verschmutzungen eintreten.

Die Aschen vieler Braunkohlen liegen in dem Feld *e* des Diagrammes, da ihre Hauptbestandteile CaO und SO_3 sind. Beim reduzierenden Glühen, wie es in einer Brennkammer wegen der begierigen Sauerstoffaufnahme durch den Brennstoff unvermeidlich ist, bildet sich Kalziumsulfid (CaS), das mit dem Gipsanhydrit ($CaSO_4$) zusammen bei günstigen Bedingungen schon unter 900° C einen plastischen Zustand des Probekörpers herbeiführt.

Wenn die Braunkohlenasche verhältnismäßig viel Eisen enthält, wird der Schwefel aus dem Gips durch das Eisen verdrängt. Dadurch bilden sich Kalkferrite, während der Schwefel in Form von SO_2 flüchtig wird. Diese aus der Schwefelsäuregewinnung her bekannte Reaktion findet unter Umständen schon bei einer niedrigeren Temperatur statt als die Kalziumsulfitbildung. Dies ist im Feld *d* des Schmelzdiagrammes der Fall. Der niedrigste Schmelzpunkt der Asche ist hier durch die Schmelztemperatur des Kalkferrits bestimmt. In den Feldern *c* und *e* treten beide Reaktionen hintereinander auf, zuerst die Kalziumsulfidbildung und dahinter die Kalkferritbildung. Im Feld *e* liegt der Hauptschmelzpunkt der Asche verhältnismäßig hoch, im Feld *c* dagegen sinkt ein Probekörper schon im Augenblick zusammen, wo die Umwandlung von Gips zu Kalkferrit einsetzt. Im Feld *b* fallen, wie bei der Steinkohle, alle Vorgänge zu einer einzigen Schmelze zusammen, die meist zwischen 1100 und 1200° C liegt.

Obwohl dieses Schmelzdiagramm das Verhalten der Aschen im allgemeinen richtig wiedergibt, ist doch im einzelnen noch vielfach eine genauere Kenntnis des Aschenaufbaues wünschenswert. So kann z. B. bei Steinkohlen die gewöhnlich auftretende Reduktion des Eisenoxydes (Fe_2O_3) zu Eisenoxydul (FeO) ausbleiben, wenn der Mineralaufbau der Asche während des Verbrennungsvorganges erhalten bleibt.

Über das Verhalten der Alkalien sagt das Schmelzdiagramm nichts aus. Nach den vorliegenden Erfahrungen können diese, wenn sie als Tonbestandteile auftreten, den Schmelzpunkt der Asche sowohl erhöhen als auch erniedrigen, je nachdem, wie die Asche zusammengesetzt ist. Bei Braunkohlen, in denen die Alkalimetalle meistens als Salze auftreten, führen sie schon bei Temperaturen von 600 °C und mehr sehr unangenehme Schmelzen herbei, die den Betrieb der Feuerungsanlagen erschweren.

In Feuerungen verlaufen die Vorgänge nicht immer in derselben Reihenfolge wie im BUNTE-BAUM-Gerät. Es bildet sich nämlich das Kalziumsulfid aus Kalk und organischem Schwefel vor dem Sulfat. Die Teilschmelzen, die dabei auftreten, sind jedoch die gleichen, wie sie bei der Untersuchung von Probekörpern zu beobachten sind.

In erster Näherung läßt sich aus den bisher gewonnenen Erkenntnissen der Schluß ziehen, daß das Verhalten der Asche in Feuerungsanlagen durch ihren Gehalt an Schwefel und Eisen bestimmt wird. Diese Erkenntnisse sind nicht nur für den Feuerungsbau — besonders bei Dampfkesseln — wichtig, sondern können auch dazu beitragen, beim Bau und Betrieb von Generatoranlagen die Ursachen mancher Schwierigkeiten zu erkennen und diese zu beseitigen. Dabei muß man im Kesselbau die Feuerungen so gestalten, daß alle mit der Asche zusammenhängenden Reaktionen schnell und vollständig ablaufen können. Die Feuerräume müssen so stark gekühlt werden, daß vor dem Eintritt in die Berührungsheizflächen des Kessels eine genügend niedrige Rauchgastemperatur erreicht wird, es sei denn, die Verhältnisse empfehlen die Wahl einer Schmelzkammerfeuerung. Im Generatorbau kann man die Temperatur in der Reaktionszone durch Wasserdampfzusatz zur Vergasungsluft immer so lenken, daß man unter dem Schmelzpunkt der Asche bleibt.

B. Flüssige Brenn- und Kraftstoffe.

1. Der Heizwert.

Das Verhältnis von Kohlenstoff zu Wasserstoff schwankt in den bei normalen Temperaturen flüssigen, aliphatischen Kohlenwasserstoffen nur innerhalb enger Grenzen und die nicht brennbaren Verunreinigungen sind meist so gering, daß man für Erzeugnisse aus Erdöl und Braunkohlen-Schwelteer in erster Näherung mit einem unteren Heizwert (H_u) von rd. 10000 kcal/kg rechnen kann. Für Roherdöle und daraus unmittelbar gewonnene Erzeugnisse, also nicht durch Kracken oder sonstige Umwandlungsverfahren behandelte, hat MARDER[1] das in Abb. 69 wiedergegebene Diagramm aus zahlreichen Heizwertbestimmungen ermittelt. Das spezifische Gewicht kann deshalb als Grundlage für die

[1] MARDER, M.: Über die Bestimmung analytischer Daten von Mineralölen auf Grund aräometrischer Messungen. Öl u. Kohle Bd. 12 (1937) S. 1061—1067, 1087—1093.

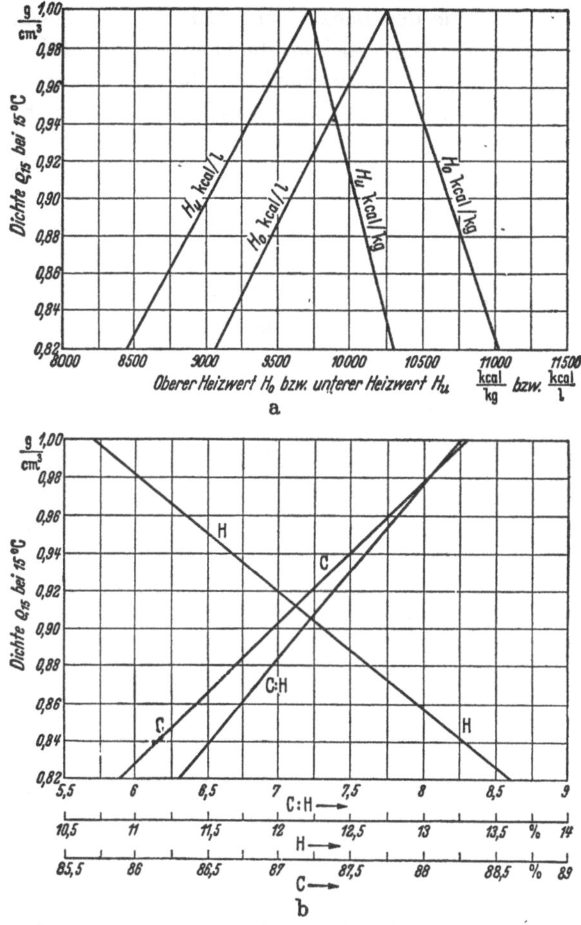

Abb. 69. Heizwerte sowie Kohlenstoff- und Wasserstoffgehalte und ihr Verhältnis für Erdöl und nichtgekrackte Erdölerzeugnisse in Abhängigkeit von der Dichte bei 15° C nach MARDER. Etwa vorhandener Schwefel ist in Abb. 69b dem Kohlenstoff zugerechnet. Bei den Heizwerten (Abb. 69a) sind je Prozent Schwefelgehalt 70 kcal/kg von den abgelesenen Werten abzuziehen und auf die Angaben in kcal/l entsprechend umzurechnen. Schwefelbestimmung nach R. HEINZE und F. SCHMELING, Öl u. Kohle Bd. 2 (1934) S. 61—63.

Angabe des Heizwertes dienen, weil es, wie die Abbildung zeigt, vom Verhältnis des Kohlenstoffes zum Wasserstoff abhängt. Dies ergibt sich auch aus Abb. 11 in Abschnitt II B 1, S. 218. Die Streuung der Meßpunkte um die in Abb. 69 wiedergegebenen Geraden liegt im Rahmen der Meßgenauigkeit. Bei Verwendung im Vergasermotor (Ottomotor) ist die Verdampfungswärme des Benzins mit 120 kcal/kg noch zu berücksichtigen, weil sie im Vergaser der Umgebung entzogen und dem Arbeitsprozeß zugeführt wird. Der Unterschied zwischen dem oberen Heizwert (H_o) und dem unteren Heizwert (H_u) der üblichen flüssigen Brenn- und Kraftstoffe ist praktisch allein vom Wasserstoffgehalt abhängig. Weitere Angaben von Heizwerten finden sich in Zahlentafel 32. Die Verdampfungswärme der beiden angeführten Alkohole ist rd. 290 kcal/kg für Methanol und rd. 220 kcal/kg für Äthanol bei 20° C; für Benzol beträgt dieser Wert rd. 104 kcal/kg.

Zahlentafel 32. *Heizwerte und Wichte einiger flüssiger Kohlenwasserstoffe und Kohlenwasserstoffgemische.*

Stoff	Formel	Wichte bei 20 °C kg/dm³	Oberer Heizwert kcal/kg	Unterer Heizwert kcal/kg
Äthylalkohol	$C_2H_5 \cdot OH$	0,794	7100	6400
Äthyläther	$C_2H_5 \cdot O \cdot C_2H_5$	0,714	8850	8120
Benzol	C_6H_6	0,879	10020	9610
Braunkohlen-Teeröl		0,86 bis 0,90	10500 ± 100	9800 ± 100
Dieselöl		0,85 bis 0,88	10700 ± 100	9950 ± 150
Fliegerbenzin		0,70 bis 0,74	11350 ± 150	10150 ± 150
Gasöl		0,84 bis 0,86	10750 ± 150	10250 ± 150
Glyzerin	$CH_2OH \cdot CHOH \cdot CH_2OH$	1,260	4320	3850
Kreosotöl		~0,96	~9000	~8700
Methylalkohol	$CH_3 \cdot OH$	0,792	5330	4660
Motorenbenzin		0,72 bis 0,75	11150 ± 350	10150 ± 350
Naphthalin	$C_{10}H_8$	1,15[1]	9680	9340
Petroleum		0,80 bis 0,82	10250 ± 250	9750 ± 250
Phenol	$C_6H_5 \cdot OH$	1,06[2]	7800	7460
Pyridin	C_5H_5N	0,981	8415	8075
Steinkohlen-Teeröl für Motorenbetrieb		0,95 bis 0,97	9350 ± 150	8950 ± 250
Steinkohlen-Teeröl für Heizzwecke		1,04 bis 1,08	9400 ± 100	9150 ± 150
Toluol	$C_6H_5 \cdot CH_3$	0,867	10150	9680
Xylol	$C_6H_4 \cdot (CH_3)_2$	0,863	10230	9720

[1] bei 80° C. [2] bei 40° C.

2. Die Lagerfähigkeit.

Am empfindlichsten gegen Veränderungen während des Lagerns sind solche flüssige Brenn- und Kraftstoffe, die viele ungesättigte Verbindungen enthalten, weil diese unter dem vermutlich katalytischen Einfluß der nie fehlenden Peroxyde durch den Luftsauerstoff sowie durch die Einwirkungen von Licht zu harzartigen Körpern polymerisieren. Dadurch wird die Farbe verändert, was z. B. bei ursprünglich hellen Benzinen am Nachdunkeln zu erkennen ist. Gleichzeitig wird eine Erhöhung der Zähigkeit beobachtet. Bei den an sich dunkleren Teerölen ist ebenfalls eine Verfärbung infolge der Lagerung festzustellen. Dies wird auf die Umwandlung der Phenole und Pyridinbasen unter der Einwirkung des Luftsauerstoffes zurückgeführt. Die Reaktionen werden durch Licht beschleunigt.

Die Harze sind deshalb gefürchtet, weil sie die feinen Düsen der Vergaser von Ottomotoren oder die Brennstoffeinspritzdüsen von Dieselmotoren infolge der Begünstigung der Verkokung verstopfen können; treten sie in größerer Menge auf, so können sie auch die Brennstoffleitungen, vor allem an unstetigen Stellen und in Absperrorganen, verlegen. Weiterhin muß beachtet werden, daß die im nächsten Abschnitt zu besprechende Klopffestigkeit durch die Bildung von Harzen beeinträchtigt wird. Dies läßt sich durch den labilen Charakter der begleitenden und vermutlich sekundär neu gebildeten Peroxyde erklären[1]. Wie in Abschnitt III B 3 näher erläutert wurde, ist es eine der Hauptaufgaben der Raffination von Kraftstoffen, deren Lagerbeständigkeit zu erhöhen.

Im Abschnitt II B 4c wurde bereits darauf aufmerksam gemacht, daß beim Mischen von flüssigen Kraft- oder Brennstoffen unterschiedlicher Herkunft oder Herstellungsart immer mit Ausscheidungen zu rechnen ist. Deshalb besteht ein Interesse an einem geeigneten Kurzzeit-Prüfverfahren, um die Lagerbeständigkeit, insbesondere von Mischungen, prüfen zu können. Der Deutsche Verband für die Materialprüfungen der Technik (DVM) hat deshalb ein qualitatives und ein quantitatives Prüfverfahren vorgeschlagen[2], diesen Vorschlag jedoch auf Grund eines Einspruches von MALLISON zurückgezogen. Denn MALLISON hatte während der Vorbereitung des Normalblattentwurfes ein Verfahren entwickelt, das gegenüber dem vom DVM für die Normung vorgesehenen offensichtlich besser reproduzierbar ist und Befunde liefert, die mit den Ergebnissen langer Lagerdauer besser übereinstimmen. Eine Entscheidung

---

[1] Vgl. hiezu z. B. VELDE, H.: Über die Abhängigkeit der Octanzahl vom Peroxydgehalt bei Synthesebenzin. Öl u. Kohle Bd. 40 (1944) S. 10—15, wo insbesondere der Einfluß der Lagerdauer untersucht ist. Wegen der Oktanzahl siehe den folgenden Abschnitt IV B 4.

[2] Prüfung von Dieselkraftstoffen, Dieseltreibölen und Heizölen (DIN-Entwurf). Öl u. Kohle Bd. 14 (1938) S. 760.

darüber, ob nun das Verfahren von MALLISON mit 16stündiger Versuchsdauer bei 100° C oder ein ebenfalls in Erwägung gezogenes viskosimetrisches Verfahren von DEMANN[1] genormt werden soll, ist noch nicht bekannt gegeben.

3. Das Siedeverhalten.

Das Siedeverhalten der flüssigen Brenn- und Kraftstoffe läßt sich aus dem der sie bildenden Komponenten einfach ableiten. Nähere Angaben hierüber wurden bereits in Abschnitt II B 3 und in Abschnitt III B 3b gemacht; vgl. dort Abb. 52, Seite 331.

Zur kurzen Kennzeichnung dient vielfach die sog. Siedekennziffer. Man berechnet sie, indem man die Temperaturen, bei denen 5, 15, 25 usw. bis 95% des Gemisches übergangen sind, addiert und die Summe durch 10 dividiert. Der so bestimmte Wert entbehrt nicht einer gewissen Willkür, hat sich aber als Vergleichsmaßstab für ähnlich geartete Kraftstoffe bewährt. Selbstverständlich ist es nicht ausgeschlossen, daß zwei Kraftstoffe gleicher Siedekennziffer ein sehr unterschiedliches Siedeverhalten aufweisen, weil sich bei der Berechnung der Kennziffer die Einflüsse der tief und hoch siedenden Fraktionen ausgleichen.

4. Die Zündwilligkeit und die Klopffestigkeit.

Eine für das Verhalten in Verbrennungsmotoren sehr wichtige Eigenschaft von Kohlenwasserstoffen ist der Widerstand, den die Moleküle dem Angriff des Sauerstoffes entgegensetzt. Kann die Oxydation sehr schnell vor sich gehen, so wird ein solcher Stoff im Dieselmotor schnell zünden und in kurzer Zeit nach dem Einspritzen vollständig verbrennen, ohne durch Zündverzug oder Nachverbrennen das Indikatordiagramm ungünstig zu beeinflussen. Denn eine verspätete Zündung hat zur Folge, daß bei ihrem Eintritt zu viel Kraftstoff im Verbrennungsraum vorhanden ist. Es kommt dann zu ungewollten Drucksteigerungen, die über das bei neuzeitlichen Maschinen angestrebte Maß hinausgehen. Ein Dieselmotor arbeitet heute nicht mehr nach der reinen Gleichdruckverbrennung, wie sie den Patenten DIESELs entspricht. Vielmehr trachtet man im Rahmen der durch die Triebwerksbeanspruchung gezogenen

---

[1] DEMANN, W.: Mischbarkeit von Heizölen. Glückauf Bd. 76 (1940) S. 61. — DEMANN, W. u. H. R. ASBACH: Viskosimetrisches Verfahren zur Bestimmung der Mischbarkeit von Kohlenwasserstoffgemischen, insbesondere von Heizölen. Techn. Mitt. Krupp, Forschgsber. 6 (1943) Heft 2 S. 42.

Grenzen einen Teil der eingespritzten Kraftstoffmenge bei konstantem Volumen zu verbrennen: dies ist thermodynamisch günstiger. Durch Zündverzug können jedoch der Zylinder und das Triebwerk überbeansprucht werden. Das Nachverbrennen führt dagegen zu unvollständiger Umsetzung und mangelhafter Ausnützung des Kraftstoffes.

Wenn nun ein Kraftstoff dem Sauerstoffangriff geringen Widerstand entgegensetzt, so bezeichnet man ihn als zündwillig und schätzt ihn für die Verbrennung im Dieselmotor. Die gleiche Eigenschaft kann jedoch beim Ottomotor dazu führen, daß der im Verbrennungsraum des Zylinders mit Sauerstoff gut durchmischte Kraftstoffdampf nach der elektrischen Zündung nicht mit normaler Zündgeschwindigkeit, sondern mit ständig wachsendem Druckanstieg verbrennt und das gefürchtete Klopfen des Ottomotors hervorruft. Es läßt sich zwar durch Erniedrigen des Verdichtungsverhältnisses beseitigen; dies hat aber eine Leistungseinbuße zur Folge. Hochgezüchtete Motoren mit hohem Verdichtungsverhältnis brauchen demnach sehr klopffeste Kraftstoffe.

Es kann hier nicht auf die Ursachen des Klopfens, über die die Meinungen noch nicht vollkommen einheitlich sind, in allen Einzelheiten eingegangen werden[1]. Jedenfalls gilt als sichere Erkenntnis aus den zahlreich ausgeführten Untersuchungen, daß sich bei der normalen Verbrennung im Ottomotor die Flammenfront von der Zündstelle aus mit ungefähr gleicher Geschwindigkeit und gleichem Druckanstieg durch das Gemisch fortpflanzt, daß jedoch beim Klopfen dieser gleichmäßige Verlauf durch Druckwellen und stark erhöhte Geschwindigkeit der

[1] Vgl. hiezu LINDNER, W.: Grundlagen der Prüfung und Bewertung der flüssigen Kraftstoffe. Z. VDI Bd. 83 (1939) S. 25—32 mit einer Gegenüberstellung der einzelnen Prüfverfahren für Otto- und Dieselkraftstoffe. Eingehend behandelt sind alle mit der motorischen Verbrennung zusammenhängenden Fragen bei JOST, W.: Explosions- und Verbrennungsvorgänge in Gasen. Berlin: Springer 1939. — Als weitere zusammenfassende Arbeiten über die Verbrennung in Ottomotoren und in Dieselmotoren sind u. a. zu nennen: ZINNER, K.: Gemischbildung, Verbrennungsablauf und Wirkungsgrad bei schnellaufendem Dieselmotor. Z. VDI Bd. 82 (1938) S. 9—14 — Stand der Erkenntnis über die Gemischbildung im Otto- und Dieselmotor. Z. VDI Bd. 83 (1939) S. 141—147 — Neuere Anschauungen über den Zündvorgang im Dieselmotor. Z. VDI Bd. 83 (1939) S. 1073—1079. — KNEULE, F.: Oktanzahl und Kraftstoffbewertung im Fahrbetrieb. Z. VDI Bd. 85 (1941) S. 571—579. — SCHMIDT, F. A. F.: Theoretische Untersuchungen und Versuche über Zündverzug und Klopfvorgang. — WOLFER, H. H.: Der Zündverzug im Dieselmotor. VDI-Forsch.-Heft 392. Berlin: VDI-Verlag 1938. In den angeführten Berichten finden sich meist auch Hinweise auf die sehr zahlreichen diesbezüglichen amerikanischen Arbeiten, so z. B. bei JOST S. 491—580.

Flammenfront gestört ist. Allerdings kommt es dabei nicht zu Detonationen mit Fortpflanzungsgeschwindigkeiten von mehreren hundert Metern je Sekunde.

Betrachtet man das Verhalten von Kohlenwasserstoffen bezüglich des Klopfens, so ergibt sich die recht verständliche Tatsache, daß zündwillige Kraftstoffe gleichzeitig klopffreudig und umgekehrt zündträge Kraftstoffe klopffest sind.

Der Einfluß der Verzweigung auf die Klopffestigkeit ist sehr bedeutend. Er ist so groß, daß die beiden im Abschnitt I A 1, S. 24 als Beispiele genannten Paraffin-Kohlenwasserstoffe n-Heptan und 2, 2, 4-Trimethylpentan (= Isooktan) als Prüfstoffe mit entgegengesetzten Eigenschaften verwendet werden. Das 2, 2, 4-Trimethylpentan ist von den 18 möglichen Isomeren jenes Oktan, auf das man sich bezieht, wenn man von der zur Kennzeichnung der Klopffestigkeit gewählten Oktanzahl (OZ) spricht. Diese bedeutet, daß sich der betreffende Kraftstoff im Prüfmotor wie eine Mischung aus x Raumteilen Isooktan und (100-x) Raumteilen Normalheptan verhält. Beachtet man, daß Kraftstoffe mit einer Oktanzahl unter 45 bis 50 für den Betrieb im Ottomotor kaum mehr brauchbar sind, so gibt dies eine Vorstellung von der Klopffreudigkeit des n-Heptans, dem die Oktanzahl null zukommt.

Zahlentafel 33. *Oktanzahlen von Kohlenwasserstoffen bei Prüfung nach dem CFR-Research-Verfahren* (Kühlmittel 100° C, Gemischvorwärmung 52° C, unveränderliche Vorzündung 13° KW).

Paraffine:		Zykloparaffine (Naphthene):	
n-Butan	91		
i-Butan	99	Zyklohexan	77
n-Pentan	64	Methylzyklohexan	82
2-Methylbutan	90	Aromaten:	
2, 2-Dimethylpropan	83		
n-Hexan	59	Benzol	97
n-Heptan	0	Toluol	über 100
2, 2-Dimethylpentan	93	Äther:	
2, 3-Dimethylpentan	85	Diisopropyläther	98
2, 4-Dimethylpentan	90		
n-Oktan	unter 0	Alkohole:	
2, 2, 4-Trimethylpentan	100	Methanol	98 } nach ASTM-Verfahren
		Äthanol	99 }
Olefine:		Isopropanol	~100 nach U.S.-Army-Verfahren
n-Buten-1	80		
n-Buten-2	83	Ketone:	
i-Buten	87	Azeton	100

Ginge man von den Bruttoformeln aus, die für Heptan, gleichgültig ob es sich um Normal- oder Isoheptan handelt, C_7H_{16} und für Oktan C_8H_{18} lautet, so wären diese Unterschiede vollkommen unverständlich. Betrachtet man die Oktanzahl der Normalparaffine, so erkennt man, daß sie mit zunehmender Kettenlänge ständig kleiner wird, was darauf hindeutet, daß langgestreckte Moleküle am schnellsten zertrümmert und oxydiert werden. Welchen Einfluß die Kettenlänge und die Stellung der Verzweigungen auf die Klopffestigkeit hat, zeigt Zahlentafel 33 in der u. a. die Oktanzahl von drei Isoheptanen eingetragen ist. Noch

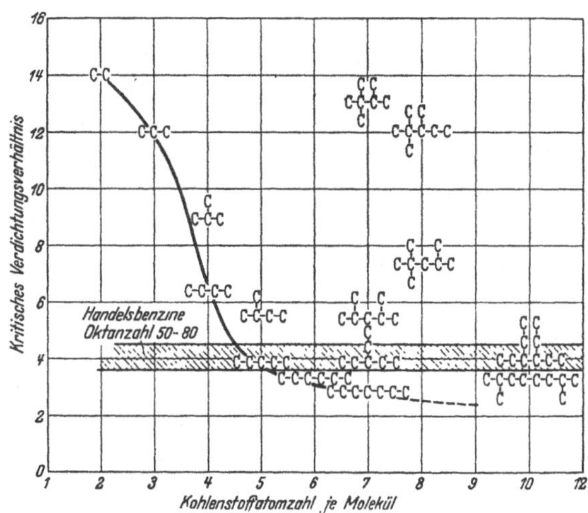

Abb. 70. Kritisches Verdichtungsverhältnis einiger durch das Kohlenstoffatomgerüst gekennzeichneter Paraffin-Kohlenwasserstoffe nach Lovell, Campbell und Boyd.

augenfälliger wird der Einfluß der Verzweigung, wenn man ihn graphisch darstellt, wie dies in Abb. 70 nach Marder geschehen ist. Als Maß der Klopffestigkeit ist nicht die Oktanzahl, sondern das kritische Verdichtungsverhältnis aufgetragen, doch ist ihr Zusammenhang mit beiden Größen vollkommen gleichartig. Die Tatsache, daß die niedrigsten dargestellten Glieder der Paraffinreihe unter normalen Verhältnissen gasförmig sind, darf nicht stören. Für Methan, das einer der besten Kraftstoffe ist, ist ein kritisches Verdichtungsverhältnis nicht gemessen worden. Es gilt praktisch als vollkommen klopffest.

Die Bestimmung der Oktanzahl setzt voraus, daß ein in allen Einzelheiten festliegender Prüfmotor verwendet wird, weil sonst die Ergebnisse zu sehr streuen. Hiefür wurde bisher im Deutschen Reich der sog. IG-Prüfmotor verwendet, während im Ausland der vom Cooperative Fuel Research Committee of the American Society of Automotive Engineers entwickelte sog. CFR-Motor gebräuchlich ist[1]. Zum Vergleich werden bei den Untersuchungen nicht Isooktan und Normalheptan, sondern Eichbenzine mit Oktanzahlen verwendet, die z. B. nur um 10 Einheiten auseinander liegen. Die Klopffestigkeit verschiedener Erdöl-, Hydrier- und Syntheseerzeugnisse ist recht unterschiedlich. Die durch einfache Destllation gewonnenen Straigthrun-Benzine haben mäßige Oktanzahlen und werden unverbessert meist nicht verwendet. Die Spaltbenzine, die schon eine Wärmebehandlung durchgemacht haben, sind dagegen wegen ihres hohen Gehaltes an ungesättigten Verbindungen sehr klopffest, wenn sie schonend raffiniert wurden.

Benzol und die bei der Hydrierung von Kohle gewonnenen Leichtöle besitzen ebenfalls eine hohe Oktanzahl, während Benzine aus der Fischer-Tropsch-Synthese wegen ihres rein paraffinischen Aufbaues allein nicht verwendet werden können.Der Klopfwert von Methanol und Äthanol liegt so hoch über dem von Isooktan, daß er mit den normalen Verfahren nicht ermittelt werden kann. Beide Alkohole werden deshalb zum Verschneiden mit klopffreudigen Benzinen oder durch Mischen mit an sich hochwertigen Benzinen zur Herstellung von Fliegerbenzin verwendet.

Die beim Mischen sich einstellenden Verhältnisse kann man schematisch an Hand von Abb. 71 erläutern. Das höchste im Prüfmotor erreichbare Verdichtungsverhältnis als Ordinate sei abhängig von dem

---

[1] Über die auf diesem Gebiet geleistete Gemeinschaftsarbeit unter Führung des Oppauer Prüfstandes der I.G. Farbenindustrie AG. siehe die laufenden Veröffentlichungen über die regelmäßig abgehaltenen Tagungen in der Zeitschrift „Öl und Kohle". Die letzten Mitteilungen waren in Bd. 38 (1942) S. 359ff. (Sonderheft) und Bd. 39 (1943) S. 897 enthalten. — Siehe auch Wilke, W. u. E. Singer: Z. VDI Bd. 87 (1943) S. 595—598. — Über die Prüfverfahren selbst siehe Gieszmann, W.: Z. VDI Bd. 80 (1936) S. 833—839. — Wilke, W.: Z. VDI Bd. 82 (1938) S. 1135—1142. — Jantsch, F.: Kraftstoffhandbuch, S. 123. Stuttgart: Franck 1941. — Singer, E.: Klopfwertbestimmung am I.G.-Prüfmotor, Anleitung und Betriebsvorschrift. Herausgegeben vom Techn. Prüfstand Oppau. Für die besonderen Betriebsbedingungen des Flugwesens wurde vom Institut für Betriebsstoff-Forschung der ehemaligen Deutschen Versuchsanstalt für Luftfahrt (DVL) das Überlade-Prüfverfahren entwickelt; es ist von Seeber, F.: Luftf.-Forschg. Bd. 16 (1937) S. 18—20, 431—437 und von Philippovich, A. v.: Öl u. Kohle Bd. 15 (1939) S. 551—555 näher beschrieben; Auszug daraus in Z. VDI Bd. 85 (1941) S. 369—370.

Verhältnis der durch die Abszisse dargestellten Raumteile von Normalheptan (H) und Isooktan (O) für ein Gemisch dieser beiden Eichkraftstoffe durch die Kurve *a* gegeben. Wenn sich nun bei der Mischung von zwei beliebigen Kraftstoffen *A* und *B* mit den Oktanzahlen OZ_A und OZ_B ein Kurvenverlauf entsprechend *b* ergibt, dann ist die Mischoktanzahl jeder der beiden Komponenten gleich der des unvermischten Kraftstoffes. Dies läßt sich aus den Abschnitten der Tangenten auf den Parallelen zur Abszissenachse ablesen. Die Kurve *b*, für die die Abszisse nach Raumteilen der Komponenten *A* und *B* geteilt ist, muß zu dem Abschnitt $A_0 B_C$ der Kurve *a* affin sein.

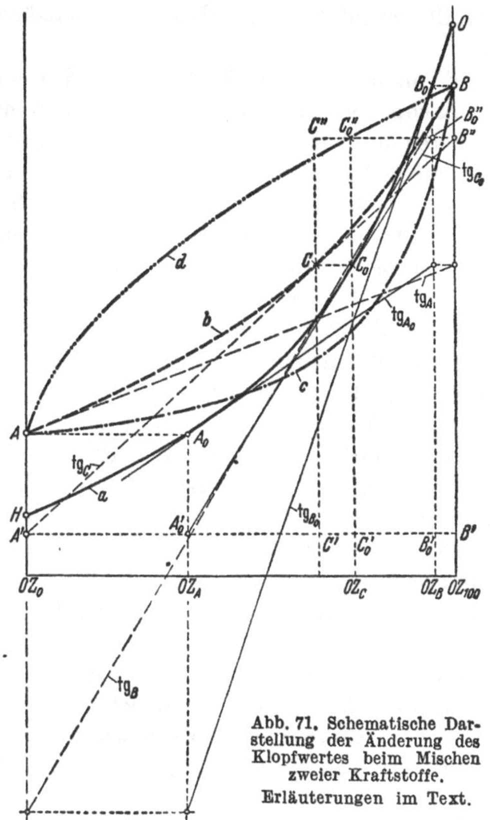

Abb. 71. Schematische Darstellung der Änderung des Klopfwertes beim Mischen zweier Kraftstoffe. Erläuterungen im Text.

Es ist dann z. B. die Oktanzahl eines Gemisches aus *A* und *B* mit einer Zusammensetzung entsprechend Punkt *C* gleich

$$\begin{aligned} & A'C' \cdot A'B_0' + (A'B' - A'C') \cdot A'A_0' \\ & = A'B' \cdot A'A_0' + A'C' \cdot (A'B_0' - A'A_0'). \end{aligned} \tag{7}$$

In der ersten Zeile dieser Gleichung ist der erste Faktor jedes Gliedes als Maß des Mischungsverhältnisses und der zweite Faktor als Maß der Oktanzahl der betreffenden Komponente anzusehen. Nun ist

$$\frac{A'C'}{A'B'} = \frac{A_0' C_0'}{A_0' B_0'}, \tag{8}$$

so daß

$$A'B' \cdot A'A_0' + A'C' \cdot A_0' B_0' = A'B' \cdot (A'A_0' + A_0' C_0') = A'B' \cdot A'C_0'. \tag{9}$$

Die Oktanzahl des Gemisches ist also tatsächlich OZ_C, was zu beweisen war.

Wenn sich aber ein Verlauf nach Kurve *c* oder Kurve *d* ergibt, hat die Komponente *B* im ersten Fall einen kleineren, im zweiten Fall einen größeren Mischoktanwert als ihrer Oktanzahl im unvermischten Zustand entspricht. Bei Kurve *d* ist er dann am größten, wenn die beigemischte Menge sehr klein ist, und nimmt mit wachsendem Anteil ab. Es muß also bei Mischoktanwerten immer der Prozentsatz der Beimischung angegeben werden, für den er gilt, damit man die zu erwartende Oktanzahl einfach aus den Anteilen der beiden Komponenten errechnen kann.

Außer durch das Beimischen von Kohlenwasserstoffen hoher Oktanzahl kann der Klopfwert eines Kraftstoffes auch durch katalytisch wirkende Gegenklopfmittel wesentlich erhöht werden. Aus einer sehr großen Zahl daraufhin untersuchter Stoffe hat sich das Bleitetraäthyl $Pb(C_2H_5)_4$ am wirksamsten von allen erwiesen — vgl. Abschnitt I B 6. Um eine Verbesserung der Klopffestigkeit zu erzielen, genügen schon Beimengungen in der Größenordnung von Tausendsteln.

In welchem Maße sich die Oktanzahl eines Benzins durch Bleitetraäthyl verbessern läßt, wird durch die Bleiempfindlichkeit gekennzeichnet. Sie ist von verschiedenen Einflüssen abhängig und bei Kraftstoffen mit niedriger Oktanzahl größer als bei solchen, die ungebleit bereits ziemlich klopffest sind. Auf Grund von vielen Klopfwertbestimmungen wurde von Singer das Oppauer Liniennetz zur Ermittlung der Klopffestigkeit von gebleiten Benzinen entwickelt und von Hammerich der Begriff der mathematischen Bleiempfindlichkeit vorgeschlagen, durch den die Vergrößerung der Oktanzahl abhängig vom Gehalt an Bleitetraäthyl erfaßt werden soll[1].

Über die Unzulänglichkeit der Oktanzahl als Bewertungsmaßstab für die Klopffestigkeit besteht kein Zweifel, wenn auch die Äußerung von Scheumann[2], der sie als „Irrlicht der Erdölindustrie" bezeichnet, etwas übertrieben erscheint. Ihr Nachteil ist vor allem die Tatsache, daß sie nur einen einzigen Betriebspunkt kennzeichnet. Dieser Nachteil wird bei dem Überlade-Prüfverfahren[3] vermieden, bei dem der an der

---

[1] Hammerich, Th.: Die mathematische Bleiempfindlichkeit. Öl u. Kohle Bd. 38 (1942) S. 1275—1291 — mit Stellungnahme von Singer, E.: Öl u. Kohle Bd. 39 (1943) S. 424 — und Erwiderung von Hammerich, Th.: Öl u. Kohle Bd. 39 (1943) S. 427.

[2] Scheumann, W.: Nat. Petrol. News Bd. 32 (1940) S. 102, 120.

[3] Vgl. Schluß der Fußnote 1, Seite 410.

Klopfgrenze gerade noch zulässige Aufladedruck bei Aufladung des Motors gemessen wird. Es zeigt sich dabei, daß sich Kraftstoffe mit derselben Oktanzahl verschieden verhalten können. Besonders auffällig ist der Unterschied zwischen Aromaten und Nichtaromaten. Er tritt sowohl bei Änderung der Luftüberschußzahl λ als auch bei Änderung der Temperatur der angesaugten Luft in Erscheinung, wie für den zweiten Fall Abb. 72 zeigt. Sie läßt — ausgedrückt durch den höchsten mittleren Nutzdruck, der eine Funktion des Aufladedruckes ist — die größere Temperaturempfindlichkeit des Benzols erkennen; es wurde hier in einem Fall dazu verwendet, die Oktanzahl des Ausgangsbenzins von 73 auf 87 zu erhöhen, während im anderen Fall dasselbe Ziel durch Zusatz von Bleitetraäthyl erreicht wurde. Bei Lufttemperaturen über 120° C ist das Benzin mit Benzolzusatz sogar schlechter als der unvermischte Kraftstoff.

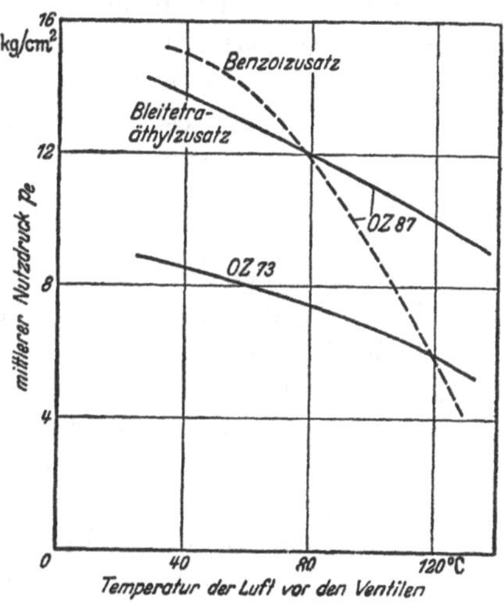

Abb. 72. Höchster mittlerer Nutzdruck an der Klopfgrenze bei verschiedenen Kraftstoffen, abhängig von der Temperatur der angesaugten Luft nach F. A. F. Schmidt.

Dieser Befund deckt sich mit der allgemeinen Erfahrung, daß Aromaten leicht zur Überhitzung im Motor neigen. Infolgedessen kann es dann an heißen Stellen im Verbrennungsraum, besonders an den Ventilen, zu Glühzündungen kommen; diese wirken sich genau so aus wie das eigentliche Klopfen, das auf einen eigenartigen Reaktionsablauf zurückgeführt werden muß.

Beachtet man die Klopfempfindlichkeit der Normalparaffine mit mehr als vier Kohlenstoffatomen, so ist es verständlich, daß diese Verbindungen sehr zündwillig sind und daß ein Stoff aus dieser Reihe, das Zetan $C_{16}H_{34}$, als Prüfstoff für Dieselkraftstoffe eingeführt wurde[1]. Auf Grund eines Beschlusses des Welt-Erdölkongresses 1933 wurde ursprüng-

[1] Der Name kommt von cētus (lat.) = Seeungeheuer (Walfisch, Haifisch) und ist abgeleitet aus κῆτος (grch.), das die gleiche Bedeutung hat. Man erhält nämlich Zetylalkohol aus dem Walrat (cetaceum), das sich als fette Flüssigkeit in Hohlräumen unter der Haut des Pottwals findet.

lich das einfach ungesättigte Olefin gleicher Kohlenstoffatomzahl, das Zeten $C_{16}H_{32}$ als Bezugskraftstoff für Zündwilligkeitsbestimmungen gewählt. Da es aber infolge seines ungesättigten Charakters beim Lagern Veränderungen unterliegt, insbesondere zur Peroxydbildung neigt, und dadurch seine Zündwilligkeit zunehmen kann, wurde in der Zwischenzeit immer mehr das Zetan an seine Stelle gesetzt. Dieses ist auch zündwilliger, und zwar werden in den Vereinigten Staaten von Amerika rd. 87,5 Zetanzahleinheiten einer Zündwilligkeit von 100 Zetenzahleinheiten gleichgesetzt[1]. Da die aus der FISCHER-TROPSCH-Synthese gewonnenen Kogasine wesentlich zündwilliger sind als Zeten, ist der Übergang zum Zetan auch deshalb gerechtfertigt, weil zu ihrer Bewertung Zetenzahlen über 100 erforderlich wären.

Ähnlich wie bei der Klopfwertbestimmung versteht man unter einem Dieselkraftstoff mit der Zetanzahl x — gewöhnlich CZ abgekürzt, entsprechend der bei den Chemikern üblichen Schreibweise Cetan — einen Kraftstoff, der sich in bezug auf Zündwilligkeit ebenso verhält, wie ein Gemisch aus x Raumteilen Zetan und (100-x) Raumteilen α-Methylnaphthalin ($C_{11}H_{10}$). Kohlenstoffatomzahl und damit Molekulargewicht und Siedepunkt dieser Prüfkraftstoffe sind den üblicherweise im Dieselmotor verwendeten, höher siedenden Kraftstoffen angepaßt. Die Normalparaffine mit gerader Kette und ohne Doppelbindungen haben jedenfalls die größte Zündwilligkeit und sind daher für den Dieselmotor besonders wertvoll. Synthetisch können sie heute nach dem Verfahren von FISCHER-TROPSCH ziemlich rein gewonnen werden. Welchen Einfluß selbst eine geringfügige Störung des Molekularaufbaues hat, zeigt der erwähnte Unterschied von Zeten gegenüber Zetan; dabei handelt es sich nur um eine einzige endständige C=C-Doppelbindung bei 14 C—C-Einfachbindungen.

Nach jahrelangen Bemühungen ist es im April 1942 dem „Sonderausschuß zur Normung der motorischen Prüfung von Dieselkraftstoffen" beim Deutschen Verband für die Materialprüfungen der Technik (DVM)

[1] Im Schrifttum findet sich öfters die irrtümliche Angabe, daß sich Zetenzahl und Zetanzahl wie 100 : 76 verhalten. Vgl. z. B. WEBER, P.: Öl u. Kohle Bd. 14 (1938) S. 879. — Aus der bei WILKE, W.: Prüfmotoren zur Klopfwertbestimmung von Kraftstoffen. Z. VDI Bd. 82 (1938) S. 1140 mitgeteilten Abb. 22 ist ein Verhältnis von 24 : 20 = 100 : 83,5 bis 60 : 52 = 100 : 87 abzulesen. Die Angabe des oben im Text genannten Wertes verdankt der Verfasser einer persönlichen Mitteilung von Prof. W. LINDNER. Vgl. a. KALICHEVSKY, V. A. u. B. A. STAGNER: Chemical Refining of Petroleum. 2. Aufl. S. 343 unter Hinweis auf J. Inst. Petrol. Technol. Bd. 24 (1938) S. 170—175.

auf einer Tagung in Oppau gelungen, ein einheitliches Prüfverfahren für Dieselkraftstoffe festzulegen[1]. Über frühere Vorschläge in dieser Richtung konnte wiederholt keine Einigung erzielt werden, weil die diesbezüglichen Arbeiten noch nicht weit genug gediehen waren. Nunmehr ist der IG-Prüfdiesel als Prüfmotor gewählt worden. Die daneben noch vorgesehene Zulässigkeit des HWA-Motors (ehemaliges Heereswaffenamt) dürfte inzwischen hinfällig geworden sein. Als Verfahren zur Bestimmung der Zetanzahl dient das Zündverzugsverfahren, bei dem der Zündverzug durch Drosseln oder Verdichtungsänderung konstant gehalten wird. Die wahlweise vom ehemaligen Heereswaffenamt bevorzugte Aussetzermethode dürfte inzwischen ebenfalls ihre Bedeutung eingebüßt haben.

Wegen der engen Beziehungen zwischen Klopffestigkeit und Zündwilligkeit hat man auch versucht, die Klopffestigkeit von Kraftstoffen durch Messung des Zündverzuges zu bestimmen[2]. Dies ist in gewissem Umfang möglich, denn der Zündverzug ist eine physikalisch einwandfrei zu bestimmende Größe und von der Bauart und Betriebsweise eines Prüfmotors nicht so stark abhängig wie jene Größe, die man zur Kennzeichnung der Klopfneigung benutzt. Der Zusammenhang zwischen Klopffestigkeit und Zündwilligkeit wird mit ziemlicher Genauigkeit durch die von WILKE empfohlene Gleichung

$$\text{Oktanzahl} = 120 - 2 \times \text{Zetanzahl} \tag{10}$$

wiedergegeben[3].

Es hat nicht an Versuchen gefehlt, die umständlichen und zeitraubenden Verfahren zur Bestimmung der Klopffestigkeit oder der Zündwilligkeit mit Hilfe von Prüfmotoren durch solche zu ersetzen, die im Laboratorium angewendet werden können. Dies ist bei Dieselkraftstoffen durch Bestimmung des Parachors und der Siedekennziffer bis zu einem

[1] Einen abschließenden Bericht gibt KESZLER, O.: Die Normung der Verfahren und Vorrichtungen zur Prüfung von Dieselkraftstoffen. Öl u. Kohle Bd. 38 (1942) S. 1031—1037.

[2] Außer Versuchen, die TIZARD und PYE schon anfangs der zwanziger Jahre unternahmen, sind hier zu nennen JOST, W.: Z. Elektrochem. Bd. 47 (1941) S. 262. — SCHMIDT, F. A. F.: Motorische und physikalische Untersuchungen über das Wesen des Klopfvorganges. MTZ Bd. 5 (1943) S. 41—46. — SCHEUERMEYER, M. u. H. STEIGERWALD: Messung des Zündverzuges verdichteter Kraftstoffgemische zur Untersuchung der Klopfneigung. MTZ Bd. 5 (1943) S. 229—235.

[3] Vgl. WILKE, W.: Über die Beziehungen zwischen Oktanzahl und Zetanzahl. ATZ Bd. 43 (1940) S. 148—149.

gewissen Grade gelungen[1]. Die für Ottokraftstoffe vorgeschlagenen Verfahren konnten sich jedoch bisher kaum durchsetzen[2]. Der Grund hiefür liegt offenbar darin, daß beim Klopfen Bauart und Betriebsweise des Motors viel stärker zur Geltung kommen als beim Zündverzug.

Zum Schluß soll noch eine Arbeit von G. und E. WILLFANG[3] erwähnt werden, weil sie auf Umstände hinweist, die bei der Untersuchung der Klopffestigkeit bisher wenig beachtet wurden. Es ist eine seit langem bekannte und im Zusammenhang mit der Erforschung von Verbrennungsvorgängen wiederholt besprochene Erscheinung, daß an der Wand des Reaktionsraumes Kettenreaktionen leichter abgebrochen werden. Man müßte daher bei Klopffestigkeitsmessungen den Einfluß des Werkstoffes der Reaktionsräume mit berücksichtigen. In der erwähnten Arbeit wird auch darauf aufmerksam gemacht, daß noch gewisse Unstimmigkeiten aufzuklären sind, die zwischen der guten Klopffestigkeit von Olefinen und der Tatsache bestehen, daß diese immer von Peroxyden begleitet werden. Schließlich weisen G. und E. WILLFANG darauf hin,

---

[1] Siehe hiezu die in Fußnote 1, Seite 389 genannte Arbeit von MARDER. — Weiterhin HEINZE, R. u. M. MARDER: Brennst.-Chemie Bd. 16 (1935) S. 286. — HEINZE, R. u. A. HOPF: Brennst.-Chemie Bd. 17 (1936) S. 441. — HEINZE, R. u. M. MARDER: Z. VDI Bd. 81 (1937) S. 37. — MARDER, M. u. P. SCHNEIDER: Autom.-techn. Z. Bd. 39 (1937) S. 195. — VORBERG, C.: Öl u. Kohle Bd. 16/35 (1939) S. 497; Bd. 39 (1943) S. 847. — WIDMAIER, O.: Öl u. Kohle Bd. 35 (1939) S. 761 — sowie TANNENBERGER, R.: Kraftstoff Bd. 17 (1941) S. 218.

Außer dem in vorstehenden Arbeiten behandelten Verfahren, das vom Parachor und der Siedekennziffer ausgeht, hat z. B. WATERMANN in Anlehnung an sein für Schmierstoffe bewährtes Ringanalyseverfahren — vgl. hierüber Abschnitt IV D 1 Seite 433 — eines vorgeschlagenen, das ebenfalls die Dichte, die Refraktion, den Anilinpunkt und das mittlere Molekulargewicht dazu benutzt, um das Verhältnis von Aromaten, Naphthenen und Paraffine und daraus die Zündwilligkeit zu errechnen.

Ein weiteres Verfahren zur Konstitutionsermittlung von Benzin, das eine Arbeit von GROSZE, A. v. u. R. C. WACKHER: Ind. Engng. Chem. Anal. Edit. Bd. 11 (1939) S. 614 benutzt, hat LEITHE, W.: Die Bestimmung des Gehaltes an Aromaten, Naphthenen und Paraffinen in Benzin aus Dispersion, Refraktion und Dichte. Öl u. Kohle Bd. 39 (1943) S. 883—887 mitgeteilt. In diesem Aufsatz sind auch die für die Anwendung des Verfahrens erforderlichen Koordinatenblätter abgedruckt.

[2] HEINZE, R. u. M. MARDER: Angew. Chem. Bd. 48 (1935) S. 335, 776. — COX, R. B.: Refiner Natur. Gasal. Manufactu Bd. 19 (1940) Nr. 2. — Bericht darüber TANNENBERGER, R. u. O. SEIFERT: Öl u. Kohle Bd. 38 (1942) S. 1028.

[3] WILLFANG, G. u. E. WILLFANG: Beiträge zur Kenntnis von Motorbetriebstoffen. Öl u. Kohle Bd. 40 (1944) S. 664—672.

daß nach ihrer Beobachtung beim Mischen von Benzinen Wärmetönungen festzustellen seien und daß sich schon daraus allein Schwierigkeiten ergeben müssen, wenn man den Versuch unternimmt, Oktanzahlen aus laboratoriumsmäßig gewonnenen Daten zu berechnen.

An Hand der in Abb. 73 wiedergegebenen Zusammenhänge zwischen Oktanzahl, Molvolumen und der für die Gasphase bei 298° K berechneten molaren Entropie erkennt man, daß die Paraffine den stärksten Abfall der Oktanzahl bei jenen Verbindungen aufweisen, die am leichtesten dazu neigen, Ringe zu bilden. Es sollte deshalb das Reaktionsverhalten einzelner Kohlenwasserstoffverbindungen im Zusammenhang mit ihrer Klopffestigkeit noch genauer untersucht werden, weil davon weitere Aufschlüsse über die Vorgänge beim Klopfen zu erwarten seien.

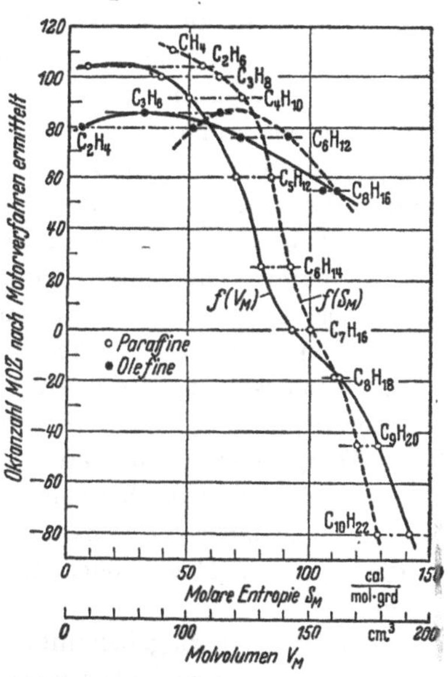

Abb. 73. In Oktanzahlen ausgedrückte, nach dem Motorverfahren ermittelte Klopffestigkeit unverzweigter Paraffine und Olefine, abhängig vom Molvolumen und der für die Gasphase bei 25° C berechneten molaren Entropie nach G. und E. WILLFANG.

Sehr beachtlich ist die noch von beiden Forschern getroffene Feststellung, daß nach allen vorliegenden Versuchsergebnissen offenbar eine Klopffestigkeit von 120 Oktanzahleinheiten nicht überschritten werden kann. Vereinzelte Angaben, die dem zu widersprechen scheinen, müßten danach auf Meßfehler zurückgeführt werden. Jedenfalls deckt sich diese Behauptung sehr gut mit der vorstehend angeführten Formel von WILKE, nach der sich dieser Wert für die Klopffestigkeit bei einer Zündwilligkeit vom Werte null ergibt.

5. Der Flammpunkt und der Brennpunkt.

Von der durch die Zündwilligkeit gekennzeichneten Eigenschaft flüssiger Kohlenwasserstoffe ist die für die Art der Lagerung wichtige Entzündbarkeit zu unterscheiden. Dies wird sofort klar, wenn man beachtet, daß ein Dieselöl, gleichgültig ob es sehr zündwillig ist oder nicht, mittels offener Flamme ohne besondere Vorkehrungen nicht entzündet werden kann. Es erscheint hingegen nicht ratsam, sich mit einer glimmenden Zigarette einem Behälter, der sehr klopffestes Fliegerbenzin enthält, zu nähern, obwohl solches Benzin keineswegs als „zündwillig“ gilt.

Bei der Entzündbarkeit handelt es sich also darum, ob durch Annähern einer offenen Flamme an der Flüssigkeitsoberfläche so viel Dämpfe (und Gase) entwickelt werden, daß diese mit der Luft ein zündfähiges Gemisch bilden. Dabei kommt der Temperatur der Flüssigkeit entscheidende Bedeutung zu, weil sie den über dem Flüssigkeitsspiegel schon vor der Annäherung der Flamme herrschenden Teildruck des Dampfes bestimmt. Läßt man in den üblichen Prüfgeräten[1] die Temperatur der zu untersuchenden Flüssigkeit allmählich steigen, so wird sich bei dem in regelmäßigen Zeitabständen wiederholten Annähern der Zündflamme oder durch elektrische Zündfunken bei einer bestimmten Temperatur das erstemal auf der Oberfläche ein wieder verlöschendes Flämmchen zeigen, ein Zeichen dafür, daß in einem begrenzten Raum die Zusammensetzung des entstandenen Gemisches aus Kraftstoffdampf und Luft die untere Zündgrenze erreicht hat; vgl. hierzu Abschnitt IV C 2. Diese Temperatur nennt man Flammpunkt. Steigert man die Temperatur weiter, so wird bei einer entsprechend höheren Temperatur die Flamme nicht mehr verlöschen, sondern die ganze Flüssigkeitsoberfläche in Brand setzen. Diese höhere Temperatur wird als Brennpunkt bezeichnet.

Die Prüfverfahren geben mit ein und demselben Gerät gut wiederholbare Werte; diese sind aber von der Bauart der Geräte abhängig. Die so gewonnenen Angaben reichen zur Kennzeichnung von Kraftstoffen im Rahmen von Sicherheitsvorschriften für Lagerung und Transport oder für ähnliche Zwecke aus. Andere Eigenschaften lassen sich aus ihnen kaum ablesen, obwohl zweifellos Zusammenhänge mit dem Zündverhalten und der chemischen Konstitution bestehen. Bei den in der Praxis vorliegenden Gemischen werden offenbar dadurch verursachte Unterschiede durch den viel stärkeren Einfluß der Komponenten mit niedrigerem Siedepunkt überdeckt. Denn diese bestimmen in erster Linie den Flammpunkt und den Brennpunkt.

---

[1] Vgl. BURSTIN, H.: Untersuchungsmethoden der Erdölindustrie, S. 55ff. Berlin: Springer 1930. — Ölbewirtschaftung. Herausgeg. von der WEV. 2. Aufl. Berlin: Springer 1937. — Es sind neben dem in DIN DVM 3661 genormten Gerät noch solche von ABEL und PENSKY, PENSKY und MARTENS, MARCUSSON sowie BAADER für die verschiedenen Ölfraktionen in Gebrauch.

Die Unterschiede im Flammpunkt bei gleichem Siedeverlauf — bei Kohlenwasserstoffen also nach Abschnitt II B 3 bei gleichem Siedepunkt — deuten darauf hin, daß neben dem Partialdruck des Dampfes auch die thermische Stabilität eine Rolle spielt. Durch Annähern der Zündflamme wird nicht nur etwas Kraftstoff verdampft, sondern auch eine geringe Menge gekrackt, so daß die Zündfähigkeit des entstehenden Kraftstoffdampf—Luft-Gemisches durch abgespaltenes Gas beeinflußt wird.

Der Abstand des Flammpunktes vom Brennpunkt nach unten hat die Größenordnung von 50 bis 100°, so daß der Flammpunkt von Benzinen bei der üblichen Ermittlung mit steigender Temperatur fast immer unter 0° C liegt. Bei Zimmertemperatur ist ihr Dampfdruck dann schon so groß, daß bei der Handhabung in offenen Gefäßen explosionsfähige Gemische entstehen, zu deren Zündung Funken oder glimmende Teilchen genügen. Im Prüfgerät kann man allerdings bei abnehmender Temperatur auch wesentlich höhere „Flammpunkte" feststellen, wenn man sich dabei der oberen Zündgrenze von oben nähert. Eine praktische Bedeutung können so bestimmte Werte kaum haben.

Flammpunkt und Brennpunkt sind von dem in Abschnitt IV C 2 noch zu erwähnenden Zündpunkt streng zu unterscheiden, der angeben soll, welche Temperatur ein Gemisch von Gas (oder Dampf) eines brennbaren Stoffes mit Luft erreichen muß, damit es sich *von selbst* entzündet.

6. Die Verkokungsneigung.

Besonders bei Dieselölen hat noch die Rückstandsbildung unter sehr hoher thermischer Beanspruchung Interesse, wie sie gewöhnlich durch den Conradson-Test (DIN DVM 3796 Entwurf 2) bestimmt wird. Das Öl wird dabei im Sandbad in einem geschlossenen Tiegel bis auf Koksrückstand gekrackt, die entweichenden Gase werden entzündet und restlos verbrannt. Die Zweckmäßigkeit dieser Prüfung ist nicht unbestritten, doch läßt sie auf die im Öl vorhandenen oder infolge der thermischen Beanspruchung entstehenden Harz- und Asphaltstoffe schließen, was als Maß für die zu erwartende Koksbildung an Einspritzdüsen und Auslaßventilen von Dieselmotoren oder an Brennern von Brennkammern angesehen werden kann. Diese Erscheinungen sind aber auch sehr stark von den Betriebsbedingungen abhängig, und diesbezügliche Untersuchungen an laufenden Maschinen mit verschiedenen Kraftstoffen führen nur bei peinlichster Ausschaltung aller Nebeneinflüsse zu vergleichbaren Ergebnissen. Über die Abhängigkeit der Verkokungsneigung vom chemischen Bau der Kohlenwasserstoffe ist kaum etwas bekannt, obwohl sie sicher vorhanden ist. Die Neigung, bei hoher Wärmebeanspruchung Koks abzuscheiden, nimmt deutlich mit dem Molekulargewicht und anscheinend mit dem Gehalt an paraffinischen Anteilen zu, doch lassen sich davon zu erwartende Schwierigkeiten oft durch konstruktive Maßnahmen beheben.

C. Gasförmige Brenn- und Kraftstoffe[1].

1. Der Heizwert.

Bei gasförmigen Brenn- und Kraftstoffen läßt sich der Heizwert auf einfache Weise berechnen, wenn die Zusammensetzung in Raumteilen bekannt ist. Zu diesem Zweck sind in Zahlentafel 34 die Heizwerte der wichtigsten brennbaren Gase zusammengestellt. Der Heizwert des Gemisches wird durch einfaches Summieren des Heizwertes der Anteile gefunden. Für überschlägige Ermittlungen ist die in Abb. 74 wiedergegebene Darstellung in Dreieckskoordinaten recht brauchbar, die dar-

Zahlentafel 34. *Heizwert und Wichte brennbarer Gase.*

	Wichte kg/Nm³	Oberer Heizwert kcal/Nm³	Unterer Heizwert kcal/Nm³	Oberer Heizwert kcal/kmol	Unterer Heizwert kcal/kmol
Wasserstoff H_2	0,08987	3050	2570	68350	57590
Kohlenmonoxyd CO	1,250	3020	3020	67700	67700
Methan CH_4	0,7168	9520	8550	212800	191200
Äthan C_2H_6	1,356	16820	15370	372800	340530
Äthylen C_2H_4	1,2605	15290	14320	340000	318490
Azetylen C_2H_2	1,1709	14090	13600	313000	302240
Propan C_3H_8	2,019	24320	22350	530600	487580
Propen C_3H_6	1,915	22540	21070	495000	462730
n-Butan C_4H_{10}	2,703	32010	29510	687900	634120
i-Butan C_4H_{10}	2,668	31530	29050	686300	632520
Buten[2] C_4H_8	—	29110	27190	652000	608980
Ammoniak NH_3	0,7714	4120	3390	91000	74870
Schwefelwasserstoff H_2S	1,5392	6140 / 7200	5660 / 6720	136000 / 159500	125240[3] / 148740

[1] Wegen Einzelangaben siehe BRÜCKNER, H.: Gastafeln. Physikalische, thermodynamische und brenntechnische Eigenschaften der Gase und sonstigen Brennstoffe. München und Berlin: Oldenbourg 1937.

[2] Es fehlt die Angabe der Strukturformel in den Quellen.

[3] Verbrennung zu SO_2/SO_3.

über hinaus Beziehungen zwischen den in den Abschnitten III C 1 und 4 beschriebenen Verfahren erkennen läßt[1]. Zur direkten Ermittlung dienen Gaskalorimeter, von denen das von JUNKERS am bekanntesten und am meisten angewendet ist.

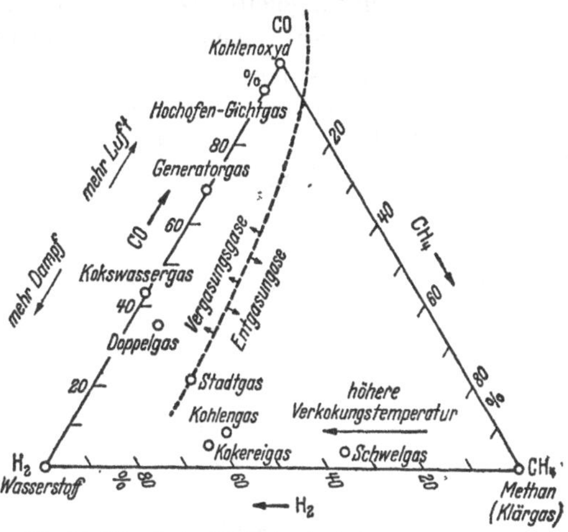

Abb. 74. Die drei wichtigsten brennbaren Anteile verschiedener durch Entgasen oder Vergasen von Brennstoffen gewonnener Gase.

2. Die Zündeigenschaften.

Bei gasförmigen Brennstoffen lassen sich der Ablauf der Zündung und die dabei eintretenden Reaktionen am besten verfolgen, obwohl auch hier noch manches unklar ist. Da aber die Verbrennung fester und flüssiger Stoffe letzten Endes auch nur nach Umwandlung in Gase oder Dämpfe möglich ist, verdienen die hier auftretenden Erscheinungen genauere Beachtung[2]. Das eine steht jedenfalls fest: Eine Zündtemperatur als Stoffkonstante gibt es nicht, auch nicht bei gleichbleibender Zusammensetzung der Mischung mit Luft. JOST zählt z. B. nicht weniger als acht verschiedene Verfahren zur Bestimmung des Zündpunktes auf. Diese liefern bei Wasserstoff Werte für den Zündpunkt zwischen 410 und 930° C. Unter diesen Umständen erscheint der bisher eingeschlagene Weg, Zündpunkte zu bestimmen, nicht sehr aussichtsreich. Trotzdem besteht ein Bedürfnis, die für die einzelnen Stoffe unterschiedlichen Temperaturen zu messen, bei denen sie sich unter bestimmten Bedingungen in Mischung mit Luft von selbst entzünden, oder andere brauchbare Merkmale festzustellen, welche die Entzündbarkeit kennzeichnen.

Das Endergebnis der vollkommenen Verbrennung eines Kohlenwasserstoffes C_nH_m ist in jedem Falle Wasser (H_2O) und Kohlendioxyd

[1] SCHUSTER, F.: Gas — Energie und Rohstoff. Wärme Bd. 65 (1942) S. 187 bis 195.

[2] Einzelheiten siehe bei JOST, W.: Explosions- und Verbrennungsvorgänge in Gasen. Berlin: Springer 1939 mit ausführlichen Schrifttumsangaben.

(CO_2). Diese Endglieder der Reaktion werden aber auf dem Umweg über eine Anzahl anderer Reaktionen erreicht, die durch eine oder mehrere Startreaktionen eingeleitet werden; an diese schließt sich eine ganze Reihe von Kettenreaktionen an. Die dabei auftretenden Zwischenglieder lassen sich meist sehr schwer fassen und konnten bisher zum Teil nur spektroskopisch nachgewiesen werden. Es treten bei der Verbrennung auch freie Radikale auf, von denen z. B. Dicarbon (C_2), Methin (CH) und Hydroxyl (OH) im Innenkegel des Bunsenbrenners beim Verbrennen von Leuchtgas gefunden wurden.

Je verwickelter die Moleküle gebaut sind, desto mehr Möglichkeiten bestehen für den Ablauf verschiedener Reaktionsketten, wobei es auch vorkommen kann, daß verhältnismäßig einfach gebaute Moleküle, wie z. B. Methan, zunächst Kohlenwasserstoffderivate, wahrscheinlich Formaldehyd und Ameisensäure bilden. Durch den weiteren Sauerstoffangriff werden dann bei mangelhafter Mischung die Wasserstoffatome zuerst abgespalten und oxydiert, so daß zum Schluß von den Molekülen nur glühende Kohlenstoffgerüste übrig bleiben. Diese geben der Flamme die Leuchtkraft und scheiden sich am Flammenrand oder bei der Berührung kälterer Flächen als Ruß aus. Es empfiehlt sich z. B. bei Methan, wenigstens ein Viertel der Verbrennungsluft dem Gas vor der Brennermündung beizumischen, um eine rußlose Verbrennung zu erhalten. Dort, wo eine leuchtende Flamme gebraucht wird, — wie z. B. bei metallurgischen Prozessen — nutzt man die Möglichkeit, eine solche Flamme zu erhalten, indem man, wie bereits erwähnt, billige Teeröle in das Heizgas vor den Brennern der Öfen einspritzt. Diese werden in der Flamme zu niedrig-molekularem Kohlenwasserstoff und zu Ruß gekrackt. Im Kesselbau muß man hingegen bei Gasfeuerungen durch innige Mischung von Gas und Verbrennungsluft eine vollständige Verbrennung vor dem Eintritt in die Kesselzüge anstreben[1].

Die Zündgeschwindigkeit wirkt bei der Ausbildung der Flamme mit; sie ändert sich mit der Verbrennungstemperatur, dem sog. Zündpunkt, der spezifischen Wärme und dem Wärmeleitvermögen des Gases.

---

[1] Grundlegende Arbeiten zu diesem Thema stammen von Rummel, K.: Der Einfluß des Mischvorganges auf die Verbrennung von Gas und Luft in Feuerungen. Arch. Eisenhüttenw. Bd. 10 (1936/37) S. 505—510, 541—548; Bd. 11 (1937/38) S. 19—30, 67—80, 113—123, 163—181, 217—224. — Weiterhin siehe hiezu außer den zu Abschnitt III C 4 besonders in Fußnote 1, Seite 379 genannten Arbeiten noch Zinzen, A.: Wichtige Nebenreaktionen in technischen Feuerungen. Arch. Wärmew. Bd. 23 (1942) S. 235—236.

Von sehr wesentlichem Einfluß ist die Verwirbelung. Bei laminarer Strömung läßt sich die Zündgeschwindigkeit aus dem blauen Innenkegel eines Bunsenbrenners berechnen. Ihre Abhängigkeit von der Form des Verhältnisses Gas zu Luft zeigt Abb. 75. Sie nimmt ungefähr mit dem Quadrat der absoluten Temperatur zu, wobei sich der Zündbereich mit der Temperatur erweitert.

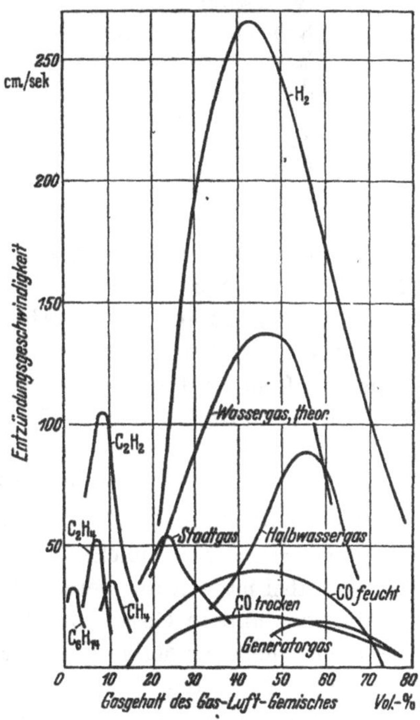

Abb. 75. Zündgeschwindigkeit einiger Gase bei Raumtemperatur und laminarer Strömung.

Als Zündgrenzen bezeichnet man den kleinsten und größten Gehalt des Gases in einem Gemisch mit Luft, bei dem dieses noch zündfähig ist. Zahlentafel 35 gibt diese Grenze für einige Gase wieder[1]. Die Tendenz der in Abb. 75 dargestellten Kurven kann nicht als verläßlicher Maßstab für die Zündgrenzen angesehen werden. Denn die Kurve für Azetylen (C_2H_2) läßt nicht erwarten, daß ein Azetylen—Luft-Gemisch bis zu einem Gehalt von 82 Vol.-% Azetylen noch explosionsfähig ist.

Die für die motorische Verbrennung wichtige Oktanzahl als Maß für die Klopffestigkeit eines Kraftstoffes kann auch für Gase ermittelt werden. Sie liegt bei den ersten drei Gliedern der Paraffinreihe, nämlich Methan, Äthan und Propan, so hoch, daß sie nur geschätzt werden kann. Im Schrifttum finden sich Angaben mit dem Wert von ungefähr 125. Dabei ist zu beachten, daß Oktanzahlen über 100 aus dem Rahmen der Definition fallen. Über die Klopffestigkeit anderer Gase fehlen offensichtlich Untersuchungen, weil außer Generatorgas und Stadtgas, in einzelnen Fällen auch Klärgas aus den Abwasserreinigungsanlagen, für den Fahrzeugbetrieb Gas kaum Bedeutung

[1] Hier ist die Arbeit von BLECHER, G.: Die Bestimmung der Zündgrenzen von Grubenbrandgasen. Glückauf Bd. 79 (1943) S. 489—495 erwähnenswert, weil sie eine allgemein anwendbare graphische Darstellung für die Zündgrenzen von Gasgemischen zeigt.

Zahlentafel 35. *Zündgrenzen einiger Gase in Mischung mit Luft bei 20° C und 1 at abs.*

	Untere Zündgrenze Vol.-%	Obere Zundgrenze Vol.-%
Wasserstoff H_2	4,1	75
Kohlenmonoxyd CO	12,5	75
Methan CH_4	5,0	15
Azetylen C_2H_2	2,3	82
Äthylen C_2H_4	3,0	33,5
Äthan C_2H_6	3,0	14
Propen C_3H_6	2,2	11,1
Propan C_3H_8	2,1	9,5

hat; bei ortsfesten Anlagen besteht aber kein Zwang, hoch gezüchtete Bauformen mit hohem Verdichtungsverhältnis zu verwenden. Die zahlreichen Gichtgasmotoren auf Hüttenwerken zeigen übrigens, daß die Aufgabe, auch sehr heizwertarmes Gas im Ottomotor auszunutzen, seit langem befriedigend gelöst ist; die Oktanzahl scheint als unwichtig noch nicht ermittelt zu sein, dürfte jedoch ziemlich hoch liegen.

3. Die Brenneigenschaften.

Das wichtigste Anwendungsgebiet gasförmiger Brennstoffe sind die industriellen und gewerblichen Feuerungen und die Gasgeräte des Haushaltes. Dabei ist von der bereits erwähnten motorischen Verbrennung, für die ganz andere Gesichtspunkte gelten, abgesehen. Es besteht das Bedürfnis nach einer Maßgröße, welche die Eignung eines der allgemeinen Versorgung dienenden Gases für die Verwendung als Brennstoff kennzeichnet. Der Heizwert und die Zündgeschwindigkeit, die von den Zündeigenschaften hier als wesentlich angesehen werden kann, reichen hiezu nicht aus. Als dritte Größe ist auf alle Fälle noch die Dichte oder das in der Gastechnik gebräuchlichere Dichteverhältnis (bezogen auf Luft = 1) erforderlich. Denn bei konstantem Druck Δp des Gases vor einem Brenner mit gegebenem Strömungsquerschnitt F ist das in der Zeiteinheit austretende Gasgewicht

$$G = F w \gamma = F \sqrt{2g \cdot \Delta p \cdot \gamma}$$

mit $w = \sqrt{\frac{2\Delta p}{\varrho}} = \sqrt{\frac{2g \cdot \Delta p}{\gamma}}$ als Geschwindigkeit und γ als spezifischem Gewicht, das dem Dichteverhältnis proportional ist. Der Wert G ändert sich also mit der Wurzel aus dem Dichteverhältnis, so daß bei Schwankungen dieser Größe trotz gleichbleibenden Heizwertes in kcal/Nm^3 die

Gleichmäßigkeit der Wärmeleistung eines Gasgerätes nicht gewährleistet wäre. Deshalb hat WOBBE[1] die Kennzahl $K = H_0/\sqrt{d}$ mit H_0 als oberem Heizwert in kcal/Nm³ und d dem Dichteverhältnis empfohlen. Der Wert K sollte für Stadtgas nach den vom Deutschen Verein von Gas- und Wasserfachmännern 1921 in Krummhübel aufgestellten und in den Jahren 1925 und 1927 verbesserten Richtlinien 6060 ± 3% betragen. Diese als WOBBE-Zahl bezeichnete Größe hat sich allerdings in der Praxis nicht durchgesetzt.

Man hatte es bereits vorher unternommen, Prüfgeräte zu entwickeln, die schnell und einfach zu handhaben sind und eine Bewertung der Brenneigenschaften von Gas gestatten. Von ihnen haben sich der OTT-Brenner sowie der Prüfbrenner von CZAKÓ und SCHAACK bewährt[2]. Beide arbeiten nach dem Prinzip des Bunsenbrenners. Die Luftzufuhr ist regelbar; sie wird bei der Untersuchung so weit vermindert, bis die Flamme zu flackern beginnt, ein Zeichen dafür, daß man sich der Gefahr des Rückschlagens nähert. Die Einstellung des Regelorgans für die Luftzufuhr kann auf einer Kreisteilung abgelesen werden. Die so gewonnenen Zahlenwerte geben zwar kein unmittelbares Maß der Brenneigenschaften des untersuchten Gases, doch haben sie sich als brauchbar erwiesen[3].

---

[1] Vgl. BUNTE, K.: Zur Festsetzung der Gasbeschaffenheit. GWF Bd. 70 (1927) S. 445—446 nach WOBBE, G.: L'Industria del Gas e degli Acquedotti Bd. 15 (1926) Nr. 11.

[2] Vgl. LUX, F.: Professor Dr. Otts Gasprüfer. GWF Bd. 68 (1925) S. 448—449. — CZAKÓ, E. u. E. SCHAACK: Der Prüfbrenner, ein neues Gerät zur Messung der Brenneigenschaften von Gasen. GWF Bd. 77 (1934) S. 587—596. — ALLIATA, G.: Der Prüfbrenner von Dr.-Ing. Czakó und Schaack. Monatsbull. schweiz. Ver. Gas- u. Wasserfachm. Bd. 17 (1937) S. 112. — In der zuletzt genannten Arbeit wird u. a. vorgeschlagen, die WOBBE-Zahl durch die Wurzel aus dem in der Leitung herrschenden Druck zu dividieren, um von dessen Einfluß unabhängig zu sein.

[3] Von anderen Arbeiten auf diesem Gebiet, die sich um eine geeignete Kennzeichnung der Brenneigenschaften bemühten, sind noch folgende zu nennen. PASSAUER, H.: Verbrennungsgeschwindigkeit und Verbrennungstemperatur bei Vorwärmung von Gas und Luft. GWF Bd. 73 (1930) S. 313—319, 343—348, 369 bis 372, 392—396. — BUNTE, K. u. W. LITTERSCHEIDT: Die Entzündungsgeschwindigkeit von Gasgemischen. GWF Bd. 73 (1930) S. 838—842, 871—878, 890—896. GWF Bd. 86 (1943) S. 306. — LITTERSCHEIDT, W.: Verbrennungsintensität von Gas—Luft-Gemischen. Wärme Bd. 54 (1931) S. 365—368. — BRÜCKNER, H. u. G. JAHN: Beitrag zur Bestimmung der Höchstleistung von Bunsenflammen. GWF Bd. 74 (1931) S. 1012—1017. — BRÜCKNER, H. u. H. LÖHR: Die Flammenleistung technischer Gase als Kennzeichen von deren Brenneigenschaften. GWF Bd. 79 (1936) S. 17—23 — Die brenntechnische Bewertung technischer Gase. Z. VDI Bd. 80 (1936) S. 1275—1279; Berichtigung des Zündgeschwindigkeitsdiagrammes Bd. 81 (1937)

Nun hat SCHUSTER gezeigt, daß zwischen Heizwert, Dichte, maximaler Zündgeschwindigkeit und OTT-Zahl ein funktioneller Zusammenhang besteht, so daß man eine von diesen vier Größen berechnen kann, wenn die drei anderen gegeben sind[1]. Die OTT-Zahl kann auch durch die mit Hilfe des Prüfbrenners von CZAKÓ und SCHAACK gewonnene Kennzahl ersetzt werden. Heizwert und Dichte können einwandfrei gemessen werden; somit sind der OTT-Brenner und der Prüfbrenner dazu geeignet, einen der Zündgeschwindigkeit verhältnisgleichen Wert zu ermitteln. Da außerdem ihre grundsätzliche Bauweise mit der der üblichen Heizgeräte übereinstimmt, hat man sich in den neuen, vom Ausschuß „Gasnormen und Kilowärme" des Deutschen Vereines von Gas- und Wasserfachmännern aufgestellten Richtlinien dazu entschlossen, für Stadtgas unter Punkt I zu empfehlen, daß beim OTT-Prüfer der Flackerpunkt zwischen 60 und 100, beim Prüfbrenner die Kennzahlen zwischen 65 und 120 liegen sollen[2]. Der obere Heizwert soll 4200 bis 4600 kcal/Nm^3 $\pm$ 1%, das Dichteverhältnis 0,4 bis 0,5 $\pm$ 3% betragen und der Gasdruck an keiner Stelle des Rohrnetzes 60 mm unterschreiten. Daneben enthalten

S. 570. — WITT, D.: Die Brenneigenschaften kohlenoxydarmer Gase. GWF Bd. 77 (1934) S. 97—102. — SCHUSTER, F.: Gasnormen und Brenneigenschaften. GWF Bd. 79 (1936) S. 303; Brennst.-Chemie Bd. 19 (1938) S. 357 — Die Brenneigenschaften entgifteter Stadtgase. Wärme Bd. 61 (1938) S. 630—632. — Von diesen versuchten PASSAUER und LITTERSCHEIDT den Begriff der Verbrennungsintensität oder Verbrennungsdichte einzuführen, die als Produkt der Wärmeleistung und Zündgeschwindigkeit definiert wurde. CZAKÓ und SCHAACK, vgl. Fußnote 2 S. 425, schlugen vor, zur Kennzeichnung der Wärmeleistung die WOBBE-Zahl und statt der nicht leicht zu messenden Zündgeschwindigkeit den Reziprokwert der Kennzahl ihres Brenners zu verwenden, um auf diese Weise eine Kennziffer zu erhalten. Schließlich wurde vom Gasinstitut in Karlsruhe (BUNTE, BRÜCKNER und Mitarbeiter) der Vorschlag gemacht, als spezifische Flammenleistung die Größe

$$Fl_s = W \cdot u/K \quad [\mathrm{kcal/cm^2 \cdot s}]$$

einzuführen. Darin sind W in kcal/cm^3 der Heizwert des ausströmenden Gas—Luft-Gemisches, u in cm/s die Zündgeschwindigkeit und K das Verhältnis des Brennerquerschnittes zur Brennfläche auf dem inneren Kegelmantel der Bunsenflamme.

[1] SCHUSTER, F.: Zur Bestimmung der Zündgeschwindigkeit brennbarer Gasgemische. GWF Bd. 77 (1934) S. 805—807. — WITT, D.: Die Brenneigenschaften des Stadtgases. GWF Bd. 82 (1939) S. 34—40.

[2] Veröffentlicht: GWF Bd. 82 (1939) S. 745. — Dazu STIEF, F., K. BUNTE u. F. SCHUSTER: Erläuterungen zu den neuen Richtlinien für die Gasbeschaffenheit. GWF Bd. 82 (1939) S. 745—748. — BUNTE, K.: Die brenntechnischen Eigenschaften der Gase. GWF Bd. 83 (1940) S. 425—432. — SCHUSTER, F.: Die neuen Richtlinien für die Gasbeschaffenheit und ihre Bedeutung für die Gaswirtschaft. GWF Bd. 84 (1941) S. 19—22. — Vgl. a. Fußnote 2, Seite 354/355.

die Richtlinien unter Punkt II noch Zahlenangaben über die einzuhaltenden Reinheitsgrade.

Werden diese Bedingungen erfüllt, so kann damit gerechnet werden, daß die üblichen Gasgeräte einwandfrei und gleichmäßig arbeiten. Für andere Brenngase, die in großer Menge von den Werken der eisenschaffenden und der eisenverarbeitenden Industrie, von Glashütten und vielen anderen Werken mit ähnlichen Bedürfnissen gewöhnlich in Generatoren selbst erzeugt werden, haben diese Richtlinien selbstverständlich keine Bedeutung. In diesen Fällen ist die Anpassung der Gaseigenschaften an den Verwendungszweck durch geeignete Wahl des Erzeugungsverfahrens meist ohne Schwierigkeiten durchführbar und mehr eine Frage der Wirtschaftlichkeit. Auch bei Koksofengas ergeben sich Abweichungen von den Richtlinien, was aber ohne Bedeutung ist, weil sich die Abnehmer auf die Besonderheiten dieser Gasart einstellen können.

D. Schmierstoffe[1].

1. Die Zähigkeit.

a) Die graphische Darstellung des Zähigkeits—Temperatur-Verhaltens.

Die Temperaturen von Lagern und anderen geschmierten Maschinenteilen ändern sich mit der Belastung, weil sich die abzuführende Wärmemenge ändert. Es ist deshalb erwünscht, daß die Zähigkeit von Schmiermitteln nicht allzu stark von der Temperatur abhängt, damit das Anfahren aus dem kalten Zustand nicht erschwert und die Zähigkeit bei Überlastung nicht unzulässig verringert wird; das letzte bringt die Gefahr des Heißlaufens.

Bezeichnet man mit ν die kinematische Zähigkeit in cSt und trägt man den Wert $W = \log\log(\nu + 0{,}8)$ als Ordinate über $\log T$ auf, wobei T die absolute Temperatur in °K bedeutet, so erscheinen die Zähigkeits—Temperatur-Kurven aller Öle praktisch als gerade Linien. Diese Beziehung ist rein empirisch gefunden und nicht wie die in Abschnitt II A 1, Seite 191 mitgeteilte Gleichung von Andrade und Sheppard durch theoretische Überlegungen zu deuten.

Auf Grund dieser von C. Walther festgestellten Abhängigkeit läßt sich die Zähigkeit von Ölen ermitteln, wenn sie nur für zwei verschiedene

[1] Vgl. hiezu DIN 6530 „Kennzeichnung der Schmierstoffe nach Herkunft und Verarbeitung“ — DIN 6531 „Richtlinien für Schmierstoffe / Nummernverzeichnis, Alphabetisches Verzeichnis“ — DIN 6579 „Richtlinien für Schmierstoffe / Praktische Bedeutung der Kennwerte“.

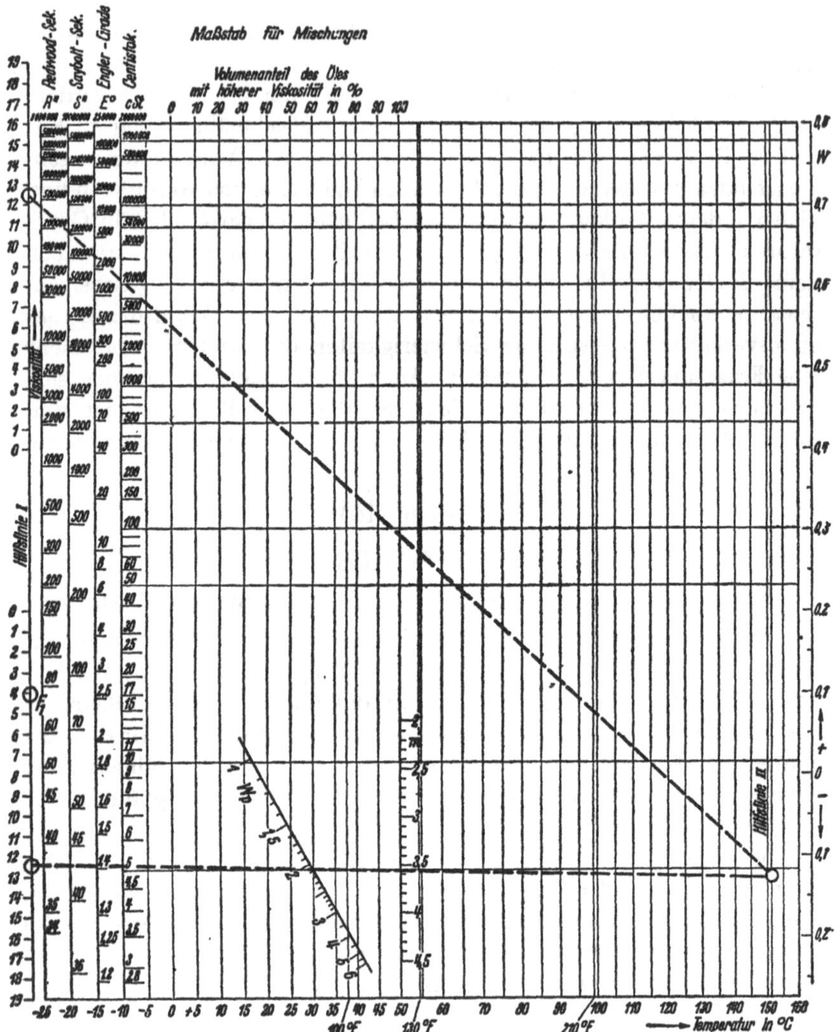

Abb. 76. Viskositäts—Temperatur-Meßblatt nach KEMMLER und UBBELOHDE.

Temperaturen bekannt ist[1]. Die Neigung dieser Linien, die sog. „Viskositätssteilheit", ist ein unmittelbares Kennzeichen der Güte. Genauere

[1] WALTHER, C.: Anforderungen an Schmiermittel. Masch.-Bau/Betrieb Bd. 10 (1931) S. 671.

Untersuchungen haben gezeigt, daß sich diese Linien bei Ölen gleicher Herkunft in einem links außerhalb der Darstellung liegenden Punkt schneiden und daß diese als „Viskositätspole“ bezeichneten Punkte für unterschiedliche Gruppen von Schmierölen praktisch auf einer steiler verlaufenden Geraden liegen. Die Lage dieser Viskositätspole über der Grundlinie der genannten zeichnerischen Darstellung — die Viskositätspolhöhe — ist also ein durch eine einzige Zahl ausdrückbarer Maßstab für die Güte eines Öles. Daneben sind besonders in den Vereinigten Staaten von Amerika noch andere Kenngrößen wie der Viskositätsindex (V.I.) von DEAN und DAVIS und die Viskositäts—Dichte-Konstante von HILL und COATS gebräuchlich, die auf mehr oder weniger willkürlichen Festlegungen beruhen[1].

Wegen der praktischen Bedeutung, die das Viskositäts—Temperatur-Meßblatt von WALTHER hat, ist die verbesserte Form nach UBBELOHDE und KEMMLER als Abb. 76 nebenstehend abgedruckt. Bei dieser wird das ursprünglich erforderlich gewesene verschiebbare Meßeck zur Bestimmung der Viskositätssteilheit m und der Viskositätspolhöhe W_p nicht mehr benötigt. Man überträgt den Zahlenwert des Schnittpunktes der aus zwei Messungen zu bestimmenden Viskositätsgeraden mit der Hilfslinie I von der oberen auf die untere Skala und verbindet den so festgelegten Punkt mit dem Schnittpunkt der Geraden mit der Hilfslinie II. Dann können auf zwei Hilfsleitern sofort die Werte für m und W_p abgelesen werden. Wegen der Grundlagen dieser Darstellung muß auf die diesbezüglichen Veröffentlichungen verwiesen werden[2]. Desgleichen kann nur kurz vermerkt werden, daß verschiedentliche Rechenhilfen vorgeschlagen wurden, um die Bestimmung des Zähigkeitsverlaufes zu erleichtern; sie benutzen das erwähnte Meßblatt oder werten unmittelbar die zugrunde liegenden Abhängigkeiten in anderer Weise, z. B. mit Hilfe besonderer Rechenschieber, aus[3].

---

[1] Näheres siehe bei UBBELOHDE, L.: Zur Viskosimetrie, 4. u. 5. Aufl. Leipzig: Hirzel 1943.

[2] Vgl. Fußnote 1, Seite 428, Viscositäts-Temperaturblätter, bearb. von L. UBBELOHDE. 6. Aufl. Leipzig: Hirzel 1944 — sowie Öl u. Kohle Bd. 14 (1938) S. 541. — Ausführliche Darstellung auch bei E. H. KADMER (s. Seite XI unter 8.).

[3] Hier sind zu erwähnen: MOLIN, E.: Zahlentafeln für die Beziehungen zwischen Viskositätssteilheit, Polhöhe und Index. Öl u. Kohle Bd. 38 (1942) S. 1223—1225. — ROHRMANN, W. u. H. STOLTE: Über ein neues Tabellenwerk zur Ermittlung der Viskositätstemperatur-Konstanten von Schmierölen. Öl u. Kohle Bd. 39 (1943) S. 224—226. — RUMPF, K. K.: Ein Beitrag zur Kennzeichnung der Viskositätstemperaturfunktion. Öl u. Kohle Bd. 39 (1943) S. 640—645. — HAUTH, E.: Er-

Zur schnelleren Umrechnung der Zähigkeit aus den konventionellen in das absolute Maß und umgekehrt ist für den praktisch wichtigen Bereich Zahlentafel 36 beigegeben. Sie erspart die Benutzung der auf S. 188 mitgeteilten Gleichung für ν und gibt gleichzeitig den in Abb. 76 am rechten Rande eingetragenen Ordinatenmaßstab für W, so daß bei Bedarf die Anfertigung eines Meßblattes nach WALTHER, UBBELOHDE und KEMMLER erleichtert ist.

b) Der Einfluß der Schmierölzusammensetzung und ihre Ermittlung.

Zwischen dem Zähigkeits—Temperatur-Verhalten und dem chemischen Aufbau der Schmierstoffe ist ein eindeutiger Zusammenhang erkannt. Aliphatische Kohlenwasserstoffe verhalten sich am günstigsten und aromatische am ungünstigsten. Öle, die zum größten Teil aus Naphthenen bestehen, liegen in der Mitte zwischen beiden. Man trachtet daher, beim Raffinieren aus Erdöldestillation die aromatischen Verbindungen zu entfernen; dazu eignen sich nach Abschnitt III B 3cζ die mit auswählenden Lösungsmitteln arbeitenden Verfahren, wie z. B. das von EDELEANU, besser als die früher fast ausschließlich angewendete Raffination mittels Schwefelsäure. Wegen dieses verschiedenen Verhaltens der Kohlenwasserstoffe je nach dem Bau des Kohlenstoffgerüstes kommen Steinkohlen-Teeröle für die Gewinnung von Schmiermitteln kaum in Frage. Auch die durch die Hydrierung von Steinkohle erhaltenen höher-molekularen Verbindungen haben keine günstigen Schmiereigenschaften. Hingegen liefert die Synthese nach FISCHER-TROPSCH wegen des fast rein aliphatischen Baues der Erzeugnisse Schmierstoffe von ausgezeichnetem Zähigkeits—Temperatur-Verhalten[1].

Will man die Möglichkeiten, die ein bestimmtes Ausgangsöl bietet, nach allen Richtungen prüfen, so muß man versuchen, es sowohl nach Siedebereichen — also durch fraktionierte Feindestillation — als auch nach Stoffgruppen mit ähnlichen Eigenschaften — also durch Extraktion — in möglichst viele Bestandteile zu zerlegen und jeden für sich

---

mittlung des Viskositätstemperaturverhaltens von Schmierölen mit einem gewöhnlichen logarithmischen Rechenstab. Öl u. Kohle Bd. 39 (1943) S. 645—647. — THURN, E.: Berechnung der Viskositäten bei 100°, 50°, —15°, —40° C und der Polhöhe aus gemessenen Viskositäten bei 20 und 90° C. Öl u. Kohle Bd. 40 (1944) S. 281. — KIESZKALT, S.: Der Differentialquotient dv/dt im Ubbelohde-Diagramm und seine Bedeutung. Öl u. Kohle Bd. 40 (1944) S. 444—445.

[1] Vgl. hiezu auch die in Fußnote 1, Seite 233 genannte Arbeit von GROSZE, L.: Z. VDI Beih. Verf.techn. 1942, S. 112—116.

Zahlentafel 36. *Zusammenhang zwischen dem absoluten Maß und den konventionellen Maßen der kinematischen Zähigkeit.*

° Engler	Centistok	Saybolt-Sekunden (100 ° F)	Saybolt-Sekunden (210 ° F)	Redwood-Sekunden	Fluidität cm^3/h	$W = \log\log(\nu + 0{,}8)$
1,3	3,92	38.8	39,2	34,8		−0,1714
1,4	5,10	42,5	42,9	38,7		−0,1130
1,5	6,25	46,2	46,6	40,9		−0,0715
1,6	7,40	49,9	50,4	44,1		−0,0391
1,758	9,20	56,0	56,5	49,3	518	**0,0000**
1,831	**10,00**	58,8	59,2	51,8	478	+0,0143
2,0	11,8	65,2	65,7	57,4	407	+0,0415
2,2	13,8	72,8	73,4	63,9	352	+0,0661
2,4	15,8	80,2	81,0	70,4	311	+0,0864
2,6	17,6	87,7	88,5	76,7	278	+0,1020
2,8	19,4	95,1	96,1	82,9	255	+0,1157
3,0	21,1	101,2	103,3	88,9	233	+0,1272
3,46	**25,0**	119,1	120,2	103,2	192	+0,1497
4,0	29,4	138,3	139,7	120,7	163	+0,1706
4,5	33,4	156	158	137	146	+0,1860
5,0	37,4	174	176	153	131	+0,1992
6,0	45,2	210	212	184	108	+0,2208
6,62	**50,0**	231	234	203	98	+0,2319
7,0	53,0	245	248	216	93	+0,2380
8,0	60,5	279	282	246	81	+0,2522
9,0	68,3	315	319	277	72	+0,2646
10	75,9	350	354	308	64	+0,2753
12	91,0	419	423	369	52,5	+0,2929
13,17	**100**	460	466	405	48	+0,3018
14	106,3	488	494	431	46	+0,3074
16	121,5	559	565	492	40,5	+0,3196
18	136,8	630	637	554	36	+0,3301
20	152	700	707	616	32,5	+0,3393
22	167	768	778	676	29	+0,3473
25	190	875	884	769	25,7	+0,3580
30	228	1050	1061	923	21,5	+0,3735
32,9	**250**	1152	1164	1012	19,5	+0,3801
40	304	1400	1415	1231	16,5	+0,3952
50	380	1750	1768	1539	12,5	+0,4117
60	456	2100	2122	1846		+0,4248
70	532	2450	2480	2156		+0,4357
80	608	2800	2828	2450		+0,4447
90	685	3150	3182	2770		+0,4526
100	**760**	3498	3537	3077		+0,4596
131,6	**1000**	4604	4656	4049		+0,4772
150	1140	5250	5304	4615		+0,4853
197,5	**1500**	6908	6992	6073		+0,5019

zu untersuchen. Diesen Weg haben FENSKE und HERSH beschritten und sind bei einem bestimmten Öl zu dem in Abb. 77 axonometrisch aufgetragenen Ergebnis gekommen[1]. Ergänzt man diese Darstellung durch Angaben über weitere kennzeichnende Eigenschaften wie Anilinpunkt usw., so zeigt sie, welche Möglichkeiten eine Weiterverarbeitung bietet, wenn man daraus einzelne Schnitte durch Destillation oder Extraktion abtrennt.

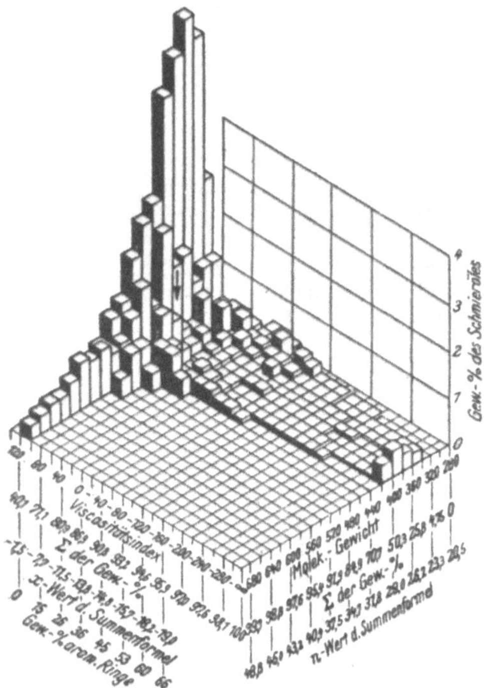

Abb. 77. Axonometrische Darstellung der Zusammensetzung eines Schmieröles nach FENSKE und HERSH. Mit x- und n-Wert der Summenformel sind die Indizes der Bruttoformel C_nH_{2n+x} gemeint.

Öle, die auch bei tieferen Temperaturen flüssig bleiben sollen, dürfen keine hoch-molekularen Paraffin-Kohlenwasserstoffe enthalten — seien es Normal- oder Isoparaffine —, weil sich dieses kristallin ausscheidet und das Öl in eine salbenartige Masse verwandelt. Der Beginn des Ausscheidens macht sich durch eine Trübung bemerkbar; unterhalb dieser Temperatur kann von einer Gesetzmäßigkeit des Zähigkeitsverlaufes in dem vorerwähnten Sinn nicht mehr gesprochen werden. Denn es bildet sich ein Zweiphasengemisch, das aus langgestreckten Paraffinkristallen und flüssigen Kohlenwasserstoffen besteht. Je nach der Höhe des Anteiles der festen Phase können alle Stufen von schwacher Trübung bis zu äußerst zähen, schwammartigen Gebilden durchlaufen werden. Dementsprechend ist die Bestimmung des Stockpunktes mit mehr oder weniger Zufälligkeiten behaftet. Es liegt hier eine gewisse Parallele mit den in Abschnitt IV A 7 erwähnten Erscheinungen beim Schmelzen

[1] FENSKE, M. R. u. R. E. HERSH: Separation and composition of a lubricating oil distillate. Industr. Engng. Chem. Bd. 33 (1941) S. 331—338.

und Erstarren der Kohlenschlacken vor. Außerdem liegen meistens Stock- und Fließpunkt nicht bei derselben Temperatur; die Änderung des Aggregatzstandes hängt also davon ab, ob die betreffende Temperatur steigend oder fallend erreicht wird. Über diese „Anomalie" hat vor allem BAADER berichtet, auf dessen Arbeiten hier verwiesen sei[1]. Soweit diese Erscheinung für die hoch-molekularen Straßenbaustoffe von Interesse ist, wird sie in Abschnitt IV E 9 noch etwas näher behandelt.

Die Zähigkeit eines Schmieröles und ihre Änderung mit der Temperatur werden demnach durch seinen Gehalt an paraffinischen, naphthenischen und aromatischen Kohlenwasserstoffen bestimmt. Dabei muß man im Auge behalten, daß eine eindeutige Zuordnung eines bestimmten Kohlenwasserstoff-Individuums zu einer der drei Gruppen bei hoch-molekularen Verbindungen meist gar nicht möglich ist, weil es gewöhnlich Bauelemente aller drei Gruppen enthält. Die Verarbeitungsverfahren haben zur Folge, daß die in Schmierölen vorhandenen Verbindungen in der Hauptsache als naphthenische Körper anzusehen sind. Diese gesättigten Ringe besitzen wohl oft noch paraffinische Seitenketten mit wenigen Kohlenstoffatomen. Da nun die Einzelverbindungen in Schmierölen analytisch nicht bestimmt werden können, sind Untersuchungsverfahren erwünscht, welche die Möglichkeit geben, wenigstens die Anteile der einzelnen Gruppen zu ermitteln.

Das auswählende Lösungsvermögen des Anilins wurde bereits in Abschnitt II A 4a erwähnt; dort wurde auf die Verwendung zur Konstitutionsbestimmung mit Hilfe des sog. Anilinpunktes hingewiesen. Eine genauere Erfassung der Zusammensetzung von Schmieröl wird durch die von VLUGTER, WATERMANN und VAN WESTEN angegebene Ringanalyse versucht[2]. Bei dieser werden die Anteile der Paraffine, Naphthene und Aromaten aus der Dichte, der Refraktion, dem Anilinpunkt und dem mittleren Molekulargewicht an Hand von Diagrammen errechnet. Die Allgemeingültigkeit der Ergebnisse ist nicht ganz unbestritten; so kommt KADMER in seinem Buch zu keinem bedingungslos günstigen Urteil. Eine

[1] Vgl. insbesondere SIEBALD, K.: Über das Verhalten von Schmierölen in der Kälte. Berlin 1940. — BAADER, A.: Über „Anomalien" im Kälteverhalten der Öle. Öl u. Kohle Bd. 38 (1942) S. 432—444; dort auch das frühere diesbezügliche Schrifttum.

[2] VLUGTER, J. C., H. L. WATERMANN u. H. A. VAN WESTEN: J. Inst. Petrol. Technol. Bd. 18 (1932) S. 735; Bd. 21 (1935) S. 661, 701.

Prüfung des Verfahrens durch SCHULTZE und NICOLAS[1] ergab aber seine Vorzüge gegenüber anderen Verfahren, ohne abschließend die Brauchbarkeit für sämtliche Arten von Ölen nachweisen zu können.

Das Verfahren erfordert einen größeren Aufwand von Rechenarbeit, weswegen es hier nicht im einzelnen wiedergegeben werden kann[2]. Nur das dazu benutzte Diagramm soll in Abb. 78 gezeigt werden, weil es den Zusammenhang zwischen Molekülbau und den hier interessierenden physikalischen und chemischen Kenngrößen gut zum Ausdruck bringt.

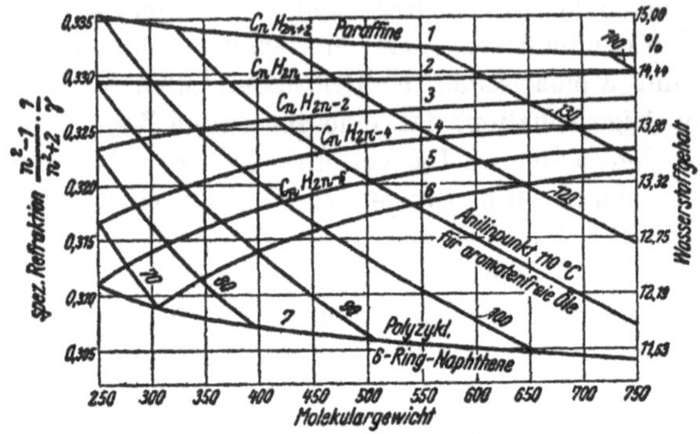

Abb. 78. Spezifische Refraktion, Wasserstoffgehalt und Anilinpunkt von Kohlenwasserstoffen in Abhängigkeit vom Molekulargewicht und von der chemischen Konstitution.

Außer der bei der Ringanalyse bestimmten Refraktion haben sich auch andere optische Eigenschaften als geeignet erwiesen, die Konstitutionsermittlung von Kohlenwasserstoffen zu fördern, so die Absorption im ultravioletten oder infraroten Bereich[3] und im Gelbgrünbereich von Quecksilberlicht. Es läßt sich damit sehr deutlich der

---

[1] Siehe SCHULTZE, G. R. u. J.-C. NICOLAS: Kritische Nachprüfung des Ringanalyseverfahrens für Schmieröl-Kohlenwasserstoffe. Öl u. Kohle Bd. 37 (1941) S. 617—628.

[2] Ausführlich besprochen ist es bei KADMER, Seite 117—125. — Ein Beispiel hat GROSZE in seinem in Fußnote 1, Seite 233 erwähnten Aufsatz durchgerechnet. Die für die Berechnung erforderlichen Werte der Refraktion sind — soweit bekannt — in dem im Vorwort, Seite IV genannten Werk von EGLOFF für die einzelnen Kohlenwasserstoffe angegeben und auch im LANDOLT-BÖRNSTEIN zu finden.

[3] JOSTES, F.: Kraft- und Schmierstoffprüfung durch Ultraviolett-Absorption. Öl u. Kohle Bd. 14 (1938) S. 1012—1033 — Auszug daraus Z. VDI Bd. 83 (1939) S. 1290—1291. — ROSE, F. W.: Quantitative analysis with respect to the component structural groups of the infrared (1 to 2 μ) molar absorptive indices of 55 hydrocarbons. Bur. Stand. J. Res., Wash. Bd. 20 (1938).

Gehalt von Gemischen an einzelnen Komponentengruppen erkennen, vorausgesetzt, daß Vergleichskurven zur Verfügung stehen[1].

c) Der Einfluß von Druck und Schergefälle.

Untersuchungen über den Einfluß des Druckes auf die Zähigkeit von Schmierölen wurden bisher fast nur von KIESZKALT durchgeführt[2]. Er fand, daß das Verhältnis der Zähigkeit η_p bei einem Druck $p > 1$ at zu der Zähigkeit η_1 beim Druck 1 at durch die Beziehung

$$K = \frac{\eta_p}{\eta_1} = a^p = e^{p \ln a} \doteq e^{p(a-1)} \qquad (11)$$

wiedergegeben werden kann; da die Größe a nur wenig größer als 1 ist, kann $\ln a \doteq (a-1)$ gesetzt werden. Aus Gl. (11) ist unter Weglassen des Index p die Beziehung

$$\frac{d\eta}{dp} = \eta_1 a^p \ln a = \eta \ln a \qquad (12)$$

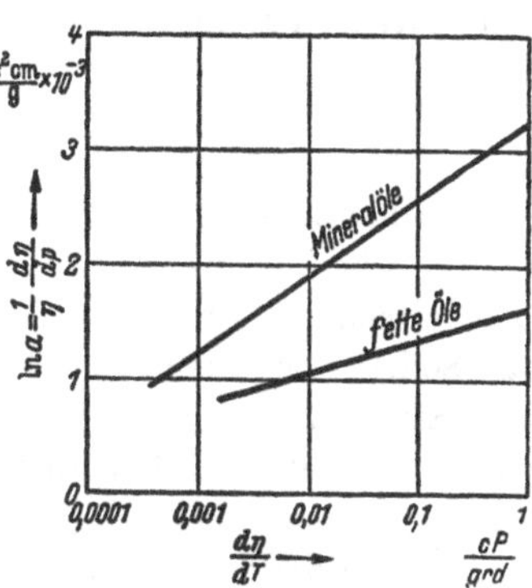

Abb. 79. Änderung des Kennwertes a für die Druckzähigkeit nach KIESZKALT.

abzuleiten. Der Logarithmus von a erweist sich, wie Abb. 79 zeigt, für verschiedene Öle als linear abhängig von der Änderung ihrer Zähigkeit mit der Temperatur bei 1 at; er ist bei Mineralölen wesentlich größer als bei gefetteten Ölen. Dieses Verhalten entspricht gut der bekannten Eignung gefetteter Öle für hochbelastete Schmierstellen wie Hypoidverzahnungen u. ä. Wie ein Zusammenhang mit den noch zu besprechenden Gründen für diese Eignung erklärt werden soll, ist zur Zeit noch unsicher. Daß der Bau der Moleküle, ihre Form, Packungsdichte, unter

[1] KOETSCHAU, R.: Über Beziehungen zwischen Extinktion und Alterung von Schmierölen. Öl u. Kohle Bd. 39 (1943) S. 213—224 — Die Viskositätsfarbkonstante von Motorenschmierölen im Spektralbereich gelb-grün des Quecksilberlichtes. Öl u. Kohle Bd. 39 (1943) S. 575—582.

[2] KIESZKALT, S.: Untersuchungen über den Einfluß des Druckes auf die Zähigkeit von Ölen und seine Bedeutung für die Schmiertechnik. VDI-Forschg.-Arb. Nr. 291. Berlin 1927 — Neuere Ergebnisse über die Druckfähigkeit von Öl. Z. VDI Bd. 73 (1929) S. 1502—1503, 1660 — Petrol. Bd. 26 (1930) S. 348, 1224; Bd. 27 (1931) S. 111. — Vgl. außerdem KADMER, E. H.: Druckviskosität und Schmierfähigkeit. Kraftstoff Bd. 2 (1940) S. 302—304. — Die erst kürzlich erschienenen Arbeiten von FRITZ, W. u. W. WEBER: Angew. Chem. B Bd. 19 (1937) S. 123—127 und Bd. 20 (1948) S. 89—96 konnten hier nicht mehr berücksichtigt werden.

Umständen die Neigung, Aggregate zu bilden von Einfluß sein dürften, ist als sicher anzunehmen.

Es muß daher im einzelnen noch geklärt werden, ob sich dabei nicht die Strukturviskosität bemerkbar macht. Die diesbezüglichen Untersuchungen müssen erst mit genügend umfangreichem Material durchgeführt werden. Welche Zusammenhänge bisher erkannt sind, wurde in Abschnitt II A 1 unter Hinweis auf die Arbeiten von UMSTÄTTER erwähnt.

2. Die Schmiereigenschaften.

Man hat in den letzten Jahren immer mehr erkannt, daß die physikalische Chemie, insbesondere die Molekularphysik, manche Frage der Schmiertechnik beantworten kann, die bisher nicht schlüssig zu klären war. So hat sich gezeigt, daß hochraffinierte Schmieröle, von denen man beste Eigenschaften erwartete, versagten, ohne daß zunächst die Gründe hiefür ersichtlich wurden. Insbesondere in den Vereinigten Staaten versuchte man, mit dem Begriff der Schmierfähigkeit (oiliness) eine zusätzliche, besondere Eigenschaft von Schmierstoffen zu erfassen und zu messen, die der Forschung weiter helfen sollte. Übereinstimmung der Ansichten wurde jedoch nicht erzielt[1].

Die Molekularphysik zeigt, daß für das Haften des Schmierstoffes an der zu schmierenden Oberfläche polare Gruppen einzelner Schmierstoffmoleküle wichtig sind[2]. Deshalb ist der Widerstand, den ein Schmiermittel dem Zerreißen des Schmierfilmes entgegensetzt, nicht eine einfache Eigenschaft des Schmiermittels an sich, sondern abhängig von der Filmdicke und der Polarität zwischen ausgeprägten Gruppen des Schmierstoffes und dem Lagerwerkstoff.

Besonders wirksam sollen Hydroxyl- und Karboxylgruppen sein, die mit Metallen eine enge Bindung eingehen. Rein schematisch kann man sich einen so entstandenen monomolekularen Film, wie in Abb. 80 wiedergegeben, vorstellen. Die Fettsäuremoleküle haften mit den aktiven Gruppen an der Lageroberfläche und die Reibung findet nicht an der

---

[1] Dies ergab sich z. B. auch auf der im Jahre 1937 in London veranstalteten Schmierstofftagung der Institution of Mechanical Engineers. — Vgl. hiezu: Proceedings of the General Discussion on Lubrication and Lubricants. London 1937. Besprochen von PHILIPPOVICH, A. v.: Z. VDI Bd. 81 (1937) S. 1467—1473; Bd. 82 (1938) S. 29.

[2] Vgl. hiezu WOLF, K. L.: Molekularphysikalische Probleme der Schmierung. Z. VDI Bd. 83 (1939) S. 781—786.

Grenzfläche zwischen Schmiermittel und Metall, sondern zwischen dem monomolekularen Film und dem übrigen, aus reinen Kohlenwasserstoffen bestehenden Schmiermitteln statt. Die Wichtigkeit des Zähigkeits—Temperatur-Verhaltens des reinen Schmierstoffes erleidet durch diese Betrachtung keine Einbuße. Um ausreichende Schmiereigenschaften zu besitzen, muß demnach ein Schmierstoff wenigstens eine geringe Menge aktiver Verbindungen enthalten, weshalb die Raffination nicht bis zum Äußersten getrieben werden darf. Es ist z. B. auch zu beachten, daß bei

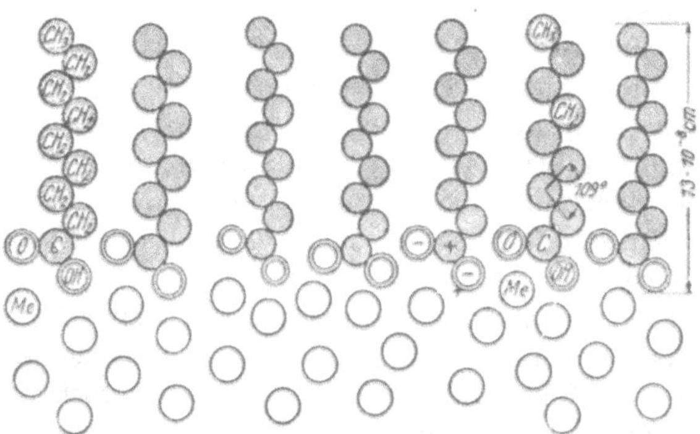

Abb. 80. Schema eines monomolekularen Films von Fettsäuren auf einer Metalloberfläche nach WOLF.

Dochtschmierung die aktiven Gruppen des Schmierstoffes durch ihre Polarität in den Fasern des Dochtes wie in einem Filter zurückgehalten werden und dadurch nicht in das Lager selbst gelangen.

Die Haftfähigkeit des Schmiermittels spielt ganz besonders bei der Hochdruckschmierung eine große Rolle. Man versucht daher, durch Zusätze die Haftfähigkeit des Schmierfilmes weit über das sonst übliche Maß zu erhöhen, so daß der Film auch bei sehr hoher Belastung nicht zerreißt. Es werden hiefür Fett- und Ölsäuren sowie ihre Abkömmlinge, Schwefel und organische Chlor-, Phosphor- oder ähnliche Verbindungen verwendet[1]. Diese Zusätze sollen in dem Schmiermittel selbst möglichst vollkommen löslich sein. Man spricht dann von gefetteten Ölen bzw. von Verbund-(Compound-)Schmiermitteln. Angewendet werden sie z. B. bei Hypoid- und Schneckengetrieben. Es ist jedoch große Vorsicht am Platz, denn die erhöhte Aktivität begünstigt den Angriff auf Metalle.

[1] Vgl. EDLER, E.: Zusatzmittel für Hochdruckschmierungsmittel. Öl u. Kohle Bd. 40 (1944) S. 102—105.

Es bilden sich sogar dünnste Schichten von Metallsalzen oder von Sulfiden, die dauernd abgetragen und erneuert werden, so daß mit der Zeit ein gewisser Verschleiß eintritt. Er wird aber in Sonderfällen in Kauf genommen, wenn es darauf ankommt, das Fressen der Laufflächen sicher zu vermeiden. Dieser Verschleiß kann auch dadurch zustande kommen, daß die aus dem Metall und einzelnen Elementen der Zusatzmittel gebildeten Verbindungen bei niedrigen Temperaturen schmelzen. Infolgedessen werden die Rauhigkeiten der Laufflächen an den am höchsten beanspruchten Stellen abgetragen, die Laufflächen geglättet und einander angepaßt[1].

Schließlich darf nicht übersehen werden, daß die aktiven Gruppen das Verharzen der Öle durch Bildung von Polymerisaten fördern. Sowohl die als Zusatzmittel verwendeten Fette als auch die nie völlig abwesenden, ungesättigten Verbindungen des Grundschmierstoffes können unter dem Einfluß der Sauerstoff-, Schwefel- und Chlormoleküle die Bildung von Harzkörpern begünstigen.

Man wird selbstverständlich zum Fetten von Schmierölen nur solche Fettsäuren verwenden, die nicht in kurzer Zeit ranzig werden (Versäuern), wie z. B. Kokos- oder Palmöl, oder rasch trocknen, wie z. B. Leinöl. Diese Erscheinungen sind eine Folge der Einwirkungen des Luftsauerstoffes; das Trocknen ist ähnlich wie das in Abschnitt III A 1a erwähnte Verhärten der Pflanzenausscheidungen eine Polymerisation; der hohe Schmelzpunkt und die Konsistenz der getrockneten Substanzen deuten auf eine Zunahme der Molekülgröße. Vollständig vermeiden läßt sich das Verharzen nicht, weshalb gefettete Öle nie die Haltbarkeit unverschnittener Schmieröle aufweisen können. Daß die Schmierfähigkeit schon durch geringe Mengen aktiver Stoffe wesentlich beeinflußt wird, erklärt sich zwanglos dadurch, daß sich diese Stoffe in den Grenzflächen anreichern und dort eine entscheidende Rolle spielen können[2].

Nicht nur für die Schmierfähigkeit, sondern für die Bildung von

---

[1] Vgl. hiezu KIESZKALT, S.: Lagerreibungen und Grenzflächenerscheinungen. Z. VDI Bd. 87 (1943) S. 321—324 mit Schrifttum.

[2] Auf die Versuche, die oben beschriebenen Erscheinungen durch molekularphysikalische Betrachtungen näher zu erläutern und die Schmierfähigkeit durch Messen des Dipolmomentes der Moleküle aktiver Stoffe zahlenmäßig zu erfassen, kann nicht eingegangen werden. Dieses Gebiet steht erst im Anfang seiner Entwicklung, und es bedarf noch eingehender Forschung, um größere Klarheit zu schaffen. Wegen Einzelheiten kann auf die in Fußnote 1, Seite 43 erwähnten Berichte der Londoner Schmierstofftagung 1937 und das in Fußnote 1 u. 2, Seite 193 erwähnte Schrifttum verwiesen werden.

Schmierstoffen selbst sind bei den Schmierfetten die polaren Gruppen fettsaurer Salze (Seifen) von ausschlaggebender Bedeutung. Näheres über die chemischen Grundvorgänge wurde in Abschnitt I B 3c gesagt. Nach dem in Abschnitt III A 3 über Gele Gesagten kann hier noch hinzugefügt werden, daß Schmierfette ebenfalls Gele sind, und zwar Hydrogele, wenn Wasser die dispergierende Phase bildet, und Elaiogele, wenn Öl an die Stelle des Wassers tritt. Ihr Verhalten muß deshalb mit den Hilfsmitteln der Kolloidlehre untersucht und geklärt werden. Dies gilt auch von den flüssigen Emulsionsschmiermitteln[1].

Bei der Darstellung der von der Molekularphysik entwickelten Gedankengänge dürfen nicht die Einwände übersehen werden, die ihr gegenüber geltend gemacht werden. Abweichender Meinung ist z. B. VOGELPOHL, der die ausschließliche Gültigkeit der hydrodynamischen Theorie der Schmierung verficht[2].

---

[1] Von den sehr zahlreichen, durch die Kriegsverhältnisse veranlaßten Aufsätzen der vergangenen Jahre über Emulsionsschmiermittel seien als wichtig nur genannt BEUERLEIN, P.: Schmierstoffeinsparung durch Emulsionsschmierung. Öl u. Kohle Bd. 38 (1942) S. 209—212. — KADMER, E. H.: Ein Beitrag zur Kolloidik von Mineralölemulsionen. Öl u. Kohle Bd. 39 (1943) S. 491—495.

[2] Es mag berechtigt erscheinen, hier die dem Verfasser bekanntgewordenen Arbeiten von G. VOGELPOHL aufzuzählen, weil sie für die Lagertheorie von Wichtigkeit sind, mögen auch gegen Einzelheiten Einwände erhoben werden. Es sind dies: Hydrodynamische Theorie und halbflüssige Reibung. Öl u. Kohle Bd. 12 (1936) S. 943—946 — Neuere Prüfungen des Schmiervorganges als Grundlage der Gleitlagermessung, in dem Berichtswerk über die Tagung „Prüfen und Messen" des VDI vom 1. u. 2. Dez. 1936, S. 173—180. Berlin: VDI-Verlag 1937 — Beiträge zur Kenntnis der Gleitlagerreibung. VDI-Forsch.-Heft 386. Berlin: VDI-Verlag 1937 — Beitrag zur Kenntnis des Schmiervorganges unter Nutzbarmachung älterer Arbeiten der hydrodynamischen Theorie. Z. angew. Math. Mech. Bd. 17 (1937) S. 362—366 — Neuere Messungen der Verlagerungskurve des Wellenmittels im Gleitlager. Z. VDI Bd. 82 (1938) S. 832—834 — Viskosität und Schmiervorgang. Öl u. Kohle Bd. 14 (1938) S. 991—997 — Zur Klärung des Gleitreibungsvorganges. Öl u. Kohle Bd. 35 (1939) S. 720—728 — Die geschichtliche Entwicklung unseres Wissens über Reibung und Schmierung. Öl u. Kohle Bd. 36 (1940) S. 89—93, 129—134 — Die rechnerische Behandlung des Schmierproblems beim Lager. Öl u. Kohle Bd. 36 (1940) S. 9—13, 34—38 — Über die Reibungsverluste in Schiffswellenlagern. Schiffbau Bd. 42 (1941) S. 343—348 — Über das Wesen von Reibung und Schmierung. Arch. Wärmew. Bd. 23 (1942) S. 11—14 — Der gegenwärtige Stand der Grenzreibungsforschung. Öl u. Kohle Bd. 38 (1942) S. 340—350 — Reibungswiderstand und Tragkraft eines Gleitschuhes endlicher Breite. Z. VDI Bd. 87 (1943) S. 370—372 — Zur Integration der Reynoldsschen Gleichung für das Zapfenlager endlicher Breite. Ing.-Arch. Bd. 14 (1943) S. 192—212. — Dazu BAUER, K.: Einfluß der endlichen Breite des Gleitlagers auf Tragfähigkeit und Reibung. Forsch. Ing.-Wes. Bd. 14 (1943) S. 48—62.

Vogelpohl führt in seinen Betrachtungen den Begriff des Gleitraumes ein, der von den beiden zu schmierenden Flächen begrenzt wird und den man sich am einfachsten abgewickelt, in vielfach vergrößertem Maßstab vorstellt. Man ziehe nun die tatsächlich vorhandenen Rauhigkeiten in Betracht, die selbst bei gut bearbeiteten Oberflächen die Größe von $1\,\mu = 10^{-3}$ mm haben, beachte, daß der Schmierspalt, also die Höhe des Gleitraumes, je nach Lagerabmessungen, das 10- bis 500fache davon betragen kann und bedenke, daß jedoch das Kettenmolekül eines paraffinischen Schmieröles nur rd. 10^{-6} mm lang ist, seine größte Ausdehnung also rd. $^1/_{1000}$ der Grenzflächenrauhigkeit beträgt. Dann erscheine es sehr zweifelhaft, ob die Eigenschaften der Moleküle, die sich nur in Grenzflächenschichten von der Dicke weniger Moleküllängen auswirken könnten, wirklich die entscheidende Bedeutung haben, die ihnen von den Molekularphysikern zugesprochen wird. Insbesondere sei in dem Gleitraum wegen der freibleibenden Durchtrittsquerschnitte, selbst bei Spitzenberührung, erstens eine von Einflüssen der grenzflächenaktiven Moleküle freie, rein hydrodynamische Schmiermittelbewegung möglich und zweitens könnten bei beginnender Teilschmierung, also beginnender Spitzenberührung, die im Verhältnis so dünnen Molekülschichten keinen wirklichen Einfluß auf den Schmierzustand haben.

Die von den Molekularphysikern mit Vorliebe betrachtete Mischschmierung wird von Vogelpohl rechnerisch so erfaßt, daß er von der Lagerbelastung zwei Anteile für sich betrachtet, und zwar einmal den durch den Druck der Schmierflüssigkeit aufgenommenen Anteil und dann den durch elastische Verformung aufgenommenen. Damit gelingt es ihm tatsächlich, eine Gleichung abzuleiten, welche dem ganzen Bereich der bekannten Stribeck-Kurve gerecht wird und auch das kennzeichnende Minimum richtig wiedergibt. Dies stellt entschieden einen Erfolg der hydrodynamischen Theorie dar, schafft aber die ebenfalls unleugbaren Erfolge nicht aus der Welt, die mit Schmiermitteln erzielt wurden, welche zur Erhöhung ihrer „Schmierfähigkeit“ mit Zusätzen versehen sind. Deren Wirksamkeit läßt sich überzeugend durch die Grenzflächenaktivität der verwendeten Zusätze erklären.

Die uneingeschränkte Gültigkeit der molekularphysikalischen Betrachtung könnte selbst bei ideal glatten Flächen die Anwendbarkeit der hydrodynamischen Theorie der Schmierung in Frage stellen, wenn der Einfluß der Grenzflächen weiter reicht, als nur über wenige Molekülschichten. Ohne damit bereits eine Aussage über die wirksame Teilchengröße von Schmieröl machen zu wollen, sei auf die den Kolloidwissenschaften bekannte Thixotropie hingewiesen[1]. Darunter versteht man die besonders bei gallertartigen Massen zu beachtende Erscheinung, daß sie durch Stehenlassen eine gewisse Verfestigung zeigen, durch Bewegung aber wieder in flüssigen Zustand übergehen. Dabei ist ein sehr bedeutender Einfluß der Wand des Gefäßes zu beobachten, der bei Kolloiden bis zu Zentimetern betragen kann; dies sind mehrere Zehnerpotenzen der Teilchengrößen. Es lassen sich Zusammenhänge dieser Erscheinung mit dem in Abschnitt II A 1 beschriebenen Verhalten des MAXWELLschen Körpers ableiten[2].

Nach Ansicht der Kolloidwissenschaftler ist die Thixotropie keine auf Kolloide beschränkte Eigenschaft. Sie läßt sich jedoch mit den heute bekannten Hilfsmitteln bei molekulardispersen Systemen, als welche die Schmiermittel zunächst angenommen werden müssen, noch nicht nachweisen. Das schließt jedoch nicht aus, daß sie in dem durch verhältnismäßig sehr rauhe Flächen begrenzten Gleitraum wirksam ist. Eine Folge davon wäre also, daß sich die Grenzflächenaktivität, die auch ein Wandeinfluß ist, trotz der im Verhältnis zu den Molekülabmessungen sehr erheblichen Abstände zwischen den Gleitflächen bemerkbar macht, so daß die Ansichten der Molekularphysiker im Grunde wohl berechtigt, in Einzelheiten jedoch noch ausbaubedürftig sind. Den von VOGELPOHL als wenig aufschlußreich angesehenen Untersuchungen von WOLF und seiner Schule kann die Berechtigung nicht abgesprochen werden, obwohl ihre praktische Auswertung für die Schmierungsforschung heute noch zu wünschen übrig läßt.

Der mit Hilfe der hydrodynamischen Theorie erzielte Erfolg, auch den Zustand der Grenzschmierung rechnerisch zu erfassen, widerlegt nicht die Zweckmäßigkeit, die Grenzflächenaktivität mitzuberücksichtigen, soweit sie in merkbarem Maße vorhanden ist. Die Beachtung der Strukturviskosität sowie der Thixotropie und anderer, der Kolloidlehre geläufiger Begriffe wird vielleicht geeignet sein, manche Lücken in der Erkenntnis zu schließen und gegensätzliche Ansichten auszugleichen.

3. Der Flammpunkt, die Verkokungsneigung und der Zündpunkt.

In Abschnitt IV B 5 und IV C 2 wurde erörtert, welche Temperaturen unter Flammpunkt und Zündpunkt verstanden werden. Die Er-

[1] Vgl. dazu das in Fußnote 1, Seite 296 erwähnte Buch von BUZÁGH S. 156ff.

[2] Es kann deswegen auf die dort erwähnten Arbeiten von UMSTÄTTER verwiesen werden; vor allem der Aufsatz: Schlüpfrigkeit und Grenzphasenreibung. Die Technik Bd. 2 (1947) S. 171—176 geht auf die hier angeschnittene Frage näher ein.

mittlung dieser Werte hat auch für Schmieröl Bedeutung. Ein niedriger Flammpunkt deutet darauf hin, daß neben leichter flüchtigen Komponenten auch leichter zersetzliche Komponenten im Öl enthalten sein können und daß es dehalb vor allem zur Verwendung in Heißdampfmaschinen und in Verbrennungsmotoren wenig geeignet erscheint. Doch ist der Flammpunkt kein ausreichendes Kennzeichen, weil seine Höhe zu sehr von der Bauart des Prüfgerätes abhängt.

Alle Versuche, ein für Motorenschmieröle geeignetes Bewertungsverfahren zu entwickeln, haben bisher nur zu sehr beschränkt verallgemeinerungsfähigen Erkenntnissen geführt. Im praktischen Betrieb ist z. B. als Begleiterscheinung der im folgenden Abschnitt zu erwähnenden Schmierölverdünnung eine sehr erhebliche Senkung des Flammpunktes infolge der Aufnahme leichter flüssiger Kraftstoffanteile zu beobachten. Dabei können auch bei mäßiger Verdünnung Werte für den Flammpunkt erreicht und vom Betrieb ohne Schaden ertragen werden, wie man sie bei Frischölen für völlig unzulässig hielte.

Es ist zu berücksichtigen, daß die an Schmieröle in Verbrennungsmotoren zu stellenden Ansprüche einander in gewisser Hinsicht widerstreiten; denn so erstrebenswert Öle mit möglichst flachem Zähigkeits—Temperatur-Verhalten sind, eine Forderung, die von paraffinischen Kohlenwasserstoffen am besten erfüllt werden kann, so ist gerade bei solchen Ölen ein geringerer Widerstand gegen thermische Zersetzung zu erwarten als bei Ölen aromatischen oder naphthenischen Charakters. Wenn es also zur thermischen Spaltung kommt, was im Zylinder von Verbrennungsmotoren nicht vollständig vermieden werden kann, bilden sich aus paraffinbasischen Schmierölen offenbar durch Wasserstoffverlust und Abspaltung kleiner Molekülbruchstücke leichter harz- und koksartige Rückstände als aus naphthen- und asphaltbasischen Ölen. Dabei verlaufen Spalt- und Polymerisationsvorgänge, wie sie bei der Ölalterung in Abschnitt IV D 4 noch zu besprechen sind, nebeneinander her. Eine einwandfreie Klärung dieser Abhängigkeiten ist wohl nur durch die Untersuchung einzelner Kohlenwasserstoff-Individuen und Modellmischungen zu erwarten.

Bis zu einem gewissen Grade geben die bei der Verkokungsprüfung erhaltenen Werte die Möglichkeit, auch Schlüsse auf das Verhalten der Öle bei milderen Bedingungen zu ziehen, sei es, daß die Temperaturen niedriger sind, sei es, daß es sich um Wärmebeanspruchungen bei Abwesenheit von Sauerstoff wie in den Zylindern von Heißdampfmaschinen handelt.

Schließlich ist eine Ermittlung des Zündpunktes nach einem der üblichen Verfahren zum Vergleich verschiedener Schmieröle sonst gleicher Beschaffenheit wichtig, wenn diese in Kolbenkompressoren für Luft oder Sauerstoff verwendet werden sollen, weil es bei zu niedrigem Zündpunkt während des Verdichtungshubes zu Schmierölexplosionen im Zylinder kommen kann. Diese werden durch den hohen Partialdruck des Sauerstoffes begünstigt.

4. Alterung und Altölaufbereitung.

Die Verschlechterung der Eigenschaften eines Schmiermittels während des Gebrauches hat verschiedene Ursachen. Die rein mechanische Verunreinigung durch feinste Teilchen des Lagermetalls, das sich z. B. als Schlamm im Ölbehälter einer Umlaufschmierung sammelt, ist mitunter noch das geringste Übel. Flüssige Schmierstoffe haben in der Regel die Aufgabe, nicht nur zu schmieren, sondern die geschmierten Stellen auch zu kühlen, indem sich das Öl erwärmt und dadurch der geschmierten Stelle Wärme entzieht. Diese Temperaturerhöhung fördert den Einfluß des Luftsauerstoffes, durch den drei verschiedene chemische Reaktionen verursacht werden[1]:

1. Eine Oxydation, bei der Säuren, Peroxyde und Alkohole, unter Umständen vielleicht auch Aldehyde und Ketone gebildet werden. Als katalytisch wirksam ist für die Oxydation besonders Kupfer erkannt, weshalb Weißmetall als Lagerwerkstoff in dieser Hinsicht günstiger ist als Rotguß.

2. Eine Kondensation (Polymerisation), bei der sich Harze bilden. Wenn damit eine Dehydrierung, also eine Anreicherung von Kohlenstoff im Verhältnis zum Wasserstoff verknüpft ist, so entstehen Verbindungen, die in die Gruppe der Asphalte gehören.

3. Eine Destruktion (Spaltung), die ebenfalls durch Metalle katalytisch gefördert wird und zu sauerstoffhaltigen Verbindungen mit kleinerem Molekulargewicht führt.

Die Bestimmung von Harzen und Asphalten durch Feststellen ihrer Unlöslichkeit in heißem Benzin, Benzol, Petroläther, Chloroform und Pyridin gibt noch keine Auskunft über ihre chemische Natur und muß als Behelfsmaßnahme gewertet werden. Es ist eine ganze Stufenleiter von Bezeichnungen gebräuchlich, die von den Harzen (Ölharzen, Erdöl-

[1] Vgl. Suida, H.: Über Alterung von Schmierölen. Öl u. Kohle Bd. 13 (1937) S. 201, 225 — Auszug daraus Z. VDI Bd. 82 (1938) S. 210—211.

harzen) über die Weichasphalte (Asphaltharze) und Hartasphalte (Asphaltene) zu den sehr wasserstoffarmen Karbenen und Karboiden stark gealterter Öle reicht. In Spuren sind diese Stoffe selbst im Erdöl nachgewiesen. Sie sind, wie bereits erläutert, als hoch-molekulare, aromatische oder naphthenische Körper wechselnder Bauform anzusehen; vgl. hiezu die Abschnitte I B 3 e β und I B 4 d. Künstlich entstehen sie in geringer Menge bei jeder Wärmebehandlung von Erdöl oder den daraus gewonnenen Erzeugnissen. Ihre natürlichen Vorkommen dürften wohl inkohlte Erdöllagerstätten sein, mit denen zusammen sie in den gleichen geologischen Formationen gefunden werden. Soweit diese Stoffe für sich verwendet werden, wie im Straßenbau, ist das Wichtigste über ihre Eigenschaften in Abschnitt IV E 9 erörtert.

Die unter 1 und 2 genannten Einflüsse können anfangs bei hochraffinierten Schmierölen, denen Stoffe mit polaren Gruppen fast vollkommen fehlen, sogar zu einer vorübergehenden Verbesserung der Schmiereigenschaften führen. Die bei der Harz- und Asphaltbildung eintretende Zyklisierung ändert jedoch immer das Zähigkeits—Temperatur-Verhalten im ungünstigen Sinn und kann sich nach einiger Zeit des Gebrauchs sehr unangenehm bemerkbar machen.

Weitere Einflüsse, die eine Verschlechterung des Schmieröles hervorrufen, sind der Eintritt von Dampf und Wasser, wodurch sich Emulsionen bilden. Dies ist eine übliche Erscheinung im Betrieb von Dampf- und Wasserturbinen, Dampfmaschinen und Kolbenpumpen für Wasser und wässerige Lösungen. Bei Verbrennungskraftmaschinen kommt eine zusätzliche Verschlechterung dadurch zustande, daß Verbrennungsrückstände die Möglichkeit haben, an den geschmierten Wänden der Zylinder in das Öl einzudringen; zum Teil wird das Öl selbst durch die während des Arbeitstaktes herrschenden hohen Temperaturen zersetzt. Insbesondere bei Dieselmotoren ist eine Verdickung des Öles zu beobachten. Dabei wird neben der Bildung von Harzen und Asphalten die Aufnahme von reinem Ruß festgestellt, der auch bei Luftüberschuß und vollkommener Verbrennung dadurch entstehen kann, daß die heiße Flamme an die gekühlte Zylinderwand schlägt. Bei Leichtölmotoren wird die durch Harzbildung und Rußaufnahme verursachte Ölverdickung anfangs meist dadurch überdeckt, daß während des Saughubes dauernd Spuren des leichtflüchtigen Kraftstoffes in das Öl übergehen und infolgedessen eine Verdünnung herbeiführen.

Die Aufbereitung von Altöl, die selbst in den mit Erdölerzeugnissen reich gesegneten Vereinigten Staaten von Amerika Bedeutung hat, muß darauf Rücksicht nehmen, durch welche Einflüsse das aufzubereitende Schmieröl im Betrieb vornehmlich verschlechtert wurde. Das Altöl wird meist durch Absitzenlassen zunächst von groben Verunreinigungen befreit; durch Vakuumdestillation werden dann die leicht flüchtigen, verdünnenden Ölanteile abgetrennt. Die weitere Aufbereitung kann ähnlich vor sich gehen wie bei Frischöl, da es letzten Endes darauf ankommt, die gleichartigen unerwünschten Stoffe zu entfernen. Es hätte jedoch wenig Zweck, hier den verschiedenen Verhältnissen angepaßte Rezepte mitzuteilen[1].

Wenn man bei der Altölaufbereitung auch nicht immer ein dem ursprünglichen Frischöl vollkommen gleichwertiges Regenerat erhält, so darf die Bedeutung der Altölaufbereitung doch nicht unterschätzt werden, weil es für die verschiedenen Verwendungszwecke von Schmieröl eine derart vielfältige Stufung von Ansprüchen gibt, daß in den seltensten Fällen ein Regenerat als völlig unbrauchbar verworfen werden muß. Es wird auch dann, wenn sich die in seine Güte gesetzten Erwartungen bei der Prüfung nicht erfüllen, immer noch ein Verwendungszweck mit geringeren Ansprüchen zu finden sein. Erstrebenswert ist selbstverständlich, das Regenerat genau so wie Frischöl für den ursprünglichen Zweck weiter verwenden zu können. Ein Zusatz von Frischöl wird aber bei Turbinenfüllungen oder ähnlichen, festliegenden Mengen schon wegen der unvermeidlichen Kreislauf- und Aufbereitungsverluste nötig sein.

E. Sonstige Verwendung von Kohlenwasserstoffen und davon abgeleiteten Verbindungen.

Die in Hauptabschnitt III besprochenen Rohstoffe Kohle, Erdöl und Erdgas und die daraus hergestellten Erzeugnisse werden nicht nur als Brenn-, Kraft- und Schmierstoffe verwendet, sondern dienen in der Technik in gleicher oder ähnlicher Beschaffenheit auch für andere Zwecke oder als Ausgangsstoffe für zahlreiche weitere Erzeugnisse; deren Bedeutung ist ständig im Zunehmen. Im nachstehenden können nur einige Beispiele herausgegriffen werden, bei denen es sich entweder um dieselben Stoffe und Verbindungsgruppen handelt, der Verwendungs-

---

[1] Einen guten Überblick findet man bei THOMAS, K.: Die Wiedergewinnung gebrauchter Mineralöle. Z. VDI Bd. 85 (1941) S. 33—39. Die Arbeit enthält auch Angaben über die wirtschaftliche Bedeutung und die Organisation der Sammlung. Das gleiche gilt von MICHAELIS, P.: Sammlung und Aufbereitung gebrauchter Schmier- und Isolieröl. Glückauf Bd. 79 (1943) S. 549—555, 569—573.

zweck aber anders geartet ist als bei Brenn-, Kraft- und Schmierstoffen (Abschnitte 1, 2 und 9) oder um Stoffe, bei denen Grenzflächenvorgänge ähnlicher Art vorliegen, wie sie bei den Schmierölen und Schmierfetten zu beobachten sind (Abschnitte 3 bis 5); weiterhin sind Verbindungen erwähnenswert, die bei der Verarbeitung der Brenn-, Kraft- und Schmierstoffe gebraucht (Abschnitt 6) oder durch einfache chemische Umwandlungen als Enderzeugnisse gewonnen werden (Abschnitte 7 und 8).

Dagegen muß darauf verzichtet werden, das weite Gebiet der Kunst-, Farb- und Sprengstoffe zu besprechen, für die fast ausnahmslos Kohle, Erdöl oder Erdgas die Ausgangsstoffe liefern. Jedes dieser Gebiete hat eine derart umfangreiche Entwicklung genommen, daß ein näheres Eingehen den Rahmen dieses Buches sprengen würde[1]. Die wichtigsten Grunderscheinungen, die für die Herstellung dieser Stoffe von Bedeutung sind, wurden in den Hauptabschnitten I und II erwähnt.

1. Isolierflüssigkeiten der Elektrotechnik.

Wegen der ausgezeichneten elektrischen Durchschlagsfestigkeit von Kohlenwasserstoffen, die in der Größenordnung von 100 kV/cm liegt, werden aus Erdöl gewonnene Isolierstoffe in ausgedehntestem Maße in der Elektrotechnik verwendet[2]. Das wichtigste Gebiet sind die Umspanner (Transformatoren), die von Einheiten für etwa 100 kVA an fast ausschließlich als Öltransformatoren ausgeführt werden. Die Verwendung von Öl als Isolierflüssigkeit für Hochspannungs-Schaltgeräte wurde hingegen durch die Entwicklung der letzten 20 Jahre erheblich zurückgedrängt, weil es Schalterbrände und Verqualmungen verursachen kann und daher nicht unbeträchtliche Gefahren in sich trägt. Die führenden Elektrofirmen sind zum größten Teil zum Bau von öllosen Leistungsschaltern übergegangen, bei denen der während des Ausschaltvorganges entstehende Lichtbogen zwischen den Schaltstücken mittels Druckluft oder in Wasser gelöscht wird. Im Zuge dieser Entwicklung werden ganz allgemein Schalter in der früher üblichen Kesselbauart nicht mehr auf den Markt gebracht, sondern höchstens sog. ölarme Schalter geliefert, deren Füllung besonders in Freiluftanlagen als ungefährlich angesehen werden kann.

---

[1] Die Kunststoffe haben von den drei genannten Gruppen als Baustoffe des Maschinen- und Apparatebaues und der Elektrotechnik unmittelbare Bedeutung für den Ingenieur. Sehr empfehlenswert als Einführung sind die beiden in Fußnote 1, Seite 145 erwähnten Bücher von HOUWINK sowie von PABST und VIEWEG.

[2] Grundsätzliches z. B. bei MÜLLER, F. H.: Physik des organischen Isolators. ETZ Bd. 59 (1938) S. 1155—1158, 1176—1182.

Das Öl unterliegt bei den beiden vorbeschriebenen Verwendungsarten sehr verschiedenen Beanspruchungen. Im Umspanner verbessert es zwar die Isolierung zwischen den einzelnen Windungen, dient aber vor allem zur Kühlung und wird deshalb je nach Größe des Umspanners natürlich oder künstlich im Umlauf gehalten.

Seine wichtigste Eigenschaft, die Durchschlagsfestigkeit, wird schon durch Spuren von Wasser erheblich verschlechtert, weshalb hierauf ganz besonders zu achten ist. Demgegenüber ist das für Schmiermittel so wichtige Zähigkeits—Temperatur-Verhalten von untergeordneter Bedeutung und nur bei Freilufttransformatoren mit künstlichem Umlauf von Belang. Bei diesen kann es vorkommen, daß ein Umspanner bei tiefen Außentemperaturen nach längerem Stillstand in Betrieb genommen werden muß; es sollen dann die Ölumlaufpumpen trotz der tiefen Temperatur des Öles noch anlaufen können, denn durch Belasten des Umspanners kann die Verbindungsleitung zwischen Umspannermantel und Saugstutzen der Pumpe gewöhnlich nicht genügend erwärmt werden.

Die in Abschnitt IV D 4 beschriebenen Einflüsse, die zur Alterung von Schmierölen führen können, wie Erwärmen, Berühren mit dem Luftsauerstoff (in geringem, unvermeidbarem Maße im Ausgleichsgefäß) oder katalytische Einflüsse von Metallen spielen auch hier eine Rolle; dazu kommt noch die Berührung mit Isolier- und Imprägnierstoffen der Wicklungen. Da die Isolierstoffe meist Faserstoffe sind, deren Grundsubstanz Zellulose ist, besteht die Möglichkeit, daß auf diese Weise Sauerstoff in Spuren an das Öl abgegeben wird und ähnlich wirkt, wie der Luftsauerstoff. Bei den in dem genannten Abschnitt unter Punkt 2 angegebenen Kondensationsreaktionen kann sich aus dem Sauerstoff und abgespaltenem Wasserstoff Wasser bilden; dies ist hier ganz besonders gefährlich.

Transformatorenöl wird von den Herstellerwerken in einer solchen Beschaffenheit geliefert, daß es keiner Nachbehandlung bedarf; es muß jedoch nach dem Öffnen der Gefäße sofort verwendet werden, damit es keine Luftfeuchtigkeit aufnimmt. Da aber nicht zu vermeiden ist, daß das Öl beim erstmaligen Füllen doch Wasser aufnimmt, wird jeder Transformator vor dem Verlassen der Fabrik in zusammengebautem und gefülltem Zustand im Vakuumofen etwa drei Tage lang durch Wärme getrocknet.

Ist die Trocknung außerhalb der Fabrik erforderlich, im Vakuumofen aber nicht durchführbar, so muß das Öl im Kreislauf durch Erwärmen getrocknet werden. Dieselbe Maßnahme ist nach Instandsetzungen erforderlich, bei denen Wicklungsteile oder Teile des Eisenpaketes erneuert wurden.

Für das Trocknen von Öl im Kreislauf sind besondere, meist fahrbare Einrichtungen entwickelt. Gebrauchte Öle müssen vor dem Trocknen durch Filtern oder Schleudern von dem größten Teil des Wassers, von Schlamm und festen Verunreinigungen befreit werden, um den Sollwert der Durchschlagsfestigkeit wieder erreichen zu können[1].

Man hat versucht, das übliche Transformatorenöl wegen seiner Brennbarkeit durch gleichwertige, nicht brennbare Stoffe zu ersetzen. Hiezu gehört eine unter dem Namen Clophen bekannt gewordene Isolierflüssigkeit, bei der es sich um chlorierte Diphenyle handelt. Da diese Verbindungen ziemlich zäh sind, werden ihnen chlorierte Benzole, z. B. Trichlorbenzol zugesetzt, die wesentlich dünnflüssiger sind. Auffällig an diesen aromatischen Verbindungen ist, daß sie trotz des in das Molekül eingebauten Chlors keine angreifende Wirkung gegen Metalle und Isolierstoffe besitzen. Sie teilen diese Eigenschaften mit den in Abschnitt IV E 8 zu erwähnenden Chlor—Fluor-Abkömmlingen der einfachsten Paraffin-Kohlenwasserstoffe. Der Preis des Clophens ist aber so hoch, daß es bisher in der Praxis noch wenig Eingang gefunden hat[2].

Schalteröle werden örtlich beim Abschalten des elektrischen Stromes durch den zwischen den Schaltstücken entstehenden Lichtbogen sehr stark beansprucht. Dies steigert sich noch beim Abschalten von Kurzschlüssen. Normalerweise erlischt der Lichtbogen nach wenigen Perioden des zu schaltenden Wechselstromes, weil dann die Entfernung der Schaltstücke durch die Schaltbewegung bereits so groß geworden ist, daß die wiederkehrende Spannung nicht mehr ausreicht, um die da-

[1] Näheres siehe in: Ölbewirtschaftung. Herausgeg. von der Wirtschaftsgruppe Elektrizitätsversorgung (WEV). 2. Aufl. Berlin: Springer 1937.

[2] Vgl. hiezu z. B. Fitger, C.: Umspanner mit unbrennbarer Isolierflüssigkeit. Z. VDI Bd. 85 (1941) S. 293—294, außerdem die in Fußnote 2, Seite 446 genannte Arbeit. — W. Wanger, Bull. schweiz. elektrotechn. Ver. Bd. 38 (1947) S. 323 bis 349 berichtet, daß neuerdings in den Vereinigten Staaten von Amerika unbrennbare Transformatorenöle unter den Namen Pyranol und Inerteen für Umspanner in Gebrauch sind, die in Gebäuden aufgestellt werden. Ob es sich dabei um Silikone handelt, vgl. Abschnitt I B 2, geht aus dem Referat in ETZ Bd. 69 (1948) S. 5—6 nicht hervor.

Bei der Hochspannungs-Gleichstrom-Übertragungsanlage Kraftwerk Elbe—Berlin-Marienfeld, deren Bau im Jahre 1941 begonnen wurde, war zur Kühlung der Quecksilberdampf-Gleichrichter Clophen vorgesehen, vgl. Menge, A.: Die Energieversorgung des mitteleuropäischen Raumes durch hochgespannten Gleichstrom. ETZ Bd. 69 (1948) S. 37—44, bes. S. 42.

zwischenliegende, aus Öldämpfen gebildete Gasstrecke zu ionisieren. Begünstigt wird das Löschen durch den Auftrieb, den die im Öl entstandene Gasblase erfährt[1].

Trotz der kurzen Dauer dieses Vorganges bei der üblichen Frequenz von 50 Hz (1 Halbwelle = $^1/_{100}$ Sekunde), wird das Öl durch die sehr starke örtliche Erhitzung nicht nur verdampft, sondern auch gekrackt. Es bildet sich dabei Ölruß, der in feinst verteilter Form zunächst im Öl kolloidal gelöst bleibt, mit der Zeit jedoch zusammenflockt. Deshalb muß Schalteröl, auch wenn keine Kurzschlußabschaltungen vorgekommen sind, in Abständen von 1 bis 2 Jahren auf Wasser, Durchschlagsfestigkeit, Ruß und sonstige Verunreinigungen geprüft werden, nach Kurzschlußabschaltungen jedoch innerhalb kurzer Frist. Bei Kleinschaltgeräten wird Öl sowohl für Gleich- als auch für Wechselstrom häufig verwendet, um eine Abdichtung der Schaltstücke gegen Staub, Säuredämpfe oder ähnliche Einflüsse zu erreichen, nicht aber um die Schalteigenschaften zu verbessern. Der Aufwand für eine besondere Ölpflege lohnt sich bei den kleinen Mengen meist nicht. Es empfiehlt sich, die Ölfüllung ohne Prüfung nach einer durch Erfahrung zu bestimmenden Betriebszeit oder besser nach einer bestimmten Anzahl von Schaltungen auszuwechseln. Hiezu ist z. B. bei Erneuerung der abgebrannten Schaltstücke Gelegenheit. Wenn es sich um größere Ölmengen handelt, die bei vielen, in einem Betrieb vorhandenen Schaltgeräten auszuwechseln sind, muß selbstverständlich die Möglichkeit einer Aufbereitung geprüft werden.

Auf die Bedeutung der neuentwickelten Silikone, deren niedrigmolekulare Vertreter flüssig sind und die somit zu den hier besprochenen Isolierstoffen gehören, wurde am Schluß von Abschnitt I B 2 bereits hingewiesen. Das Schwergewicht der Veränderungen, welche die Verwendung der Silikone mit sich bringen wird, dürfte jedoch bei den festen und den plastischen Isolierstoffen zu erwarten sein. Diese wurden schon einmal — in der Zeit nach dem ersten Weltkrieg — bedeutend weiter entwickelt. Eine Besprechung dieses äußerst umfangreichen Gebietes muß jedoch hier außer Betracht bleiben. Soweit die hieher

[1] Für Gleichstromgeräte, die größere Ströme abschalten sollen, wird Öl deshalb nicht verwendet, weil dadurch die Schaltarbeit nicht wesentlich vermindert werden kann. Zwar gelingt es, die Ausschaltdauer zu verkleinern, was aber nur ein unerwünschtes Anwachsen der Löschspannung zur Folge hat. Vgl. hiezu Rüdenberg, R.: Elektrische Schaltvorgänge, 1. Aufl., S. 196. Berlin: Springer 1923; 3. Aufl., S. 259. 1933.

gehörenden organischen Isolierstoffe unter den Begriff der Kunststoffe fallen, kann auf das hiezu angegebene Schrifttum verwiesen werden[1]. Daneben sind die schon seit den Anfängen der Elektrotechnik verwendeten festen Bitumina besonders für die Herstellung von Kabeln und den zugehörigen Armaturen unverändert wichtig geblieben. Ihre Eigenschaften werden in Abschnittt IV E 9 noch erörtert.

Schließlich hat sich herausgestellt, daß die Dämpfe von Halogeniden, z. B. von Tetrachlorkohlenstoff (CCl_4) und Difluor-dichlormethan (CF_2Cl_2, Freon-12, vgl. Abschnitt IV E 8), eine ausgezeichnete elektrische Durchschlagsfestigkeit besitzen, die ein Mehrfaches der von Luft beträgt. Sie wächst zunächst linear mit dem Druck, strebt aber einem Grenzwert zu. Auch als Komponente eines Gasgemisches erhöhen die genannten Gase die Durchschlagsfestigkeit[2]. Es bleibt abzuwarten, wie diese Eigenschaften z. B. bei Druckgasschaltern genutzt werden können.

2. Härte- und Anlaßmittel für die Warmbehandlung von Stählen.

Wenn man beim Härten von Stählen Wasser verwendet, so treten leicht feinste Risse oder mindestens innere Spannungen auf, weil das Wasser wegen seiner hohen spezifischen Wärme und hohen Wärmeleitzahl den glühend eingetauchten Stahl in den Randzonen sehr stark abschreckt. Wenn der Kern dieser Temperaturabnahme nicht schnell genug folgt, entstehen wegen der noch vorhandenen Wärmedehnung tangentiale Zugspannungen, welche die Festigkeit des Materials leicht überschreiten können.

Um diesen Nachteil zu vermeiden. wird in ausgedehntem Maße Öl zum Härten verwendet, bei dem beide Kennwerte kleiner sind. Durch die geringe Wärmeleit- und -aufnahmefähigkeit des Öles wird erreicht, daß die Temperatur des zu härtenden Stahlstückes langsamer abnimmt. Es genügt, wenn die Abkühlgeschwindigkeit etwas größer ist als die

---

[1] Vgl. Fußnote 1, Seite 145.

[2] Vgl. hiezu Rodine, M. T. u. R. G. Herb: Effect of CCl_4 — vapor on the dielectric strength of air. Phys. Rev. II Bd. 51 (1937) S. 508. — Hudson, C. M., L. E. Hoisington u. L. E. Royt: Dielectric strength of CCl_2F_2 air and SO_2 air mixtures. Phys. Rev. II Bd. 51 (1937) S. 664. — Trump, J. G., F. J. Safford u. R. W. Cloud: D-C breakdown strength of air and of freon in a uniform field at high pressures. Electr. Engng. Bd. 60 (1941) S. 132; Referat ETZ Bd. 63 (1942) S. 144. — Weber, W.: Das elektrische Verhalten elektronegativer Gase. Arch. Elektrotechn. Bd. 36 (1942) S. 166.

kritische, so daß die Zustandsänderung des Stahles dem Temperaturabfall noch nicht folgen kann und die gewünschte Eisen—Kohlenstoff-Modifikation erhalten bleibt. Bei Untersuchungen von Härteölen hat sich gezeigt, daß die chemische Beschaffenheit von sehr geringem Einfluß auf die Brauchbarkeit als Abschreckmittel ist. Öle mit ähnlichen Werten für Zähigkeit und Flammpunkt verhalten sich ziemlich gleichartig, auch wenn sie in ihrer chemischen Zusammensetzung erhebliche Unterschiede aufweisen. Ansätze für systematische Untersuchungsverfahren sind vorhanden[1].

Die Ansprüche, die an Härteöle gestellt werden, betreffen den Flammpunkt, die Zähigkeit und die Widerstandsfestigkeit gegen Zersetzung bei Berührung mit den glühenden Stahlstücken. Die erste Forderung ist ohne weiteres verständlich, da man Brände vermeiden will. Dabei muß an die früheren Einwände gegen den Begriff des Flammpunktes oder Zündpunktes erinnert werden. Die geringe Zähigkeit wird verlangt, damit nicht zu viel Öl an den eingetauchten Stücken haften bleibt; dies verursacht Mengenverluste und unerwünschtes Verschmutzen durch Krustenbildung.

Wenn die zu härtenden Stahlstücke vor dem Abkühlen in Öl zunächst in Bäder von geschmolzenem Salz getaucht werden, um der Abkühlungskurve einen bestimmten Verlauf zu geben, müssen die Härteöle chemisch besonders widerstandsfähig sein; in solchen Fällen eignen sich keine fettsäurehaltigen Öle.

Bezüglich der zum Anlassen verwendeten Öle, in denen der Stahl nach dem Härten auf Temperaturen bis zu rd. 300° C gebracht werden kann, sind besondere Eigenschaften nicht erforderlich, außer genügend hohem Flammpunkt und chemischer Inaktivität, damit eine Rostbildung nicht begünstigt wird.

3. Schneid- und Bohrflüssigkeiten für die mechanische Bearbeitung der Metalle.

Für die spanabhebende Bearbeitung der Metalle auf Werkzeugmaschinen werden Öle und Emulsionen von Öl in Wasser als Schmier-

[1] Vgl. ROSE, A.: Das Abkühlungsvermögen von Stahlabschreckmitteln. Arch. Eisenhüttenwes. Bd. 19 (1939/40) S. 345—354, wo das Abkühlungsvermögen abhängig von der Temperatur ermittelt wurde, um Schlüsse auf die Brauchbarkeit ziehen zu können. Denn die schnelle Abkühlung ist nur in einem begrenzten Temperaturbereich erwünscht. Darunter soll der Stahl möglichst langsam abgekühlt werden, um innere Spannungen und die Bildung von Rissen zu vermeiden.

und Kühlmittel verwendet. Bei der großen Zahl von möglichen Bearbeitungsverfahren, Werkzeugformen und Metallen sowie ihren Legierungen erfordert die Auswahl des geeigneten Kühl- und Schmiermittels umfangreiche Erfahrung. Es kann daher nachstehend nur das Wesentlichste kurz angedeutet und gezeigt werden, wie weit auch hier die Kenntnis der chemischen Grundtatsachen für die Beurteilung von Wert ist[1].

Ohne Kühl- und Schmiermittel wird bei geringen Beanspruchungen nur Gußeisen bearbeitet. In allen anderen Fällen wendet man Emulsionen dann an, wenn in erster Linie die Wärme abgeführt werden soll. Dies ist bei hohen Schnittgeschwindigkeiten sowie beim Schleifen der Fall. Wenn es aber darauf ankommt, mit den schneidenden Werkzeugen möglichst glatte Oberflächen zu erzielen, so ist vornehmlich die Verwendung von Öl am Platz. Dabei werden solche Öle, deren Schmierfähigkeit durch Fette oder Zusatz anderer aktiver Stoffe erhöht wurde, bei schweren Arbeiten bevorzugt. Strenge Grenzen lassen sich hier nicht ziehen. Manche Metalle, wie Kupfer und seine Legierungen verlangen Schneidöle ohne aktive Zusätze, weil sie leicht angegriffen werden. Diese Erscheinung liegt auf einer Linie mit der in Abschnitt IV D 4 erwähnten Tatsache, daß Kupfer die Alterung von Schmierölen begünstigt. Es läßt sich dann durch Zusätze von kolloidalem Graphit die Schmierfähigkeit erhöhen.

Bei der Herstellung von Emulsionen von Öl in Wasser hat man es mit Erscheinungen zu tun, wie sie in Abschnitt I B 3 cβ für die Alkaliseifen-Schmierfette bereits beschrieben wurden[2]. Auch hier bildet das Öl, in dem die Seifen kolloidal gelöst sind, die innere und das Wasser die äußere Phase, jedoch sind die Mengenverhältnisse verschieden. Je nach den Arbeiten, für die die Emulsionen bestimmt sind, beträgt der Anteil an Öl etwa 2 bis 20%. Die Emulsionen werden bereitet, indem das zu emulgierende Öl langsam in weiches oder enthärtetes Wasser gegossen und darin kräftig verrührt wird, bis es gleichmäßig verteilt ist. Gute Emulsionen dürfen sich auch nicht nach längerem Stehen in Wasser und

---

[1] Im übrigen vgl. hiezu GOTTWEIN, K. u. W. REICHEL: Kühlen und Schmieren bei der Metallbearbeitung, 3. Aufl. Berlin: VDI-Verlag 1944.

[2] Im Schrifttum ist über die hier interessierenden Fragen wenig zu finden, weil sie noch nicht genügend erforscht sind. Meist werden nur Rezepte gegeben, ohne die inneren Zusammenhänge zu klären. Bemerkenswerte Hinweise finden sich in dem Seite XI unter 8. erwähnten Buch von KADMER, unter besonderer Berücksichtigung der Kolloidlehre in dem in Fußnote 1, Seite 439 genannten Aufsatz desselben Verfassers in: Öl u. Kohle Bd. 39 (1943) S. 491—495.

Öl abschichten. Außer Natron- und Kaliseifen, die aus ungesättigten Ölsäuren hergestellt werden, weil sie flüssig sein müssen, verwendet man zur Bereitung von Bohrölen bis zu gewissen Anteilen auch Harzseifen, die am Ende von Abschnitt I B 3 cβ erwähnt wurden. Diese können billig aus Flußharz (Tallöl) gewonnen werden, das bei der Zellstoffgewinnung abfällt und ein Gemisch aus Fett- und Harzsäuren ist. Um Rostbildung zu vermeiden, müssen die Emulsionen p_H-Werte aufweisen, die über 7 liegen.

Vielfach werden aus Raffinationsabfällen Emulgatoren als einfache Seifen und als Sulfoseifen hergestellt. Diesen werden mitunter Glykol, Hexalin (Zyklohexanol) oder andere organische Verbindungen mit ähnlichen physikalischen Eigenschaften als Lösungsmittel zugesetzt. Was im allgemeinen hierüber bekannt ist, beschränkt sich auf wenige Rezepte, während der größte Teil davon von den Betrieben als Geheimnis gehütet wird. Wissenschaftlich sind diese Fragen im einzelnen noch wenig erforscht und dementsprechend ist das einschlägige Schrifttum ziemlich dürftig.

4. Seifen und ähnliche Textilhilfsmittel.

Die chemischen Vorgänge bei der Herstellung von Seifen, die Metallsalze von Fettsäuren sind, wurden in Abschnitt I B 3 cβ erläutert. Ihr stark polarer Charakter äußert sich bei der besprochenen Herstellung der Schmierfette und der Schneid- und Bohrölemulsionen; er ist zusammen mit der Tatsache, daß wasserlösliche Seife im Wasser teils kolloidal, teils echt gelöst ist, auch die Ursache für die eigentümliche Waschwirkung bei Textilstoffen. Die Seife ist im Wasser in geringem Maße in Anionen des Fettsäurerestes und Kationen der Alkalimetalle gespalten — nur diese geben, wie bereits erwähnt, wasserlösliche Seifen —. Die kolloidalen Teilchen sind elektrisch geladen und dringen, wie man vermutet, infolge kapillaraktiver Wirkung zwischen die Textilfasern und die zu entfernenden Schmutzteilchen ein, wodurch beide im gleichen Sinne aufgeladen werden und sich abstoßen. Die Erniedrigung der Grenzflächenspannung des Wassers an der Oberfläche gegen Luft oder Dampf durch die Fettsäuren und ihre Salze, die im nächsten Abschnitt noch näher besprochen wird, bewirkt das Schäumen wässeriger Seifenlösungen; dadurch werden die Schmutzteilchen beim Kochen oder bei sonstiger mechanischer Schaumbildung nach oben getragen.

Da die aus Erdalkalimetallen gebildeten Seifen wasserunlöslich sind, beeinträchtigt jede Härte des Wassers die Waschwirkung und muß deswegen entfernt werden. Sie bewirkt außerdem auf den Geweben selbst einen Niederschlag von Kalk- und Magnesiumseifen, der ihnen einen schmierigen Griff gibt; durch Ranzigwerden dieser Rückstände wird außerdem das Vergilben der Wäsche und die Verminderung der Festigkeit der Fasern verursacht.

Trotz der unverkennbaren, in allen Einzelheiten noch nicht voll erforschten Vorzüge der bereits seit Jahrtausenden verwendeten Seife der üblichen chemischen Zusammensetzung — sie war den Germanen und Kelten, nicht jedoch den Römern bekannt —, hat man es nicht unversucht gelassen, andere wie Seife wirkende Verbindungen zu schaffen, die für besondere Zwecke zu verwenden sind oder aus anderen Rohstoffen als pflanzlichen und tierischen Fetten hergestellt werden können. Hiezu gehören zunächst die durch Behandlung mit Schwefelsäure aus Ölen und Fettsäuren gewonnenen Sulfonate, die sich als Emulsionsbildner dazu eignen, Textilfasern für die Verarbeitung geschmeidig oder für Farbstoffe aufnahmefähig zu machen. Bekannt ist das aus Rizinusöl gewonnene Türkisch-Rotöl, das auch bei der Herstellung von Bohrölemulsionen verwendet wird. Diese und ähnliche Sulfohalogenide sind weniger kalkempfindlich und werden deshalb besonders für die Feinwäsche verwendet. Dann gehören hieher die am Schluß von Abschnitt I B 3 c β erwähnten Harzseifen.

Schließlich hat man noch Textilhilfsmittel entwickelt, bei denen die Oberflächenaktivität nicht durch den als Anion im Wasser vorhandenen Fettsäure- oder Harzsäurerest hervorgerufen wird, sondern durch Kationen, die aus organischen Ammoniumverbindungen, Säureamiden, Pyridinabkömmlingen usw. hydrolytisch abgespalten sind. Es ist gelungen, aus Erdölfraktionen mit rund zehn Kohlenstoffatomen im Grundskelett durch Chlorieren und nachherige Behandlung mit Ammoniak wasserlösliche, oberflächenaktive Stoffe zu erhalten, die ausgezeichnetes Schaum- und Netzvermögen besitzen. Sie sind unter dem Namen Säureseifen bekannt und dürften erst am Anfang ihrer Entwicklung stehen[1].

---

[1] Vgl. hiezu PROFFT, E.: „Saure Seifen" aus Erdöl bzw. seinen Fraktionen. Öl u. Kohle Bd. 39 (1943) S. 189—191 sowie das dort angegebene Schrifttum. — KUFFERATH, A.: Herstellung und Verwendung von sulfohalogenierten Kohlenwasserstoffen. Öl u. Kohle Bd. 40 (1944) S. 556—558. — MÖLLERING, C. H. u. C. LÜTTGEN: Sulfohalogenierung und Sulfohalogenide, besonders für Waschzwecke. Stuttgart: Wissenschaftl. Verlagsges. 1942. — Ihrer Stellung im System der organischen Chemie entsprechend sind die Sulfohalogenide in Abschnitt I B 4 e erwähnt worden.

5. Schäumer und Sammler für die Schwimmaufbereitung von Erzen.

Die Aufgabe der Schwimmaufbereitung ist es, verschiedene Erze voneinander und diese von den begleitenden tauben Gesteinen (der Gangart) zu trennen. Ein solches Verfahren hat besondere Bedeutung dort, wo es sich um die Gewinnung armer Erze handelt. Die Wirkung der Schwimmaufbereitung — auch Schaumschwimmaufbereitung oder Flotation genannt — nutzt die Unterschiede der Benetzbarkeit der Oberfläche des Erzes und der Gangart aus. Wenn jene groß ist, so sinkt das Erzkörnchen in dem ausschließlich als Aufbereitungsflüssigkeit verwendeten Wasser infolge seiner großen Wichte unter. Ist das Körnchen jedoch nicht benetzbar, so sinkt es in der Wasseroberfläche nur so tief ein, bis der nach abwärts wirkenden Schwerkraft durch Gegenkräfte das Gleichgewicht gehalten wird. Diese setzen sich aus dem Auftrieb und der senkrechten Komponente der Oberflächenspannung zusammen, die an der Berührungslinie zwischen Korn und Aufbereitungsflüssigkeit unter dem Randwinkel nach aufwärts gerichtet ist. Die Unterschiede in der Benetzbarkeit und zwischen den infolgedessen sich einstellenden Randwinkeln sind jedoch bei reinem Wasser zu klein, um die aufzubereitenden Erze scharf genug trennen zu können. Man verwendet deshalb, um die auswählende Wirkung der Schwimmaufbereitung zu steigern, grenzflächenaktive Stoffe, durch die zwei Wirkungen angestrebt werden.

Erstens will man einen Schaum erzeugen; dieser ist dann besonders haltbar, wenn sich die Oberflächenspannung der Flüssigkeit mit Schäumer gegen Luft von der der reinen Flüssigkeit gegen Luft erheblich unterscheidet. Als Schäumer eignen sich daher grenzflächenaktive Stoffe mit geringer Löslichkeit, weil dann das Konzentrationsgefälle von der Oberfläche nach dem Inneren der Flüssigkeit (Lösung) am größten ist. Diese Bedingung erfüllen insbesondere Kohlenwasserstoffe mit aktiven Hydroxyl- (OH-), Karboxyl- (COOH-) oder Amino- (NH_2-) Gruppen, z. B. hoch-molekulare Alkohole, Kresole, hoch-molekulare Fett- und Naphthensäuren, Anilin usw. Ihre Löslichkeit im Wasser nimmt mit wachsender Größe des Kohlenstoffgerüstes ab und dementsprechend entstehen Unterschiede zwischen den Oberflächenspannungen der reinen Stoffe und denen der Lösungen bereits bei um so kleinerer Konzentration, je mehr sich die Moleküle in ihrer Größe unterscheiden. Ein Beispiel für diese Verhältnisse bei den besonders aktiven Fettsäuren zeigt Abb. 81. Die Abnahme der Löslichkeit erklärt sich durch die Unterschiede im Molekülbau zwischen Wasser und den Abkömmlingen der Kohlenwasserstoffe, worauf im Abschnitt II B 4 c hingewiesen wurde. Die für die gleiche Erniedrigung der Oberflächenspannung erforderliche Menge Fettsäure nimmt mit jeder CH_2-Gruppe auf etwa ein Drittel ab. Dabei bestehen zwischen den Oberflächenspannungen der reinen Fettsäuren keine großen Unterschiede, wie die beigefügte Tabelle zeigt.

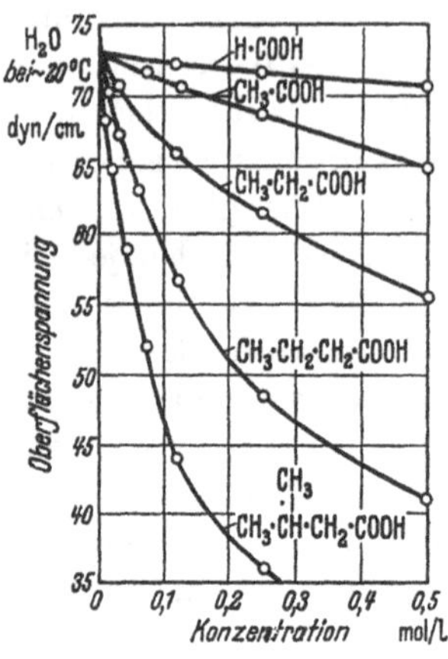

	Temperatur °C	Oberflächenspannung dyn/cm
Ameisensäure $H \cdot COOH$	21,2	37,2
Essigsäure $CH_3 \cdot COOH$	26,0	27,0
Propionsäure $CH_3 \cdot CH_2 \cdot COOH$	16,6	26,57
n-Buttersäure $CH_3 \cdot CH_2 \cdot CH_2 \cdot COOH$	15,0	26,74
i-Valeriansäure $(CH_3)_2 \cdot CH \cdot CH_2 \cdot COOH$	15,0	~27

Abb. 81. Oberflächenspannung wäßriger Fettsäuren nach WINNACKER.

Bei genügender Zähigkeit, die ebenfalls mit der Molekülgröße zunimmt, können sich deshalb haltbare Schaumblasen bilden. In diesen sind die hydrophylen „Köpfe" nach der Seite der dünnen Wasserhaut, die hydrophoben „Schwänze" nach der Luftseite gerichtet.

Schon GIBBS hatte erkannt, daß sich in der Phasengrenzfläche immer jene Stoffe anreichern, durch die die Grenzflächenspannung erniedrigt wird. Wenn nun in ein mit einem Schäumer vermengtes Wasser Luft eingeblasen wird, so sammeln sich während des Hochsteigens der Luftblasen die grenzflächenaktiven Stoffe an der Luftseite und bilden nach Erreichen der Oberfläche mit dem dort ebenfalls in hoher Konzentration vorhandenen Schäumer die Blasenhäutchen. Sind in der Flüssigkeit schwer benetzbare Erzteilchen vorhanden, so streben sie ebenfalls an die Grenzflächen zwischen Luft und Flüssigkeit und werden so in den Schaum mitgenommen. Dort erhöhen sie durch ihre schwere Benetzbarkeit die Haltbarkeit des Schaumes.

Die Schaumbildung allein reicht jedoch meistens nicht aus, um die gewünschte trennende Wirkung zu erzielen. Man verwendet deshalb zweitens noch besondere Sammler, die die Unterschiede in der Benetzbarkeit der zu trennenden Stoffe verstärken. Sie werden von den Erzoberflächen adsorbiert, so daß sich der Randwinkel an diesen Flächen vergrößert und die Ansammlung der Erzteilchen an der Grenzfläche zwischen Wasser und Luft unterstützt wird.

In diese Gruppe gehören Stoffe mit polaren Enden und möglichst großen Molekülresten, also ähnliche Stoffe, wie sie in Abschnitt IV D 2 als entscheidend für die Schmierfähigkeit von Schmierölen erwähnt wurden. Es sind dies besonders die aus Erd- und Teerölen gewonnenen Kohlenwasserstoffe mit sauerstoffhaltigen funktionellen Gruppen, die meist gleichzeitig als Schäumer verwendet werden können.

Daneben gibt es noch eine Anzahl besonders wirksamer Sammler, die nur als solche, nicht aber als Schäumer wirken. Sie sind dadurch gekennzeichnet, daß sie im Molekül Sauerstoff, Schwefel, Stickstoff, Phosphor oder andere Elemente der Gruppen V oder VI des Periodensystems enthalten. Diese Sammler, zu denen verschiedene Xanthogenate wie Kaliumäthylxanthogenat, n-Buthylxanthogenat usw. gehören, sind wasserlöslich und wirken nicht als Schäumer. Ihre Affinität zu den Erzoberflächen ist jedoch sehr groß, so daß sie auch bei geringer Konzentration fest haftende, schwer benetzbare Überzüge über die Erzteilchen bilden und das Ausbringen der gewünschten Stoffe wesentlich steigern. Wie man sich die Anordnung der Moleküle und Teilchen in einer Luftblase vorstellen kann, die ein Erzkorn trägt, zeigt rein schematisch Abb. 82.

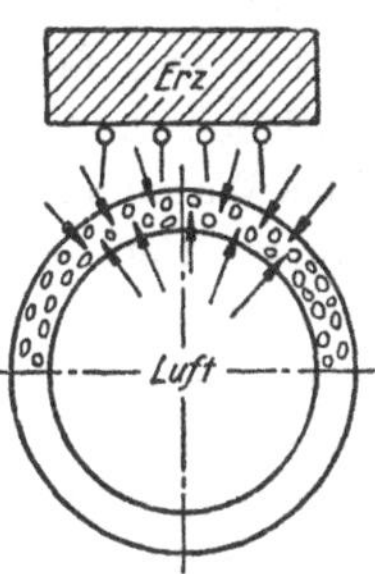

Abb. 82. Schema einer Luftblase, die ein Erzkorn trägt, nach WINNACKER.

Abschließend sei noch bemerkt, daß sich für die Schwimmaufbereitung am besten sulfidische Erze eignen, weil bei diesen die Wirkung der Sammler am stärksten ist. Bei der Aufbereitung von Oxyden läßt sich dagegen keine so scharfe Trennung erzielen[1].

---

[1] Näheres siehe bei WINNACKER, K.: Die Schwimmaufbereitung als Verfahren der Stoffbewegung und Stofftrennung. Z. VDI Beih. Verf.techn. 1938, S. 35—41, wo auch Näheres über die Anwendung von sogenannten drückenden und wiederbelebenden Zusätze zu finden ist, um z. B. zwei verschiedene sulfidische Erze trennen zu können. Daß man mit Hilfe der Flotation auch Kohlenschlamm aufbereiten kann, wurde in Abschnitt III A 5b erwähnt. Wegen der dabei verwendeten Flotationsmittel siehe den dort in Fußnote 2, Seite 319 genannten Bericht von GÖTTE.

6. Waschöle für die Absorptionsverfahren der Gas- und Erdöltechnik.

Um die in den Kokerei- und Schwelgasen enthaltenen, niedrig siedenden gas- und dampfförmigen Kohlenwasserstoffe zu absorbieren, wird heute in der Hauptsache noch Waschöl verwendet. Daneben gewinnt die Adsorption an Aktivkohle nur langsam Boden. Grenzflächenvorgänge spielen bei der Auswaschung eine untergeordnete Rolle; sie machen sich nur dadurch bemerkbar, daß die Harzbildung im Waschöl durch Sauerstoff und schwefelhaltige Begleitstoffe der von den niedrig siedenden Kohlenwasserstoffen zu befreienden Gase gefördert wird. Die Folge davon ist eine zunehmende Verdickung des Waschöles, weshalb es nach längerem Gebrauch regeneriert werden muß. Im übrigen kann jedoch die Absorption als reiner Lösungsvorgang betrachtet werden, dessen theoretische Grundlagen in Abschnitt II B 4b behandelt sind.

Das Waschöl soll möglichst inaktiv sein, damit die zu absorbierenden Stoffe, wie Benzol und seine Abkömmlinge, Benzin und Flüssiggase nicht beeinflußt werden. Sein Siedebereich muß einerseits einen möglichst großen Abstand von dem Siedebereich der zu absorbierenden Kohlenwasserstoffe haben, damit diese durch Erwärmen und fraktionierte Destillation wieder leicht abgetrennt werden können. Andererseits darf das Waschöl nicht zu hoch-molekular sein, weil es dann meist zu zäh ist und in den Waschtürmen nicht fein genug verteilt werden kann. Um eine möglichst große, wirksame Oberfläche zu erzielen, ist dies unbedingt erforderlich. Gewöhnlich werden Erdölfraktionen mittleren Siedebereiches wie Gasöl oder gleich hoch siedende Fraktionen aus der Steinkohlenteerdestillation verwendet.

7. Lösungsmittel und Weichmacher.

Die Eigenschaften, die von den in der Industrie der Lacke, Anstriche und ähnlicher Erzeugnisse verwendeten Lösungsmitteln organischer Stoffe verlangt werden, hängen vom Verwendungszweck ab. Ein großer Teil der in Abschnitt I erwähnten Verbindungen eignet sich hiezu, soweit sie bei normaler Temperatur flüssig sind. Ausgedehnte Anwendung finden Benzin, Benzol, Alkohol, Äther, Ketone und viele andere. Wenn dampfförmige Stoffe gewonnen werden sollen, so verlangt die Aufgabenstellung ähnlich wie bei den vorbeschriebenen Waschölen leichte Abtrennbarkeit. Deshalb wählt man als Lösungsmittel in diesem Falle Stoffe, deren Molekülgröße von jener des zu lösenden Stoffes erheblich abweicht, um einen genügenden Abstand der Siedebereiche zu erhalten.

Die gleichen Überlegungen gelten für Lösungsmittel, die an der Luft verdunsten sollen.

Bei Lacken und Polituren benötigt man chemisch ähnlich gebaute Weichmacher, deren Aufgabe es ist, zu vermeiden, daß die beim Verdunsten des Lösungsmittels zurückbleibende Schicht rissig wird. Es können hiezu Flüssigkeiten verwendet werden, die den Grundstoff ebenfalls lösen, jedoch flüchtig sind. Dies ist z. B. bei hoch siedenden Estern der Fall, die trotzdem leicht verdunsten. Man gewinnt eine Anzahl dieser Stoffe aus den Bestandteilen des Steinkohlenteers, die eine oder mehrere OH-Gruppen enthalten.

Für die Gewinnung von Pflanzenfetten werden Lösungsmittel verwendet, die ihre Glyzerinester lösen, ohne sie zu verändern, und sie auch wieder leicht abgeben. Hiefür eignen sich besonders Verbindungen, die durch Weiterverarbeiten von Glyzerin gewonnen werden. Solche Lösungsmittel müssen frei von Schwefel-, Arsen- und ähnlichen Verbindungen sein, damit die Genußfähigkeit der Extrakte nicht beeinträchtigt wird. Wo es auf eine Gewinnung nicht ankommt, wie z. B. beim Entfernen von Fettflecken und ähnlichen Verunreinigungen aus Textilstoffen, kann auch Benzin verwendet werden.

Auf weitere Darstellung von Einzelheiten muß bei der Unzahl von Verbindungen, die für solche Zwecke in Frage kommt, verzichtet werden, weil hier nur die grundsätzlichen Zusammenhänge gezeigt werden können[1]. Die für die Extraktionsverfahren der Kohle nach POTT-BROCHE und UHDE benötigten Lösungsmittel wurden bereits am Schluß von Abschnitt III C 3 erwähnt. Die auswählenden Lösungsmittel der Erdöltechnik, bei denen verlangt wird, daß ein besonders ausgeprägtes Lösevermögen für bestimmte Stoffgruppen vorhanden ist, sind in den Abschnitten II B 4a und III B 3cζ ihrer Bedeutung entsprechend gewürdigt.

Eine ähnliche Aufgabenstellung liegt auch in anderen Fällen vor, von denen die Phenolgewinnung aus Abwässern der Kokereien, Schwelanlagen usw. bereits erwähnt wurde[2]. Dieses Beispiel ist deshalb von Interesse, weil es zeigt, daß ein in bestimmten Fällen durchaus geeignetes Lösungsmittel, wie das Trikresylphosphat (ein Arylester der Phosphorsäure) unter geänderten Bedingungen versagen kann. In Abwässern, die

---

[1] Einen sehr summarischen Überblick über die hier in Frage kommenden Verbindungen gibt HORN, O.: Brennst.-Chemie Bd. 20 (1939) S. 349—352 unter besonderer Berücksichtigung der Kohle als Ausgangsstoff.

[2] Vgl. den in Fußnote 1, Seite 237 erwähnten Bericht.

neben Phenol noch größere Mengen höher siedender Begleitstoffe enthalten, wurde das ebenfalls hochsiedende Trikresylphosphat nach mehrfachem Durchlaufen der Anlage beim Abtrennen des Phenols bald sehr verdickt. Bei einem Gemisch wesentlich niedriger siedender Ester und Äther von aliphatischen Alkoholen, dem sog. Phenosolvan, das von dem Phenol und seinen Begleitstoffen abgetrennt werden kann, erhält man dagegen das Lösungsmittel immer wieder in gleicher Reinheit. Selbstverständlich können in solchen Fällen für einen wirtschaftlichen Betrieb nur Lösungsmittel mit ausgeprägtem spezifischen Lösungsvermögen verwendet werden, die durch systematische Laboratoriumsversuche ermittelt werden müssen.

8. Arbeitsmittel für Kältemaschinen.

Eine Sonderstellung in dem hier zu beschreibenden Rahmen nehmen jene Chlor- und Chlor—Fluor-Abkömmlinge der Kohlenwasserstoffe ein, die für die Verwendung als Kältemittel entwickelt wurden. In der Natur kommen sie nicht vor. Auf die Gründe, die wegen der thermodynamischen Gesetzmäßigkeiten zur Wahl dieser Stoffe geführt haben, kann hier nicht eingegangen werden[1]. Eigenartigerweise zeigt ein Großteil der Halogenderivate des Methans und Äthans keine Aggressivität gegen Baustoffe und Schmiermittel, ist nicht brennbar und physiologisch ungefährlich, so daß ihrer Verwendung grundsätzliche Hindernisse nicht entgegenstehen. Einer der wichtigsten dieser Stoffe ist das unter dem Namen Frigen bekannte Difluor-dichlormethan (CF_2Cl_2), das in den Vereinigten Staaten von Amerika auch als Freon-12 in den Handel kommt. Die thermodynamischen Daten dieses Stoffes sowie die von Methylchlorid (CH_3Cl) und Methylenchlorid (CH_2Cl_2), einige vorläufige Werte für Monofluor-trichlormethan ($CFCl_3$) (in den Vereinigten Staaten von Amerika auch Freon-11 genannt) sowie die Daten von Äthan (C_2H_6), das für Tiefkühlanlagen wichtig ist, sind in die letzte Auflage der VDI-Kältemaschinenregeln aufgenommen worden[2].

---

[1] Vgl. hiezu SPANGLER, J.: Neuere Kältemittel für Groß- und Kleinkältemaschinen. Z. VDI Sonderh. 74. Hauptvers. Darmstadt (1936) S. 185—192, wo die wichtigsten Daten zusammengestellt sind, weiterhin die in Fußnote 2, Seite 268 genannten Arbeiten von RIEDEL, SEGER und PLANK sowie PLANK, R.: Kältemittel für die Erzeugung sehr tiefer Temperaturen. Z. ges. Kälte-Ind. Bd. 49 (1942) S. 77 bis 79.

[2] Ergänzend zu vorstehenden Angaben ist noch PLANK, R.: Frigen als Kältemittel. Z. VDI Bd. 84 (1940) S. 165—170 zu nennen.

9. Kohlenwasserstoffe für den Straßenbau, für die Kabelindustrie und für verwandte Zwecke.

Es bleiben noch die Besonderheiten zu besprechen, die bei den meist zähflüssigen bis festen Kohlenwasserstoffen zu beachten sind, die für technische, den Ingenieur interessierende Zwecke verwendet werden. Der Menge nach den größten Teil davon verbraucht der Straßenbau. Straßendecken aus bituminösen Stoffen haben vor Steinpflasterung und Betonbelag den Vorzug praktischer Staubfreiheit. Nachteilig ist die geringe Griffigkeit und das Erweichen bei starker Sonnenbestrahlung. Deshalb können sie bei großen Gefällen und auf Verkehrswegen, die mit hoher Geschwindigkeit befahren werden, sowie in Gegenden mit heißem Klima kaum verwendet werden. In allen anderen Fällen verdienen sie jedoch den Vorzug.

Daneben kommen die gleichen Stoffe als Dichtungsmittel gegen Feuchtigkeit und Wasser im Hoch-, Tief- und Wasserbau, als Schutzanstriche für Rohrleitungen, Stahlbauwerke und Kleineisenteile des Bahnoberbaues, als Vergußmassen für säurefeste Auskleidungen, weiterhin als Isolierstoffe bei der Herstellung von Kabeln und zugehörigen Armaturen in Frage. Ein wichtiges Anwendungsgebiet ist schließlich die Herstellung von Dachpappe.

Als Ausgangsstoffe dienen einerseits die bei der Entgasung — und in geringer Menge auch bei der Vergasung — von festen Brennstoffen anfallenden Teere, andererseits die Rückstände der Erdöldestillation, die Bitumina[1] (im engeren Sinne) heißen, wenn sie bei normalen Temperaturen zähflüssig bis fest sind. Ihre Schmelzbarkeit wird als wesentliches Merkmal angesehen. Dies ist auch bei den in Abschnitt IV A 1d besprochenen Extrakten aus der Steinkohle der Fall, die von F. Fischer und Mitarbeitern Öl- und Festbitumen genannt wurden.

Man bezeichnet im Straßenbau als Asphalt[2] die mit mineralischen Zuschlagstoffen versehenen Gemische von Kohlenwasserstoffen und ihren Abkömmlingen. Die Zuschlagstoffe werden mit den verschiedensten Körnungen — vom feinsten Steinmehl und Zement bis zum Splitt von mehreren Millimetern Korngröße — verwendet. Die Bezeichnung „Asphalt" deckt sich also nicht mit der bei den Chemikern üblichen, wie sie in den früheren Abschnitten angewendet wurde. Dort ist unter Asphalten eine Gruppe sehr hoch-molekularer Kohlenwasserstoffe verstanden, die als letzter Rückstand beim Lösen von Kohlenwasserstoff-

[1] Vgl. Fußnote 3, Seite 301. [2] Vgl. Fußnote 2, Seite 345.

gemischen mit Lösungsmitteln steigenden Lösungsvermögens zurückbleibt und sich in großer Menge z. B. in Destillationsrückständen findet. In diesem Abschnitt soll nun der Einfachheit halber allgemein von Bitumina im vorerwähnten Sinne gesprochen werden, ohne zu untersuchen, ob dieser Begriff mit dem bei der Kohlenextraktion verwendeten übereinstimmt. Teer und Teerpech sollen auch darunter verstanden werden, obwohl man meist nur die ohne Zersetzung der Rohstoffe gewonnenen Produkte Bitumina nennt[1].

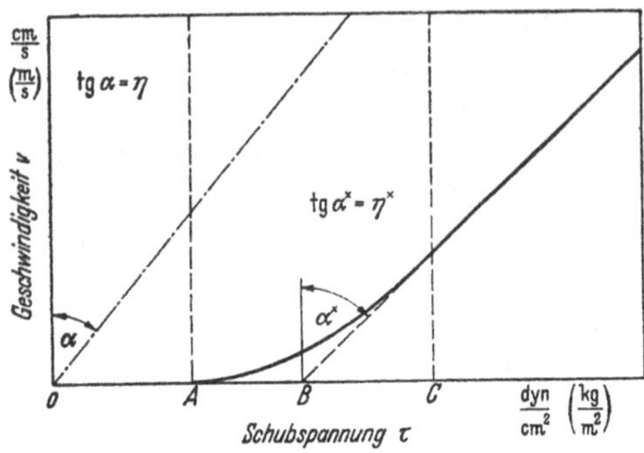

Abb. 83. Fließkurve eines ursprünglich formbeständigen, jedoch plastisch verformbaren Körpers.

Für den Straßenbau wichtig ist besonders das Verhalten der Bitumina bei Druck- und Schubbeanspruchungen, nämlich ob sich der Stoff plastisch oder elastisch verformt, dann die Temperatur des Erweichens und Fließbeginns, die Zähigkeit bei höheren Temperaturen, die Streckbarkeit (als Gegensatz zur Sprödigkeit) und der Verdampfungsverlust beim Erhitzen.

An einem ursprünglich formbeständigen, jedoch plastisch verformbaren Körper kann man im allgemeinen die in Abb. 83 wiedergegebene Abhängigkeit der Fließgeschwindigkeit von der Schubspannung, die sog. Fließkurve, bei einer gegebenen Temperatur beobachten. Sie wird auch Bingham-Kurve genannt. An der wiedergegebenen Form lassen sich drei Bereiche erkennen. Bei kleinen Schubspannungen kann das netzartige Gebilde den Kräften widerstehen und verhält sich wie ein elastischer Körper. Es zeigt keine bedeutende Verformung. Wenn jedoch der Punkt *A* erreicht wird, der als Fließpunkt oder untere Fließgrenze bezeichnet wird, ändert sich die Fließgeschwindigkeit mit der angelegten Schubspannung; dies geschieht jedoch nicht proportional, sondern nach einer parabelartigen Kurve, deren Exponent je nach dem Stoff wechselt. Mit „Fließpunkt" bezeichnet man aber auch die Temperatur, bei

[1] Wegen der Nomenklatur im einzelnen siehe Mallison, H.: Teer, Pech, Bitumen und Asphalt (Kohle, Koks, Teer Bd. 7) 2. Aufl. Halle: Knapp 1944. — Außerdem über die Verwendung von Bitumina: Bitumen in der Praxis. Herausgeg. von C. Heinrici und Th. Temme. 3. Aufl. Berlin: Knorre 1944.

der ein erstarrtes Kohlenwasserstoffgemisch infolge der durch das Eigengewicht hervorgerufenen Kräfte zu fließen beginnt.

Die Tangente an die Kurve im zweiten, dem sog. quasiplastischen Bereich, ändert sich vom Werte null bis zu einem konstant bleibenden Wert. Sie ist gleich dem Reziprokwert der Viskosität und wird mitunter als Fluidität bezeichnet. An das Bereich des quasiplastischen Fließens schließt sich das rein plastische Bereich an, in dem die Fließkurve als Gerade verläuft. Die Substanz hat die Eigenschaften einer Suspension. Verlängert man die Gerade nach unten bis zum Schnittpunkt mit der Abszissenachse, so erhält man einen Punkt B, der als BINGHAM-Fließgrenze bezeichnet wird. Der Tangens des zwischen dieser Geraden und einer Parallelen zur Ordinatenachse gebildeten Winkels α^* wird auch als Pseudoviskosität oder Steifheit η^* bezeichnet.

Die Schubspannung, bei der die Kurve den geraden Verlauf annimmt, nennt man obere Fließgrenze oder auch η-Fließpunkt. Die Verhältnisse bei reinen (NEWTONschen) Flüssigkeiten werden mittels einer durch den Ursprung gehenden Geraden wiedergegeben. Zwischen diesem Zustand und dem in Abb. 83 dargestellten sind bei Abnahme der Temperatur alle Übergangsstufen möglich, und zwar derart, daß sich zunächst das quasiplastische Bereich auszudehnen beginnt und dann das plastische Gebiet, so daß zunächst die Punkte C und B und dann der Punkt A von 0 nach rechts abzurücken beginnen. Diese Zustände sind auch beim Kälteverhalten von Schmierölen von Interesse.

Das Bereich des quasiplastischen Fließens kann bei Körpern festgestellt werden, die chemisch nicht einheitlich sind. Dies ist der Fall bei den Kohlenwasserstoffgemischen, wie sie im Erdöl, den daraus gewonnenen Destillationsrückständen und den Naturasphalten vorliegen. Der Verlauf der Fließkurve im Bereich AB zeigt, daß die Fließgeschwindigkeit und die Schubspannung dort nicht proportional sind. Die Schubspannung muß nämlich in diesem Bereich nicht nur die beim Gleiten laminarer Flüssigkeitsschichten auftretenden Widerstände überwinden, sondern es muß zusätzliche Arbeit geleistet werden, um die wirr vernetzten und verfilzten Teilchen des Körpers in einem bestimmten Sinne auszurichten. Erst wenn dies erreicht ist, besteht ähnlich wie nach dem von NEWTON aufgestellten Gesetz ein linearer Zusammenhang zwischen Fließgeschwindigkeit und Schubspannung.

Diese Erscheinung, für welche die Fließkurve ein empirisch gefundener, nicht theoretisch abgeleiteter Ausdruck ist, läßt sich nach den bisherigen Forschungen dadurch erklären, daß man sich in den Bitumina kolloidale Systeme vorstellt, in denen ein Gemisch verhältnismäßig niedrig-molekularer Kohlenwasserstoffe die äußere (dispergierende) Phase bildet, während hoch-molekulare Mizellen oder Molekülkomplexe als innere (disperse) Phase darin verteilt sind. Bei der engen chemischen Verwandtschaft zwischen den Stoffen beider Phasen ist als sicher anzunehmen, daß die dispersen Teilchen mit Lyosphären umgeben sind, die eine Dicke von mehreren Molekülen haben und aus Stoffen bestehen, die chemisch den Übergang von den Körpern der einen zu denen der anderen Phase bilden. Es ist wahrscheinlich, daß sich die Dicke dieser Lyosphären umgekehrt mit der Temperatur ändert. Ist diese hoch und die Konzentration der Mizellen oder Molekülkomplexe gering, so verhält sich ein solcher Stoff wie eine Flüssigkeit. Die beobachtbare dynamische Zähigkeit η ist dann bei verschiedenen Schubspannungen τ ein Festwert. Da sich die Zähigkeit durch Änderung der Konzentration des dispersen Anteils nur wenig ändert, wird angenommen, daß die Mizellen oder Molekülkomplexe angenähert kugelförmige Gestalt haben. Dies deutet auf aromatischen oder naphthenischen Aufbau, denn man weiß, daß bei Kolloiden, deren disperser Anteil faserförmig ist, durch Erhöhen der Konzentration um wenige Prozent die Zähigkeit um Zehnerpotenzen ansteigen kann.

Nimmt die Temperatur ab, so vergrößern sich nicht nur die Lyosphären, sondern in dem als Dispersionsmittel dienenden Mineralöl beginnen auch die höchst-molekularen paraffinischen Kohlenwasserstoffe auszukristallisieren. Dies entspricht dem Stockpunkt bei Schmieröl. Eine Folge davon ist das quasiplastische Verhalten, bei dem unter dem Einfluß der Schubspannungen die Paraffinkristalle erst orientiert werden müssen. Sind bei noch tieferen Temperaturen die Lyosphären so groß, daß sie ineinander übergehen, oder ist dies infolge höherer Konzentration der Fall, so ist der Bereich A der elastischen Verformung erreicht. Es liegt dann ein echtes Gel vor, während es sich bei dem anfangs beschriebenen Zustand um ein Sol handelt. Weitere Eigenschaften dieser Erscheinungsformen, die sich vom Standpunkt der Kolloidlehre meist gut erklären lassen, sind im Schrifttum näher erörtert[1]. Die Forschung steht auf diesem Gebiete (Fließkunde, Rheologie) erst am Anfang der Entwicklung und muß noch weiter ausgebaut werden. Eine theoretische

---

[1] HÖPPLER, F.: Viskosität, Plastizität, Elastizität und Kolloidik der Bitumina. Öl u. Kohle Bd. 37 (1941) S. 995—1009. — Vgl. dazu SCOTT BLAIR, G. W.: Einführung in die technische Fließkunde. Dresden u. Leipzig: Steinkopff 1940.

Begründung der beobachteten Zusammenhänge wird an den mit Hilfe des MAXWELLschen Relaxationstheorems gebotenen Möglichkeiten nicht vorbeigehen können. Vorläufig arbeitet die Fließkunde zum Teil noch mit rein empirisch abgeleiteten Beziehungen.

Es ist dabei zu beachten, daß durch die Seite 197 angegebene MAXWELLsche Gleichung der zeitliche Verlauf der Spannungen und Verformungen beschrieben wird, der hier noch gar nicht in den Kreis der Betrachtung gezogen ist. Die BINGHAM-Kurve kann daher die Zusammenhänge nur bei Stoffen mit verhältnismäßig großen Relaxationszeiten einigermaßen richtig wiedergeben, eine Voraussetzung, die nicht immer erfüllt ist.

Man hat jedoch jetzt schon die Möglichkeit, gewisse Zusammenhänge zwischen chemischem Aufbau und physikalischen Eigenschaften zu erkennen. Voraussetzung hiefür ist eine genauere Erfassung der einzelnen, in den Bitumina vorhandenen Stoffgruppen. Es ist klar, daß brauchbare Ergebnisse nur dann zu erwarten sind, wenn die Arbeitsbedingungen eindeutig festliegen; dazu gehört insbesondere, daß chemisch wohl definierte Lösungsmittel angewendet werden, nicht Benzin, Petroläther oder ähnliche Gemische schwankender Zusammensetzung.

Von dieser Erkenntnis ausgehend hat GRADER[1] ein Untersuchungsverfahren entwickelt, das sehr erfolgversprechend ist. Mit Hilfe von Tetrachlorkohlenstoff (CCl_4), Benzol (C_6H_6) und Chloroform ($CHCl_3$) als Lösungsmittel in dieser festgesetzten Reihenfolge, durch Adsorption an Aluminiumoxyd (Al_2O_3) und durch nachfolgendes Abtrennen werden die Anteile an Ölen (reinen Kohlenwasserstoffen), Harzen, Weichasphalt (Asphaltharzen) und Hartasphalt bestimmt. Die Eigenschaften der so isolierten Bestandteile lassen sich getrennt untersuchen. Ihre Verteilung auf das untersuchte kolloidale System (Bitumen) erscheint nicht zweifelhaft. Die dispergierende Phase wird von den Ölen gebildet. Die aromatisch gebauten beiden Harzarten sind in isoliertem Zustand bei normaler Temperatur zunächst sehr spröde; klebrig werden sie erst beim Erwärmen. Beide bilden die mit der Temperatur veränderlichen Lyosphären (Solvathüllen), welche die dispers verteilten Hartasphaltmizellen umschließen.

---

[1] Vgl. hiezu GRADER, R.: Untersuchungen über die Beziehungen zwischen dem Aufbau der Asphalte und Bitumina und ihren Eigenschaften. Öl u. Kohle Bd. 38 (1942) S. 867—878. — NÜSSEL, H.: Untersuchungen und kritische Betrachtungen über die Gruppenaufteilung von Bitumen. Öl u. Kohle Bd. 38 (1942) S. 1254—1262.

Bitumina, die aus Rückständen bei der Verarbeitung von naphthenbasischen und asphaltbasischen Erdölen gewonnen werden, zeigen günstige Eigenschaften, vor allem ausreichende Elastizität und Plastizität. Ein ähnliches Verhalten ist bei den fast rein aromatischen Teerpechen aus der Steinkohlenentgasung zu beobachten. Dagegen sind Rückstände paraffinbasischer Erdöle meist spröde. Dies liegt daran, daß in der dispersen Phase das Verhältnis der aromatischen Körper zugunsten eines hohen Gehaltes an Paraffinkristallen verschoben ist. Sobald die Paraffinausscheidungen ein Maß erreicht haben, bei dem sie zu einem festen Gerüst zusammenwachsen können, nützen günstige Eigenschaften der übrigen dispersen Anteile für das Verhalten des entstandenen Körpers nichts mehr. Er wird spröde und ist z. B. für Straßenbaustoffe wenig geeignet.

Die natürlich gewonnenen Asphalte (Naturasphalte) zeichnen sich fast ausnahmslos durch hohen Gehalt an Aromaten aus. Ihre günstigen Eigenschaften werden von asphaltbasischen Erdölerzeugnissen meist erreicht. Der vielfach festgestellte hohe Gehalt an Schwefel in Naturasphalten und die Tatsache, daß Erdölasphalte diesen um so eher gleichwertig sind, je mehr Schwefel sie enthalten, entsprechen durchaus den Feststellungen in Abschnitt I B 4 d. Da die physikalischen Eigenschaften der kernsubstituierten aromatischen Schwefelverbindungen denen gleichgebauter schwefelfreier Kohlenwasserstoffe recht ähnlich sind, scheint die Wirkung des Schwefels auf flächenaktiven Kräften zu beruhen. Es liegt hier offenbar dieselbe Erscheinung vor, die man beim Vulkanisieren von Kautschuk beobachtet. Durch Brückenbildung tragen die zwischen die einzelnen Gruppen der Molekülkomplexe eingebauten Schwefelatome dazu bei, die Festigkeit und Elastizität vorteilhaft zu erhöhen. Ähnlich scheinen Sauerstoffatome zu wirken.

Auf künstlichem Wege werden Bitumina mit den gewünschten Eigenschaften aus den noch zähflüssigen Destillationsrückständen gewöhnlich durch Heißblasen mittels Luft hergestellt. Dabei kommt es zu Sauerstoffanlagerungen; die Reste leichtflüchtiger Anteile werden dabei durch Verdampfen oder Vergasen entfernt.

Neben den beschriebenen Erzeugnissen werden auch die paraffinischen, festen Kohlenwasserstoffe für gewisse Zwecke benötigt. Hier sind Vaselin für medizinische und kosmetische Präparate und Paraffin für die Herstellung von Kerzen oder Bohnerwachs sowie als Ausgangsstoff für die Synthese von Fettsäuren zu nennen. Sie sind in den Verarbeitungsbetrieben für Erdöl und Schwelteer wirtschaftlich von nicht zu unterschätzender Bedeutung[1]. Auch das gewöhnlich durch Extraktion aus der Braunkohle oder ihren Destillationsprodukten gewonnene Montanwachs gehört hieher. Es handelt sich meist nicht um reine Paraffinkohlenwasserstoffe, vielmehr sind in den Produkten nebenbei echte Wachse, also hoch-molekulare Alkohole, oder Ester vorhanden oder gewisse Anteile von Naphthenen — diese dann als dispergierende Phase —, wodurch eine salbenartige Konsistenz zustande kommt.

Mag es auch scheinen, daß sich die Verwendung der in diesem letzten Abschnitt behandelten Stoffe nur auf einzelne Zweige der Technik beschränkt, so ist ihre Bedeutung z. B. für das Bauingenieurwesen und für die Elektrotechnik nicht zu verkennen. Dabei handelt es sich nicht mehr um Hilfs- und Betriebsstoffe, deren Chemie und Technologie dieses Buch in erster Linie gewidmet ist, sondern um Bau- und Werkstoffe, bei denen andere Eigenschaften, wie Festigkeit, Bearbeitbarkeit, Widerstand gegen chemische Einflüsse, elektrische Durchschlagsfestigkeit u. ä., vornehmlich von Interesse sind. Der organisch-chemischen Technik ist es in den vergangenen Jahrzehnten gelungen, dem Ingenieur eine solche Fülle von Werkstoffen für die verschiedensten Zwecke zur Verfügung zu stellen, daß bereits sehr weitgehende Ansprüche befriedigt werden können. Trotzdem ist das Ende der Entwicklung noch nicht abzusehen; die Schaffung der Silikone zeigt im Gegenteil deutlich, welch vielfältige Möglichkeiten noch offen stehen.

Da für alle diese Stoffe fast ausschließlich Kohle, Erdöl und Erdgas als Ausgangsmaterial dienen und die organischen Werkstoffe deutlich die Merkmale ihrer Herkunft in sich tragen, wird es für den Ingenieur, dem an einem Verständnis der inneren Zusammenhänge gelegen ist, auch aus diesem Grunde zweckmäßig sein, sich mit den Grundtatsachen der Brennstoffchemie vertraut zu machen, genau so, wie man heute von ihm erwartet, daß er die Grundzüge der Metallkunde beherrscht. Wenn ihm dabei dieses Buch eine brauchbare Hilfe bietet und ihn zur weiteren Vertiefung seines Wissens auf den ihn besonders interessierenden Gebieten anregt, dann ist das vom Verfasser angestrebte Ziel erreicht.

---

[1] Wegen der Kennzeichnung der an der Zusammensetzung dieser Stoffe beteiligten Kohlenwasserstoffgruppen siehe Grosz, H. u. K. H. Grodde: Strukturuntersuchungen zur Einteilung der festen Kohlenwasserstoffe. Öl u. Kohle Bd. 38 (1942) S. 419—431.

Namenverzeichnis.

Sachverzeichnis.

Zeitfracht Medien GmbH
Ferdinand-Jühlke-Straße 7
99095 Erfurt, Deutschland
produktsicherheit@kolibri360.de